ふしぎと発見がいっぱい!

理科のお話366

ものの
はたらき　ものの性質　生命　地球

[監修]小森栄治

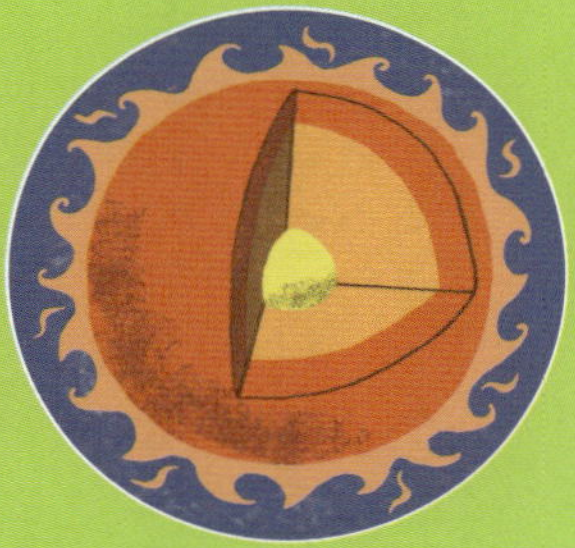

バキ!

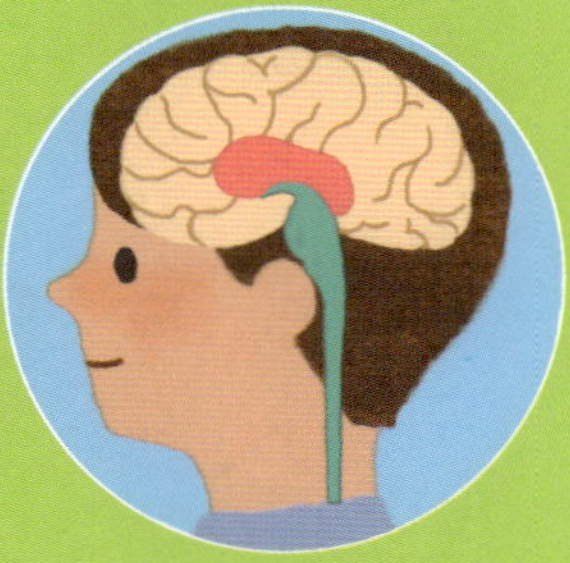

PHP

はじめに

「わたしたちの生活は、すべて理科とかかわっている」といったら、みなさんはおどろくでしょうか。でも、それはほんとうのことです。

たとえば、朝、目ざまし時計の音で目がさめることも、お昼になるとおなかがすくことも、夏はあつくて冬は寒いことも、晴れの日とそうでない日があることも、自転車に乗れることも、鳥が空をとべることも、石けんを使って手をあらうとよごれがよく落ちることも、すべて理科です。もしかしたら、理科は学校で習うだけのものだと思っている人もいるかもしれませんが、そうではないのです。

そのことがわかって、身近にあるさまざまなものごとを「理科の目」

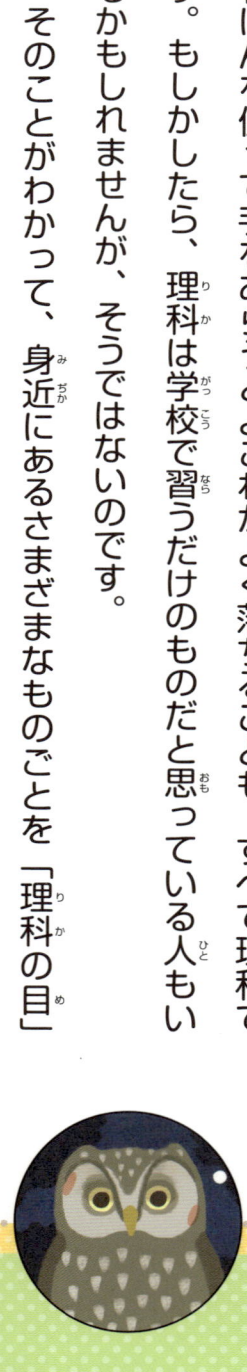

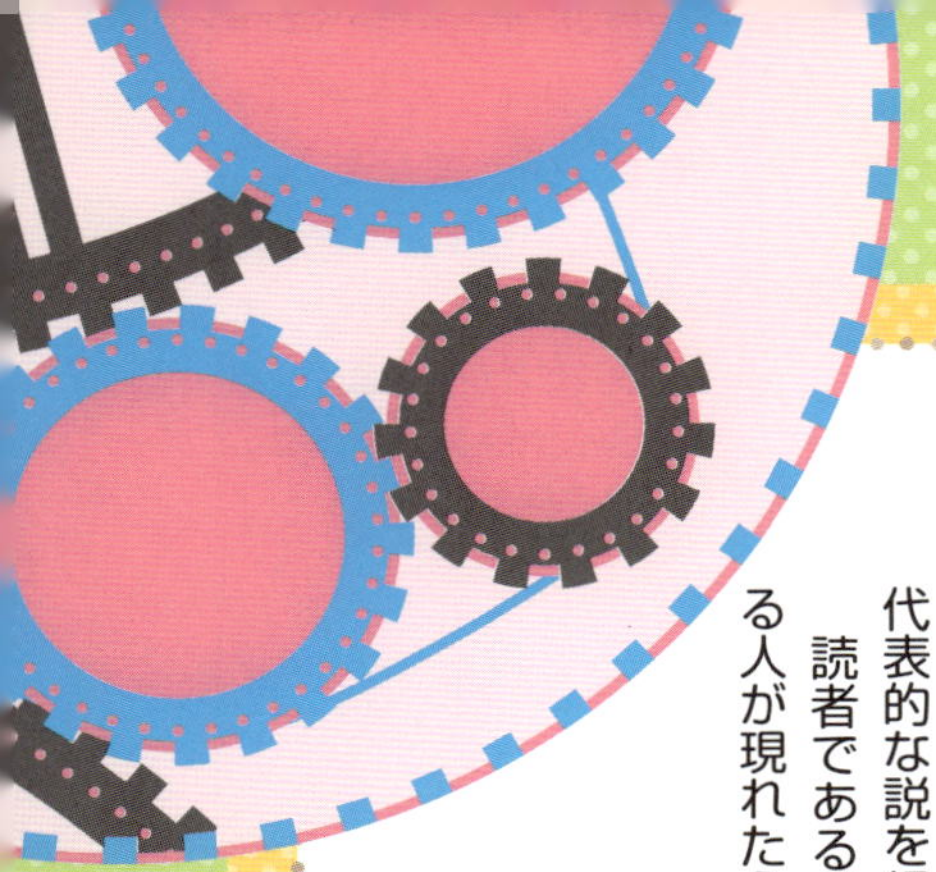

で見ることができるようになると、それまであたり前だと思っていたことがらが、どんなにおどろきに満ちたものであるかがわかるようになります。ですから、理科が好きになると、それまでよりも毎日が楽しくなることでしょう。

この本を読んで、ひとりでも多くの人が、そんなふうに理科を好きになって、毎日を楽しめる人になってくれたら、うれしく思います。

日本理科教育支援センター代表
小森栄治

〔おうちの方へ〕
科学は、つねに新しくなっています。現在、教科書にのっていることも、将来、かわる可能性もあります。本書の内容についても、テーマによってはいくつかの説がありますが、字数の制限から、代表的な説を紹介しています。
読者であるお子さんのなかから、将来、本書で紹介した内容を書きかえるような発見をしてくれる人が現れたら、望外の幸せです。

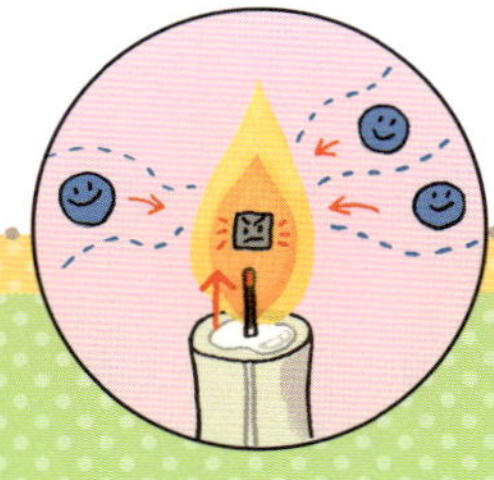

タイトル
毎日の生活のなかで感じるさまざまな疑問や、身近なものごとに関係のある、おどろきの発見などをとりあげています。

読んだ日にち
そのお話をいつ読んだか、3回まで記録しておくことができます。思い出や成長の記録にしてください。

やいたおもちがふくらむのはどうして？

読んだ日にち（　　年　　月　　日）（　　年　　月　　日）（　　年　　月　　日）

1月1日のおはなし

ものの性質　水

おもちができるしくみ

お正月に食べるおもちは、もともとはかたくて平たいものなのに、やくとやわらかくなって、ぷくっとふくらみます。なんだかふしぎですよね。おもちがふくらむ理由を知るために、まず、おもちができるしくみを考えてみましょう。

おもちの材料は、もち米というお米です。もち米には、木が枝分かれしたような形の、「デンプン」という物質がふくまれています。

おもちをつくるときには、もち米を水といっしょににたり、もち米にお湯の蒸気をあてたりしてあたためますが、このときに、デンプンの枝と枝の間へ、水分が入りこみます。すると、デンプンの枝が広がって、もち米はやわらかくなるのです。やわらかくなったもち米は、さらについたりかきまぜたりします。そうすると、デンプンの枝がふくざつにからみあって、もちもちとしたおもちができます。

けれども、時間がたったおもちは、さめるのと同時に水分がとんでしまいます。そのため、デンプンの枝がちぢんでかたくなります。

おもちの水分が沸とうする

じつは、さめたおもちの水分は、完全になくなったわけではありません。おもちの内がわのほうには、デンプンの外へ行った水分がまだとじこめられています。おもちをやくと、この水分がデンプンの枝の間に入るため、おもちはもう一度やわらかくなるのです。

また、おもちをやいたときにはおもちの水分が沸とうして、水蒸気という気体になります。水は、水蒸気になるとおよそ一七〇〇倍にもふくれる性質があるため、その力でおもちはふくらむというわけです。ただし、さめてしまえば水蒸気が水にもどって、おもちはしぼんでしまいます。

ここがポイント！
おもちをやくと、おもちの水分が水蒸気になってふくらむ。

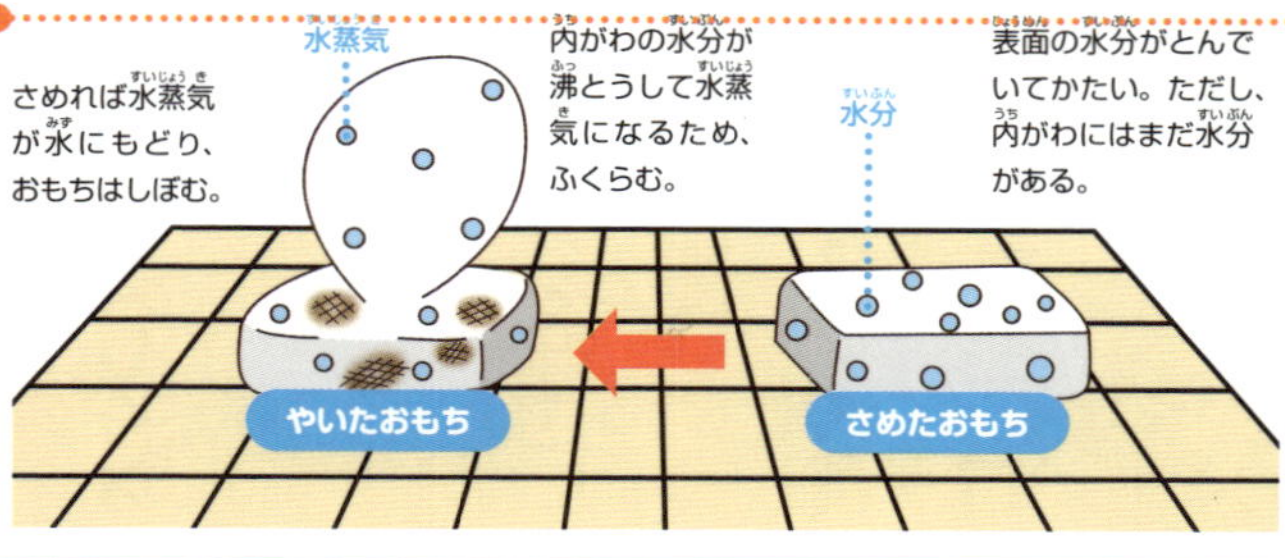

水蒸気
さめれば水蒸気が水にもどり、おもちはしぼむ。
内がわの水分が沸とうして水蒸気になるため、ふくらむ。
水分
表面の水分がとんでいてかたい。ただし、内がわにはまだ水分がある。
やいたおもち
さめたおもち

おはなしクイズ　おもちの水分は、沸とうすると何になる？

18

ここがポイント！
その日のお話の内容を、コンパクトにまとめてあります。ここを読めば、お話の要点がひと目でわかります。

おはなしクイズ
お話が理解できたかどうかをたしかめることができるクイズです。お子さんがお話を読みおわったあと、おうちの方が問題を出してあげるのもよいでしょう。こたえは次のページ（次の日）にあります。

おはなしコラム
1月1日から12月31日のお話とはべつに、理科にまつわるさまざまな知識を深めることができるコラムをもうけています。

この本の使い方

この本は、理科にまつわる、ふしぎと発見に満ちたさまざまなお話を楽しむことができる本です。

日づけ

お話には、1月1日から12月31日まで、全部で366日分の日づけがついています。その日の日づけのお話を読んでもいいですし、日づけに関係なく、読みたいお話から読んでもかまいません。

分野とジャンル

そのお話が、理科のどんな分野に関係があるかを、マークでしめしています。分野は全部で4種類あり、それぞれが理科の学習指導要領の「科学の4つの概念」に対応しています。また、マークの下には各分野をさらに細かく分類した「ジャンル」を示しています（くわしくは6～7ページ）。

ものの
はたらき
ものの性質
生命
地球

お話とイラスト

お話は、だいたい3分ほどで読める長さで、お子さんがひとりでも読めるよう、すべての漢字にふりがなをふってあります。また、イラストを見ることで、お話の内容がさらにわかりやすくなります。

1月
2日
のおはなし

あんなに大きいロケットが、どうして宇宙まで行けるの？

読んだ日にち（　年　月　日）（　年　月　日）（　年　月　日）

ものの
はたらき
力

ガスをふきだして進む

ゴム風船をパンパンにふくらませたあとに、手をはなしてみたら、どうなりますか？　風船はいきおいよくとんでいきますね。これは、風船の口から空気をふきだすことで、ふきだす方向と反対の方向に進む力がうまれるからです。

ロケットがとぶのも、しくみは同じです。ロケットは、エンジンのなかで燃料をもやして、大量のガスをつくり、それをふきだすことでとんでいます。

ただし、ものをもやすためには「酸素」という気体が必要です。宇宙には、酸素をふくんだ空気がないので、ものをもやすことができません。そのためロケットには、たくさんの酸素（酸化剤）がつまれています。

だんだん軽くなる

ガスをふきだしてとんでいくロケットですが、重いとなかなかスピードが出ません。そこで多くのロケットは、燃料と酸化剤をつんだロケットを、二段または三段重ねて、とんでいます。一段目のロケットにつんだものを使いおわったら、切りはなしてしまい、二段目のロケットに点火します。

こうしてロケットは、とびながらどんどん身軽になることで、宇宙までとぶことができるのです。

ここがポイント！
ロケットは、大量のガスをふきだし、その力で前に進む。

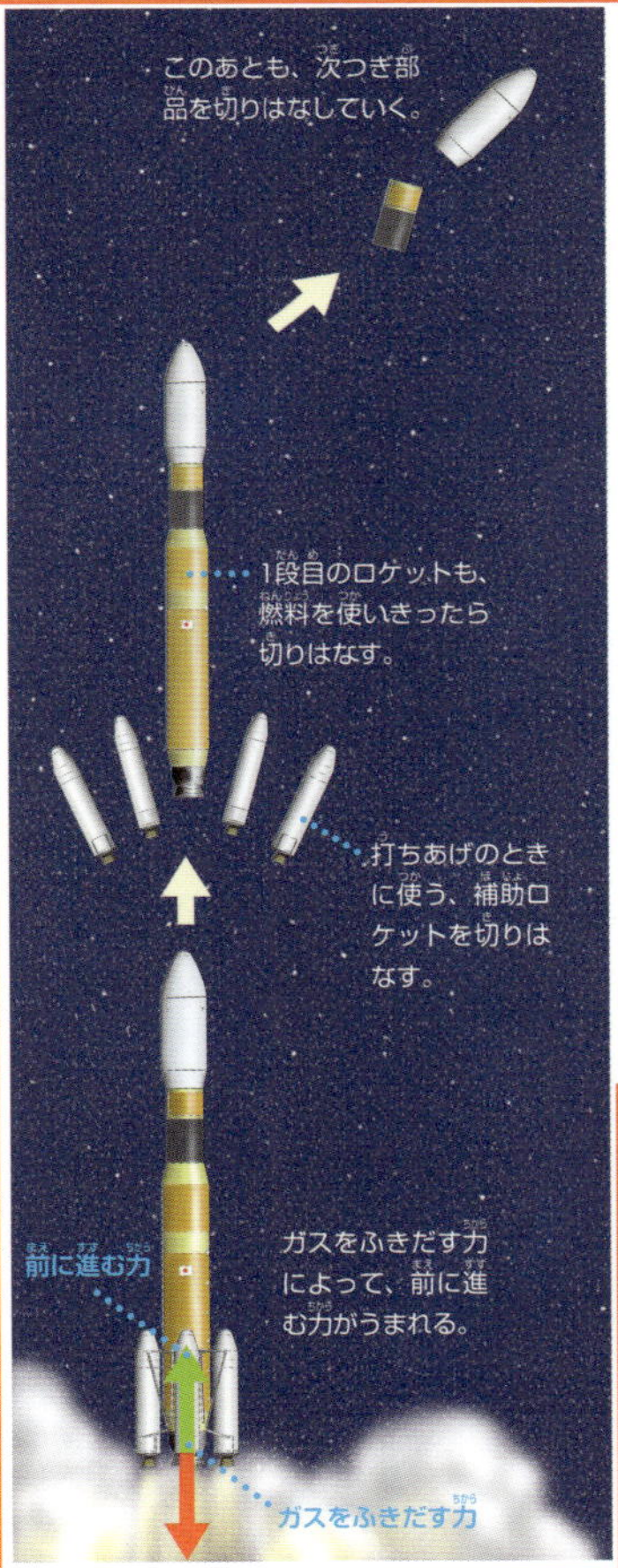
このあとも、次つぎ部品を切りはなしていく。
1段目のロケットも、燃料を使いきったら切りはなす。
打ちあげのときに使う、補助ロケットを切りはなす。
前に進む力
ガスをふきだす力によって、前に進む力がうまれる。
ガスをふきだす力

18ページのこたえ　水蒸気

おはなしクイズ　ものをもやすためには、何という気体が必要？

19

この本で紹介しているお話は、30の「ジャンル」に分類しています。小・中学校の「理科」の学習指導要領の各学年の学習テーマとは、おおよそ以下のように対応しています。ただし、教科書の内容と対応しているわけではありません。小学校や中学校の学習レベルをこえたお話もあります。「むずかしいな」と思ったページは、中学生や高校生になってから読み返すとよいでしょう。

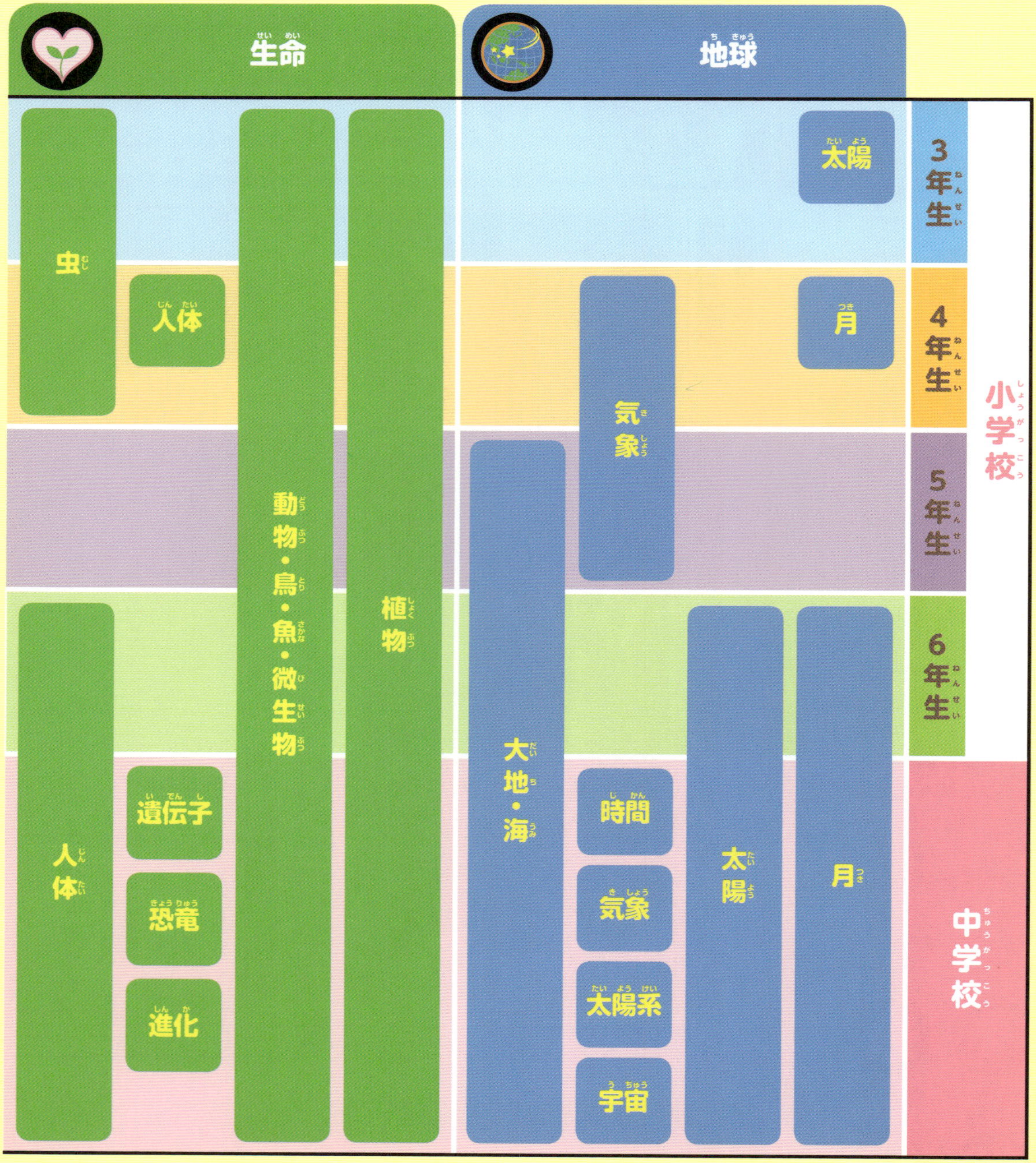

生命
地球
虫
人体
動物・鳥・魚・微生物
植物
太陽
月
気象
大地・海
人体
遺伝子
恐竜
進化
時間
気象
太陽系
宇宙
太陽
月
3年生
4年生
5年生
6年生
小学校
中学校

お話のジャンルと「理科」の学習指導要領との関連

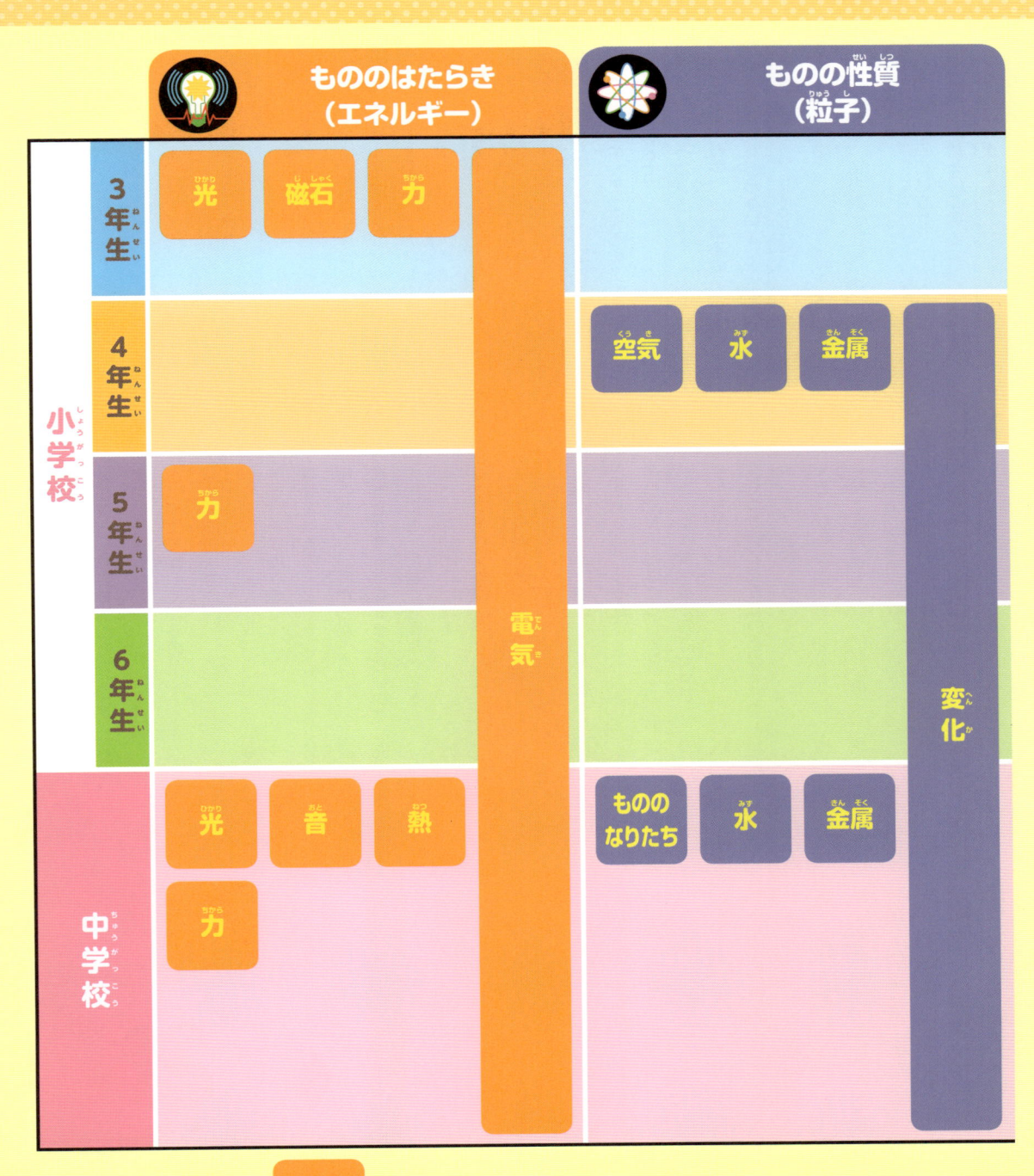

<table>
<tr><th></th><th></th><th colspan="4">もののはたらき（エネルギー）</th><th colspan="4">ものの性質（粒子）</th></tr>
<tr><td rowspan="4">小学校</td><td>3年生</td><td>光</td><td>磁石</td><td>力</td><td rowspan="5">電気</td><td></td><td></td><td></td><td></td></tr>
<tr><td>4年生</td><td></td><td></td><td></td><td>空気</td><td>水</td><td>金属</td><td rowspan="4">変化</td></tr>
<tr><td>5年生</td><td>力</td><td></td><td></td><td></td><td></td><td></td></tr>
<tr><td>6年生</td><td></td><td></td><td></td><td></td><td></td><td></td></tr>
<tr><td colspan="2">中学校</td><td>光
力</td><td>音</td><td>熱</td><td>もののなりたち</td><td>水</td><td>金属</td></tr>
<tr><td></td><td></td><td></td><td>電波</td><td></td><td></td><td></td><td></td><td></td><td></td></tr>
</table>

もくじ

はじめに 2
この本の使い方 4
お話のジャンルと「理科」の学習指導要領との関連 6

1月のおはなし

1月1日 やいたおもちがふくらむのはどうして? 18
1月2日 あんなに大きいロケットが、どうして宇宙まで行けるの? 19
1月3日 同じ大きさなのにちがう大きさに見える! 錯覚のふしぎ 20
1月4日 ダイヤモンドってどうやってできるの? 21
1月5日 ダチョウはなぜ空をとべないの? 22
1月6日 食塩ってどうやってつくるの? 23
1月7日 恐竜は種類によって食べるものがちがう! 24
1月8日 地球は宇宙のどのへんにあるの? 25
1月9日 かぜは薬ではなおらない! 26
1月10日 クモの糸は鉄よりもずっと強い! 27
1月11日 世界の見え方は、生きものによってちがう! 28
1月12日 電車が動くと転びそうになるのはなぜ? 29
1月13日 インフルエンザを起こすこまりものの正体! 30
1月14日 宇宙は寒いの? あついの? 31
1月15日 練習すれば、速く走れるの? 32
1月16日 鳥がならんで空をとぶのはなぜ? 33
1月17日 緊急地震速報はどうやって出しているの? 34
1月18日 大きな鉄の船が、水にうくのはどうして? 35
1月19日 トビウオは魚なのになぜとべるの? 36
1月20日 雨と雪って、何がちがうの? 37
1月21日 雪をとかすには塩をまくといい? 38
1月22日 太陽にも、活動が活発なときとそうでないときがある! 39
1月23日 鳥は空をとべるのに、人間が空をとべないのはなぜ? 40
1月24日 太陽系のほかの惑星や天体にも火山がある! 41
1月25日 日があたるところがあたたかいのはどうして? 42
1月26日 動物の歯は食べるものによって形がちがう! 43
1月27日 空気って何でできているの? 44
1月28日 木って、どれくらいまで大きくなるの? 45
1月29日 南極と北極ってどっちが寒いの? 46
1月30日 ジャムがくさりにくいのは、さとうのおかげ! 47
1月31日 木星には宇宙船は着陸できない! 48

2月のおはなし

2月1日 液晶テレビって、どんなしくみで映像をうつしているの? 50
2月2日 アシカとアザラシとオットセイって、どうちがうの? 51
2月3日 トリケラトプスのえりかざりは何のためにあるの? 52
2月4日 人間の声はなぜひとりひとりちがうの? 53
2月5日 マイクで話すと声が大きくなるのはなぜ? 54
2月6日 さとうはいろいろな植物からつくられている! 55
2月7日 魚は水のなかでも息ができるの? 56
2月8日 わかしたお風呂の上のほうだけがあついのはどうして? 57
2月9日 人間はほかの動物よりも、からだのわりに脳が大きい! 58

2月10日 日食って、どうしてたまにしか見られないの？ 59
2月11日 日本列島はどうやってできたの？ 60
2月12日 ヒトはどんなふうに進化してきたの？ 61
2月13日 フィギュアスケートのスピンがだんだん速くなるのはなぜ？ 62
2月14日 地震がいつ起こるか調べることはできないの？ 63
2月15日 冬至や夏至って、どんな意味があるの？ 64
2月16日 低気圧があるとどうして天気が悪くなるの？ 65
2月17日 炭って木がもえたものなの？ 66
2月18日 太陽系から惑星がひとつ消えた！ 67
2月19日 毒をもたないフグがいるって、ほんとう？ 68
2月20日 心はどこにあるの？ 69
2月21日 スカイダイビングはなぜできるの？ 70
2月22日 土星の環は何でできているの？ 71
2月23日 チンパンジーはとってもかしこい！ 72
2月24日 ドアノブにふれると、ビリッとすることがあるのはどうして？ 73
2月25日 本に虫がいることがあるのはなぜ？ 74
2月26日 石油をつくりだす植物がいる！ 75
2月27日 ものをどんどん細かく分けたら、どうなるの？ 76
2月28日 カーリングの選手が氷をこすっているのはなぜ？ 77
2月29日 1年はなぜ365日なの？ 78

3月のおはなし

3月1日 地面をほっていったら、地球の反対がわに行けるの？ 80
3月2日 魚は、からだのなかにうきぶくろをもっている！ 81
3月3日 圧力なべとふつうのなべって、何がちがうの？ 82
3月4日 背はどうしてのびるの？ 83
3月5日 冬眠って、ただねむっているだけなの？ 84
3月6日 「ニホン」の名前がついた元素がある！ 85
3月7日 ミツバチはなぜみつを集めるの？ 86
3月8日 飛行機には、ハチの巣をヒントにした部品がある！ 87
3月9日 76年に一度しか見られない星がある！ 88
3月10日 ペットボトルのロケットがとぶのはなぜ？ 89
3月11日 ヨーグルトはどうやってできるの？ 90
3月12日 クジラとイルカは、大きさがちがうだけ！ 91
3月13日 トンネル工事は、貝をヒントにしている！ 92
3月14日 地図ってどうやってつくるの？ 93
3月15日 フクロウの顔には、ひみつがいっぱい！ 94
3月16日 遺伝子組み換えって何？ 95
3月17日 同じ温度なのに、気温ではあつくて水温だとぬるいのはどうして？ 96
3月18日 脳にしわがあるのはどうして？ 97
3月19日 サボテンは、どうしてあんなにトゲトゲなの？ 98
3月20日 海の底には熱湯がわきでるところがある！ 99
3月21日 重量あげの選手は、どうして大きな声を出すの？ 100
3月22日 水のつぶは、どうして丸くなるの？ 101
3月23日 100年に一度の雨って、どれくらいの雨？ 102
3月24日 地球はまん丸ではない！ 103

もくじ

3月25日 電気はいろいろなものに使われている！ 104
3月26日 花粉症になる人とならない人は何がちがうの？ 105
3月27日 ヤモリはなぜ天井を歩けるの？ 106
3月28日 月には水がないの？ 107
3月29日 川や海の石はなぜぬめぬめしているの？ 108
3月30日 消臭剤は、どうやってにおいを消すの？ 109
3月31日 映画に出てくる恐竜の鳴き声って、ほんとうの鳴き声と同じなの？ 110

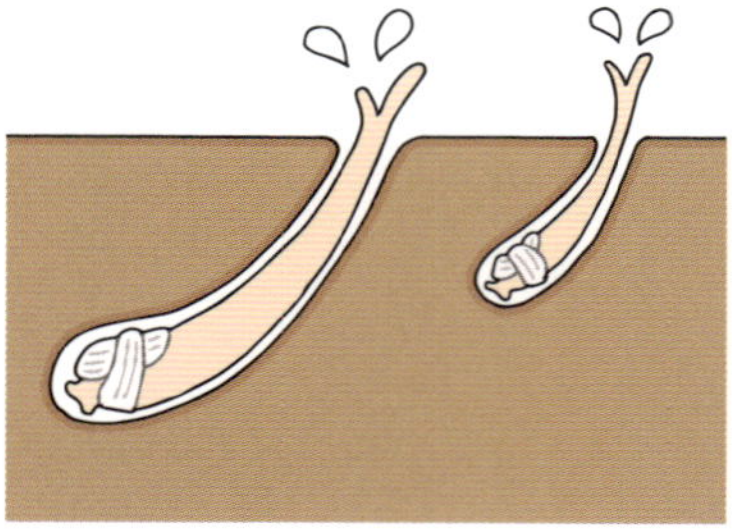

4月のおはなし

4月1日 液状化現象って、どんなところでも起こるの？ 112
4月2日 わたしたちは毎日放射線をあびている！ 113
4月3日 野球のピッチャーがカーブを投げると、ボールはなぜ曲がるの？ 114
4月4日 おなかのなかの赤ちゃんは、5億年の進化をたどる！ 115
4月5日 小笠原諸島には、そこにしかいない生きものがたくさんいる！ 116
4月6日 ほのおの色がオレンジだったり青だったりするのはなぜ？ 117
4月7日 ストレスってからだのどこにかかるの？ 118
4月8日 人工衛星の太陽電池パネルは折り紙の考え方からうまれた！ 119
4月9日 シロアリはどうして家を食べちゃうの？ 120
4月10日 メスだけでもふえる生きものがいる！ 121
4月11日 海の深さは音ではかることができる！ 122
4月12日 月の表面にもようがあるのはなぜ？ 123
4月13日 緑茶も紅茶も葉っぱは同じ！ 124
4月14日 花はどうしてさくの？ 125
4月15日 船が空にうかんで見えるしんきろうのふしぎ 126
4月16日 宇宙は空のどこから？ 127
4月17日 恐竜のからだはどうして大きくなったの？ 128
4月18日 ヤモリとイモリはどうちがうの？ 129
4月19日 世界地図にいろいろな形があるのはなぜ？ 130
4月20日 どきどきすると手に汗をかくのはなぜ？ 131
4月21日 カイコは1500メートルもの糸をはく 132
4月22日 地球はどうやってできたの？ 133
4月23日 鉄はどうしてさびるの？ 134
4月24日 木はなぜ枝分かれするの？ 135
4月25日 ふたごがそっくりなのはなぜ？ 136
4月26日 水にとけた食塩はどこに行っちゃったの？ 137
4月27日 泳ぐのがいちばん速い魚は何？ 138
4月28日 世界最強の磁石のひみつ！ 139
4月29日 むれで泳ぐ魚がぶつからないのはなぜ？ 140
4月30日 動物にはきこえて、人間にはきこえない音がある！ 141
おはなしコラム もののはたらき編 142

5月のおはなし

5月1日 さかさまになったジェットコースターから落ちちゃうことはないの？ …… 146
5月2日 虫歯になりやすい人と、なりにくい人のちがいは？ …… 147
5月3日 日本にはどんな恐竜がいたの？ …… 148
5月4日 植物はどうやって水をとりいれているの？ …… 149
5月5日 植物は、どんな水でも育つの？ …… 150
5月6日 IH調理器はなぜ火を使わず料理できるの？ …… 151
5月7日 アオムシとチョウは同じ生きものなの？ …… 152
5月8日 地球以外の惑星に生命はいないの？ …… 153
5月9日 ゴルフボールに小さなくぼみがたくさんあるのは、どうして？ …… 154
5月10日 3か月も先の天気予報ができるのはなぜ？ …… 155
5月11日 潮の満ち引きはなぜ起こるの？ …… 156
5月12日 お風呂のなかでは、指が短く見えることがある！ …… 157
5月13日 星の明るさってどうやって決めているの？ …… 158
5月14日 太陽の温度はどうやってはかるの？ …… 159
5月15日 津波とふつうの波はどうちがうの？ …… 160
5月16日 キャベツはアオムシの天敵をよんで身を守っている！ …… 161
5月17日 人間のからだにも電気がある！ …… 162
5月18日 マッコウクジラは深海までもぐれる！ …… 163
5月19日 ねむくなるのはどうして？ …… 164
5月20日 地球の大きさってどうやってはかったの？ …… 165
5月21日 漂白剤はどうして洗たくものを白くすることができるの？ …… 166
5月22日 生物多様性って何？なぜたいせつなの？ …… 167
5月23日 大昔の地球には、大陸がひとつしかなかった！ …… 168
5月24日 世界でいちばんかたい食べもの、かつおぶしのひみつ！ …… 169
5月25日 はたらきバチは、みんなメス！ …… 170
5月26日 山や土地の高さはどうやってはかるの？ …… 171
5月27日 磁石にくっつくものとくっつかないもののちがいは？ …… 172
5月28日 お米はどうして畑でなく田んぼでとれるの？ …… 173
5月29日 おなかがへっていないのに、おなかが鳴るのはなぜ？ …… 174
5月30日 さいしょの人類って、どこでうまれたの？ …… 175
5月31日 オオカミって、どんな動物？ …… 176

6月のおはなし

6月1日 かみなりはどうしてジグザグに落ちるの？ …… 178
6月2日 ICカードって、どんなしくみなの？ …… 179
6月3日 星までのきょりはどうやってはかるの？ …… 180
6月4日 モーターはなぜまわるの？ …… 181
6月5日 日本にも絶滅してしまいそうな生きものがいる！ …… 182
6月6日 人間は目ざまし時計なしでも起きられる！ …… 183
6月7日 降水確率が高いと大雨になるの？ …… 184
6月8日 海の底にも山や谷がある！ …… 185
6月9日 ふった雨の水って、どこへ行っちゃうの？ …… 186
6月10日 1日はどうして24時間なの？ …… 187

もくじ

6月11日 泣いたとき、いっしょに鼻水が出ちゃうのはどうして？ 188
6月12日 宇宙の年齢は138億歳！ 189
6月13日 宇宙には地球のような星がほかにもあるの？ 190
6月14日 血液って、なぜ赤いの？ 191
6月15日 満月もかけることがある！ 192
6月16日 宇宙ステーションのなかで、ものがうくのはどうして？ 193
6月17日 砂漠も昔は森だった！ 194
6月18日 わたしたちの祖先にはどのような人びとがいるの？ 195
6月19日 カタツムリにはなぜ貝のようなからがあるの？ 196
6月20日 虹は七色ではない？ 197
6月21日 太陽はどうやって光っているの？ 198
6月22日 アメンボはなぜ水にしずまないの？ 199
6月23日 ラップはどうしてはりつくの？ 200
6月24日 彗星が地球に生命をもたらした？ 201
6月25日 カエルが鳴くと雨がふるの？ 202
6月26日 人間のからだって、何でできているの？ 203
6月27日 自転車はどうして、走っているとたおれないの？ 204
6月28日 サメにはいろいろなふえ方がある！ 205
6月29日 人間のおなかのなかには、1キログラム以上の菌がいる！ 206
6月30日 スズメはどうして、電線にさわって平気でいられるの？ 207
おはなしコラム　ものの性質編 208

7月のおはなし

7月1日 富士山も噴火するの？ 212
7月2日 コピー機って、どんなしくみなの？ 213
7月3日 温度計で温度がはかれるのはなぜ？ 214
7月4日 地球からほとんど生きものがいなくなったことがある！ 215
7月5日 ポップコーンはなぜはじけるの？ 216
7月6日 ピアノとオルガンはどうちがうの？ 217
7月7日 天の川って何？ 218
7月8日 大昔の地球では、10メートル近い翼竜が空をとんでいた！ 219
7月9日 重力波をとらえられたことが、どうしてすごいの？ 220
7月10日 納豆はなぜネバネバしているの？ 221
7月11日 重いものと軽いものを同時に落としたら、どうなる？ 222
7月12日 月の大きさがかわることがある！ 223
7月13日 サメの歯は何回もはえかわる！ 224
7月14日 プールより海のほうがからだがうきやすいのはなぜ？ 225
7月15日 人間のからだには、切っても再生する臓器がある！ 226
7月16日 島ってどうやってできるの？ 227
7月17日 あつい日に、水をまくとすずしくなるのはどうして？ 228
7月18日 水のなかでも生きられる昆虫がいる！ 229
7月19日 かみなりのゴロゴロという音は、何の音？ 230
7月20日 地球にいるかぎり、月のうらがわは見えない！ 231
7月21日 人間は深海のどこまでもぐることができるの？ 232
7月22日 ホタルはどうやって光るの？ 233
7月23日 自分の見たい夢を見ることはできないの？ 234
7月24日 エアコンはなぜ、部屋をあたためたりひやしたりできるの？ 235
7月25日 水たまりの水はどこに消えるの？ 236
7月26日 方位磁石で方角がわかるのは

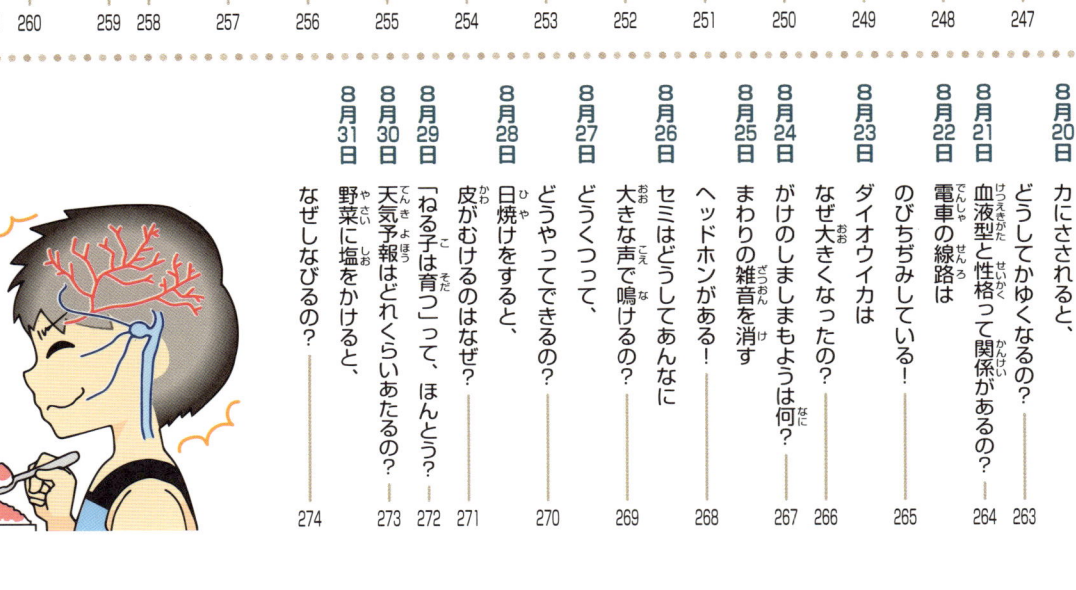

どうして？ 237
7月27日 カブトムシの角は何のためにあるの？ 238
7月28日 ブラックホールに吸いこまれると、どうなるの？ 239
7月29日 花火の音がずれてきこえるのはどうして？ 240
7月30日 お菓子のふくろのなかの、「食べられません」と書かれた白いものは何？ 241
7月31日 虫を食べる植物がいる！ 242

8月のおはなし

8月1日 雲がういているのはどうして？ 244
8月2日 つめたいものを食べると頭がいたくなるのはなぜ？ 245
8月3日 救急車のサイレンはなぜ音がかわるの？ 246
8月4日 地球にある水はぐるぐるめぐっている！ 247
8月5日 デンキウナギはどうやって電気をつくっているの？ 248
8月6日 くさりやすい食べものは、どうして冷蔵庫に入れなくちゃいけないの？ 249
8月7日 ドライアイスはなぜ、とけても水にならないの？ 250
8月8日 からだの半分以上が首の生きものがいた！ 251
8月9日 ギザギザの海岸線はどうやってできたの？ 252
8月10日 カにさされてもいたくないのはどうして？ 253
8月11日 高い山に登るとお菓子のふくろがふくらむのはなぜ？ 254
8月12日 化石を調べると、どんなことがわかるの？ 255
8月13日 スイカとメロンは、くだものじゃない！ 256
8月14日 月は地球からだんだんはなれている！ 257
8月15日 フンコロガシはなぜふんを転がすの？ 258
8月16日 地球温暖化ってどういうこと？ 259
8月17日 わかいヒマワリは太陽を追いかけて動いている！ 260
8月18日 花火はなぜいろんな色が出るの？ 261
8月19日 砂浜はどうやってできるの？ 262
8月20日 カにさされると、どうしてかゆくなるの？ 263
8月21日 血液型と性格って関係があるの？ 264
8月22日 電車の線路はのびちぢみしている！ 265
8月23日 ダイオウイカはなぜ大きくなったの？ 266
8月24日 がけのしましまもようは何？ 267
8月25日 まわりの雑音を消すヘッドホンがある！ 268
8月26日 セミはどうしてあんなに大きな声で鳴けるの？ 269
8月27日 どうくつって、どうやってできるの？ 270
8月28日 日焼けをすると、皮がむけるのはなぜ？ 271
8月29日 「ねる子は育つ」って、ほんとう？ 272
8月30日 天気予報はどれくらいあたるの？ 273
8月31日 野菜に塩をかけると、なぜしなびるの？ 274

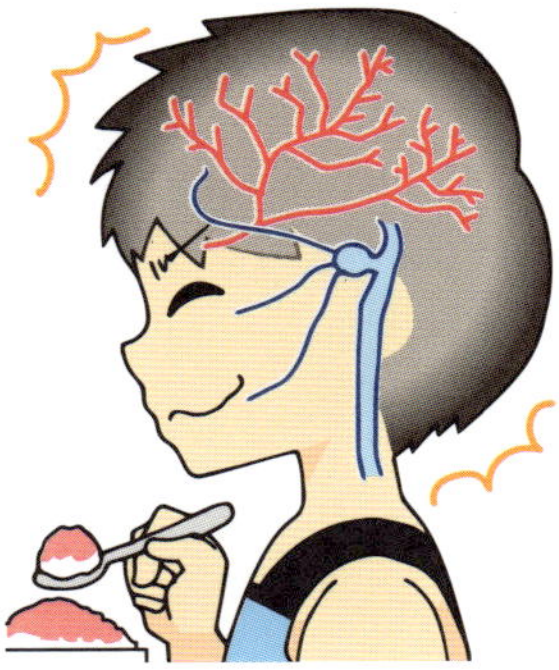

もくじ

9月のおはなし

9月1日 地震はどうして起こるの？ 276
9月2日 キリンのあしをまねた服がある！ 277
9月3日 風って、どんなところでふくの？ 278
9月4日 トンボは風が強くても弱くても自由にとべる！ 279
9月5日 大昔の植物が、どうしてくさらずにのこっているの？ 280
9月6日 野菜は土がなくてもつくれるの？ 281
9月7日 虫めがねを使って、太陽の光で紙をこがせるのはどうして？ 282
9月8日 歯は鉄よりもかたい！ 283
9月9日 たつまきはどうして起こるの？ 284
9月10日 クラゲのからだはどうしてとうめいなの？ 285
9月11日 バットの両はしで力くらべをしたら、どっちが勝つ？ 286
9月12日 宇宙って、どうやってできたの？ 287
9月13日 マグニチュードと震度はどうちがうの？ 288
9月14日 大昔は、もっと大きなゾウのなかまがいた！ 289
9月15日 からだの細胞は、入れかわっている！ 290
9月16日 宇宙からは、からだに害をあたえる宇宙線がふりそそいでいる！ 291
9月17日 川の流れが深さ1600メートルの谷をつくった！ 292
9月18日 バッタは体長の10倍も高くとべる！ 293
9月19日 月が見えない日があるのは、どうして？ 294
9月20日 空はどうして青いの？ 295
9月21日 おしっこの色がちがうときがあるのはどうして？ 296
9月22日 太陽がもえつきてしまうことはないの？ 297
9月23日 太陽系に第9惑星があるかもしれない！ 298
9月24日 空気がなくても生きられる生きものがいる！ 299
9月25日 温度のひくさには限界がある！ 300
9月26日 台風はどこから来るの？ 301
9月27日 土って何からできているの？ 302
9月28日 地球から見てもっとも明るくかがやく惑星は？ 303
9月29日 どうくつにはふしぎな生きものがすんでいる！ 304
9月30日 あくびはどうして出るの？ 305
おはなしコラム 生命編 306

10月のおはなし

10月1日 めがねとコンタクトレンズ、どっちがよく見えるの？ 310
10月2日 天王星は横だおしのままでまわっている！ 311
10月3日 火山灰って、どこまでとぶの？ 312
10月4日 卵はゆでるとなぜかたくなるの？ 313
10月5日 ダンゴムシはどうして丸くなるの？ 314
10月6日 日本にも氷河があった！ 315
10月7日 磁石を近づけてはいけないものがあるのはなぜ？ 316
10月8日 骨の数は、大人より子どものほうが多い！ 317
10月9日 噴火は予測できるの？ 318
10月10日 テレビゲームをたくさんすると、目が悪くなっちゃうの？ 319
10月11日 マラソン選手はなぜ高地で練習するの？ 320

10月12日 秋になるとなぜ葉っぱが黄色くなったり赤くなったりするの？ 321
10月13日 フローレス原人という小さな人類がいた！ 322
10月14日 プラスチックって、どうやってつくるの？ 323
10月15日 水星の1日は1年より長い！ 324
10月16日 内がわからと、外がわからでは、卵のわれやすさがちがう！ 325
10月17日 海のなかにも雪はふる？ 326
10月18日 金しばりって何？ 327
10月19日 日本ではどうして地震がよく起こるの？ 328
10月20日 マグロはねむっているときも泳いでいる！ 329
10月21日 季節によって日がしずむ時間がちがうのはなぜ？ 330
10月22日 パラシュートには小さなあながあいている！ 331
10月23日 電気は動物や植物からもつくることができる！ 332
10月24日 空をとぶヘビやトカゲがいる！ 333
10月25日 ミドリムシで飛行機がとぶ！ 334
10月26日 原子力って、何？ 335
10月27日 かさぶたはなぜできるの？ 336
10月28日 クモはなぜ自分の糸にくっつかないの？ 337
10月29日 どうして接着剤でものがくっつくの？ 338
10月30日 イルカは超音波でえものをさがす！ 339
10月31日 オスにもメスにもなれる生きものがいる！ 340

11月のおはなし

11月1日 土星が水にうくって、ほんとう？ 342
11月2日 大きな動物ほど長生きする？ 343
11月3日 おなかがいっぱいになると、ねむくなるのはなぜ？ 344
11月4日 電気ストーブであたたかくなるのはなぜ？ 345
11月5日 植物にも寿命があるの？ 346
11月6日 リンゴが茶色くなっちゃうのはどうして？ 347
11月7日 氷はなぜ水にうくの？ 348
11月8日 放射線はからだにどんな影響があるの？ 349
11月9日 人工衛星では時間が速く進む！ 350
11月10日 長きょり走には2種類の走り方がある！ 351
11月11日 飛行機はどうして空をとべるの？ 352
11月12日 シロアリの巣には自然のエアコンがある！ 353
11月13日 パンダはどうして白黒なの？ 354
11月14日 ウナギはどこでうまれるの？ 355
11月15日 録音した自分の声が、ふだんとちがう声にきこえるのはなぜ？ 356
11月16日 チョウには、人間には見えない光が見える！ 357
11月17日 人工衛星は宇宙で止まっているの？ 358
11月18日 ウシとクジラはなかまだった！ 359
11月19日 あかって、どこから出てくるの？ 360
11月20日 空気を入れた自転車のタイヤがあつくなるのはなぜ？ 361
11月21日 太陽が西から昇って東にしずむ惑星がある！ 362
11月22日 からだがバラバラになっても、もとどおりになる生きものがいる！ 363
11月23日 地球が氷につつまれた時代があった！ 364
11月24日 鳥は恐竜の子孫？ 365
11月25日 海の底には「もえる氷」がうまっている！ 366
11月26日 流星群のとき、たくさんの流れ星が見られるのはなぜ？ 367

もくじ

11月27日 皮ふから、さまざまな臓器をつくることができる！ 368

11月28日 熱に弱い細菌ばかりじゃない！ 369

11月29日 洗剤に書いてある「まぜるな危険」って、どういうこと？ 370

11月30日 宇宙で電気をつくることができる！ 371

おはなしコラム　地球編 372

12月のおはなし

12月1日 お店にならんでいるカイロがあつくならないのはなぜ？ 376

12月2日 電気って、どうやってつくっているの？ 377

12月3日 汗がかわくと、塩の味がするのはどうして？ 378

12月4日 人間の血管の長さは、地球2周半！ 379

12月5日 ミノムシって、どんな虫？ 380

12月6日 音でよごれを落とすことができる！ 381

12月7日 人間は息をしないとどうして死んでしまうの？ 382

12月8日 氷の海でも魚がこおらないのはどうして？ 383

12月9日 海の波で電気ができる！ 384

12月10日 親とまったく同じウシがいるの？ 385

12月11日 なだれはどうして起きるの？ 386

12月12日 一酸化炭素中毒って何？ 387

12月13日 寒いところにすむ動物ほどからだが大きい！ 388

12月14日 南極の氷から昔の気候がわかる！ 389

12月15日 火星に生きものはすめるの？ 390

12月16日 地球でさいしょの生きものって、どんなもの？ 391

12月17日 しもとしもばしらはどうちがうの？ 392

12月18日 自分のからだをふたつに分けられる生きものがいる！ 393

12月19日 野球のピッチャーが投げたボールの速さは、どうはかるの？ 394

12月20日 「生きた化石」って、どんな化石？ 395

12月21日 地球上には、真夜中でも太陽がしずまない場所がある！ 396

12月22日 池がこおっても、なかの水がこおらないのはなぜ？ 397

12月23日 星ってどうやってできるの？ 398

12月24日 フラミンゴのからだの色のひみつ 399

12月25日 わたしたちのくらしのなかには、貴重な金属がたくさんある！ 400

12月26日 羽毛ふとんは、どうして軽いのにあたたかいの？ 401

12月27日 電子レンジで食べものがあたためられるのはなぜ？ 402

12月28日 ミケネコはメスしかいない？ 403

12月29日 植物がいなくなると人間は生きていけない！ 404

12月30日 リニアモーターカーが、新幹線よりずっと速いのはなぜ？ 405

12月31日 空気が光る！　オーロラのひみつ 406

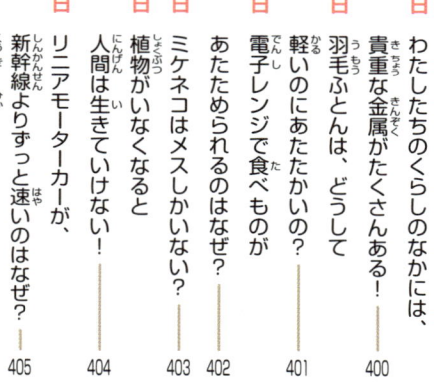

ジャンル別さくいん 407

用語さくいん 412

1月のおはなし

やいたおもちがふくらむのはどうして?

読んだ日にち(H28年5月12日)(31年5月29日)(年 月 日)

おもちができるしくみ

お正月に食べるおもちは、もともとはかたくて平たいものなのに、やくとやわらかくなって、ぷくっとふくらみます。なんだかふしぎですよね。おもちがふくらむ理由を知るために、まず、おもちができるしくみを考えてみましょう。

おもちの材料は、もち米というお米です。もち米には、木が枝分かれしたような形の、「デンプン」という物質がふくまれています。

おもちをつくるときには、もち米を水といっしょににたり、もち米にお湯の蒸気をあてたりしてあたためますが、このときに、デンプンの枝と枝の間へ、水分が入りこみます。すると、デンプンの枝が広がって、もち米はやわらかくなるのです。やわらかくなったもち米は、さらについたりかきまぜたりします。そうすると、デンプンの枝がふくざつにからみあって、もちもちとしたおもちができます。

けれども、時間がたったおもちは、さめるのと同時に水分がとんでしまいます。そのため、デンプンの枝がちぢんでかたくなります。

おもちの水分が沸とうする

じつは、さめたおもちの水分は、完全になくなったわけではありません。おもちの内がわのほうには、デンプンの外へ行った水分がまだとじこめられています。おもちをやくと、この水分がデンプンの枝の間に入るため、おもちはもう一度やわらかくなるのです。

また、おもちをやいたときにはおもちの水分が沸とうして、水蒸気という気体になります。水は、水蒸気になるとおよそ一七〇〇倍にもふくれる性質があるため、その力でおもちはふくらむというわけです。ただし、さめてしまえば水蒸気が水にもどって、おもちはしぼんでしまいます。

ここがポイント!
おもちをやくと、おもちの水分が水蒸気になってふくらむ。

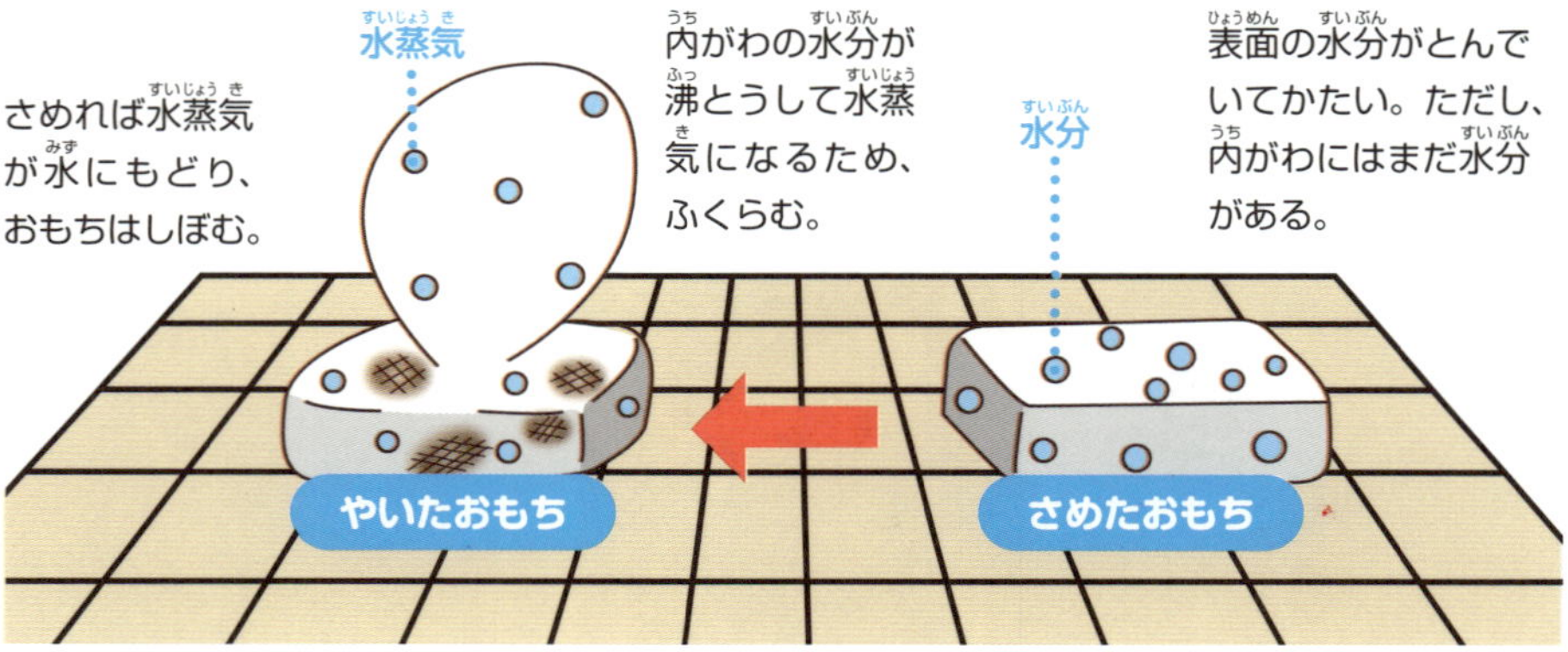
表面の水分がとんでいてかたい。ただし、内がわにはまだ水分がある。
水分
さめたおもち
内がわの水分が沸とうして水蒸気になるため、ふくらむ。
水蒸気
やいたおもち
さめれば水蒸気が水にもどり、おもちはしぼむ。

おはなしクイズ おもちの水分は、沸とうすると何になる?

1月2日のおはなし

もののはたらき
力

あんなに大きいロケットが、どうして宇宙まで行けるの？

読んだ日にち（31年5月29日）（　年　月　日）（　年　月　日）

ガスをふきだして進む

ゴム風船をパンパンにふくらませたあとに、手をはなしてみたら、どうなりますか？　風船はいきおいよくとんでいきますね。これは、風船の口から空気をふきだすことで、ふきだす方向と反対の方向に進む力がうまれるからです。

ロケットがとぶのも、しくみは同じです。ロケットは、エンジンのなかで燃料をもやして、大量のガスをつくり、それをふきだすことでとんでいます。

ただし、ものをもやすためには「酸素」という気体が必要です。宇宙には、酸素をふくんだ空気がないので、ものをもやすことができません。そのためロケットには、たくさんの酸素（酸化剤）がつまれています。

だんだん軽くなる

ガスをふきだしてとんでいくロケットですが、重いとなかなかスピードが出ません。そこで多くのロケットは、燃料と酸化剤をつんだロケットを、二段または三段重ねて、とんでいます。一段目のロケットにつんだものを使いおわったら、切りはなしてしまい、二段目のロケットに点火します。

こうしてロケットは、とびながらどんどん身軽になることで、宇宙までとぶことができるのです。

ここがポイント！
ロケットは、大量のガスをふきだし、その力で前に進む。

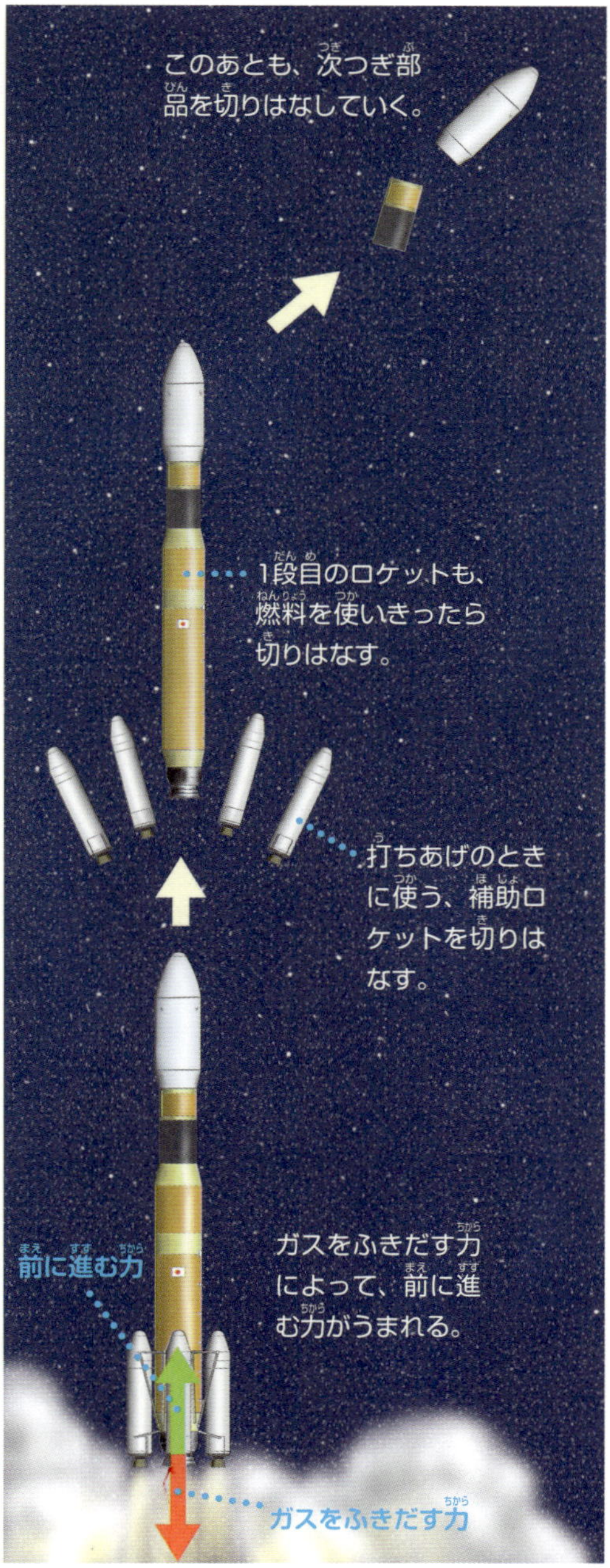
このあとも、次つぎ部品を切りはなしていく。
1段目のロケットも、燃料を使いきったら切りはなす。
打ちあげのときに使う、補助ロケットを切りはなす。
前に進む力
ガスをふきだす力によって、前に進む力がうまれる。
ガスをふきだす力

18ページのこたえ
水蒸気

おはなしクイズ　ものをもやすためには、何という気体が必要？

同じ大きさなのにちがう大きさに見える！ 錯覚のふしぎ

1月3日のおはなし

読んだ日にち（31年5月29日）（　年　月　日）（　年　月　日）

生命 人体

だれにでも起こる錯視

見たり、きいたりした情報が、じっさいとはちがって感じられることを「錯覚」といいます。そのなかでも、目で見たときに起こる錯覚が「錯視」です。

錯視は、だれでも起こすものです。①のふたつの図形を見てみましょう。横線は、上の図形のほうが長く見えませんか。じつは、この線はどちらも同じ長さです。ほんとうかどうか、定規ではかって、たしかめてみてください。同じ長さだとわかっても、やっぱり上の線のほうが長く見えます。

脳のかんちがい

目から入ってきた情報は脳に送られ、わたしたちはそこで「何を見たのか」を理解します。でも、脳はたまにかんちがいをします。目から入ってきた情報のおかしいところをなおしたり、情報全体から「こうだろう」と判断するのです。これが錯視が起こる原因です。

次は、②の図を見てください。テーブルの手前とおくにのっているふたつのケーキでは、テーブルのおくにあるケーキのほうが大きく見えますね。でも、このふたつのケーキの図は、同じ大きさです。

たとえば、自分の近くにいた人がはなれていくと、そのすがたは小さくなっていきますが、わたしたちは、その人がほんとうに小さくなったわけではないことを知っています。これと同じように、わたしたちの脳はこの絵を見たときに「おくゆきがあるのに同じ大きさということは、じっさいはおくのケーキのほうが大きいだろう」と判断するのです。すると、おくのケーキのほうが大きく見えます。

ここがポイント！
じっさいとちがって見える錯視は、脳のはたらきで起こる。

①

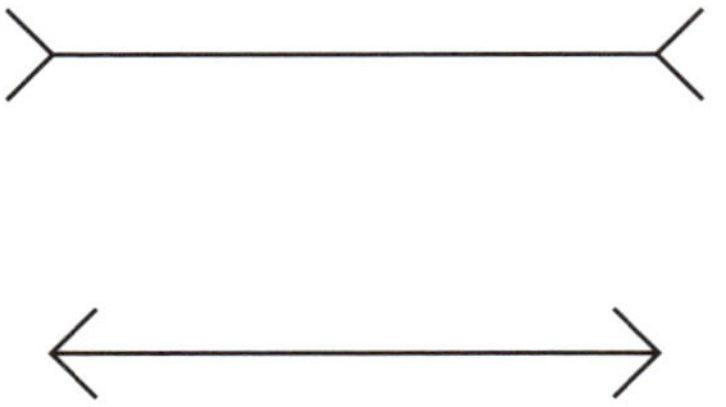

②

19ページのこたえ　酸素

おはなしクイズ　目が起こす錯覚を何という？

1月4日のおはなし

ダイヤモンドってどうやってできるの?

読んだ日にち(31 年 5 月 29 日)(年 月 日)(年 月 日)

地球 大地

えんぴつとダイヤモンドは同じ?

道や川原にある石をよく見てみると、いろいろな色をしたたくさんのつぶが、集まってできていることがわかります。

このひとつひとつのつぶを、「鉱物」といいます。そして、そのなかでもっともかたいものが、ダイヤモンドです。

ダイヤモンドは、地球の地中深くでつくられます。もとになっているのは「炭素」という物質で、みなさんの使っているえんぴつのしんと同じ材料です。

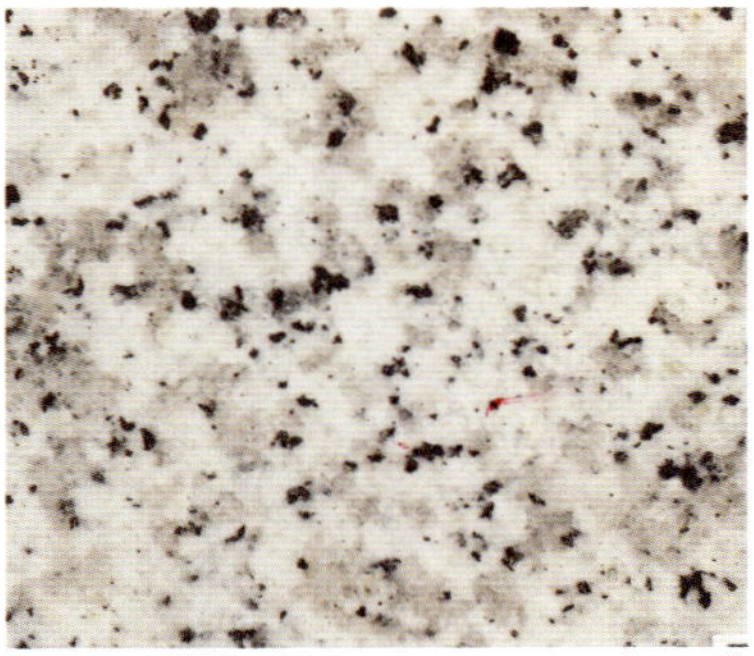
いろいろな鉱物が集まってできている、花こう岩という岩石。白いのはチョウ石、灰色なのはセキエイ、黒いのはクロウンモという。

「マントル」とよばれる地球内部の岩石でできた層のなかでは、高い熱と圧力がかかった炭素がかたまり、ダイヤモンドになります。

このダイヤモンドは、火山の噴火によって、マントルのなかの「マグマ」(ドロドロにとけた岩石)とともに地上の近くまで移動することがあります。つまり、これを人間がほりだしているのです。

美しい宝石

鉱物のうち、ダイヤモンドのように、めずらしくて美しいものを「宝石」といいます。

炭素からはダイヤモンドができますが、たとえば「酸化アルミニウム」という物質からは、青い色をしたサファイアや、赤い色をしたルビーがうまれます。

こうした宝石は、地下からほりだしたときは、あまりきれいではありません。それぞれの石に合わせて切って、みがくことで、美しい宝石になるのです。

ダイヤモンドのでき方

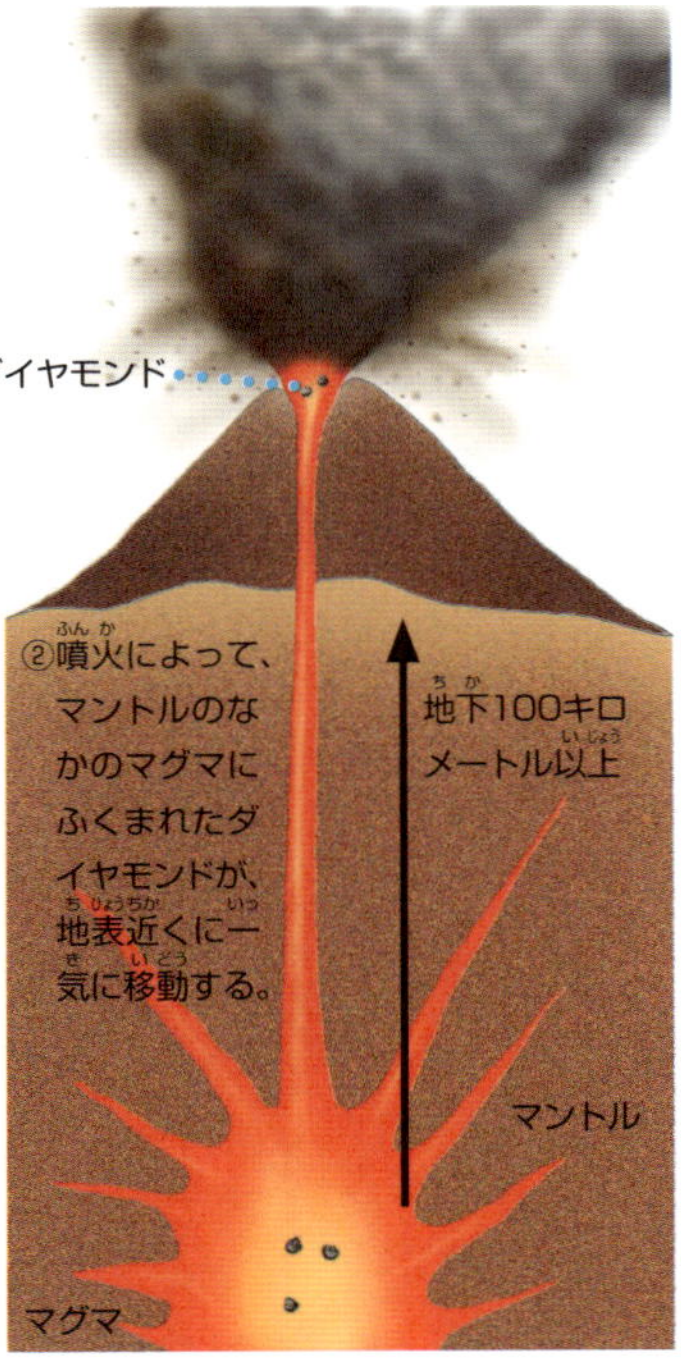
ダイヤモンド
②噴火によって、マントルのなかのマグマにふくまれたダイヤモンドが、地表近くに一気に移動する。
地下100キロメートル以上
マントル
マグマ
①マントルのなかで、高い熱と強い圧力がかかることで炭素がかたまり、ダイヤモンドになる。

ここがポイント!
ダイヤモンドは、地球の地中深くで炭素に高い熱と圧力がかかることでできる。

錯視 20ページのこたえ

おはなしクイズ ダイヤモンドのもとになっているのは、何という物質?

ダチョウはなぜ空をとべないの？

読んだ日にち（31年5月29日）（　年　月　日）（　年　月　日）

生命　鳥

平らな胸の骨

ダチョウは、鳥のなかまのなかで、いちばん大きなからだをもつ鳥です。多くの鳥のなかまは、空をとぶことができますが、ダチョウはとぶことができません。そのひみつは、胸の骨にあります。

鳥は、大きな胸の筋肉を使って、つばさを動かします。とぶ鳥の胸の骨には、「竜骨突起」とよばれる、前につきだすような形をした部分があり、大きな胸の筋肉はここにくっついています。

しかし、ダチョウには竜骨突起がなく、胸の骨は平らになっています。そのため、つばさを動かすための胸の筋肉は、あまりついておらず、空をとぶことができないのです。

とぶのに適さないはね

ダチョウが空をとぶことができないのは、はねの形にもひみつがあります。

鳥のはね一本一本を見てみると、まんなかに軸があり、左右に細かい毛がたくさんはえています。空をとぶ鳥のはねは、軸の左右の毛の長さがちがいます。そのほうが、風を受けてとびやすいのです。ダチョウはというと、軸の左右の毛の長さは同じ。胸の骨が平らで、筋肉があまりついていないだけではなく、はねも、とぶのに適した形になっていないのです。

空をとべないダチョウですが、祖先はとべたと考えられています。約六六〇〇万年前に恐竜が絶滅し、空をとんでにげる必要がなくなった鳥の一部は、食べものをたくさん食べて太り、空をとべなくなったという説もあります。

ダチョウとハト
体重も150キログラムくらいあって、とべるほど軽くないの。
ダチョウ
ダチョウのはねは、左右の毛の長さが同じ。
胸の骨は平らで、筋肉があまりない。
竜骨突起
大きな胸の筋肉がある。
ハト
ハトのはねは、左右の毛の長さがちがう。

ここがポイント！
ダチョウは胸の骨やはねの形が、とぶのに適さない形になっているので、とべない。

21ページのこたえ
炭素

おはなしクイズ　空をとぶ鳥の胸の骨にある、前につきだすような形をした部分の名前は？

食塩ってどうやってつくるの？

読んだ日にち（　年　月　日）（　年　月　日）（　年　月　日）

食塩をつくるもの

みなさんの家にも、食塩はかならずありますよね。食塩は、何からつくられていると思いますか？

世界でいちばん多く使われている食塩の原料は、「岩塩」です。大昔に地球の地面が大きく動いたとき、海の一部は陸地になり、そこに海水がとりのこされました。この海水の水分が蒸発してのこった塩が、長い時間をかけておしつぶされ、できたかたまりが「岩塩」です。岩塩を、地面からほりだしてくだいたり、一度水にとかしてからにつめたりすると、食塩がつくれます。

同じように、地上にとりのこされた海水の一部が蒸発して、湖になったのが「塩湖」です。塩湖の水には、海水よりもたくさんの塩分がふくまれているため、これも食塩の原料として使われています。

また、塩湖の水より塩分が少ないですが、海水も食塩の原料です。

日本の伝統的な塩づくり

日本には岩塩や塩湖がないので、食塩は海水からつくっています。海水の塩分は約三パーセントしかないので、九七パーセントの水分をとりのぞかなくてはなりません。

今ではほとんど行われていませんが、昔は砂浜に塩田という場所をつくって海水をまき、水分を蒸発させることで「かん水」とよばれるこい塩水をつくり、それをにつめて塩をとりだしていました。

現在の日本でつくられている食塩のほとんどは、電気エネルギーを使ってかん水をつくり、真空式蒸発缶という装置でにつめてつくる方法がとられています。

ここがポイント！
食塩は、岩塩や塩湖の水、海水などからつくられている。

日本の伝統的な塩づくり

塩田
塩

①砂浜に塩田をつくって海水をまき、水分を蒸発させてから塩を集める。

海水
かん水

②集めた塩にさらに海水をかけて、かん水（こい塩水）をとる。

かま

③かん水をかまでにつめると、表面に塩ができる。

22ページのこたえ　竜骨突起

おはなしクイズ　日本で食塩をつくるときに使われている原料は何？

恐竜は種類によって食べるものがちがう！

読んだ日にち（　年　月　日）（　年　月　日）（　年　月　日）

肉食恐竜と植物食恐竜

恐竜は「竜盤類」と「鳥盤類」のふたつに大きく分けられます。種類分けのポイントは、腰にある「恥骨」という骨の向きです。恥骨が前を向いていれば竜盤類で、うしろを向いていれば、少数の例外をのぞいて鳥盤類になります。

竜盤類には「竜脚形類」と「獣脚類」の恐竜がいます。竜脚形類は植物を食べる植物食恐竜で、巨大なからだを四本のあしでささえ、首としっぽが長いのがとくちょうです。ブラキオサウルスやディプロドクスなどが有名です。

いっぽう、獣脚類は肉を食べる肉食の恐竜です。発達したうしろあしで二足歩行をし、ほかの恐竜を狩って生きていました。アロサウルスやティラノサウルスなどが知られています。

鳥盤類に属する恐竜の多くは植物食恐竜で、口の形がくちばし状なのがとくちょうです。ステゴサウルス、トリケラトプス、イグアノドンなどがこの種に属します。

竜盤類

竜脚形類

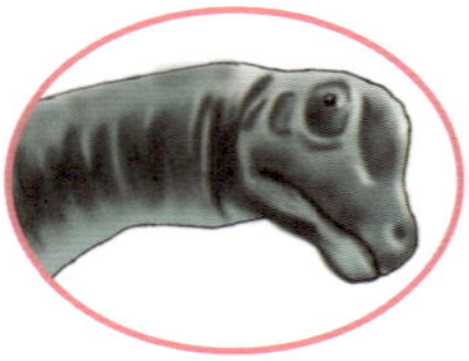

ブラキオサウルス
植物食恐竜

獣脚類

アロサウルス
肉食恐竜

鳥盤類

ステゴサウルス

イグアノドン

トリケラトプス
植物食恐竜

歯の形がちがう

肉食恐竜と植物食恐竜では、歯の形がちがいます。肉食恐竜の歯にはギザギザがあり、ナイフの刃先のようにするどい形をしています。これはえものにかみついてダメージをあたえるのにくわえ、肉を切りやすくするためです。植物食恐竜は先割スプーンのような形の歯で植物をかみきって食べたり、えんぴつのような形の歯で植物の葉をすいて食べたりしていました。

恐竜は、は虫類の動物から進化しましたが、大昔のは虫類はみな肉食でした。は虫類から植物食恐竜がうまれたのは、植物がおいしげる環境に合わせて、食べるものをかえたためとされています。

ここがポイント！
恐竜のうち竜盤類は肉や植物を食べ、鳥盤類は植物だけを食べた。

23ページのこたえ　海水

おはなしクイズ　ステゴサウルス、トリケラトプス、イグアノドンは肉食？　植物食？

地球は宇宙のどのへんにあるの？

読んだ日にち（　　年　　月　　日）（　　年　　月　　日）（　　年　　月　　日）

地球
宇宙

宇宙はどこまであるの？

わたしたちがくらす地球は、宇宙のなかにある星のひとつです。では、宇宙はどこまで広がっているのでしょうか。

現在、地球から観測できるいちばん遠い宇宙は、一三八億光年はなれたところ（光が一三八億年かけてとどく場所）です。また、宇宙は今もふくらみつづけていることがわかっています。そんな宇宙では、地球がどこに位置するのかもわからないように思えます。

しかし、一九九八年、最新の観測技術を使って「宇宙の地図」をつくるこころみがはじまったことで、地球のおおよその位置が想像できるようになってきました。

宇宙のなかの地球の位置

地球は、太陽のまわりをまわる「惑星」のひとつです。太陽は自分で光を出してかがやく「恒星」で、このまわりに地球をふくむ八つの惑星と、そのまわりをまわる月などの「衛星」、「小惑星」、「彗星」があり、「太陽系」をつくっています。太陽系のまわりには、ほかにもたくさんの恒星があり、それらが集まって「銀河系」をつくっています。

銀河系は、宇宙にたくさんある銀河（星の集まり）のひとつです。銀河系のまわりには、四〇こほどの銀河の集まりがあり、この集団を「局部銀河群」といいます。

さらに局部銀河群は、近くの銀河群やもっと大きい「銀河団」とともに「おとめ座超銀河団」とよばれる集団をつくっています。

つまり、地球は、「宇宙の大規模構造のなかにある、おとめ座超銀河団のなかの、局部銀河群のなかの、銀河系のなかの、太陽系のなか」にあるのです。

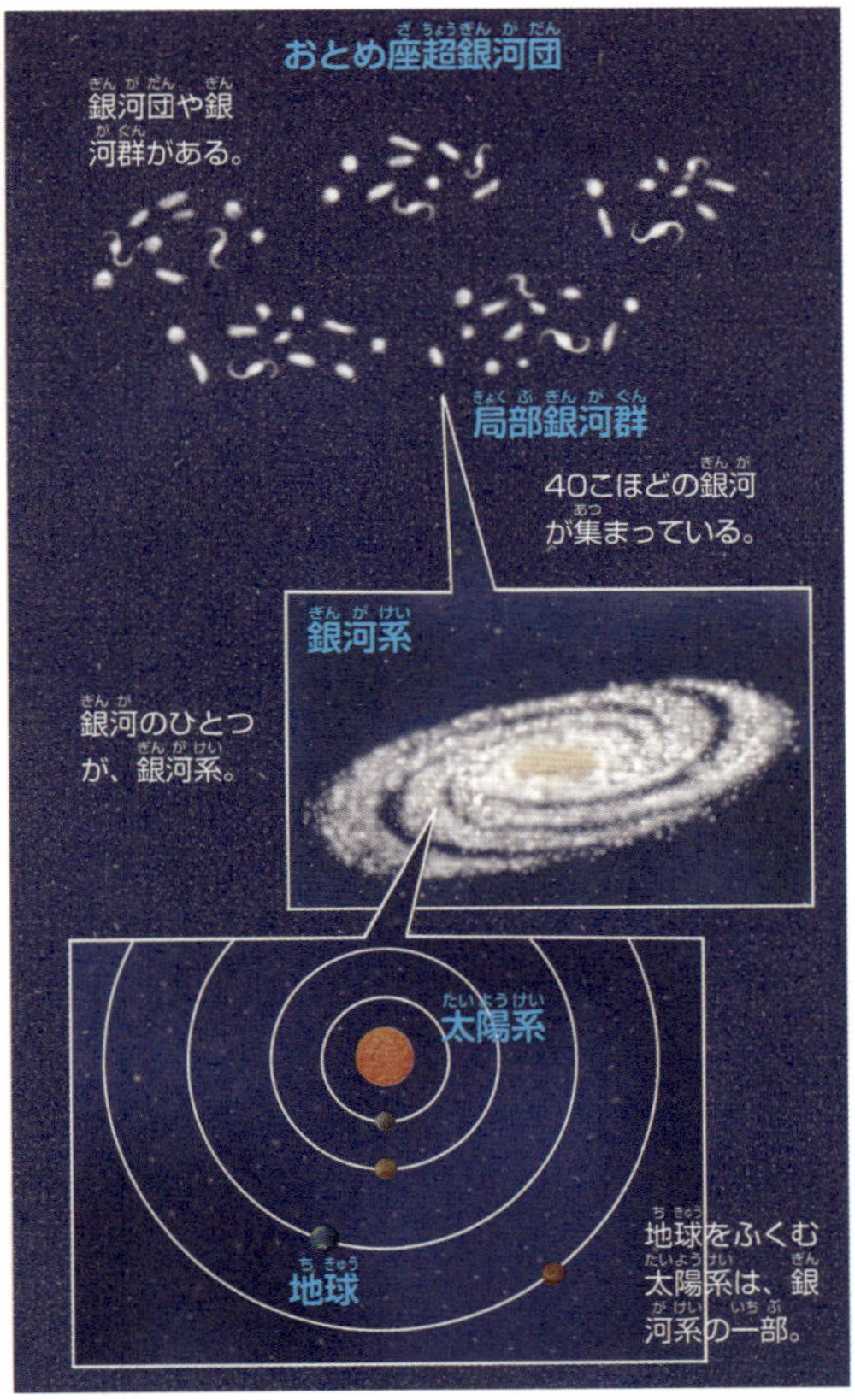
おとめ座超銀河団
銀河団や銀河群がある。
局部銀河群
40こほどの銀河が集まっている。
銀河系
銀河のひとつが、銀河系。
太陽系
地球
地球をふくむ太陽系は、銀河系の一部。

ここがポイント！
地球は、宇宙にあるおとめ座超銀河団のなかの、銀河系の一部にふくまれている。

24ページのこたえ　植物食

おはなしクイズ　太陽のように、自分で光を出してかがやく星を何という？

かぜは薬ではなおらない！

読んだ日にち（　年　月　日）（　年　月　日）（　年　月　日）

生命 人体

かぜの症状をやわらげる

みなさんは、かぜをひいたとき、かぜ薬を飲みますよね。

しかし、意外に思うかもしれませんが、かぜ薬でかぜはなおりません。そもそもかぜという病気はないのです。

かぜは正確には「かぜ症候群」とよばれています。細菌やウイルス（→30ページ）などがからだに入ることで起こる、発熱、せき、のどのいたみ、鼻水、鼻づまりなどの症状をまとめて「かぜ」とよんでいるだけなのです。

わたしたちのからだはウイルスなど、からだに害をあたえるものが入ると、それを追いだしてからだを守ろうとします。熱が出るのは、からだがウイルスなどとたたかうときに、そのしくみを活発にしようとするためです。また、せきやたん、鼻水はからだのなかのウイルスなどを外に出そうとするはたらきです。

かぜをなおすのは、こうしたからだのはたらきであり、薬ではありません。薬はこれらのはたらきによって生じる症状を、やわらげるためのものなのです。

かぜをなおすには

高熱が出たときや、せきやたんなどがひどい場合には、病院に行きましょう。症状がそこまでひどくない場合には、自分の力でなおすこともできます。具体的にはゆっくり休んでようすを見るのです。

その場合、からだを守るはたらきを活発にするためにも、からだと部屋をあたたかくたもち、水分と栄養をしっかりとりましょう。すいみんもたいせつです。

ここがポイント！
かぜ薬はかぜの症状をやわらげるものであって、かぜをなおすわけではない。

からだにとって敵であるウイルスなどが体内に入ったとき、からだを守ろうとするはたらきによって生じるさまざまな症状が、かぜ。

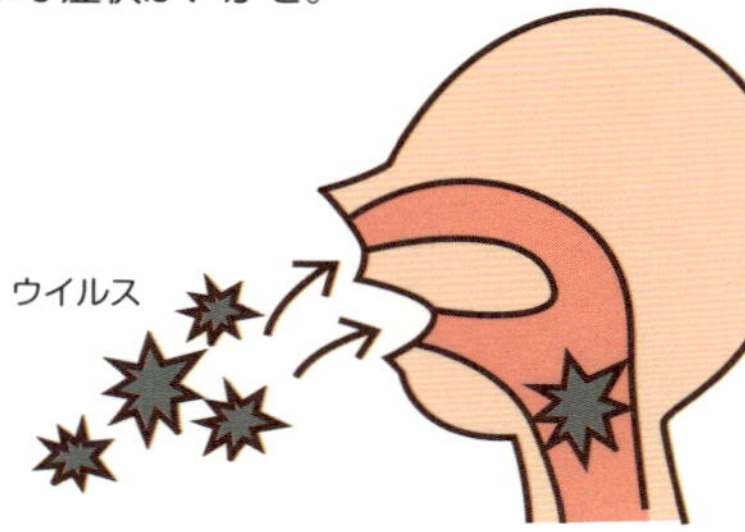
ウイルス

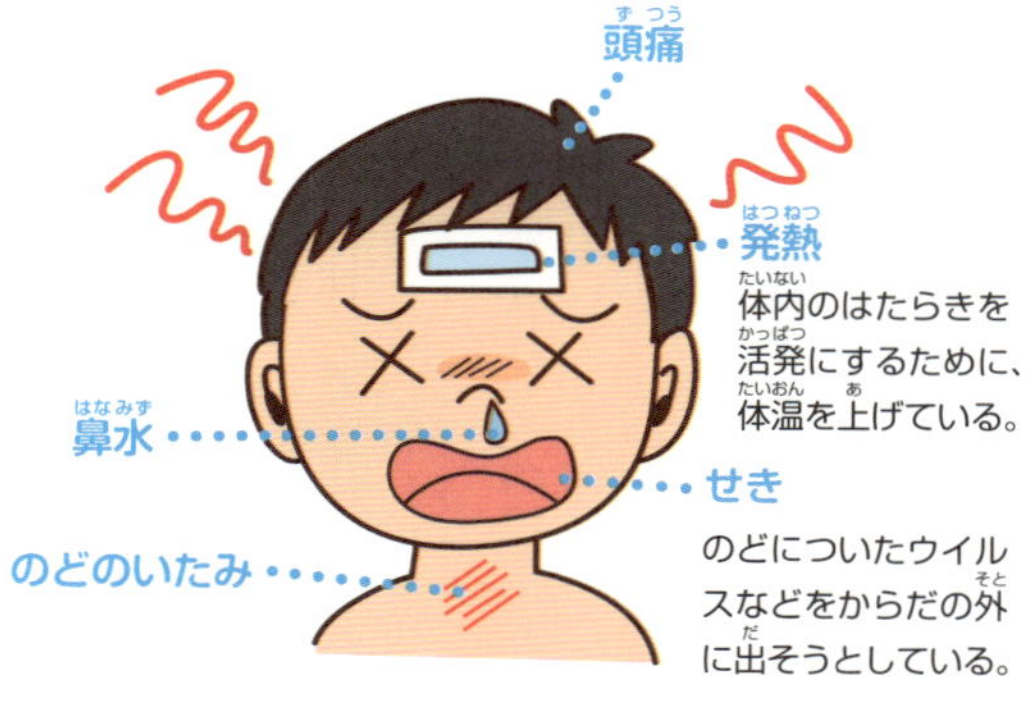
頭痛
発熱
体内のはたらきを活発にするために、体温を上げている。
鼻水
せき
のどのいたみ
のどについたウイルスなどをからだの外に出そうとしている。

かぜ薬はこれらの症状をやわらげるだけ。ウイルスなどとたたかうために必要なエネルギーをたくわえるには、ゆっくり休むことが必要。

25ページのこたえ　恒星

おはなしクイズ　かぜの正式なよび名は？

クモの糸は鉄よりもずっと強い！

読んだ日にち(　　年　　月　　日)(　　年　　月　　日)(　　年　　月　　日)

生命
虫

やわらかくて強いクモの糸

クモの糸にさわったことはありますか？　とてもやわらかくて、太さも人間のかみの毛の一〇分の一しかありません。しかし、この糸はすばらしい強さをもつ糸です。

鉄をさらに強くすると、鋼鉄というものができますが、同じ太さでくらべると、クモの糸はこの鋼鉄の五倍の強さをもっています。

クモの糸を一センチメートルの太さにして巣をつくれば、ジャンボジェット機がつっこんでもこわれない、ともいわれています。

さらに、クモの糸には強さだけでなく、よくのびちぢみする、約四〇〇度の熱にもたえられる、重さは同じ強さをもつ鋼鉄とくらべて約六分の一といったとくちょうもあります。こうしたことから、クモの糸を大量に生産し、洋服などに活用しようとする動きも広がっています。

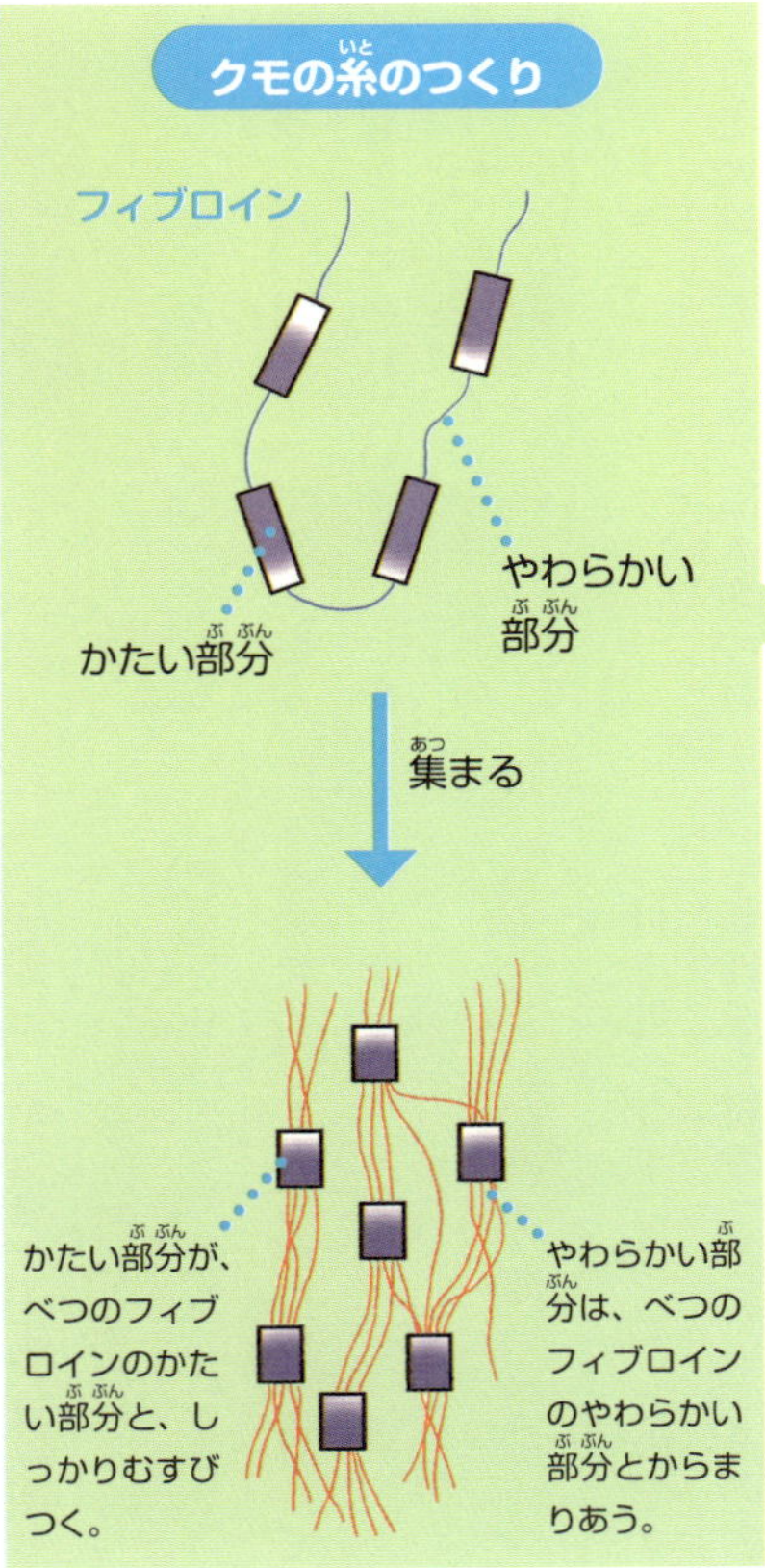
クモの糸のつくり
フィブロイン
かたい部分
やわらかい部分
集まる
かたい部分が、べつのフィブロインのかたい部分と、しっかりむすびつく。
やわらかい部分は、べつのフィブロインのやわらかい部分とからまりあう。

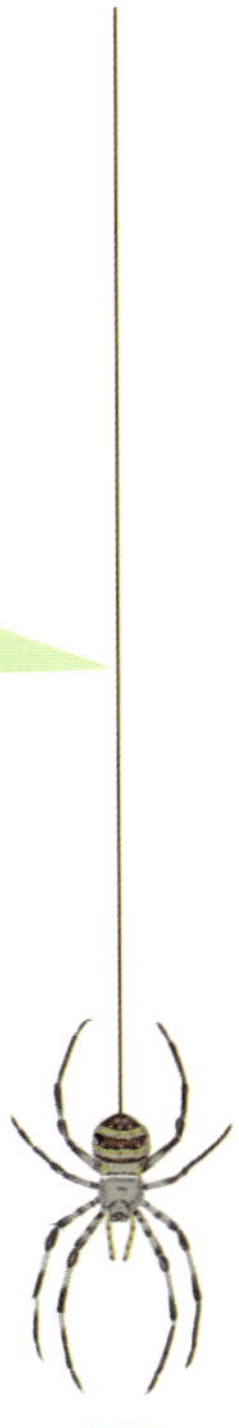
クモ

かたい部分がむすびつく

クモの糸は、どうしてそんなに強いのでしょう？

クモの糸は、「フィブロイン」とよばれる物質が集まってできています。このフィブロインは、かたい部分とやわらかい部分がこうごにならんだ、長い形をしています。

フィブロインが集まるときには、かたい部分がべつのフィブロインのかたい部分としっかりむすびつきます。そのため、クモの糸は強くてじょうぶなのです。

また、フィブロインのやわらかい部分は、べつのフィブロインのやわらかい部分とからまりあいます。これにより、クモの糸はのびちぢみしやすくなっています。

ここがポイント！
同じ太さでくらべると、クモの糸は、鉄を強くした鋼鉄の五倍の強さをもつ。

26ページのこたえ　かぜ症候群

おはなしクイズ　クモの糸は、何という物質でできている？

世界の見え方は、生きものによってちがう！

読んだ日にち(　年　月　日)(　年　月　日)(　年　月　日)

色の見え方がちがう

わたしたち人間をふくむ生きものの多くは、目によってたくさんの情報をとりいれています。しかし、すべての生きものがまわりのものを同じように見ているわけではありません。

たとえば、わたしたち人間の目は、色を正確にとらえることができます。ところが、イヌの目は赤と緑を見分けることがむずかしく、どちらも茶色のようにしか見えません。ネコの目も赤を見分けることが苦手で、赤はすべて茶色に見えます。

さらに、ハムスターの目は明るいか暗いかを区別できるだけで、色を見分けることができません。そのため、すべてが白黒で見えています。

見える範囲がちがう

目を動かさずに見ることのできる範囲を「視野」といい、その広さは角度によってあらわします。

人間の視野は約二一〇度ですが、両目で見える範囲が広くなっています。肉食動物であるライオンの視野は約二五〇度で、えものとのきょりを正確にはかれるように、人間と同じように両目で見える範囲が広くなっています。

これに対して、草食動物のシマウマは、両目で見える範囲はせまいですが、約三〇〇度の視野をもっています。しのびよる敵の存在にいち早く気づけるよう、肉食動物より広い視野をもっているのです。

そして、もっとも視野が広いのはウサギです。目が顔の横についていて、三六〇度に近い視野があります。

ここがポイント！
生きものによって、見分けることができる色や、見える範囲がことなる。

色の見え方

人間　イヌ

さまざまな色が見える。
赤色と緑色が、茶色のように見える。

ネコ　ハムスター

赤色はすべて茶色に見える。
すべて白と黒に見える。

見える範囲

うすい色の部分：片目で見える範囲
こい色の部分：両目で見える範囲

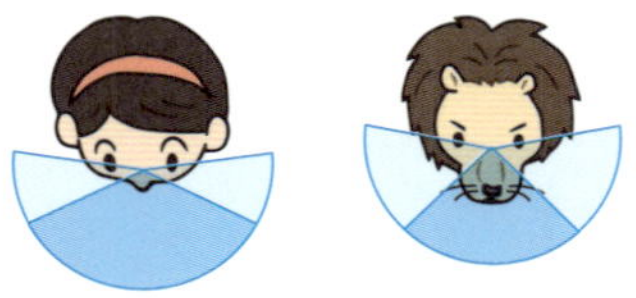

人間の視野 約210度
ライオンの視野 約250度

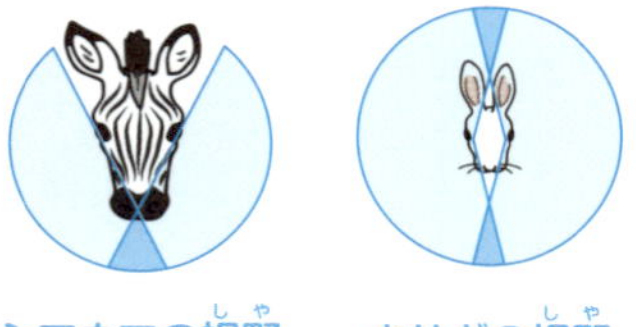

シマウマの視野 約300度
ウサギの視野 約360度

27ページのこたえ
フィブロイン

おはなしクイズ ネコが見分けるのが苦手な色は？

1月12日のおはなし

電車が動くと転びそうになるのはなぜ?

読んだ日にち(　　年　　月　　日)(　　年　　月　　日)(　　年　　月　　日)

もののはたらき
力

慣性がはたらく

みなさんは、乗っている電車が動きはじめたときに、電車が動いた方向とはぎゃくの方向に転びそうになったことはありませんか? いったいどうして、こんなことが起きるのでしょう。

動きがなくて止まっているものは、まわりから力がくわわらないかぎり、そのまま止まりつづけようとします。この性質を、「慣性」といいます。

電車が動きはじめても、電車のなかの人は止まっているので、慣性によって、その場に止まりつづけようとします。

しかし、電車は前へ進んでいきます。そのため、電車が動いた方向とはぎゃくの方向に転びそうになるのです。

動きつづけようとする

慣性をもつのは、止まっているものだけではありません。

動いているものは、まわりから力がくわわらないかぎり、同じ速度で動きつづけようとします。この性質も、慣性といいます。

電車がブレーキをかけたときには、電車が止まっても、なかの人は慣性によって動きつづけようとします。

そのため、それまで動いていた方向に転びそうになるのです。

ここがポイント!
電車が動きはじめたときや、ブレーキをかけたときには、慣性によって転びそうになる。

電車が動きはじめたとき

電車の方向
止まりつづけようとする。

電車のなかの人は、止まりつづけようとするため、電車が動いた方向とはぎゃくの方向に転びそうになる。

電車がブレーキをかけたとき

動きつづけようとする。
キキーー!

電車のなかの人は、動きつづけようとするため、それまで動いていた方向に転びそうになる。

おはなしクイズ 止まっているものは止まりつづけ、動いているものは動きつづけようとする性質を何という?

28ページのこたえ 赤色

インフルエンザを起こすこまりものの正体！

読んだ日にち（　　年　　月　　日）（　　年　　月　　日）（　　年　　月　　日）

自分の力でふえない

高い熱やせき、鼻水などでわたしたちを苦しめるインフルエンザは、「インフルエンザウイルス」というウイルスによって起こる感染症です。かぜとにたようなものだと思われがちですが、かぜは細菌なども原因になります。

ウイルスは、一ミリメートルの一万分の一くらいの大きさのものです。からだの設計図となる遺伝子（→95ページ）と、それをつつむからだけでできており、細菌などとちがって、自分だけでは数をふやせません。

そのため、ほかの生きものの細胞、つまり生きた細胞のなかに入りこみ、細胞に自分の遺伝子をつくらせることでふえていきます。

ウイルスからからだを守る

人間の体内にウイルスが入りこむと、からだはウイルスを外に追いだそうとします。

そして、ウイルスとたたかうしくみ（→105ページ）を強めるために熱を出し、また、ウイルスがまざった「たん」をはきだすためにせきを出し、さらに、鼻のなかの「粘膜」という膜をウイルスから守るために鼻水を出す、ともいわれています。

インフルエンザにかかった人が、せきやくしゃみをしたときには、ウイルスがまざったたんやつばなどがとびちります。これを吸いこむと、インフルエンザに感染するのです。

また、インフルエンザウイルスはあつさと湿気に弱く、寒くてかんそうした冬の環境が生息に適しています。そのため、インフルエンザは冬に流行します。

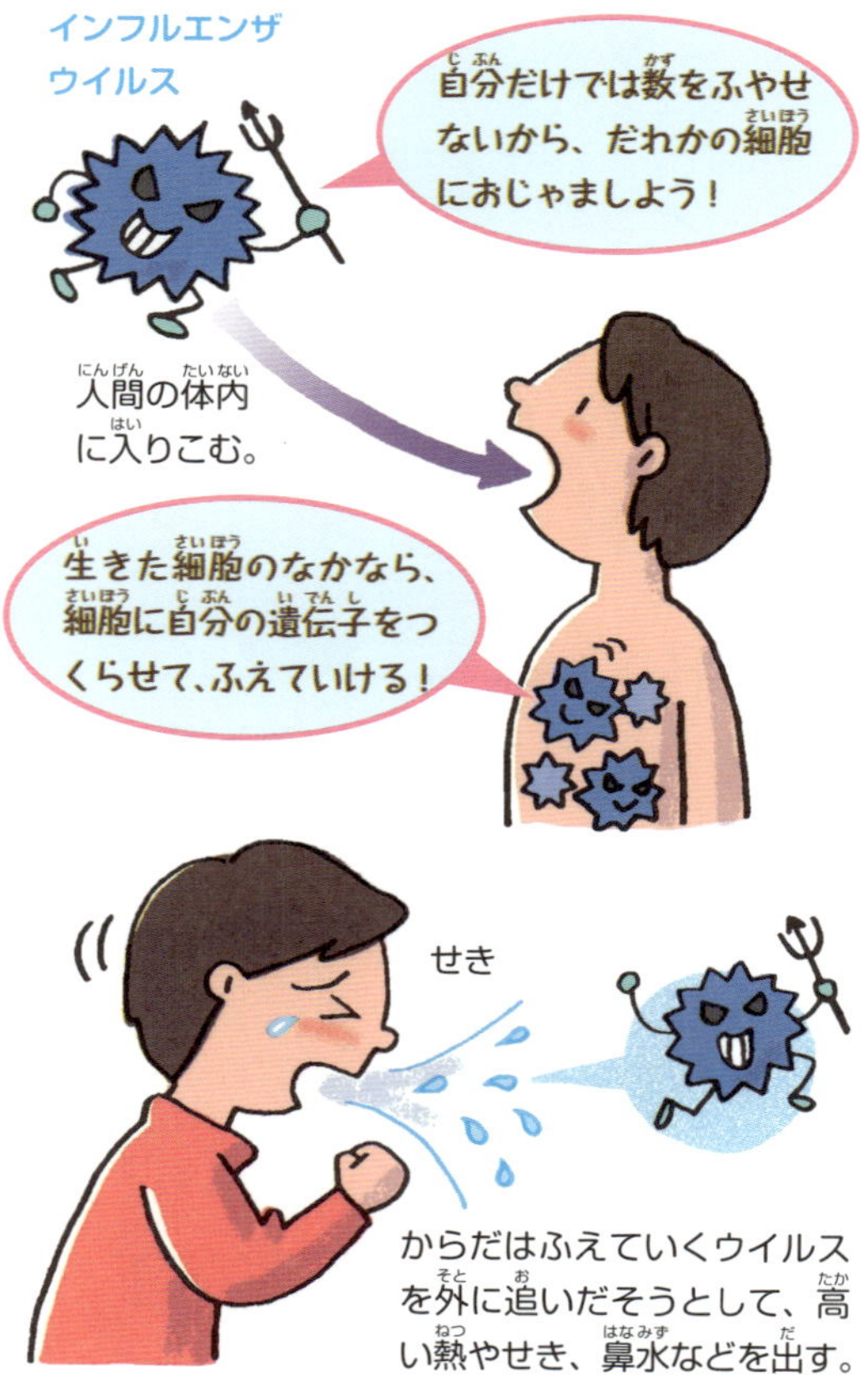
インフルエンザウイルス
自分だけでは数をふやせないから、だれかの細胞におじゃましよう！
人間の体内に入りこむ。
生きた細胞のなかなら、細胞に自分の遺伝子をつくらせて、ふえていける！
せき
からだはふえていくウイルスを外に追いだそうとして、高い熱やせき、鼻水などを出す。

ここがポイント！
インフルエンザを起こすのは、生きた細胞のなかでふえる、「インフルエンザウイルス」というウイルス。

29ページのこたえ　慣性

おはなしクイズ　インフルエンザを起こす原因は？

宇宙は寒いの？　あついの？

読んだ日にち（　　年　　月　　日）（　　年　　月　　日）（　　年　　月　　日）

宇宙はあつくも寒くもない？

みなさんは、夏や冬になると毎日「あついな」「寒いな」と感じることでしょう。では、そのように感じるのはなぜでしょうか？　それは、空気の温度が原因です。

日本の場合、空気の温度、つまり気温は、夏には三五度以上になることもあります。反対に、冬には場所によっては、気温がマイナスになることもあります。このように、空気の温度が高いかひくいかによって、わたしたちは「あつい」「寒い」と感じているのです。

ところが、宇宙にはその空気がありません。ですから、地球上にいるときのように、気温によってあつさ、寒さを感じることはありません。

太陽の光しだい

ただし宇宙でも、ものに太陽の光があたれば、そのものの温度が上がります（→42ページ）。この場合の温度は、何と一〇〇度以上です（地球の近くの場合）。地球上では、空気や海の水によって太陽の光による熱がやわらげられていますが、空気も海の水もない宇宙では、温度の上がり方がずっとはげしくなるからです。

また、空気や海の水には熱をたもってくれるはたらきもあるのですが、宇宙ではその効果もありませんから、光があたらないと、温度はどんどん下がっていきます。

そのため、太陽の光があたらないところの温度は、マイナス一〇〇度よりもひくくなってしまいます。

ちなみに、宇宙飛行士は宇宙服で温度を調整しているため、このような宇宙空間でも活動することができるのです。

空気も海の水もない宇宙では、太陽の光があたるところの温度はとても高く、あたらないところの温度はとてもひくい。
100度以上
マイナス100度以下
地球は空気や海の水があるおかげで、ちょうどいい温度になっているよ。

ここがポイント！
空気や海の水のない宇宙では、太陽の光があたるところは一〇〇度以上に、あたらないところではマイナス一〇〇度以下になる。

30ページのこたえ　インフルエンザウイルス

おはなしクイズ　地球上で、太陽の光による熱をやわらげているものは何？

練習すれば、速く走れるの？

読んだ日にち(　　年　　月　　日)(　　年　　月　　日)(　　年　　月　　日)

「遅筋」と「速筋」

学校でマラソンをするときには、もっと速く走れるようになりたいと思いませんか。

陸上の選手には、短いきょりを走るのがとくいな短きょり走の選手と、長いきょりを走るのがとくいな長きょり走の選手がいます。どちらがとくいかは、多くついている筋肉の種類によります。

短きょり走の選手は、すばやくちぢむことのできる「速筋」という白っぽい筋肉が多くついています。一気に大きな力を出すことができますが、長時間はもちません。

いっぽう、長きょり走の選手は、「遅筋」という赤っぽい筋肉が多くついています。遅筋は、速筋ほど速くちぢむことはできません。しかし、エネルギーをつくるために必要な酸素をたくわえておく「ミオグロビン」という物質がたくさんあるので、つかれにくいというとくちょうがあります。

じつは、短きょり走のトレーニングをすれば速筋がふえ、長きょり走のトレーニングをすれば遅筋がふえることが、すでにわかっています。ですので、効果的なトレーニングを行えば、速く走れるようになるのです。

速筋

- 短きょり走に向いている筋肉。
- ちぢむのが速く、一気に力が出せる。

筋肉の色は、白っぽい。

遅筋

- 長きょり走に向いている筋肉。
- ちぢむのはおそいが、ミオグロビンが多いのでつかれにくい。

筋肉の色は、赤っぽい。

ここがポイント！
筋肉の種類に合わせて練習すれば、速く走れるようになる。

31ページのこたえ　空気や海の水

おはなしクイズ　長きょり走がとくいな選手に多くついている筋肉は？

1月16日

鳥がならんで空をとぶのはなぜ？

読んだ日にち（　年　月　日）（　年　月　日）（　年　月　日）

生命
鳥

長いきょりを楽にとぶ

たくさんの鳥がVの字にならんで、空をとんでいるのを見たことがありますか？　これは「わたり鳥」とよばれる鳥たちです。

わたり鳥は、季節によってすむ場所をかえます。たとえばハクチョウは、日本で冬をすごし、春になると三〇〇〇〜四〇〇〇キロメートルものきょりをとんで、日本より北の地域へ帰っていきます。

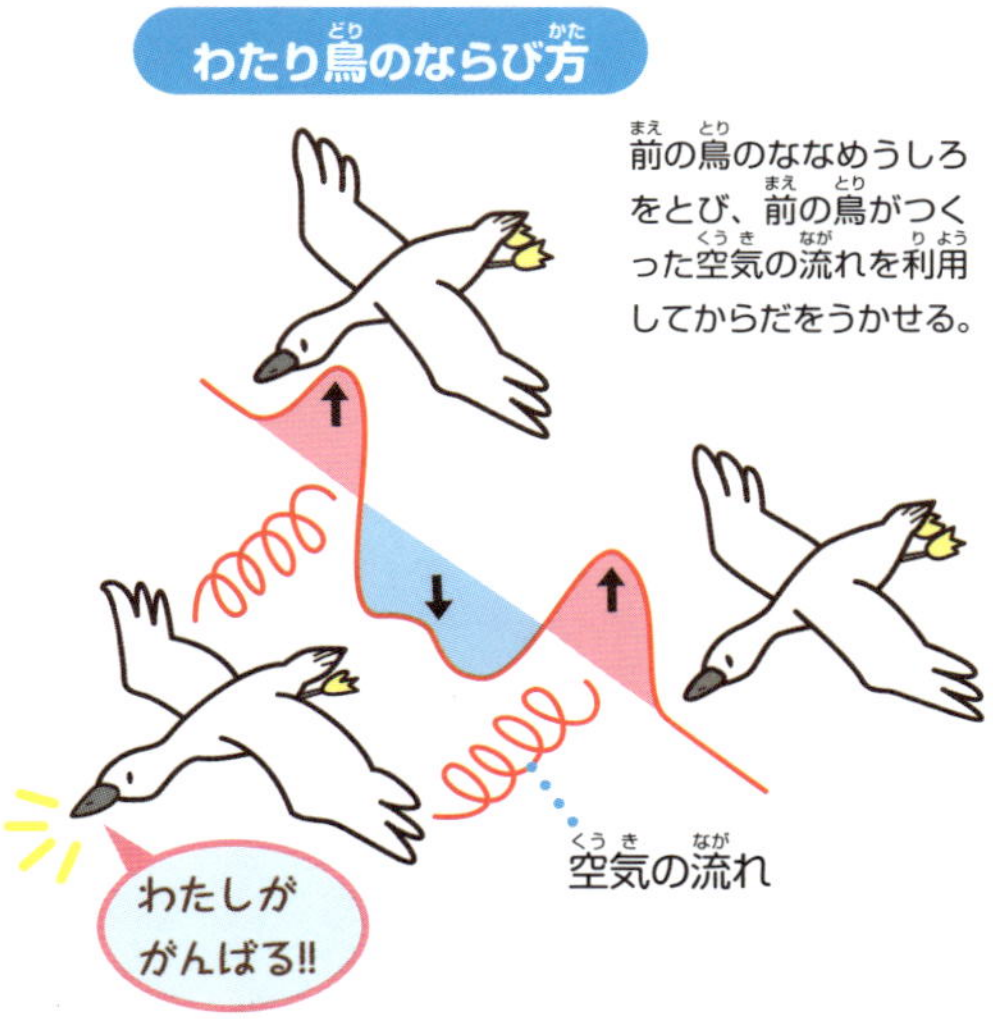
わたり鳥のならび方
前の鳥のななめうしろをとび、前の鳥がつくった空気の流れを利用してからだをうかせる。
空気の流れ
わたしががんばる!!

わたり鳥がVの字にならぶのは、この長いきょりをなるべく少ないエネルギーでとぶための知恵です。

鳥がつばさを下ろすと、つばさの下に空気がおしやられます。すると、その空気がつばさの上に流れこんで、つばさのまわりに空気のうずがうまれます。このうずの外がわは、上向きの流れになっています。そのため、わたり鳥はほかの鳥のななめうしろをとび、前にいる鳥がつくった空気の流れを利用して、からだをうかせるのです。

左右のつばさがつくる空気の流れを利用して、鳥たちが順番にこのとび方をすると、Vの字の形になります。また、前にいる鳥のななめうしろにまっすぐならんで、とぶ場合もあります。

ちなみに、先頭をとぶ鳥は空気の流れを利用できず、たくさんのエネルギーを使うので、かならずこうたい制になっています。

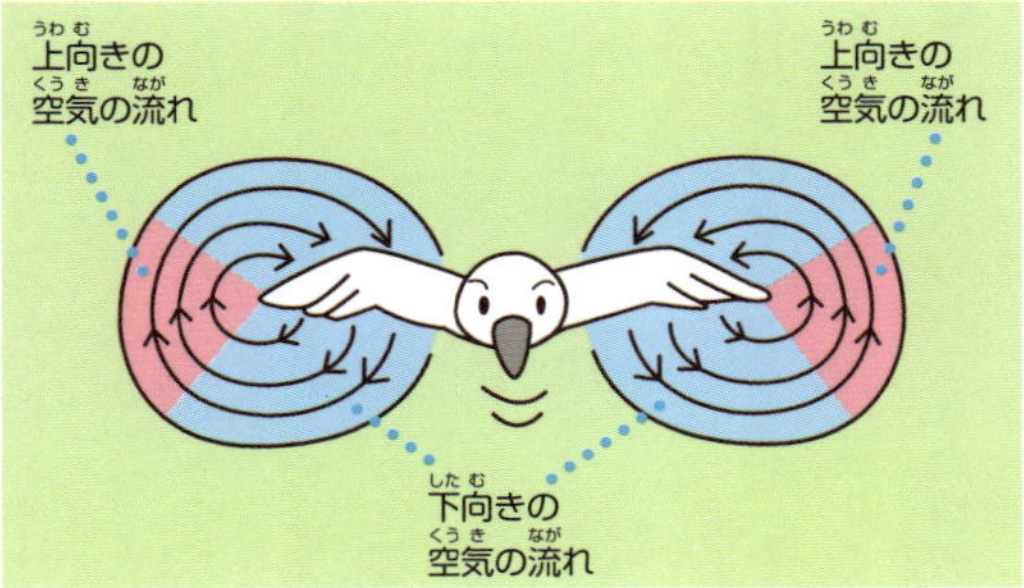
上向きの空気の流れ
上向きの空気の流れ
下向きの空気の流れ

ならばないわたり鳥もいる

同じわたり鳥でも、ツバメのような小さな鳥は、あまりならんでとびません。つばさがつくる空気の流れが小さく、またほとんどつばさを動かさずに、速いスピードでとぶからです。

ここがポイント！
ハクチョウなどの鳥はならぶことで、長いきょりを少ないエネルギーでとべる。

32ページのこたえ　遅筋

おはなしクイズ　季節によって、すむ場所をかえる鳥を何という？

緊急地震速報はどうやって出しているの？

読んだ日にち（　年　月　日）（　年　月　日）（　年　月　日）

地震の発生をすぐに知らせる

日本は地震がとても多い国です。地震が起きたら、すぐ安全なところに避難しなくてはなりません。そのため日本には、地震の発生をできるだけ早くつたえるしくみがあります。それが緊急地震速報です。

地下で地震が起きると、ゆれは「地震波」という波としてつたわります。これを「地震計」という地震のゆれを測定する装置でとらえて、地上が大きくゆれる前に、人びとに知らせるのです。

緊急地震速報に利用される地震計は、日本全国の約一〇〇〇か所に設置されていて、いつどこで地震が起きてもすぐに地震波をキャッチすることができます。

二種類の波の速度差を利用

地震波は大きくふたつに分かれています。P波とS波です。このうち、P波のほうがより速くつたわります。S波は速度はおそいのですが、強いゆれを起こすため、大きな被害につながります。強いゆれにそなえるためには、このS波が自分のいる場所につたわってくる前に、できるだけ早く地震の発生を知らなくてはなりません。

地震計はP波をとらえたら、その情報をすぐに気象庁に送ります。気象庁では送られてきた情報をもとに、どの地域にどれくらいのゆれが起きるのかをコンピューターで予測します。その結果、震度五弱以上が予想されれば、緊急地震速報を出します。

速報はテレビやラジオで発表されるほか、携帯電話やスマートフォンにもとどきます。速報から、数秒～数十秒でゆれの大きなS波がやってきますので、その前に、ゆれにそなえましょう。

ただし、震源に近い場所では速報は間にあいません。そのため、ふだんから地震にそなえておくことがたいせつです。

ここがポイント！
ふたつの地震波のうち、速くつたわるP波を地震計がとらえ、緊急地震速報を出している。

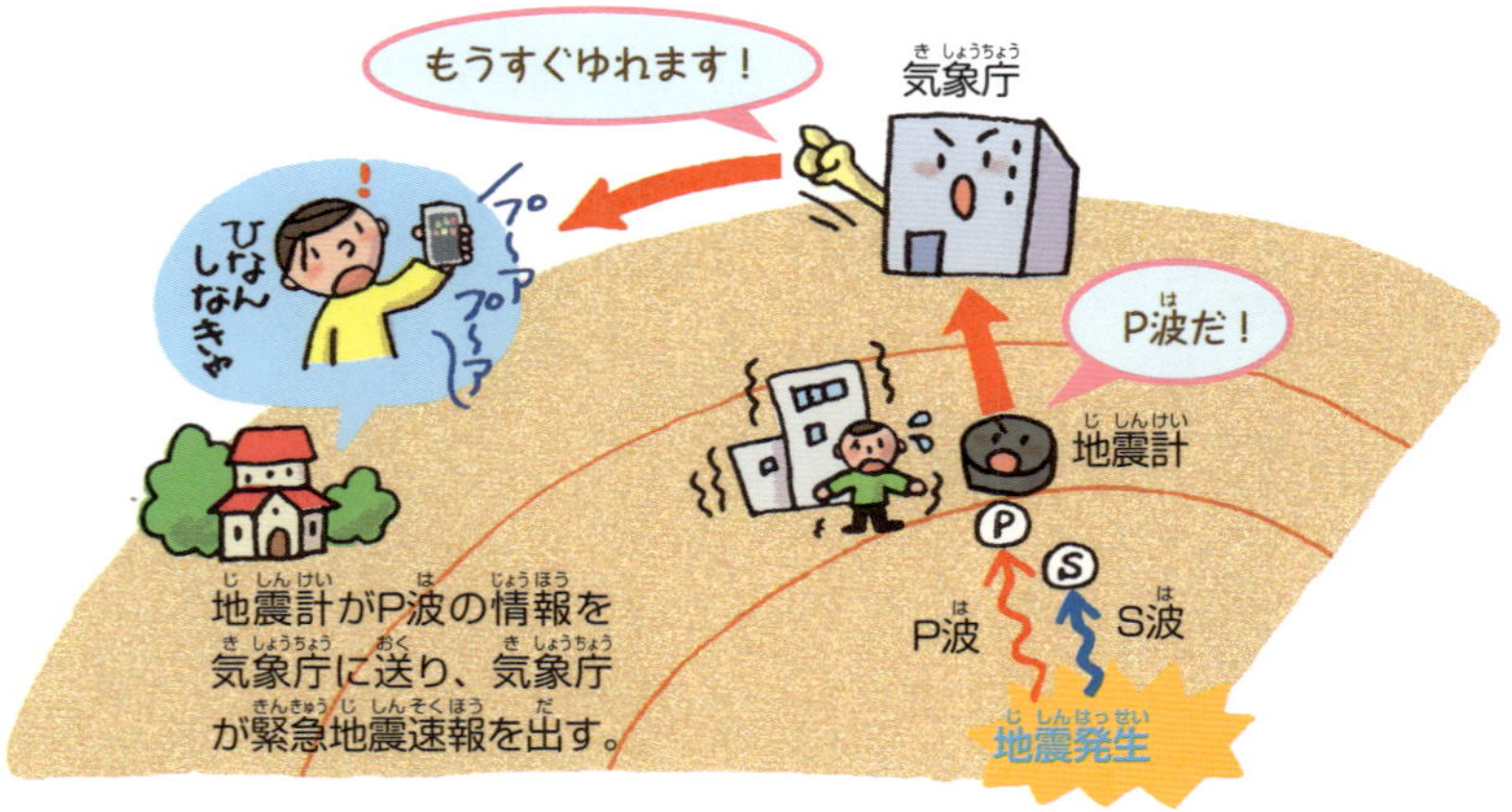
もうすぐゆれます！
気象庁
ひなんしなきゃ
プ～ア
プ～ア
P波だ！
地震計
P波
S波
地震発生
地震計がP波の情報を気象庁に送り、気象庁が緊急地震速報を出す。

33ページのこたえ わたり鳥

おはなしクイズ 地震が起きると発生するふたつの地震波のうち、大きなゆれを起こすのは？

大きな鉄の船が、水にうくのはどうして？

読んだ日にち（　　年　　月　　日）（　　年　　月　　日）（　　年　　月　　日）

もののはたらき
力

船にはたらく力

鉄でできている船は、大きなものだと何万トンという重さがあります。ところが、この鉄の船は水にしずまずにうきます。いったいなぜ、それほど重い船が水にうくのでしょうか。

船を水の上にのせると、船は水をおしのけてしずみます。このとき、船にはおしのけた水の重さと同じだけ、うかせようとする力がはたらきます。これを「浮力」といいます。

船がたくさんしずむと、その分おしのける水の量も多くなるので、浮力も大きくなります。すると、浮力と船の重さがつりあって、船は水にうきます。

浮力よりも重くなるとしずむ

鉄でできている船は、とても重いように思えます。しかし、なかが空どうになっているおかげで、大きさのわりに軽いため、水の浮力でうくことができるのです。ただし、人や荷物をたくさんのせたり、なかに水が入ったりして、全体の重さが浮力よりも大きくなると、しずんでしまいます。

そのため、船の横には、人や荷物ののせすぎをふせぐための「満さいきっ水線」という線がえがかれています。人や荷物ののせすぎで、船がこの線よりもしずむと、沈没するおそれが高まることをしめしているのです。

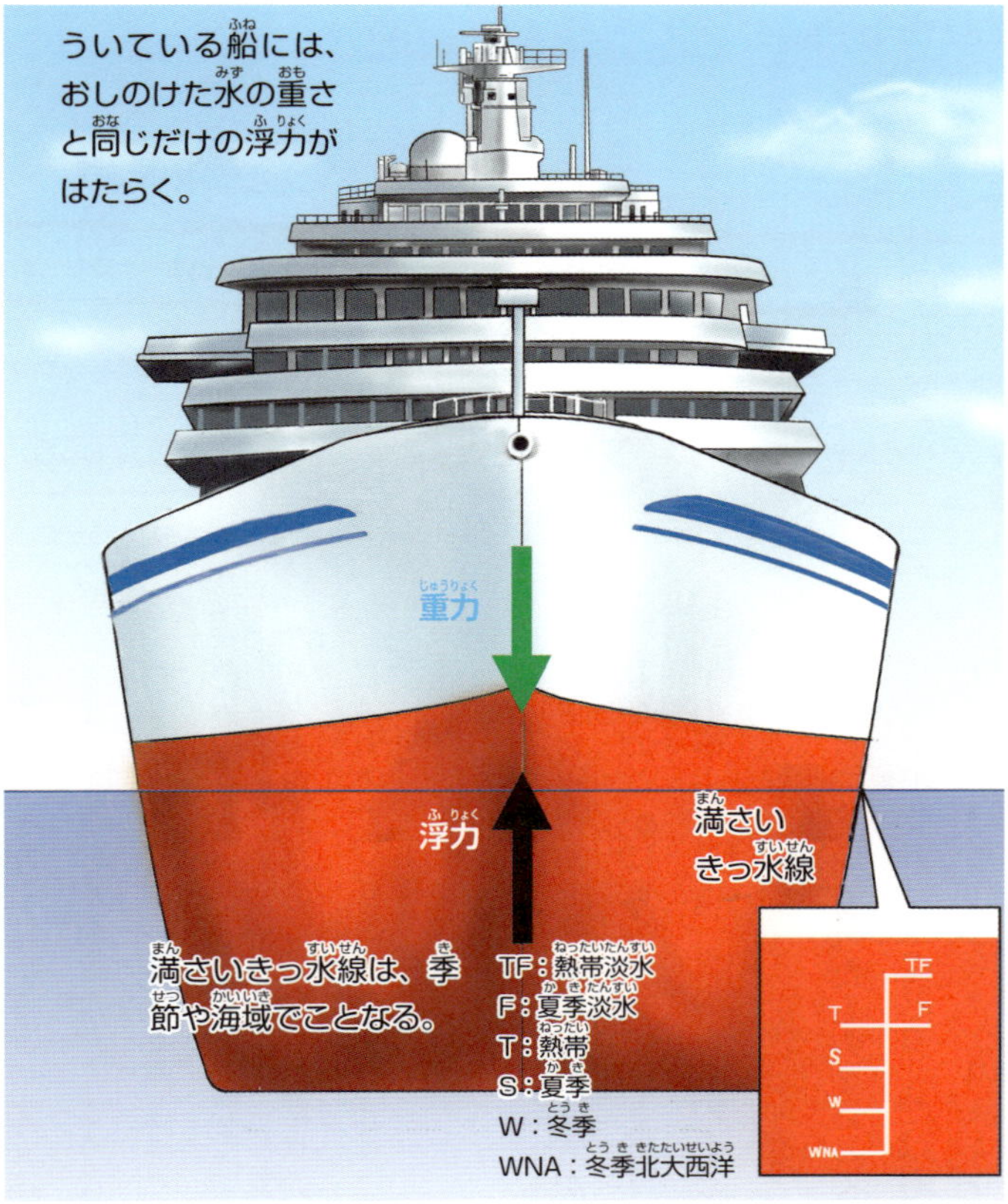
ういている船には、おしのけた水の重さと同じだけの浮力がはたらく。
重力
浮力
満さいきっ水線
満さいきっ水線は、季節や海域でことなる。
TF：熱帯淡水
F：夏季淡水
T：熱帯
S：夏季
W：冬季
WNA：冬季北大西洋
TF
F
T
S
W
WNA

ここがポイント！
船には、おしのけた水の重さの分だけ浮力がはたらく。そのため、船は水にうくことができる。

34ページのこたえ　S波

おはなしクイズ　人や荷物ののせすぎをふせぐために、船体にえがかれている線を何という？

トビウオは魚なのになぜとべるの？

読んだ日にち（　　年　　月　　日）（　　年　　月　　日）（　　年　　月　　日）

生命
魚

大きな胸びれを使う

トビウオという魚を知っていますか？　水中からとびだして、水の上をとぶ魚です。

とぶきょりは平均で一〇〇〜三〇〇メートル、高さは約二メートルですが、長い場合は四〇〇メートルもとび、高さは最高で一〇メートルにもなります。ふだんは水のなかを泳ぐ魚なのに、どうしてこんなにとぶことができるのでしょうか。ひみつは、大きな胸びれにあります。

トビウオのなかまは、大きな胸びれをもっていて、これをつばさのように広げてとぶのです。種類によっては、胸びれだけでなく、大きなはらびれも広げます。ただし、鳥のようにはばたくことはできないので、水中でしっかり助走をつけてから、水の上にとびだします。助走するときの速さは、時速七〇キロメートルに達するといわれています。

また、とびだすときは、尾びれの下半分を左右にいきおいよくふります。この水面をたたくような動きによって、さらにとぶきょりをのばせるのです。この動きは、とぶ速度が落ちて、からだが水面にふれるたびにくり返されます。

トビウオのとび方

※トビウオのとび方を、「滑空」ともいう。

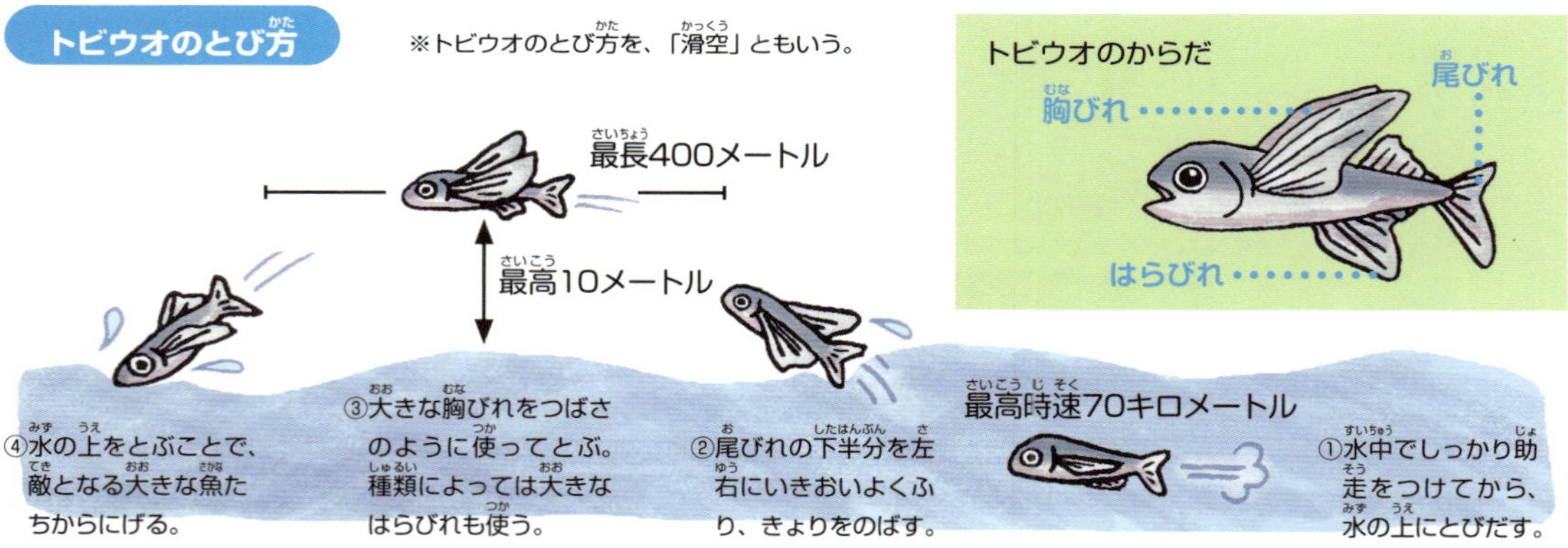
最長400メートル
最高10メートル
最高時速70キロメートル
①水中でしっかり助走をつけてから、水の上にとびだす。
②尾びれの下半分を左右にいきおいよくふり、きょりをのばす。
③大きな胸びれをつばさのように使ってとぶ。種類によっては大きなはらびれも使う。
④水の上をとぶことで、敵となる大きな魚たちからにげる。
トビウオのからだ
胸びれ
尾びれ
はらびれ

からだを軽くしている

トビウオがとべるひみつは、からだのなかにもあります。トビウオのからだには、食べたものをとかす「胃」がありません（コイなどもそうです）。食べたものを運んでいく、消化管とよばれるくだはありますが、これもふつうの魚より短く、直線になっています。さらに、骨のなかはほとんどからっぽになっているのです。このように、できるだけからだを軽くしているため、トビウオはとぶことができます。

ここがポイント！
トビウオは、大きな胸びれやはらびれなどを使って水の上をとぶ。

35ページのこたえ
満さいきっ水線

おはなしクイズ　トビウオは、何をつばさのように使ってとぶ？

雨と雪って、何がちがうの?

読んだ日にち(　年　月　日)(　年　月　日)(　年　月　日)

地球 気象

気温によってかわる雨と雪

空からふってくる雨と雪は、どちらももともとは同じものです。

空気のなかの目に見えない水蒸気が、上空にふきあげられてひやされると、水滴になります。そうして目に見えるようになったものの集まりが、雲です(↓244ページ)。空の高いところは、空気が冷たいので、雲のなかの水のつぶは、氷のつぶになります。

このつぶは雲のなかで、上空に向かう空気の流れにふきあげられて上がったり、下がったりしながら、さらに水蒸気をまわりにくっつけて、大きく成長していきます。

氷のつぶが、大きくなって重くなると、ういていることができなくなり、落下します。そして、落ちていくとちゅうで、温度が○度以上になるととけて雨になります。また、○度以下の状態でとけずに落ちると、雪になります。

さらさらの雪、ベタベタの雪

とけずに地上に落ちる雪のつぶにも、空気の状態によって、大きさや形、性質にちがいがあります。

さらさらした「こな雪」は、寒くて、空気がかわいているときにふります。直径二ミリメートルほどの細かい雪です。

いっぽう、比較的あたたかく、空気がしめっているときには、ベタベタした「ぼたん雪」になります。ぼたん雪のひとつのつぶは、大きいものは三~四センチメートルになる場合もあります。

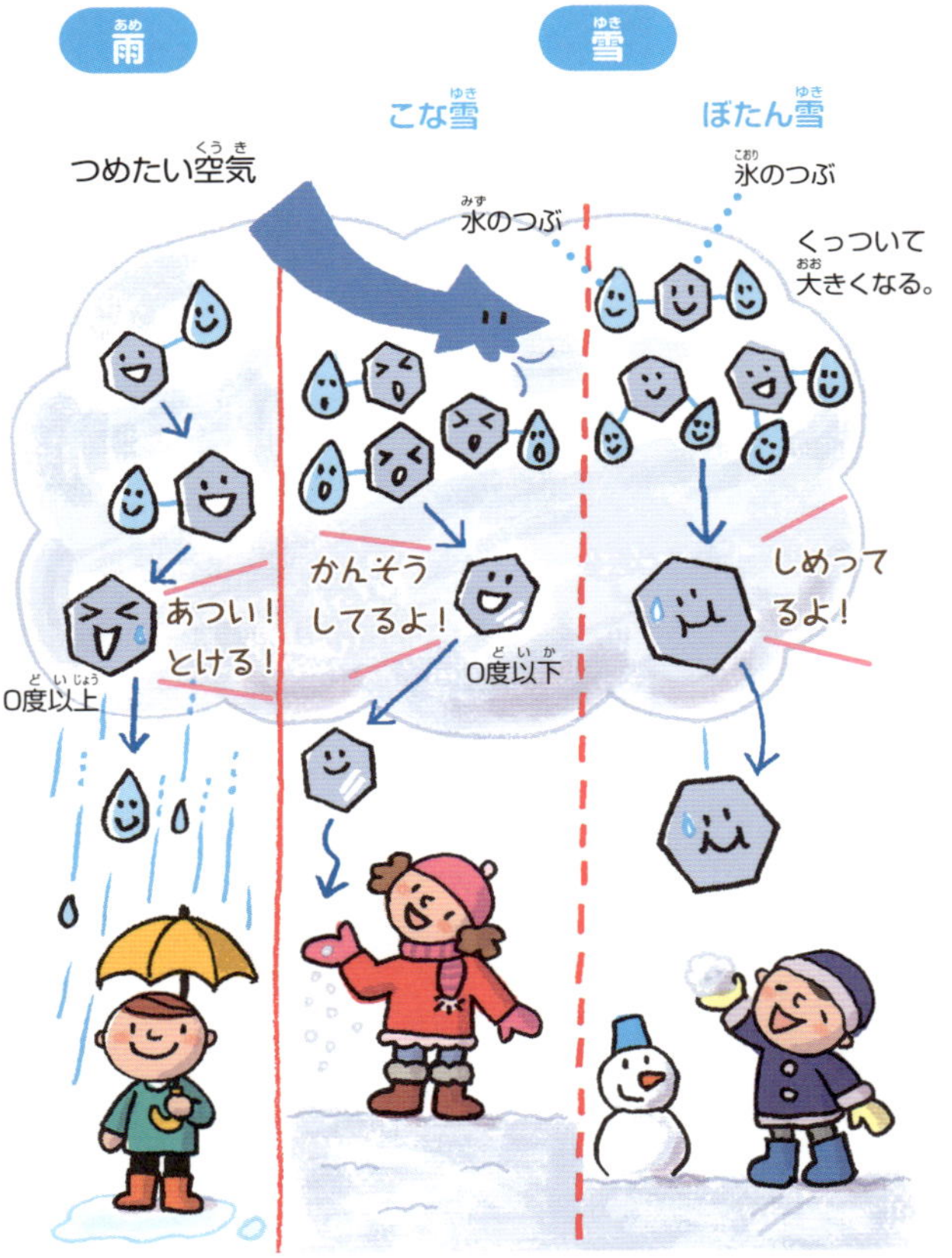
雨
雪
こな雪
ぼたん雪
つめたい空気
水のつぶ
氷のつぶ
くっついて大きくなる。
あつい!とける!
0度以上
かんそうしてるよ!
0度以下
しめってるよ!

ここがポイント!
雨と雪は、もともとは同じ雲のなかの氷のつぶで、地上に落ちるときにとけたのが雨。

36ページのこたえ 胸びれ

おはなしクイズ 寒く、空気がかわいているときにふる雪は?

雪をとかすには塩をまくといい？

読んだ日にち（　　年　　月　　日）（　　年　　月　　日）（　　年　　月　　日）

ものの性質 変化

塩水は氷になりにくい

雪がふるときには、道路に塩がまかれることがあります。いったいどうして、そんなことをするのでしょう。

水は、「水分子」という、小さなつぶが集まってできています。水が液体の状態のときには、水分子は自由に動いています。しかし、水の温度が○度になると、水分子はしっかりつながって、きれいにならびます。これが氷という固体の状態です。

ただし、水に塩をくわえた場合は、水分子に塩のつぶがまざって、きれいにならぶのがむずかしくなります。そのため、○度でも氷になりません。塩の量にもよりますが、塩水はもっともつめたくなると、マイナス二一度くらいにならないと、こおらないのです。

このように、水と塩水は同じ液体でも、氷になる温度にかなりちがいがあります。

塩で雪の温度が下がる

塩は、水にとけやすい性質をもっています。まだ水分をふくんだ雪の上に塩をまくと、塩がその水にとけて、塩水ができます。

塩が水にとけるときには、まわりの雪から熱をうばうため、まわりの雪の温度が下がります。すると、たとえば気温がマイナス五度でも、雪はそれよりもひくい温度になり、温度差がうまれます。熱は、温度が高いほうからひくいほうへ移動するため、まわりの大気の熱を使って、雪はとけるというわけです。

こうして塩水になった雪は、氷になる温度がひくいので、真夜中や明け方に気温が下がっても、なかなかこおりません。そのため、雪がふる前や、雪がふっているときに塩をまくと、こおった雪ですべることがなく、安心です。

塩で雪がとけるしくみ

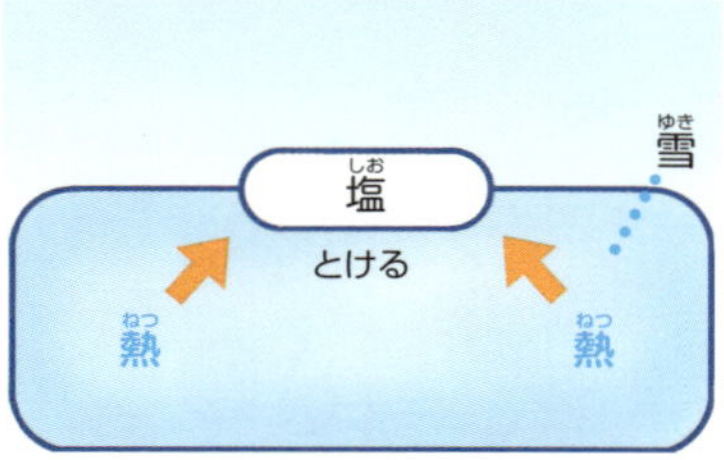
雪
塩
とける
熱
熱

①まだ水分をふくんだ雪に塩をまくと、塩がまわりの雪から熱をうばってその水にとけ、塩水ができる。
②熱をうばわれた、まわりの雪の温度が下がる。

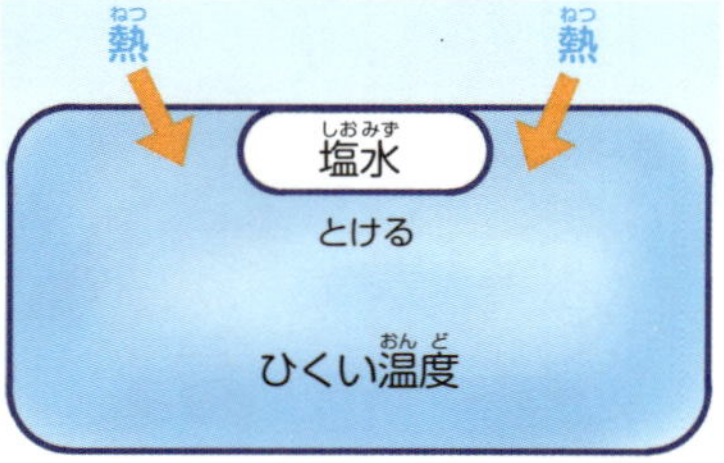
熱
熱
塩水
とける
ひくい温度

③雪は気温よりもひくい温度になり、大気の熱を使ってとける。

ここがポイント！
雪に塩をまくと、塩水ができる。このときに熱をうばわれた雪は、大気から熱が移動してくることでとける。

37ページのこたえ　こな雪

おはなしクイズ　塩水がこおるのは、最低でマイナス何度くらい？

太陽にも、活動が活発なときとそうでないときがある!

読んだ日にち(　　年　　月　　日)(　　年　　月　　日)(　　年　　月　　日)

太陽のしみ・黒点

太陽は、空でいつも同じようにかがやいているように見えます。しかし、じっさいの太陽は、だいたい一一年周期で活動が活発な時期（極大期）とそうでない時期（極小期）をくり返していることがわかっています。

太陽の活動が活発かどうかを知るひとつの目安になるのが、「黒点」です。黒点とは、太陽の表面に黒いしみのように見える部分です。太陽の表面の温度は約六〇〇〇度ですが、黒点は約四〇〇〇度と、ほかの部分よりも温度がひくいため、黒く見えます。

太陽の活動が活発なときには、たくさんの黒点を見ることができますが、そうでないときは、黒点が少なくなり、まったく見られなくなることもあります。

黒点ができるわけ

黒点はなぜできるのでしょうか。じつは、これには太陽の「磁力」（磁石の力）が関係しています。

太陽の活動が活発になると、太陽の内部のガスの動きがさかんになり、強い磁力が発生しやすくなります。

磁力が強くなると、磁力のはたらく向きをしめす「磁力線」の束が表面からとびだし、また太陽にもどってきます。その出入り口が、黒点なのです。

そのため、太陽の活動が活発なときには、黒点が多くなるというわけです。

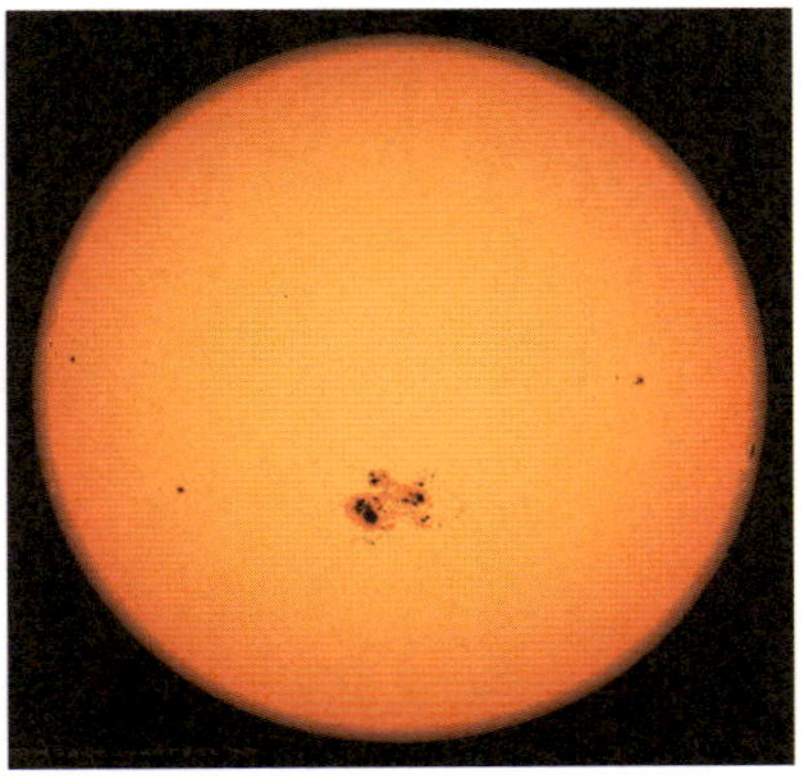

太陽の表面にある黒いしみのような部分が黒点。ほかの部分より約2000度も温度がひくい。

極大期
極小期

黒点の数が多いときは、太陽の活動が活発なとき。

黒点の数が少ないときは、太陽の活動が活発でないとき。

ここがポイント!
太陽には、活動が活発な時期とそうでない時期があり、黒点の数がその目安になる。

38ページのこたえ
マイナス二二度

おはなしクイズ 太陽の活動が活発な時期とそうでない時期は、だいたい何年周期でくり返す?

鳥は空をとべるのに、人間が空をとべないのはなぜ？

読んだ日にち（　　年　　月　　日）（　　年　　月　　日）（　　年　　月　　日）

1月23日のおはなし

生命

鳥

鳥のからだ
発達した胸の筋肉
つばさをはばたかせる。
大きなつばさ
からだをうかせたり、前に進めたりする。
軽いからだ
骨のなかがほとんどからっぽ。
いいなー

軽いからだと発達した筋肉

鳥が空をとべるのは、大きなつばさをもっているからです。つばさをもたない人間が、鳥のように腕をはばたかせてみても、空をとぶことはできません。

また、鳥のからだは空をとびやすいように、とても軽くできています。その理由は、骨のなかがほとんどからっぽだからです。いっぽう、人間の骨のなかはぎっしりとつまっていて、からだも重くなっています。

さらに、鳥はつばさをはばたかせる、胸の筋肉が発達しています。もしつばさをもてたとしても、人間は鳥よりもからだが重い分、かなりの大きさの筋肉が必要になるでしょう。

鳥が空をとべる理由は、ほかにもたくさんあります。たとえば、鳥は食べたものをすぐにふんにして外へ出し、からだが重くならないようにしています。人間はこのようなしくみをもっていないため、やはり空をとぶことはできないのです。

鳥のさまざまなとび方

鳥のなかには、つばさを広げたままでとぶものもいます。ワシやタカ、カモメなどがそうです。この鳥たちは、風の力を利用するため、つばさをほとんど動かさずにとぶことができます。このとび方を「滑空」といいます。

ぎゃくに、つばさを高速ではばたかせることで、空中で止まることができる鳥もいます。その代表であるハチドリという鳥は、一秒間で約二〇～七〇回はばたくといいます。ハチドリのようなとび方は、「ホバリング」とよばれています。

ここがポイント！

人間は、鳥のように大きなつばさや軽いからだをもたず、胸の筋肉も発達していないので、とべない。

おはなしクイズ　つばさをはばたかせずにとぶ、鳥のとび方を何という？

39ページのこたえ　一年

1月24日のおはなし

太陽系のほかの惑星や天体にも火山がある！

読んだ日にち（　年　月　日）（　年　月　日）（　年　月　日）

地球
太陽系

太陽系にある火山

わたしたちのくらす地球には、たくさんの火山があります。そして、地球だけでなく、火星や金星といった太陽系のほかの惑星にも、大きな火山があることがわかっています。

火星の赤道の近く、タルシス高原にあるオリンポス山は、高さ二万七〇〇〇メートルで富士山七つ分もある、太陽系のなかでも大きな火山です。山全体の直径は七〇〇キロメートルもあり、日本の本州の半分がすっぽり入ってしまうほどです。

オリンポス山は数千万年前ごろまで活動していたと見られています。こんなに巨大になったのは、長い間、同じ場所で溶岩がふきだし、つみかさなったためだと考えられています。

また、金星には高さ約八〇〇〇メートルのマアト山があります。

火星にあるオリンポス山

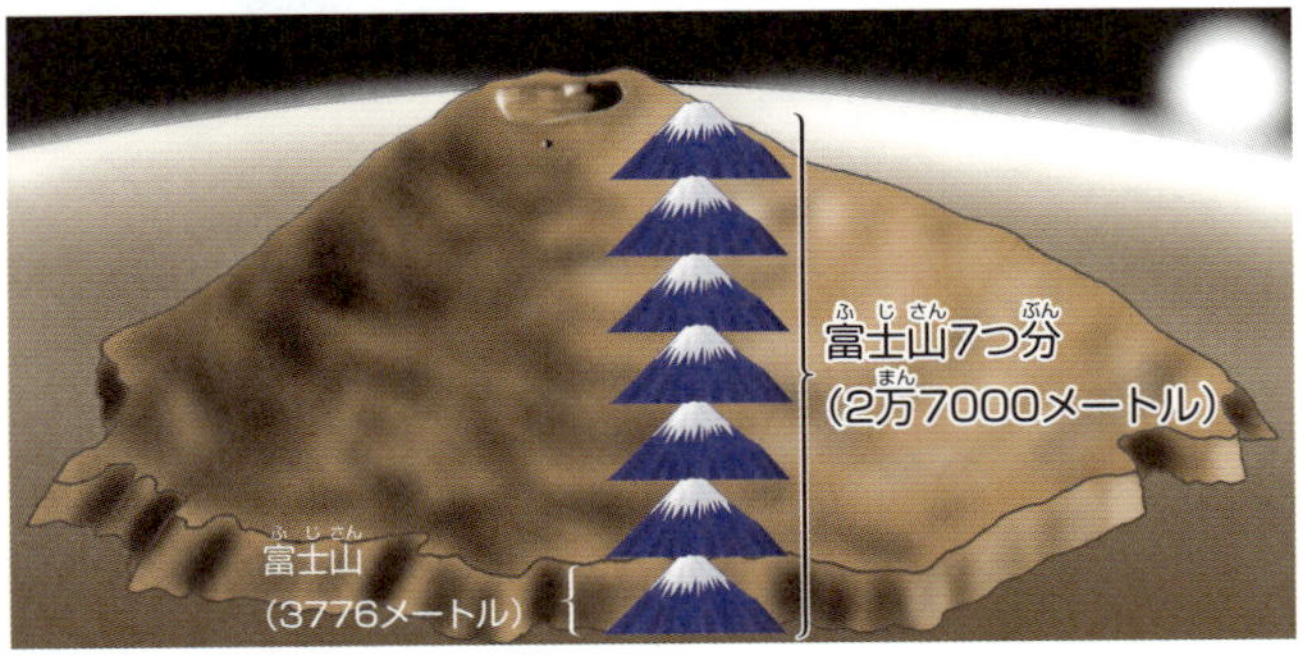
富士山7つ分
(2万7000メートル)
富士山
(3776メートル)

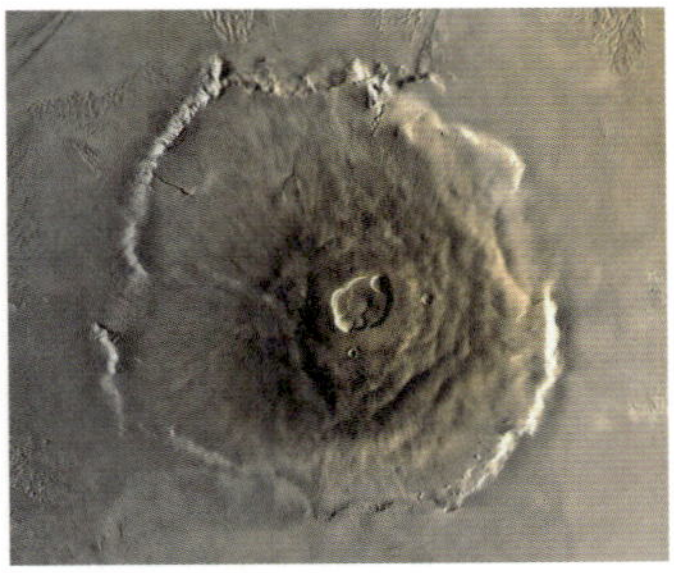
上空から見たオリンポス山。

今も活動している火山

現在、オリンポス山は活動していませんが、木星のまわりをまわる天体イオには、今も活動している火山があります。

イオは木星のもっとも近くにあり、木星に引きつけられる力が強くはたらいています。この力に天体が引っぱられて、のびちぢみするときにうまれるエネルギーが熱となり、天体の内部の岩石をとかします。これが溶岩となって噴火しているのです。

イオの火山からふきだされる物質は、木星にオーロラ（→406ページ）をつくりだします。

太陽系のなかで、今も火山の活動が観測されるのは地球とイオだけです。

ここがポイント！
火星には、富士山七つ分の高さの大きな火山がある。

40ページのこたえ　滑空

おはなしクイズ　火星にある、高さ2万7000メートルの大きな火山の名前を、何という？

日があたるところがあたたかいのはどうして？

読んだ日にち（　年　月　日）（　年　月　日）（　年　月　日）

1月25日のおはなし

ものの はたらき 光

からだをあたためる光

寒い冬の日、日かげはとても寒く感じますが、日なたに出るといくらかあたたかく感じます。日なたのほうが日かげよりもあたたかいのは、なぜでしょうか。それは、太陽の光のおかげです。

太陽の光には、「赤外線」とよばれる目に見えない光があります。赤外線は、ものにあたると熱を出すはたらきをします。そのため、太陽の光がわたしたちのからだにあたると、赤外線によってからだがあたためられるのです。

空気がからだをあたためる

太陽の光は、わたしたちのからだだけでなく、地面もあたためます。あたためられた日なたの地面は、近くの空気をあたためます。日なたにいると、太陽の光でからだがあたためられるだけでなく、空気もあたたかくなっているため、からだから出る熱が少なく、よりあたたかく感じるのです。

今、地球の気温は平均すると一五度ぐらいです。地球がわたしたちにとってすみやすい温度にたもたれているのは、太陽の光が地球をあたためているおかげです。そのため、もし太陽がなくなると、地球の温度はぐんぐん下がり、生きものがすめない世界になってしまいます。

日があたるところ

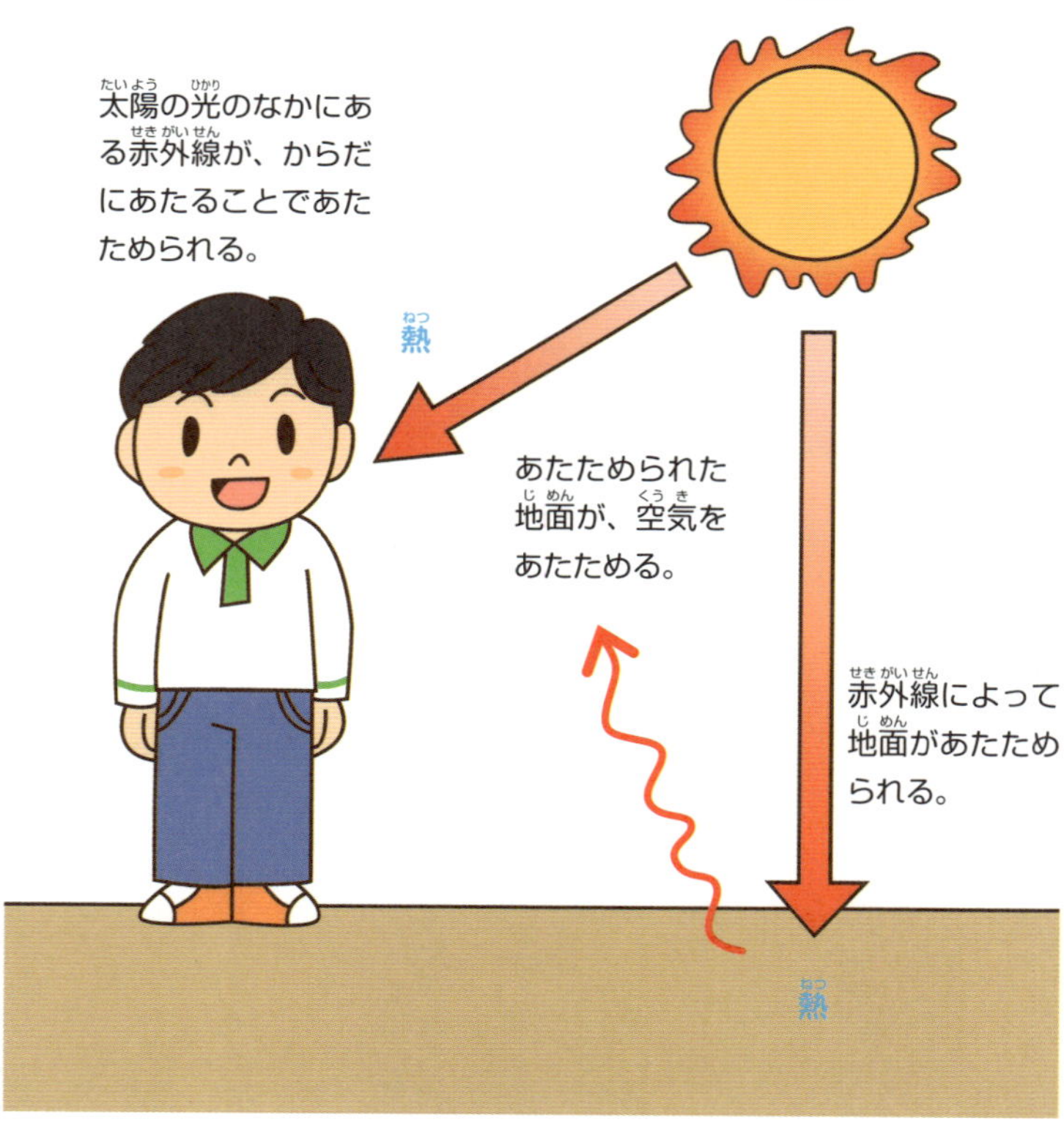

太陽
太陽の光のなかにある赤外線が、からだにあたることであたためられる。
熱
あたためられた地面が、空気をあたためる。
赤外線によって地面があたためられる。
熱

ここがポイント！

赤外線はものにあたると熱を出すはたらきをするため、日があたるところはあたたかい。

41ページのこたえ オリンポス山

おはなしクイズ 太陽の光のひとつで、ものにあたると熱を出すはたらきをする光を何という？

動物の歯は食べるものによって形がちがう!

読んだ日にち(　　年　　月　　日)(　　年　　月　　日)(　　年　　月　　日)

生命　動物

肉食動物と草食動物の歯

動物の歯は、よく見るとみんな大きさや形がちがいます。これは、どんなものを食べるかによってうまれるちがいです。

ライオンやオオカミなどは、ほかの動物の肉を食べる肉食動物です。そのため、えものをしとめる「犬歯」という歯が大きくなっています。また、えものの肉を切りさくために、「臼歯（おく歯）」がするどくとがっています。

いっぽう、シマウマやキリンなどは、植物を食べる草食動物なので、草をかみきる「門歯（前歯）」という歯が大きくなっています。また、かみきった草や果実をすりつぶすため、臼歯がおもちをつく「うす」のように平らになります。

ただし、同じ草食動物でも、ウシやキリンなどは上あごの門歯がありません。そのかわりに、かたくて平たい肉があり、これが下あごの門歯という包丁に対する、まな板のような役割をします。

さらに、ウシやキリンには、飲みこんだものを口のなかにもどし、かみなおすという習性があるため、門歯と臼歯がならぶ下あごが長く大きく、力も強くなっています。

肉食動物の歯
ライオン
犬歯が大きい。
臼歯（おく歯）がするどくとがっている。
シマウマ
草食動物の歯
門歯（前歯）が大きい。
臼歯が「うす」のように平ら。
キリン
上あごの門歯がない。
下あごが長く大きい。

雑食動物の歯

サルやヒトなどは、動物の肉も植物も食べる雑食動物です。歯は肉食・草食動物のとくちょうを両方もち、基本的にはどれも平均的な大きさです。しかし、雑食動物のなかには、肉と植物のどちらかをたくさん食べることで、肉食・草食動物のどちらかに近い歯をもつようになっているものもいます。

ここがポイント!

動物の肉を食べる肉食動物と、植物を食べる草食動物、そして両方を食べる雑食動物では、それぞれ歯の大きさや形がちがう。

42ページのこたえ　赤外線

おはなしクイズ　肉食動物、草食動物、雑食動物のうち、犬歯が大きいのは？

空気って何でできているの？

読んだ日にち（　年　月　日）（　年　月　日）（　年　月　日）

いろいろな気体の集まり

わたしたちはつねに空気を吸って生活をしています。この空気は、一種類の気体ではなく、さまざまな気体がまざりあってできています。

たとえば、人間が呼吸をするときや、ものがもえるときに必要な酸素は、全体の二一パーセントをしめています。

空気のなかでもっとも多くの割合をしめているのは、窒素です（七八パーセント）。窒素は、呼吸やものがもえることには関係ありませんが、ものを変化させないという性質があり、それを利用することができます。

身近では、食べものの入ったふくろやアルミ缶などに使われており、食品の品質や鮮度をたもつはたらきをしています。

酸素だけでなく、窒素もわたしたちのくらしにかかせないものなのです。

そのほかにも、空気にはアルゴンや二酸化炭素、ヘリウムや水素などがふくまれています。

空気をつくっているもの

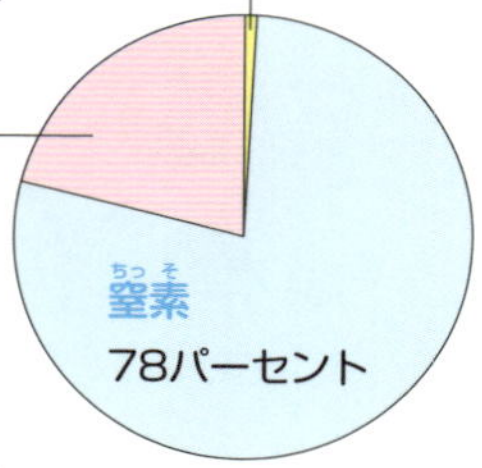
アルゴンや二酸化炭素など
1パーセント
酸素
21パーセント
窒素
78パーセント

酸素をうんだもの

ところで、空気はいつから地球にあるのでしょうか。

空気は四六億年前、地球といっしょにうまれました。地球の内部から出たガスが、もとになったのです。ただし、このときの空気は「原始大気」といい、おもに二酸化炭素や窒素、水蒸気でできており、酸素はふくまれていませんでした。

酸素はおよそ二七億年前、地球に海ができたことがきっかけでうまれました。海のなかに誕生した生物が、光合成（→404ページ）によって二酸化炭素をとりこみ、酸素をはきだすようになったからです。こうしてわたしたちが生きるために必要な酸素が、海のなかから大気中にも広がっていったのです。

わたしたちの吸っている空気には、さまざまな気体がふくまれている。そのなかでも、いちばん多くふくまれている気体は窒素。

ここがポイント！

空気のうちの七八パーセントは窒素で、二一パーセントが酸素。あとはアルゴンや二酸化炭素などでできている。

43ページのこたえ　肉食動物

おはなしクイズ　人間が生きていくうえでかかせないけれど、地球がうまれたころの空気にはふくまれていなかったのは？

木って、どれくらいまで大きくなるの？

読んだ日にち（　年　月　日）（　年　月　日）（　年　月　日）

世界でいちばん大きな木

木にはたくさんの種類があり、その高さもさまざまですが、現在世界でいちばん大きな木は、アメリカのカリフォルニア州にはえている、「セコイアメスギ」という種類の木です。セコイアメスギの高さは、最大で一一五・五メートル。これは、三〇階だてのビルと同じくらいの高さです。太さも、約五メートルもあります。

すでにこれだけ大きなセコイアメスギですが、じつはまだわかく、人間でいうと二〇歳くらいの木と推定されています。そのため、今よりもさらに大きくなる可能性があります。

上の葉は水分をためる

木は、根からとりこんだ水分を葉に運んで、栄養分をつくるのに使っています。しかし、約一〇〇メートルのきょりを下から上へ上って、水分を運ぶのはたいへんなことです。

そのためセコイアメスギのような大きな木の、上のほうの葉は、雨や霧から吸収した水分をたくさんためています。そうすることによって、水分不足になるのをふせいでいるのです。また、上のほうの葉には、根から水分を運ぶ組織が少なくなっています。このしくみは、日本一大きな「秋田スギ」という種類の木ももっています。

セコイアメスギとビル

上のほうの葉は、水分をためる。
セコイアメスギ
最大115.5メートル。
30階だてのビルと
ほぼ同じ高さ。

ここがポイント！

世界でいちばん大きな木であるセコイアメスギは、三〇階だてのビルと同じくらいの高さまで大きくなる。

44ページのこたえ　酸素

おはなしクイズ　世界でいちばん大きな木は、何という種類の木？

南極と北極ってどっちが寒いの？

読んだ日にち（　年　月　日）（　年　月　日）（　年　月　日）

陸地と海で寒さがちがう

北極と南極は、どちらも氷と雪の世界ですが、その気温には大きな差があります。北極は平均気温がマイナス二五度ですが、南極はマイナス五〇～六〇度。南極のほうがはるかに寒いのです。なぜ南極のほうが寒いのでしょうか。そこにはふたつの理由があります。

ひとつ目は、南極が大きな大陸であることです。北極はほとんどが海で、その上に氷のかたまりがういているのですが、南極は陸地の上に氷が広がっています。海と陸地とをくらべると、陸地のほうがひえやすいのです。

ふたつ目は標高のちがいです。北極の標高は、最高でも一〇メートルくらいです。いっぽう、南極の平均標高は二〇〇〇メートルにもなります。これはほかのどの大陸よりも高い標高です。

標高が一〇〇メートル上がるごとに、気温はおよそ〇・六度下がります。そのため、標高が高い南極のほうがずっと寒くなるのです。

北極

平均気温
マイナス25度
最高標高
10メートル
氷

南極

平均気温
マイナス50～60度
平均標高
2000メートル
陸

南極や北極ではかぜをひかない？

とても寒い南極や北極では、すぐにかぜをひいてしまいそうですが、じっさいはそのぎゃくです。

かぜの原因となるウイルス（→30ページ）は、人によって運ばれます。しかし、北極や南極は人がいないため、ウイルスが運びこまれることがほとんどありません。そのため、かぜをひきにくいのです。

ただし、南極や北極で長い間生活してから自分の国にもどると、今度はかぜをひきやすくなります。ウイルスのいないくらしで、からだがもっている、病気の原因とたたかう力が落ちるからです。

ここがポイント！

南極は大陸であるうえに、北極よりも標高が高いため、ずっと寒い。

45ページのこたえ　セコイアメスギ

おはなしクイズ　南極の平均気温はどれくらい？

1月30日のおはなし

ジャムがくさりにくいのは、さとうのおかげ！

読んだ日にち（　　年　　月　　日）（　　年　　月　　日）（　　年　　月　　日）

ものの性質変化

どうしてくさるの？

食べものはどうしてくさるのでしょう。おもに食べものをくさらせるのは、「細菌」という目に見えない小さな生きものです。食べもののなかに入りこんだ細菌は、食べものを自分の栄養としてとりこみ、数をふやします。そして、いらないものをはきだします。その結果、いやなにおいが出たり、色がかわったりして、人間にとって不快なものになる場合を「くさる」といいます。

さとうのはたらき

細菌が食べものをくさらせるためには、三つの条件が必要です。ひとつ目は、ちょうどいい「温度」であること。ふたつ目は、わたしたちのまわりにある空気にもふくまれている「酸素」があること。そして三つ目は、多くの食べものにもふくまれている「水分」があることです。

この「水分」を細菌が使えないようにするためにかつやくするのが、ジャムのなかにも入っている「さとう」です。さとうには、食べもののなかの水分を引きつけるというはたらきがあります。さとうに引きつけられた水分は、さとうにくっつき、細菌は食べものの水分を使えません。また、さとうをたくさん使ったジャムは、こいさとう水が細菌の水分をうばうので、細菌が生きられなくなります。そのため、くさらないのです。

ここがポイント！
さとうは、食べもののなかの水分を引きつけ、くさるのをふせぐ。

それゆけ、細菌！
ぼくは細菌。食べるの大すき。食べたらどんどんふえて、くさらせるよ。
ちょうどいい温度。酸素大すき。水分大すき。
今日は、あれにしよう
もわ〜
ジャム
われらはさとう！きみのすきな水分は、われらがすでにつかまえた。
あ
ざんねん！
今日もジャムの平和を守ったぞ！
水分がないんじゃ、食べものに入れない……ざんねんである……
くやし〜

46ページのこたえ
マイナス五〇～六〇度

おはなしクイズ 細菌が食べものをくさらせるための、3つの条件は何？

木星には宇宙船は着陸できない！

1月31日のおはなし

読んだ日にち（　　年　　月　　日）（　　年　　月　　日）（　　年　　月　　日）

地球
太陽系

木星は何でできているの？

木星は、太陽系でいちばん大きな惑星です。直径は地球の約一一倍、体積は約一三二〇倍もありますが、重さは約三二〇倍。体積とくらべると、木星の重さはそれほど重くないことがわかります。それは、木星が水素やヘリウムといった軽いガスでできた惑星だからです。

木星の成分は、水素約九〇パーセント、ヘリウム約一〇パーセントで、表面には地球のような地面がありません。そのため、もし宇宙船で木星に行けたとしても、着陸できないのです。

木星のまわりには、あつさ一〇〇〇キロメートルほどの大気の層があります。木星の表面に見えるしまもようは、木星の空にうかぶ雲のもようです。

大気の層の下には、液体になった水素の層（あつさ二万キロメートル）があります。その下は、水素が金属のようになった金属水素の層（あつさ四万キロメートル）です。中心には岩石でできた核がありますが、そこに行くまでには、木星の強い圧力によって宇宙船がこわれてしまうでしょう。

太陽系の惑星は三種類

太陽系の惑星のなかで、ほとんどがガスでできた惑星は木星と土星のふたつです。これらは、「木星型惑星（巨大ガス惑星）」とよばれます。ほかにも、太陽系には二種類の惑星があります。ひとつは、おもに岩石でできた「地球型惑星」です。水星、金星、地球、火星がこれにあたります。のこる天王星と海王星は、以前は木星型惑星に分類されていました。しかし、今ではおもに水、メタン、アンモニアを主成分とする氷でできた「天王星型惑星（巨大氷惑星）」とよばれます。

かたい地面はなく、氷の層がある。
天王星型惑星
石や岩でできているから地面がちゃんとあるよ。
ガスでできているから地面がない！
木星型惑星
地球型惑星

ここがポイント！

木星は、ほとんどがガスでできているので、宇宙船は着陸できない。

47ページのこたえ

ちょうどいい温度・酸素があること・水分があること

おはなしクイズ　木星と土星は、何型惑星に分類されている？

2月のおはなし

あつい…

液晶テレビって、どんなしくみで映像をうつしているの？

読んだ日にち(　年　月　日)(　年　月　日)(　年　月　日)

信号を電波に乗せて送る

テレビカメラで撮影された番組は、まず一秒間あたり三〇まいの動かない画像に分解されます。そして、たくさんの「0」と「1」であらわされる「デジタル信号」という信号におきかえられたあと、電波に乗せて、放送用のアンテナから送信されるのです。各家庭では、受信用のアンテナで信号をテレビにとりこみ、ふたたび画像に組みたてて、一秒間に三〇まいのスピードで画面にうつしだします。

液晶の光の通し方がかわる

液晶テレビの内部には、うしろがわに光を出す光源があり、その前には電気を通す「液晶パネル」があります。液晶パネルは、電気の流し方によって、光を通したり通さなかったりする性質をもっています。

そして、液晶パネルの前には赤、青、緑の「カラーフィルター」があります。カラーフィルターがこの三色なのは、三つを組みあわせることで、さまざまな色を表現できるからです。たとえば、黄色を出すには、赤と緑のカラーフィルターに光を通します。液晶画面をルーペで拡大して見ると、すべての色がこの三色でつくられていることがわかります。

画面のなかでは、受信した信号に合わせて液晶パネルに流れる電気をかえ、色の組みあわせをつくります。さらに、信号の強さによって、細かい色のちがいを出すのです。こうしてカラーフィルターを通る光によって、画面上にさまざまな色が表現されると、映像がうつしだされます。

ここがポイント！
放送局から送信されたデジタル信号に合わせて、液晶パネルをコントロールし、映像をうつしだす。

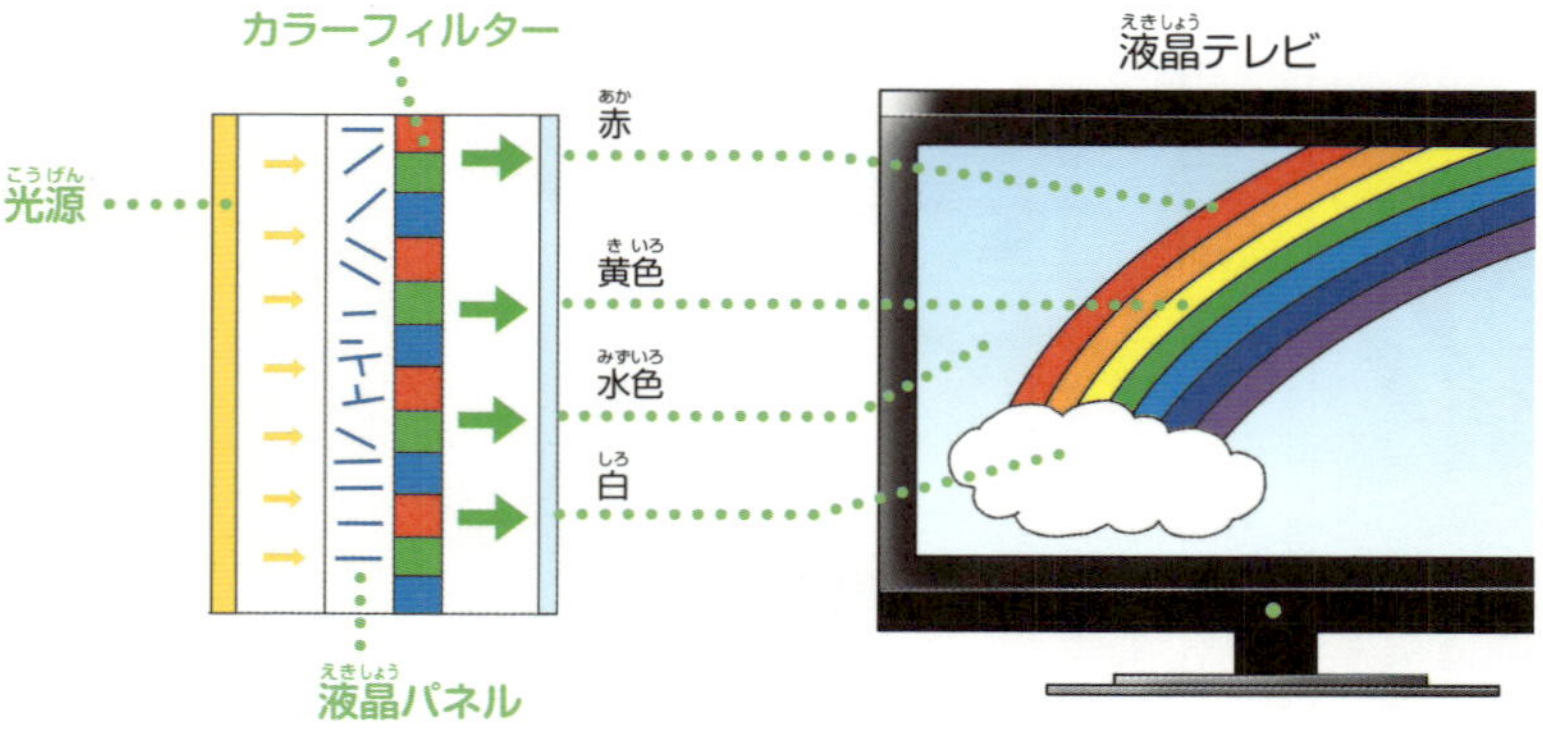
カラーフィルター
光源
赤
黄色
水色
白
液晶パネル
液晶テレビ

光源からの光が、赤のフィルターだけを通ると赤に、赤と緑のフィルターを通ると黄色に、青と緑のフィルターを通ると水色に、3種類のフィルターすべてを通ると白に見える。

48ページのこたえ 木星型惑星

おはなしクイズ テレビの画面に使われている、電気の流し方をかえると光の通し方が変化するパネルを何という？

アシカとアザラシとオットセイって、どうちがうの？

読んだ日にち（　年　月　日）（　年　月　日）（　年　月　日）

アシカとアザラシのちがい

水族館でよく見られるアシカとアザラシは、どちらも海にすむほ乳類の動物です。また、どちらも陸上を移動することができ、子育ても陸上で行います。共通点が多いアシカとアザラシですが、じつはちがうところもあります。そのため、アシカは「アシカ科」、アザラシは「アザラシ科」という、ちがうグループに属しているのです。

まず、アシカは大きな前あしを使い、はばたくようにして泳ぎます。陸上では、前あしで上半身をもちあげ、前あしとうしろあしの四本のあしではねるように歩きます。

いっぽうアザラシは、大きなうしろあしで、魚のように水をかいて泳ぎます。また、うしろあしとは反対に前あしが小さいため、イモムシのようにはらばいで歩きます。

さらに、アシカの耳からは「耳介」、つまり耳たぶがとびだしていますが、アザラシの耳には耳介がなく、あながあいているだけです。

アシカ（アシカ科）

耳介（耳たぶ）

はばたくように泳ぐ。

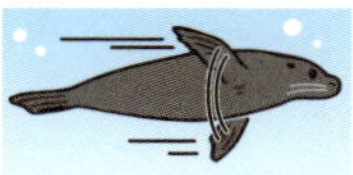

はねるように歩く。

アザラシ（アザラシ科）

耳のあな

魚のように泳ぐ。

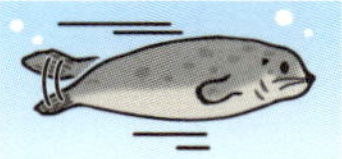

イモムシのように歩く。

オットセイ（アシカ科）

耳介（耳たぶ）

アシカの体毛は、長い毛1本と短い毛5本でひとたば。オットセイは、短い毛が約50本。

オットセイはアシカのなかま

では、オットセイはどうでしょう。オットセイはアシカ科に属する、アシカのなかまです。そのため見た目がアシカににているのですが、よく見ると、オットセイのほうが体毛がたくさんはえています。アシカは長い一本の毛と、短い五本の毛がたばになっているのに対し、オットセイはその短い毛が、約五〇本もあるのです。この体毛で、オットセイは寒い海でも体温をたもっています。

かつてはそのみごとな毛皮を、人間たちにねらわれていましたが、現在は法律で保護されているため、つかまえられることはありません。

ここがポイント！

アシカとアザラシは、泳ぎ方と歩き方と耳にちがいがある。オットセイはアシカのなかまで、アシカよりもたくさん体毛がはえている。

50ページのこたえ 液晶パネル

おはなしクイズ 前あしを使って、はばたくように泳ぐのはアシカ？　アザラシ？

トリケラトプスのえりかざりは何のためにあるの？

読んだ日にち（　年　月　日）（　年　月　日）（　年　月　日）

たいせつな首を敵から守る？

約二億五一〇〇万年前から約六六〇〇万年前にさかえた恐竜のなかには、「角竜」とよばれる植物食恐竜がいました。

角竜は、「ケラトプス類」ともよばれます。ケラトプスは、「ケラト」（角）と「オプス」（顔）の合成語です。また、三本の角をもつ角竜であるトリケラトプスの「トリ」には、数字の「三」という意味があります。

角竜は、頭のうしろについたえりかざりがとくちょうです。このえりかざりがはえた理由は、今もはっきりとはわかっておらず、いくつかの説があります。

たとえば、肉食恐竜から身を守るためという説があります。大きなえりかざりで敵をおどかしたり、おそわれたときに首を守ったりしていたという考え方です。

また、オスがメスの気を引くために使っていたという説もあります。トリケラトプスの化石からは、えりかざりが同じトリケラトプスにきずつけられたと思えるものも見つかっており、なわばりやメスをめぐって、オスどうしがあらそうときに使われたと考えられているのです。

肉食恐竜

肉食恐竜とたたかうときに、えりかざりで相手をおどかしたり、自分の首を守ったりしていた？

成長するえりかざり

トリケラトプスの化石はたくさん見つかっており、子どものものもかなりあります。そこからえりかざりがどのように成長していったのかを見てみると、子どもの角やえりかざりは小さくなっていました。そのため、成長するにしたがって、しだいに長く、大きくなったことがわかっています。

メス

オスは大きくてりっぱなえりかざりでメスの気を引いていた？

ここがポイント！
トリケラトプスのえりかざりは自分の身を守ったり、オスがメスの気を引いたりするために使っていたと考えられている。

51ページのこたえ アシカ

おはなしクイズ 「ケラトプス」は、「ケラト」と「オプス」の合成語。オプスの意味は？

人間の声はなぜひとりひとりちがうの？

読んだ日にち（　年　月　日）（　年　月　日）（　年　月　日）

音をつくってひびかせる

人間の声のもととなる音は、のどのおくにある「声帯」という部分がつくりだしています。

声帯は、のどの左右のかべから二まいずつつきだしたひだです。声を出すときに使われるのは、下にある二まいのひだです。このひだを「声帯ひだ」といいます。

呼吸をしているときには、声帯ひだが開いていますが、声を出すときには、声帯ひだがとじられます。そして、声を出そうとしてはきだされた息が、とじた声帯ひだをふるわせることで、音がつくられるのです。

しかし、この音はまだ声になっていません。声帯でつくられた音は、のどから口までの空間や、鼻の空間にひびいてやっと声になり、口から外へ出ていきます。

人間は、それぞれ顔の形がちがうように、声帯の形や、のどから口、鼻の空間の形もちがっています。また、ことばを話すときに使う、くちびるや舌などにもちがいがあります。そのため、ひとりひとり声がちがうというわけです。

声の高さや大きさを調節

わたしたちは、つねに声帯で声の高さや大きさを調節しながら、声を出しています。

高い声を出すときには、声帯ひだを短くして、ひだを速くふるわせます。ぎゃくに、ひくい声を出すときには、声帯ひだを長くします。そうして、ひだをふるわせる速さをおそくします。

また、大きい声を出すときは、息を強くはきだして、声帯ひだのふるえを大きくします。息を弱くはきだせば、ひだのふるえが小さくなって、小さな声になるのです。

上から見た声帯

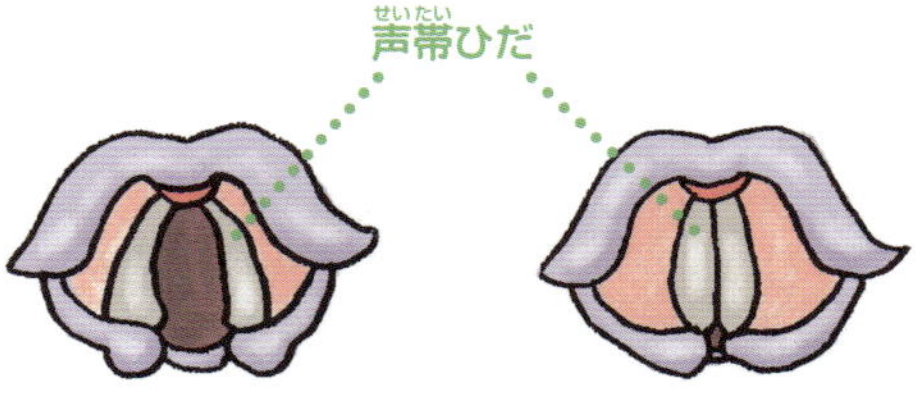
声帯ひだ

呼吸をしているときは、声帯ひだが開いている。

声を出すときは、声帯ひだがとじられる。

声がうまれるしくみ

とじた声帯ひだを息がふるわせて音をつくる。音は、のどから口までの空間や、鼻の空間にひびいて声になる。

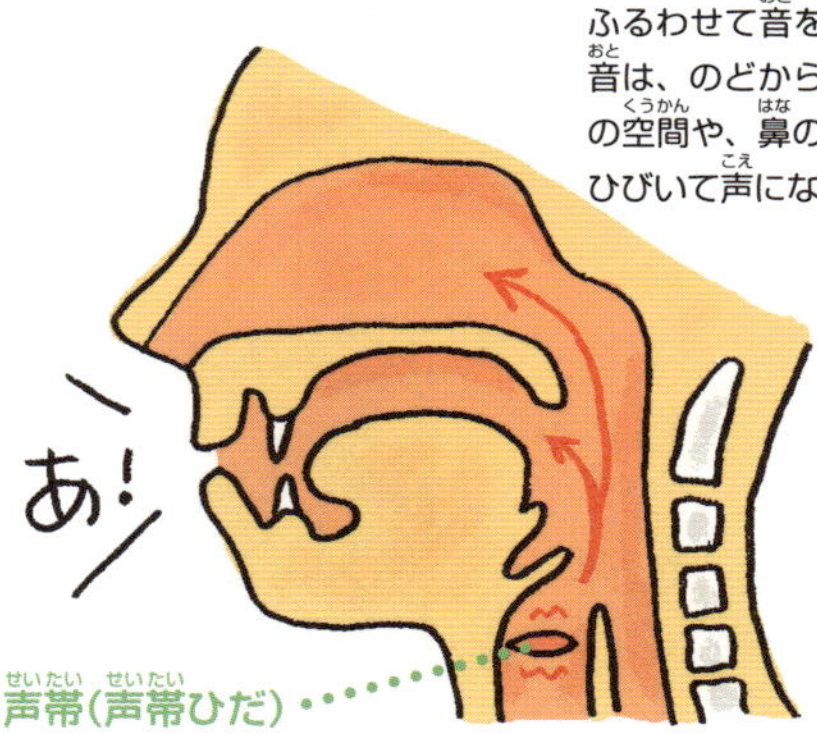
あ！
声帯（声帯ひだ）

ここがポイント！
人間は、声帯の形や、のどから口、鼻の空間の形などがちがうため、ひとりひとり声がちがう。

52ページのこたえ　顔

おはなしクイズ　のどのおくにあって、声のもとになる音をつくる部分を何という？

マイクで話すと声が大きくなるのはなぜ？

読んだ日にち（　　年　　月　　日）（　　年　　月　　日）（　　年　　月　　日）

2月5日のおはなし

もののはたらき　電気

音は遠くほど小さくなる

広い体育館や校庭などで校長先生が話をするとき、ふつうの声では遠くにいる人になかなか声がとどきませんね。

声は、空気のふるえとして空気中をつたわり、わたしたちの耳にとどきます。しかし、空気のふるえはつたわっていく間に少しずつ弱くなるため、遠くの人の耳にはとどきにくいのです。

そんなときにかつやくするのが、マイクとスピーカーです。マイクを使うと、声が大きくなってスピーカーから出て、遠くの人まで声をとどけることができます。マイクで声が大きくなるのは、いったいなぜでしょうか。

音を電気の信号にかえる

マイクは、なかにある磁石とコイル（銅線を何十回もまいたもの）に電気を流して、空気のふるえを電気の信号にかえる装置です。

空気のふるえが大きくなると、音も大きくなりますが、空気のふるえをそのまま大きくすることはかんたんではありません。そこで、一度電気の信号にし、増幅器という装置で大きくするのです。

大きくした電気の信号を、スピーカーに送ると、今度はマイクとは反対のしくみで電気の信号が空気のふるえにもどります。

このようにして、大きくなった空気のふるえをつたえることで、スピーカーからは大きな音が出るのです。

ここがポイント！

マイクで音を電気の信号にかえ、増幅器で大きくすることで、スピーカーから大きな音を出す。

マイクで声が大きくなるしくみ

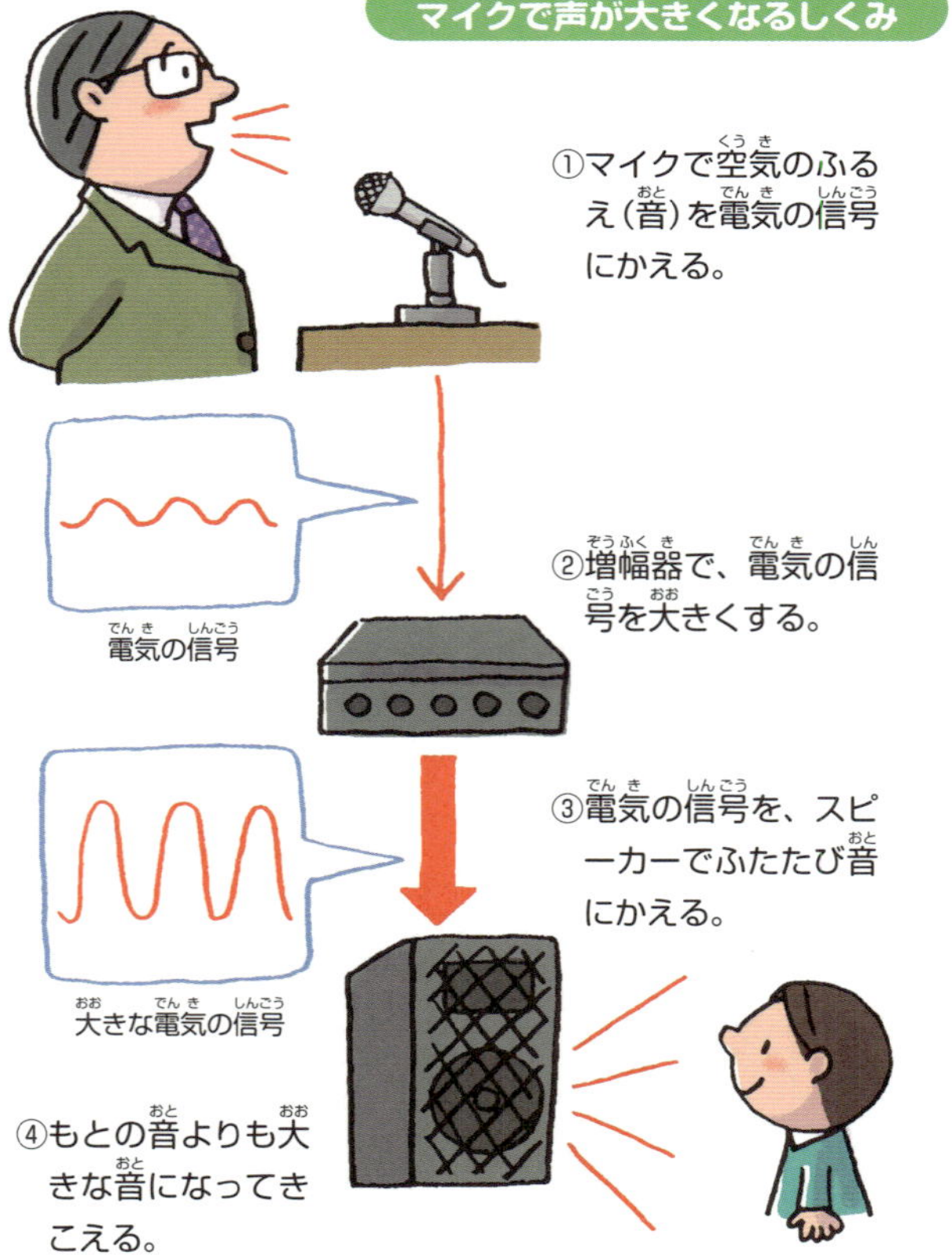
①マイクで空気のふるえ（音）を電気の信号にかえる。
②増幅器で、電気の信号を大きくする。
電気の信号
③電気の信号を、スピーカーでふたたび音にかえる。
大きな電気の信号
④もとの音よりも大きな音になってきこえる。

53ページのこたえ　声帯

おはなしクイズ　マイクは、空気のふるえ（音）を何の信号にかえる？

2月6日のおはなし

さとうはいろいろな植物からつくられている！

読んだ日にち（　年　月　日）（　年　月　日）（　年　月　日）

ものの性質 変化

さとうは天然のあまみ

野菜やくだものを食べたとき、あまく感じることがありますね。さとうのもとになっているのは、植物がつくる、天然のあまみです。

植物は、太陽の光をあびて、自分のからだに栄養分をたくわえます。この栄養分のなかに、さとうのもとになる「ショ糖」があります。

つまり、さとうはショ糖を多くつくり、たくわえている植物からつくられるのです。

日本でおもに使われているのは、サトウキビ（カンショ）と、テンサイ（サトウダイコン）です。あたたかい地域で育つサトウキビは、沖縄県や鹿児島県でつくられています。サトウキビは、くきの部分にショ糖をたくわえます。いっぽう、すずしい地域でも育つテンサイは、北海道で生産されています。ダイコンのような太い根っこにショ糖をたくわえます。

このほか、外国では、メープルシロップをつくるサトウカエデや、サトウヤシなどの植物も、さとうの原料になっています。

植物のしるからつくる

では、植物からどのようにしてさとうをつくるのでしょう。

サトウキビの場合、まず、細かくくだいたくきに水をくわえながら、機械でしるをしぼりだします。このしぼりじるから、ごみなどのいらないものをとりのぞいたら、につめます。すると、水分がなくなって、つぶ状のものになります。このつぶを、今度は温水にとかしてにつめると、さらにきれいな不純物のない白いつぶがのこります。これをかわかしてさますと、さとうのできあがりです。

ここがポイント！

さとうは、植物がつくったショ糖をとりだしてつくられる。

さとうがとれる植物

サトウキビ

テンサイ

サトウキビはしぼりじる、テンサイはひたしておいた温水を、につめるなどしてさとうをつくる。

サトウカエデ

樹液をにつめてメープルシロップをつくり、さらに水分をとりのぞく。

サトウヤシ

樹液をかきまぜながらにつめる。

おはなしクイズ 日本の沖縄県や鹿児島県でつくられている、さとうの原料になる植物は？

電気 54ページのこたえ

魚は水のなかでも息ができるの？

読んだ日にち（　年　月　日）（　年　月　日）（　年　月　日）

2月7日のおはなし

生命
魚

息をするってどういうこと？

わたしたちが生きていくためには、息（呼吸）をしつづけなくてはいけません。それは、水のなかでくらす魚も同じです。

人間の場合、口や鼻から吸った空気は、胸にある「肺」に入ります。空気のなかからとりだされた「酸素」は、血液にとけて全身に送られ、エネルギーをつくるために使われます。

また、肺には全身をめぐった血液ももどってきます。この血液には、いらなくなった「二酸化炭素」がふくまれていて、肺のなかの空気に出されたあと、口や鼻からはきだされます。

しかし、魚には肺はありません。そこで使われるのが「えら」です。

肺のような「えら」

魚のえらには、「えらぶた」というふたのようなものがついています。魚はまず、えらぶたをとじて、口からたくさんの水を飲みこみます。そのあとは、口をとじてえらぶたを開きます。すると、細かいくしの歯がたくさん集まったようなえらを通って、水がからだの外へと出ていきます。

このとき、えらでは水のなかの酸素がとりいれられています。そして、二酸化炭素がえらから水といっしょに出ていきます。このように、魚はえらを使って、人間と同じように息をしているのです。

ただし、魚のなかまのなかには、えら以外で呼吸できるものもいます。たとえば、ウナギはえらのほかに、皮ふでも呼吸ができます。また、ハイギョという魚は、人間と同じように肺をもっているので、肺とえらの両方で呼吸ができます。

口をあける
たくさんの水をとりこむ。
えらぶたはとじている。
水
酸素

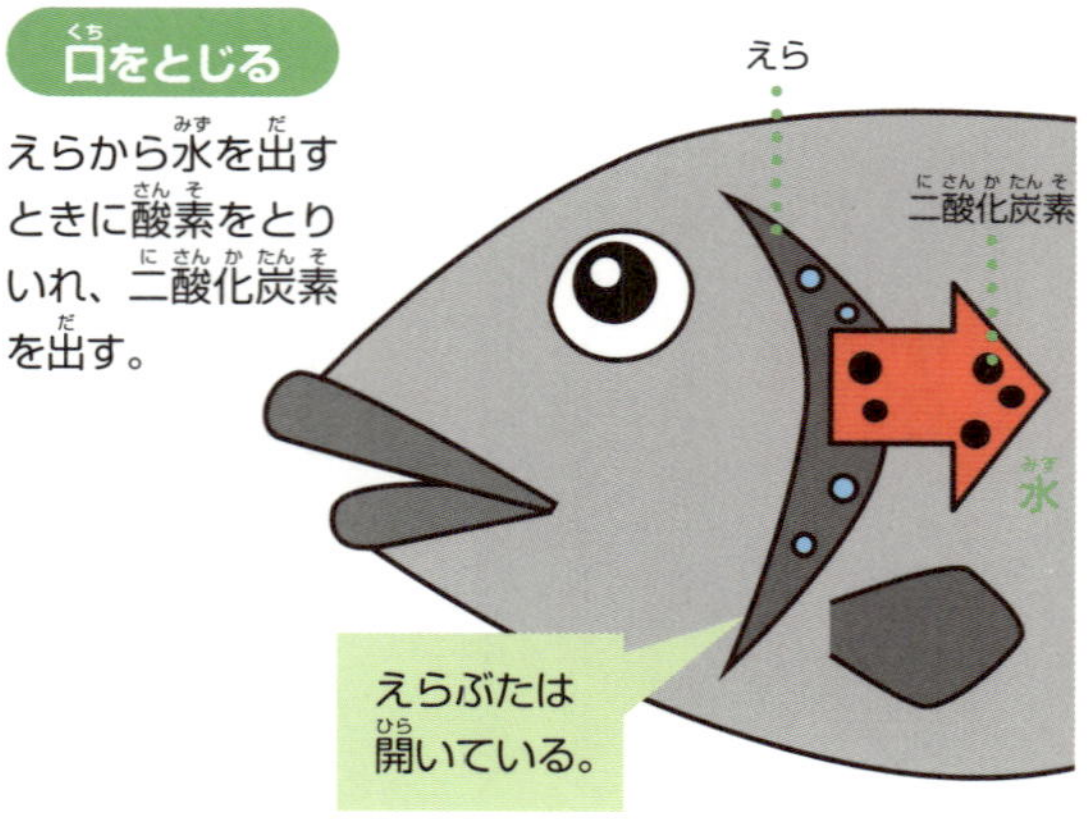
口をとじる
えらから水を出すときに酸素をとりいれ、二酸化炭素を出す。
えら
二酸化炭素
水
えらぶたは開いている。

ここがポイント！
魚は水のなかにある酸素を、えらからとりこんで息をしている。

55ページのこたえ
サトウキビ

おはなしクイズ ウナギは、えらのほかに、どこで呼吸をする？

わかしたお風呂の上のほうだけがあついのはどうして？

読んだ日にち（　年　月　日）（　年　月　日）（　年　月　日）

あたたかい水は上に行く

お風呂に入ると、上のほうがあついのに、下のほうがつめたいと感じたことはありませんか。これはいったいなぜでしょう。

水は、同じ重さでも、温度によって体積がかわります。あたたかい水は体積が大きく、つめたい水は体積が小さくなるのです。

同じ体積でくらべると、あたたかい水は軽く、つめたい水は重いということになります。

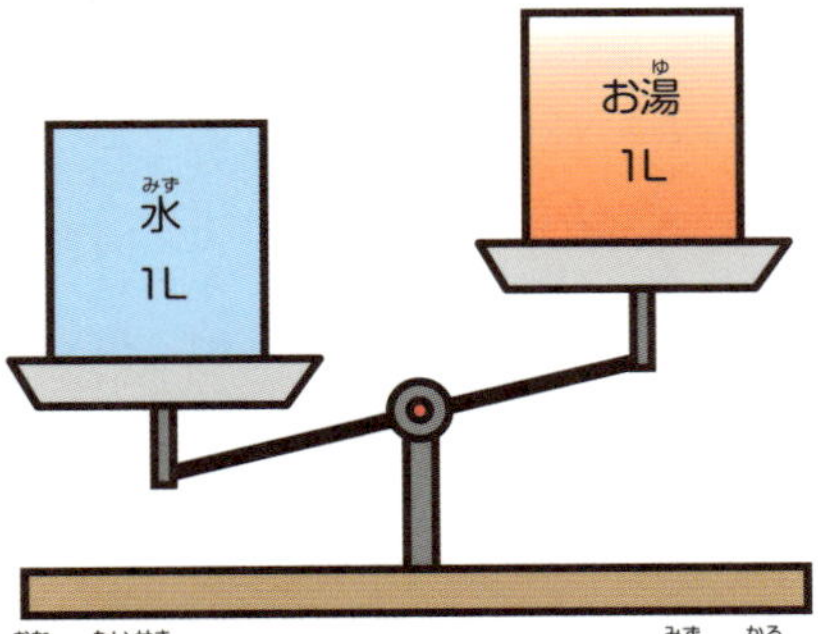
お湯
1L
水
1L

同じ体積でくらべると、あたたかい水は軽く、つめたい水は重い。

そのため、あたためられた水はつめたい水よりも上に行き、上のほうだけがあついと感じるのです。

移動して熱をつたえる

お風呂のお湯のように、熱をもったものが移動してほかの部分に熱をつたえることを「対流」といいます。対流が起こるのは液体だけではありません。寒い部屋のなかでストーブをつけると、部屋の上のほうはあたたまるのに、下のほうは寒いままなのは、空気の対流が原因です。

お風呂のお湯と水の移動

お湯は熱によって体積が大きくなり、軽くなっている。そのため、お風呂の上のほうに行く。

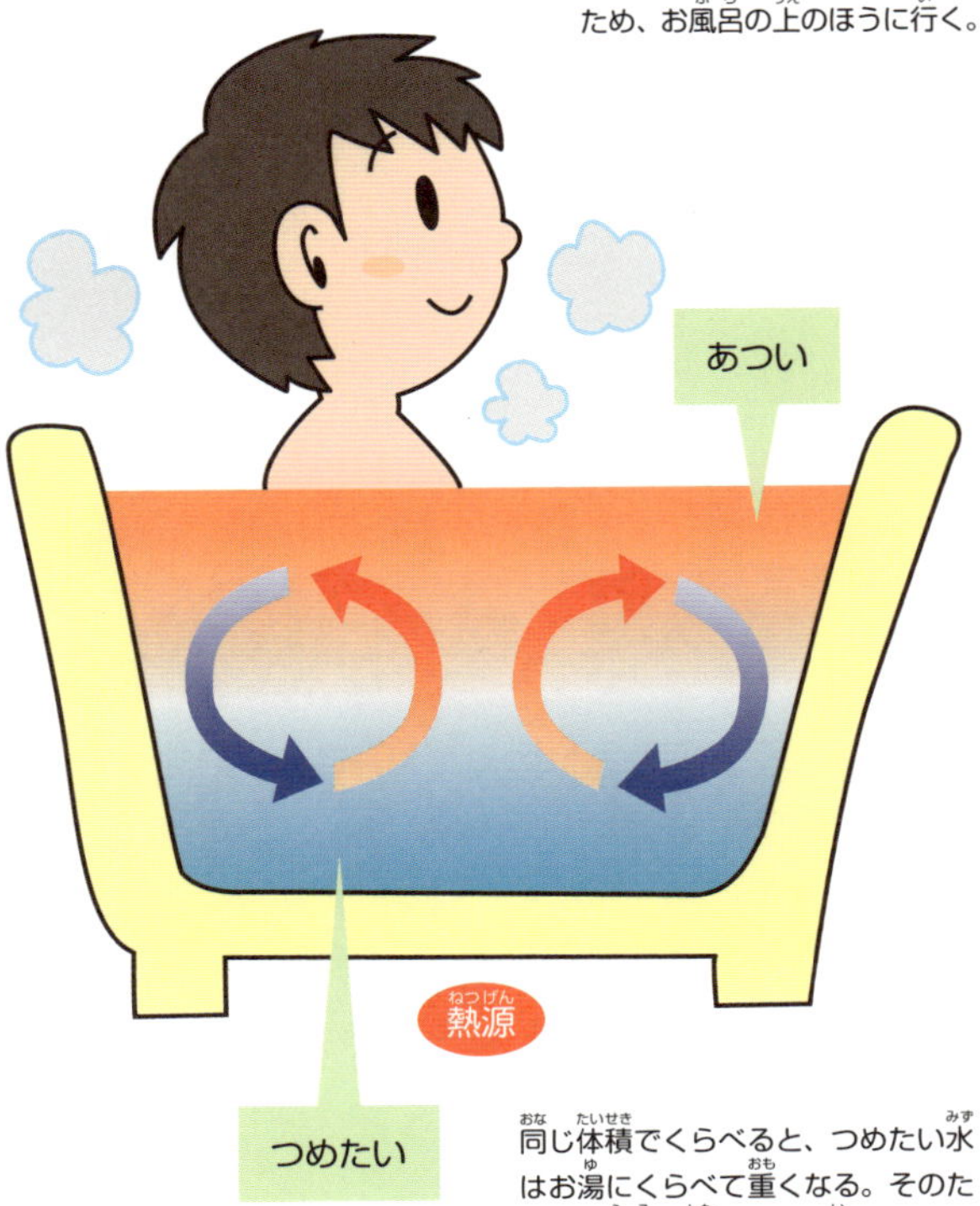
あつい
つめたい
熱源

同じ体積でくらべると、つめたい水はお湯にくらべて重くなる。そのため、お風呂の下のほうに行く。

ここがポイント！

あたためられた水は体積が大きくなって軽くなり、つめたい水の上へ行くため、お風呂の上のほうがあつく感じる。

56ページのこたえ　皮ふ

おはなしクイズ　熱をもったものが移動してほかの部分に熱をつたえることを何という？

人間はほかの動物よりも、からだのわりに脳が大きい!

読んだ日にち（　年　月　日）（　年　月　日）（　年　月　日）

チンパンジーの約三倍

サルと同じ祖先をもつ人類は、約六〇〇万年前、チンパンジーと分かれて、猿人→原人→旧人→新人と進化してきました。この進化のなかで、人間の脳の容量はふえていったといいます。

　猿人のころは直立歩行をはじめたばかりで、脳の容量は四〇〇〜六〇〇立方センチメートルほどでした。しかし、原人→旧人→新人と進化するごとに脳の容量はふえていったのです。それによって、人間の知能は発達し、さまざまな文明や文化をうみだしました。

　人間の脳の容量は、地球上の生きもののなかでもとびぬけて大きく、現代の大人の男性の脳の容量は約一四〇〇立方センチメートルです。人類に近いとされるチンパンジーが約四〇〇立方センチメートル、ブタ・ヤギ・シカなどの草食動物は一〇〇〜一三〇立方センチメートルです。

どうして大きくなったの？

人類も、さいしょの脳の容量はチンパンジーと同じくらいでした。容量がふえるきっかけとなったのは、約二五〇万年前に地球全体の気温が下がったことです。

　もともと人類はジャングルで、木の実などを食べてくらしていましたが、気温が下がるとともに、ジャングルがへっていき、食べものが手に入りにくくなりました。そこで、人類は草原にうつりすんだのです。草原には草を食べる草食動物と、それを食べる肉食動物がいました。人類はそれらの動物を狩り、その肉を食べるようになります。そのために必要な二足歩行、道具とことばの使用、そして、この食事の変化によってえられる栄養増大などで、脳の容量がふえたと考えられています。

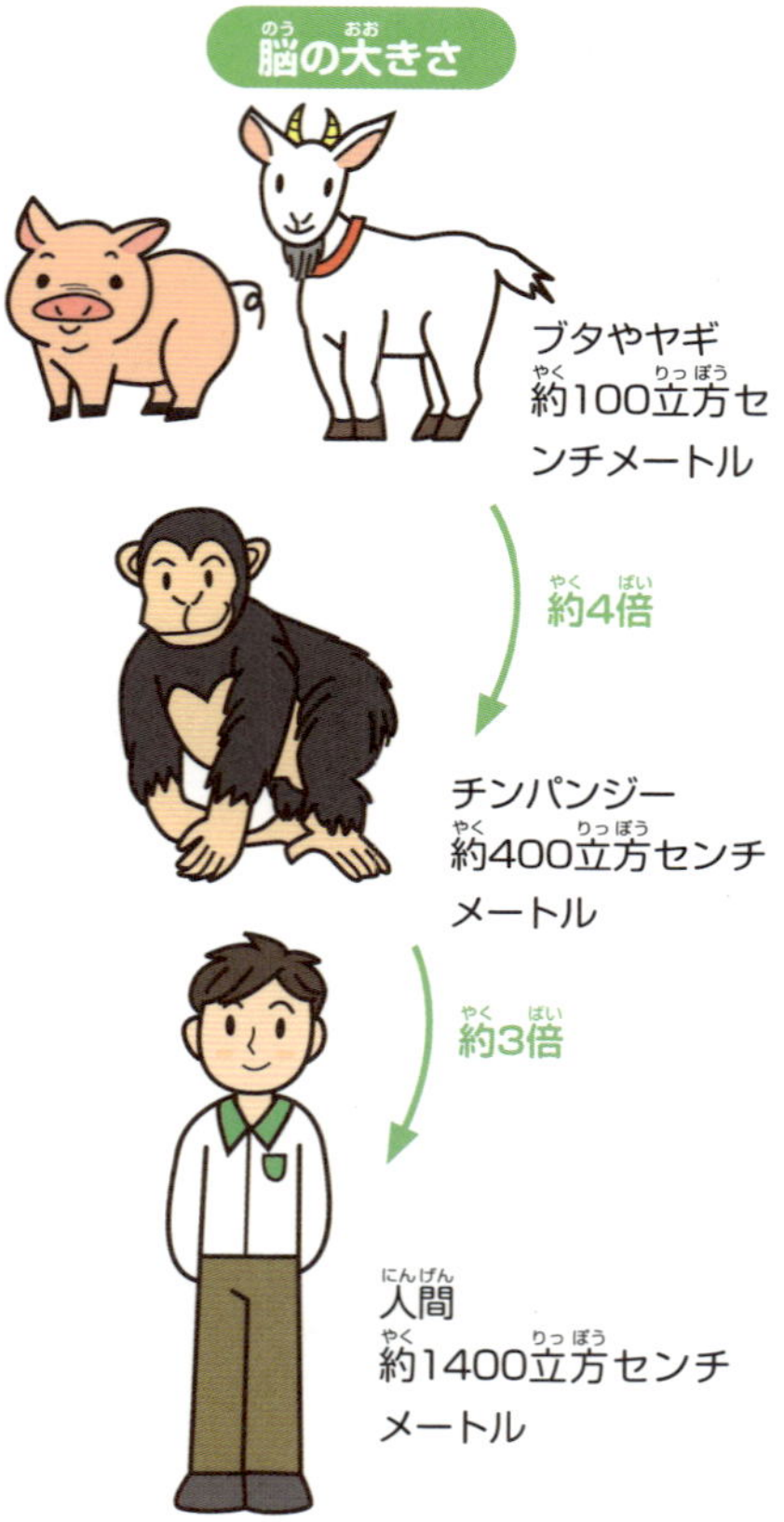
脳の大きさ
ブタやヤギ
約100立方センチメートル
約4倍
チンパンジー
約400立方センチメートル
約3倍
人間
約1400立方センチメートル

ここがポイント!
人間の脳の容量は約一四〇〇立方センチメートルで、チンパンジーの約三倍、ブタやヤギなどの約一四倍ある。

おはなしクイズ 人間の脳の容量がふえたのは、どこにうつりすんだことがきっかけ？

57ページのこたえ　対流

日食って、どうしてたまにしか見られないの？

読んだ日にち（　　年　　月　　日）（　　年　　月　　日）（　　年　　月　　日）

日食って何？

何年かに一度、太陽がかけて見える現象が起こります。これを「日食」といいます。

日食には、いくつか種類があります。太陽全部が見えなくなるのは「皆既日食」、太陽が輪っかのように見えるのは「金環日食」、太陽の一部がかけて見えるのは「部分日食」です。

日食は、太陽・月・地球が一直線にならんだときに起こります。

地球から見て太陽と月が同じ方向にあって、月が太陽の前を横ぎっていくときに、月が太陽をかくすため、太陽がかけたように見えるのです。

太陽と月の大きさはまったくちがい、太陽の直径は月の約四〇〇倍もあります。しかし、地球から太陽までのきょりは、地球から月までのきょりの約四〇〇倍なので、地球から見える太陽と月の見かけの大きさはほぼ同じになります。そのため、月が太陽をおおいかくすように見えます。

太陽
月
地球

太陽・月・地球が直線上にならぶと、太陽が月にかくれる。これが日食。

新月のときに、ぴったり一直線になるのはまれ！
地球の公転軌道
月の公転軌道

日食の条件

日食は、地球から見て、月が太陽の方向にある「新月」のときに起こります。月は地球のまわりを約二七日で一周しているので、日食はもっとひんぱんに見られてもよさそうです。それなのに、めったに見られないのはどうしてでしょう。そのひみつは、地球と月の「公転軌道」にあります。

月が地球のまわりをまわる公転軌道は、地球が太陽のまわりをまわる公転軌道から約五度かたむいています。そのため、太陽・月・地球がぴったり一直線上にならぶことはあまりなく、日食はなかなか見ることができないのです。

ここがポイント！
太陽・月・地球が一直線上にならぶことはめずらしいので、日食はたまにしか見られない。

58ページのこたえ　草原

おはなしクイズ　太陽全部がかくれてしまう日食を何という？

日本列島はどうやってできたの？

読んだ日にち（　　年　　月　　日）（　　年　　月　　日）（　　年　　月　　日）

はなればなれになった大陸

ずっと昔、日本列島は島ではなく、ユーラシア大陸という大陸の一部でした。では、どうして現在の日本列島はユーラシア大陸からはなれているのでしょうか。

地球の表面をおおう「プレート」というもの（→168ページ）はたえず動いており、プレートどうしがぶつかると、軽いプレートの下に重いプレートがしずみこみます。このとき、プレートの上にあった土や砂、どろや岩石などはしずまずに、のこったプレートにくっつきます。これをくり返すことで、大陸はどんどん大きくなるのです。

ところが、今から約一五〇〇万年前、活発になった火山活動によって、ユーラシア大陸のはしにわれ目ができました。われ目ができたまま、プレートはどんどん動き、やがてわれ目の部分に海ができました。こうしてユーラシア大陸からはなれた部分が、現在の日本列島になったのです。

なぜ弓のような形なの？

大陸からはなれたばかりの日本列島は、今のように弓なりにはなっておらず、まっすぐな形をしていました。それがなぜ現在の形になったのかは、まだよくわかっていません。

ひとつの説として、プレートのしずみこみが原因と考えるものがあります。ユーラシア大陸からはなれたあとも、日本列島はたくさんのプレートとぶつかってきました。そのときの衝撃で日本列島は曲がっていき、今のような弓なりの形になったのではないか、と考えられています。

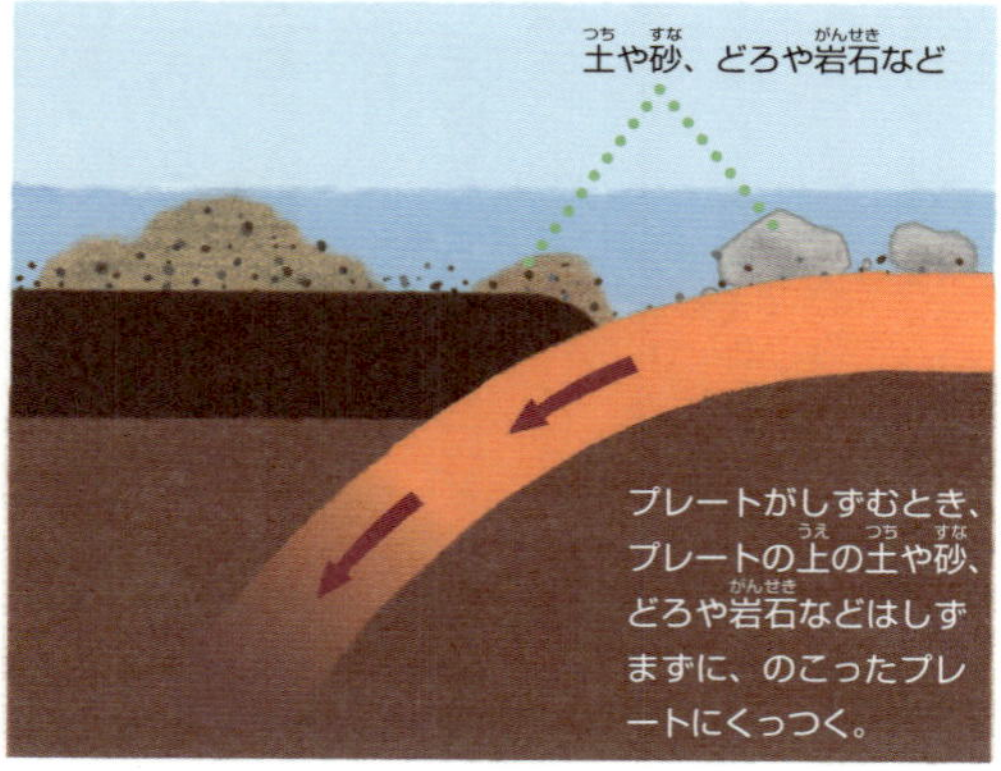
土や砂、どろや岩石など
プレートがしずむとき、プレートの上の土や砂、どろや岩石などはしずまずに、のこったプレートにくっつく。

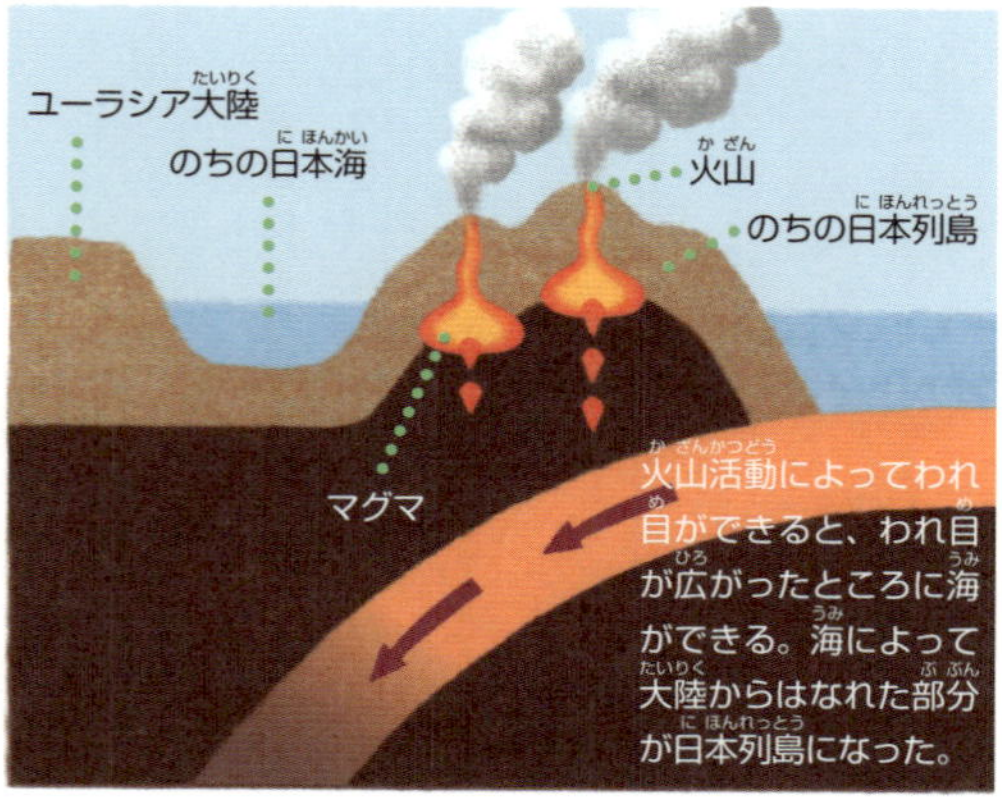
ユーラシア大陸
のちの日本海
火山
のちの日本列島
マグマ
火山活動によってわれ目ができると、われ目が広がったところに海ができる。海によって大陸からはなれた部分が日本列島になった。

ここがポイント！
はじめはユーラシア大陸の一部だったが、火山活動でできた大陸のわれ目がプレートの移動で大きくなり、今の日本列島ができた。

59ページのこたえ　皆既日食

おはなしクイズ　日本列島はもともと、何という大陸の一部だった？

2月12日のおはなし

ヒトはどんなふうに進化してきたの？

読んだ日にち（　年　月　日）（　年　月　日）（　年　月　日）

生命 進化

サルからヒトへ

ヒトは、サルと同じ祖先から進化した生きものです。

ヒトの祖先は約六〇〇万年前、チンパンジーと分かれて、アウストラロピテクス（猿人）へと進化しました。二本のあしで歩く、「直立二足歩行」を行ったさいしょのヒトのなかまです。約四〇〇万～約二〇〇万年前まで、アフリカ大陸にすんでいました（→175ページ）。

アフリカを出た猿人は、約一八〇万年前に原人へと進化します。ホモ・エレクトスとよばれるかれらは、木や石でかんたんな道具をつくり、火をおこすこともできました。

そして約二〇万年前、わたしたちにもっとも近い祖先であるホモ・サピエンス（新人）が誕生したのです。かれらはことばを使いはじめ、また、狩りや農業も行いはじめました。

脳の大きさがかわった

では、どうしてヒトはここまで進化できたのでしょうか。それは脳の大きさがかわったからです。

アウストラロピテクスの脳は、四五〇～六〇〇立方センチメートルほどの大きさでした。

これが原人になると、九〇〇～一一〇〇立方センチメートルにふえ、新人では一四〇〇立方センチメートルにまでふえました。つまり、アウストラロピテクスのときにくらべて、三倍の大きさになったことになります。

脳が大きくなった理由にはさまざまな説があり、なかには二足歩行が関係しているという説もあります。二足歩行は四足歩行にくらべて、より大きな脳をささえることができるため、脳の容量がふえたと考えられているのです。

約600万年前　チンパンジーから分かれる。

約400万年前

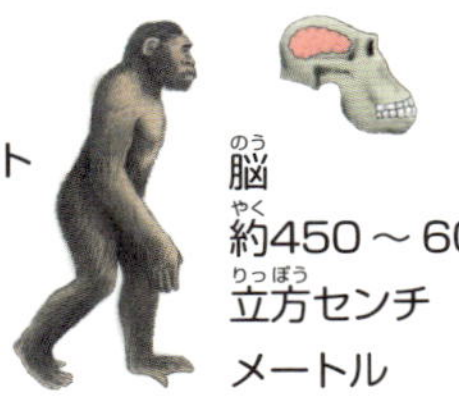

猿人（アウストラロピテクス）

脳 約450～600立方センチメートル

約180万年前

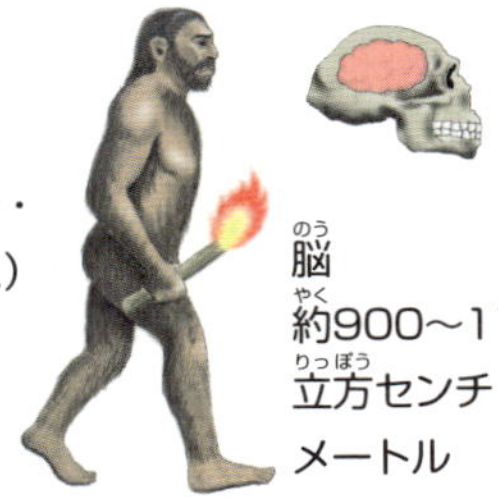

原人（ホモ・エレクトス）

脳 約900～1100立方センチメートル

約20万年前

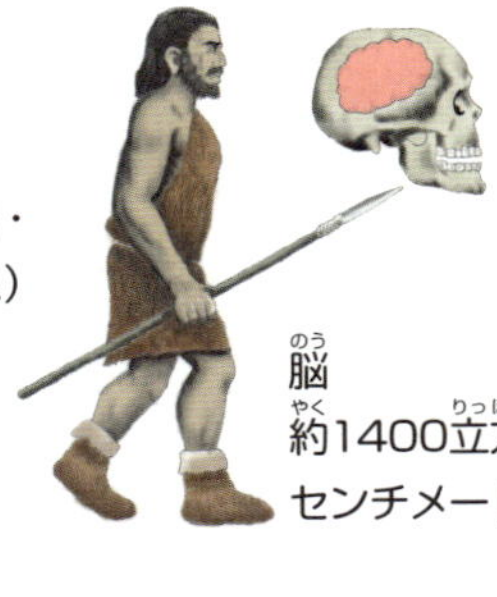

新人（ホモ・サピエンス）

脳 約1400立方センチメートル

ここがポイント！

ヒトの祖先は猿人から原人へと進化し、約二〇万年前には、今のわたしたちにもっとも近い、新人（ホモ・サピエンス）が誕生した。

おはなしクイズ　ヒトのさいしょの祖先がすんでいたのはどこ？

60ページのこたえ　ユーラシア大陸

フィギュアスケートのスピンがだんだん速くなるのはなぜ？

読んだ日にち（　年　月　日）（　年　月　日）（　年　月　日）

腕をちぢめると速くなる

フィギュアスケートの技のひとつに、その場でクルクルとまわる「スピン」という技があります。テレビなどで見ていると、スピンをしている選手の回転はとちゅうから速くなります。

また、このときよく見ていると、スピンの回転が速くなるのは、選手が腕をちぢめたときだとわかります。これはいったいなぜなのでしょうか。

半径が小さくなると速くなる

回転しているときに腕をちぢめると、回転の速度はどうなるのか、みなさんもじっさいにやってみましょう。

回転いすを用意して、すわってクルクルまわります（目がまわるので、まわりすぎないように気をつけましょう）。さいしょは両手と両あしを広げてまわってみます。そのあと、広げた両手あしをちぢめます。すると、回転する速度はどうなるでしょうか。両手あしを広げてまわったときよりも、ちぢめたときのほうが速く回転しませんか。

フィギュアスケートの選手が腕をちぢめることと、回転いすでまわりながら両手あしをちぢめることは、同じようなことだと考えることができます。つまり、回転するものの半径が小さくなるほど、回転が速くなるのです。フィギュアスケートの選手のスピンが速くなるのは、腕をちぢめて、中心からの半径を小さくしているからなのです。

両手あしをちぢめながら回転すると、広げてまわるよりも速く回転する。

両手あしを広げながら回転すると、ゆっくりまわる。

腕をちぢめると、速くまわる。

腕をのばしていると、ゆっくりとまわる。

ここがポイント！
回転しているものは、半径が小さくなるほど速くまわるため、フィギュアスケートの選手が腕をちぢめると、スピンが速くなる。

61ページのこたえ
アフリカ大陸

おはなしクイズ　回転しているものが速くまわるのは、半径が小さいとき？　大きいとき？

地震がいつ起こるか調べることはできないの？

読んだ日にち（　　年　　月　　日）（　　年　　月　　日）（　　年　　月　　日）

まだまだむずかしい地震予測

わたしたちがくらしている陸地や、海の下には「プレート」という大きな岩の板があります。この板は、十数まいが組みあわさって地球の表面をおおっていますが、ひとつひとつがふくざつに動いています。そのためプレートのさかい目には、大きな力がいつもかかっています。この力にたえられず、プレートがこわれたり、ずれたりするときに、大きなゆれが発生します。これが地震です。

プレートがいつ、どこでこわれるのか、それによってどのくらいの規模の地震が起こるのか、事前に予測できれば被害を少なくすることができるでしょう。しかし、それは今の科学ではとてもむずかしいのです。

地震予測の研究

ただ、地震の予測の研究はいろいろと行われています。たとえば、人工衛星を使う方法もそのひとつです。この方法では、GNSS（全球測位衛星システム）というシステムに使う人工衛星から送られた電波を、日本全国にある「電子基準点」（→93ページ）という観測点が受けとります。そして、地面の動きや変化のデータを調べることで地震の前ぶれをとらえるのです。

また、大きな地震の発生前にはプレートがゆっくりすべりだす「前兆すべり」という現象が起こると考えられています。この現象が起こるとまわりの岩盤のゆがみが変化するため、これを観測することで地震を予測できるのではないか、といわれているのです。ただし、この現象が地震発生前にかならず観測されるとはまだ証明されていません。

将来起こる大きな地震の予測のためにも、研究は進んでいます。

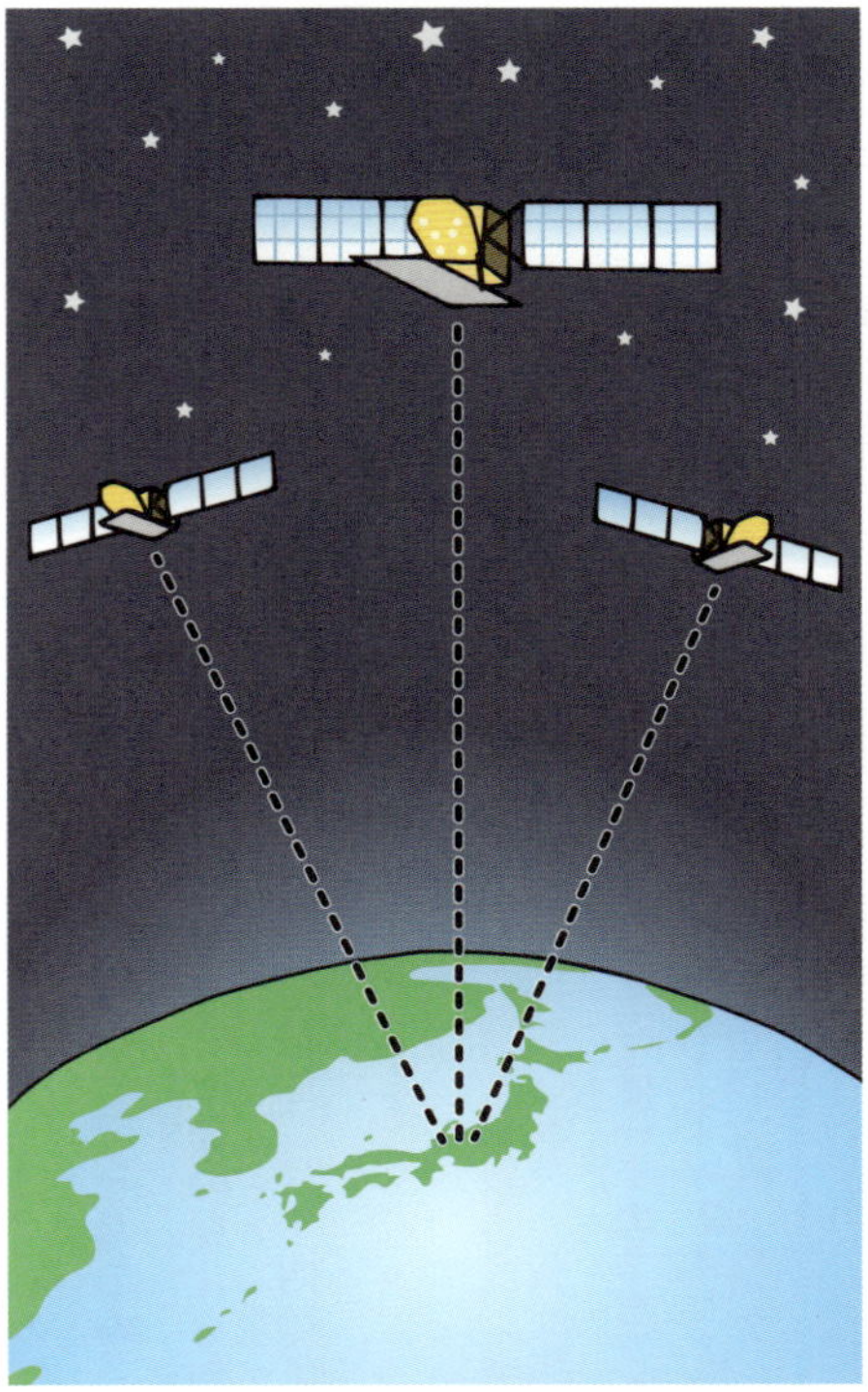

GNSS衛星を使って、電子基準点を観測しつづけて、数ミリメートルの地面の動きや変化から地震が起こる場所を調べる。

ここがポイント！

正確に地震を予測することはまだむずかしいけれど、さまざまな研究が進められている。

62ページのこたえ　小さいとき

おはなしクイズ　GNSSから送られた電波を受けとり、地面の変化のデータを調べるものは何？

冬至や夏至って、どんな意味があるの？

読んだ日にち(　　年　　月　　日)(　　年　　月　　日)(　　年　　月　　日)

夜が長い日と昼が長い日

みなさんも、昼と夜の長さが季節によってちがうのは、何となくわかるでしょう。

日本の場合、冬は暗くなるのが早くて、夜が長くなります。そのなかでも、一年のうちでいちばん昼が短く、夜が長くなる日が「冬至」です。反対に、一年を通していちばん昼が長く夜が短くなる日を「夏至」といいます。

ちなみに東京の場合、冬至の日と夏至の日の昼間の長さの差は、六時間近くになります。

農業にとっては重要

冬至も夏至も、昔の日本で季節の変化の目安とされていた「二十四節気」のひとつです。

二十四節気はかんたんにいうと、地球が太陽のまわりを一周するのにかかる期間（約三六五日）を二四に分け、その区切りとなる日に名前をつけたものです。

季節の変化は、地球と太陽との位置関係の変化によってうまれます。ところが、昔は月の満ちかけ（→294ページ）をもとにした暦を使っていたため、同じ日付でも、季節がある年とその次の年では、少しずれている、ということがありました。

季節に合わせてやるべき作業が決まる農業では、この暦はたいへん不便です。そのため、日付とは関係なく季節の変化を知るための目安として、二十四節気が考えられたのでした。

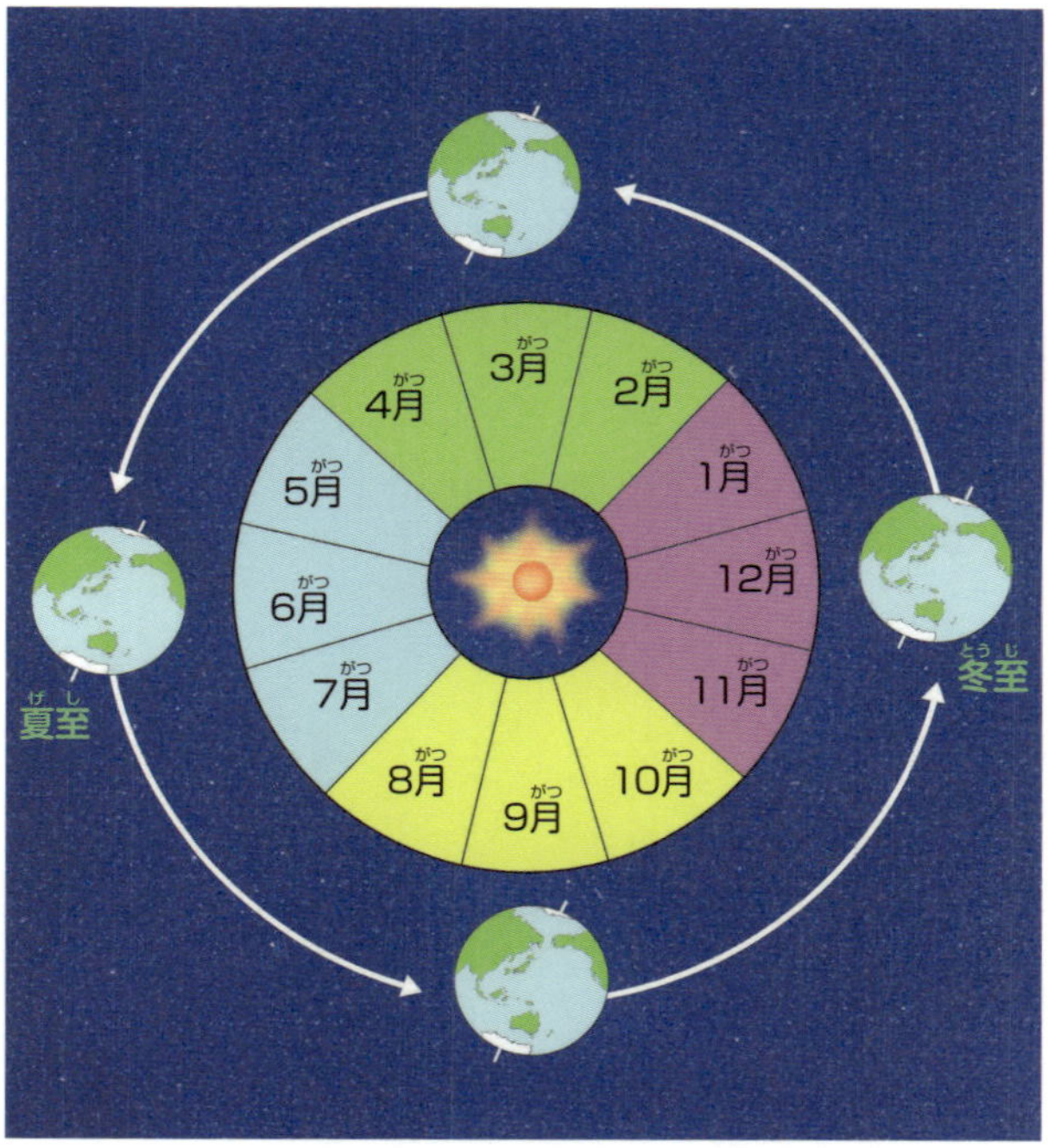
3月
2月
4月
1月
5月
12月
6月
11月
7月
10月
8月
9月
夏至
冬至

昼の長さは、12月の冬至をさかいに、日ごとにだんだん長くなっていく。6月の夏至をすぎると、今度は少しずつ昼間が短くなっていく。

ここがポイント！
「冬至」は一年のうちでもっとも夜が長い日。「夏至」はもっとも昼が長い日。

おはなしクイズ　1年のうち、昼の長さがもっとも長い日を何という？

63ページのこたえ　電子基準点

2月16日のおはなし

低気圧があるとどうして天気が悪くなるの?

読んだ日にち(　　年　　月　　日)(　　年　　月　　日)(　　年　　月　　日)

地球 気象

空気には重さがある

わたしたちには、空気には重さがないように感じられますが、そんなことはありません。空気にも、ちゃんと重さがあります。

空気中にあるすべてのものには、この空気の重さがかかっています。これを「気圧」といいます。そして、気圧がまわりにくらべてひくくなっているところを「低気圧」、高くなっているところを「高気圧」といいます。気圧はいつも同じではなく、変化しつづけています。

低気圧と高気圧は、天気に大きな影響をあたえるものなので、みなさんも天気予報でこのことばをきいたことがあるでしょう。

高気圧と低気圧のとくちょう

空気には、あたたまると軽くなって上に上がり、さめると重くなって下に下がる性質があります。冬に暖房をつけた部屋では、ゆかに近い位置よりも、天井に近い位置のほうがあたたかいのも、このためです。

低気圧のあるところでは、地面や海面の熱であたためられた、水蒸気をふくむ空気が軽くなって上に上がっていき、地表近くの空気はうすくなっています。このとき、上空の空気はひやされ、雨雲ができやすくなっています。そのため、天気が悪くなりやすいのです。

いっぽう、高気圧のあるところでは、空気が上空から地面に向かって下がってきて、気圧が高くなっています。

ここでは、空気がかわいていて、雨をふらす雲ができにくくなります。そのため、晴れる確率が高くなります。

ここがポイント!
低気圧のあるところでは、空気が上に上がっていくので、雨をふらせる雲ができやすい。

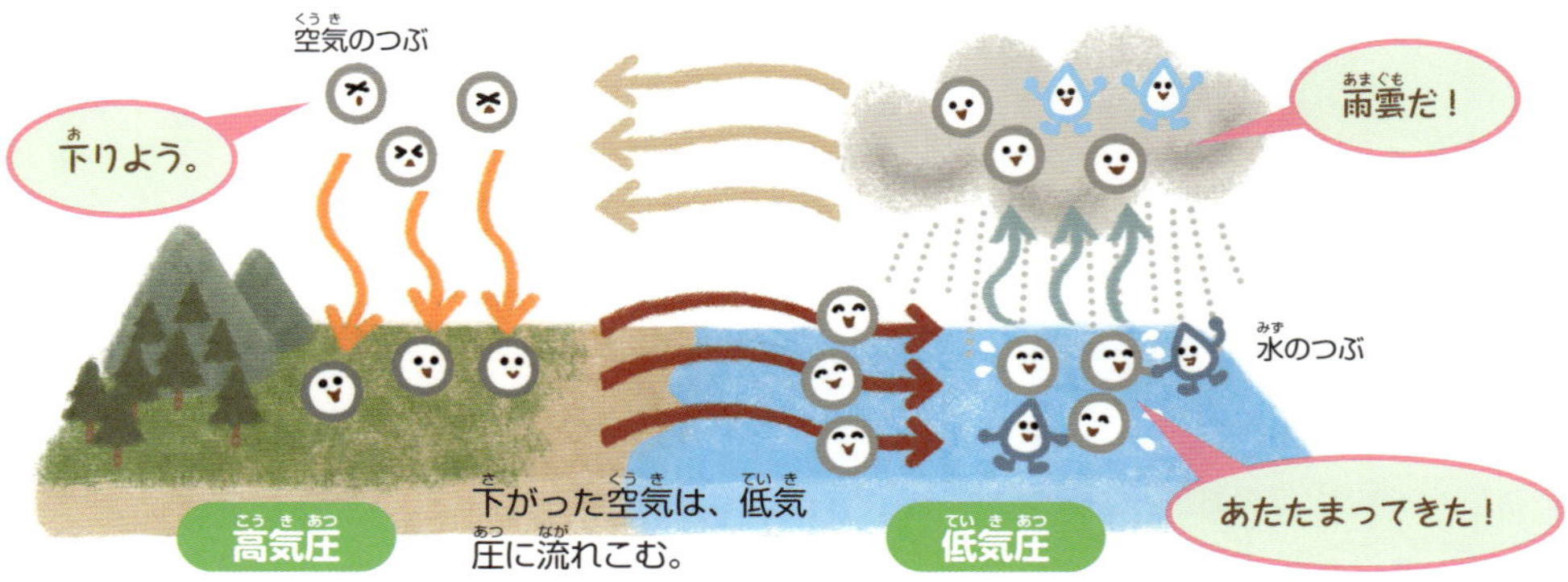
空気のつぶ
下りよう。
雨雲だ!
水のつぶ
あたたまってきた!
下がった空気は、低気圧に流れこむ。
高気圧
低気圧

夏至 64ページのこたえ

おはなしクイズ 空気はあたたまると重くなる? 軽くなる?

炭って木がもえたものなの？

読んだ日にち（　　年　　月　　日）（　　年　　月　　日）（　　年　　月　　日）

木をもやすと灰になる

たとえばキャンプファイヤーをしたあと、もえたまき（木）はどうなると思いますか？

木には、「炭素」という物質をふくむ成分や、「ミネラル」という成分がふくまれています。木に火をつけると、熱でさまざまな木の成分が分解され、目に見えない気体となって出てきます。これらがもえると、ほのおが出るのです。このとき、炭素は空気のなかの酸素とむすびついて二酸化炭素になり、空気中へにげていってしまいます。のこるのは、もえないミネラルの灰だけです。そのため、炭にはなりません。

炭は木をやいてつくる

炭をつくることを、「炭をやく」といいます。やくというからには火を使いますが、ふつうにやくのではなく、空気をとても少ない状態にして、「蒸しやき」にします。空気が少ないので、炭素は酸素とむすびつくことができません。でも、温度は上がるので、分解された木の成分の一部が、気体となってぬけていきます。その結果、おもに炭素がのこって「炭」になります。炭をもやすには、高い温度が必要です。炭のまわりで新聞紙などをもやし、温度を上げていくと、やがて火がつき、赤くなってもえはじめます。ただし、ほのおは出ません。ほのおを出すような気体は、もうぬけてしまっているからです。そして、もえたあとには、灰がのこります。

ここがポイント！
木をもやすのではなく、空気を少なくして蒸しやきにしたのが炭。

酸素
油類
メタン
もえるぜ！
炭素
アルコール
合体して二酸化炭素になるよ！

ふつうに木に火をつけると、木の成分が気体となって出てくる。これらがもえるとほのおが出る。

あつい…
ぼくしかいない。
炭素
酸素がいない……

炭をつくるときの熱で、ほのおを出す成分の一部がぬけてしまう。だから、炭はほのおが出ない。

65ページのこたえ　軽くなる

おはなしクイズ　木が炭になったときにのこっているものは何？

太陽系から惑星がひとつ消えた!

読んだ日にち(　年　月　日)(　年　月　日)(　年　月　日)

惑星とは何か

現在、太陽系の惑星の数は八つとされています。しかし、二〇〇六年までは九つありました。惑星がひとつへってしまったのです。

古代から、人びとは予測のつかない動きをする星のことを、「さまよう人」という意味をもつラテン語から「プラネット（惑星）」とよんでいました。しかし、長い間どういう天体を「惑星」とよぶか、正式な決まりはありませんでした。そこで、二〇〇六年に惑星とは次のようなものと決められました。

（一）太陽のまわりをまわっている（公転している）こと。

（二）じゅうぶんに重く（大きく）、自分の重力で丸くなっていること。

（三）公転軌道のなかでもとくに大きく、ほかに同じような大きさの天体が存在しないこと。

半径は1137キロメートル…
半径は1200キロメートル。
半径は1738キロメートル！
地球
半径は6378キロメートルもあるよ！
冥王星
エリス
月

このような定義ができたことで、かつては惑星だったのに、そうではなくなってしまった天体が、冥王星です。

冥王星が惑星でなくなった理由

冥王星は、一九三〇年に発見され、九つ目の惑星となりました。その半径は一一三七キロメートルで、月よりも小さい天体でした。ところが、一九九〇年代以後、海王星より遠くで、冥王星と同じような大きさの天体が次つぎと発見され、冥王星はそのなかまだと考えられるようになりました。

さらに、二〇〇五年に冥王星より大きな天体エリスが発見され、冥王星は「準惑星」という天体に分類されるようになりました。

ここがポイント！

冥王星ににた天体や、さらに大きな天体が発見されたことで、冥王星は惑星ではなくなった。

66ページのこたえ　炭素

おはなしクイズ　冥王星は現在、太陽系のなかで何という種類の天体に分類されている？

毒をもたないフグがいるって、ほんとう？

読んだ日にち(　　年　　月　　日)(　　年　　月　　日)(　　年　　月　　日)

生命
魚

養殖のフグは毒をもたない

フグはおいしくて人気の高い魚ですが、「テトロドトキシン」という毒をもちます。フグの肝臓や卵巣などの内臓にふくまれているこの毒は、とても強力です。もし毒のある部分を食べてしまうと、全身がまひし、さいごには呼吸ができなくなって死んでしまうこともあります。このように、フグはとても危険な魚なので、資格をもった人しかフグの調理はできません。

ただし、フグの毒はフグの体内でつくられているわけではありません。もとは、海底のどろに大量に生息している、一部の海洋細菌がつくりだしたものなのです。まず、海底のどろを食べる生きものに毒がたくわえられ、その生きものを食べたフグが毒をもつようになります。つまり、フグは毒を外からとりこんでいるのです。そのため、人間からえさをあたえられて育つ養殖のフグは毒をもちません。

フグが毒で死なない理由

毒を食べているにもかかわらず、フグが死なないのはふしぎですよね。じつは、フグのからだのつくりにそのひみつがあります。

テトロドトキシンは、生きものの体内に入ると、決まった細胞にはたらきます。ところが、フグの細胞はテトロドトキシンがはたらきにくいつくりをしているのです。そのため、フグ自身には毒がほとんどききません。また、フグの血液中にふくまれる「タンパク質」という物質には、テトロドトキシンをおさえるはたらきがあります。

毒をたくわえた貝やカニなどを食べたフグが毒をもつ。
貝やカニなどが海底のどろを食べて、そこにふくまれていた毒をたくわえる。
テトロドトキシン
海底のどろに生息する一部の海洋細菌が、テトロドトキシンという毒をつくりだす。

ここがポイント！
フグはえさにする生きものから毒をとりこむので、養殖のフグは毒をもたない。

67ページのこたえ　準惑星

おはなしクイズ　フグがもつ毒をもともとつくったのは、どんな生きもの？

心はどこにあるの？

読んだ日にち（　年　月　日）（　年　月　日）（　年　月　日）

生命 人体

心は脳にある？

「心はどこにあるの？」ときかれたら、みなさんは何とこたえますか。きんちょうしたときにドキドキするので、「心臓」とこたえる人が多いかもしれませんね。

では、そもそも「きんちょうする」という気持ちは、どこからやってくるのでしょう。こたえは、わたしたちの頭のなかにある「脳」です。脳では、うれしい、楽しい、悲しい、さみしいなど、さまざまな感情がうまれています。

脳は、内がわに「大脳辺縁系」、外がわに「大脳新皮質」という部分があります。大脳辺縁系は、喜怒哀楽の感情をコントロールしたり、「何かを食べたい」など、生きるために必要な感情をうみだしたりしています。大脳新皮質は、大脳辺縁系とつながりあって、判断をくだしたり、ことばにしたりといったはたらきをします。大脳新皮質が発達しているおかげで、わたしたちはよりふくざつなことを考えたり、さまざまな感情をうみだしたりすることができるのです。このように、感情は脳でうまれるため、心は脳にあるといえるかもしれません。

さまざまな動物の脳

鳥やほ乳類の動物は、大脳新皮質が発達しています。

いっぽう、魚や両生類（カエルなど）の動物には大脳新皮質がなく、大脳辺縁系しかありません。また、魚と両生類、そして虫類（カメやヘビなど）の動物は、脳のほとんどが「脳幹」というものでできています。脳幹はえさをとるなど、本能的な行動にかかわり、脳の幹となる部分です。

人間の脳のしくみ

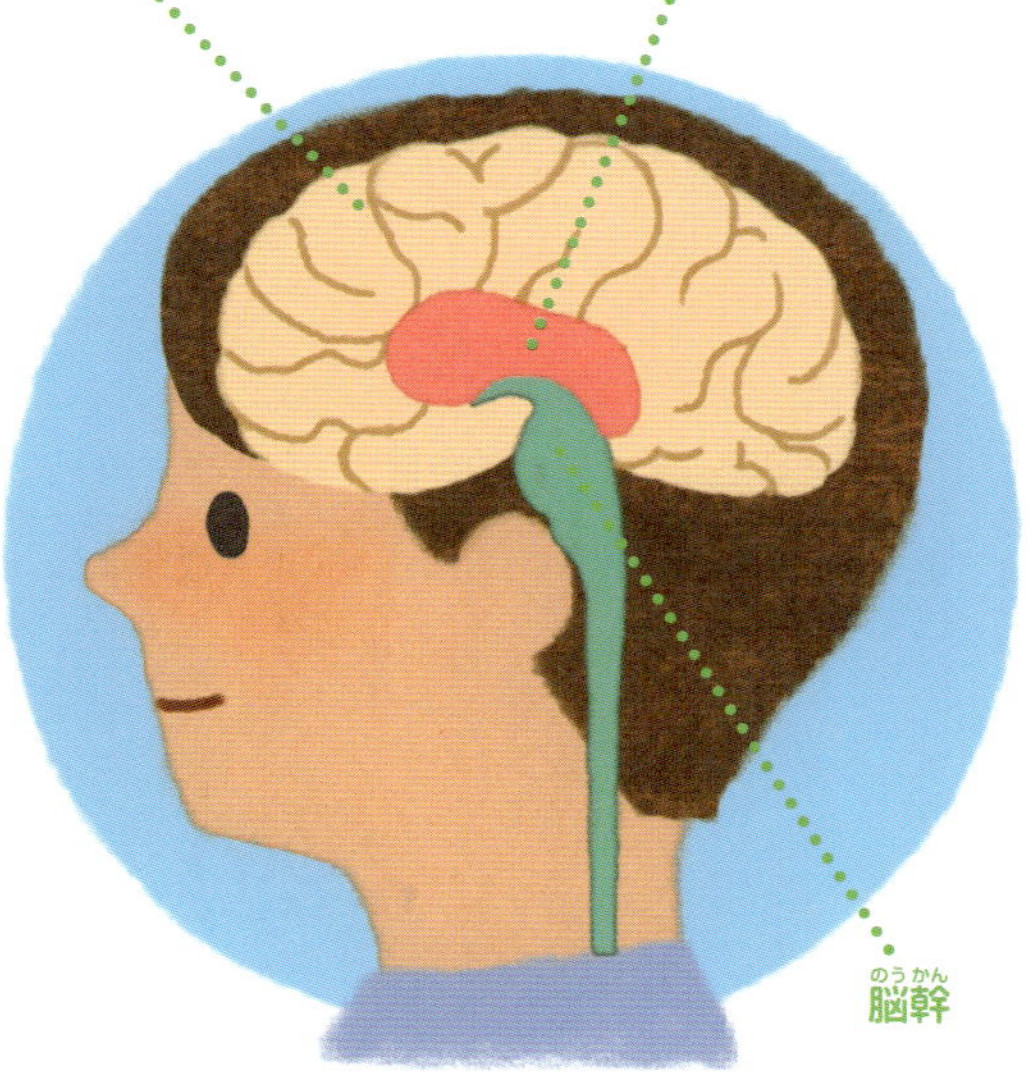
大脳新皮質
判断をくだしたり、ことばを話したりするなど、よりふくざつなことを考える場所。
大脳辺縁系
喜怒哀楽の感情や、生きるためにたいせつな感情に関わる部分。できごとの記憶も行う。
脳幹

ここがポイント！
心は脳にあるという考えがあるが、じっさいはわかっていない。

68ページのこたえ　海洋細菌

おはなしクイズ 人間は、脳のなかの何という部分が発達している？

スカイダイビングは なぜできるの？

2月21日のおはなし

読んだ日にち（　年　月　日）（　年　月　日）（　年　月　日）

もののはたらき　力

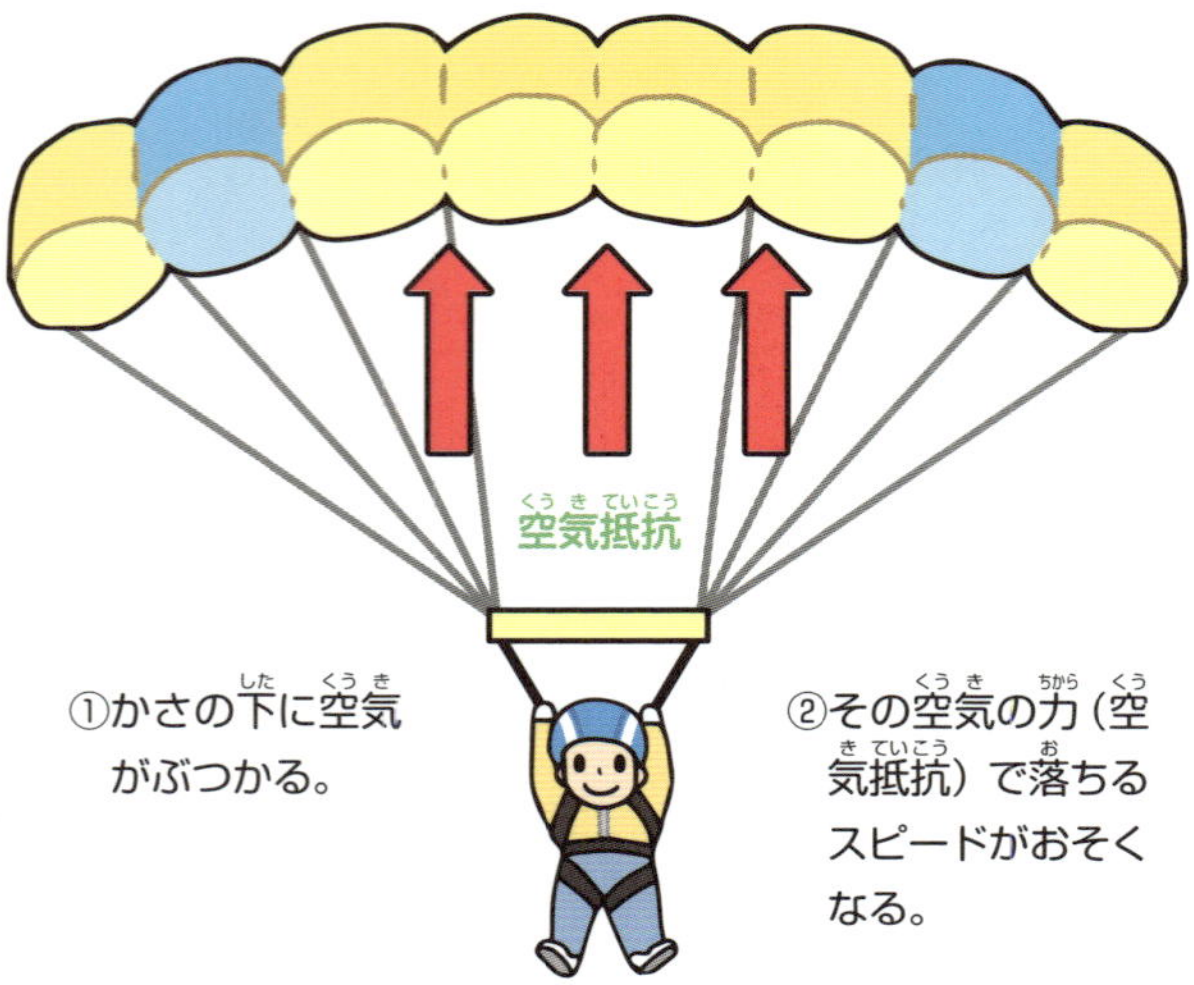

空気抵抗
①かさの下に空気がぶつかる。
②その空気の力（空気抵抗）で落ちるスピードがおそくなる。

速さをおさえる空気の力

スカイダイビングは、地面から数千メートルという高さをとぶ飛行機などからとびおり、パラシュートを使って地上におりるスポーツです。

ふつう、飛行機がとんでいるような高い場所から落ちると、地球がものを引っぱる「重力」という力でどんどん速くなり、やがてものすごい速さで地面にぶつかって死んでしまいます。いったいなぜ、パラシュートを使うと安全に着地できるのでしょうか。

パラシュートを広げて落ちると、広がったかさの下に空気がぶつかります。すると、上向きにおしあげる空気の力が、パラシュートの下向きに落ちる力をじゃまします。このように、ものが進むのをじゃまする空気の力を「空気抵抗」といいます。パラシュートは、空気抵抗のおかげでスピードが上がらないため、安全に着地できるのです。

新幹線の車両の先がとがっている理由のひとつは、前からかかる空気抵抗をうしろに流すため。

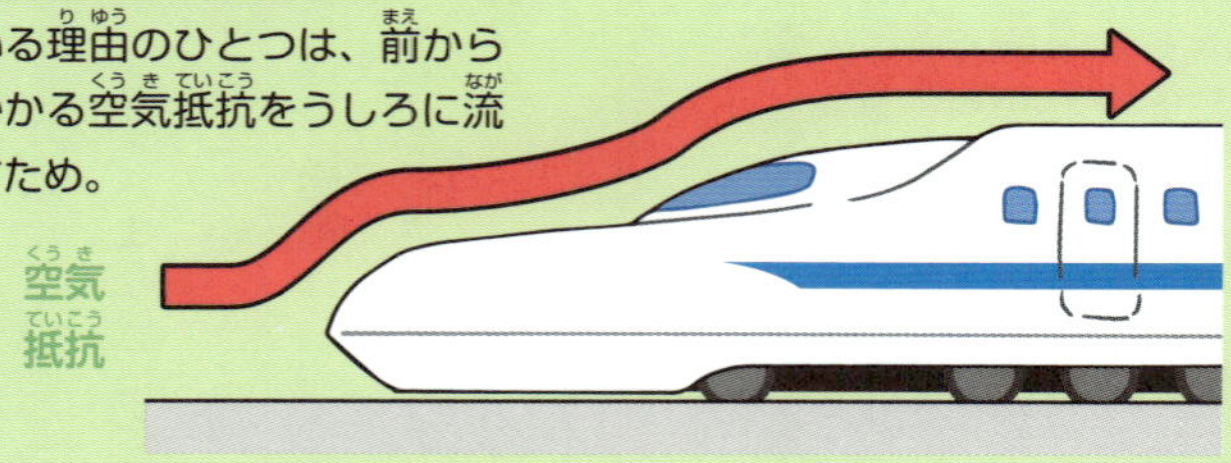

空気抵抗

じゃまになる空気抵抗

空気抵抗は、スカイダイビングにはかかせないものですが、多くの乗りものにとっては、スピードを出すうえでじゃまになります。そのため、多くの自動車や列車、飛行機などは、できるだけ空気抵抗がへるように、前から来た空気がうしろに向かって流れやすい形につくられています。

ここがポイント！
パラシュートは、かさにはたらく空気抵抗によってスピードが落ちるので、安全に着地できる。

69ページのこたえ　大脳新皮質

おはなしクイズ　ものが進むのをじゃまする空気の力を何という？

土星の環は何でできているの？

読んだ日にち（　　年　　月　　日）（　　年　　月　　日）（　　年　　月　　日）

宝石のように美しい環

土星の特色は、大きな環です。その環の美しさから、「太陽系の宝石」とよばれているほどです。

土星の環は、地球から見ると、一まいの板のように見えます。しかし、じっさいの土星の環は板ではありません。無数の氷のつぶ（かけら）が集まったものなのです。その直径は約二七万キロメートルもありますが、あつさはわずか数百メートルしかありません。

この土星の環は、ひとつの環ではなく、細い環がたくさん集まってできています。細い環の間にはすき間がいくつもあり、そのすき間を区切りにした、七つの環が集まったものが、わたしたちの目にひとつの環として見えています。

また、望遠鏡で見ることができるのは、いちばん外がわにあるふたつの環だけです。このふたつの環は、氷のつぶが太陽の光を反射してかがやいているため、よく見えるのです。いっぽう、内がわの環は暗くてはっきりと見ることはできません。

環ができた理由

このような、氷のつぶが集まった環がどうやってできたのかはまだわかっていませんが、おもな説には、次のふたつがあります。

ひとつは、かつてあった土星のまわりをまわる衛星が、土星に近づきすぎたために引力（土星に引きつけられる力）で破壊され、その残がいが環になったというもの。

もうひとつは、土星ができたころ、土星を形づくった物質のあまりが環になったというものです。

太陽系の惑星では、土星以外でも、木星、天王星、海王星にも環があることがわかっています。

近づきすぎた衛星が、土星の引力によって破壊された？
土星を形づくった物質のあまりが環になった？
うまれた！
土星
氷のつぶ

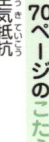

ここがポイント！
土星の環は、数ミリメートルから数メートルくらいの氷のかけらが集まってできている。

70ページのこたえ 空気抵抗

おはなしクイズ 土星は、その環の美しさから、太陽系の何とよばれている？

チンパンジーはとってもかしこい！

読んだ日にち(　　年　　月　　日)(　　年　　月　　日)(　　年　　月　　日)

さまざまな道具を使う

チンパンジーは、現在地球上にいる動物のなかで、もっとも人間に近い動物の一種です。高い知能をもち、木の枝や葉、石などさまざまなものを道具として使うことができます。

たとえば、チンパンジーはアリが好物ですが、アリ塚とよばれる、地面の上に土をつみあげた巣（→353ページ）のなかのアリは食べることができません。そんなとき、チンパンジーは木の枝の先のほうを口に入れて、ブラシ状になるまでかんだあと、それを巣のあなにさしこみます。そして、おこったアリが木の枝にたくさんかみついてきたところを引きだして食べます。

また、かたい木の実を食べるときには、台座となる石の上に木の実をのせ、石でたたきわってから中身をとりだして食べます。さらに、木や岩のあなにたまった水が飲みたいときには、木の葉をかんでスポンジ状にしてからそのあなに入れ、水を吸わせて口に運びます。

木の枝を使う
木の枝
木の枝を巣のあなにさしこみ、枝にかみついたアリを引きだして食べる。
アリ
アリの巣
石を使う
木の実
石
石の上に木の実をのせ、石でたたきわってから中身を出して食べる。
木の葉を使う
木のあな
木の葉
木の葉を水がたまった木のあなに入れ、水を吸わせて口に運ぶ。

人間以上の記憶力をもつ

チンパンジーの記憶力をたしかめるため、こんな実験が行われたことがあります。

画面にバラバラに、一瞬だけ数字を表示し、そのあとで数字とその位置をどれだけ速く、正しくあてられるかがためされたのです。その結果、なんと同じ実験を行った人間の大人よりも、チンパンジーの子どものほうがよい成績をのこしました。これによって、チンパンジーの子どもには、ふくざつなものを一瞬で正確におぼえられる能力があることがわかりました。

ここがポイント！

チンパンジーは、木の枝や葉、石といったさまざまな道具を使うことができ、記憶力も高い。

おはなしクイズ チンパンジーは、木や岩のあなにたまった水を飲むとき、何を使う？

71ページのこたえ　宝石

ドアノブにふれると、ビリッとすることがあるのはどうして？

読んだ日にち(　　年　　月　　日)(　　年　　月　　日)(　　年　　月　　日)

物質にたまった電気

すべての物質は、「原子」という目に見えない小さなつぶからできています（→76ページ）。原子の中心には、「原子核」というものがあり、そのまわりを、「電子」というものがぐるぐるまわっています。

原子核のなかにある、「陽子」というつぶはプラスの電気をおびています。また、原子核のまわりの電子は、マイナスの電気をおびています。

ふつうは、プラスの電気とマイナスの電気のバランスがとれているため、どちらかいっぽうの電気をもつことはありません。

しかし、物質と物質がこすれあうと、片方の物質の電子が、もう片方の物質へ移動することがあります。すると、電子が移動した先の物質にはマイナスの電気がたまり、電子をとられたほうには、プラスの電気がたまります。このようにして、物質にたまった電気を「静電気」といいます。人間も、歩いていればあしと地面や、からだと衣服がこすれあうため、静電気がたまることがあります。

静電気が指先に流れる

物質には、電気を通しやすいものと、通しにくいものがあります。金属でできているドアノブは、電気を通しやすいものです。

そのため、ドアノブにふれると、人間のからだにたまった静電気はドアノブのほうへとにげていきます。これによって、人間はビリッと感じるのです。

また、静電気は空気がしめっていると空気中ににげていきますが、空気がかわいているとにげられません。そのため、空気がかわいている冬に、よく静電気を感じます。

ここがポイント！
静電気があるときにドアノブにふれると、人間とドアノブの間に電気が流れ、ビリッと感じる。

人間とドアノブの間の静電気

人間のからだにたまった静電気が、電気を通しやすいドアノブへとにげていく。
イタッ！
プラスの静電気
バチッ

先にかぎなどでドアノブをさわり、からだにたまった静電気を流せば、ビリッとしない。

72ページのこたえ　木の葉

おはなしクイズ　物質と物質がこすれあうことで、物質にたまる電気を何という？

本に虫がいることがあるのはなぜ？

読んだ日にち（　　年　　月　　日）（　　年　　月　　日）（　　年　　月　　日）

本を食べる虫たち

部屋のおくにしまいこんでいた、古い本を開いてみると、小さな虫がいることがあります。どうしてそんなところに、虫がいるのでしょう？

本についている虫は、本の紙を食べてしまうのです。本のページに、小さなあながあいているのを見たことがありませんか？ あれは、虫が食べたあとなのです。

本を食べる虫のなかでも、一センチメートルくらいの大きさで、長い触角と、三本のしっぽをもっているのは「シミ」です。シミは、のりがついた和紙を好んで食べ、七～八年も生きるといいます。

また、シミよりも小さくて、二～三ミリメートルくらいの大きさの虫は「シバンムシ」です。シバンムシは、本の紙を食べて、トンネル状のあなをあけます。

さらに、シバンムシよりも小さな、「チャタテムシ」という虫もいます。チャタテムシは、からだが一～二ミリメートルくらいしかありません。

こうした虫たちは、本の紙だけでなく、小麦粉などのかんそうした食品や、衣服を食べることもあります。

本を食べられないようにする

本を食べる虫たちの多くは、暗くてじめじめした場所を好みます。

そのため、本を食べられないようにするには、明るくて風通しのよい場所に本をおく必要があります。

また、本をおく場所はこまめにそうじをして、清潔な状態をたもつこともたいせつです。

いらなくなった本やダンボールなどは、すべて虫のえさになるため、なるべくすてるようにしましょう。

本に虫がついているのを見つけた場合は、殺虫剤やくんえん剤（けむりで虫を追いはらうもの）などを使えば、かんたんに追いはらえます。

ここがポイント！ 本についている虫たちは、本の紙を食べる。

本を食べる虫たち

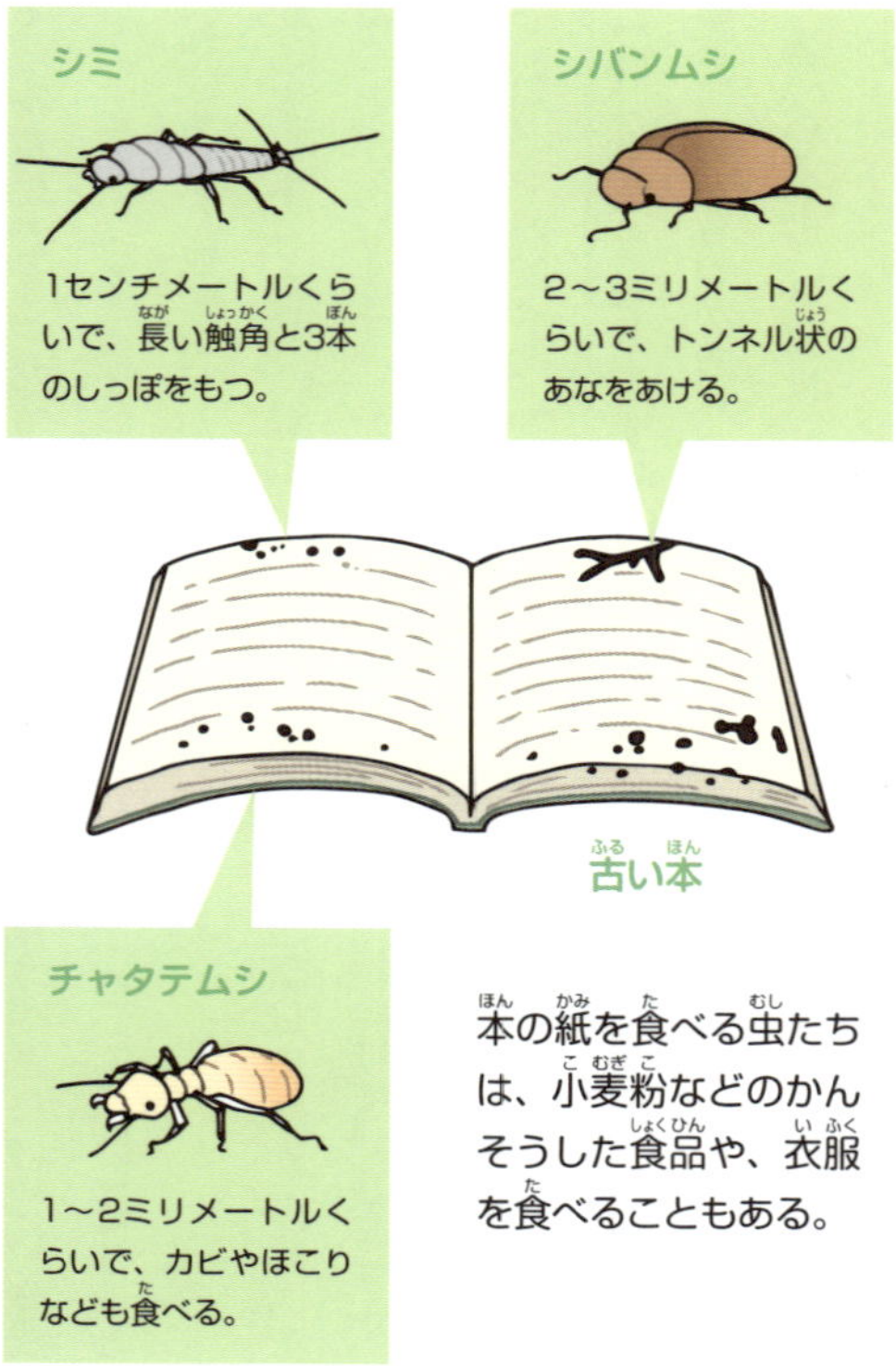
シミ
1センチメートルくらいで、長い触角と3本のしっぽをもつ。
シバンムシ
2～3ミリメートルくらいで、トンネル状のあなをあける。
古い本
チャタテムシ
1～2ミリメートルくらいで、カビやほこりなども食べる。

本の紙を食べる虫たちは、小麦粉などのかんそうした食品や、衣服を食べることもある。

73ページのこたえ　静電気

おはなしクイズ　のりがついた和紙を好んで食べて、7～8年も生きる虫を何という？

石油をつくりだす植物がいる！

読んだ日にち（　年　月　日）（　年　月　日）（　年　月　日）

石油と同じ成分をつくる

石油は、数千メートルもの深い地下からほりだされる、液体の資源です。自動車や飛行機、船などの燃料として使われています。また、プラスチックの原料にもなります（→323ページ）。

石油のおもな成分は「炭化水素」というものですが、植物のなかにも、太陽のエネルギーを吸収して、石油と同じような炭化水素をつくりだすものがいます。その植物からとりだした液体は、燃料として利用できるのです。こうした植物を、「石油植物」もしくは「エネルギー植物」といいます。

石油を燃料として使うと、大気中に地球温暖化の原因となる二酸化炭素（→259ページ）をたくさん放出してしまいます。しかし、石油植物は育つ間に二酸化炭素を吸収しています。そのため、燃料に使っても結果的には二酸化炭素の量をふやさず、環境に悪い影響をあたえません。

いろいろな石油植物

代表的な石油植物は、アフリカ原産で、サボテンと同じ多肉植物のアオサンゴや、コアラの好物であるユーカリなどです。

アオサンゴは、枝を切ると、白くてどろりとした液体が出てきます。その樹液に熱をくわえて水分を分離させてから、薬品を使って炭化水素をとかしだします。

また、ユーカリの場合は、葉や枝を水とともに加熱し、その蒸気をひやすと、炭化水素をふくむ油をとりだすことができます。

石油植物を、じっさいに燃料として利用する研究はまだはじまったばかりです。しかし、石油植物は未来のエネルギー資源として、大きく期待されています。

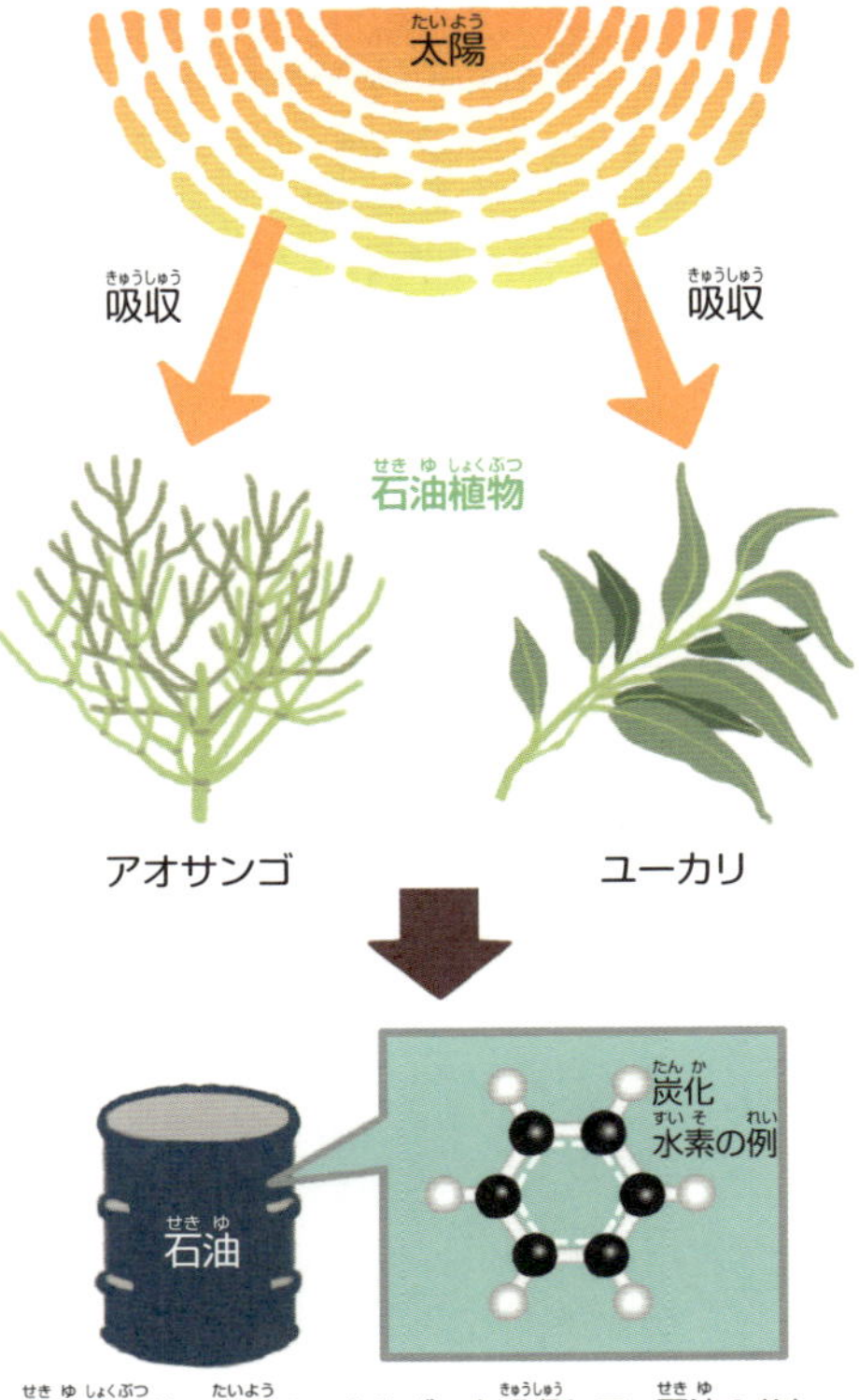
太陽
吸収
吸収
石油植物
アオサンゴ
ユーカリ
石油
炭化水素の例

石油植物は、太陽のエネルギーを吸収して、石油のおもな成分である、炭化水素をつくりだす。

ここがポイント！

石油のおもな成分である、炭化水素をつくりだす植物がいる。

74ページのこたえ　シミ

おはなしクイズ　コアラの好物でもある、石油植物は？

ものをどんどん細かく分けたら、どうなるの？

読んだ日にち（　　年　　月　　日）（　　年　　月　　日）（　　年　　月　　日）

分子を分けると原子になる

みなさんは、水って何でできていると思いますか？ 水は、細かく分けていくと、「水分子」という小さなつぶになります（→38ページ）。これは、「分子」というものの一種です。

小さな水分子は、さらに細かく分けることができます。水分子は、酸素と水素のつぶがむすびついてできているのです。

酸素や水素のつぶは、「それ以上分けることができないもの」という意味で、「原子」とよばれています。これは、すべての物質のいちばん小さな単位だと考えられています。原子は一一〇種類以上ありますが、世界のすべてはその原子の組みあわせでなりたっている、というわけです。

たとえば空気には、酸素や窒素や二酸化炭素などがふくまれています（→44ページ）。

水を細かく分けると

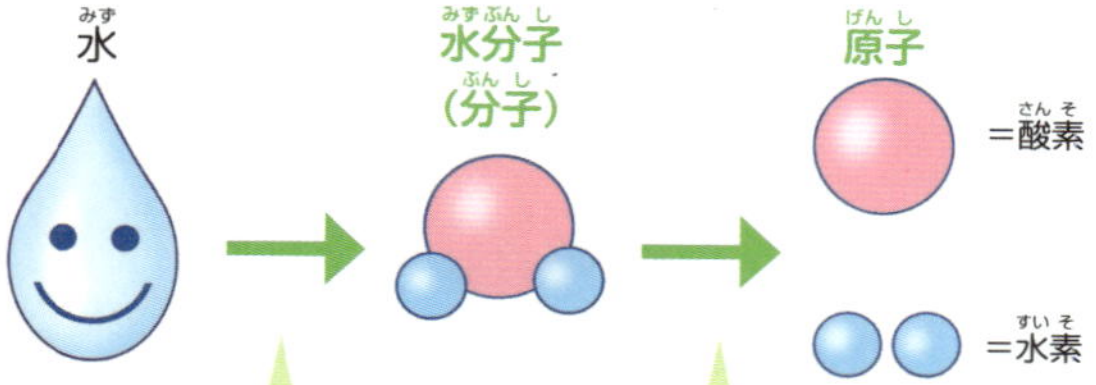
水
水分子
（分子）
原子
＝酸素
＝水素

水は、細かく分けていくと、水分子という小さなつぶになる。

水分子は、酸素と水素という原子がむすびついてできている。

空気のなかにある分子

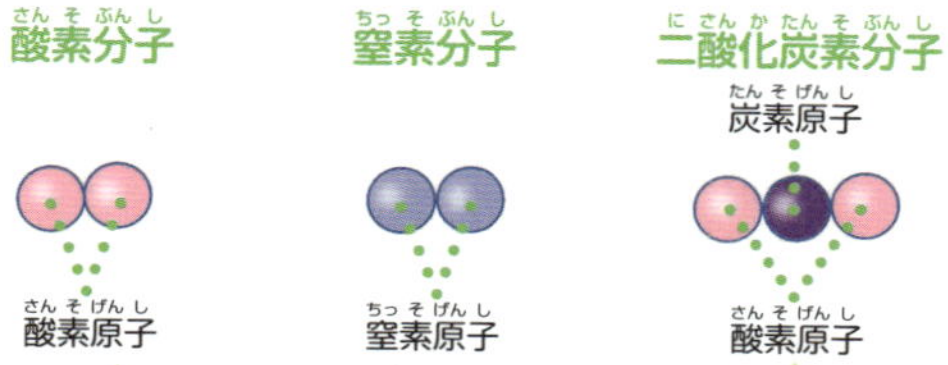
酸素分子
窒素分子
二酸化炭素分子
炭素原子
酸素原子
窒素原子
酸素原子

酸素分子や窒素分子は、1種類の原子がむすびついてできている。

二酸化炭素分子は、酸素と炭素という、2種類の原子がむすびついてできている。

これらはすべて分子に分類されるのですが、酸素分子や窒素分子は、一種類の原子がむすびついてできています。また、二酸化炭素分子は酸素と炭素という、二種類の原子がむすびついてできているものです。

原子を分けるとどうなる？

ただし、じっさいは原子もさらに細かく分けられることがわかってきました。

原子は、中心にある「原子核」という部分と、そのまわりをまわっている「電子」というものでできています。

そして、原子核はさらに「陽子」と「中性子」という、細かいつぶに分けられるのです。

ここがポイント！

ものをどんどん細かく分けると、分子や原子になる。原子もさらに分けられる。

75ページのこたえ　ユーカリ

おはなしクイズ　水分子は、酸素原子と何原子がくっついてできている？

カーリングの選手が氷をこすっているのはなぜ？

読んだ日にち（　年　月　日）（　年　月　日）（　年　月　日）

ブラシで氷の上をこする

みなさんは、カーリングという競技を知っていますか。カーリングは、ストーンとよばれる用具を氷の上ですべらせて得点をきそう競技で、オリンピックの正式種目にもなっています。

テレビなどでカーリング競技を見ていると、ストーンの前の氷を、ほうきのようなものでこすっています。この道具はブラシとよばれています。選手は、ブラシでいったい何をしているのでしょうか。

すべりやすさを調節する

動いているものと、止まっているものがふれあっているところには、動いているものが進むのと反対の向きに力がかかります。これを「まさつ」といいます。カーリングでは、このまさつが大きな意味をもちます。

カーリング会場では、競技の前に氷の上にぬるま湯をまき、ペブルとよばれる小さな氷のでこぼこをつくります。ペブルがあると、ストーンと氷がふれあう部分が小さくなって、まさつが少なくなるので、ストーンがよくすべるようになります。

さらに、ブラシで氷の上をこすると、ペブルの表面が少しとけ、ストーンがもっとすべりやすくなります。このように、ブラシで氷をこすることを「スイーピング」といいます。

ブラシで氷全体をスイーピングすると、しないときよりもストーンが遠くまですべります。選手はスイーピングすることで、ストーンのすべり具合をコントロールしているのです。

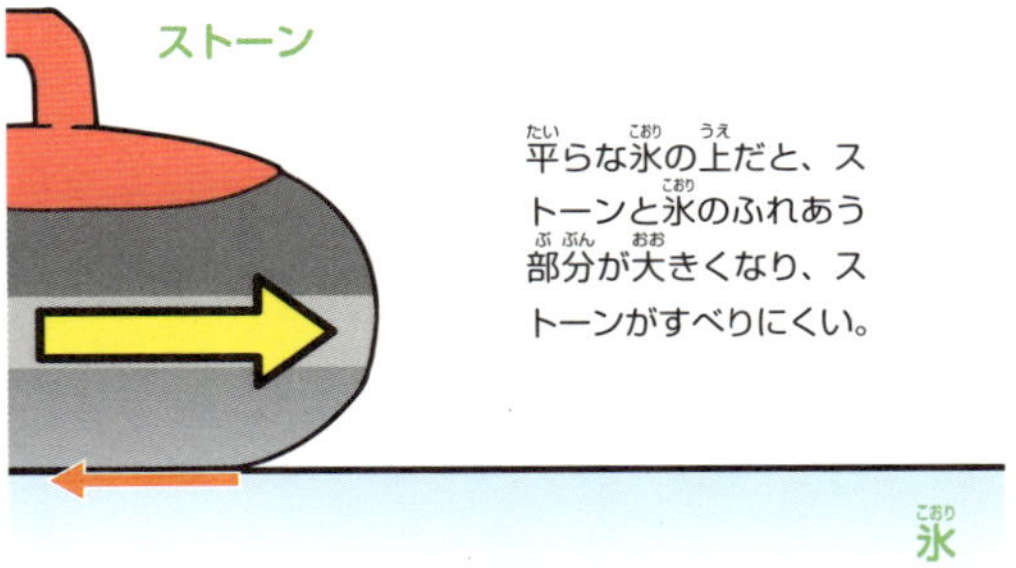
ストーン
平らな氷の上だと、ストーンと氷のふれあう部分が大きくなり、ストーンがすべりにくい。
氷

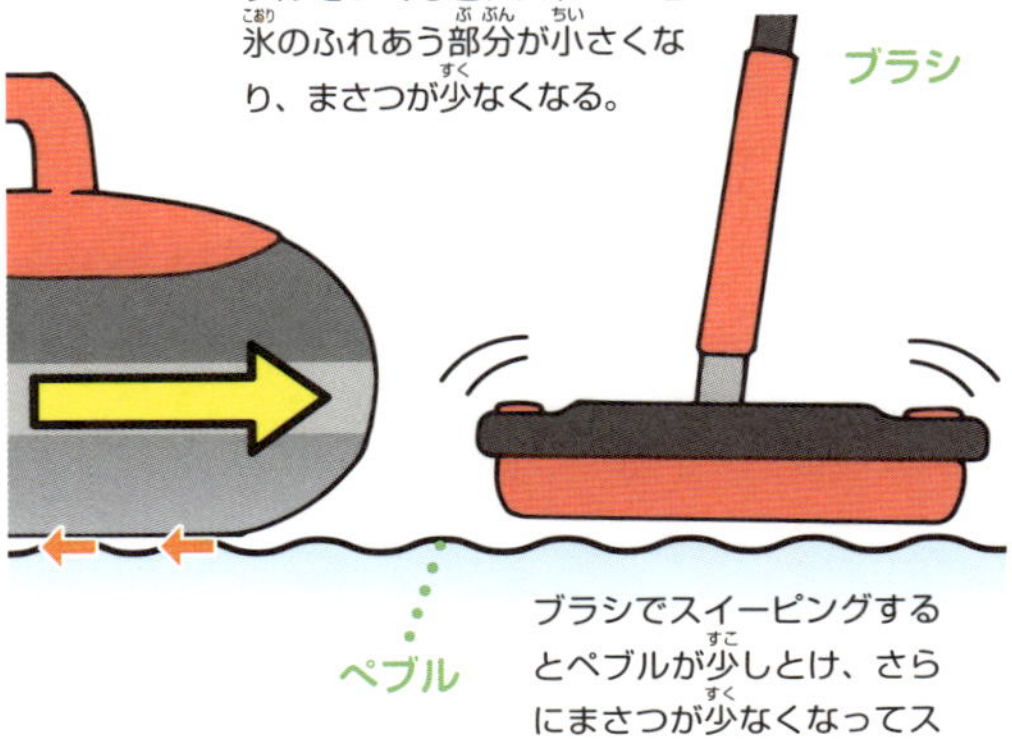
氷の上にぬるま湯をまき、ペブルをつくると、ストーンと氷のふれあう部分が小さくなり、まさつが少なくなる。
ブラシ
ペブル
ブラシでスイーピングするとペブルが少しとけ、さらにまさつが少なくなってストーンのすべりがよくなる。

ここがポイント！
カーリングでは、ブラシでスイーピングすることで氷の表面をとかし、ストーンのすべりをよくする。

76ページのこたえ　水素原子

おはなしクイズ　氷の上をスイーピングすると、ストーンのすべりはよくなる？　悪くなる？

1年はなぜ365日なの？

読んだ日にち（　年　月　日）（　年　月　日）（　年　月　日）

太陽を中心にした暦

今、世界中で使われている暦は、太陽と地球の動きをもとにしています。地球は太陽を中心として、そのまわりをまわっています。これを「公転」といい、この公転一周にかかる期間（三六五日）を、一年と決めているのです。このことから、わたしたちが現在使っている暦は、「太陽暦」とよばれています。

ただし公転一周の期間は、じつは三六五日ぴったりではありません。正確には、三六五・二四二二日で、一年間より五時間五〇分ほど長いのです。一日は二四時間ですから、四年ほどたつと、ほぼ一日分、日にちがずれてしまう計算です。

これをふせぐためにもうけられているのが、四年に一度の「うるう年」です。この年だけは、一年を三六六日にして、二月二九日の一日をたし、日にちのずれを解消しています。

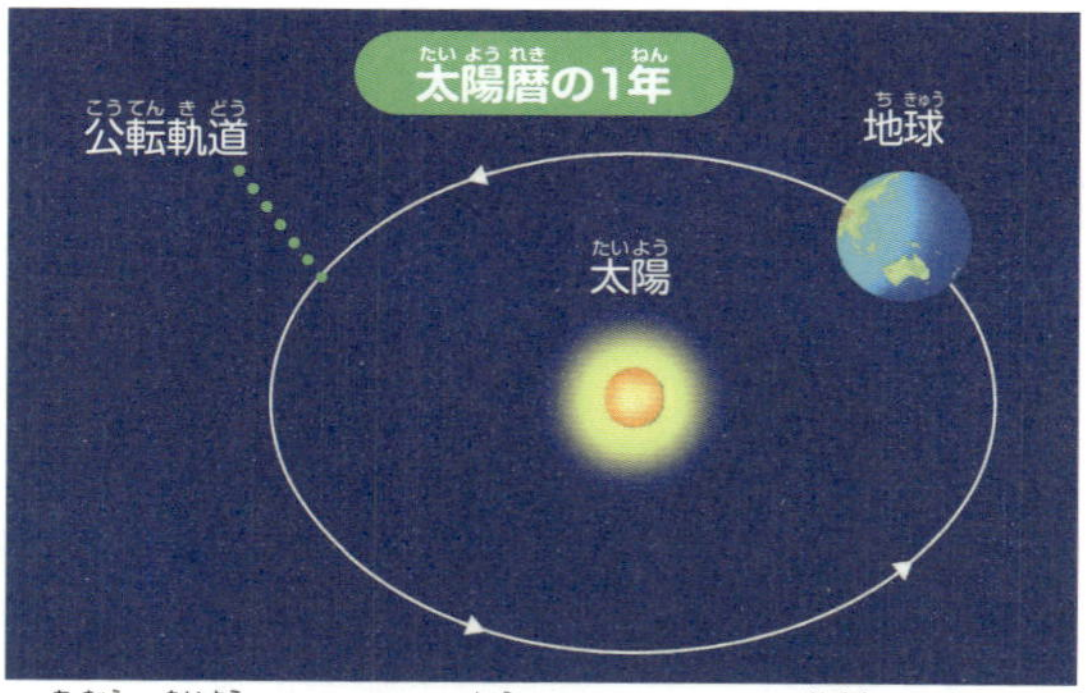
太陽暦の1年
公転軌道
地球
太陽

地球が太陽のまわりを1周するのにかかる時間が1年。
1年＝365.2422日＝約365日

昔の日本は月が基準だった

太陽暦が日本で使われるようになったのは、今から一四〇年くらい前からです。それ以前の日本では、月の満ちかけ（→294ページ）を基本にした、「太陰太陽暦」というものが使われていました。

この暦では、新月の日から次の新月の日までの期間、およそ二九・五日を一か月としました。ところが、これだと一年が一二か月で三五四日になり、地球の公転とくらべてみると、一年ごとに一一日分も日にちがずれてしまうのです。

そこで、何年かに一度、一年が一三か月の年をつくって、日にちを合わせていました。

太陰太陽暦の1か月

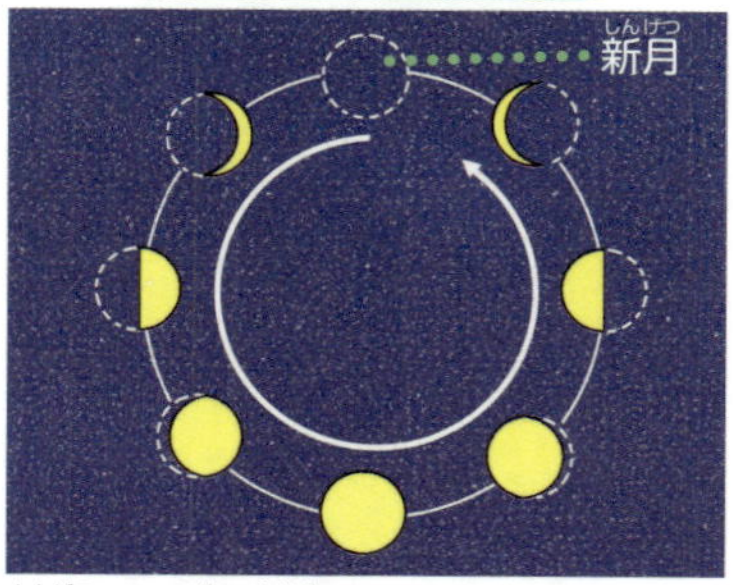
新月

新月から次の新月までの時間が1か月。
1年＝29.5日×12か月＝約354日

ここがポイント！
三六五日は、地球が太陽のまわりを一周するのにかかる時間。

77ページのこたえ
よくなる

おはなしクイズ
1年が366日になる年を何という？

3月のおはなし

ゲプ

地面をほっていったら、地球の反対がわに行けるの？

読んだ日にち（　年　月　日）（　年　月　日）（　年　月　日）

ほっていくほど温度が上がる

地球儀で見ると、日本からあなをほって、まっすぐ進んでいったら、南アメリカ大陸のあたりに出ることになります。でも、じっさいにほっていけるのでしょうか。

地上から数キロメートルくらいの深さなら、大型の機械があればほることができます。

しかし、一〇キロメートルほどほると、地中の温度は八〇度くらいまで上がり、岩石もとてもかたくなります。そのため、このあたりまでくると、今の技術ではほれなくなります。人間がほった、世界でいちばん深いあなはロシアにありますが、その深さは一二・二六二キロメートルです。

もしさらにほろうとしても、高熱と地球内部につまったたくさんの岩石におされる力（圧力）の強さで、人も機械もつぶれてしまうでしょう。

地球の中心は六〇〇〇度の世界

地球は、中心に近づくほど温度が上がります。地球の中心には「核」という、鉄やニッケルなどの金属でできた層があり、六〇〇〇度もの高温になっていると考えられています。このような地球内部の熱を「地熱」といいます。

核は、「マントル」という岩石の層によってつつまれています。このマントルが、地球の体積の八割をしめています。地球の表面部分は「地殻」といって、陸地では三〇～六〇キロメートル、海洋では五～一〇キロメートルほどのあつみでマントルのまわりをおおっていますが、半径が約六四〇〇キロメートルもある地球全体からすれば、卵のからのようなあつさにすぎません。その地殻の、わずか一二キロメートルほどしか、人間はまだほることができないのです。

地球の内部

マントル
深さ60～2900キロメートル。
地殻
あつさ5～60キロメートル。
核
深さ2900～6400キロメートル。
マントルはゆっくりと動いている。

ここがポイント！

地球の内部はとても高温で圧力も強いので、ある程度以上ほることはできない。

78ページのこたえ　うるう年

おはなしクイズ　鉄やニッケルなどの金属でできた、地球の中心部を何という？

魚は、からだのなかにうきぶくろをもっている！

読んだ日にち（　年　月　日）（　年　月　日）（　年　月　日）

生命
魚

うきぶくろに気体を入れる

魚は、水中を自由自在に泳ぐことができます。しかし、水のなかでは重いものはしずみ、軽いものは水の上のほうへうかんでしまうはずです。魚はどうして、しずむこともうかぶこともないのでしょうか。

魚のからだのなかには、「うきぶくろ」という風船のような形のものがあります。うきぶくろの内がわには、たくさんの細い血管があり、魚はこの血管から、血液のなかの酸素や二酸化炭素といった気体を出し入れすることで、水のなかでうく力を調節しているのです。

血管から気体をとりだしてうきぶくろに入れると、うきぶくろがふくらんで、うく力が大きくなります。そのため、からだがうきます。

ぎゃくに、うきぶくろから気体をぬけば、うきぶくろは小さくなり、うく力も小さくなるため、からだがしずむというわけです。

うきぶくろがある魚、ない魚

深い海にいた魚を、いきなり海の上に引きあげると、おなかがパンパンにふくらんだ状態でうかんでくることがあります。これは、からだのまわりの水の圧力（水圧）が急になくなるので、うく力の調節が追いつかず、うきぶくろがふくらみすぎてしまうからです。

うきぶくろがふくらみすぎると、内臓がおしつぶされて、死んでしまうこともあります。

また、サメのなかまにはうきぶくろがないため、つねに泳いでいないとだんだんからだがしずんでしまうものもいます。

ただし、サメのなかまは水よりも軽い油をからだにたくさんたくわえているので、すぐにしずんでしまうことはありません。

うくとき
気体
うきぶくろのなかの血管から、気体をとりいれると、うきぶくろがふくらんでうく力が大きくなる。
うきぶくろ
しずむとき
気体
うきぶくろから気体をぬくことで、うきぶくろが小さくなり、うく力も小さくなる。

ここがポイント！
多くの魚はうきぶくろをもっていて、気体を出し入れすることで、水のなかでうく力を調節している。

80ページのこたえ　核

おはなしクイズ　うきぶくろがないサメは、からだに何をたくわえている？

圧力なべとふつうのなべって、何がちがうの？

読んだ日にち（　年　月　日）（　年　月　日）（　年　月　日）

3月3日のおはなし

ものの性質 水

ふたの間から湯気が出る

「圧力なべ」というなべを知っていますか？　圧力なべは、ふつうのなべと何がちがうのでしょう。

ふつうのなべで、食べものをにたりゆでたりしていると、ふたがカタカタ動いて、湯気が出てきます。これは、なべに入れた水の温度が一〇〇度まで上がり、沸とうしたからです。沸とうした水は、水蒸気という気体になって、空気中に出ていきます（→236ページ）。なべのなかの空気は、水蒸気によってふくらみ、その力がふたをおしあげます。そうしてできたふたのすき間から、水蒸気やなかの空気はにげるというわけです。

空気の圧力で温度を上げる

これに対し、圧力なべは内がわにゴムのパッキン、外がわにはふたをおさえる金具がついていて、空気がふくらんでも、ふたが動きません。そのため、ふくらんだ空気は外ににげられず、沸とうしはじめた水を上からおさえつけます。この力を「圧力」といいます。

水をつくる小さなつぶ（水分子）は、圧力をおしのけて、空気中へ出ていこうとします。そのはげしい動きによって、水の温度は一二〇度くらいまで上がります。つまり、圧力を利用して高い温度で調理を行い、その結果、調理の時間を短くできるのです。

ただし、圧力が大きくなりすぎると、なべが爆発する危険があります。爆発をふせぐため、圧力なべのふたには「調圧弁」というものがとりつけられ、ここから空気をにがして、なべのなかの圧力を調節できるようになっています。

ふつうのなべ

①なべのなかの空気は、水蒸気でふくらみ、その力がふたをおしあげる。
②水蒸気やなかの空気が、ふたのすき間からにげる。
空気
水蒸気
100度

圧力なべ

調圧弁
空気をにがして圧力を調節する。
①水蒸気でふくらんだ空気は、外ににげられず、なべの水を圧力でおさえつける。
②水の温度が120度くらいまで上がる。
圧力
水蒸気
120度くらい

ここがポイント！
圧力なべは、圧力を利用して高い温度で調理を行い、調理の時間を短くすることができる。

おはなしクイズ　圧力なべのなかの水は、何度くらいまで温度が上がる？

81ページのこたえ　油

3月4日のおはなし

背はどうしてのびるの？

読んだ日にち（　年　月　日）（　年　月　日）（　年　月　日）

生命 人体

骨の先で細胞が分裂する

身体測定のときに身長をはかると、前回よりも背がのびている人が多いでしょう。どうして背はのびるのでしょうか。

背がのびるのは、骨がのびるからです。子どもの骨には、両はしに「骨端線」というやわらかい骨があります。この骨端線のなかにある細胞が、骨をのばすはたらきをしています。

骨端線の細胞は、それ自身が成長して大きくなることはありません。しかし、ひとつひとつの細胞が、ふたつに分裂して数をふやすことができます。これを「細胞分裂」といいます。

細胞分裂でふえた骨端線の細胞は、骨をおしひろげていきます。そしてしだいにかたまっていき、かたい骨の一部になります。これが、骨がのび、背がのびるしくみです。

では、全身の骨がこのように成長していくのかというと、そうではありません。骨端線があるのは、おもに手やあしなどの長い骨だけです。頭がい骨のような丸い骨にはありません。頭がい骨などの骨は、骨をつくる細胞がどんどんかたい骨をつくりだしています。

大人の背がのびないわけ

どんどん細胞分裂をするなら、背は死ぬまでのびつづけるのではないか、と思うかもしれません。

ところが、たいていは大人になる前に背の成長が止まります。骨端線があるのは、子どものうちだけだからです。成長するにつれて骨端線は少なくなり、男子は一六歳、女子は一五歳くらいで骨端線は消えてなくなります。そのため、大人になると背がのびなくなります。

ここがポイント！

骨端線のなかの細胞が分裂して、ふえた細胞が骨をおしひろげ、かたまることで、骨がのび、背がのびる。

骨がのびるしくみ

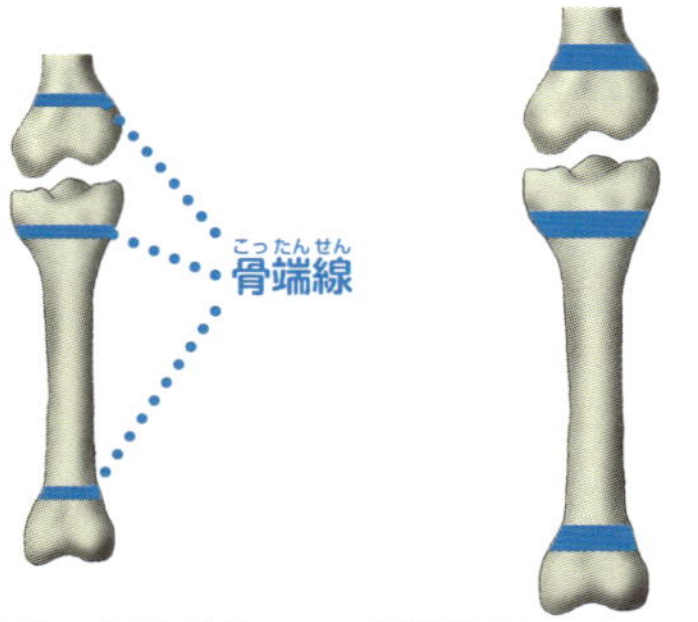

骨端線

①骨端線で細胞分裂が起こる。

②細胞分裂によってふえた細胞が、骨をおしひろげる。

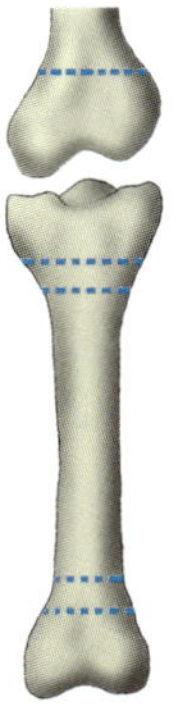

③やがてふえた細胞部分は、かたくなって骨の一部になる。こうして骨がのびていくが、大人になると骨端線は消えてしまう。

82ページのこたえ
二〇度

おはなしクイズ 細胞がふたつに分かれて数をふやすことを何という？

冬眠って、ただねむっているだけなの？

3月5日のおはなし

読んだ日にち(　　年　　月　　日)(　　年　　月　　日)(　　年　　月　　日)

生命　動物

種類によってことなる冬眠

野生の動物のなかには、寒さがきびしく、えさも少ない冬を乗りこえるために「冬眠」をするものがいます。活動をやめ、心臓の動きをゆっくりにし、呼吸の回数をへらして、エネルギーを節約するためです。

ヘビやカエルなどは、体温がまわりの気温に合わせてかわります。そのため冬は気温とともに体温を下げ、ねむってすごすだけになります。しかし、ほ乳類の場合は、動物によって冬眠の間のすごし方がことなります。

コウモリは冬眠中も、あたたかい日には目をさまして、えさをさがしにいきます。シマリスは週に一回の割合で目をさまし、巣にたくわえてある食料を食べてふんをします。ヤマネはねむるだけで、食事もしません。

日本のほ乳類で冬眠するのは、三種とされています。ヒグマやツキノワグマなどのクマ以外はみな、小型のほ乳類です。

クマの冬ごもり

クマは秋のうちに大量のえさを食べて脂肪をつけ、冬がやってくると適当なあなに入って冬眠します。からだにたくわえた脂肪をエネルギーとするため、食事もふんもしません。

体温は三度ほどしか下がらず、ねむりも浅いので、少しの物音でも目をさまします。メスのクマは冬眠の間に子どもをうみ、育てるといいます。

このように、クマの冬眠はほかの生きものの冬眠とは少しようすがちがっているため、区別する意味で「冬ごもり」とよぶこともあります。

ねむっているだけの動物

ヘビやカエルなどは、体温がまわりの気温に合わせてかわる動物なので、冬になると体温が下がり、ねむってすごす。

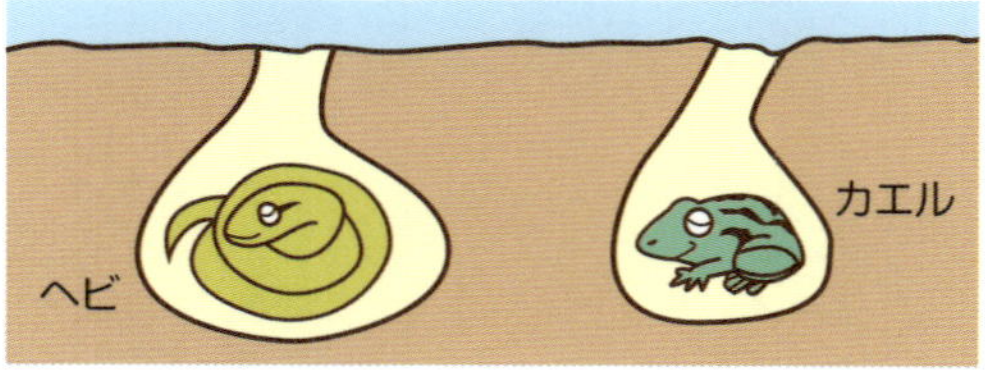
ヘビ
カエル

ねむっているだけではない動物

冬眠中も目をさまし、えさを食べたりふんをしたりする。クマは冬眠中に子どもをうみ、育てる。

シマリス
クマ

ここがポイント！
ヘビやカエルの冬眠はねむってすごすだけだが、シマリスは食事とふんをし、クマは子育てまで行う。

83ページのこたえ　細胞分裂

おはなしクイズ　クマの冬眠をほかの動物の冬眠と区別して、何とよぶ？

「ニホン」の名前がついた元素がある！

読んだ日にち（　　年　　月　　日）（　　年　　月　　日）（　　年　　月　　日）

「元素」って何だろう？

この宇宙にあるすべてのものは、「原子」というつぶの組みあわせでできています（→76ページ）。原子には、たくさんの種類があります。原子の種類についていうときは「元素」ということばを使います。

元素は一一八種類あることがわかっていますが、自然界にあるのは、そのうちの九二種類です。それ以外は、とても不安定なので自然界にはほとんど存在できず、存在をたしかめるには、人間の手でつくらなければなりませんでした。そのなかに、日本ではじめて確認された元素があります。

日本ではじめて確認

九州大学の森田浩介教授らは、亜鉛という原子と、ビスマスという原子を、ものすごいスピードで衝突させるという実験を行いました。そこからつくられた新しい元素が、「ニホニウム」と名づけられました。

森田教授らは新たな元素をつくるため、九年間に、なんと約四〇〇兆回もの衝突実験をくり返しました。そのなかで、できたニホニウムはたったの三こです。しかも、ニホニウムは自然界には存在できないため、〇・〇〇二秒でべつの元素にかわってしまいます。このようななかで確認されたニホニウムは、日本にとってとても大きな意味をもちます。

日本でつくったことが認められた元素は、このニホニウムがはじめてです。それだけではありません。ヨーロッパ（ロシア、旧ソ連をふくむ）やアメリカ以外の国で元素を発見したのは、日本がはじめてなのです。

つまり、ニホニウムの発見は日本だけでなく、アジアにとってもはじめての大発見でした。

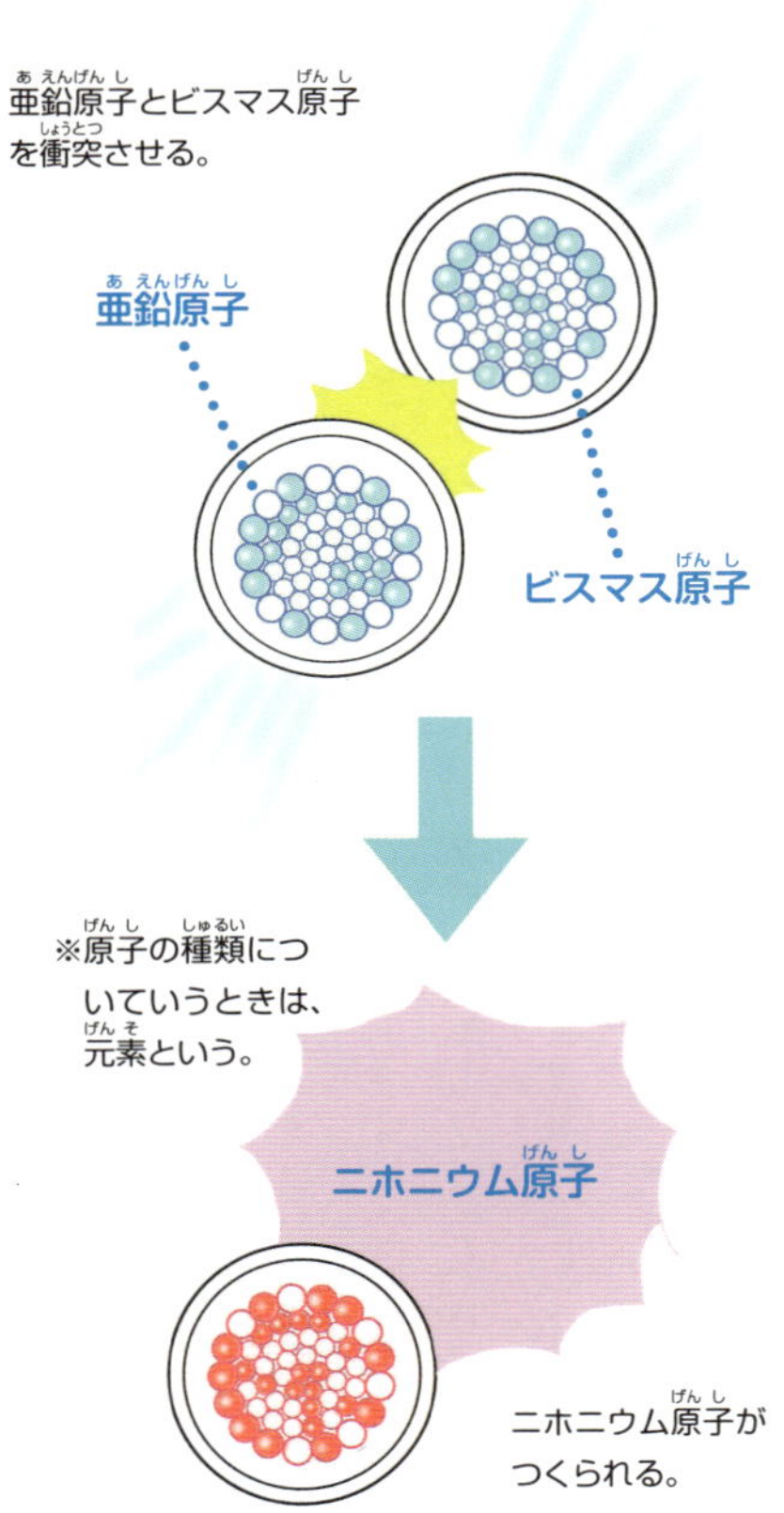
亜鉛原子とビスマス原子を衝突させる。
亜鉛原子
ビスマス原子
※原子の種類についていうときは、元素という。
ニホニウム原子
ニホニウム原子がつくられる。

ここがポイント！
日本ではじめてつくったことが認められた元素は、ニホニウムと名づけられた。アジアにとってもはじめての大発見だった。

84ページのこたえ　冬ごもり

おはなしクイズ　日本でつくられた新しい元素の名前は？

ミツバチはなぜみつを集めるの？

読んだ日にち（　年　月　日）（　年　月　日）（　年　月　日）

3月7日のおはなし

生命　虫

はちみつをつくる

春になると、ミツバチは花から花へせっせとみつを集めてまわります。なぜミツバチはそんなにみつを集めるのでしょうか？

それは、たくさんのはちみつをつくり、保存食にするためです。花からとったばかりのみつは、まだはちみつではありません。はちみつができるまでには、長い時間がかかるのです。

みつのう

①花のみつをためて、巣にもどる。

花のみつ

②なかまのミツバチに口からみつをうつすと、からだのなかでみつの成分が変化する。

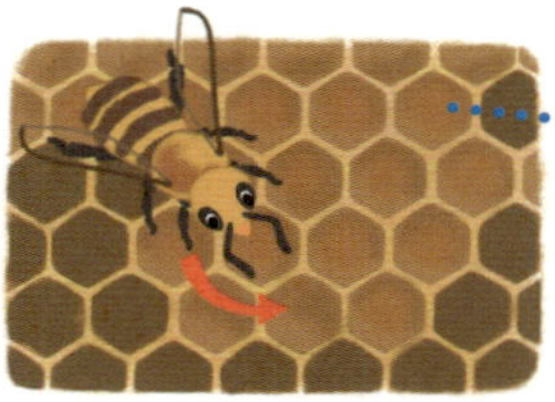

みつをためる
小さな部屋

③はねで風を送って水分をとばすと、みつがあまくなる。

ミツバチは、からだのなかの「みつのう」というふくろに花のみつをためて、巣にもどります。そして、なかまのミツバチに口からみつをうつします。こうすると、ミツバチのからだのなかで、花のみつの成分が変化するのです。

みつをもらったミツバチは、みつをためておく小さな部屋でみつをはきだし、はねで風を送って水分をとばします。これによって、しだいにみつの濃度が高くなり、熟成が進んで、あまいはちみつができるのです。はちみつはミツバチのたいせつな栄養分となります。

作物を実らせる

ミツバチが花のみつを集めていると、からだに花粉がつきます。そのため、ミツバチは花のみつといっしょに、花粉も運んでいきます。

つまり、ミツバチが野菜やくだものの花の花粉を運べば、そうした作物が実るということです。みなさんが大好きなチョコレートも、ミツバチが花粉を運んだカカオの実の種からつくられるのです。

世界の作物のうち、三分の一はミツバチが実らせている、ともいわれています。また、「もしミツバチが絶滅したら、その四年後に人類はほろぶ」といわれたこともあります。

ここがポイント！

ミツバチは、はちみつをたくさんつくるために、花のみつを集める。

おはなしクイズ　ミツバチが花のみつといっしょに運んでいるものは何？

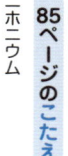

85ページのこたえ　ニホニウム

飛行機には、ハチの巣をヒントにした部品がある！

読んだ日にち（　年　月　日）（　年　月　日）（　年　月　日）

六角形の巣の意味

ハチの巣といえば、六角形がならんだようすが思いうかびますね。六角形のひとつひとつは、小さな部屋になっており、ハチの幼虫はここで成長していきます。

じつは、部屋が六角形になっているのには理由があるのです。

たとえば、これが丸い形や五角形だったらどうでしょう。丸や五角形をならべていくと、すき間ができてしまい、その分巣のスペースがむだになってしまいます。三角形や四角形、六角形にすればすき間はできませんが、巣の材料は丸い形に近いほうが少なくてすみ、またいろんな方向からくわえられる力にも強くなります。つまり、最小限の材料で、なるべくじょうぶな巣をつくるため、ハチの巣は六角形になっているのです。

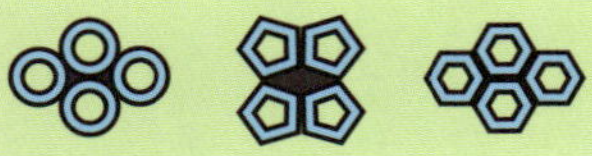

丸や五角形はすき間ができるが、六角形はできない。

軽くてじょうぶなつくり

ハチの巣のように、六角形をたくさんならべたつくりを「ハニカム（ハチの巣）構造」といいます。

ハニカム構造は、材料が最小限になるため、軽いというとくちょうがあります。また、外から力がくわわってもこわれにくく、たいへんじょうぶです。そのため、ハニカム構造は飛行機のかべや、つばさにも使われています。

まず、金属の板の上に、六角形の細長いつつ状の材料をたくさんならべます。そこへ、さらに金属の板をのせてつつをはさみます。

こうすることで、空をとべる軽さと、空をとぶときにかかる、大きな力にもたえるじょうぶさを実現しているのです。

このつくりは、新幹線や人工衛星などにも使われています。

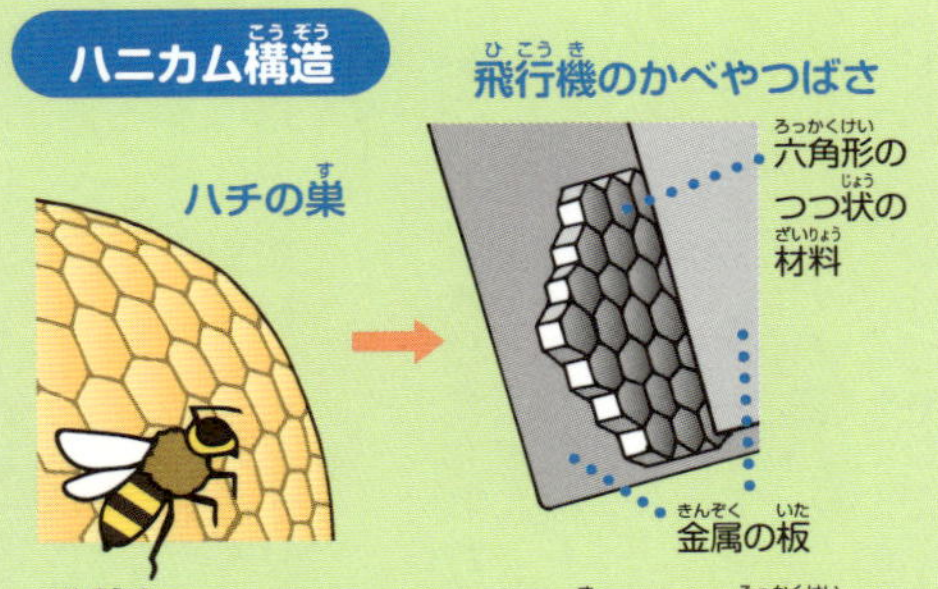
ハニカム構造
飛行機のかべやつばさ
ハチの巣
六角形のつつ状の材料
金属の板

飛行機のかべやつばさは、ハチの巣のように六角形をたくさんならべたつくりなので、軽くてじょうぶ。

ここがポイント！

飛行機のかべやつばさには、ハチの巣のように、六角形をたくさんならべた「ハニカム（ハチの巣）構造」が使われている。

86ページのこたえ
花粉

おはなしクイズ　ハチの巣のように、六角形をたくさんならべたつくりを何という？

3月9日のおはなし

76年に一度しか見られない星がある！

読んだ日にち（　年　月　日）（　年　月　日）（　年　月　日）

地球
太陽系

長い旅をしてやってくる

太陽系のなかには、周期的に太陽に近づき、長い尾を引く「彗星」という天体があります。彗星は、細長いだ円の軌道で太陽のまわりをまわっているため、一度太陽に近づいたあと、ふたたび太陽の近くにやってくるまでにとても時間がかかります。

一度遠ざかってから、二〇〇年以内にもう一度すがたをあらわす彗星を「短周期彗星」といいます。

たとえば、「ハレー彗星」という彗星は七六年かけて太陽の近くにやってきます。そのため、ハレー彗星は七六年に一度しか見られないのです。

いっぽう、次にあらわれるまで二〇〇年以上かかる彗星を「長周期彗星」といいます。長周期彗星には、二五三〇年かけてやってくるヘール・ボップ彗星や、一一万三七八二年かけてやってくるといわれる百武彗星などがあります。

また、彗星のなかには、一度太陽に近づいて、二度ともどってこないものもあります。

彗星の正体は何？

彗星は、大きく分けて、「核」「コマ」「尾」という三つの部分からできています。

彗星の頭の明るい部分をコマといい、コマのなかに彗星の核があります。核は、大きさが数キロメートルほどの、宇宙のちりがまじった氷のかたまりです。そのため彗星は、「よごれた雪玉」ともよばれます。

彗星は太陽に近づくとだんだんとあたためられ、氷のかたまりからガスとちりをふきだします。ふきだしたガスはコマになり、コマからは彗星の長い尾がのびます。

太陽
ハレー彗星の軌道
1周するのに76年かかる。
太陽の近くに行くまで時間がかかる！

ここがポイント！
彗星は、周期的に太陽に近づく天体で、細長いだ円の軌道で太陽のまわりをまわっている。

87ページのこたえ
ハニカム（ハチの巣）構造

おはなしクイズ ハレー彗星が、すがたをあらわすのは何年に一度？

ペットボトルのロケットがとぶのはなぜ？

読んだ日にち（　年　月　日）（　年　月　日）（　年　月　日）

ものの性質
空気

大きさをかえる空気

注射器に水を入れてピストンをおしても、水をちぢめることはできません。しかし、注射器に空気を入れておすと、空気はちぢみます。ピストンをおすと、おしかえされる手ごたえがあります。

とじこめた空気に力をくわえると、空気の体積が小さくなり、小さくなるほど、もとにもどろうとする力が大きくなります。

ペットボトルのロケットをとばすときは、水を入れたロケットに、空気を入れます。すると、ロケットのからの部分では、空気がぎゅうぎゅうにおしちぢめられます。

空気がふきだす力

ふくらませた風船の口をはなすと、空気が外にふきだし、風船は空気がふきだすのと、反対の方向にとびます。ものに力をくわえると、反対方向にも同じ大きさでおしかえす力がはたらくのです。

ペットボトルのロケットも、これと同じしくみです。ロケットを発射させると、なかの空気はもとにもどろうとしてふくらみ、うしろに向かって一気に水をふきだします。水は空気より重いので、おしだす力が強くなり、その力と反対方向の、前に向かってはたらく力も強くなります。そのため、水を入れると、よくとぶのです。本物のロケットも、同じしくみでとんでいます（→19ページ）。

ここがポイント！
とじこめた空気は力をくわえると、おしちぢめられて、もとにもどろうとする。

ペットボトルのロケットがとぶしくみ

水を半分くらい入れたペットボトルに、空気を入れて空気をおしちぢめると、ゴム栓がはずれて発射する。

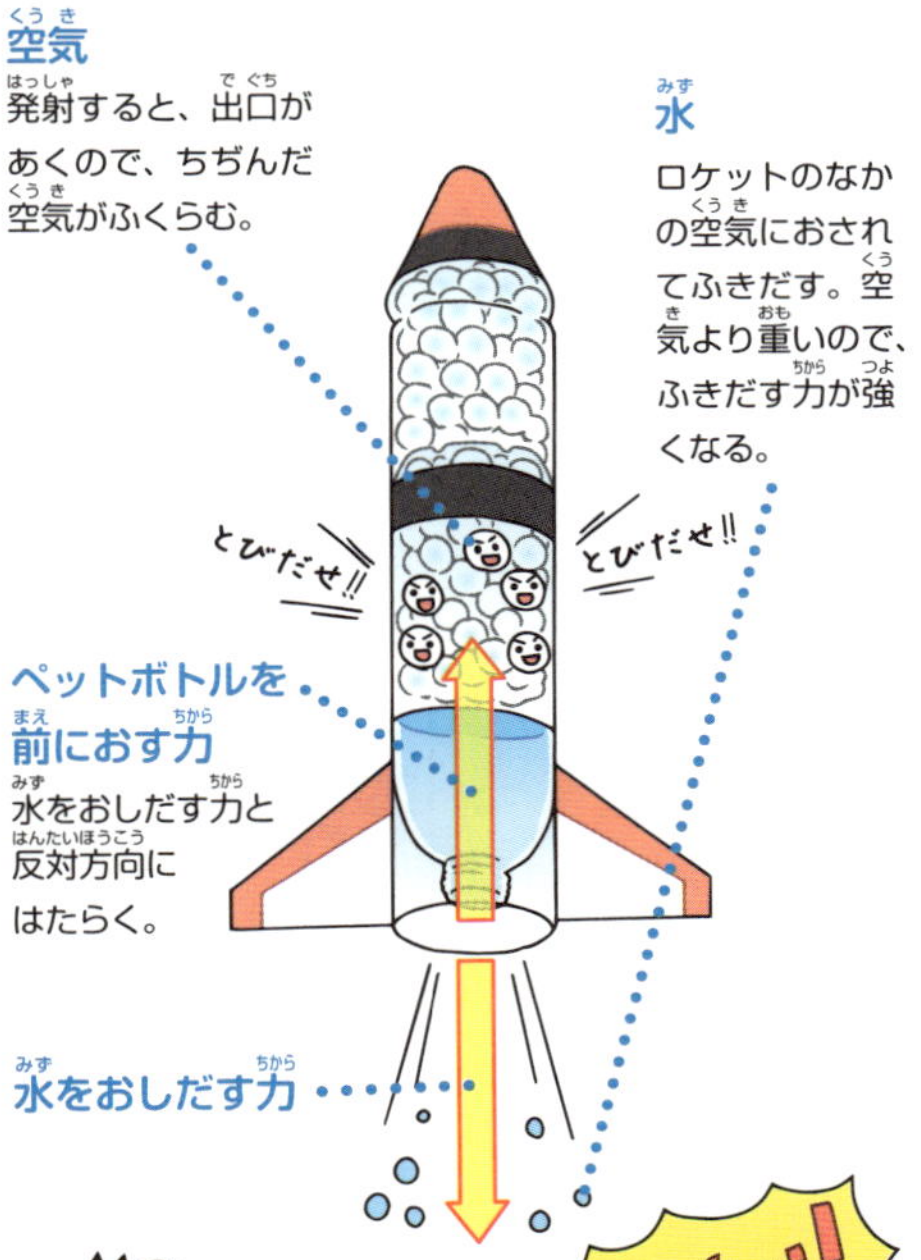
空気
発射すると、出口があくので、ちぢんだ空気がふくらむ。
水
ロケットのなかの空気におされてふきだす。空気より重いので、ふきだす力が強くなる。
とびだせ!!
とびだせ!!
ペットボトルを前におす力
水をおしだす力と反対方向にはたらく。
水をおしだす力

はっしゃ!
ぎゅう
ぎゅう
ロケットのなかでは、空気がおしちぢめられている。

88ページのこたえ　七六年

おはなしクイズ　空気だけより、水を入れたほうがよくとぶのはなぜ？

ヨーグルトはどうやってできるの？

読んだ日にち（　年　月　日）（　年　月　日）（　年　月　日）

3月11日のおはなし

生命　微生物

牛乳からできている

ヨーグルトは、何からできていると思いますか？　こたえは、給食によく出される牛乳です。

ヨーグルトをつくるには、まず、牛乳に「乳酸菌」という細菌のなかまをくわえます。すると乳酸菌は、自分のなかでできる「酵素」という物質の力をかりて、牛乳にふくまれるあまい成分（乳糖）を分解し、「乳酸」というすっぱい成分をつくりだします。これを「発酵」といいます。

あたたかい場所で、何時間もかけて発酵させると、牛乳は乳酸のはたらきによってかたまります。

こうしてできあがるのが、ヨーグルトです。ヨーグルトがちょっぴりすっぱいのは、乳酸がふくまれているからです。

発酵はくさること!?

じつは発酵と同じように、微生物がある物質を分解して、べつの物質にかえる現象がもうひとつあります。それは食べものがくさること、つまり「腐敗」です。

発酵と腐敗というふたつのことばは、基本的には人間の都合によって使いわけられています。

発酵は「人間の役に立つ現象」です。発酵しているヨーグルトは、おいしく食べて健康になれます。

いっぽう腐敗は、「人間の害になる現象」です。肉などは、腐敗によって有害な物質がうまれるため、食べればおなかをこわします。

発酵を利用している食べものは、ヨーグルトだけではありません。チーズや納豆、みそ、しょうゆなど、ほかにもさまざまなものがあります。パンは、「酵母菌」という微生物による発酵を利用しています。

ここがポイント！

牛乳に乳酸菌をくわえると、発酵してヨーグルトができる。

ヨーグルトができるまで

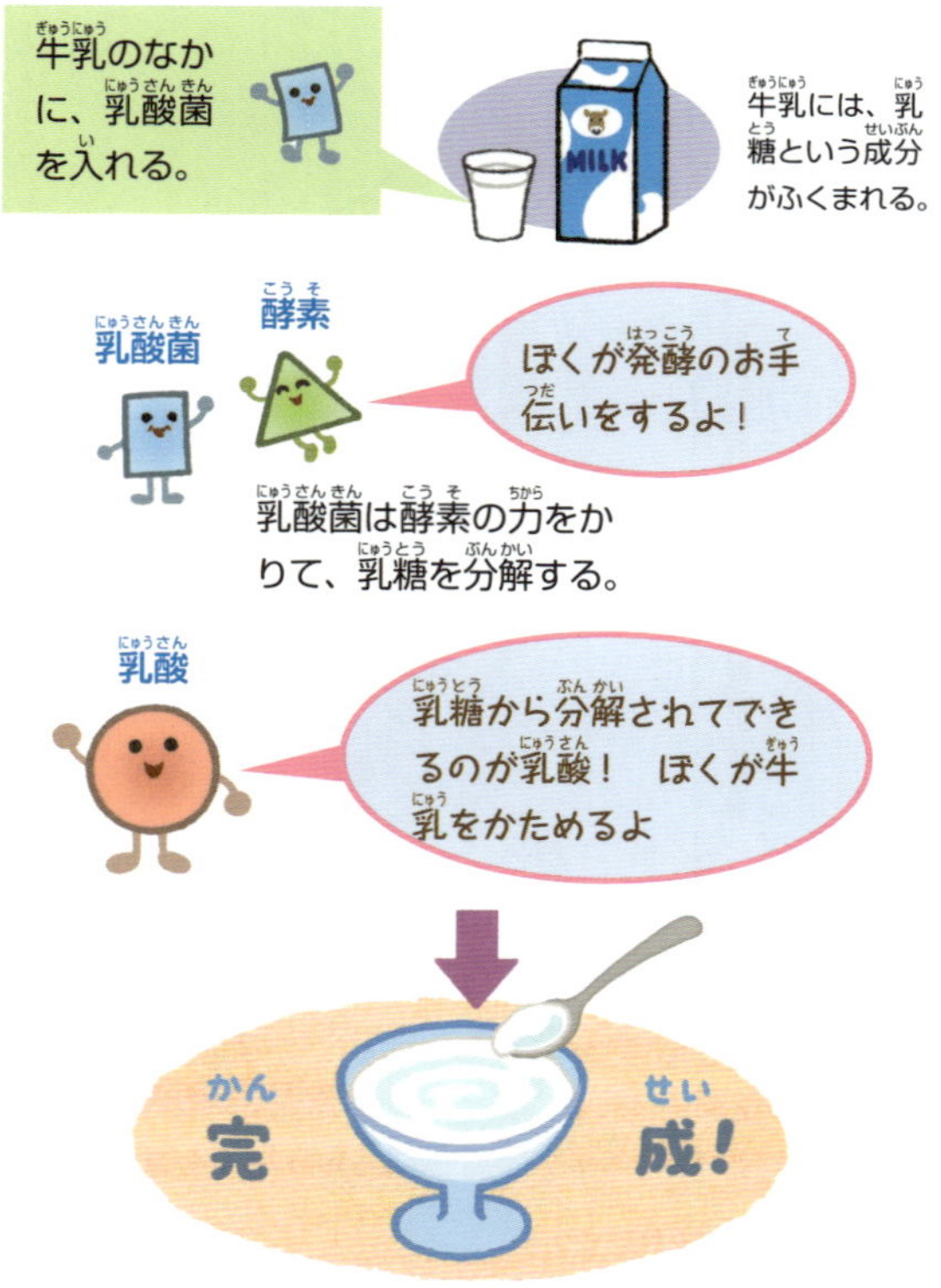

牛乳のなかに、乳酸菌を入れる。
MILK
牛乳には、乳糖という成分がふくまれる。
乳酸菌
酵素
ぼくが発酵のお手伝いをするよ！
乳酸菌は酵素の力をかりて、乳糖を分解する。
乳酸
乳糖から分解されてできるのが乳酸！　ぼくが牛乳をかためるよ
完成！

89ページのこたえ　水が空気より重いから。

おはなしクイズ　ヨーグルトをつくるときに、牛乳にくわえる細菌を何という？

クジラとイルカは、大きさがちがうだけ！

読んだ日にち（　年　月　日）（　年　月　日）（　年　月　日）

イルカはハクジラの一種

クジラとイルカは、どちらも海でくらすほ乳類ですが、大きさにはかなりちがいがあります。

たとえば、地球最大の動物である「シロナガスクジラ」というクジラは、体長が三三メートルにもおよびますが、イルカの大きさは、だいたい二〜三メートルくらいです。

そんな小さなイルカは、じつはクジラの一種に分類されます。

クジラは、「ハクジラ」とよばれるグループと、「ヒゲクジラ」とよばれるグループに分けられます（→163ページ）。

そして、ハクジラのなかでも体長が四メートル以上のものをクジラとよび、それ以下のものをイルカとよんでいるのです。

ハクジラの大きなとくちょうは、口のなかに歯があることです。イルカの口のなかにも歯があり、この歯を使って、魚などを一ぴきずつ食べます。

ヒゲクジラには歯がなく、かわりに「ひげ板」という、ひげのようなものがあります。ヒゲクジラは、ひげ板で魚などをこしとって食べることができます。

クジラ

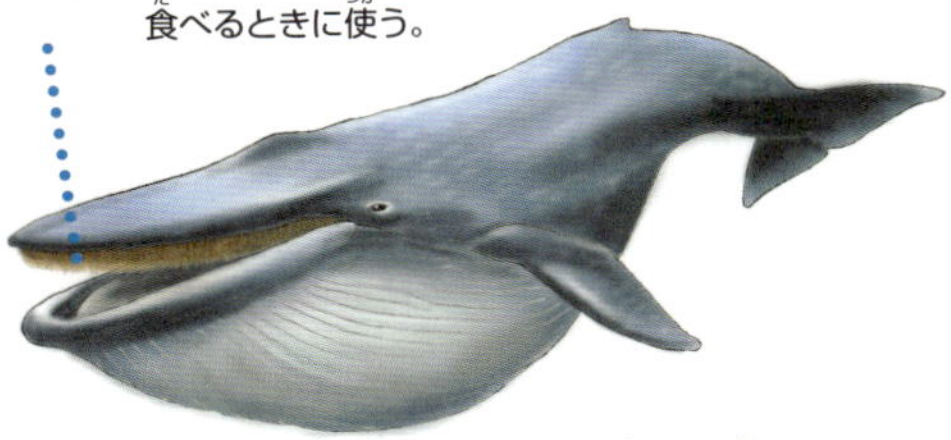

ひげ板　魚などをこしとって食べるときに使う。

シロナガスクジラ
最大で、体長が33メートルにもおよぶヒゲクジラ。

イルカ

歯　魚などを1ぴきずつ食べるときに使う。

ハンドウイルカ
体長が約2〜3メートルのハクジラ。

ハクジラのなかでも、体長が4メートル以下のものをイルカとよぶ。

大きさで分けられない？

クジラとイルカは、基本的には大きさによってよびわけられています。しかし、この分け方は、ぜったいに正しいものではありません。

クジラのなかには、四メートルをこえない「コマッコウ」や、「ハナゴンドウ」「ユメゴンドウ」といった種類がいます。また、イルカのなかにも、四メートルをこえる「シロイルカ」という種類がいるのです。

このように、クジラとイルカの分け方には、少しあいまいなところもあります。

ここがポイント！

基本的には、体長が四メートル以上のハクジラをクジラとよび、それ以下のハクジラをイルカとよぶ。

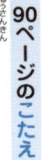

90ページのこたえ　乳酸菌

おはなしクイズ　イルカは、クジラのなかでも何とよばれるグループに属している？

トンネル工事は、貝をヒントにしている！

読んだ日にち（　年　月　日）（　年　月　日）（　年　月　日）

フナクイムシのあなほり

細長いからだの先に貝がらをもつ、フナクイムシという生きものがいます。フナクイムシは木をえさにしているため、昔から多くの木造船が、船底を食いあらされてきました。

しかし、今から二〇〇年ほど前、イギリスのマーク・ブルネルという技術者が、木造船の天敵ともいうべきこの生きものから、トンネルをほる方法を思いつきました。

ブルネルは、くわしい観察の結果、フナクイムシが船底を食べすすめるしくみをつきとめます。それは、貝がらであなをほりながら、つぶれないように、からだから出す物質でほったあなをかためるというものでした。

ここからブルネルは、あながくずれないようにささえながらほりすすめる「シールド工法」を考えだしました。この技術により、イギリスのテムズ川を横断するトンネルがほられ、海の底や、地面がくずれやすい場所でもトンネルがほれるようになりました。

日本のシールドトンネル

神奈川県と千葉県をつなぐ東京湾アクアラインは、日本でさいしょにシールド工法によってほられた道路トンネルです。全長約一五キロメートルのこの海底トンネルは、「シールドマシン」とよばれる、シールド工法で使われる機械でほられました。

海底下では強い水の圧力がかかりますが、シールド工法のおかげで、海面から約六〇メートルの海底下にトンネルをつくることができたのです。

フナクイムシのあなほり

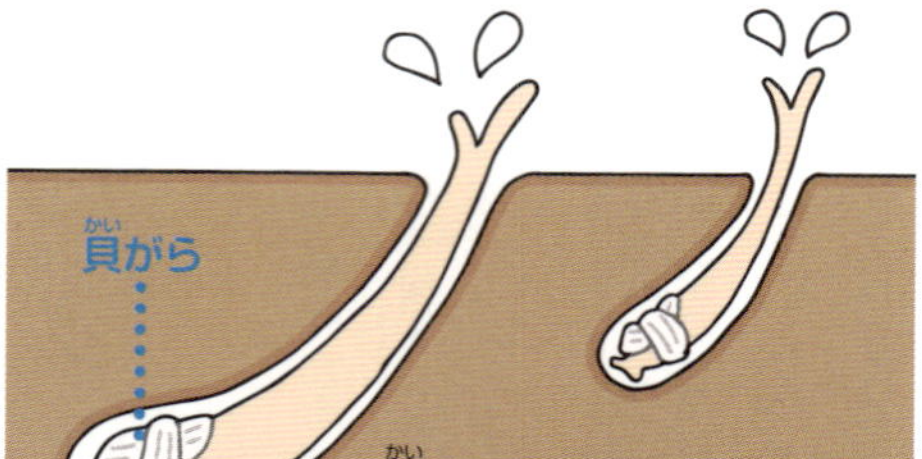
貝がら

貝がらであなをほりすすめながら、からだから出す物質でほったあなをかためる。

シールド工法のトンネルほり

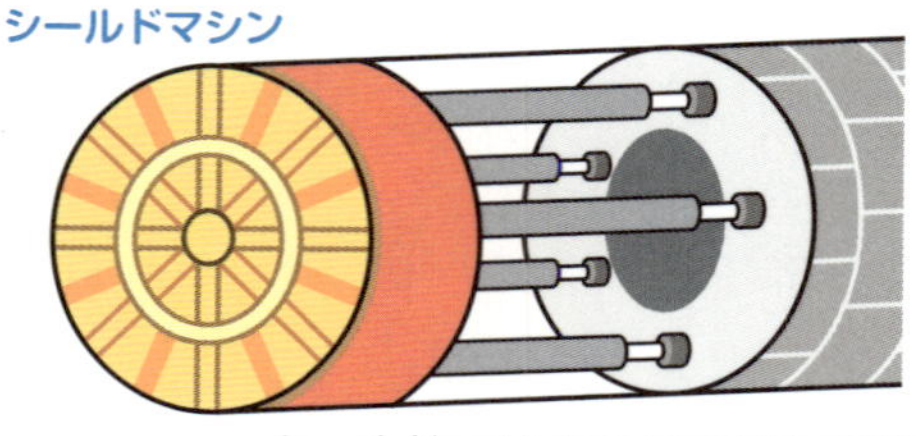
シールドマシン

シールドマシンであなをほりすすめながら、土がくずれないように、あつい鉄の板でほったあなをささえる。

ここがポイント！

フナクイムシのあなほりをヒントにして、シールド工法というトンネルほりの技術がうまれた。

おはなしクイズ フナクイムシをヒントに考えられた、トンネル工事の方法を何という？

91ページのこたえ　ハクジラ

3月14日のおはなし

地図ってどうやってつくるの？

読んだ日にち（　年　月　日）（　年　月　日）（　年　月　日）

地球
大地

導線法による地図づくり

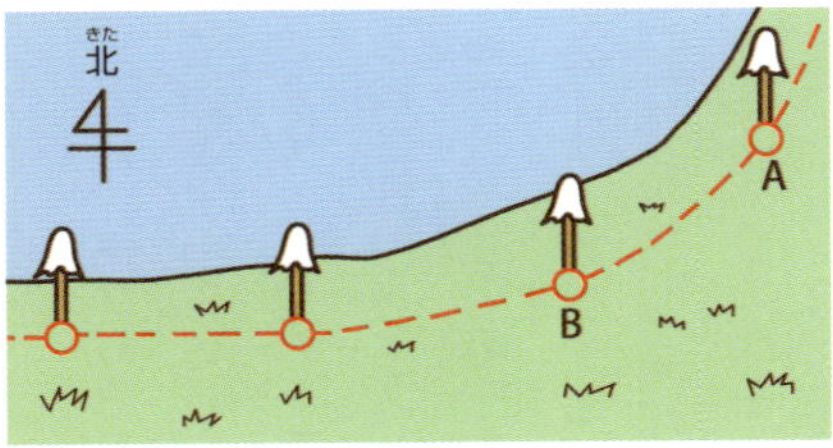

北
A
B

A地点からB地点まで歩き、きょりをはかる。さらに、真北との角度の差をはかることで海岸線の形を記録していく。

飛行機を使った地図づくり

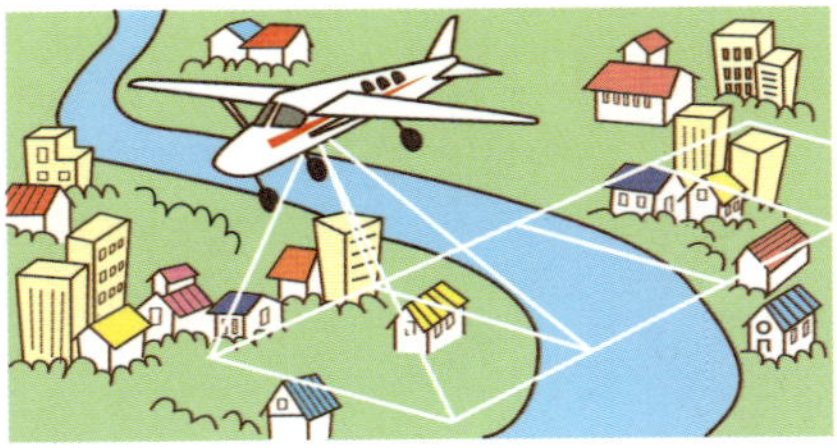

飛行機からとった写真をもとに、土地の高さや位置などのデータをコンピューターでまとめていく。

歩いて地図をつくった男

はじめて正確な日本地図をつくった人物は、今から二〇〇年以上前の学者・伊能忠敬です。かれは「導線法」という方法を使って、じっさいに日本中を歩くことで、地図をつくりました。

導線法では、まずA地点からB地点まで歩きます。さいしょは伊能の歩数によって、その後は鉄のくさりや縄を使ってきょりをはかりました。さらに、竹の棒をB地点に立てて、A地点から見ます。そうすることで、A地点とB地点をむすぶ線と、真北との角度の差をはかりました。これをくり返して、伊能は海岸線の形をはかり、記録しつづけたのです。

伊能忠敬の一行が、一八〇〇年から一七年をかけて、日本全国を測量しながら歩いたきょりは、四万キロメートルにもなりました。

飛行機を使って地図をつくる

現在では、飛行機からとった写真を使って地図をつくっています。この方法では、まず空からうつした写真を、機械を使って立体的に見えるようにし、同じ高さに見えるところに線を引きます。その後、土地の高さや位置などの情報をコンピューターでまとめて地図をつくるのです。もちろん、道のはばなどのくわしいことは、じっさいにその場所に行って調べています。

さらに、宇宙にうかぶ人工衛星も利用されています。人工衛星からの電波を、「電子基準点」が受信することで、地球上での正確な位置をわりだせるのです。この基準点は日本中に約一三〇〇か所あり、より正確な地図づくりに役立てられています。

ここがポイント！

昔はじっさいに歩いて地図をつくったが、今では飛行機や人工衛星を使ってより正確な地図をつくることができる。

92ページのこたえ
シールド工法

おはなしクイズ 伊能忠敬が地図をつくるときに使った方法を何という？

フクロウの顔には、ひみつがいっぱい！

読んだ日にち（　　年　　月　　日）（　　年　　月　　日）（　　年　　月　　日）

3月15日のおはなし

生命
鳥

えものの位置がわかる耳

みなさんは、フクロウという鳥を知っていますか？ おもに夜に活動し、ネズミなどの小さな動物を食べる肉食性の鳥です。

フクロウは、夜の暗やみでもよく見える、大きな目をもっているのがとくちょうです。その視力は、人間の一〇〇倍ともいわれています。

しかし、それだけでは小さなえものを見つけだすことはできません。そのため、フクロウは暗やみでえものが動くわずかな音をききつけて、その位置をつかむ耳をもっています。

なぜえものの位置までわかるのかというと、右耳と左耳がちがう方向を向いていて、しかも、上下にずれた位置にあるからです。

えものが出した音は、少しだけずれて、ちがう大きさで右耳と左耳にとどきます。そのおかげで、フクロウはえもののいる方向や、えものとのきょりを推測できます。

ちなみに、フクロウの耳は羽毛のなかにかくれているため、なかなか見ることはできません。

方向
きょり
顔盤
右耳
左耳
夜でもよく見える、大きな目をもっている。首もよくまわる。
えものの音は、少しだけずれて、ちがう大きさで右耳と左耳にとどく。

顔で音を集める

フクロウは耳で音をきく前に、顔で音を集めています。

フクロウのお面のような平たい顔を、「顔盤」というのですが、顔盤は目のまわりが少しだけくぼんでいます。この形だと、音が集まりやすくなります。フクロウの耳は、左右の目のすぐ近くにあるため、集まった音が耳へ入ってくるというわけです。

このしくみは、おわんのような形をしていて、電波を集めるパラボラアンテナとよくにています。

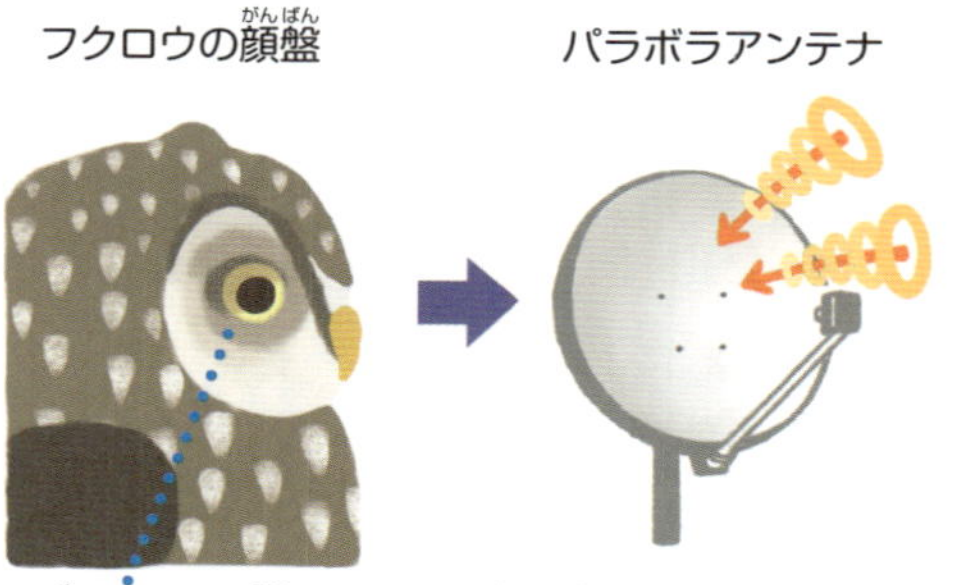
フクロウの顔盤
パラボラアンテナ

目のまわりが少しだけくぼんでいる。

衛星放送の受信などにも使われるパラボラアンテナが、電波を集めるように音が集まる。

ここがポイント！

フクロウは、まず顔で音を集める。そのあと、上下にずれた位置にある右耳と左耳で、えものの位置をつかむ。

おはなしクイズ フクロウの、お面のような平たい顔を何という？

93ページのこたえ 導線法

遺伝子組み換えって何？

読んだ日にち(　　年　　月　　日)(　　年　　月　　日)(　　年　　月　　日)

生命
遺伝子

遺伝子を組みこむ

みなさんは、「遺伝子組み換え技術」ということばをきいたことがあるでしょうか。

「遺伝子」というのは、親から子どもへ遺伝する情報、つまり、からだの設計図のようなものです。生きものの細胞のなかには、「DNA」というくさりのような形をした物質があり、そこに記録されている情報を遺伝子といいます。遺伝子をほかの生きものの細胞のDNAに組みこむと、ある生きものの能力を、べつの生きものにもあたえることができるのです。

この技術は、おもに農作物を改良して、新しい品種をつくるために使われています。

たとえば農作物を育てるときには、雑草をとりのぞく除草剤が、農作物までからすことがあります。しかし、遺伝子組み換え技術によって、除草剤がまかれてもかれない品種がつくられました。そのほかにも、農作物を食べた害虫が死んでしまうようにした品種や、特定の成分をたくさんふくむようにした品種などがつくられています。

遺伝子組み換え作物の利用

遺伝子組み換え技術を使えば、除草剤（農薬）の量をへらせるため、より安全な農作物をつくることができます。また、からだに必要な栄養分を、たくさんふくんだ農作物もつくれます。さらに、少ない土地で、たくさんの農作物をつくることも可能になります。

世界の人口はふえつづけているので、食べものもたくさんつくる必要があります。遺伝子組み換え作物は、この食べものの問題を解決する手段にもなるといわれています。

DNAと遺伝子

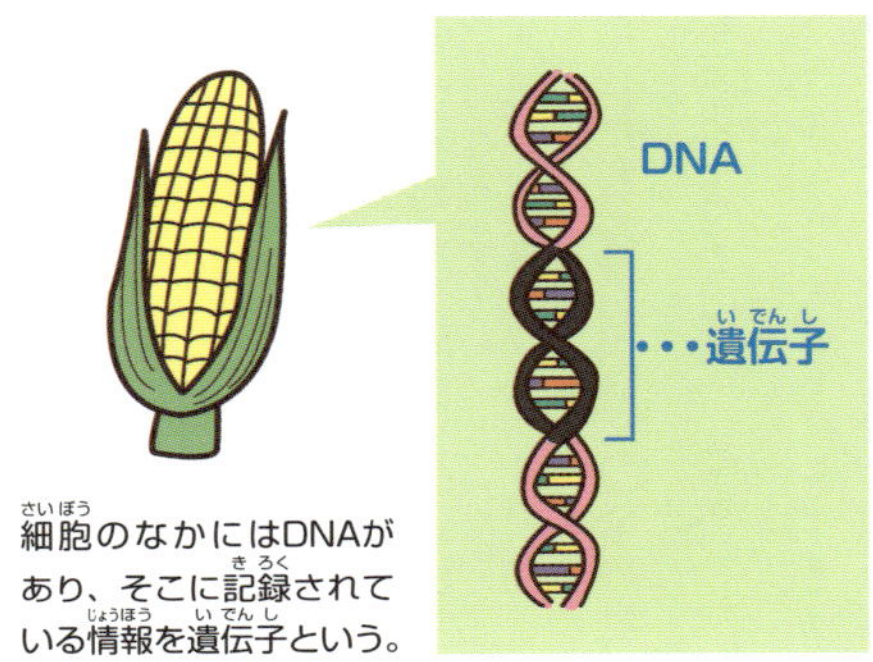
DNA
・・・遺伝子

細胞のなかにはDNAがあり、そこに記録されている情報を遺伝子という。

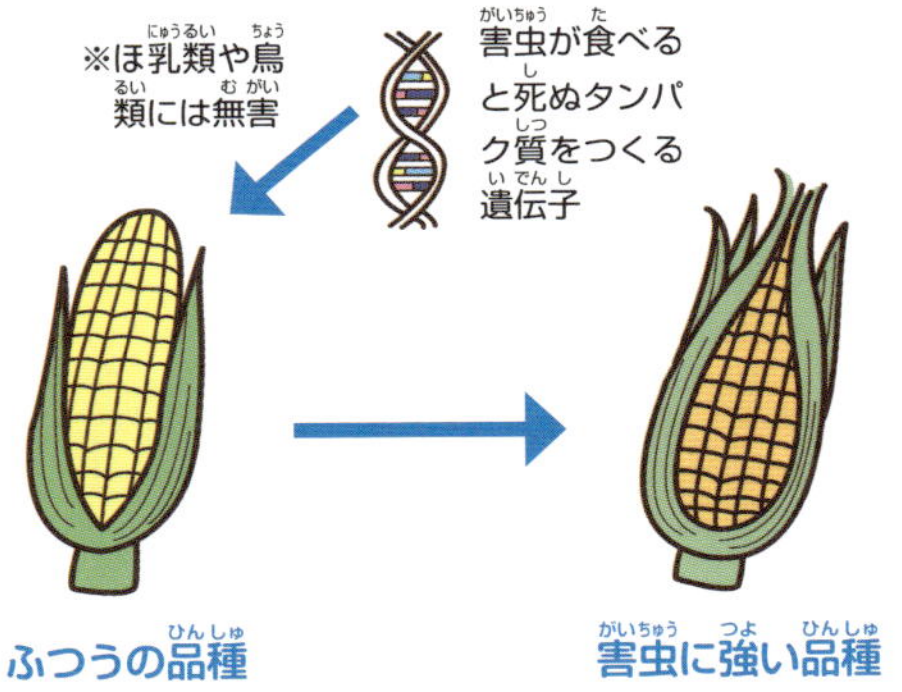
※ほ乳類や鳥類には無害
害虫が食べると死ぬタンパク質をつくる遺伝子
ふつうの品種
害虫に強い品種

ふつうの品種に、害虫が食べると死ぬタンパク質をつくる遺伝子を組みこむと、害虫に強い品種ができる。

ここがポイント！

からだの設計図である遺伝子を利用して、ある生きものの能力を、べつの生きものにもあたえる技術を遺伝子組み換え技術という。

94ページのこたえ　顔盤

おはなしクイズ　遺伝子は、くさりのような形をした何という物質に記録されている？

同じ温度なのに、気温ではあつくて水温だとぬるいのはどうして?

読んだ日にち(　年　月　日)(　年　月　日)(　年　月　日)

3月17日のおはなし

もののはたらき　熱

熱をつたえにくい空気

夏に気温が三〇度をこえていると、とてもあつく感じます。ところが、水温が三〇度のお風呂に入ると、とてもぬるく感じます。いったいなぜでしょうか。

わたしたちが、気温三〇度の場所にいるとしましょう。空気には、水よりも熱をつたえにくい性質があります。そのため、からだの熱はまわりの空気につたわりますが、からだのまわりからなかなかにげていきません。そうすると、からだがあたたかい空気の膜におおわれているような状態になり、とてもあつく感じるのです。

熱をつたえやすい水

いっぽう、水は空気よりも熱をつたえやすい性質をもっています。そのため、三〇度のお風呂のなかでは、からだの熱がどんどんお風呂のお湯全体ににげていき、ぬるく感じるのです。

ただし、体温よりも高い温度になると、熱の出入りがぎゃくになるため、同じ温度でもお湯のほうが空気よりもあつく感じるようになります。たとえば、温度が一〇〇度もあるサウナに入ってもやけどをしないのは、この熱のつたわり方に関係があります。サウナのなかの空気の温度が高くても、からだのまわりの空気は熱をつたえにくいため、つたわってくる温度はじっさいの室温よりひくくなります。また、湿度がひくく、空気中の水分が少ないことも理由のひとつです。ぎゃくに、もし一〇〇度のお風呂に入ったら、熱をつたえやすい水の性質によって、大やけどをしてしまうでしょう。

ここがポイント!

空気は熱をつたえにくい性質があるため、三〇度ぐらいなら水よりも空気のほうがあつく感じる。

空気と水の温度の感じ方

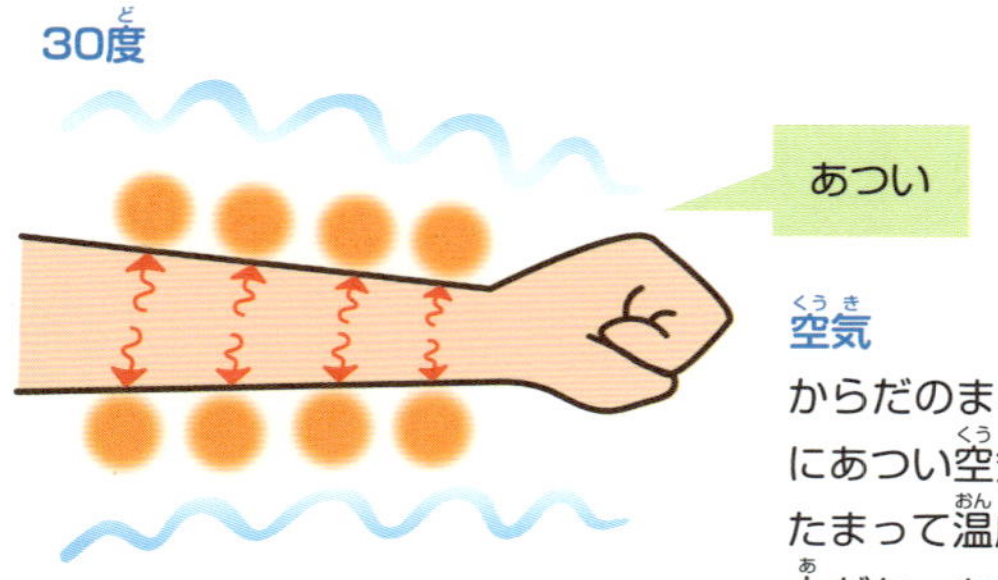
30度
あつい

空気
からだのまわりにあつい空気がたまって温度が上がり、あつく感じる。

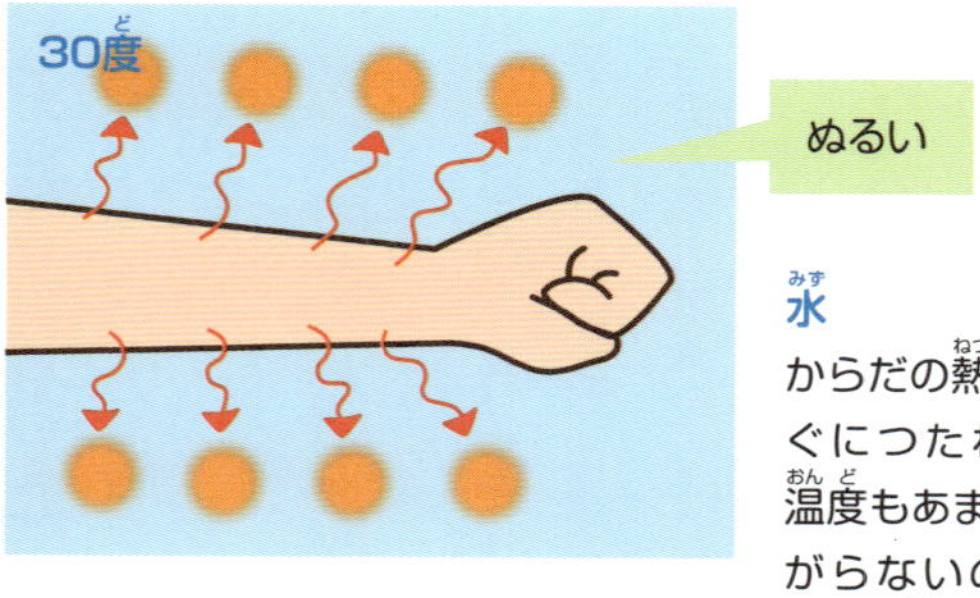
30度
ぬるい

水
からだの熱がすぐにつたわり、温度もあまり上がらないので、ぬるく感じる。

95ページのこたえ　DNA

おはなしクイズ　水と空気、熱をつたえやすいのはどっち?

脳にしわがあるのはどうして？

読んだ日にち（　　年　　月　　日）（　　年　　月　　日）（　　年　　月　　日）

表面の面積を大きくする

わたしたちの頭にある脳は、表面がしわしわになっています。どうして脳にはしわがあるのでしょう？

脳の大部分をしめているのは、「大脳」というものです。この大脳の表面を、「大脳皮質」といいます。

しわがあるのは、この大脳皮質です。わたしたちは、大脳皮質によって、何かを感じたり、考えたり、記憶したりすることができます。

つまり、大脳皮質は人間にとってとても重要な部分なのです。そのため、脳はできるだけ大脳皮質の表面積を大きくしようとして、大脳皮質を折りまげ、しわをつくるというわけです。このしわを広げると、だいたい新聞紙の一ページと同じくらいの面積になるといいます。

脳は、しわによっていくつかのパーツに分けられ、このパーツは、それぞれちがう役割をもっています。

神経細胞によるみぞ

脳にしわがある理由は、もうひとつあるといわれています。

おなかのなかにいる赤ちゃんが大きくなると、大脳のおく深くでつくられた「神経細胞」という細胞が、大脳の表面まで移動してきます。そして、神経細胞どうしがつながることで、つながった神経細胞がある部分も引っぱられて、みぞができます。つまり、このみぞが脳のしわになるのです。ちなみに、「脳のしわが多いほど頭がいい」といわれることがありますが、脳のしわの数は、人間よりもイルカのほうが多くなっています。しかし、イルカの大脳の表面は人間よりずっとうすく、そこに集まる神経細胞の割合も小さいため、イルカが人間と同じくらい頭がいい、とは言いきれません。

脳にしわができるまで

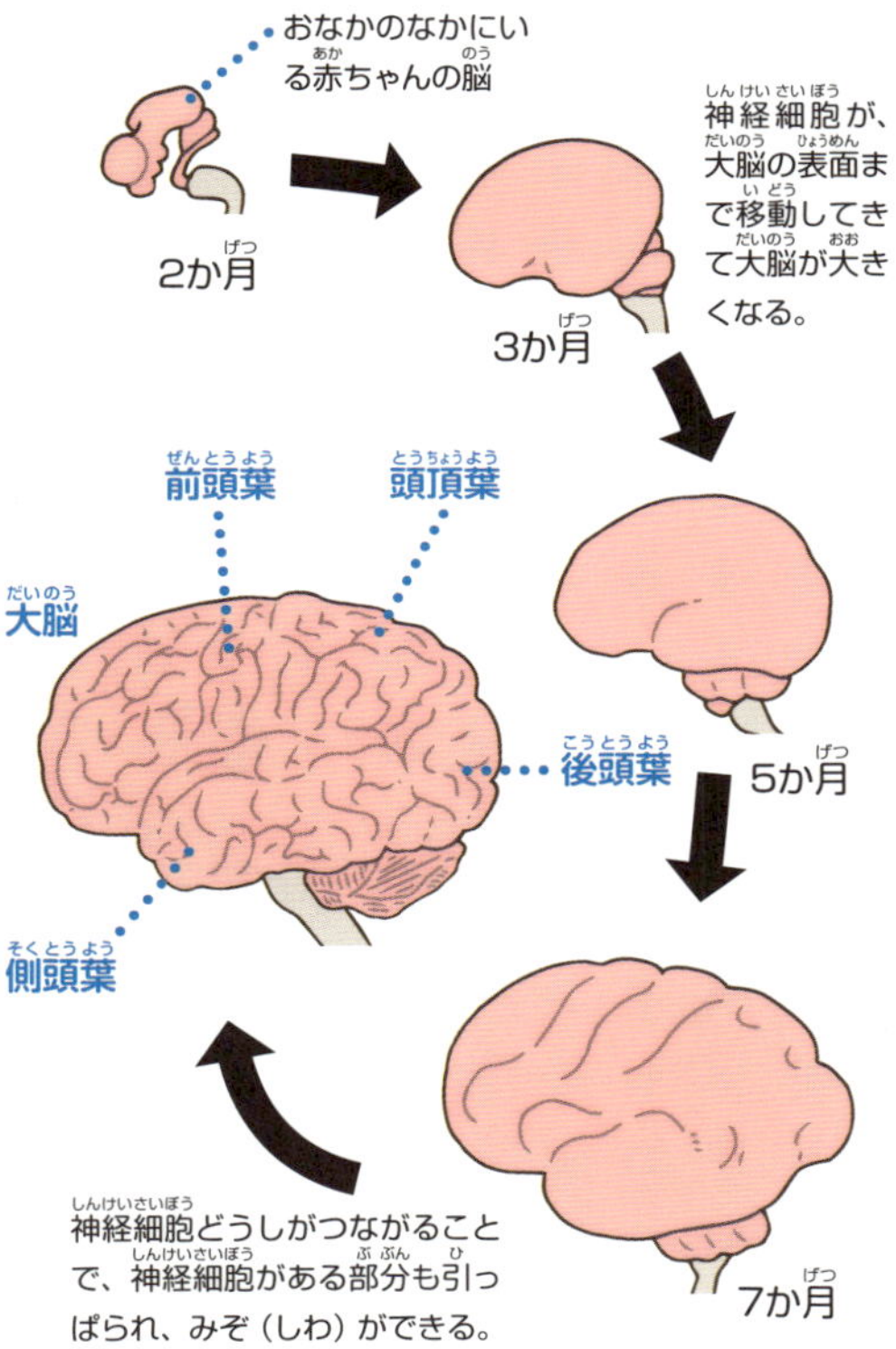
おなかのなかにいる赤ちゃんの脳
2か月
神経細胞が、大脳の表面まで移動してきて大脳が大きくなる。
3か月
5か月
7か月
神経細胞どうしがつながることで、神経細胞がある部分も引っぱられ、みぞ（しわ）ができる。
前頭葉
頭頂葉
大脳
後頭葉
側頭葉

ここがポイント！

脳が大脳皮質の表面積を大きくしようとして、しわをつくる。また、神経細胞のある部分が引っぱられてみぞがうまれ、しわになる。

96ページのこたえ　水

おはなしクイズ　人間よりも、脳のしわが多い動物は何？

サボテンは、どうしてあんなにトゲトゲなの？

読んだ日にち(　　年　　月　　日)(　　年　　月　　日)(　　年　　月　　日)

かんそうした土地に生きる

花屋さんで、サボテンを見たことはありますか？　いったいどうしてあんなにトゲトゲしているのか、気になりますよね。

サボテンは、砂漠のようなかんそうしたあれ地に生きる植物です。サボテンの生きる土地では、はげしい雨がふることもありますが、基本的にはほとんど雨がふりません。そのため、サボテンは雨がふったときにその水分を吸収し、くきにたくわえています。

からだの水分が蒸発してしまわないように、サボテンのからだはかたくてぶあつい皮でおおわれています。また、丸みをおびた形で表面積をできるだけ小さくし、より水分を蒸発しにくくしています。

さらに、気温が高い昼間には、くきの表面にある「気孔」という小さなあなをとじて、水分の蒸発を少なくしています。ふつうの植物は、昼間に気孔をあけて空気中の二酸化炭素をとりこみ、栄養分をつくっているのですが、サボテンは夜に気孔をあけて二酸化炭素をとりこみ、昼間の光合成に利用しています。このはたらきは、ふつう葉で行われますが、サボテンの場合は、成長するにつれて葉がなくなるため、くきで行います。

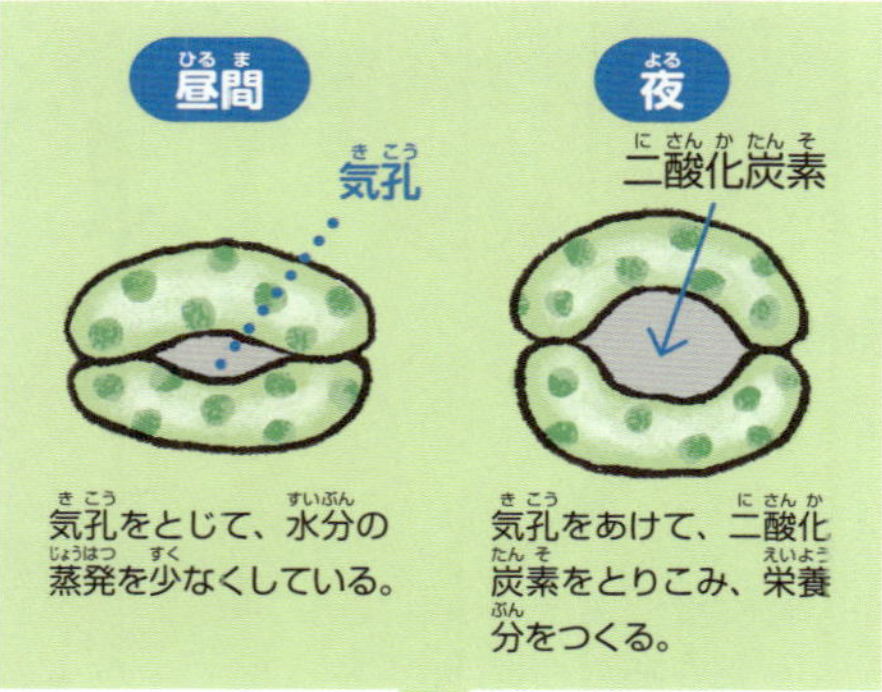
昼間
気孔
気孔をとじて、水分の蒸発を少なくしている。
夜
二酸化炭素
気孔をあけて、二酸化炭素をとりこみ、栄養分をつくる。

自分の身を守るトゲ

このように、サボテンはさまざまな工夫によってたくさん水分をたくわえているため、その水分をねらう動物がサボテンを食べようとします。しかし、からだがトゲトゲしていれば、サボテンはそうした動物に食べられず、身を守ることができるのです。

ただし、トゲを気にせずにサボテンを食べる、イグアナという動物もいます。

くき
トゲ
動物に食べられないよう、サボテンのからだを守る。
イグアナ

ここがポイント！

サボテンはからだにたくさん水分をたくわえているため、その水分をねらう動物に食べられないように、トゲをもっている。

97ページのこたえ　イルカ

おはなしクイズ　植物が二酸化炭素をとりいれている、小さなあなを何という？

海の底には熱湯がわきでるところがある!

読んだ日にち(　　年　　月　　日)(　　年　　月　　日)(　　年　　月　　日)

地球　海

熱湯がふきだす

深い海の水温は、赤道直下の熱帯の海でも、水深一〇〇〇メートルをこすと五度以下になります。そんな海の底に、あついお湯がわきだす場所があります。これを「熱水噴出孔」といいます。

熱水噴出孔は、地中のマグマ（ドロドロにとけた岩石）によってあたためられた水がふきでる、海底のわれ目です。その水の温度は、二〇〇～四〇〇度にもなります。

ふきだす熱水には、金属など、ふつうの生きものにとっては有害な物質がたくさんふくまれています。ところが、熱水噴出孔のまわりには、たくさんの生きものがくらしています。

たとえば、つつのような形をしたチューブワームという生きものがいます。これは、熱水にふくまれる「硫化水素」という有害な物質からエネルギーをえられる、とてもめずらしい生きものです。また、チューブワームのいるところには、それをえさにするカニのなかまなどもくらしています。このように、熱水噴出孔のまわりには、独特な生きものたちのつながりができているのです。

海底のわれ目からしみこんだ海水が地下のマグマにあたためられ、ふきだす。

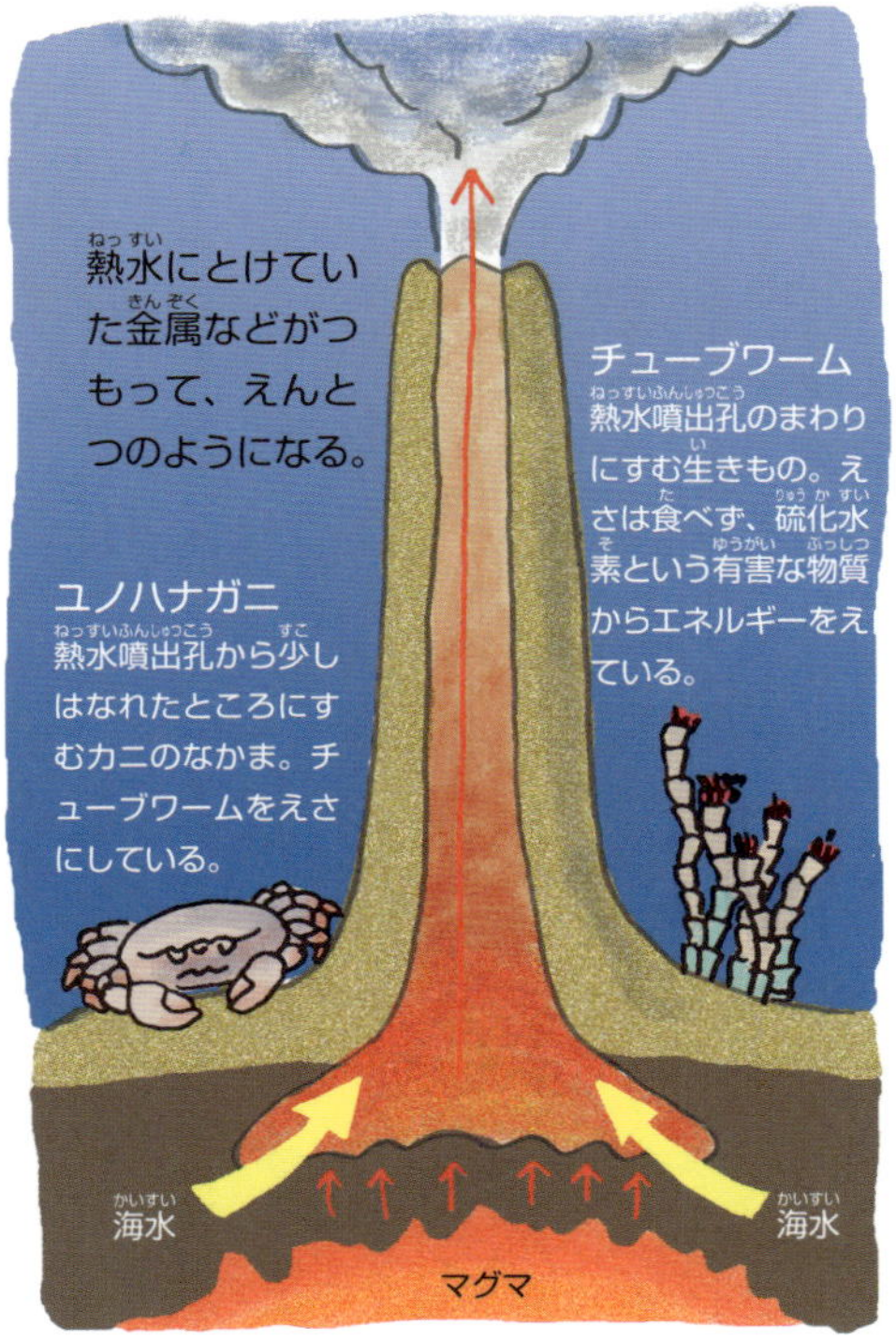
熱水にとけていた金属などがつもって、えんとつのようになる。
チューブワーム
熱水噴出孔のまわりにすむ生きもの。えさは食べず、硫化水素という有害な物質からエネルギーをえている。
ユノハナガニ
熱水噴出孔から少しはなれたところにすむカニのなかま。チューブワームをえさにしている。
海水
海水
マグマ

地球さいしょの生命をうんだ?

熱水噴出孔は、地球ではじめて生命がうまれた場所ではないかという説があります。

ふきだしてくる熱水のなかには、水素やアンモニアといった物質もふくまれていますが、これらは生命のもとになる「アミノ酸」の材料にもなるのです。熱水噴出孔について研究することは、もしかすると、生命誕生のひみつをときあかすことにつながるかもしれません。

ここがポイント!
深海には、あついお湯がふきだすわれ目があって、地球でさいしょの生命がうまれた場所だという考えもある。

98ページのこたえ　気孔

おはなしクイズ　マグマによってあたためられた水がわきでる、海底のわれ目を何という？

重量あげの選手は、どうして大きな声を出すの？

3月21日のおはなし

生命 人体

読んだ日にち（　　年　　月　　日）（　　年　　月　　日）（　　年　　月　　日）

力を最大限に発揮する

テレビで重量あげの試合を見ていると、選手たちが大きな声を出しながら、バーベルをもちあげていますよね。あの大きな声には、何か意味があるのでしょうか？

わたしたちは、筋肉を動かすことで自由に動いていますが、大きなかけ声を出すと、その筋肉の力を最大限に発揮することができます。これを「シャウト効果」といいます。重量あげの選手は、シャウト効果を利用して、重いバーベルをもちあげているのです。

シャウト効果を利用しているのは、重量あげの選手だけではありません。ハンマー投げの選手や、円盤投げの選手など、重いものをもつスポーツ選手はみな、大きなかけ声を出しています。

バーベル

かけ声を出す前は、脳がブレーキをかけているので、力を最大限に出せない。

んー

大きなかけ声を出すと、脳のブレーキが弱まり、最大限の力が出せる。

脳のブレーキを弱める

わたしたちがふだん使っている力は、本来出せる力の二〇～三〇パーセント程度です。筋肉が一〇〇パーセントの力を出せば、骨や筋肉をきずつけるおそれがあります。そのため、力を出しきらないように、脳がブレーキをかけているのです。

しかし、大きなかけ声を出すと、脳のブレーキが弱まって、五パーセントくらい大きな力が出せるといわれています。

また、「火事場のばか力」ということわざがあるように、火事のような命の危険がある場合には、脳のブレーキがはずれて、とても大きな力が出せます。

みなさんも、重いものをもちあげるときには、「せーのっ」などと声を出すでしょう。これは、無意識にシャウト効果を利用しているということなのです。

ここがポイント！

重量あげの選手は、大きなかけ声を出すことで、筋肉の力を最大限に発揮する。

99ページのこたえ　熱水噴出孔

おはなしクイズ　大きなかけ声を出すと、筋肉の力を最大限に発揮できることを何効果という？

水のつぶは、どうして丸くなるの？

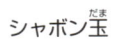

読んだ日にち（　　年　　月　　日）（　　年　　月　　日）（　　年　　月　　日）

ものの性質
水

表面積を小さくする

雨がふったあとには、木の葉やクモの巣などに、水のつぶがくっついています。このつぶは、どれもきれいに丸くなっていますよね。

空気にふれる、外がわの面積を表面積といいますが、表面積はものの形によってかわってきます。そして、同じ水の量だったら、ほかのいろいろな形とくらべても、丸（球）の表面積がいちばん小さくなります。つまり、水のつぶは丸くなることで、表面積を最小にしているわけです。それはなぜでしょう。

表面張力で丸くなる

水は、「水分子」という、小さなつぶが集まってできています（↓38ページ）。この水分子どうしは、いつもおたがいに引っぱりあっています。これによって、水の表面にはつねに表面積を最小にしようとする力がはたらきます。これを「表面張力」といいます。

水のつぶの場合、水の表面の水分子には、外がわから引っぱる水分子がありません。そのため、内がわの水分子に引っぱられて、丸くなるのです。

表面張力は、ほかにもさまざまなところで見つけることができます。たとえば、シャボン玉が丸くなるのもそうです。また、コップの水の表面が、よく見ると丸くもりあがっているのも、表面張力によるものです。さらに、アメンボが水の上を歩ける理由のひとつも、表面張力だと考えられています（↓199ページ）。

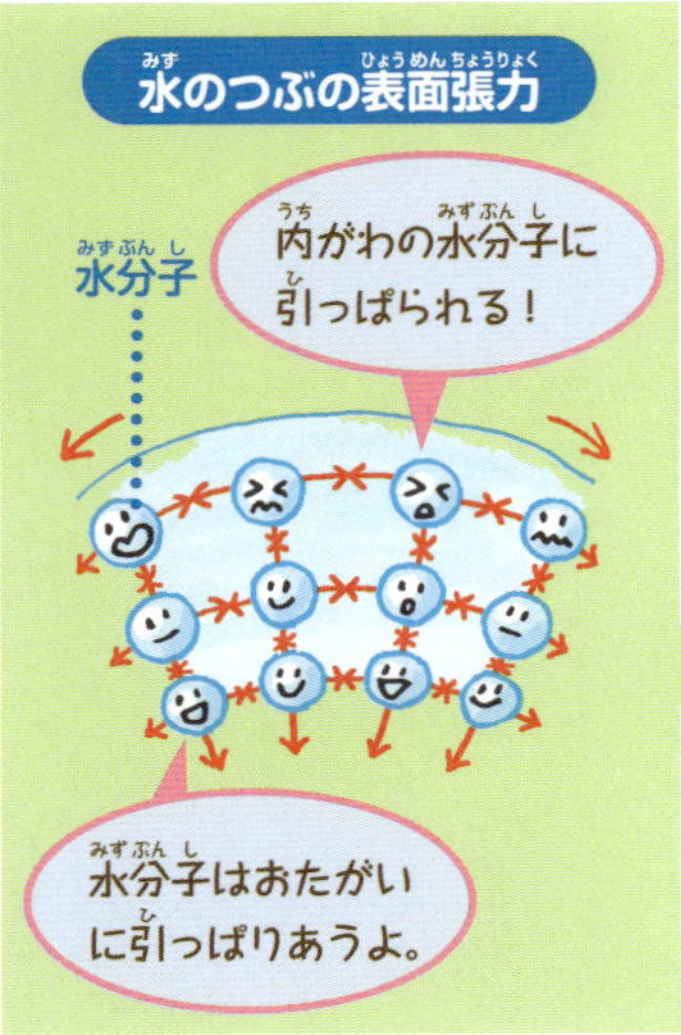
水のつぶの表面張力
水分子
内がわの水分子に引っぱられる！
水分子はおたがいに引っぱりあうよ。

雨がふったあとの木の葉

さまざまな表面張力

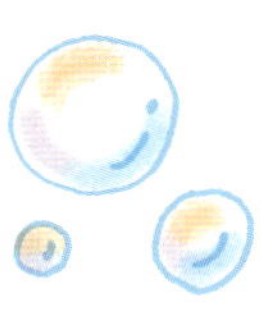

シャボン玉

コップの水の表面

アメンボが歩く水

ここがポイント！

水のつぶの表面の水分子には、外がわから引っぱる水分子がないため、内がわの水分子に引っぱられて、丸くなる。

100ページのこたえ
シャウト効果

おはなしクイズ　水の表面にはたらく、表面積を小さくしようとする力を、何という？

100年に一度の雨って、どれくらいの雨？

読んだ日にち（　　年　　月　　日）（　　年　　月　　日）（　　年　　月　　日）

3月23日のおはなし

地球　気象

二〇〇キログラム分の雨がふる

さいきん、日本では大雨がふることが多くなっています。気象庁は一九〇一年から雨のふる量を観測しつづけていますが、その一〇〇年以上の歴史を見ても、めずらしいほどの大雨がふえているのです。ときには、五〇年や一〇〇年に一度というような大雨がふることもあります。

ある時間内で、地表にふった雨や雪などの量を「降水量」といい、これはその雨や雪がどこにも流れずにたまった場合の、水の深さであらわします。観測所に設置されている、直径二〇センチメートルの雨量計に、一時間でたまった雨や雪の量をはかってわりだすのです。

一〇〇年に一度の大雨となると、降水量は北日本で一時間に一〇〇～二〇〇ミリメートル、西日本の太平洋がわで二〇〇～四〇〇ミリメートルにもなります。二〇〇ミリメートルの雨なら、一メートル四方のせまい場所に二〇センチメートルも雨がたまり、重さにすると二〇〇キログラム分の水がふりそそぐことになるのです。この重さはドラム缶ひとつ分にあたります。

どんな雨がふるの？

では、一〇〇年に一度の雨とはどのような雨なのでしょうか。天気予報では、一時間に八〇ミリメートル以上ふる雨をもうれつな雨と表現します。このような大雨がふると、まわりの音がきこえなかったり、まわりが見えなくなったりします。また、ふった水があふれて、道が水びたしになったり、川があふれたりして危険です。さいきんの日本では、一〇〇年に一度といわれる雨がひんぱんにふるようになりました。そのため、このような雨をどのように予測して被害をふせぐかの研究が進められています。

ここがポイント！

一〇〇年に一度の大雨は、一メートル四方に一時間で重さ二〇〇キログラム以上の水がふってくる。

雨量計のしくみ

雨量計
受水口　ここで雨を受ける。
転倒マス
排水口

雨が0.5ミリメートル分たまると、バランスがくずれて転倒マスがかたむくので、排水口から水をすてる。このときスイッチがおされ、その回数によって降水量がはかれる。

101ページのこたえ　表面張力

おはなしクイズ　ある時間内で地表にふった雨や雪などの量を何という？

地球はまん丸ではない！

読んだ日にち（　年　月　日）（　年　月　日）（　年　月　日）

でこぼこで少しつぶれた地球

「地球はどんな形？」ときかれたら、多くの人は「ボールの形」とこたえるでしょう。たしかに、地図帳や地球儀を見ても、地球は丸い形をしています。

しかし、地球の表面はボールのようにつるつるではありません。陸地には数千メートルの高さの山があったり、いちばん深い海の底は、海面から一万メートルものところにあったりと、表面はでこぼこしています。

また地球は、たての直径が一万二七一四キロメートルなのに対し、横の直径は一万二七五六キロメートルあり、少し横につぶれた形をしています。どうしてこのような形をしているのでしょうか。

遠心力で形がかわる

地球は、北極と南極をむすぶ線を軸にして、二四時間かけて一回転しています（これを自転といいます）。このとき、地球には、中心から外がわに向かってとびだそうとする「遠心力」という力（↓146ページ）がはたらきます。水の入ったバケツをいきおいよくまわしたときに、バケツから水がこぼれないのも、遠心力がはたらいているからです。

遠心力は、軸からはなれればはなれるほど、強くなります。そのため、地球を南北で半分に分ける「赤道」とよばれる線の部分に、いちばん遠心力がはたらきます。すると、その部分がより外がわに引っぱられて、少しつぶれた形になるのです。

地球の遠心力
赤道では、時速約1700キロメートルでまわっているよ。
回転の軸
赤道
地球を南北に半分に分ける線。
遠心力
遠心力
横の直径
1万2756
キロメートル
たての直径
1万2714
キロメートル

ここがポイント！
地球は遠心力で赤道近くが引っぱられ、少しつぶれた形をしている。

102ページのこたえ 降水量

おはなしクイズ 地球は、たての直径と横の直径では、どちらが長い？

電気はいろいろなものに使われている！

読んだ日にち（　　年　　月　　日）（　　年　　月　　日）（　　年　　月　　日）

3月25日のおはなし

もののはたらき　電気

電気の正体は電子の移動

すべてのものは、「原子」という小さなつぶからできています（↓73ページ）。

原子の中心には「原子核」があり、原子核のなかには、プラスの電気をおびた「陽子」があります。また、原子核のまわりでは、マイナスの電気をおびた「電子」がとびまわっています。金属の場合は、原子核のまわりからはなれて動ける電子があります。電気の正体は、この電子の移動です。

たとえば、乾電池の両はしを、「導線」とよばれる金属の線でつなぐと、電池のマイナス極からプラス極に向かって電子が移動します。つまり、これによって電気が流れるというわけです。

なお、「静電気」という電気（↓73ページ）では電子の移動が一瞬ですが、電池からは次つぎと電子が移動します。

電気のエネルギーをかえる

電気のエネルギーは、熱や光や、機械を動かす動力などにかえることができます。わたしたちは、その性質を利用して、さまざまなものを使用しているのです。

電気を熱にかえると、電気ストーブなどの暖房器具を使うことができます。また、電気を光にかえれば、照明がつきます。さらに、電気を動力にかえると、「モーター」という機械を動かせます。モーターは、そうじ機や洗たく機、携帯電話など、あらゆる電気製品に使われているものです。電気は、わたしたちの生活にかかせないものとなっているのです。

電気のエネルギーを利用するもの

テレビ
電気ストーブ
そうじ機
扇風機
CDプレーヤー
電子レンジ
照明
携帯電話
洗たく機

ここがポイント！
わたしたちは、電気のエネルギーを熱や光や動力などにかえて、利用している。

103ページのこたえ　横

おはなしクイズ　電気の正体は、原子のなかの、何というものの移動？

花粉症になる人とならない人は何がちがうの？

読んだ日にち（　年　月　日）（　年　月　日）（　年　月　日）

花粉症になるしくみ

春になると、花粉症で目がかゆくなったり、くしゃみが止まらなくなったりする人がいますよね。

わたしたちのからだには、外から入ってきたウイルスなどのいらないものを、追いだそうとするしくみがあります。でも、このしくみが、からだに害のない食べものやホコリ、花粉などに対しても反応してしまうことがあります。これが「アレルギー」です。

花粉症はアレルギーのひとつで、目や鼻から入った花粉のアレルゲン（アレルギーの原因となる物質）を、からだが「敵だ！」と判断することで起こります。からだは、次にやってくる花粉とたたかおうとして、「IgE抗体」というものをつくります。IgE抗体は「肥満細胞」という、からだを守るはたらきをする細胞に結合します。

そして、ふたたび花粉のアレルゲンが入ってきたとき、肥満細胞はそれを追いだそうとして、くしゃみや鼻水などを起こす「ヒスタミン」という物質などをつくりだすのです。

アレルギーの原因は？

花粉症を起こすいちばんの原因は、アレルギーを起こしやすい体質の遺伝だといわれています。

このような体質の人は、ちょうどよい量でつくられるはずのIgE抗体を、必要以上につくってしまいます。

また、IgE抗体は、一定の量になるまで症状を起こしません。IgE抗体が何度もつくられつづけ、一定の量になると、アレルギーが起こるのです。ですから、花粉が多くとんでいるところにすんでいる人は、花粉症になりやすいといえるでしょう。

ここがポイント！
花粉症は、アレルギーを起こしやすい体質が原因であることが多い。

花粉症の症状が出るまで

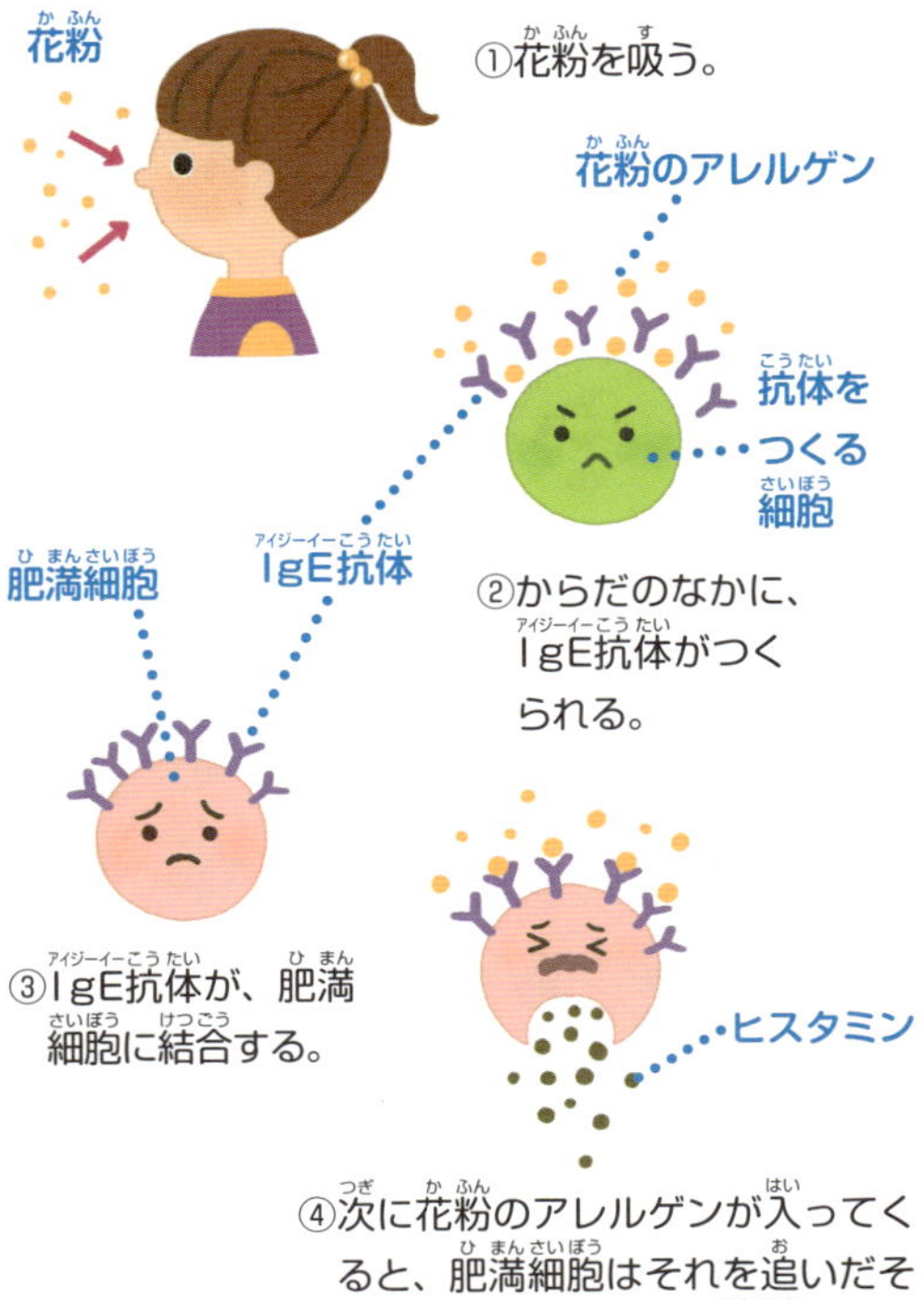
花粉
①花粉を吸う。
花粉のアレルゲン
抗体をつくる細胞
肥満細胞
IgE抗体
②からだのなかに、IgE抗体がつくられる。
③IgE抗体が、肥満細胞に結合する。
ヒスタミン
④次に花粉のアレルゲンが入ってくると、肥満細胞はそれを追いだそうとして、くしゃみや鼻水などを起こすヒスタミンをつくる。

104ページのこたえ　電子

おはなしクイズ　花粉がからだに入ると、次にやってくる花粉とたたかうために何がつくられる？

ヤモリはなぜ天井を歩けるの？

読んだ日にち（　年　月　日）（　年　月　日）（　年　月　日）

生命　動物

あしのうらにはえる毛

夜におうちのまどガラスにはりついている、ヤモリを見たことがありますか？　ヤモリは小さなは虫類のなかまで、昆虫を好物としています。昆虫は夜の明かりに集まってくるため、ヤモリはそれをねらってあらわれるのです。昆虫を見つけたヤモリは、垂直でつるつるしたかべをかんたんに登り、ときには天井も走っていきます。

ヤモリがどんな場所でも自由に歩ける理由は、あしのうらにあります。ヤモリのあしのうらには、「指下板」という大きなうろこがならんでいて、そのひとつひとつに細かい毛がびっしりはえています。この毛の先端は、ヘラのような形をしており、接着面積を大きくすることができます。すべてのものとものの間には、おたがいに引っぱりあう力がはたらいているのですが、ヤモリの毛と、かべやまどガラスの間にはこの力が強くはたらくため、ヤモリは自由に歩けるというわけです。

ヤモリがヒントのテープ

じつは、このヤモリのあしのうらのしくみをヒントにした、接着用のテープも存在します。

この「ヤモリテープ」は、片手と同じくらいの大きさで、約五〇キログラムの大人をぶらさげることができます。それだけ強い力をもっていると、はがしにくかったり、テープのあとがのこったりしそうですが、そんなこともありません。

さらに言うと、ヤモリテープはこれでもまだ、じっさいのヤモリの八〇パーセントくらいの接着力しかもっていないといいます。

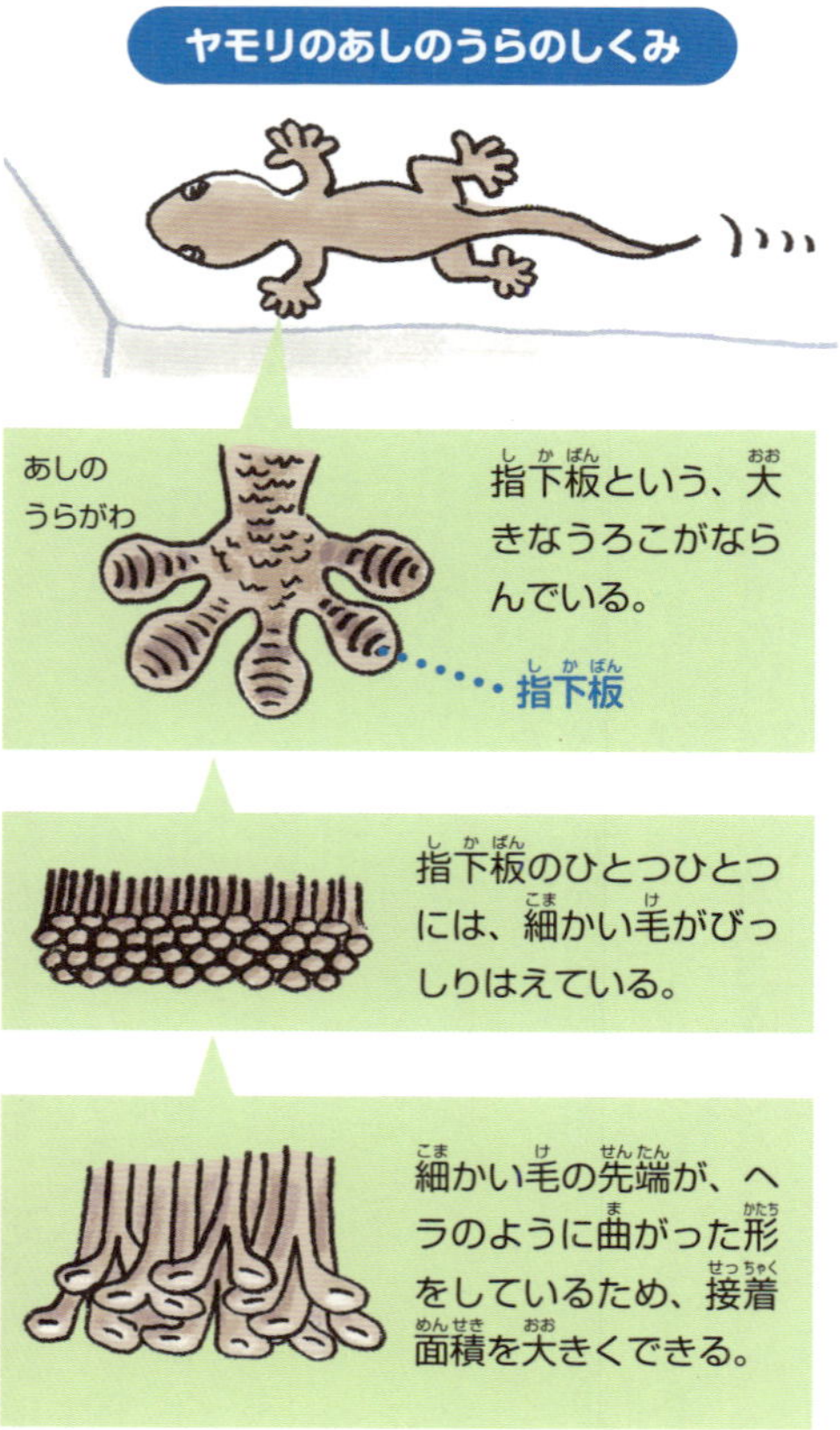
ヤモリのあしのうらのしくみ
あしのうらがわ
指下板という、大きなうろこがならんでいる。
指下板
指下板のひとつひとつには、細かい毛がびっしりはえている。
細かい毛の先端が、ヘラのように曲がった形をしているため、接着面積を大きくできる。

ここがポイント！

ヤモリはあしのうらに細かい毛がびっしりはえており、その毛のはたらきで、かべやまどガラスにはりついて歩ける。

105ページのこたえ　IgE抗体

おはなしクイズ　ヤモリは、あしのうらにある細かい何のはたらきで、かべやまどガラスにはりつける？

月には水がないの？

読んだ日にち（　　年　　月　　日）（　　年　　月　　日）（　　年　　月　　日）

水がちらばってしまう月

地球には、生きものが生きていくために必要な水があるため、わたしたちはくらすことができています。ところが、月には水がありません。それは、ものを引きよせる、「重力」という力が弱いからです。水が地球に存在できるのは、地球の重力によって水を地球上に引きとめているからなのです。

月がもつ重力は地球の六分の一なので、もし月の表面に水があったとしても、水は宇宙空間にちらばってしまいます。そのため、月の表面は水がない、とてもかんそうした世界になっています。

水が見つかった!?

そのいっぽうで、月の南極の近くには、水があるのではないかと考えられてきました。月の南極の近くには、永久に太陽の光があたらない、「クレーター」という丸いくぼみ（→123ページ）があります。その底に、蒸発することなくのこった水が氷の状態であるのではないかというのです。

二〇〇九年には、アメリカの探査機と、そこから打ちだされる小型ロケットを月のクレーターに衝突させ、ふきあげられた物質を観測するという実験が行われました。その結果、水が存在することをしめす成分が見つかりました。

さらに二〇一二年六月には、アメリカを中心とする研究チームが、探査機の観測によって「月の南極にあるクレーターの内部には氷がある」と発表しています。

さいきんでは、月のクレーター内部の、太陽光があたらないところには、何億トンもの水があるのではないかと考えられています。

重力が弱い月では、水は宇宙空間にちらばってしまう。
水
探査機による衝突実験で、水の存在をしめす物質が見つかった。
月
水蒸気と氷の混合物
水とちりの化合物
探査機による衝突実験で、水の存在をしめす物質が見つかった。
探査機から打ちだされた小型ロケット

ここがポイント！

重力が弱い月の表面では、水が宇宙空間にちらばるが、月の南極の近くには、水が氷になって存在する可能性が出てきた。

106ページのこたえ　毛

おはなしクイズ　月の重力は地球の何分の一？

川や海の石はなぜぬめぬめしているの？

読んだ日にち（　年　月　日）（　年　月　日）（　年　月　日）

小さな生きものの集まり

川や海の底にある石をさわってみると、ぬめぬめしていると感じませんか。

このぬめぬめの正体は、石の表面にくっついている、「珪藻」という生きものです。

あまりに小さいので、ひとつひとつ目で見ることはできません。しかし珪藻は、海や川の流れに流されないように石にくっついています。そして、そこで細胞分裂（→83ページ）をくり返しながら、数をふやしていきます。

やがて大きなむれになると、石の色が緑色や茶色に見えたり、ぬめぬめした感触になったりするので、珪藻がいることがわかるようになります。石のぬめぬめは、たくさんの珪藻が集まってできたものなのです。

珪藻は、水のあるところでよく見られます。

珪藻の役割

珪藻は、川にすんでいるたくさんの生きものたちにとって、大事な食べものです。

アユやハゼ、ドジョウなどの魚、カゲロウなどの虫たちは、石にくっついた珪藻を食べて大きくなるのです。また、海にいる珪藻も、やはり魚や貝などのえさになります。わたしたち人間も、珪藻を食べた魚を食べることで栄養をもらい、生きています。さらに、珪藻は光合成というはたらき（→135ページ）によって、酸素もうみだしています。

このように、珪藻は動物たちや人間にとって、とても大事な生きものなのです。

川や海の石。

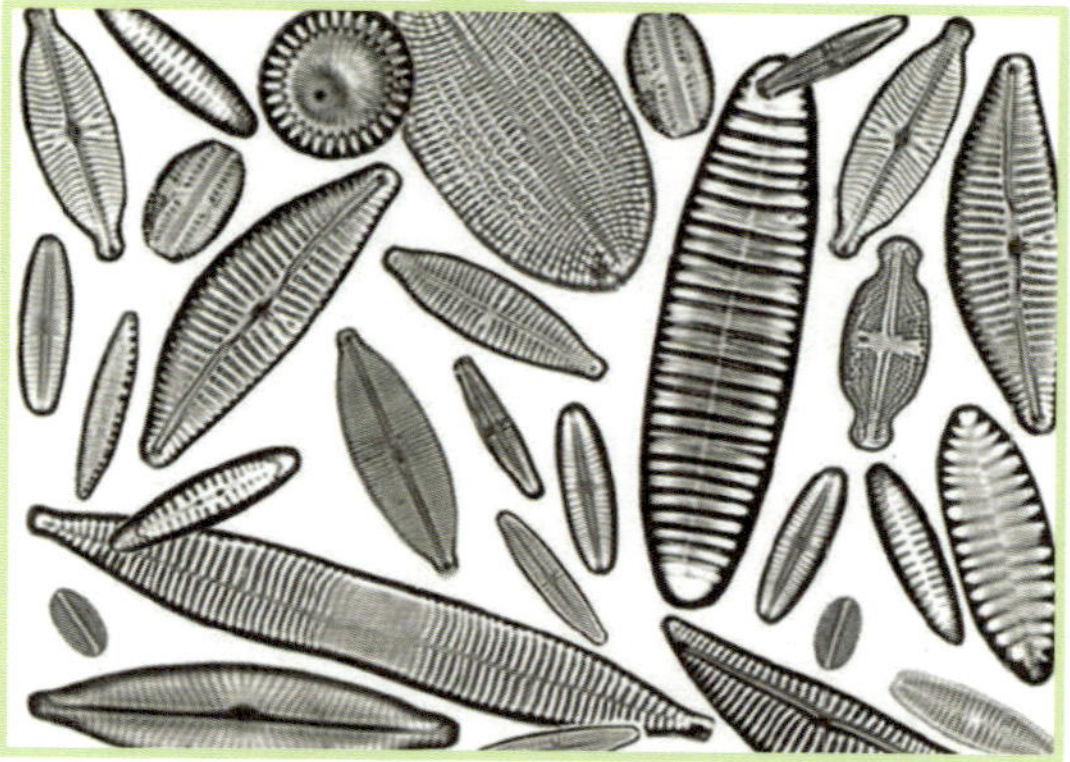

川や海の石の表面についている珪藻。これらが細胞分裂をして、数をふやすことで、石がぬめぬめする。

ここがポイント！

川や海の底の石は、珪藻という小さな生きものが集まってくっついているため、ぬめぬめしている。

おはなしクイズ　川や海のぬめぬめしている石には、何という生きものがついている？

107ページのこたえ　六分の一

消臭剤は、どうやってにおいを消すの？

読んだ日にち（　年　月　日）（　年　月　日）（　年　月　日）

空気中ににおい成分が……

人がいやなにおいを感じるのは、空気のなかに、「いやなにおいだな」と感じる成分がまざっているときです。息をすると、鼻からその成分が入ってきて、においを感じます。

いやなにおいにはいろいろありますが、たとえば、生ごみやトイレのにおいの多くは、微生物という目に見えない小さな生きものなどが原因です。微生物はにおいのもとになるものを分解したときに、それを空気中にまきちらします。

においを消す四つの方法

いやなにおいを消す方法には、次の四つがあります。

ひとつ目は、いやなにおいの成分を、においのない成分にかえてしまう方法です。いやなにおいの成分と化学的に反応して、そのにおいをなくす物質を出す消臭剤があります。

ふたつ目は、いやなにおいの成分を、空気中から吸いとる方法です。炭など、表面にあながたくさんあって、においの成分を吸いとるものを使い、においの成分が、人の鼻にとどかないようにします。

三つ目は、いいかおりのなかにいやなにおいをとりこむ方法です。この場合、いやなにおいの成分はなくなってはいないのですが、人はよいかおりのほうを感じます。

四つ目は、においの成分を出している微生物などがふえるのをふせいで、においを出させない方法です。

多くの消臭剤は、この四つの方法を組みあわせて使っています。

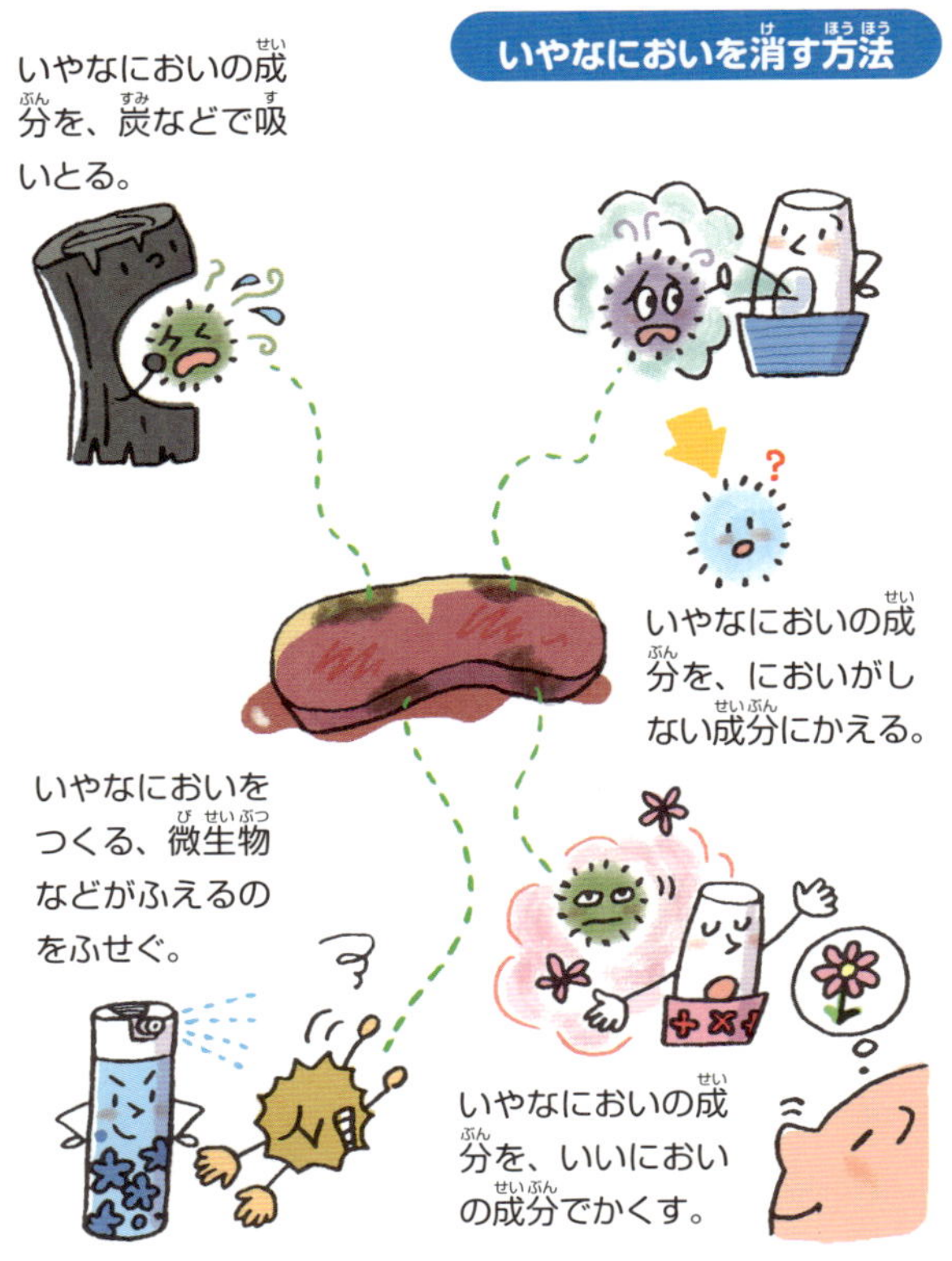
いやなにおいを消す方法
いやなにおいの成分を、炭などで吸いとる。
いやなにおいの成分を、においがしない成分にかえる。
いやなにおいをつくる、微生物などがふえるのをふせぐ。
いやなにおいの成分を、いいにおいの成分でかくす。

ここがポイント！
消臭剤は、いやなにおいの成分を変化させたり、吸いとったりしてにおいを消す。

108ページのこたえ　珪藻

おはなしクイズ　生ごみやトイレのにおいの多くの原因は何？

映画に出てくる恐竜の鳴き声って、ほんとうの鳴き声と同じなの？

読んだ日にち（　　年　　月　　日）（　　年　　月　　日）（　　年　　月　　日）

3月31日のおはなし

生命　恐竜

ほんとうの鳴き声とはちがう

みなさんは、恐竜が出てくる映画を見たことはありますか？

映画ではじつにおそろしい声を出していましたが、それはじっさいの鳴き声と同じものなのでしょうか？

じつは、は虫類のからだには、声を出すしくみはなく、は虫類に属する恐竜はほとんどの場合「フゥ」「シュウ」などの呼吸音を出すか、声にならないような音を出すことしかできなかったようです。つまり、映画の恐竜の鳴き声は、完全なつくりものなのです。

ただ、恐竜の化石を調査した結果、舌のなかに舌骨という骨をもつトリケラトプスのなかまは、大きな声を出せたことがわかっています。また、さいきんの研究では、多くの恐竜はハトのような「クー」という鳴き声だったとも考えられています。

化石やコンピューター計算から再現したティラノサウルスの声は、げっぷのような声だった。

ゲプ

ほとんどの恐竜にはからだに声を出すしくみがなかったため、鳴き声を出すことはできなかったとされている。

ちなみに、研究者が化石やコンピューター計算を使って再現したティラノサウルスの声は、げっぷのようなものだったそうです。

動物の声からつくられた

映画に出てくる恐竜の鳴き声は、ほかの動物の声を合成してつくられたものです。ある映画では、巨大で凶暴な肉食恐竜ティラノサウルスの鳴き声は、ジャック・ラッセル・テリアという小さなイヌの声からつくられました。

また、大型植物食恐竜ブラキオサウルスの鳴き声はロバから、死にかけたトリケラトプスの鳴き声はウシのむれのなかから収録されました。さらに、小型肉食恐竜ベロキラプトルの鳴き声のもとは、交尾中のカメからつくられました。

映画の場合

ティラノサウルスの鳴き声はジャック・ラッセル・テリアというイヌから。

ベロキラプトルの鳴き声は交尾中のカメから。

ここがポイント！

映画の恐竜の鳴き声はつくりものであり、じっさいは声にならないような音を出すことしかできなかったとされる。

109ページのこたえ　微生物

おはなしクイズ　舌のなかに舌骨という骨があり、大きな声を出せたとされる恐竜は？

4月のおはなし

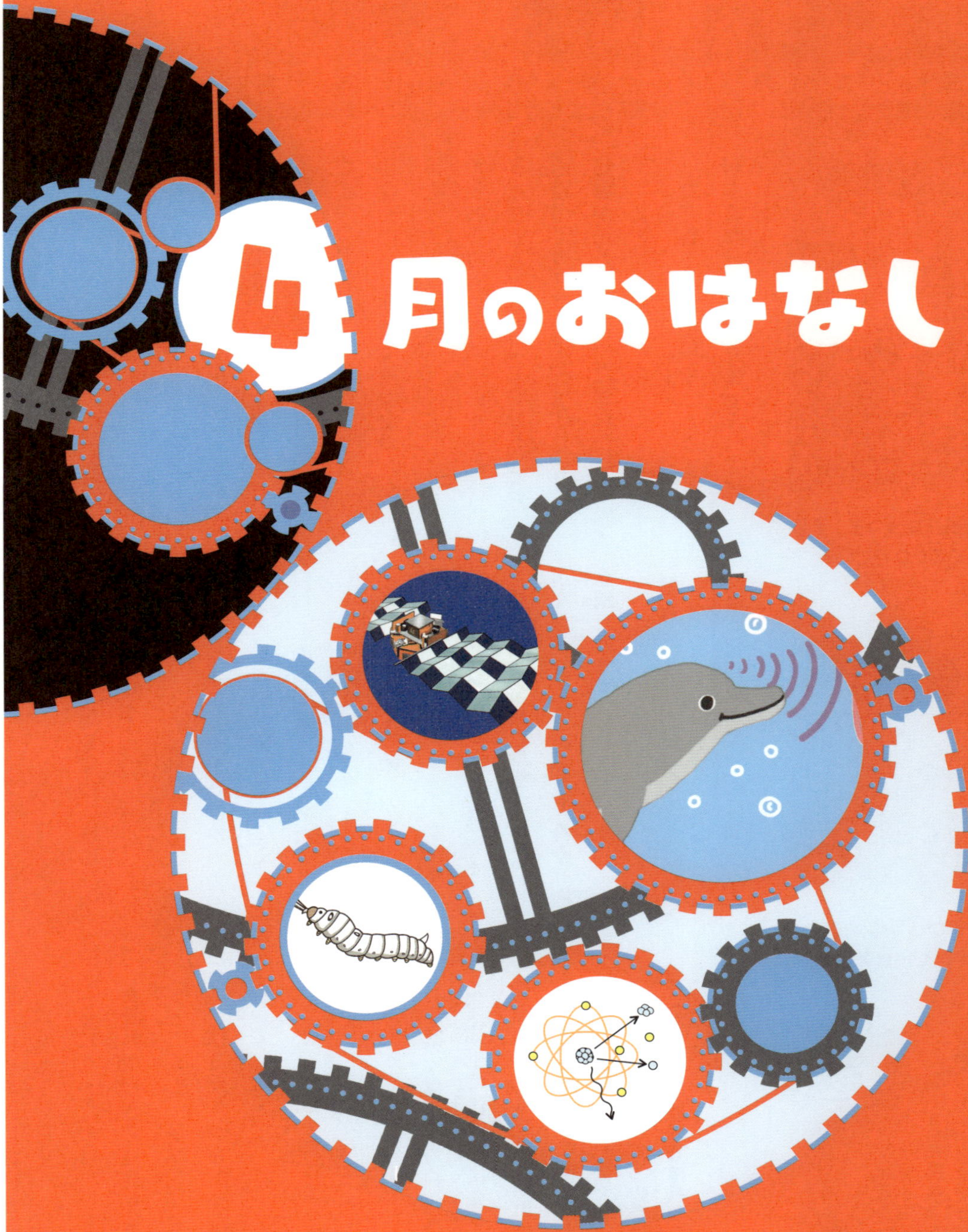

液状化現象って、どんなところでも起こるの？

読んだ日にち（　年　月　日）（　年　月　日）（　年　月　日）

かたい地面がゆるむわけ

大きな地震が起こったあとには、「液状化現象」といって、地面が液体のようにゆるむ現象が起こります。これはたいへん危険で、こまった問題です。

なぜなら、地震で地面がゆれたりしずんだりするだけではなく、地面のさけ目から地下水や砂がふきだしてくるからです。さらに、道路のアスファルトがはがれたり、建物がかたむいて、たおれたりすることもあります。

ただし、液状化現象はどこでも起こるわけではありません。この現象が起こる地盤には、次の三つの条件があります。

（一）砂でできた地盤であること。

（二）まだ砂がしっかりとかたまっていない状態であること。

（三）その砂が地下水で満たされていること。

これらすべての条件がそろったところに、はげしい地震が発生すると液状化現象が起こるのです。

液状化しやすい地盤があるのは、川などが近くにあるところや、埋立地などです。

昔からあった液状化現象

液状化現象が世界的に知られるようになったのは、一九六四年に新潟県で起きた地震がきっかけです。しかし、液状化現象そのものは、はるか昔からあったことがわかっています。

たとえば富山県では、一八五八年に液状化現象が起こったことをしめすあとが発見されています。また、石川県では今から約一八〇〇年前の、弥生時代後期に発生した液状化現象のあとが確認されています。

ここがポイント！
液状化現象は、三つの条件がそろった地盤が地震でゆれることで起こる。

液状化現象のしくみ

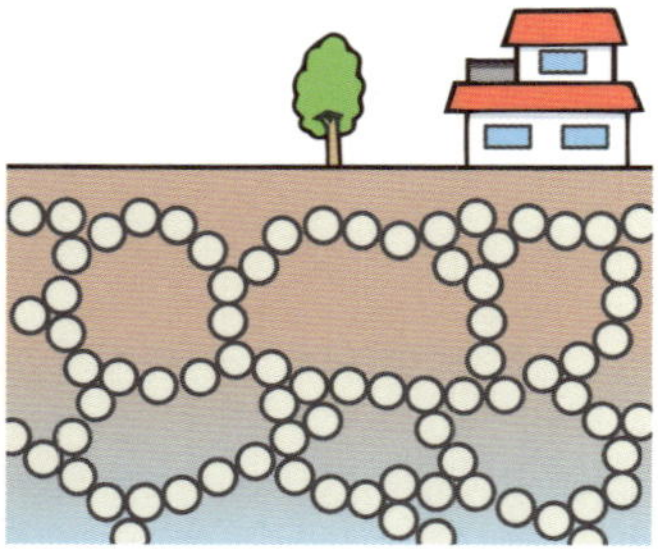

①地下の砂つぶがくっつき、その間が地下水で満たされている。

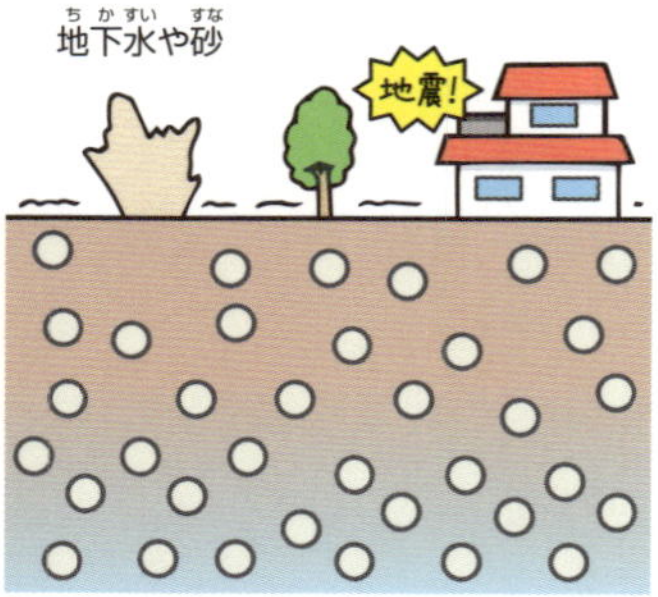
地下水や砂
地震！

②地下の砂つぶがバラバラになって、地下水や砂がふきあがる。

③ゆれがおさまると、砂つぶは下にしずみ、地盤が液状化する。

110ページのこたえ　トリケラトプス

おはなしクイズ　液状化現象が世界的に知られるきっかけとなった地震は、日本のどこで起こった？

わたしたちは毎日放射線をあびている！

読んだ日にち（　　年　　月　　日）（　　年　　月　　日）（　　年　　月　　日）

原子の中心のエネルギー

テレビなどで、「放射線」ということばをきいたことがあるでしょう。放射線とは、いったいどのようなものなのでしょうか？

すべての物質の、いちばん小さな単位を「原子」といいましたね（→76ページ）。放射線は、この原子からうまれるものです。

原子は、中心の「原子核」という部分と、そのまわりをまわっている、「電子」というものでできています。そして、原子核のなかにはよぶんなエネルギーをもっていて、不安定なものがあります。

この不安定な原子核が、安定した原子核になろうとしてこわれたときに、外に出すエネルギーのひとつが放射線です。

放射線は、とても速いつぶの流れと、目に見えない波の二種類に分けられます。「アルファ線」や「ベータ線」、「中性子線」といった放射線は、とても速いつぶの流れです。また、「ガンマ線」という放射線は、目に見えない波に分類されます。

どこにでも存在する

放射線は、もともとはどこにでも存在するものです。自然界では、岩や土のなかから放射線が出ています。また、空気中にも、放射線を出す物質（放射性物質）がまじっています。放射性物質は、食べものにもふくまれます。さらに、宇宙からとんでくる放射線もあります（→291ページ）。このような、わたしたちが日常生活であびている放射線を「自然放射線」といいます。一度に大量に放射線をあびると、からだに悪い影響が出ますが（→349ページ）、日常であびているごく少量の自然放射線では、そのような心配はありません。

原子と放射線

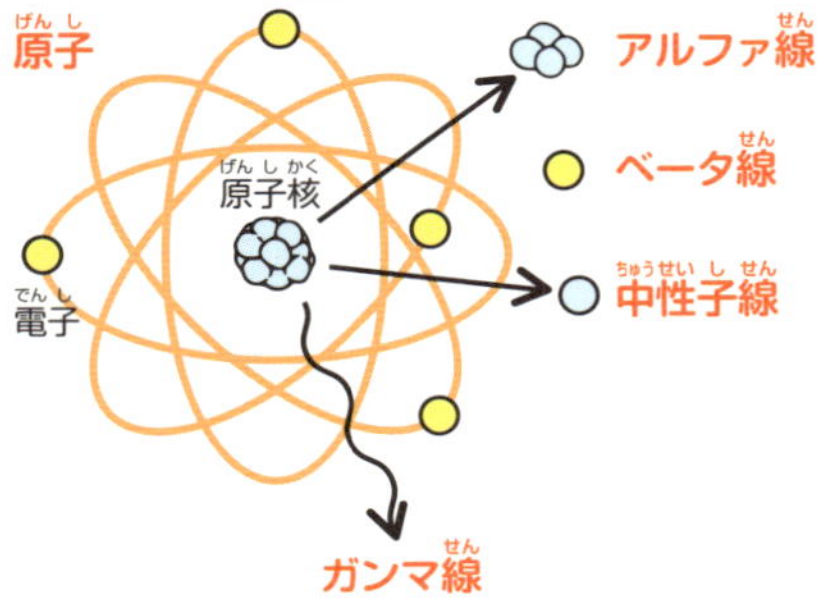
原子
原子核
電子
アルファ線
ベータ線
中性子線
ガンマ線

自然のなかの放射線

空気中から
宇宙から
食べものから
岩や土のなかから

わたしたちは、毎日放射線をあびている。

ここがポイント！
放射線はどこにでも存在するので、人間は毎日放射線をあびる。

112ページのこたえ　新潟県

おはなしクイズ　放射線を出す物質を、何という？

野球のピッチャーがカーブを投げると、ボールはなぜ曲がるの？

4月3日のおはなし

読んだ日にち（　年　月　日）（　年　月　日）（　年　月　日）

ものの はたらき　力

ボールの速度と圧力

野球のピッチャーは、カーブやスライダーなど、さまざまな種類の変化球を投げることができます。

いったいなぜ、ボールのとび方が変化するのでしょうか。

それは、ピッチャーがボールに横向きの回転をかけながら投げるからです。ボールは空気の流れのなかを進んでいきますが、このときボールが回転していると、空気の流れと反対方向にまわる部分と、同じ方向にまわる部分ができます。

すると、反対方向にまわる部分では空気が流れる速度がおそくなりますが、同じ方向にまわる部分では、速度が速くなります。

ボールは、空気がおす力（圧力）を受けながら進むため、速度がおそい部分では空気の圧力が大きく、速度が速い部分では空気の圧力が小さくなるのです。

圧力の小さいほうへ曲がる

圧力の大きい部分と小さい部分がうまれると、ボールは圧力の大きいほうから小さいほうへ曲がります。これを「マグヌス効果」といいます。サッカーのボールが曲がるのも、マグヌス効果によるものです。つまり、ピッチャーが左向きの回転をかけると、右がわの圧力が大きくなってボールは左へ曲がり、右向きの回転をかけると、ボールの左がわの圧力が大きくなって右に曲がるというわけです。

ボールに左向きの回転をかけたとき（上から見た図）

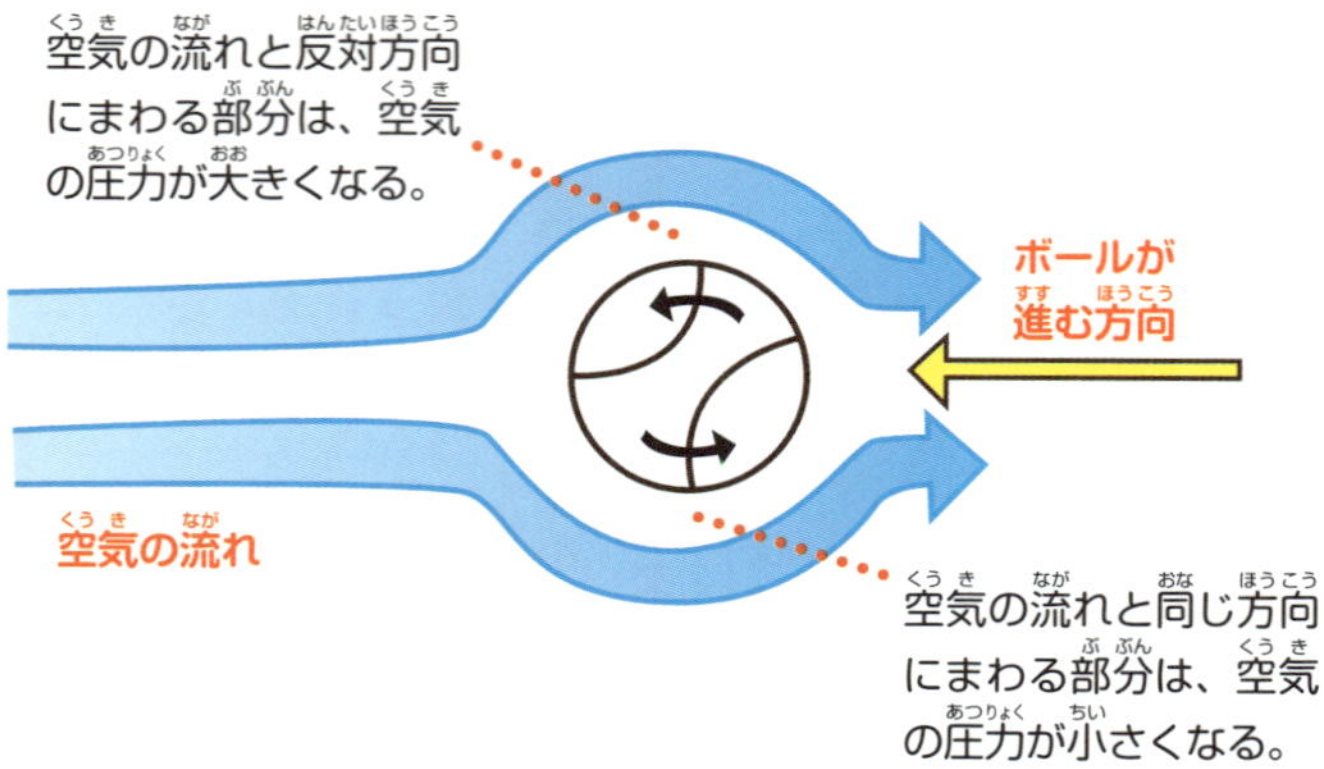

空気の流れと反対方向にまわる部分は、空気の圧力が大きくなる。
ボールが進む方向
空気の流れ
空気の流れと同じ方向にまわる部分は、空気の圧力が小さくなる。

ボールは、空気の圧力が大きいほうから、小さいほうへ曲がる。

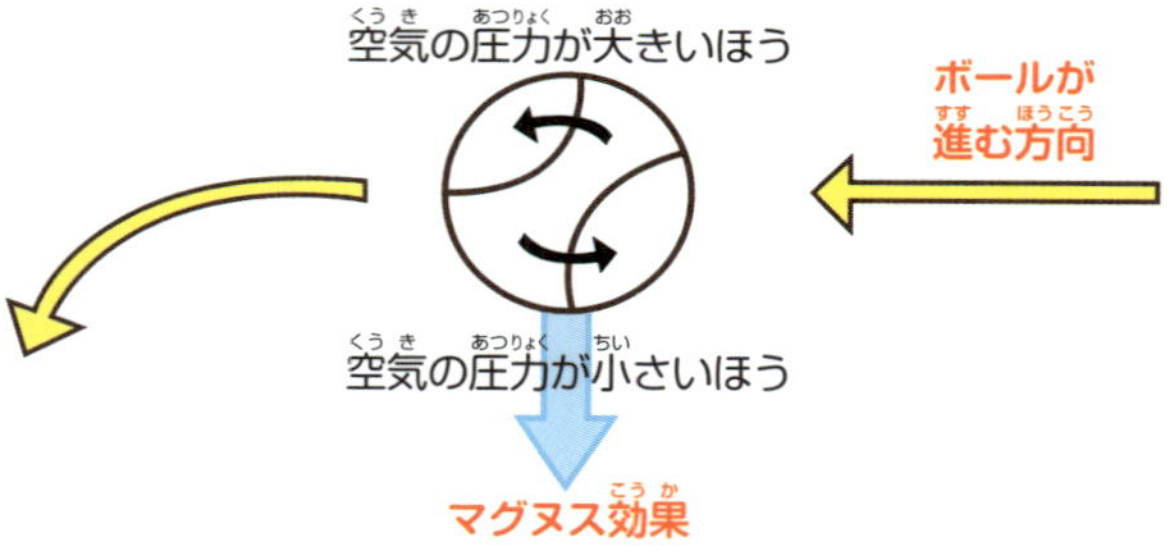

空気の圧力が大きいほう
ボールが進む方向
空気の圧力が小さいほう
マグヌス効果

ここがポイント！

ボールにはたらく圧力にちがいがうまれ、圧力の大きいほうから小さいほうへ曲がる。

113ページのこたえ　放射性物質

おはなしクイズ　投げたボールのように、回転しながら進むものが空気の流れによって曲がることを何効果という？

おなかのなかの赤ちゃんは、5億年の進化をたどる!

読んだ日にち(　年　月　日)(　年　月　日)(　年　月　日)

一〇か月で五億年の進化

お母さんのおなかのなかの赤ちゃんは、だいたいどれくらいでうまれてくると思いますか? こたえは、約一〇か月です。

人類は長い歳月をかけて、現在のようなすがたに進化してきました。おなかのなかの赤ちゃんは、その進化をわずか一〇か月でたどってうまれてくるのです。

人類は、もともと五億年前に誕生した魚から進化してきました。海のなかの魚が陸に上がり、両生類やは虫類がうまれ、さらにほ乳類へと進化し、人類がうまれたのです。

そのため、おなかのなかの赤ちゃんには、魚が呼吸をするときに使う、「えら」(→56ページ)のようなものがあります。また、ほかの多くの動物と同じような、しっぽもついています。

赤ちゃんのえらやしっぽは、二か月くらいでなくなってしまいますが、しっぽがあった場所には、三~五本の骨がのこります。これがおしりの骨です。

海で誕生したなごり

赤ちゃんが大きくなると、お母さんのおなかのなかは、「羊水」という液体で満たされていきます。そして、赤ちゃんはそのなかで育っていきます。じつは、この羊水の成分は、海の水とほとんど同じです。海は生命が誕生した場所なので、そのなごりで、成分が近くなっているといわれています。

ちなみに、羊水のなかの赤ちゃんも、ちゃんと呼吸をしています。赤ちゃんは、おへそからのびる「へそのお」というもので、「胎盤」という円盤形の器官とつながっています。そして、胎盤からへそのおを通して酸素をとりこんだり、二酸化炭素を出したりするのです。

ここがポイント!
おなかのなかの赤ちゃんは、約一〇か月で、五億年分の人類の進化をたどる。

5週目の赤ちゃん

まだ胎盤はなく、小さなふくろのなかにいる。

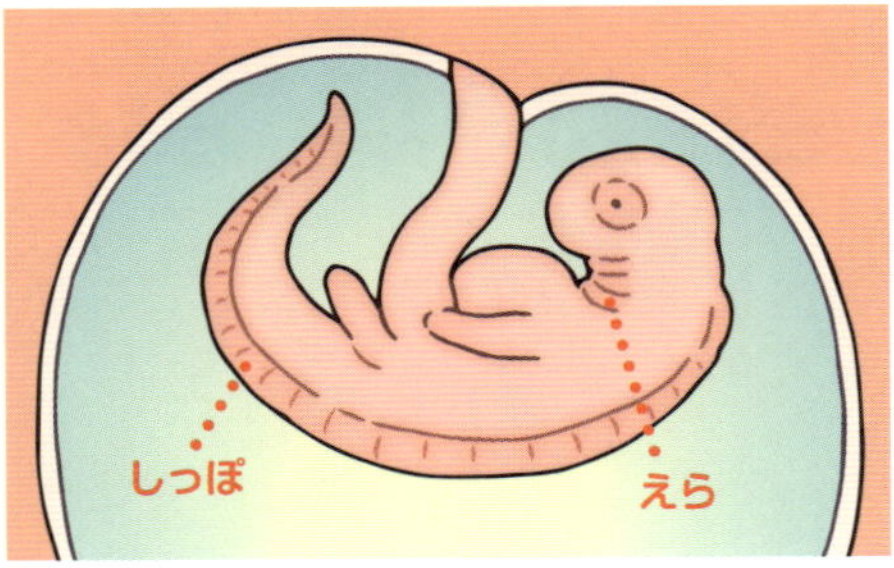

しっぽ
えら

13週目の赤ちゃん

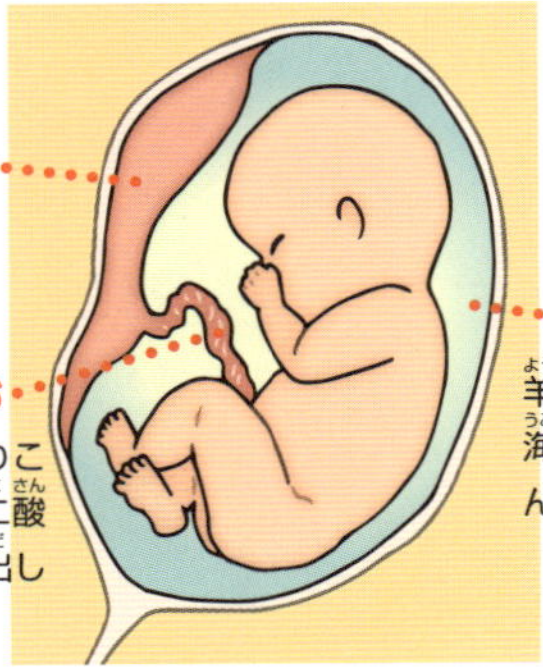

胎盤
羊水
羊水の成分は、海の水とほとんど同じ。
へそのお
酸素をとりこんだり、二酸化炭素を出したりする。

おはなしクイズ 赤ちゃんのおへそからのびて、胎盤とつながるものを何という?

114ページのこたえ マグヌス効果

小笠原諸島には、そこにしかいない生きものがたくさんいる！

読んだ日にち（　年　月　日）（　年　月　日）（　年　月　日）

固有種が多い島じま

小笠原諸島を知っていますか？東京都区部から、南へ約一〇〇〇キロメートル行ったところにある島じまです。

日本列島は、もともとユーラシア大陸の一部でしたが（↓60ページ）、小笠原諸島の島じまは、誕生してから一度も大陸とつながっていたことがありません。そのため、まわりの地域の生きものとかかわらず、島のなかだけで進化してきた生きものが、たくさんくらしています。このような、ある特定の地域にしかいない生きものを「固有種（固有生物）」といいます。

外来種がふえている

小笠原諸島は、やはりほかの陸地とつながったことがなく、多くの固有種がいるガラパゴス諸島という島じまとにているため、「東洋のガラパゴス」ともよばれます。

外来種（外来生物）

グリーンアノール

小笠原諸島では、外来種がふえたことで固有種がへっている。

東京
約1000キロメートル
小笠原諸島

固有種（固有生物）

オガサワラシジミ

オガサワラゼミ

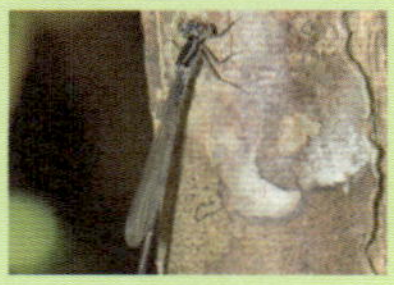

オガサワラライトトンボ

しかし、現在の小笠原諸島では、もともと島にいなかった「外来種（外来生物）」がふえたことで、固有種がへりはじめています。

北アメリカ原産のグリーンアノールというトカゲは、ペットとしてもちこまれるなどして島に上陸し、固有種の昆虫を食べながらふえつづけ、島の生態系に大きな影響をあたえました。また、動物だけでなく、外来の植物も固有種の植物の居場所をうばってしまうため、問題になっています。

こうしたことから、小笠原諸島では島に入る人たちに、くつの土を落とすことなどをよびかけています。土を落とせば、土にふくまれる植物の種や虫が島にもちこまれるのをふせぐことができます。

ここがポイント！
小笠原諸島は、一度も大陸とつながったことがないため、そこにしかいない生きものがたくさんいる。

115ページのこたえ　へそのお

おはなしクイズ　ある特定の地域にしかいない生きものを、何という？

4月6日のおはなし

ほのおの色がオレンジだったり青だったりするのはなぜ？

読んだ日にち（　年　月　日）（　年　月　日）（　年　月　日）

もののはたらき　光

ろうそくのほのおの色

　ろうそくのほのおは、オレンジ色に見えますよね。でも、ガスコンロやガスストーブのほのおは、青く見えます。どうして色がちがって見えるのでしょうか？

　ろうそくに火をつけると、熱でろうがとけて液体になります。液体になったろうは、しんにしみこんで上へ上り、さらに熱せられて気体になります。この気体が、空気中の酸素とむすびつくことによって、ろうそくはもえるのです。

　気体がもえるときには、熱と光がうまれます。そのため、酸素とよくむすびつく、いちばん外がわのほのおは高い温度でもえて、明るく光ります。しかし、明るくて色はほとんど見えません。

　オレンジ色に見えるのは、その少し内がわのほのおです。この部分は、酸素とあまりむすびつかないため、温度も外がわよりひくくなります。そのため、ろうにふくまれる「炭素」という物質がもえず、ほのおの熱によってオレンジ色に光るのです。

ろうそくのほのお

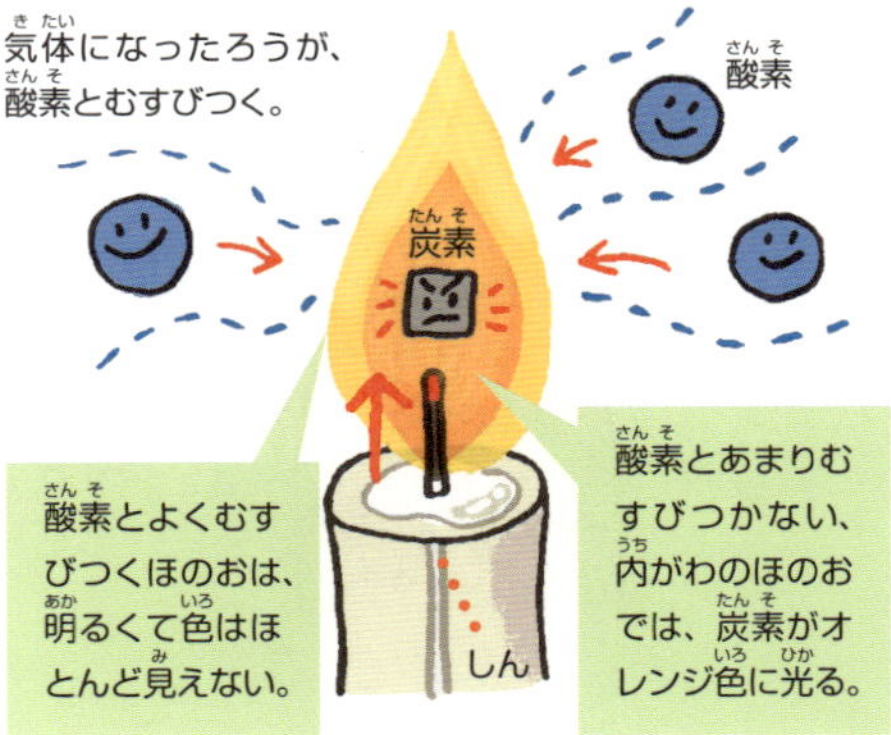
気体になったろうが、酸素とむすびつく。
酸素
炭素
酸素とよくむすびつくほのおは、明るくて色はほとんど見えない。
酸素とあまりむすびつかない、内がわのほのおでは、炭素がオレンジ色に光る。
しん

ガスのほのおの色

　ガスコンロやガスストーブは、先に酸素をまぜた状態で、ガスをもやします。ガス（メタンガス）は、もえるときに二酸化炭素と水にかわるのですが、まぜる酸素の量をふやして、高い温度にしたときには、もえるとちゅうで、よぶんなエネルギーをもった不安定なものが何種類かできます。これを「ラジカル」といい、このラジカルが安定したものにかわるときに、青い光を出すのです。

　ただし、酸素の量をへらしてひくい温度にしたときには、ろうそくと同じように炭素が光り、オレンジ色に見えることもあります。

ガスのほのお

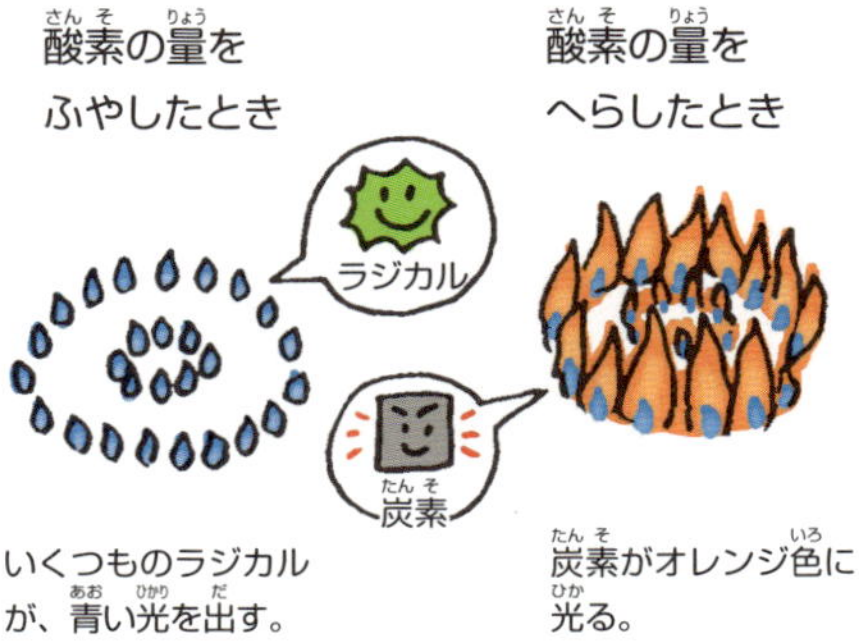
酸素の量をふやしたとき
酸素の量をへらしたとき
ラジカル
炭素
いくつものラジカルが、青い光を出す。
炭素がオレンジ色に光る。

ここがポイント！

酸素が少ないと、炭素が光ってオレンジ色に見える。酸素をたくさんガスにまぜると、ラジカルというものができて青く見える。

116ページのこたえ　固有種

おはなしクイズ　ろうそくのほのおがオレンジ色に見えるのは、何という物質が光るせい？

ストレスってからだのどこにかかるの？

4月7日のおはなし

読んだ日にち(　　年　　月　　日)(　　年　　月　　日)(　　年　　月　　日)

生命　人体

ストレスのつたわり方

よく「ストレスがかかる」とか、「ストレスがたまる」ということばをききますね。ストレスとは、まわりの環境から何らかの刺激を受けて、不快感や不安を感じることで、心やからだの状態が不安定になってしまうことです。

ストレスは、まず脳で感じられます。脳がストレスを感じとると、からだは自分をストレスから守ろうとします。

しかし、この守っている状態が長くつづくと、からだを守るしくみがうまくはたらかなくなります。その結果、からだ全体に影響が出てしまうのです。

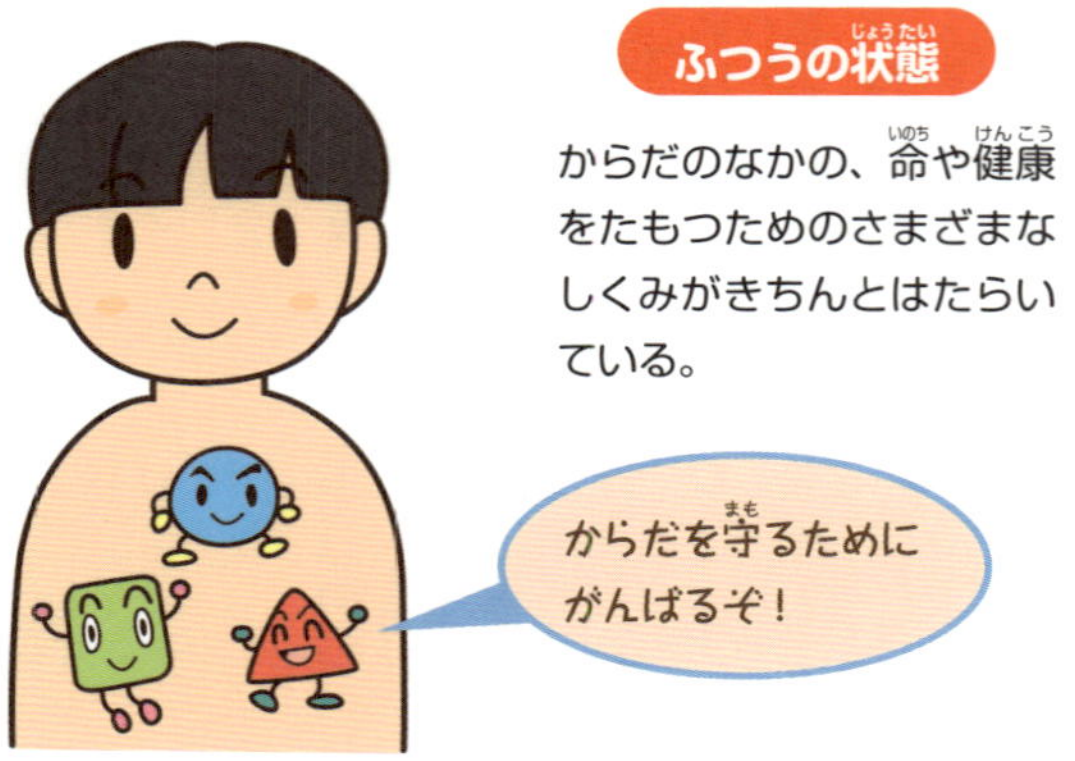

ふつうの状態
からだのなかの、命や健康をたもつためのさまざまなしくみがきちんとはたらいている。
からだを守るためにがんばるぞ！

からだを守るしくみがくずれる

強いストレスを感じると、イライラ、頭痛、めまい、はき気、腹痛、首や肩のこり、ねむれないなど、からだにいろいろな症状があらわれます。これは、ストレスがからだを守るためのしくみ全体に影響をあたえるからです。

人間のからだには、からだを一定の状態にたもって、命や健康を守るはたらきがあります。たとえば、寒いと感じたときには、からだにふるえを起こすことで熱をつくって、体温をたもとうとします。

また、病気のもとになるウイルス（→30ページ）などが入ってきたときには、からだを守るために細胞がたたかいます。

ストレスがかかると、こういったからだを守るしくみのバランスがくずれ、うまくはたらかなくなってしまうのです。

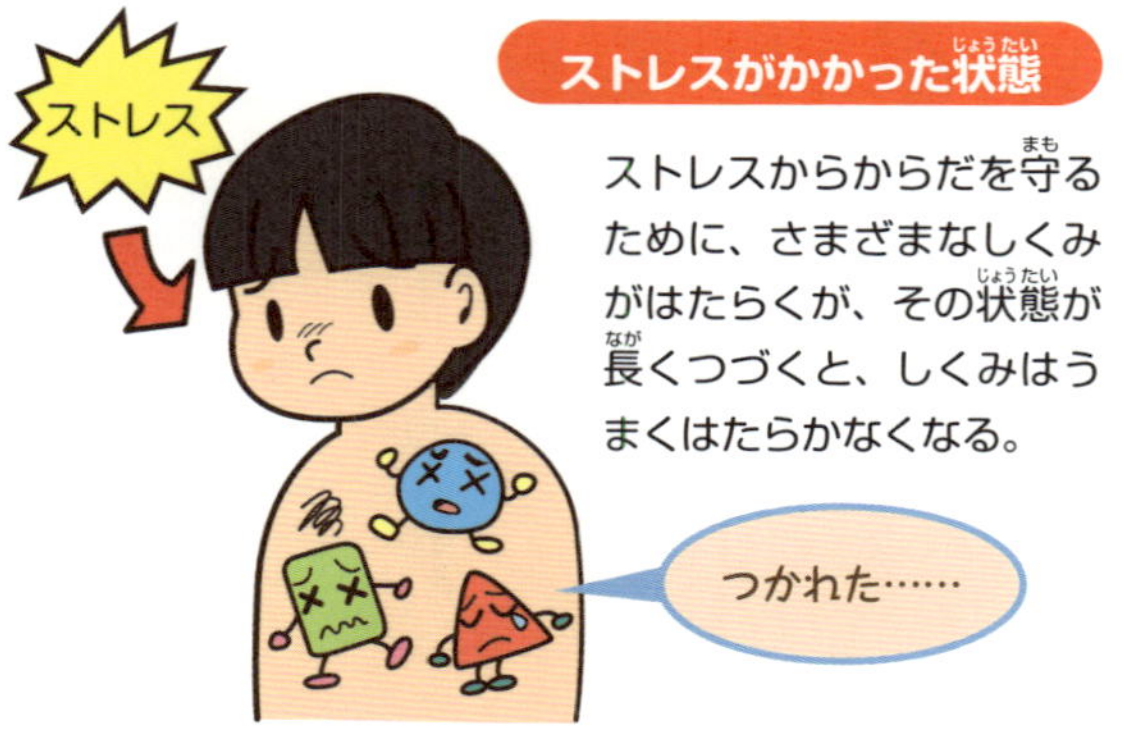

ストレス
ストレスがかかった状態
ストレスからからだを守るために、さまざまなしくみがはたらくが、その状態が長くつづくと、しくみはうまくはたらかなくなる。
つかれた……

ここがポイント！

ストレスは、からだを守るしくみ全体に影響をあたえ、うまくはたらかなくさせる。

117ページのこたえ　炭素

おはなしクイズ　不快感や不安を感じることで、心やからだの状態を不安定にするものを何という？

人工衛星の太陽電池パネルは折り紙の考え方からうまれた！

読んだ日にち（　年　月　日）（　年　月　日）（　年　月　日）

ミウラ折りって何？

書店などで売られている大きな地図のなかに、「ミウラ折り」と書いてあるものがあります。

ミウラ折りの地図は、かさばらないように折りたたまれていて、もちはこびしやすくなっています。また、地図を見たいときには、対角線の部分をもって引っぱれば、あっという間に広げることができます。

ミウラ折りは、一九七〇年に宇宙工学の研究者、三浦公亮が、人工衛星のパネルの研究のなかから考えだした折りたたみ方です。

人工衛星には、太陽の光で電気をつくる「太陽電池パネル」というものがついています。しかし、人工衛星を打ちあげるときには、ロケットの先の「フェアリング」という部分に入れるために、太陽電池パネルを小さく折りたたまなければなりません。しかも、ロケットが宇宙空間に着いて、人工衛星が切りはなされるときには、すぐにパネルを開く必要があります。

こうした背景から、人工衛星の太陽電池パネルをかんたんに開く方法を研究するなかで、折り紙の考え方をもとにミウラ折りはうみだされたのです。

ミウラ折り

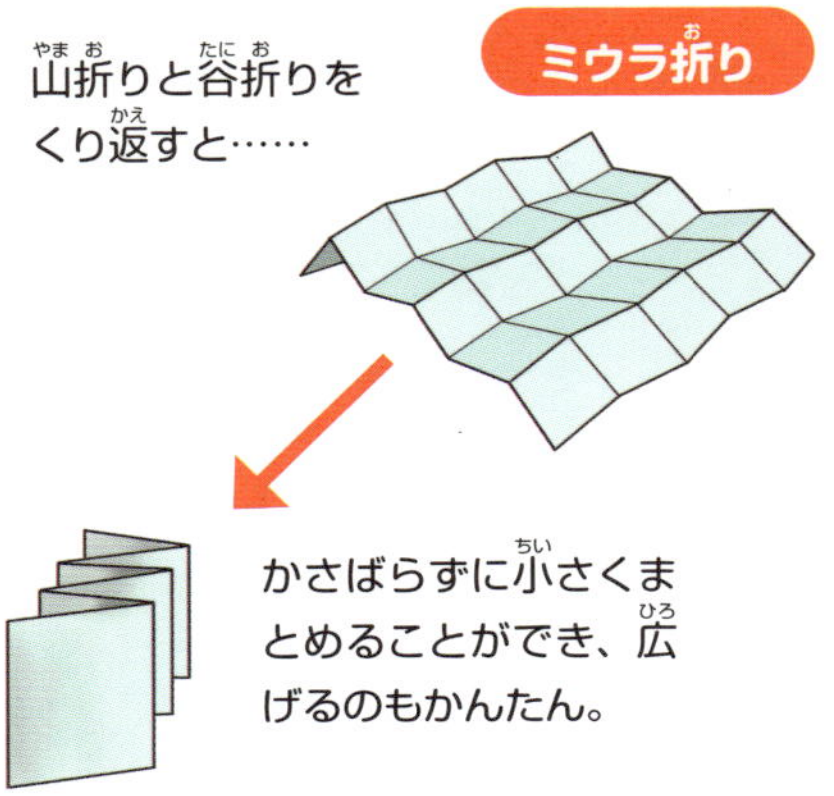
山折りと谷折りをくり返すと……
かさばらずに小さくまとめることができ、広げるのもかんたん。

人工衛星の太陽電池パネル

人工衛星の太陽電池パネルを小さく折りたたむために、ミウラ折りが使われている。

宇宙で行われた実験

一九九五年、H-IIロケットによって人工衛星「宇宙実験・観測フリーフライヤー（SFU）」が打ちあげられ、さまざまな実験が行われました。そのなかでは、ミウラ折りの技術を利用した太陽電池パネルを、開いて折りたたむという実験も行われました。

力を一定の方向にかけるだけで、かんたんに開いたり、折りたたんだりできるこの折り方は、日本うまれの技術として世界から注目されました。

ここがポイント！

人工衛星の太陽電池パネルには、折り紙の考え方をもとにした、ミウラ折りが使われている。

118ページのこたえ
ストレス

おはなしクイズ ミウラ折りは、何の太陽電池パネルの研究のなかから、うみだされた折りたたみ方？

シロアリはどうして家を食べちゃうの？

読んだ日にち（　　年　　月　　日）（　　年　　月　　日）（　　年　　月　　日）

4月9日のおはなし

生命　虫

シロアリの食べもの

木でつくられた家が多い日本では、その木を食べるシロアリはとてもやっかいな存在です。

シロアリは、ゴキブリのなかまにあたり、世界でもっとも数の多い昆虫といわれています。

全世界で約二五〇〇種が確認されており、日本では二〇種ほどが生息しています。このうちヤマトシロアリなど四種が、家の木材を食いあらして被害をもたらします。

シロアリは、木材にふくまれている「セルロース」という繊維を食べ、それを栄養にかえて生きています。そのため木材だけでなく、新聞紙や木綿の衣服など、セルロースをふくむものは何でも食べてしまいます。

ただし、森林でのシロアリは、たおれた木を食べてとりのぞくことで森を守っていますし、みなさんがよく見るクロアリにとっては、重要な栄養源となります。

人間にとっては害虫になるシロアリですが、自然界では重要な役割を果たす生きものなのです。

セルロースを分解するもの

植物は、太陽の光を利用して、二酸化炭素と水から「デンプン」という栄養分をつくります。このときに同時につくられ、植物のからだをつくるのがセルロースです。

草食動物をのぞく多くの動物は、セルロースを食べても消化することができません。しかし、シロアリの腸のなかにはセルロースを分解して、栄養にかえてくれる微生物がいます。この微生物のおかげで、シロアリはセルロースを食べることができるのです。

セルロースをふくむもの
家（木材）
新聞紙
木綿などの衣服

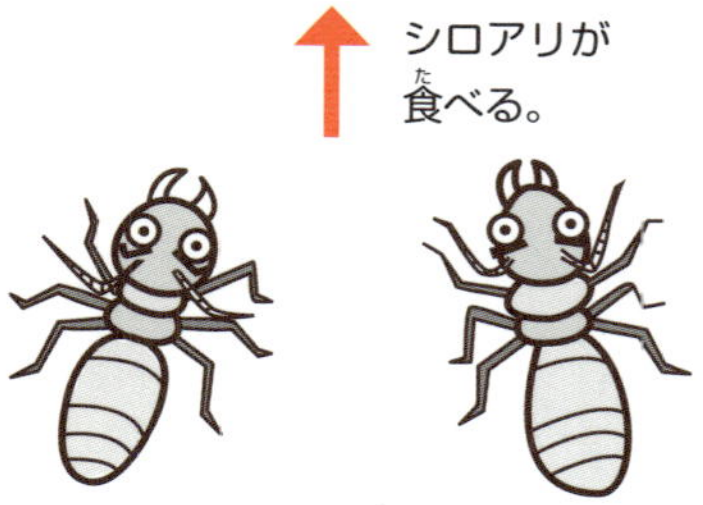

シロアリが食べる。

食べたセルロースは腸内の微生物が分解し、栄養源にかえる。

ここがポイント！

シロアリはセルロースという繊維を栄養にするため、セルロースがふくまれる家の木材を食べる。

119ページのこたえ　人工衛星

おはなしクイズ　シロアリは木材にふくまれる何を食べている？

メスだけでもふえる生きものがいる!

読んだ日にち(　　年　　月　　日)(　　年　　月　　日)(　　年　　月　　日)

メスだけで卵をうむ!?

田んぼの水のなかには、いろいろな生きものがいます。そのなかに、からだがとうめいの、小さな生きもの、ミジンコもいます。

ミジンコには、じつにかわったとくちょうがあります。それは、メスだけでもふえるということです。ミジンコのように、メスだけで子どもをふやすことを、「単為生殖」といいます。

ミジンコはメスだけで卵をうみ、うまれてくる子どももすべてメスで卵をうむため、数がどんどんふえていきます。ただし、えさがたりなくなったり、寒さで水の温度が下がったりしてすむ環境が悪くなると、オスの子どもがうまれます。メスは成長したオスと交尾をして、「耐久卵」というとくべつな卵をうみます。耐久卵は、悪化した環境に何年でもたえられる強い卵です。環境がふたたびよくなると、耐久卵からメスのミジンコがうまれます。

単為生殖の長所と短所

単為生殖には、オスをさがす必要がなく、短期間でたくさんの子どもをつくれる、という長所があります。

しかし、そのいっぽうで、環境の変化に弱いという短所もあります。

生きものにはオスとメスがあり、交尾をして子どもをふやす動物の子どもは、オスとメスのとくちょうを組みあわせた、新しいとくちょうをもっています。これに対し、単為生殖でうまれた子どものとくちょうは、親とまったく同じです。

親とちがうとくちょうをもっていれば、環境に変化が起きたときでも、子どもの一部は生きのこる可能性があります。しかし、まったく同じ場合は、親も子どもも変化に対応することができず、いっせいにほろんでしまうおそれがあるのです。

単為生殖

長所 オスをさがす必要がなく、短期間でたくさんの子どもをつくれる。

短所 いっせいにほろんでしまうおそれがある。

すむ環境が悪くなると……

オスがうまれ、交尾をして耐久卵をうむ。

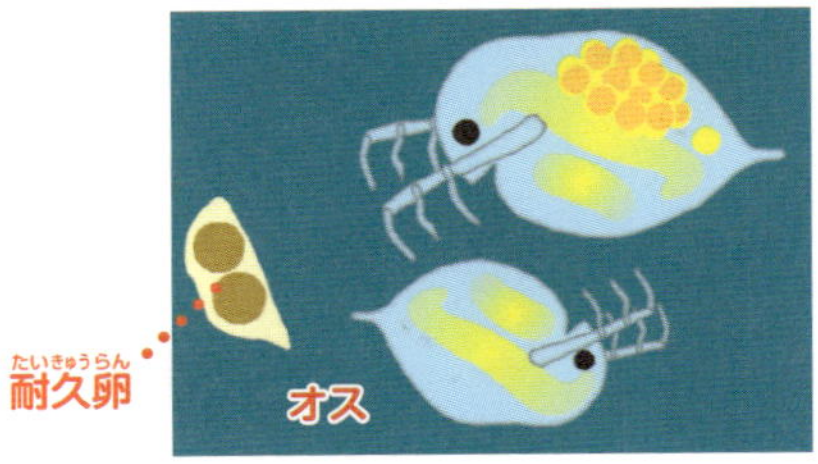
耐久卵
オス

ここがポイント!
ミジンコはメスだけでもふえる。メスだけで子どもをふやすことを、「単為生殖」という。

120ページのこたえ セルロース

おはなしクイズ 環境が悪くなったときに、メスのミジンコがうむとくべつな卵を何という?

海の深さは音ではかることができる！

読んだ日にち（　年　月　日）（　年　月　日）（　年　月　日）

昔はひもをたらしていた

世界でもっとも深い海は、日本列島から南に二〇〇〇キロメートル以上はなれた場所にある「マリアナ海溝」という場所です。その深さは、世界一高い山であるエベレスト（八八四八メートル）よりも深く、一万九二〇メートルもあります。でも、人間はこのような深い海にもぐることができません。いったいどのようにして、深さをはかったのでしょうか。

昔は、先におもりがついたひもを船からたらし、おもりが海底についたときのひもの長さで、海の深さをはかっていました。しかし、ひもはとちゅうで海水の流れに流されたりするため、この方法では正しくはかることができませんでした。

音が返ってくる時間をはかる

今から一〇〇年ほど前になると、音によって深さをはかる方法が少しずつ行われるようになりました。わたしたちがふだんきいている音は、空気のふるえですが（→141ページ）、音は水をふるわせることで、水のなかでもつたわります。水のなかを進む速さは、一秒間に一五〇〇メートルです。つまり、船から海底に向かって音を出し、この音がはねかえってくるまでの時間がわかれば、海の深さを知ることができるのです。

また、さいきんは音だけではなく、レーザー光線を使って深さをはかる研究も行われ、一部で使われるようになっています。

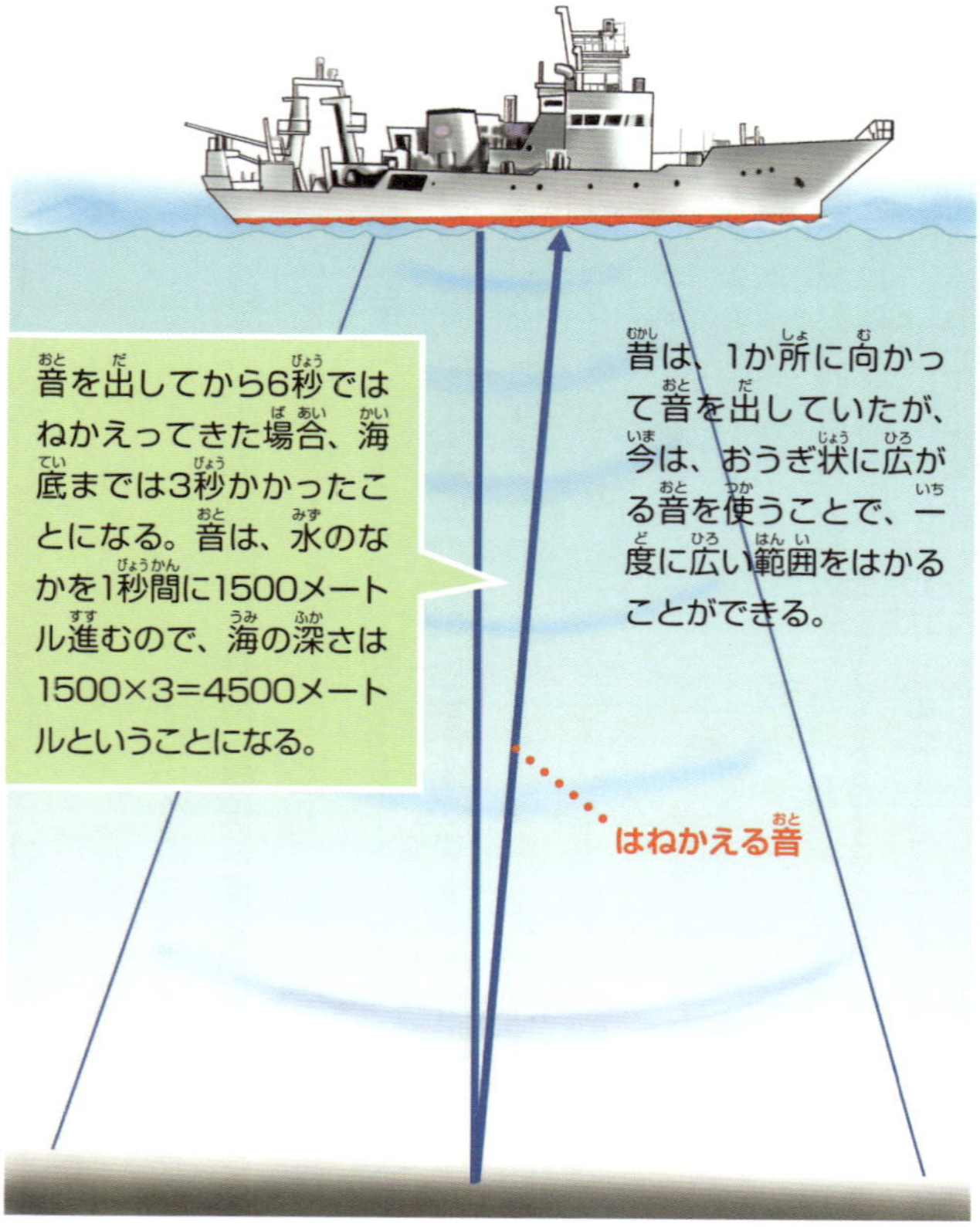
音を出してから6秒ではねかえってきた場合、海底までは3秒かかったことになる。音は、水のなかを1秒間に1500メートル進むので、海の深さは1500×3=4500メートルということになる。
昔は、1か所に向かって音を出していたが、今は、おうぎ状に広がる音を使うことで、一度に広い範囲をはかることができる。
はねかえる音

ここがポイント！
海の深さは、船から出した音がはねかえってくる時間から計算することができる。

121ページのこたえ　耐久卵

おはなしクイズ　世界でいちばん深い海は、何という場所？

月の表面にもようがあるのはなぜ？

読んだ日にち（　　年　　月　　日）（　　年　　月　　日）（　　年　　月　　日）

月には海と高地がある

満月を見ると、表面にもようがあることがわかります。このもようは、月の「海」と「高地」の見え方からできています。海は、月の表面の黒っぽく見えるところで、高地は、白っぽく見えるところのことです。

月の色のちがいは、月の表面にできた「クレーター」によるものです。クレーターは、月の表面に衝突したいん石によってできた、丸いくぼみです。高地はクレーターが多く、おもに白い岩でできているため、白っぽく見えます。いっぽう、海は月がうまれたころにできたとても大きなクレーターを、月の内部からふきだしたマグマ（ドロドロにとけた岩石）が満たし、ひえてかたまったものです。黒っぽい岩石がとけたので、黒っぽく見えます。昔から「月ではウサギがおもちをついている」といわれるのは、この海の形が、そう見えるからです。

もようの見え方は国でちがう

月のもようがどう見えるかは、国によってちがいます。韓国や中国では、日本と同じようにウサギだといわれています。

しかし、アメリカや東ヨーロッパでは女性の横顔、北ヨーロッパでは本を読むおばあさん、南ヨーロッパでは大きなはさみをもったカニ、アラビア半島ではほえているライオンといわれており、国によって見え方はさまざまです。

世界各国の月のもようの見え方

じっさいの月のもよう。

日本
もちつきウサギ

アラビア半島
ほえているライオン

南ヨーロッパ
大きなはさみのカニ

アメリカや東ヨーロッパ
女性の横顔

ここがポイント！

月のもようは、月の表面にある「海」と「高地」の色のちがいによってできている。

122ページのこたえ
マリアナ海溝

おはなしクイズ　月のもようは、月の海と月の何の見え方？

緑茶も紅茶も葉っぱは同じ！

読んだ日にち（　年　月　日）（　年　月　日）（　年　月　日）

4月13日のおはなし

生命　植物

どこまで発酵させるか

緑色の緑茶と、赤い色の紅茶は見た目も味もまったくちがいます。しかし、じつはどちらも同じ「チャノキ」という木の葉からつくられている飲みものです。

チャノキの葉には、「カテキン」という物質と、「酵素」という物質がふくまれています。チャノキからつんだ葉をおいておくと、酵素が空気中の酸素にふれて活性化し、そのはたらきでカテキンがちがう種類のカテキンに変化します。その物質が茶色い色をしているため、葉は茶色になっていきます。これを「発酵」といいます。

酵素のはたらきは、熱をくわえると止まります。そのため、チャノキの葉をつんですぐに蒸気でむすと、発酵は起こりません。こうしてできるのが、緑茶の茶葉です。発酵していないので、色は緑色のままです。

また、発酵をとちゅうで止めると「半発酵」となり、少しだけ茶色になったウーロン茶の茶葉ができます。さいごまでしっかり発酵させると、すっかり茶色になった紅茶の茶葉ができるのです。

緑茶の茶葉

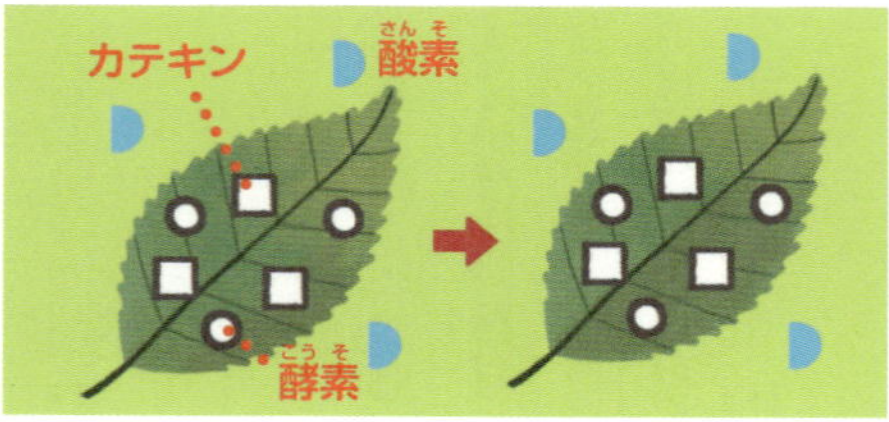
カテキン
酸素
酵素

チャノキの葉をつんで、すぐに蒸気でむす。

発酵が起こらないので、葉は緑色のまま。

紅茶の茶葉

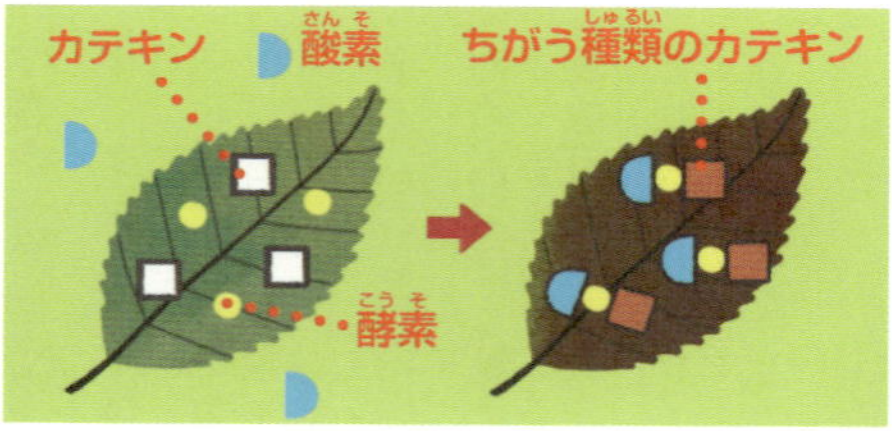
カテキン
酸素
ちがう種類のカテキン
酵素

チャノキの葉をおいておくと、酵素が空気中の酸素にふれて活性化する。

カテキンがちがう種類のカテキンへと変化し、葉は茶色になる（発酵する）。

※発酵をとちゅうで止めると、ウーロン茶の茶葉ができる。

カテキンはしぶみのもと

チャノキの葉にふくまれるカテキンは、お茶のしぶみ（苦み）のもとです。しかし、お茶には「うまみ」というものもふくまれています。このうまみのもとが、チャノキの根でつくられる「テアニン」という物質です。

根から葉へ移動したテアニンが日光をあびると、カテキンに変化します。そのため、おおいをして日光をさえぎりながら育てた「玉露」とよばれるお茶はカテキンが少なく、うまみが楽しめます。いっぽう、よく日光をあびせたお茶はカテキンが多く、しぶみが強くなります。

ここがポイント！

緑茶と紅茶は、同じチャノキの葉からつくられる。

123ページのこたえ　高地

おはなしクイズ　カテキンは、何という物質のはたらきで発酵する？

花はどうしてさくの？

読んだ日にち(　　年　　月　　日)(　　年　　月　　日)(　　年　　月　　日)

生命　植物

昆虫を引きつけるため

花のさく植物は、もっとも種類が多い被子植物であれば、おしべの花粉がめしべのてっぺんにつく「受粉」によって子孫をのこします。

しかし、植物は動くことができないため、ほかのものの力をかりなければ受粉を行うことができません。ここで重要になってくるのが、花の存在です。

花をもつ植物は、繁殖の季節になるといっせいに花をさかせます。目立つ色の花びらを開き、あまいかおりをただよわせ、みつが吸える状態にあることを昆虫に知らせます。

こうした花の知らせにさそわれて、ハチやチョウなどの昆虫が集まり、花のみつを吸います。このとき、昆虫のからだには花粉がつきます。そして、花粉をつけた昆虫がほかの花に行くことで、受粉がなされます。季節ごとに開く色とりどりの花は、植物が子孫をのこすためにさかせているのです。

風や鳥に運ばせる

植物のなかには、昆虫に花粉を運んでもらうもののほかに、風や鳥、水に運んでもらう種類があります。

イネやススキなど、花がさいても昆虫がよってこない植物は、風にとばされやすいように花粉がとても小さくできています。

また、サクラはメジロやヒヨドリなどのみつを吸う鳥に、受粉を手伝わせます。さらに、水面にさく植物は、川の水などで花粉を運び、受粉を行います。

さまざまな受粉

昆虫　花のみつを吸いにきた昆虫のからだに、花粉がつく。この昆虫が花粉をつけたまま、ほかの花に移動することで受粉ができる。

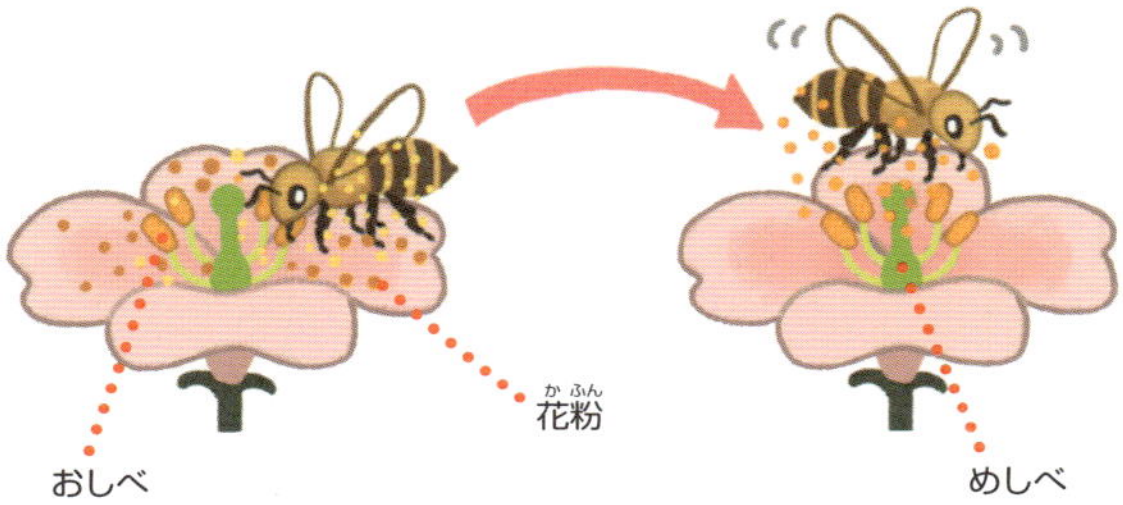
花粉
おしべ
めしべ

風

小さくした花粉を、風にとばして受粉をする。

鳥

昆虫と同じように、みつを吸いにきた鳥のからだについた花粉で受粉をする。

ここがポイント！

植物は花をさかせることで、みつを吸いにきた昆虫などに受粉を手伝わせて子孫をのこす。

124ページのこたえ　酵素

おはなしクイズ　サクラの受粉を手伝うのは、どんな生きもの？

船が空にうかんで見える しんきろうのふしぎ

4月15日のおはなし

読んだ日にち(　　年　　月　　日)(　　年　　月　　日)(　　年　　月　　日)

もののはたらき
光

光が曲がってできる

しんきろうは、遠くの景色がうきあがって見えたり、さかさまになって見えたりするものです。いったいなぜ、しんきろうが起こるのでしょうか。そのひみつは、空気の温度のちがいにあります。

つめたい海とあたたかい空気がふれあったりすると、海に近い部分の空気がひやされます。すると、上にあるあたたかい空気と下にあるつめたい空気のさかい目で光が折れまがり、遠くの景色がさかさまにうきあがって見えるのです。このようなしんきろうを「上位しんきろう」といいます。上位しんきろうには、景色が上方向にのびるものもあります。

上位しんきろうは、春のあたたかい海に、つめたい川の水が流れこんだときなどに起こります。ただし、上位しんきろうの見え方は数分間でかわり、長時間にわたって見られることは、あまりありません。

にげ水もしんきろうのひとつ

上位しんきろうとはぎゃくに、つめたい空気の下にあたたかい空気の層ができると、光の折れまがりによって、遠くの景色が地面や水面にうつりこんで見えることがあります。このようなしんきろうを「下位しんきろう」といいます。上位しんきろうにくらべると、比較的よく見られる現象です。

あつい夏の昼間、道路の遠くに空がうつって水たまりのように見える「にげ水」は、下位しんきろうのひとつです。

ここがポイント!
温度のちがう空気がふれあっている場所で光が折れまがると、しんきろうが見える。

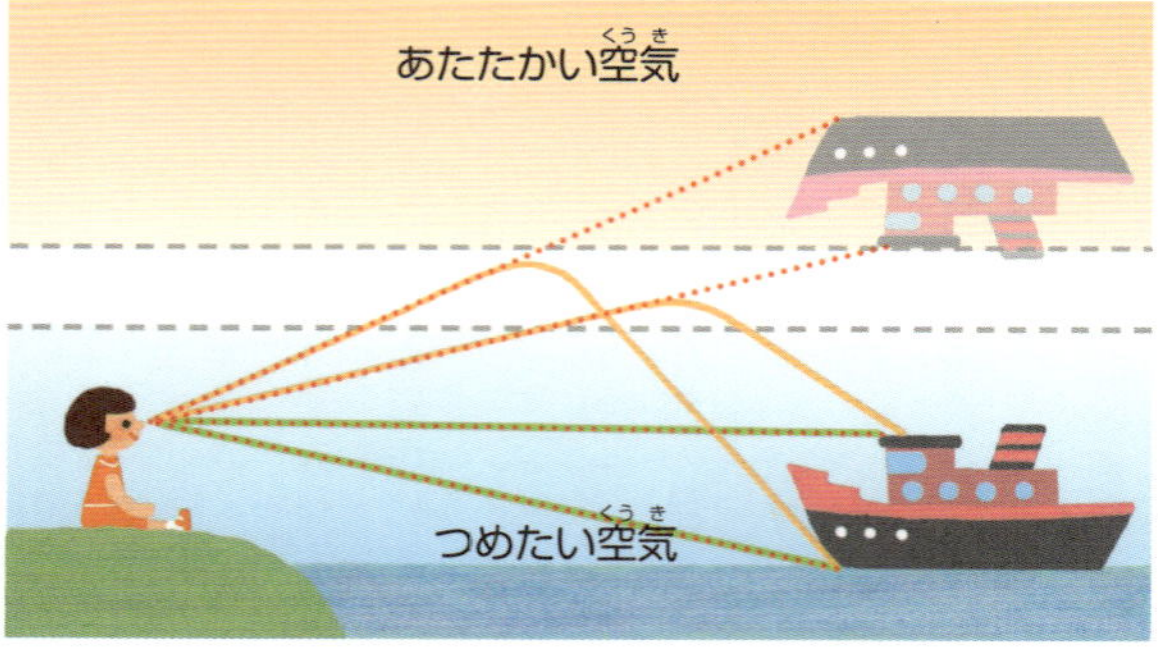

あたたかい空気
つめたい空気

遠くの景色がさかさまにうきあがって見える「上位しんきろう」。

道路にできた水たまりのように見えるものが「にげ水」。

おはなしクイズ 遠くの景色がさかさまにうきあがって見えるしんきろうを何という?

125ページのこたえ 鳥

宇宙は空のどこから？

読んだ日にち（　　年　　月　　日）（　　年　　月　　日）（　　年　　月　　日）

地球をとりかこむ大気の層

地上から打ちあげられたロケットは、空をどんどん上っていき、やがて宇宙へたどりつきます。では、空と宇宙のさかい目は、いったいどこにあるのでしょうか。

地球は、大気の層につつまれていて、この層を「大気圏」といいます。

大気圏は四つの層に分けられ、地上に近いほうから「対流圏」「成層圏」「中間圏」「熱圏」とよばれています。

地表から一〇キロメートルくらいまでを対流圏といい、この部分で雲や台風ができたり、雨がふったりするなど、天気に関する空気の流れが起こっています。また、一〇キロメートルより上は「成層圏」といい、飛行機はこの部分をとんでいます。さらに、その上に中間圏、熱圏がつづいています。

これら四つの層からできている大気圏は、上に行くほど空気がうすくなります。成層圏の空気のこさは地上の四分の一、中間圏は一〇〇〇分の一、そして熱圏に行くと一〇〇万分の一になります。つまり、空の上に行くほど、空気のない宇宙の状態に近づいていくことがわかります。

宇宙はどこから？

さて、このように分けられている大気の層ですが、地表から宇宙空間まではつながっているため、「ここからが宇宙」というさかい目は、じつはありません。

そのため一般的には、空気がほとんどなくなる地表から一〇〇キロメートルより上を「宇宙」とよんでいます。

人工衛星
ひくいもので地表から数百、高いもので3万6000キロメートルのあたりをとんでいる。
地表から100キロメートルをこえると、ほとんど空気のない状態に！
宇宙
国際宇宙ステーション
地表から約400キロメートルのあたりをとんでいる。
熱圏
高さ約80～500キロメートル
100キロメートル
中間圏
高さ約50～80キロメートル
飛行機
地表から約10キロメートルのあたりをとんでいる。
成層圏
高さ約10～50キロメートル
対流圏
地表～高さ約10キロメートル
地表

ここがポイント！
一般的には、空気がほとんどなくなる、地表から一〇〇キロメートルより上を宇宙としている。

126ページのこたえ
上位しんきろう

おはなしクイズ 地球をとりまいている大気の層を、何とよぶ？

恐竜のからだはどうして大きくなったの？

読んだ日にち(　年　月　日)(　年　月　日)(　年　月　日)

二酸化炭素が多かった時期

二億五一〇〇万年前から六六〇〇万年前までの、中生代とよばれる時期の地球上では、わたしたちが「恐竜」とよぶ大型は虫類が繁栄していました。

恐竜のなかには、現在のは虫類からは考えられないほど大きなからだをもつものがいて、大型植物食恐竜のなかには、全長二〇メートルをこえるものもいました。

恐竜が大型化したのは、中生代のなかのジュラ紀とよばれる二億〜一億四五〇〇万年前ごろです。この時期は、植物の成長に必要な二酸化炭素が、現在よりも多い時代でした。そのため植物は、成長は早かったのですが、栄養はあまりありませんでした。

栄養の少ない食べもので生きるには、量をたくさん食べるしかありません。そこで植物食恐竜は、大量の植物を食べるようになりました。その結果、食べたものを消化したり栄養をたくわえたりするための内臓が大きくなり、からだも巨大化していったのです。

植物食恐竜を食べた肉食恐竜

植物食恐竜が大きくなると、それらを狩って食べる肉食恐竜も大型化し、狩りに適したからだをもつようになりました。

大型化した肉食恐竜たちは、二本のあしですばやく移動し、大きな口でかみついて大型植物食恐竜を狩っていました。大型肉食恐竜としては、全長一二メートルのティラノサウルスなどが有名です。

植物食恐竜

じゅうぶんな栄養をとるために、たくさんの植物を食べる必要があったので、大きくなった。

肉食恐竜

大型化したえものに合わせて、自分たちのからだも大きくなった。

ここがポイント！
植物食恐竜はたくさんの植物を食べるために巨大化し、それらを食べる肉食恐竜もえものに合わせて大型化した。

127ページのこたえ 大気圏

おはなしクイズ 恐竜が大型化した時代、植物の成長が早かったのは、現在よりも空気中に何が多かったから？

ヤモリとイモリはどうちがうの？

読んだ日にち（　年　月　日）（　年　月　日）（　年　月　日）

は虫類と両生類のちがい

ヤモリとイモリは、名前も見た目もよくにていますが、ちがう種類の生きものです。

ヤモリはヘビやトカゲやカメのなかまで、「は虫類」という種類に分類されます。いっぽう、イモリはカエルやサンショウウオのなかまで、「両生類」という種類に分類されるのです。

は虫類と両生類は、すむ場所がちがいます。は虫類は、基本的にずっと陸の上にすんでいます。これに対し、両生類は、うまれてしばらくは水のなかにすんでいて、成長すると陸に上がり、水のそばでくらすようになります。

また、は虫類の皮ふはうろこでおおわれていて、さわるとかわいていますが、両生類の皮ふはしめっています。このしめった皮ふから酸素をとりこむことで、両生類は皮ふ呼吸をすることができます。

家を守る、井戸を守る

ヤモリとイモリは、おなかの色によってかんたんに見分けられます。からだが灰色やうすい茶色に近く、おなかも灰色っぽい色をしているのがヤモリです。反対に、からだが黒っぽく、おなかが赤いのがイモリです。

つまり、家のまどガラスにはりついて、灰色っぽいおなかを見せるのはヤモリだということです。

両生類のイモリは、水のそばにしかいないため、見かけることが少ないかもしれません。しかし、ヤモリとイモリは、どちらも昔から日本人に親しまれてきた生きものです。ヤモリは家の害虫を食べることから、家を守る「家守」とよばれ、イモリは井戸のなかの害虫を食べることから、井戸を守る「井守」とよばれていたともいわれています。

ヤモリとイモリのちがい

は虫類！
皮ふがうろこでおおわれていて、かわいている。
ニホンヤモリ

おなかが灰色っぽいのがヤモリで、おなかが赤いのがイモリ。

皮ふがしめっていて、皮ふ呼吸も行える。
両生類！

アカハライモリ

ここがポイント！
は虫類のヤモリは陸の上にすんでいて、おなかの色が灰色っぽい。両生類のイモリは水のそばにすんでいて、おなかが赤い。

128ページのこたえ　二酸化炭素

おはなしクイズ　ヤモリはは虫類？　それとも両生類？

世界地図にいろいろな形があるのはなぜ？

読んだ日にち(　　年　　月　　日)(　　年　　月　　日)(　　年　　月　　日)

地球
大地

丸い地球を平面にする工夫

地球は丸い星です。それを一まいの平面の地図であらわすには、どうしたらいいのでしょうか。

もし地球儀を切りひらいたとしたら、ぎざぎざで、切りこみのある地図になってしまいます。きれいな平面の地図にしようと思ったら、この切りこみの部分がつながるようにしなければなりません。ただし、そうすることによって、地図にあらわされた面積や形などは、じっさいの地球のすがたとはちがったものになってしまいます。

たとえば(1)の世界地図では、北極や南極（地図の上下のはし）に近いところほど、じっさいよりも面積が大きくあらわされてしまいます。しかし、この地図はあるふたつの地点をむすぶ直線と、たての経線がなす角度が正しくあらわされているため、船の航海に便利です。

いろいろな地図を使いわける

このように、丸い地球を平面の地図であらわすときは、何かを正確にあらわすと、べつの何かが正確にあらわせないということが起こります。そのため、地図にはいろいろな種類があり、目的によって、形やとくちょうのちがう地図を使いわけているのです。

飛行機の航路図で使われるのは、(2)のような地図です。中心となる点からのきょりと方位が正確で、最短経路がわかりやすいからです。しかし、地球全体を円であらわすため、中心からはなれるほど陸地の形はゆがんでいきます。

また、(3)の地図は、面積が正しくあらわされた地図で、地球をだ円形であらわしています。

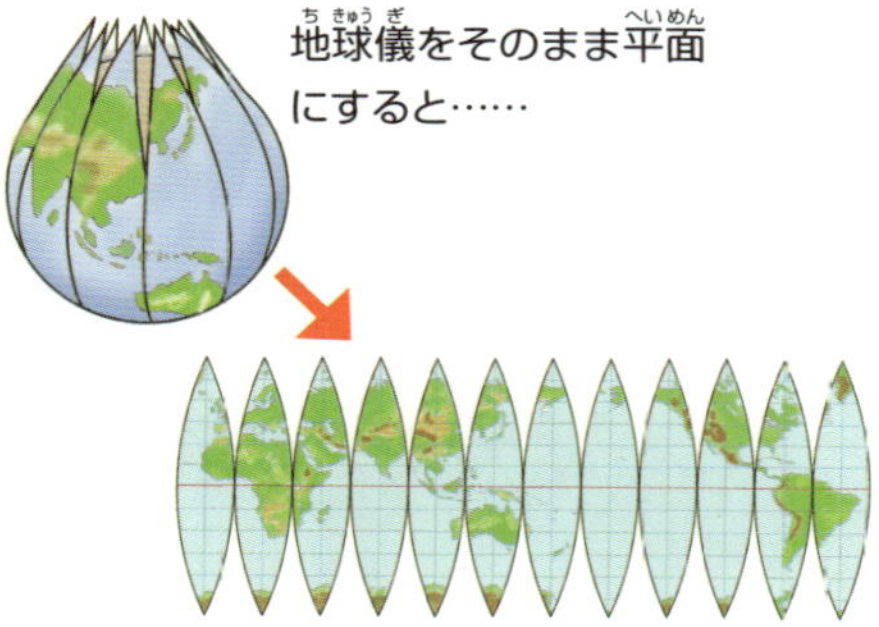
地球儀をそのまま平面にすると……
とても見づらい。

(1)

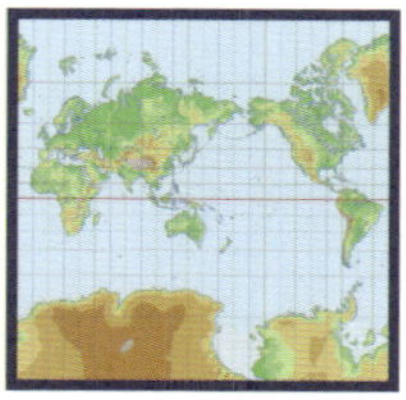

(2)

(3)

ここがポイント！
丸い地球を平面の地図にすると、すべてを正確にあらわすことはできない。そこで目的によってさまざまな地図を使う。

おはなしクイズ 中心点からのきょりと方位が正確な地図は何に使われている？

129ページのこたえ　は虫類

4月20日のおはなし

どきどきすると手に汗をかくのはなぜ？

読んだ日にち（　　年　　月　　日）（　　年　　月　　日）（　　年　　月　　日）

生命 人体

どんなときに汗をかく？

あつい日には、全身から汗が出ますよね。でも、汗をかくのは、あついときだけではありません。きんちょうやこうふんでどきどきしているときにも、手に汗をかいていることがあります。いったいなぜでしょうか？

汗は、皮ふの下にある「汗腺」という部分から出るものです。汗腺には「エクリン腺」と「アポクリン腺」があります。エクリン腺は全身にあり、ここから出る汗は、汗の出方によって、あついときに体温を調節するために全身から出る「温熱性発汗」、どきどきしたときに、おもに手のひらやあしのうらから出る「精神性発汗」、からいものを食べたときにおもに額や首などから出る「味覚性発汗」に分けられます。

いっぽう、アポクリン腺はわきの下や性器のまわりだけにあります。もともとは、においを出す役割をしていましたが、今はからだの一部にしかありません。

汗ですべりにくくする

どきどきしたときに手から出る汗は精神性発汗です。この汗には、皮ふをちょうどよくしめらせて、すべりにくくするという役割があります。人類がおもに木の上でくらす猿人だったころ、危険がせまるなど、とっさのときに、手に汗をかいてすべり止めにしていたなごりとも考えられています。

つまり、自分の身を守るはたらきがあるというわけです。

ここがポイント！
どきどきしているときは、皮ふをちょうどよくしめらせて、すべりにくくするために汗をかく。

汗腺がある場所

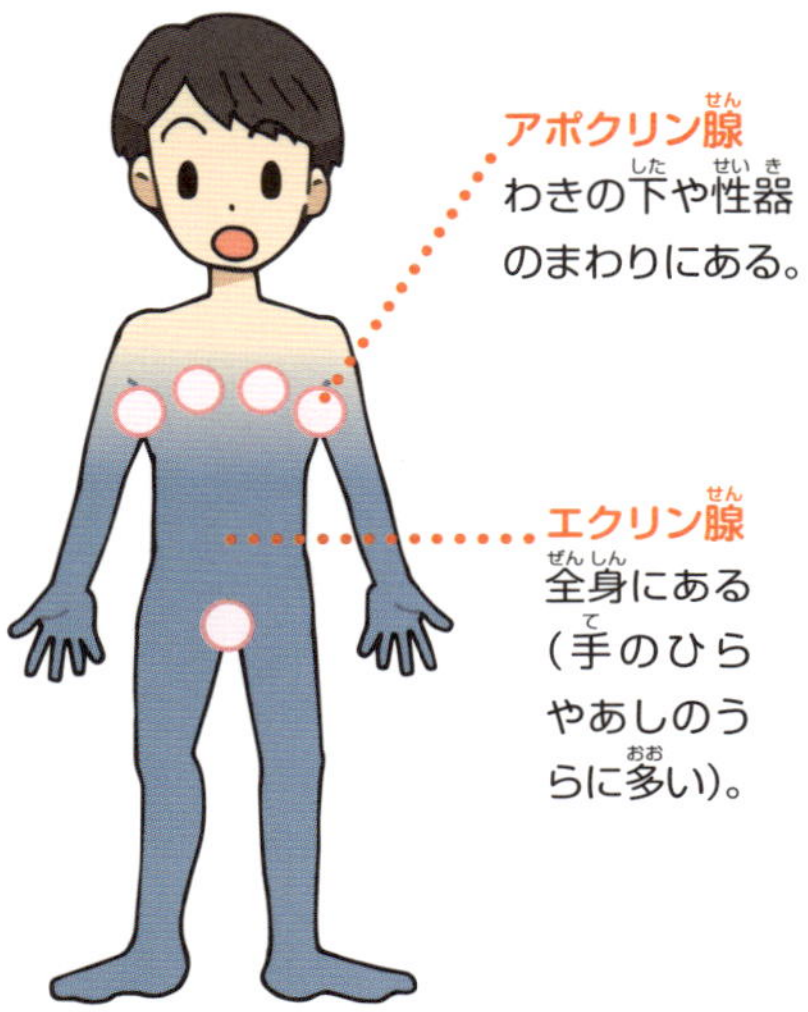
アポクリン腺
わきの下や性器のまわりにある。
エクリン腺
全身にある（手のひらやあしのうらに多い）。

エクリン腺とアポクリン腺

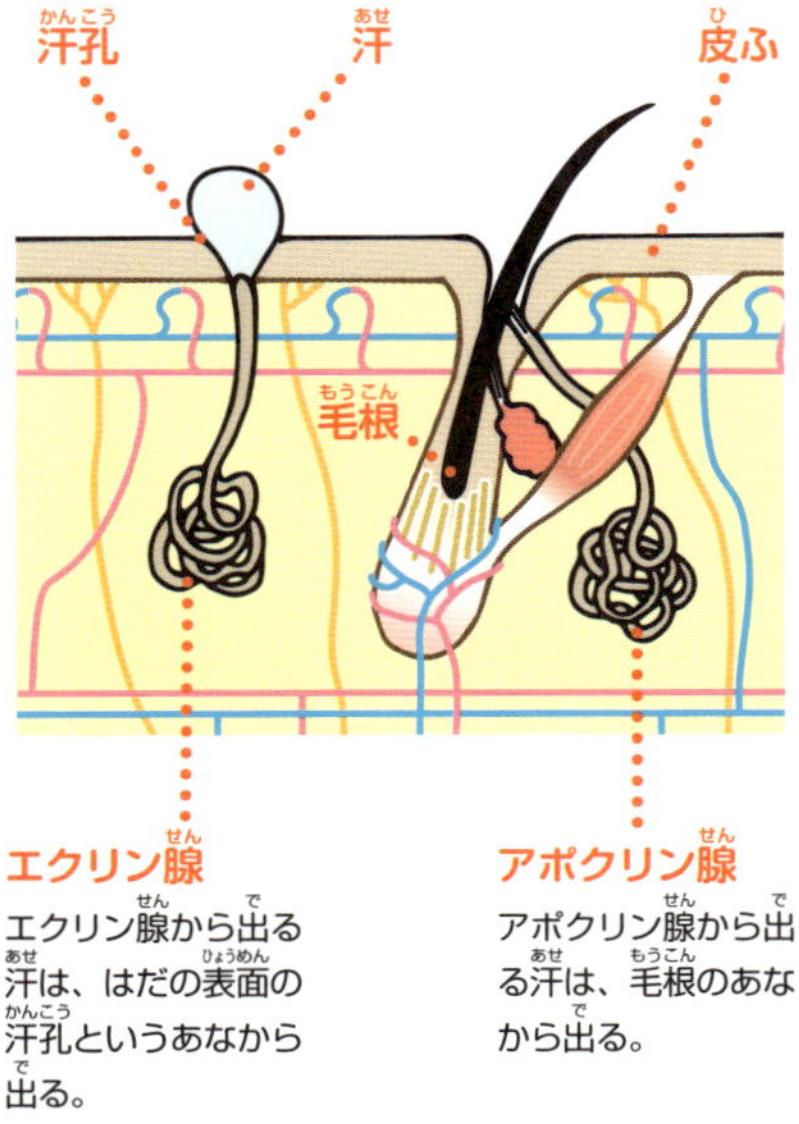
汗孔
汗
皮ふ
毛根
エクリン腺
エクリン腺から出る汗は、はだの表面の汗孔というあなから出る。
アポクリン腺
アポクリン腺から出る汗は、毛根のあなから出る。

130ページのこたえ 飛行機の航路図

おはなしクイズ 汗を出す「エクリン腺」と「アポクリン腺」、全身にあるのは？

カイコは1500メートルもの糸をはく

4月21日のおはなし

読んだ日にち（　　年　　月　　日）（　　年　　月　　日）（　　年　　月　　日）

生命 虫

さなぎになる部屋をつくる

カイコは、チョウやガのなかまの昆虫です。ほんとうの名前は、「カイコガ」といいます。わたしたちがカイコとよぶのは、カイコガの幼虫のことです。

クワという木の葉を食べながら成長したカイコは、やがて「さなぎ」とよばれるすがたになります。さなぎになるときのカイコは、口から糸をはいて、自分だけの部屋をつくります。このカプセル形の部屋を「まゆ」といいます。

一ぴきのカイコのまゆをつくっている糸の長さは、一三〇〇メートルから一五〇〇メートルにもおよびます。これは、東京スカイツリー®が二本たっても、まだとどかないくらいの長さです。約二日でこれだけの糸をはき、まゆを完成させたカイコは、そのなかでさなぎから成虫となり、まゆの外へ出ていきます。

野生にもどれない昆虫

長いだけでなく、つやがあって美しいまゆの糸は、昔から「絹糸」として衣服の材料に使われてきました。明治時代には、絹糸をつくる工場もつくられ、西洋の国ぐにに たくさんの絹糸が輸出されたといいます。カイコを育て、絹糸をつくる農家もたくさんありました。

しかし、「家畜となった昆虫」であるカイコは、もう野生にもどることができません。人間にかわれていたカイコは、クワの木に止まる力もなくなっているため、すぐに木から落ちて、野鳥などに食べられてしまうのです。また、成虫まで成長できても、からだが大きくて、筋肉もおとろえているため、空をとべません。

そのため、人間が育てていないと、カイコは死んでしまいます。カイコは、野生にもどれなくなった唯一の家畜だといわれています。

ここがポイント！
カイコは、一三〇〇～一五〇〇メートルの糸をはいてまゆをつくる。

カイコの一生

幼虫 クワの木の葉を食べて成長する。やがて1300～1500メートルの糸をはいてまゆをつくる。

さなぎ（まゆ） まゆのなかでさなぎになる。人間が絹糸をつくるときは、まゆをなべでにてから糸をまきとる。

成虫 成虫になるとまゆから出る。はねがあっても空をとべず、交尾をすると死ぬ。

131ページのこたえ エクリン腺

おはなしクイズ カイコの食べものは、何という木の葉？

地球はどうやってできたの？

読んだ日にち（　年　月　日）（　年　月　日）（　年　月　日）

地球の材料は？

今から約四六億年前、うまれたばかりの太陽をとりまくガスやちりが集まって、直径一〇キロメートルほどの「微惑星」とよばれる、小さなかたまりができました。この微惑星がおたがいにぶつかったり、くっついたりしてできたものが、「原始地球」です。

だんだんと大きくなっていった原始地球に、次つぎと微惑星がぶつかり、この衝突のエネルギーによって地球は高温になっていきました。

また、微惑星にふくまれていた二酸化炭素や窒素、水蒸気などの気体は地球のまわりに広がって、地球はこい大気をもつようになりました。

さらに、原始地球の表面は、岩石がドロドロにとけたマグマでおおわれました。これを「マグマオーシャン（マグマの海）」といいます。

今の地球ができるまで

マグマオーシャンにおおわれた地球では、鉄などの重い物質は地球の中心にしずみ、「核」（→80ページ）になりました。いっぽうで、軽い金属や岩石はうきあがってきて、核をつつむ「マントル」になりました。

やがて地球にぶつかる微惑星の数が少なくなると、地球は少しずつひえはじめ、大気のなかの水蒸気が雨となって大地にふりそそぎ、海をつくりました。すると地球の表面はさらにひえてかたまって「地殻」ができ、マグマは岩石になって、陸地になっていったのです。

ここがポイント！
地球は太陽のまわりにあったちりやガスが集まってできた。

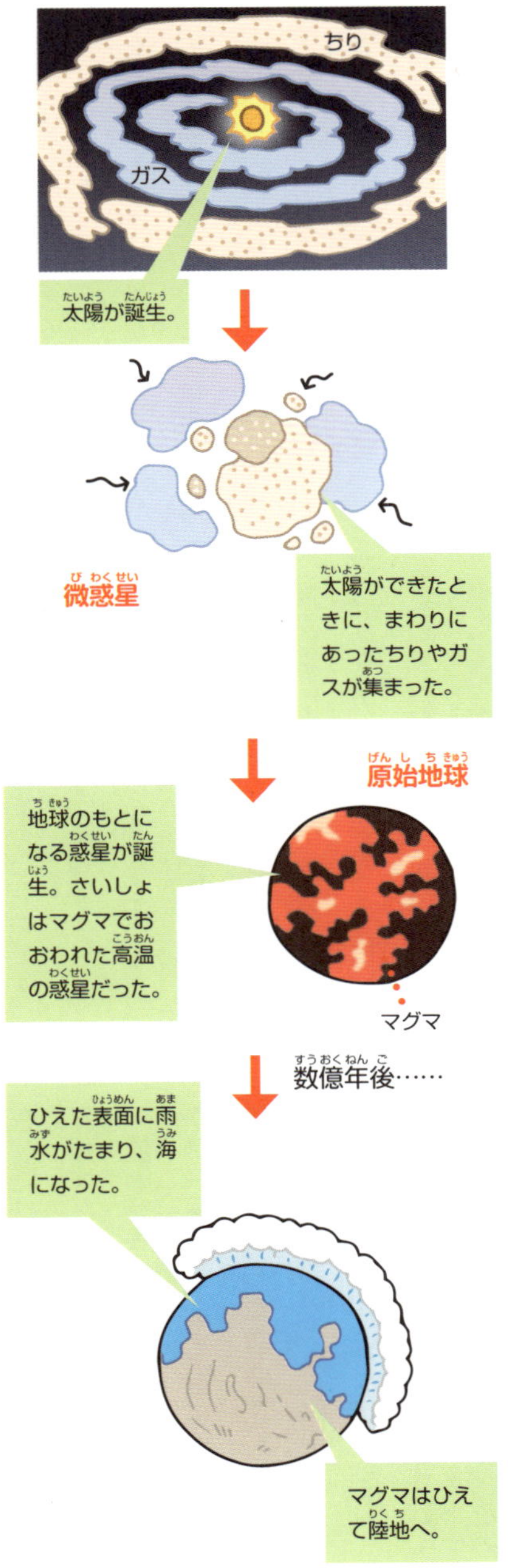
ちり
ガス
太陽が誕生。
微惑星
太陽ができたときに、まわりにあったちりやガスが集まった。
原始地球
地球のもとになる惑星が誕生。さいしょはマグマでおおわれた高温の惑星だった。
マグマ
数億年後……
ひえた表面に雨水がたまり、海になった。
マグマはひえて陸地へ。

132ページのこたえ　クワ

おはなしクイズ　原始地球の表面の、マグマでおおわれた状態のことを何という？

鉄はどうしてさびるの？

読んだ日にち（　年　月　日）（　年　月　日）（　年　月　日）

さびこそ鉄の本来のすがた

鉄でできたものを、屋外におきっぱなしにしておくと、どうなると思いますか？　表面が赤っぽくなって、だんだん全体がボロボロになりますよね。この、表面にできた赤いボロボロしたものが、「さび」というものです。さびは、鉄が空気中の酸素とむすびついてできたものですが、そうなるのには理由があります。

鉄は、自然のなかにある鉄鉱石という石からとりだすことでつくられます。鉄鉱石は地球に酸素ができたときに、鉄と酸素がむすびついて海の底にたまったものです。それをほりだして、酸素をとりのぞいたものが鉄になります。そのため、鉄は酸素とむすびつきやすい性質をもっているのです。

鉄が水にぬれると、酸素とむすびつきやすくなります。そして、安定していたもとの状態にもどろうとして、酸素とむすびつき、さびるのです。

役に立つさびもある

さいしょに説明したような、赤っぽいさびを「赤さび」といいます。これは、鉄をボロボロにしてしまうこまりものです。ただし、鉄のさびには、そのほかにも種類があります。

鉄のフライパンをそのまま火にかけ、熱していると、だんだん黒っぽくなってきます。これが、鉄の温度が高いときに酸素とむすびついてできる「黒さび」です。

黒さびは、鉄の表面を膜のようにおおって水を通しません。そのため、黒さびをつけておくと、赤さびをふせぐことができます。

ここがポイント！

鉄は酸素とむすびつきやすく、水にぬれたりすると酸素とむすびついて、さびる。

赤さび

鉄が水にぬれると……

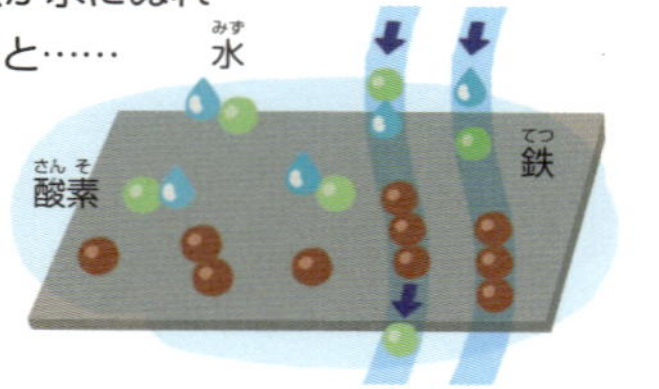
水
鉄
酸素

酸素とむすびつき、赤さびができる。

水や酸素が赤さびを通りぬけて鉄のなかまでとどく。

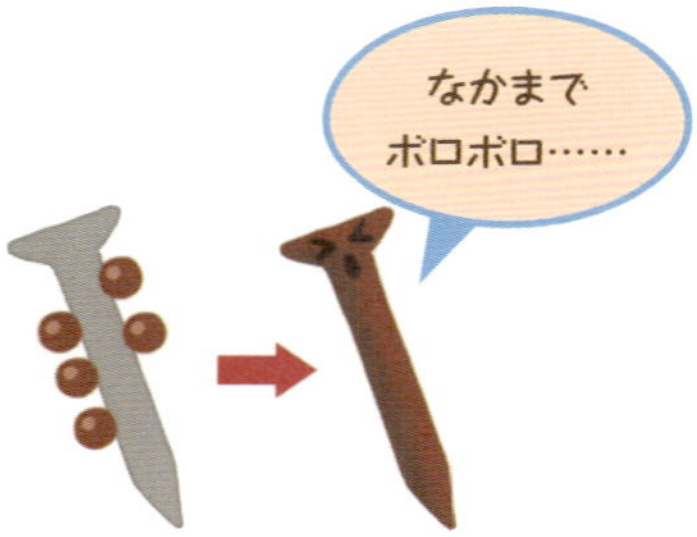
なかまでボロボロ……

鉄の内がわでも水や酸素とむすびつき、さびが広がる。

黒さび

熱した鉄に酸素がむすびつき、黒さびができる。

もうさびないよ！

黒さびは鉄の表面を膜のようにおおうため、水を通さずに赤さびをふせぐ。

133ページのこたえ
マグマオーシャン

おはなしクイズ　鉄につく2種類のさびは何と何？

木はなぜ枝分かれするの？

読んだ日にち（　年　月　日）（　年　月　日）（　年　月　日）

たくさんの葉と太陽の光

ほとんどの木は、枝分かれしながら上へ上へと成長していきます。でも、どうして枝分かれする必要があるのでしょうか？

枝は、地面からはなれたところに広がって、その一本一本にたくさんの葉をつけます。葉は、太陽の光のエネルギーをとりこむ場所です。そして、そのエネルギーを利用して、生きていくのに必要な栄養分をつくりだしています。これを「光合成」といいます。

もしも、木に枝が一本しかなくて、そこに何百まいもの葉がついていたとしたら、葉と葉が重なりあってしまい、光のエネルギーをあまりとりこめません。そのため、木は枝分かれをして、よりたくさんの葉が太陽の光をあびられるようにしているというわけです。

枝分かれするしくみ

そもそも、枝分かれはどうやって起きるものなのでしょうか。

くきの先端にある、「頂芽」という芽がのびると、木は上へのびていきます。そして、葉のつけ根にはえる、「腋芽」という芽がのびると、枝になります。つまり、腋芽がよく成長すれば、ほうきのような形に枝分かれするのです。

ただし、腋芽がかならず枝になるとはかぎりません。頂芽と腋芽が両方あると、腋芽の成長がおさえられてしまうことがあるからです。そのため、腋芽があまり成長できず、ほとんど枝分かれしない場合もあります。

ちなみに、ヤシの木は腋芽がまったくはえないため、枝がありません。幹だけが上へのびて、その先端に大きな葉をつけます。

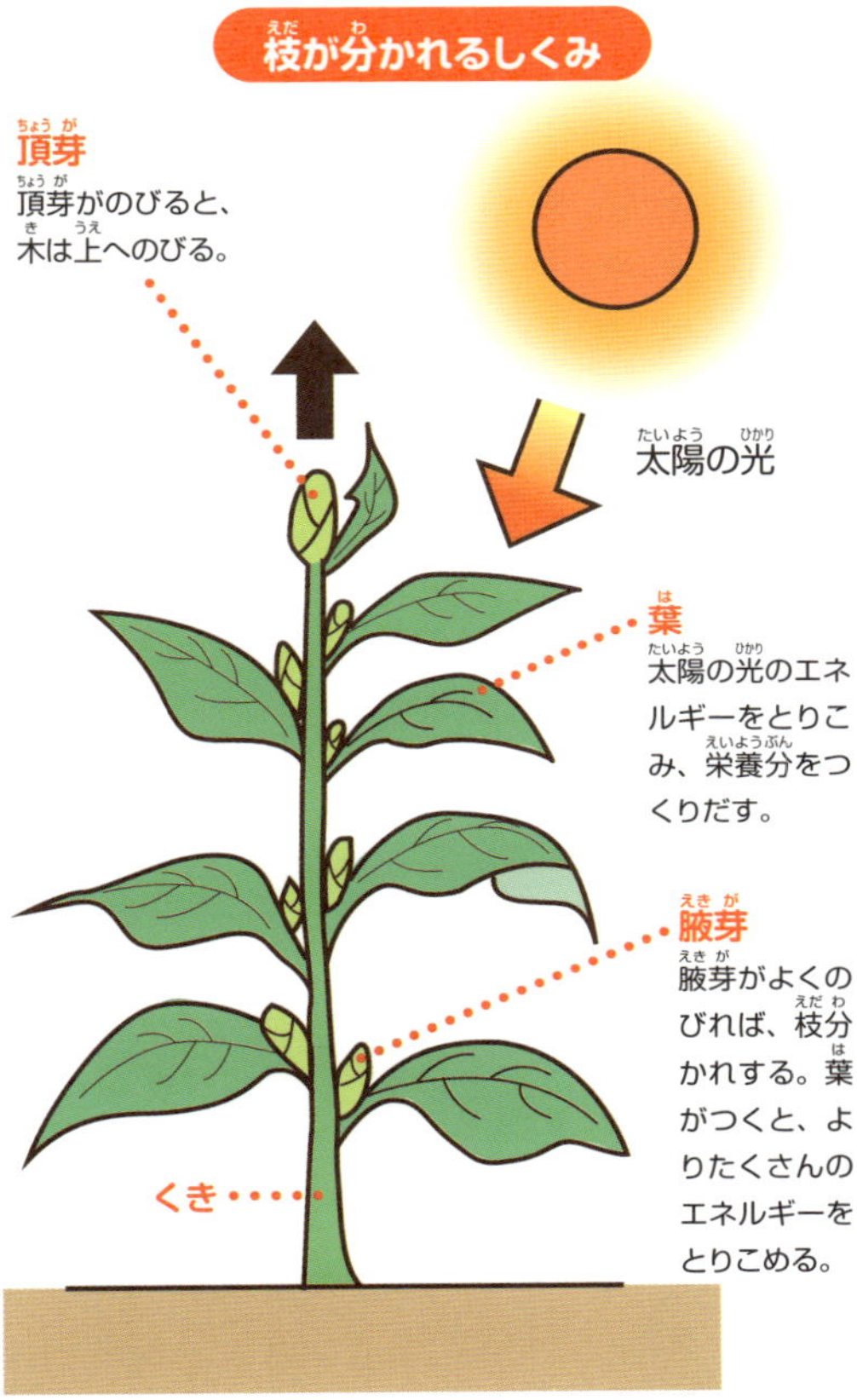
枝が分かれるしくみ
頂芽
頂芽がのびると、木は上へのびる。
太陽の光
葉
太陽の光のエネルギーをとりこみ、栄養分をつくりだす。
腋芽
腋芽がよくのびれば、枝分かれする。葉がつくと、よりたくさんのエネルギーをとりこめる。
くき

ここがポイント！
木は、枝分かれをして葉をつけることで、よりたくさんの葉が太陽の光のエネルギーをとりこめるようにしている。

134ページのこたえ
赤さびと黒さび

おはなしクイズ 葉のつけ根にはえて、やがて枝となる芽を何という？

ふたごがそっくりなのはなぜ？

読んだ日にち（　年　月　日）（　年　月　日）（　年　月　日）

受精卵がふたつできる

ふたごの人は、みんな顔がそっくりだと思われがちです。でも、じっさいはそうでないふたごもいます。まず、ふたごがうまれるしくみについて考えてみましょう。

赤ちゃんは、「受精卵」という小さな細胞から大きくなっていきます。受精卵は、お父さんのからだでつくられる精子と、お母さんのからだでつくられる卵がくっついて（受精をして）できるものです。

ふつうは、ひとつの受精卵が大きくなるのですが、この受精卵が、なぜかふたつに分かれることがあります。そして、ふたつの受精卵が、お母さんのおなかのなかでそのまま成長すると、ふたごの赤ちゃんになるのです。

このような、もともとひとつの受精卵からうまれるふたごは、「一卵性双生児」とよばれます。

いっぽうで、ふたつの卵が、それぞれべつの精子と受精をすることで、ふたつの受精卵ができる場合もあります。べつべつの受精卵からうまれるふたごは、「二卵性双生児」とよばれています。

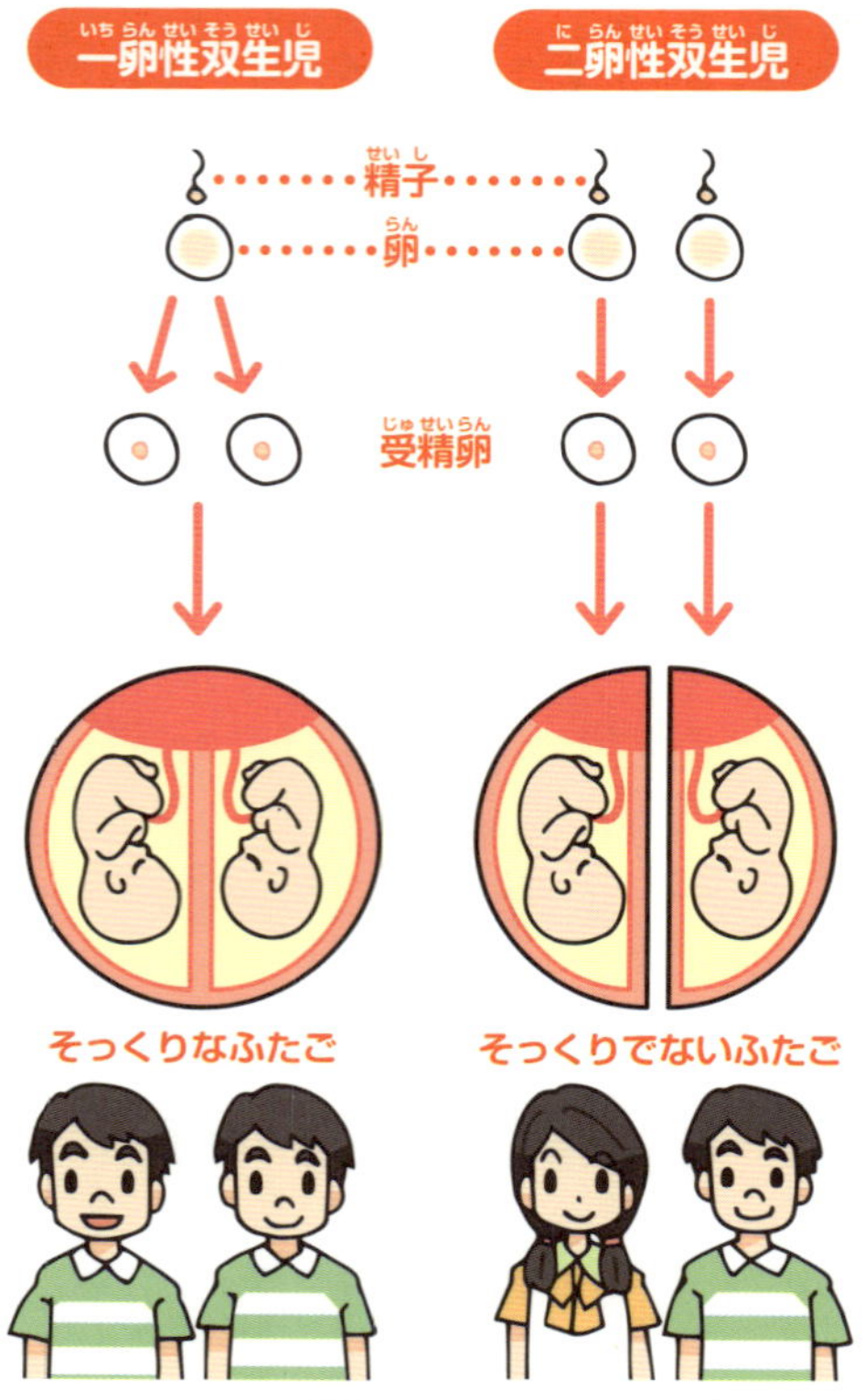
一卵性双生児
二卵性双生児
精子
卵
受精卵
そっくりなふたご
そっくりでないふたご

もともとひとつの受精卵からうまれる。

べつべつの受精卵からうまれてくる。

からだの設計図が同じ

受精卵のなかには、「遺伝子」という、その人のからだの設計図のようなもの（→95ページ）が入っています。そのため、ひとつの受精卵からうまれる一卵性双生児は、同じからだの設計図をもち、顔立ちやからだつきなどがそっくりになるのです。

しかし、べつべつの受精卵からうまれる二卵性双生児は、もっている設計図がことなります。そのため、それほど顔がにていなかったり、女の子と男の子の組みあわせになったりします。

ここがポイント！

受精卵がふたつに分かれて成長したふたごは、同じからだの設計図をもつので、そっくりになる。

135ページのこたえ　腋芽

おはなしクイズ　そっくりのふたごは、一卵性？　二卵性？

水にとけた食塩はどこに行っちゃったの？

読んだ日にち（　年　月　日）（　年　月　日）（　年　月　日）

ものの性質変化

すがたをかえて見えなくなる

食塩を水に入れてかきまぜると、とけて見えなくなります。でも、なくなったわけではありません。さいしょに水と食塩の重さをはかり、次に食塩を水にとかして重さをはかってみると、その重さは同じです。

水は、水素と酸素という原子からできていますが（→76ページ）、水素はプラス、酸素はマイナスの電気を少しおびています。

食塩は、「塩化ナトリウム」という物質ですが、これは「ナトリウムイオン」と「塩化物イオン」というものがむすびついたものです。「イオン」というのは、電子をよぶんに受けとったりうしなったりして、電気をおびた原子のことです。ナトリウムイオンはプラス、塩化物イオンはマイナスの電気をおびています。

じつは、食塩を水に入れてよくかきまぜると、それぞれがおびている電気のはたらきによって、水の分子が、ナトリウムイオンと塩化物イオンをそれぞれとりかこむようにしてその間に入りこみ、ふたつを分けてしまいます。

これが「食塩が水にとける」ということです。つまり、水に入れた物質が、原子レベルで水分子にかこまれるということなのです。

水がなくなると食塩にもどる

食塩をとかした食塩水を火であたためていくと、水がしだいに蒸発して、さいごには白い物質がのこります。これは、水がなくなったことで、水分子にかこまれて分かれていたナトリウムイオンと塩化物イオンが、ふたたびむすびついて、塩化ナトリウム、つまり、もとの食塩にもどったためです。

ここがポイント！
食塩が水にとけたときは、ふたつのイオンに分かれて、それぞれが水の分子にかこまれている。

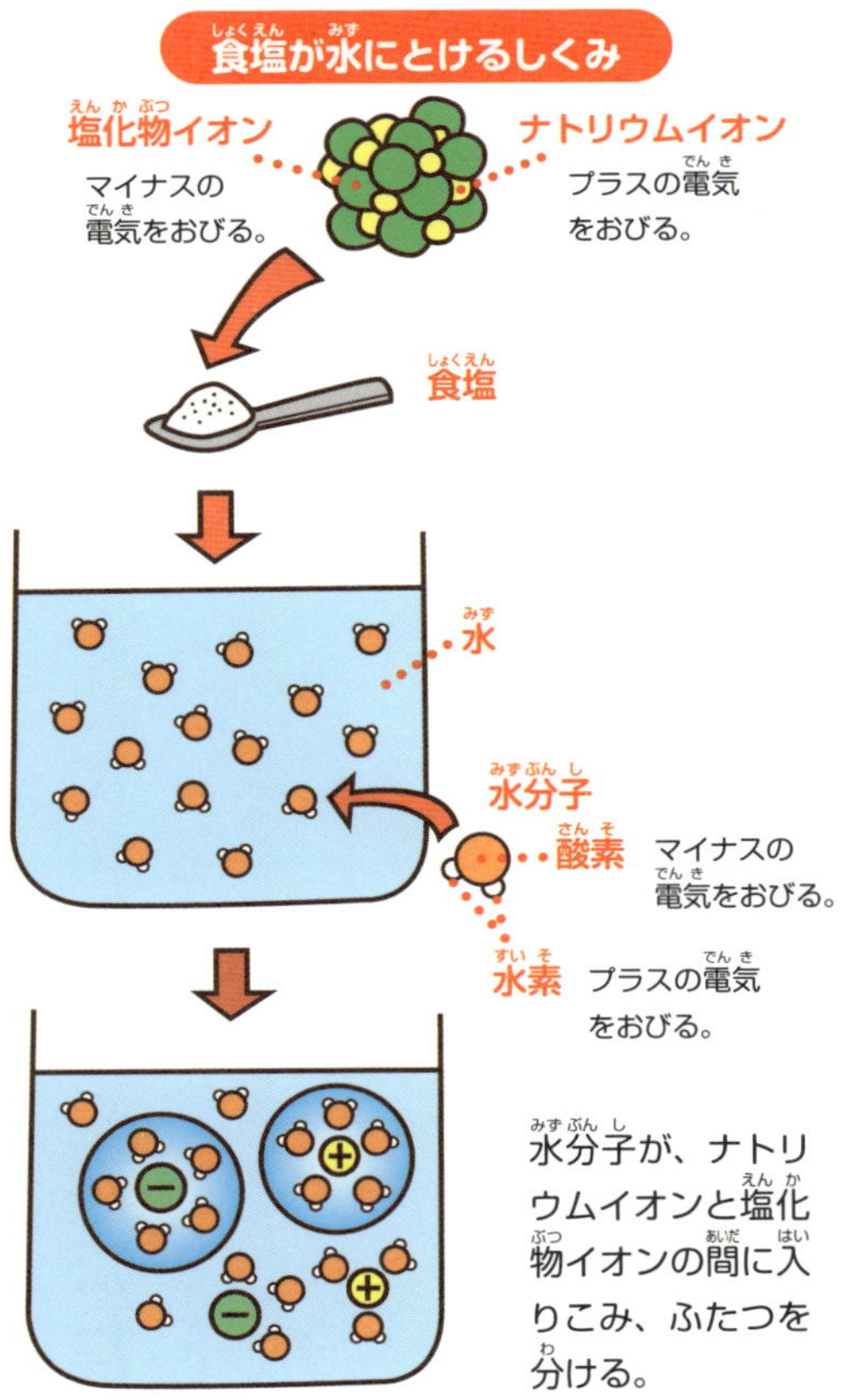
食塩が水にとけるしくみ
塩化物イオン
マイナスの電気をおびる。
ナトリウムイオン
プラスの電気をおびる。
食塩
水
水分子
酸素
マイナスの電気をおびる。
水素
プラスの電気をおびる。
水分子が、ナトリウムイオンと塩化物イオンの間に入りこみ、ふたつを分ける。

136ページのこたえ　一卵性

おはなしクイズ　電気をおびた原子のことを何という？

泳ぐのがいちばん速い魚は何？

読んだ日にち(　年　月　日)(　年　月　日)(　年　月　日)

生命　魚

時速一〇〇キロ以上で泳ぐ

世界でいちばん速く泳ぐ魚って、何だと思いますか？　それは、「バショウカジキ」という魚です。

バショウカジキは、時速一〇〇キロメートル以上で泳ぐことができます。二五メートルのプールだったら、一秒もかからずに泳ぎきれることになります。あまりにも速く泳ぐため、海のなかの岩や、船にぶつかることもあるといいます。

それでは、どうしてバショウカジキはそんなに速く泳げるのでしょうか。

速く泳ぐときのバショウカジキは、からだのひれをたたみます。そうすることで、水から受ける抵抗を少なくするのです。

そして、からだと尾びれを、左右にしならせて泳ぎます。そのため、水をおしだしながら進むことができます。

また、速く泳ぐためには、たくさんのエネルギーが必要ですが、バショウカジキのからだのなかには、酸素を効率よくエネルギーにかえられる筋肉もあります。

ふだん泳ぐとき
時速2キロメートル
お年よりが散歩するときと、同じくらいのスピード。

速く泳ぐとき
時速100キロメートル以上
25メートルのプールを、1秒もかからずに泳ぎきるスピード。

ふだんはゆっくり泳ぐ

バショウカジキが速く泳ぐのは、えさをつかまえるときや、サメなどの敵からにげるときだけです。ふだんは速く泳いでいません。

バショウカジキのふだんの泳ぐスピードは、時速二キロメートルだといわれています。これは、お年よりが散歩するときと同じくらいのスピードです。

ちなみに、バショウカジキの次に泳ぐのが速いといわれるマグロも、ふだん泳ぐ速さは四～六キロメートルしかありません（→329ページ）。

ここがポイント！
世界でいちばん速く泳ぐバショウカジキは、時速一〇〇キロメートル以上で泳ぐことができる。

137ページのこたえ　イオン

おはなしクイズ　世界でいちばん速く泳ぐ魚は、何という魚？

世界最強の磁石のひみつ！

読んだ日にち（　年　月　日）（　年　月　日）（　年　月　日）

鉄が磁石になるしくみ

鉄は、磁石の性質をもつ「原子」という小さなつぶでできています（→172ページ）。

この原子の磁力（磁石の力）の向きは、ふつうはバラバラになっていますが、磁石を近づけると、その向きがそろって原子のひとつひとつが磁石になります。

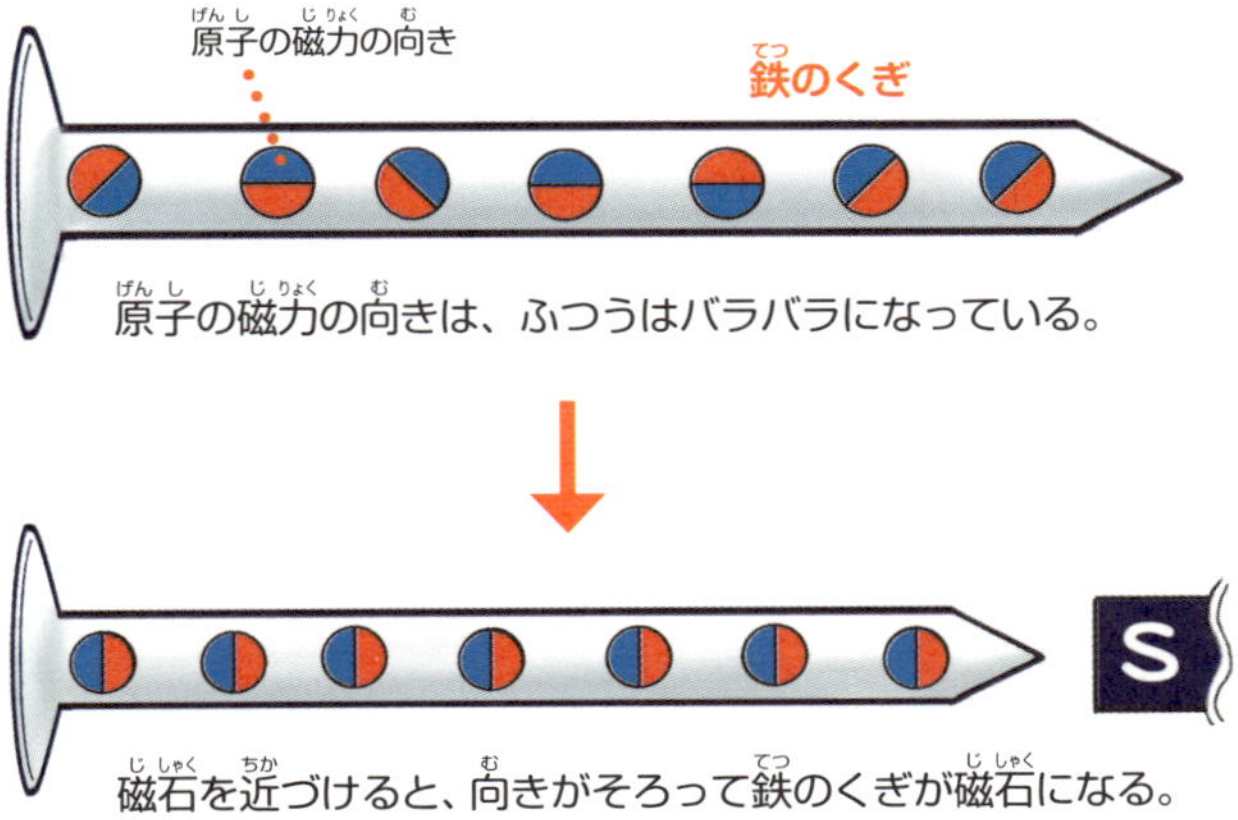
原子の磁力の向き
鉄のくぎ
原子の磁力の向きは、ふつうはバラバラになっている。
S
磁石を近づけると、向きがそろって鉄のくぎが磁石になる。

ただし、磁力の向きのそろい方はけっして強くありません。そのため、磁石を遠ざけると向きがバラバラにもどって、磁石としての性質は消えてしまいます。

ところが、とても強い力をもった磁石を近づけると、磁石を遠ざけても磁力の向きがもどらず、磁石としての性質がのこることがあります。

つまり、わたしたちがふだん使っている磁石は、この方法を使ってつくられているというわけです。

磁石のなかで、いちばん力が強いネオジム磁石は、これぐらいのカナヅチをもちあげられる。

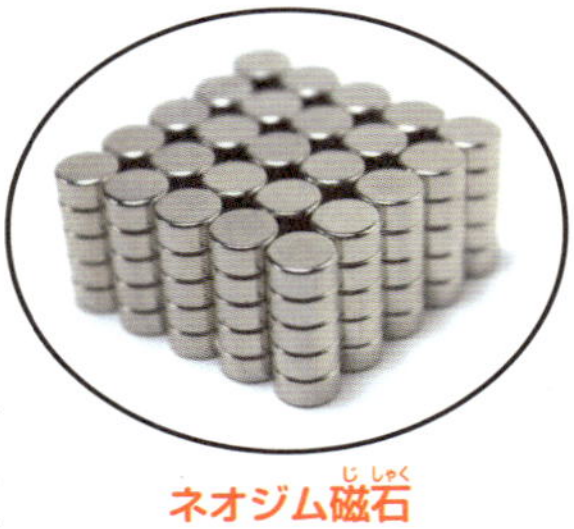

ネオジム磁石

磁石界最強のネオジム磁石

もっともよく目にする、黒いやきもののような磁石は「フェライト磁石」という磁石です。フェライト磁石は、「酸化鉄」という鉄などのこなをかため、力の強い磁石を近づけてつくられます。ただし、フェライト磁石の磁力は、それほど強くありません。

わたしたちの身近で使われている磁石のなかで、もっとも力が強いのは「ネオジム磁石」です。この磁石は、「ネオジム」という金属や鉄などをまぜてつくられます。

ネオジム磁石の力は、フェライト磁石の約一〇倍です。

ここがポイント！

ネオジム磁石の磁力は、わたしたちがもっとも目にするフェライト磁石の約一〇倍。

138ページのこたえ　バショウカジキ

おはなしクイズ　もっとも力の強い磁石を何という？

むれで泳ぐ魚がぶつからないのはなぜ？

読んだ日にち（　年　月　日）（　年　月　日）（　年　月　日）

4月29日のおはなし

生命　魚

からだの両がわにあるもの

水族館に行くと、イワシなどの魚が大きなむれをつくって泳いでいるのを見ることができます。

ヒツジやライオンなどのほ乳類もむれで行動しますが、ほ乳類のむれはリーダーが引っぱっていくのに対し、魚のむれにはリーダーがいません。それでも、たくさんの魚がけっしてぶつかることなく泳げるのは、なぜでしょうか？

そのひみつは、魚のからだの両がわにならぶ、「側線」という器官にあります。側線は、水の圧力（水圧）や、水の流れ（水流）の変化を感じとることができるのです。

近くにべつの魚が泳いでいれば、水圧や水流がかわります。魚はその変化から、近くにいる魚とのきょりを感じとり、ぶつからずに泳ぐことができるのです。もしもほかの魚に近づきすぎてしまったら、適度にはなれます。

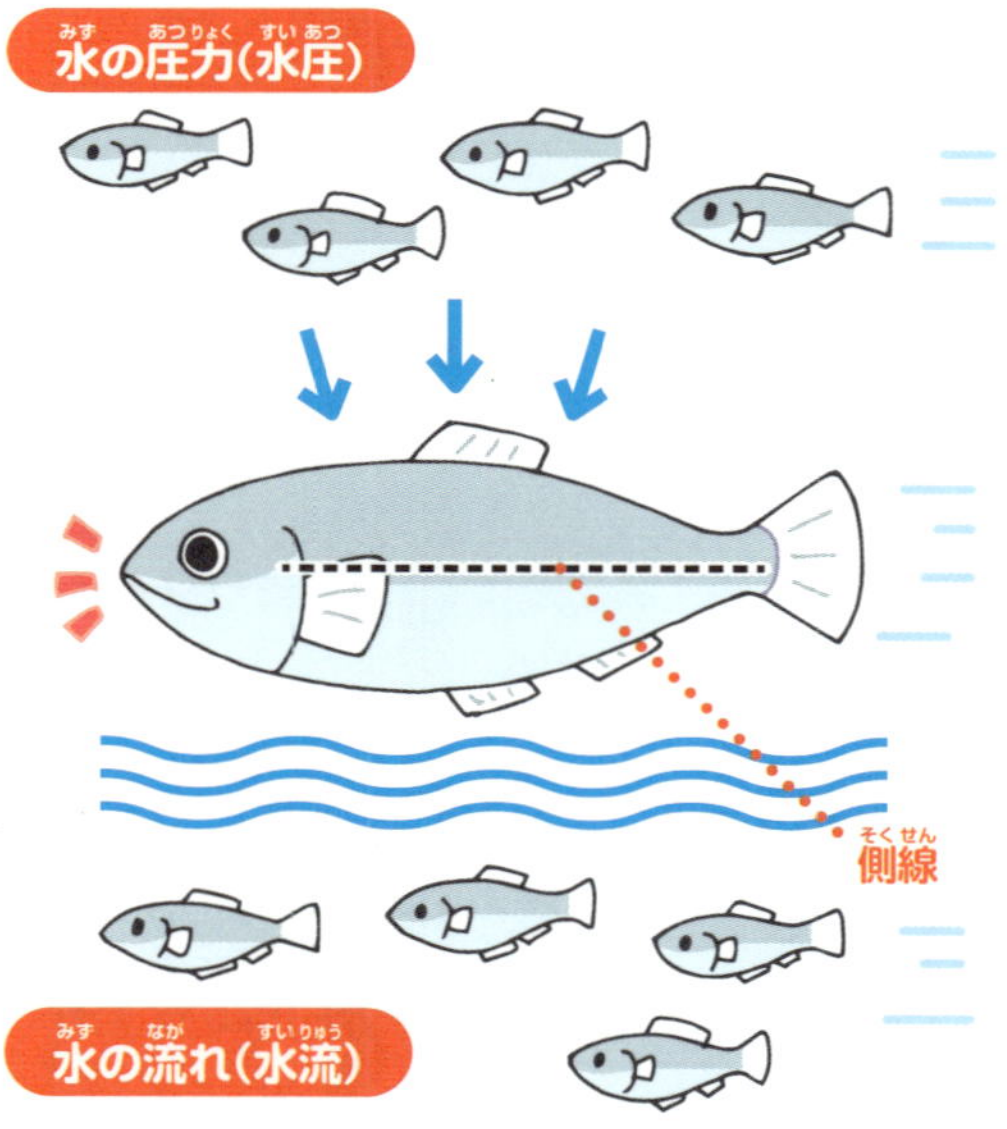

水の圧力（水圧）
側線
水の流れ（水流）

むれで泳ぐ理由

ところで、魚たちはなぜむれで泳ぐのでしょうか。

小さな魚たちは、大きな魚から身を守るために、むれで泳ぎます。大きな魚におそわれそうになると、小さな魚たちはむれをくずしてバラバラになり、大きな魚がどの魚をつかまえるか、まよっている間ににげるのです。

また、カツオやマグロなどの大きな魚たちは、小さな魚をたくさん食べるために、むれをつくります。小さな魚のむれを見つけると、大きな魚はチームとなって、海面の近くにそのむれを追いつめてから、つかまえるといいます。

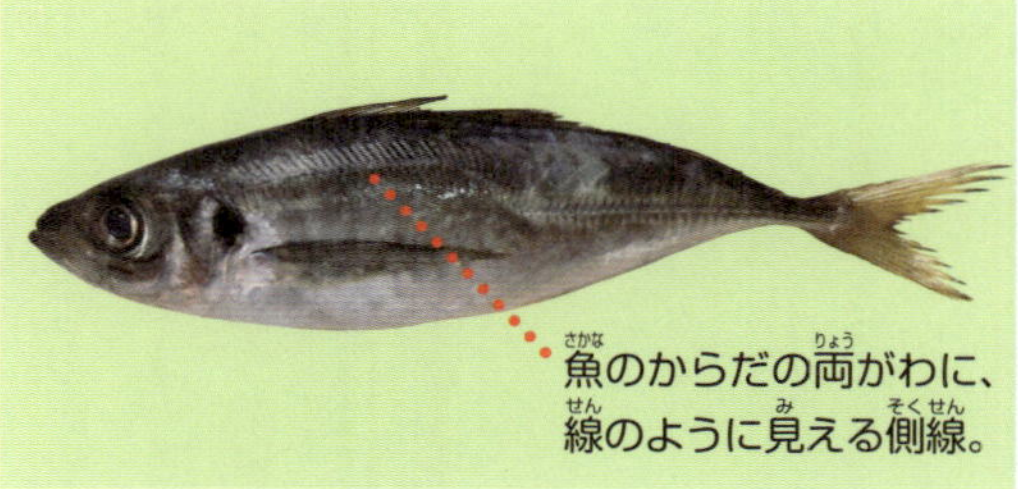

魚のからだの両がわに、線のように見える側線。

ここがポイント！

魚は、からだの両がわにある側線という器官で、近くにいる魚とのきょりをはかるため、むれで泳いでもぶつからない。

139ページのこたえ　ネオジム磁石

おはなしクイズ　近くにいる魚とのきょりをはかる器官を、何という？

動物にはきこえて、人間にはきこえない音がある！

読んだ日にち（　　年　　月　　日）（　　年　　月　　日）（　　年　　月　　日）

ふるえの回数と音の高さ

音の正体は、空気のふるえです。空気がふるえる回数が多いほど高い音になり、少ないほどひくい音になります。一秒間に空気がふるえる回数は「振動数」といって、「ヘルツ」という単位であらわします。つまり、振動数が多いほど音は高くなり、振動数が少なくなるほど音はひくくなるのです。

人間にきこえない音

みなさんは、「犬笛」という笛を知っていますか。犬笛は、イヌをトレーニングするときに使う笛です。この笛から出る音はとても高いため、人間はきくことができません。でも、イヌはこの笛から出る音をきくことができます。

人間がきくことができる音の範囲は、一六ヘルツ～二万ヘルツだといわれています。これに対して、イヌは六五ヘルツ～五万ヘルツ。人間よりも振動数の多い音をきくことができます。そのため、二万ヘルツ以上の音を出すことができる犬笛をふくと、イヌには音がきこえるのです。このように、人間にはきこえないほどの高い音を「超音波」といいます。

コウモリは超音波を出し、そのはねかえり方でまわりのようすをとらえるため、暗い場所でも自由にとびまわることができます。また、イルカは超音波を使い、なかまとコミュニケーションをとることが知られています（→339ページ）。

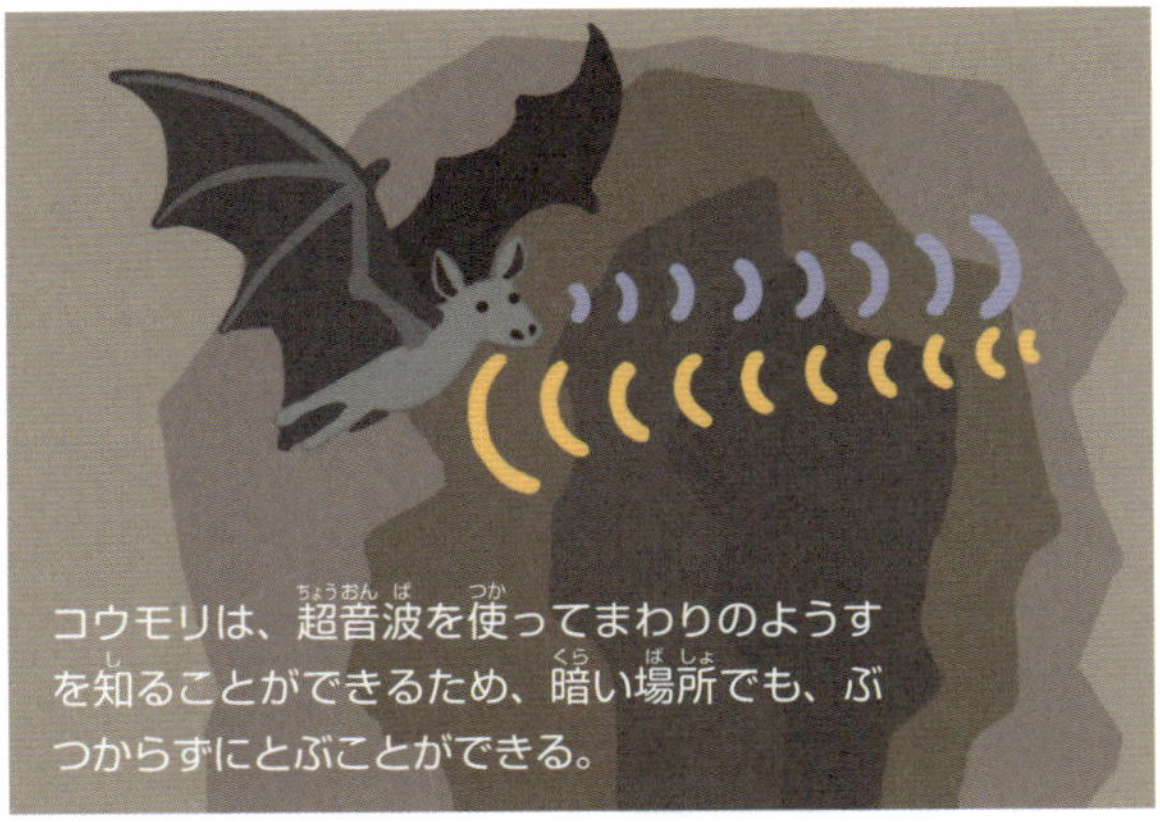

コウモリは、超音波を使ってまわりのようすを知ることができるため、暗い場所でも、ぶつからずにとぶことができる。

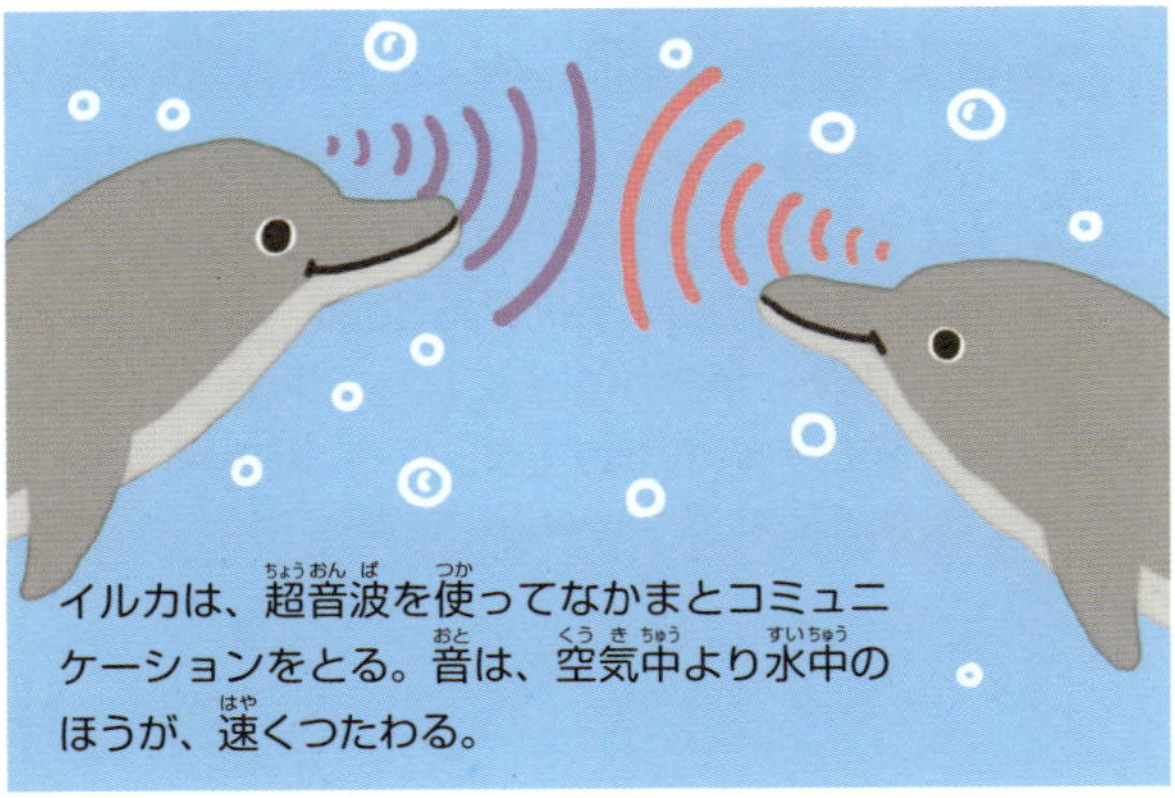

イルカは、超音波を使ってなかまとコミュニケーションをとる。音は、空気中より水中のほうが、速くつたわる。

ここがポイント！
イヌやコウモリなどは、人間にきこえないほど高い音がきこえる。

140ページのこたえ
側線

おはなしクイズ 人間にはきこえないほどの高い音を何という？

浮力

水などのなかにあるものにはたらく、ものをうかせようとする力です。水中にあるものには、そのものがおしのけた水の重さと同じだけの浮力がはたらきます。そのおかげで、巨大な鉄の船も海にうかぶことができるのです（→35ページ）。

揚力

空気や水などのなかを動く物体に対して、動く方向と直角の方向にはたらく力です。飛行機は、ものすごいスピードで前に進むことによって、つばさでこの揚力をうみだし、空をとんでいます（→352ページ）。

遠心力

ものが回転するとき、外がわに向かってはたらく力です。水の入ったバケツをふりまわしても水がこぼれないのは、遠心力のため。また、ジェットコースターがさかさまになっても落っこちないのも、この力のおかげです（→146ページ）。

わたしたちのまわりのさまざまな力

ふだん意識することはあまりありませんが、じつはわたしたちのまわりには、目には見えないさまざまな力がはたらいています。そのうちのいくつかを見てみましょう。

重力

地球が、まわりのものを地球の中心に向かって引っぱる力です。手にもっているものから手をはなすと地面に落ちるのは、ものに重力がはたらくから。また、わたしたちが地面に立っていられるのも、重力のおかげです。

磁力

磁石が鉄を引きよせたり、同じ極どうしがしりぞけあったりする力です。わたしたちは、この力を文房具など、生活のなかのさまざまな場面で利用しています。また、方位磁石が南北を指すのも、地球の磁力によります（→237ページ）。

光のふしぎ

わたしたちが毎日目にしている、さまざまな光。その光には、たくさんのひみつがあるのを知っているでしょうか？

太陽の光はいろいろな色でできている！

わたしたちの目には、太陽の光に色があるようには見えません。しかしじっさいには、太陽の光は、いろいろな色の光が組みあわさってできています。わたしたちの身のまわりには、それによって説明できることがいろいろあります。

虹

空にかかる虹は、太陽の光が色ごとに分解されることでできる(→197ページ)。

空の色

昼間の空が青く、夕方の空が赤いのも、太陽の光にふくまれる青や赤の光のため(→295ページ)。

光がふしぎな現象を起こす！

光は、まっすぐ進むだけでなく、場合によっては曲がることもあります。そのために、ないはずのものがあるように見えてしまうこともあります。

しんきろう

船が空にうかんで見えるふしぎな現象「しんきろう」(→126ページ)。

5月のおはなし

きれいになーれ

さかさまになったジェットコースターから落ちちゃうことはないの？

5月1日のおはなし

読んだ日にち（　年　月　日）（　年　月　日）（　年　月　日）

もののはたらき　力

まわるものにはたらく遠心力

みなさんは、ジェットコースターに乗ったことがありますか。ジェットコースターは、ものすごい速さで落ちたり曲がったりして、ときには、ちゅう返りをすることもあります。でも、さかさまになっても、乗っている人が落ちることはありません。いったいなぜでしょうか。そのひみつは「遠心力」という力にあります。

まわっているものには、外向きに力がはたらきます。これが遠心力です。たとえば、水の入ったバケツを力いっぱいまわしたとします。すると、バケツがさかさまになったときにも、なかの水がこぼれることはありません。これは、バケツのなかの水に遠心力がはたらいているためです。

バケツの水にはたらく遠心力

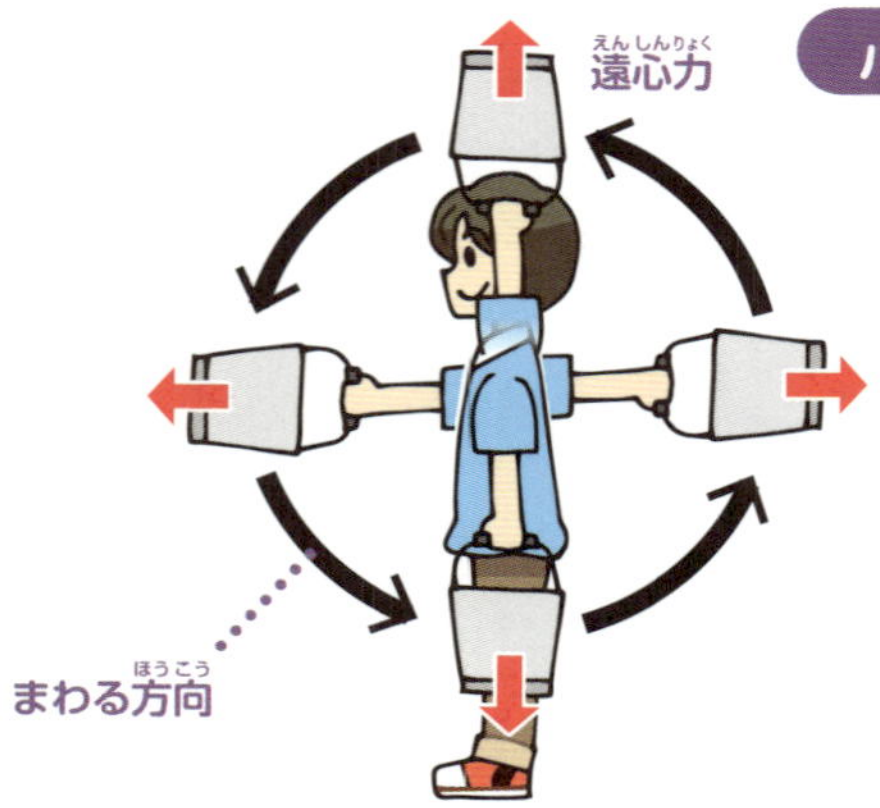

遠心力
まわる方向

水を入れたバケツをまわすと、水に遠心力がはたらくので、水がこぼれることはない。

ジェットコースターにはたらく遠心力

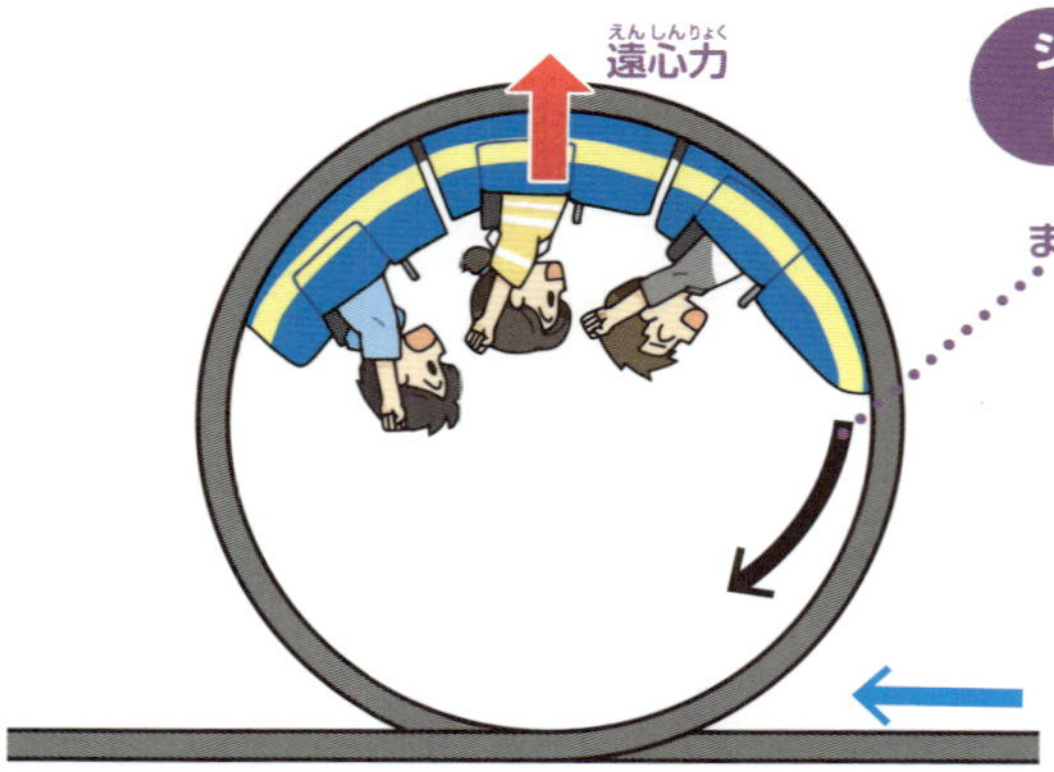

遠心力
まわる方向

重力（地球に引っぱられる力）よりも、遠心力のほうが大きいので、ジェットコースターに乗っている人が落ちることはない。

速いほど遠心力も大きくなる

まわる速さが二倍になると、遠心力は四倍、速さが三倍になると、遠心力は九倍とふえていきます。また、ちゅう返りの半径が二分の一になると遠心力は二倍、三分の一になると遠心力は三倍になります。ジェットコースターでは、下に落ちようとする力よりも、遠心力が大きくなるように調節されているため、乗っている人が落ちることはないのです。

ここがポイント！
ちゅう返りをしているジェットコースターには遠心力がはたらく。

141ページのこたえ　超音波

おはなしクイズ　まわる速さが速いほど、遠心力は小さくなる？　大きくなる？

虫歯になりやすい人と、なりにくい人のちがいは？

読んだ日にち（　年　月　日）（　年　月　日）（　年　月　日）

なぜ虫歯になるの？

虫歯は、口のなかの虫歯菌（ミュータンス菌）がつくりだす「酸」によって、歯がとけだした状態のことです。虫歯菌は、食べもののかすの「糖分」をえさにします。この糖分を分解するときに、酸を出すのです。

歯のもっともたいせつな役目は、食べものを細かくかみくだくことです。そのために、歯の表面は「エナメル質」という、とてもかたい物質でできています。ところが、虫歯菌のつくりだす酸は、このかたいエナメル質をとかしてあなをあけてしまうのです。あながエナメル質の内がわにある「象牙質」まで広がり、血管や神経までとどくと、ズキズキとしたいたみを感じるようになります。

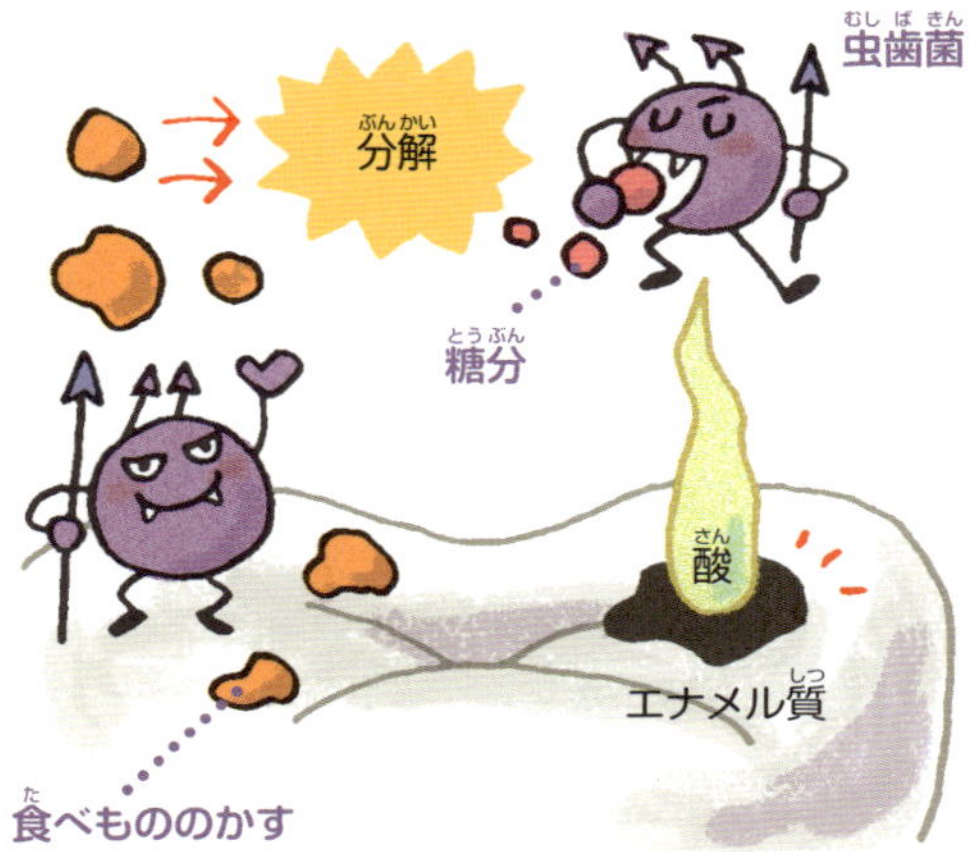
虫歯菌
分解
糖分
酸
エナメル質
食べもののかす

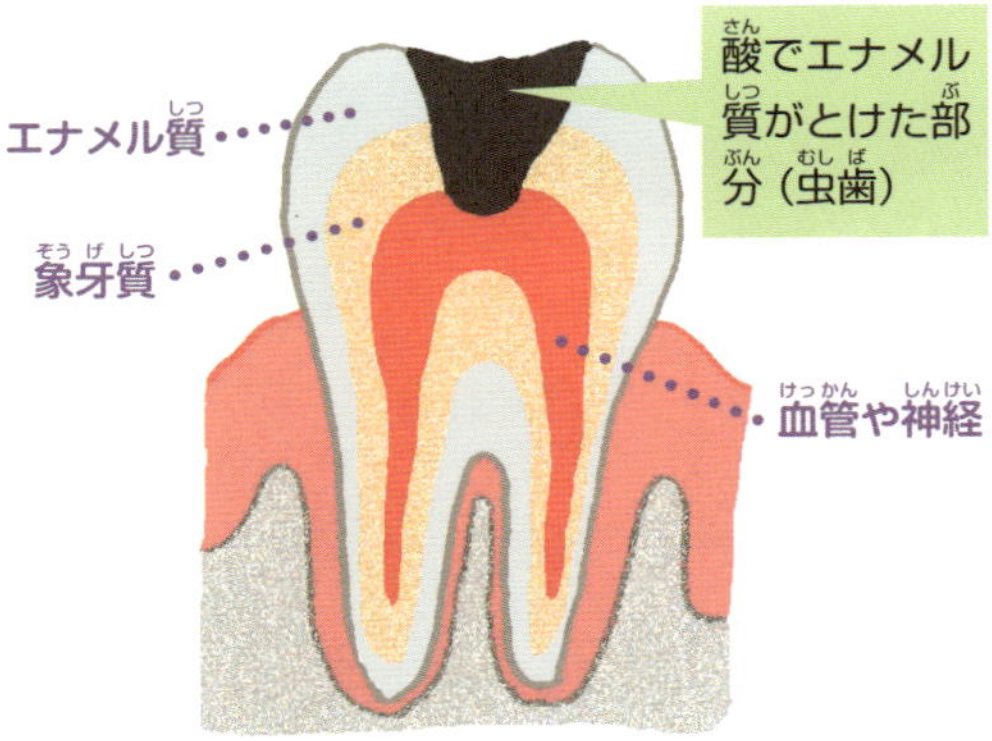
エナメル質
象牙質
酸でエナメル質がとけた部分（虫歯）
血管や神経

虫歯になりやすい人とは

虫歯になりやすい人の条件のひとつは、「間食が多い人」です。人間のだ液には、虫歯菌がつくりだす酸を打ちけして、歯をなおすはたらきがあります。このはたらきを「再石灰化」といいます。食事をしたあとの、だいたい三〇分間は、口のなかが虫歯菌によって酸が強い状態になりますが、そのあとはだ液によって再石灰化が進みます。ところが、おやつを食べたり、ジュースを飲んだりすると、虫歯菌が酸をつくり、また口のなかの酸が強くなってしまいます。ですから、間食を何度もする人は、虫歯になりやすいのです。

また、もともとエナメル質が弱かったり、歯ならびが悪かったりして、虫歯になりやすい体質の人もいます。しかし、いずれも歯みがきをしっかりして、間食をへらすことで虫歯を予防できます。

ここがポイント！

間食の回数、歯の質、歯ならびなどによって、虫歯になりやすい人となりにくい人がいる。

146ページのこたえ　大きくなる

おはなしクイズ　虫歯菌がつくりだす酸を打ちけし、歯をなおすはたらきを何という？

日本にはどんな恐竜がいたの？

読んだ日にち（　　年　　月　　日）（　　年　　月　　日）（　　年　　月　　日）

はじめて見つかった化石

約二億五一〇〇万年前から約六六〇〇万年前にかけて、地上には恐竜とよばれるは虫類の動物が繁栄していました。

恐竜のすがたを今日につたえるのは、地中から発見される化石です。日本では、一九七八年に岩手県で見つかったものが、恐竜化石発見のさいしょの例です。この化石は調査の結果、竜脚形類（→24ページ）に属する竜脚類のものとわかりました。

竜脚類とは、陸上を四本のあしで歩く大型植物食恐竜のことで、アパトサウルス、ブラキオサウルス、ディプロドクスなど多くの種類がいます。発見された化石は、この竜脚類に属するマメンチサウルス（全長二二メートル）のなかまのもので、発見された場所の茂師という地名にちなみ「モシリュウ」とよばれるようになりました。

手取層群で見つかった化石

モシリュウの化石発見以降、日本でもさかんに発掘が行われ、たくさんの恐竜の化石が見つかっています。なかでも、もっとも多くの化石が発見されているのが、「手取層群」とよばれる地層です。

これは恐竜がもっとも多かった、中生代とよばれる時期の地層で、富山、石川、福井、岐阜の四県にまたがっています。この地層からは肉食恐竜のフクイラプトルや、植物食恐竜のフクイサウルスなどの世界ではじめて発見された化石のほか、トリケラトプスやティラノサウルスといったおなじみの恐竜のなかまの化石も見つかっています。

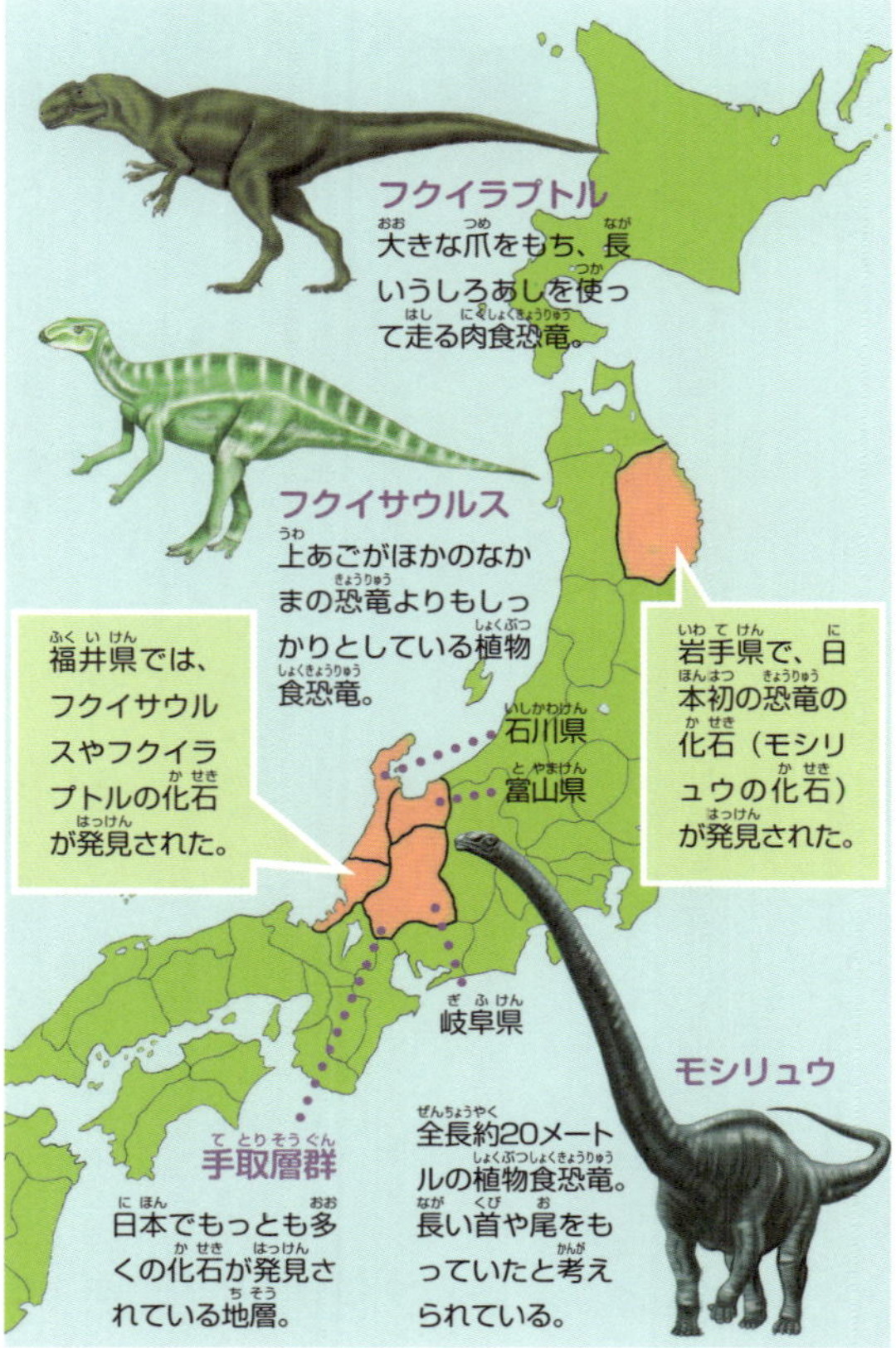
フクイラプトル
大きな爪をもち、長いうしろあしを使って走る肉食恐竜。
フクイサウルス
上あごがほかのなかまの恐竜よりもしっかりとしている植物食恐竜。
福井県では、フクイサウルやフクイラプトルの化石が発見された。
岩手県で、日本初の恐竜の化石（モシリュウの化石）が発見された。
石川県
富山県
岐阜県
モシリュウ
全長約20メートルの植物食恐竜。長い首や尾をもっていたと考えられている。
手取層群
日本でもっとも多くの化石が発見されている地層。

ここがポイント！
日本では、モシリュウをはじめとして、フクイラプトルやフクイサウルスなどの化石が発見されている。

147ページのこたえ　再石灰化

おはなしクイズ　日本ではじめて恐竜の化石が発見されたのは何県？

植物はどうやって水をとりいれているの？

読んだ日にち（　　年　　月　　日）（　　年　　月　　日）（　　年　　月　　日）

根から水が入ってくる

植物は、水と二酸化炭素を材料に、太陽の光を利用して光合成を行い、自分で栄養をつくって生きています。動物なら、のどがかわけば口から水を飲むことができますが、植物はそうはいきません。そのため光合成に必要な水は、根を通して、土のなかからとりいれています。

では、どのようなしくみで水をとりいれているのでしょうか。植物の根の細胞のなかにある液体は、さまざまな栄養分がとけこんでいて、土のなかの水にくらべて、こい状態になっています。すると、このふたつを同じこさにしようとして、土のなかから根へと、水分が移動します。

こうして根に入った水分は、根のなかの「道管」というくだに入ります。土からは水分がどんどん入ってくるため、水は上へ上へとおしあげられていきます。

水が水を引っぱる

水は、道管を通って、くきのなかを上がっていきます。水には、水どうしで引きあう性質があります。そのため、細いくだのなかでは、水が上の水に引っぱられることで上がっていくという現象が起こるのです。

そして、くきのなかを上がってきた水は、土から根へ水分が移動したのと同じしくみで、葉へと移動します。

葉では、吸いあげた水を気体（水蒸気）にかえて空気中に出します。これを「蒸散作用」といい、このはたらきによって、植物は新しい水や養分をどんどんとりいれることができます。

植物が水をとりいれるしくみ

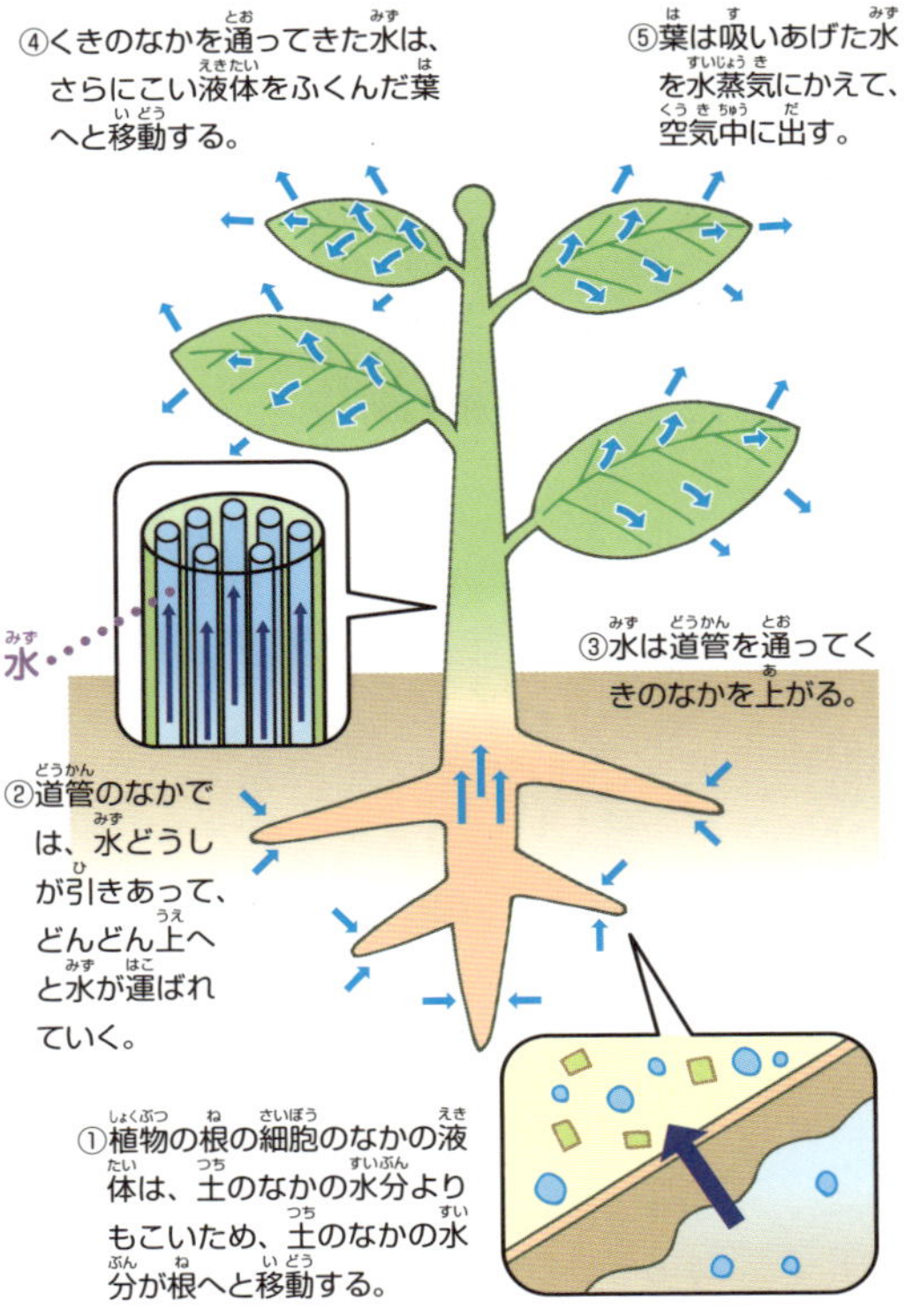
④くきのなかを通ってきた水は、さらにこい液体をふくんだ葉へと移動する。
⑤葉は吸いあげた水を水蒸気にかえて、空気中に出す。
水
③水は道管を通ってくきのなかを上がる。
②道管のなかでは、水どうしが引きあって、どんどん上へと水が運ばれていく。
①植物の根の細胞のなかの液体は、土のなかの水分よりもこいため、土のなかの水分が根へと移動する。

ここがポイント！
植物のなかでは、根を通して土からとりいれられた水がくき、葉へとどんどん上がっていく。

148ページのこたえ　岩手県

おはなしクイズ　植物が根からとりいれた水が通るくだを何という？

植物は、どんな水でも育つの？

読んだ日にち(　　年　　月　　日)(　　年　　月　　日)(　　年　　月　　日)

さとう水でも育つ

　みなさんは植物を育てるとき、水をやりますよね。じつは、植物はさとう水でも育ちます。ただし、それはさとう水の濃度が、植物の根の細胞のなかの液体よりもうすいときだけです。液体には、濃度のうすいほうからこいほうに水分が移動する性質があるからです。

　さとう水の濃度が根の細胞のなかの液体よりうすいと、さとう水の水分は濃度のこい根の細胞のなかの液体に移動します。

　反対に、根の細胞のなかの液体より、さとう水の濃度がこいと、ぎゃくの現象が起こります。根の細胞のなかの水分が、さとう水のほうに移動してしまうのです。

　つまり、植物に根の細胞のなかの液体よりも、濃度のうすいさとう水をあたえると水分を吸って育ちますが、こいさとう水をあたえると、根の細胞から水分が出ていき、かれてしまうというわけです。

　塩水の場合も、濃度がうすければ育ちます。しかし、濃度がこいと、さとう水と同じ理由でかれてしまいます。ただし、塩水の場合は、塩にふくまれるナトリウムという物質が植物にとって毒となるため、これがかれてしまう原因のひとつになります。

塩水で育つ植物

　ただし、すべての植物が塩水でかれるわけではありません。アイスプラントという野菜は、土のなかの塩分を吸いあげる植物です。

　葉の表面にあるキラキラとしたつぶは、「ブラッダー細胞」とよばれ、とりこんだ塩をたくわえて、自分の細胞のなかの水分の濃度を調節するはたらきをしています。

　土のなかの塩分をとりのぞく目的でつくられたこの野菜は、塩水をあたえても育ちます。

アイスプラント

ブラッダー細胞
葉の表面のキラキラしたつぶに塩分がたくわえられている。

塩水

アイスプラントはブラッダー細胞で塩水からとりこんだ塩分をたくわえて、水分の濃度を調節している。

ここがポイント！
ほとんどの植物は、濃度のうすいさとう水でも育つが、塩水ではかれる。

おはなしクイズ　アイスプラントの葉の表面にあるつぶを何という？

149ページのこたえ　道管

IH調理器はなぜ火を使わず料理できるの？

読んだ日にち（　　年　　月　　日）（　　年　　月　　日）（　　年　　月　　日）

もののはたらき
電気

コイルがうむ磁石の力

みなさんは「IH調理器」を知っていますか。IH調理器は電磁調理器ともいうもので、この調理器を使うと、火を使わなくても料理をすることができます。そのうえ、火をもやしていないので、ガスコンロとちがって二酸化炭素が出ません。

IH調理器の表面のプレートの下には、「銅」という金属でできた線をうずまき状にまいた「コイル」が入っています。IH調理器に電源を入れると、コイルに電気が流れて、コイルのまわりには磁石の力（磁力）がうまれます。

磁石の力で金属をあたためる

電気の流れる向きや大きさがかわると、コイルのまわりの磁石の力も、それに合わせて変化します。そして、磁石の力が変化すると、プレートの上においたなべのなかに「うず電流」という電流がうまれます。このうず電流によって、なべやフライパンの底に熱がうまれ、調理ができるのです。

うず電流がうまれるのは、電気を通す金属の調理器具だけで、土なべなどは使えませんが、なかにはIH調理器に対応した、金属が入っている土なべもあります。わたしたちが、電源の入っているIH調理器をさわっても平気なのも、手が金属ではないからです。ただし、料理をしたあとは、なべの底の熱がプレートにうつり、あつくなっているので、やけどをしないよう気をつけましょう。

IH調理器のしくみ

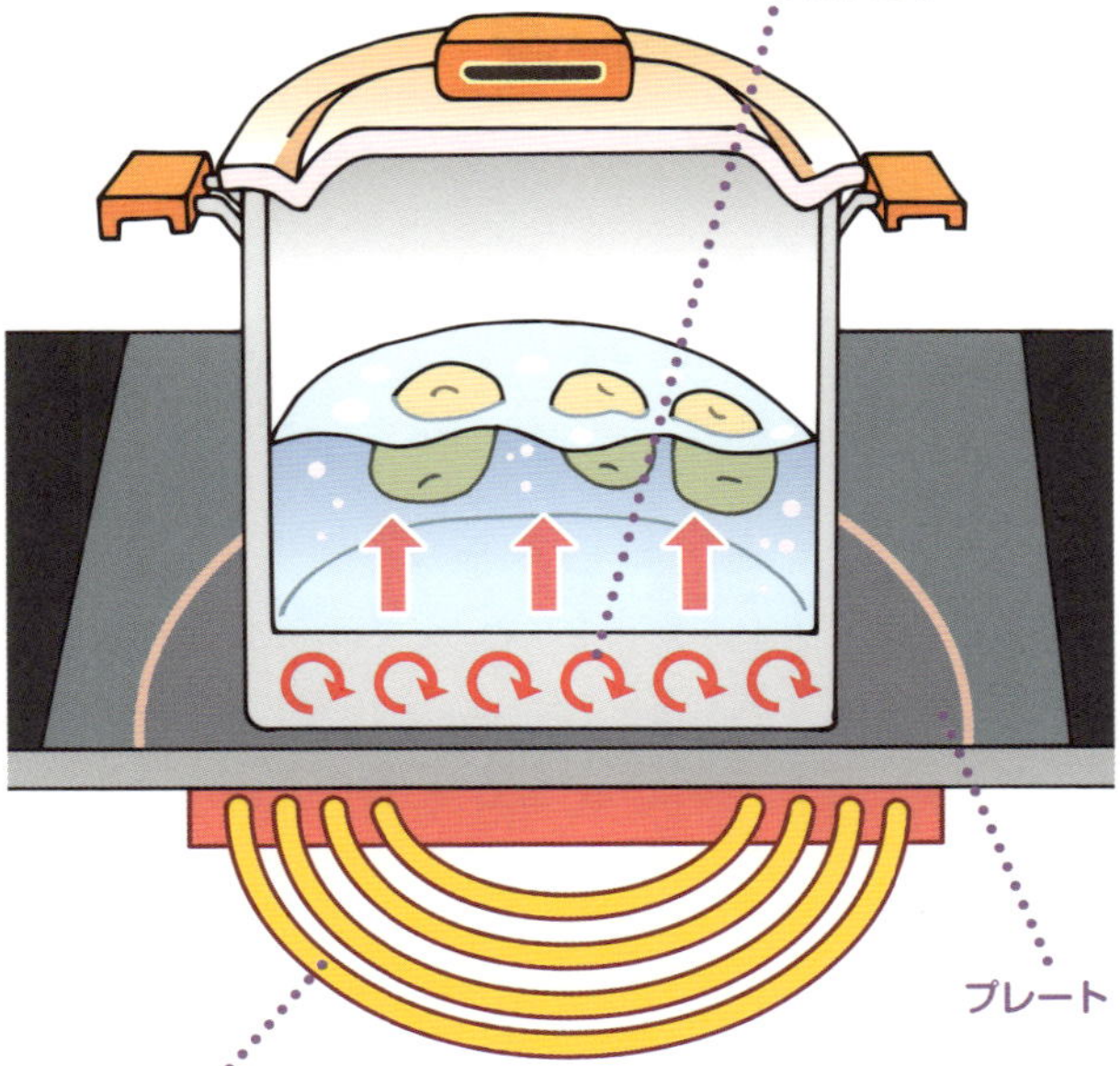
②なべの底の金属のなかにうず電流がうまれ、なべの底に熱がうまれる。
プレート
①コイルに電気が流れて、磁石の力がうまれる。

ここがポイント！
IH調理器は磁石の力で金属だけをあたためる。

150ページのこたえ
ブラッダー細胞

おはなしクイズ　IH調理器を使うとき、磁石の力で金属の調理器具のなかにうまれる電流を何という？

5月7日のおはなし

生命 虫

アオムシとチョウは同じ生きものなの？

読んだ日にち（　年　月　日）（　年　月　日）（　年　月　日）

幼虫はさなぎになる

春になると、花の間をとびかうモンシロチョウや、キャベツの葉っぱにくっついているアオムシをよく見かけます。じつはどちらも同じ生きものだと、知っていましたか？

アオムシはモンシロチョウの幼虫、つまり子ども時代のすがたです。まず、親のチョウが幼虫のえさとなる野菜の葉っぱに卵をうみつけます。卵からかえった幼虫は、自分が入っていた卵のからを食べ、その後は葉っぱを食べて育ちます。

葉っぱを食べることで、幼虫のからだは緑色になります。この緑色になった幼虫を、アオムシといいます。

アオムシは、古くなった皮ふをぬぎすてる「脱皮」という行動をくり返しながら成長し、やがて「終齢幼虫」とよばれる大きな幼虫となります。そして、終齢幼虫は成虫（大人）のチョウになるため、「さなぎ」とよばれるすがたになって、からだをつくりかえます。さなぎのなかでは、それまでのからだがドロドロにとけて、はねのはえたチョウのからだがつくられます。

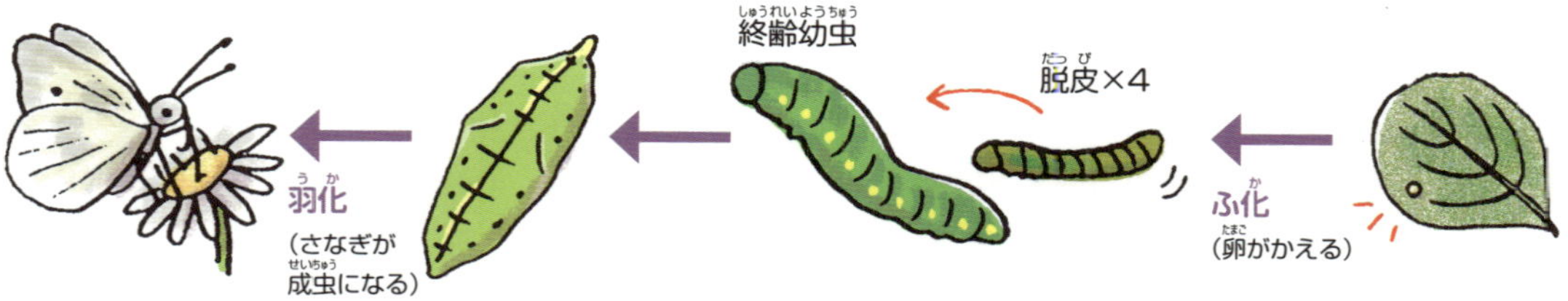

①卵
ふ化
（卵がかえる）
②幼虫
脱皮×4
終齢幼虫
③さなぎ
羽化
（さなぎが成虫になる）
④成虫（チョウ）

①親のチョウが、野菜の葉っぱに卵をうみつける。

②脱皮をくり返しながら成長し、やがて終齢幼虫となる。

③成虫になるため、さなぎとなってからだをつくりかえる。

④はねのはえたチョウのからだがつくられる。

完全変態と不完全変態

このように、幼虫がさなぎの時期をすごして、それまでとは完全にちがう成虫のすがたになることを、「完全変態」といいます。同じように、完全変態をする昆虫には、ハチやハエ、カブトムシなどがいます。

また、セミやバッタのように、幼虫のすがたが成虫とあまりかわらない昆虫もいます。幼虫が脱皮をくり返しながら、さなぎにならず、そのまま成虫になることは「不完全変態」といいます。

ここがポイント！

アオムシはモンシロチョウの幼虫。幼虫は脱皮をくり返しながら成長し、さなぎになってからだをつくりかえてから、成虫となる。

おはなしクイズ　モンシロチョウは完全変態？　不完全変態？

151ページのこたえ　うず電流

地球以外の惑星に生命はいないの？

読んだ日にち（　　年　　月　　日）（　　年　　月　　日）（　　年　　月　　日）

生きものがすめる条件

太陽系の惑星のなかで、生命がいることがわかっているのは、地球だけです。生命がうまれ、生きるためには、何よりもまず、液体の水がなければなりません。

太陽系の惑星の場合、水星や金星のように太陽に近いと、あつすぎて水は蒸発してしまいます。

ぎゃくに、天王星や海王星のように太陽から遠いと、水は氷になってしまいます。

宇宙において、生命が存在するのに適した範囲を「ハビタブルゾーン」といいます。

これは惑星の表面が適度な温度にたもたれ、水が液体で存在することができる範囲のことです。太陽系のなかでハビタブルゾーンにある惑星は、地球だけです。

太陽系で生命がいそうな天体

ところが、さいきんの観測によって、地球以外にも液体の水があるのではないかと考えられる天体の存在がわかってきました。

たとえば、火星は数十億年前には、地球のように表面に液体の水がある惑星だったと考えられています。現在も火星の斜面には水が流れたあとのような地形が見つかっており、火星の地下から水がしみだしているのではないかといわれています。

また、木星のまわりをまわる衛星エウロパ、土星の衛星タイタンやエンケラドゥスは、表面のあつい氷の下に、液体の水の層があるとみられています。これらの天体には、原始的な生命がいるのではないかと期待されています。液体の水をさがすことは、生命発見の手がかりになるでしょう。

太陽が近く、温度が高すぎる。水は蒸発してしまう。
液体の水があって、気温も安定しているよ！
太陽が遠く、温度がひくすぎる。水はこおってしまう。
水星
金星
地球
ハビタブルゾーン
火星
木星
土星
天王星
海王星

ここがポイント！
今のところ、太陽系で生命がいることがわかっているのは地球だけ。

152ページのこたえ　完全変態

おはなしクイズ　宇宙で、生命が存在するのに適した範囲を何という？

ゴルフボールに小さなくぼみがたくさんあるのは、どうして？

読んだ日にち（　年　月　日）（　年　月　日）（　年　月　日）

ボールを引きあげる

みなさんは、ゴルフボールを近くで見たことがありますか。ゴルフボールには、小さなくぼみがたくさんあります。このくぼみを「ディンプル」といいます。なぜ、ゴルフボールにはディンプルがあるのでしょうか。

打ったゴルフボールをとぶ正面から見ると、多くの場合、上向きに回転します。このとき、ボールの上がわの空気は下がわよりも速く流れるようになり、空気の流れの速さに差ができます。すると、ボールを上に引きあげようとする力（揚力）がうまれるのです。

ディンプルがあると、ボールの表面に小さな空気の流れができ、ボールの上がわと下がわの空気の流れの速さの差が大きくなります。これによって、揚力も大きくなります。そのため、ボールがより遠くまでとぶのです。

揚力の大きさのちがい

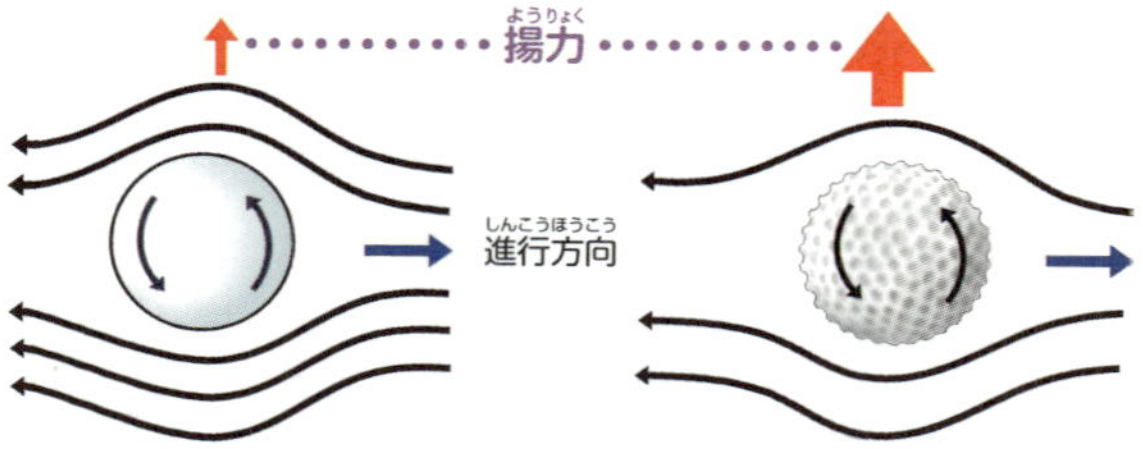
揚力
進行方向

ディンプルがないと、上下の空気の速さのちがいが小さく、揚力も小さくなる。

ディンプルがあると、上下の空気の速さのちがいが大きく、揚力も大きくなる。

空気抵抗が小さくなる

また、とんでいるゴルフボールには、ボールの表面にそって流れる空気がボールのうしろにまわり、ボールを引っぱる「空気抵抗」という力がはたらきます。しかし、ディンプルがあると、空気の流れをかえることで、空気抵抗を小さくします。そのため、ディンプルがない場合よりも遠くにとぶようになります。ディンプルがあると、ない場合よりも約二倍も遠くにボールがとぶといわれています。

空気抵抗のちがい

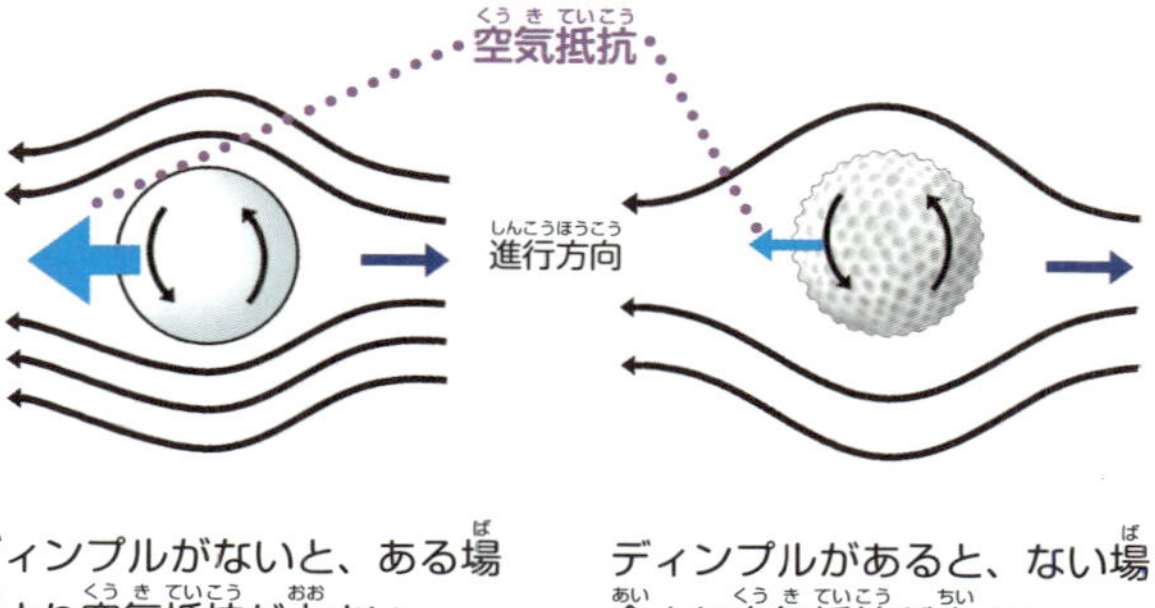
空気抵抗
進行方向

ディンプルがないと、ある場合より空気抵抗が大きい。

ディンプルがあると、ない場合より空気抵抗が小さい。

ここがポイント！

くぼみがあると、ボールをもちあげる揚力が大きくなり、うしろに引っぱる空気抵抗が小さくなって、より遠くにとぶ。

おはなしクイズ　ゴルフボールがつるつるだと遠くまでとぶ？

153ページのこたえ　ハビタブルゾーン

3か月も先の天気予報ができるのはなぜ？

読んだ日にち（　年　月　日）（　年　月　日）（　年　月　日）

天気予報と季節予報のちがい

明日の天気や、一週間先の天気を予測して発表するものを天気予報といいます。

しかし、それ以上先のことになると、はっきりと晴れだと予測したり、雨のふる確率を予測したりすることがむずかしくなります。

そこで、次の季節の天候を「降水量は、北日本と西日本海側で平年なみです」などと、おおまかに予報します。これを季節予報といいます。

季節予報には一か月予報、三か月予報のほか、その年の夏（六月～八月）の天気を知らせる暖候期予報、その年の冬（十二月～二月）の天気を知らせる寒候期予報があります。

コンピューターがかつやく

季節予報では、これまでの年とくらべて今年の天気はどうなるのか、ということを、過去のデータからさぐっていきます。

また大気の流れや、海水の温度の変化、太陽の光の強さや雨の量など、現実に起こっているさまざまな情報を数値にかえて、計算によって予報を出します。これを数値予報モデルといいます。

計算にはスーパーコンピューターが使われます。スーパーコンピューターは、ふつうのコンピューターとくらべて、数十万倍も速く計算ができます。この計算の速さをいかして、たくさんの気象データを集めて計算し、天気を予測しているのです。

季節予報は、農作物の冷害・高温障害対策、電力需要の予測、熱中症対策など、いろいろな分野ではば広く利用されています。

現実に起こっていることから

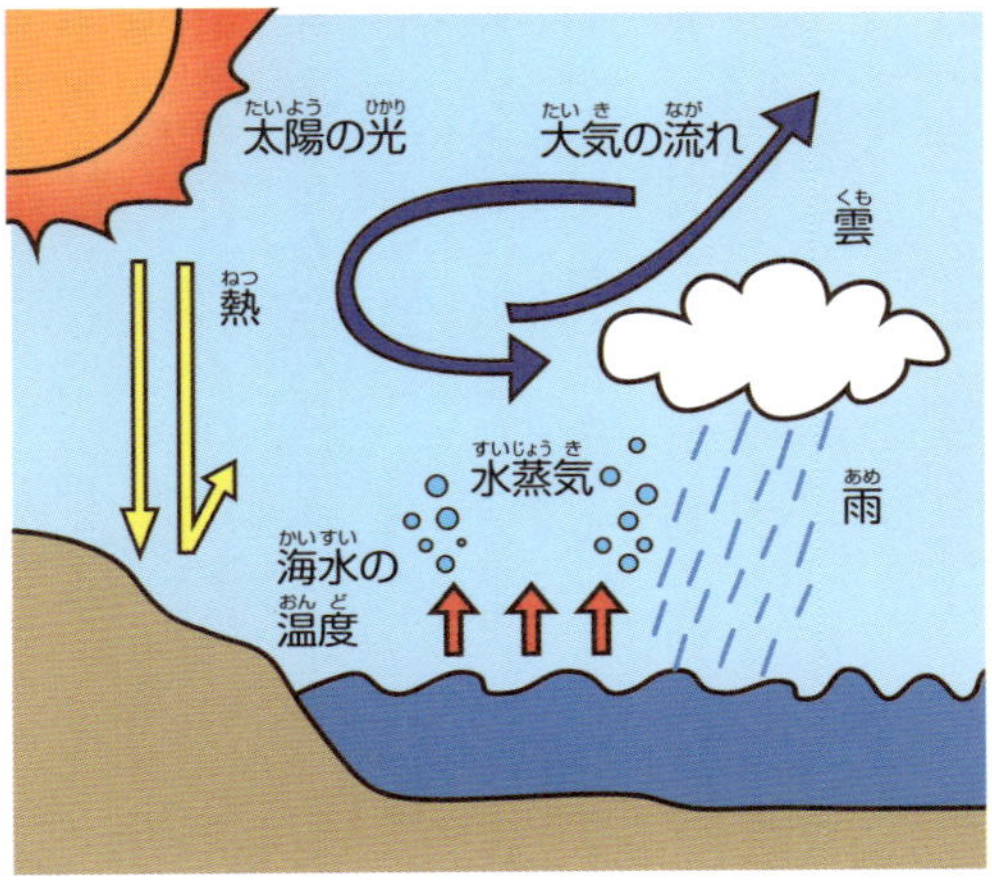
太陽の光
大気の流れ
雲
熱
水蒸気
雨
海水の温度

情報を数値にかえて、スーパーコンピューターで計算し、予測する。

ここがポイント！

たくさんの情報を数値にかえ、スーパーコンピューターで計算することで、三か月先の天気の傾向を予測している。

154ページのこたえ　とばない

おはなしクイズ　1か月や3か月など、長期間の天気を予報するものを何という？

潮の満ち引きはなぜ起こるの？

読んだ日にち(　　年　　月　　日)(　　年　　月　　日)(　　年　　月　　日)

地球　月

海のなかから道があらわれる

香川県の小豆島のそばに、余島というふしぎな無人島があります。この島は小豆島から一キロメートルもはなれていて、ふだんはボートなどがないとわたれません。ところが、一日に二回だけ、海のなかから道があらわれ、歩いてわたれるようになるのです。

このふしぎな現象を起こすのは、「潮の満ち引き」です。海面は一日に二回ずつ、だいたい半日ごとに、ゆっくりと高くなったり、ひくくなったりをくり返しています。これが潮の満ち引きで、海面がもっとも高くなるときを「満潮」、もっともひくくなるときを「干潮」といいます。

余島では、干潮で海面がひくくなることで、かくれていた砂浜があらわれ、道ができるわけです。

月が海水を引っぱる

潮の満ち引きは、おもにふたつの力によって起こります。

ひとつは、天体がまわりのものを引きよせる力、「引力」です。月が引力で地球の海水を引っぱっているため、地球の月に面したがわでは、海面が高くなり、満潮になります。また、月の引力ほどではありませんが、太陽の引力もはたらきます。

もうひとつは、地球が月との共通重心のまわりをまわることから生じる「遠心力」（→146ページ）です。地球の月に面していないがわでは、この力が強くはたらくため、海水が外がわに引っぱられ、満潮になります。いっぽう、満潮の場所から経度で九〇度はなれた場所では、海面はひくくなり、干潮となります。

地球ではつねに、満潮と干潮が二か所ずつで起きています。地球は一日で一回自転しているため、同じ場所で一日に二回ずつ、満潮と干潮が来るのです。

ここがポイント！

おもに月の引力や、月と地球が共通重心のまわりをまわる遠心力で、海面の高さがかわる。

潮の満ち引き
月
干潮
北から見た地球
満潮
自転
満潮
引力
遠心力
干潮
月に面したがわとその反対がわで満潮になり、そこから経度で90度はなれた場所で干潮になる。

155ページのこたえ　季節予報

おはなしクイズ　潮の満ち引きを起こす力は何と何？

お風呂のなかでは、指が短く見えることがある!

読んだ日にち(　　年　　月　　日)(　　年　　月　　日)(　　年　　月　　日)

ものの はたらき
光

はねかえった光を見ている

お風呂のなかで、お湯に入れた手を見てふしぎに感じたことはありませんか。見る角度によっては、指が短く見えるのです。

わたしたちは、太陽や照明器具から出た光が、ものにあたってはねかえった光を見ています。目から入ってきた光の情報は、わたしたちの頭のなかにある「脳」に送られ、脳で「○○を見ている」と理解します。

お風呂のお湯に入れた手も、手にあたってはねかえった光が、お湯のなかと空気のなかを通って目にとどいた光を見ています。

光は折れまがることもある

光には、まっすぐ進むというとくちょうがあります。ところが、空気、水、ガラスのように、ことなる物質に入ると、それぞれのさかい目で、折れまがって進むことがあります。これを光の「屈折」といいます(→282ページ)。

お風呂のお湯に入れた手にはねかえった光も、お湯と空気とのさかい目で折れまがって進みます。しかし、わたしたちの脳は、光はまっすぐ目に入ってきたととらえます。そのため、見る角度によっては、指が短く見えることがあるのです。

見え方は、見る位置や角度をかえると、かわります。

お風呂で指が短く見えるしくみ

脳は、光がまっすぐとどいているとかんちがいをするので、指が短く見える。

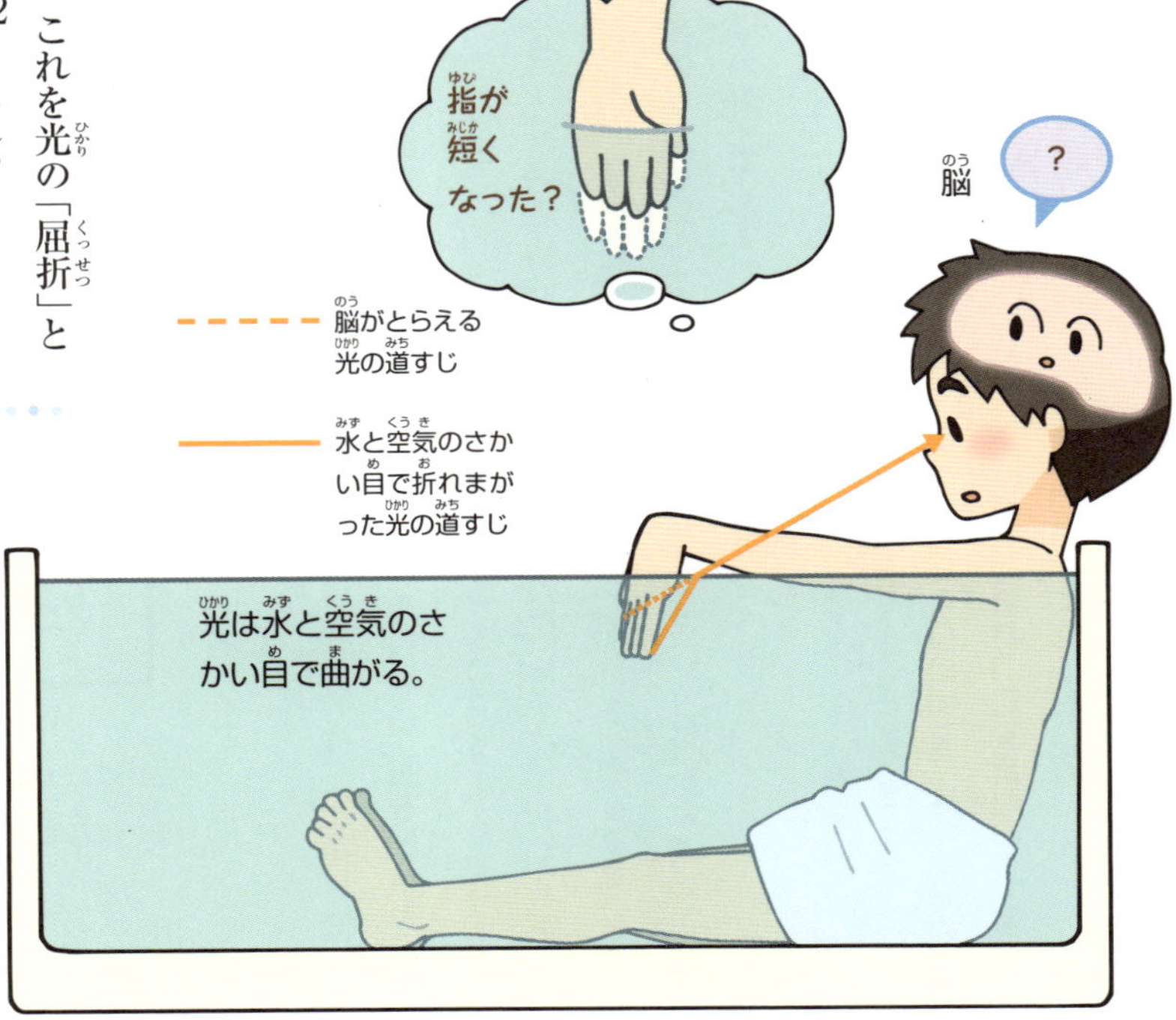
指が短くなった?
脳
?
脳がとらえる光の道すじ
水と空気のさかい目で折れまがった光の道すじ
光は水と空気のさかい目で曲がる。

ここがポイント!
光は、水のなかから空気のなかにとびだすときに折れまがる。

156ページのこたえ
引力と遠心力

おはなしクイズ 光が、ことなる物質のさかい目で曲がって進むことを何という?

星の明るさってどうやって決めているの？

読んだ日にち（　年　月　日）（　年　月　日）（　年　月　日）

二〇〇〇年以上前からある

みなさんは、「一等星」や「二等星」ということばをきいたことはあるでしょうか？　これは「実視等級」といって、星の見た目の明るさのちがいを、数字によってあらわしたものです。

今から二〇〇〇年以上前、古代ギリシャの天文学者ヒッパルコスは、夜空にかがやく星を、明るさによって分類することを考えました。もっとも明るくかがやいて見える二〇この星を「一等星」、ようやく見えるほどの明るさの星を「六等星」として、全部で六段階に分けたのです。これが等級のはじまりです。

基準になる星は？

時は流れ、一九世紀になると、一等星の明るさは六等星の約一〇〇倍であることがわかりました。等級が五つちがうときに、明るさが一〇〇倍ちがうとすれば、等級がひとつちがうときの明るさの差は、約二・五倍であることになります。ここから、一等星より二・五倍明るい星は〇等星、〇等星より二・五倍明るい星はマイナス一等星……というように、星の明るさをより正確に数字であらわすことができるようになりました。

さらに、等級をはかるときの基準として「北極星を二等星とする」というルールが定められました。

ところがその後、北極星は「変光星」といって、明るさが変化する星であることがわかりました。そのため現在では、こぐま座のラムダ星という星の明るさを六・五等星とするという基準に改められています。

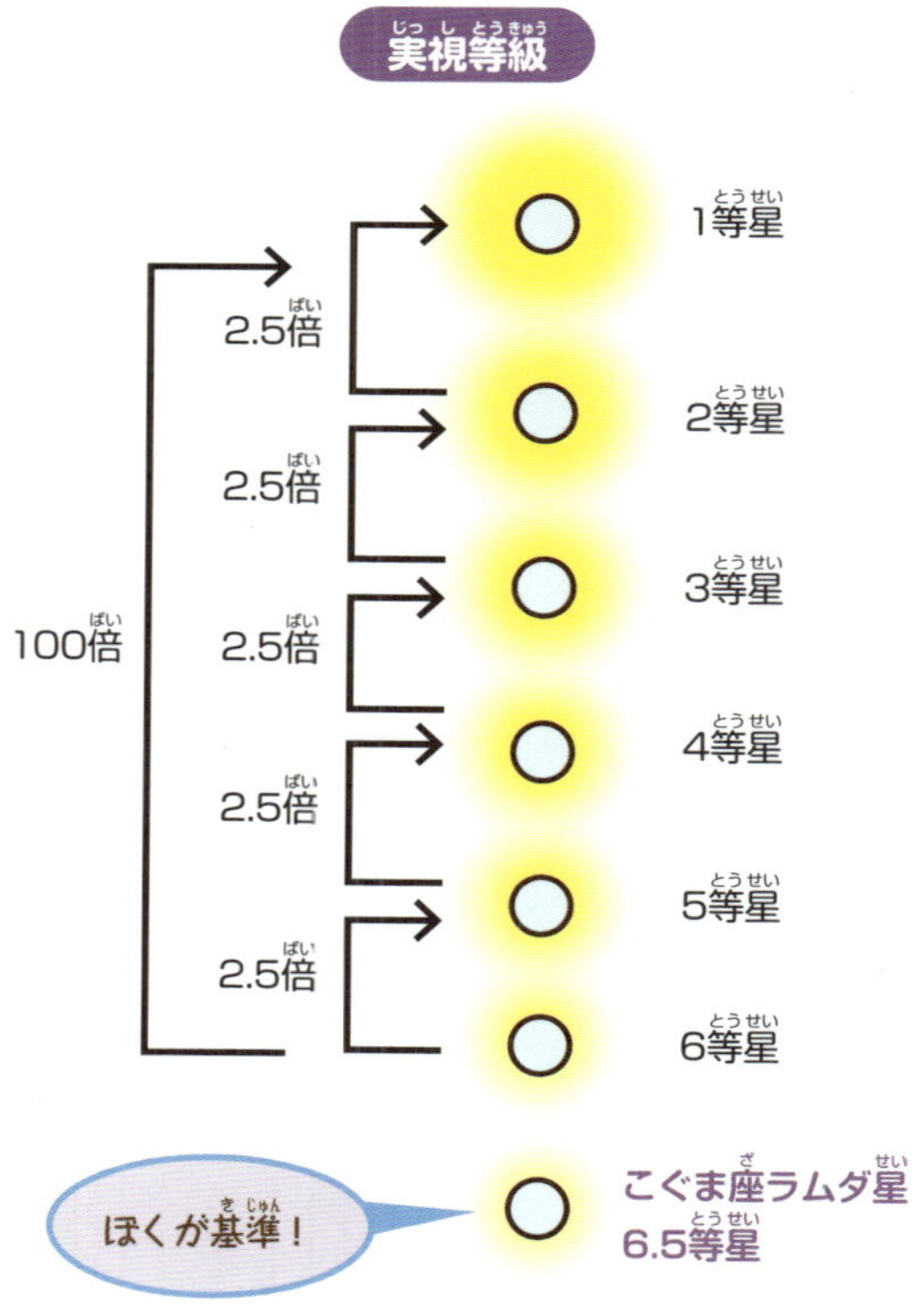
実視等級
1等星
2等星
3等星
4等星
5等星
6等星
2.5倍
2.5倍
2.5倍
2.5倍
2.5倍
100倍
ぼくが基準！
こぐま座ラムダ星
6.5等星

ひとつの等級ごとの明るさの差は約2.5倍。1等星は6等星の約100倍の明るさになっている。

ここがポイント！
星の見た目の明るさは実視等級であらわされ、こぐま座のラムダ星が基準になっている。

おはなしクイズ　1等星は6等星の何倍明るい？

157ページのこたえ　屈折

太陽の温度はどうやってはかるの？

読んだ日にち（　年　月　日）（　年　月　日）（　年　月　日）

地球
太陽

色で温度がわかる

太陽の表面の温度は、約六〇〇〇度といわれています（↓39ページ）。ただし、だれかが太陽まで行って温度をはかったわけではありません。あるものをヒントに、温度をわりだしたのです。そのあるものとは、色です。

みなさんは、星に色があることを知っていますか？　夜空にかがやく星には、いろいろな色があります。

たとえば、冬の星座の代表であるオリオン座。この星座は、神話に登場する狩人オリオンをかたどった星座ですが、そのオリオン座の左上にある星（ベテルギウス）をよく見てみると、赤っぽい色をしています。

いっぽう、オリオン座の右下にある星（リゲル）は、左上の星とはぎゃくに、青白い色でかがやいています。

この星の色のちがいをつくっているのが、表面温度です。具体的にいうと、赤っぽい星ほど表面温度がひくく、青っぽい星ほど表面温度が高いのです。

太陽は何色？

ですから太陽の場合も、そこから出る光の色を調べることで、表面温度を知ることができます。星の色と表面温度の関係は、左の表のようになっています。

太陽の光をくわしく調べると、黄色であることがわかります。そこから、太陽の表面温度は六〇〇〇度くらいであることがわかるのです。

ここがポイント！
星の色は、表面の温度によってちがう。そのため、色をもとに太陽の温度をはかった。

星の色と表面温度の関係

赤	2500～3900度
オレンジ	3900～5300度
黄	5300～6000度
黄白	6000～7500度
白	7500～1万度
青白	1万～2万9000度
青	2万9000～6万度

オリオン座
ベテルギウス
リゲル

オリオン座の左上の、赤っぽい色をしたベテルギウスの表面温度はひくく、右下の青白くかがやくリゲルの表面温度は高い。

158ページのこたえ　一〇〇倍

おはなしクイズ　赤っぽい色の星の表面温度は高い？　ひくい？

津波とふつうの波はどうちがうの？

読んだ日にち(　　年　　月　　日)(　　年　　月　　日)(　　年　　月　　日)

風によって起きる波

海面が上下する動きのことを「波」といいます。海岸によせたり引いたりするふつうの波は、風によってうみだされたものです。

沖合で風がふくと、海面に小さな波（さざ波）がうまれます。この波が、風にふかれつづけて大きくなったものが、海岸までやってくるのです。こうした波は「風浪」とよばれます。また、遠くの台風や低気圧からつたわってくる、波長の長い波もあり、これは「うねり」といいます。

波が起きている海面の下では、海水の円運動が生じており、これが波を遠くまでつたわらせます。浅い海岸に近づくと、円運動はいきおいをうしなってくずれるため、波はあわだち、消えていきます。

地震が起こす津波

いっぽう津波とは、地震が原因で発生する波のことです。地震によって震源のあたりの海底が動くと、まわりの海水も上下にもりあがったりしずんだりします。この動きがどんどん広がっていくのが津波です。

津波の場合は、海水全体が大きく動き、ものすごいスピードで陸地におしよせます。そのため、ふつうの波のように海岸線では止まらず、あとからあとから海水のかたまりがやってきます。風浪の波の長さが、長くても数十メートルなのに対し、津波の長さは数キロメートルから数百キロメートルもあり、地上にやってくると、大きな被害をもたらします。二〇一一年に起こった東日本大震災では、広い範囲が津波におそわれてしまいました。

ふつうの波
風
海岸に近づくと、円運動がくずれてあわだつ。
海水の円運動によって海岸までやってくる。

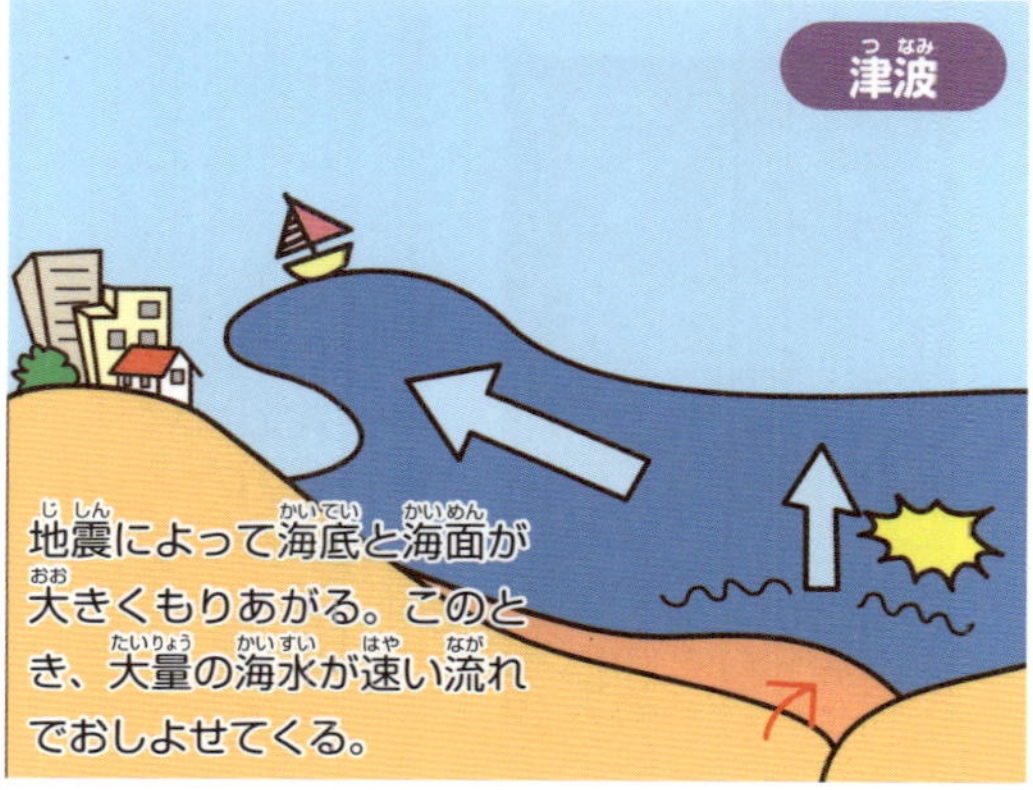
津波
地震によって海底と海面が大きくもりあがる。このとき、大量の海水が速い流れでおしよせてくる。

ここがポイント！
ふつうの波は風によって起こり、津波は地震によって起こる。

159ページのこたえ ひくい

おはなしクイズ 風によって波が起きているとき、海水はどんな運動をしている？

キャベツはアオムシの天敵をよんで身を守っている！

読んだ日にち（　　年　　月　　日）（　　年　　月　　日）（　　年　　月　　日）

キャベツが出すSOS信号

動物や虫は、自分を食べようとする敵からにげたり、かくれたりして身を守ります。でも、動けない植物は、自分を食べる虫がやってきても、にげることができません。そのため植物は、自分の身を守るために目に見えない反撃をしています。

虫に食べられやすい植物の代表といえば、キャベツです。キャベツの葉っぱをアオムシ（モンシロチョウの幼虫）が食べると、キャベツは人間にはわからないとくべつなかおりを出します。このかおりは、「みどりのかおり」とよばれるものです。みどりのかおりがただよいだすと、アオムシコマユバチがやってきて、アオムシに卵をうみつけ、アオムシはやがて、アオムシコマユバチの幼虫に食べられてしまいます。

キャベツは、かおりでSOS信号を出し、アオムシの天敵であるハチをよんでいたのです。

かおりは使いわけられる

キャベツを食べる虫は、アオムシだけではありません。キャベツは、コナガの幼虫に食べられると、今度はかおりをかえて、コナガの幼虫に卵をうみつけるコナガマユバチをよびよせます。みどりのかおりは、いくつかの成分が組みあわさっていて、キャベツは虫によって組みあわせをかえ、それぞれの天敵となるハチをよんでいるのです。

こうしたかおりのSOS信号は、虫に食べられた植物が、まわりにはえている同じ植物に対して、危険をよびかける役目ももっています。

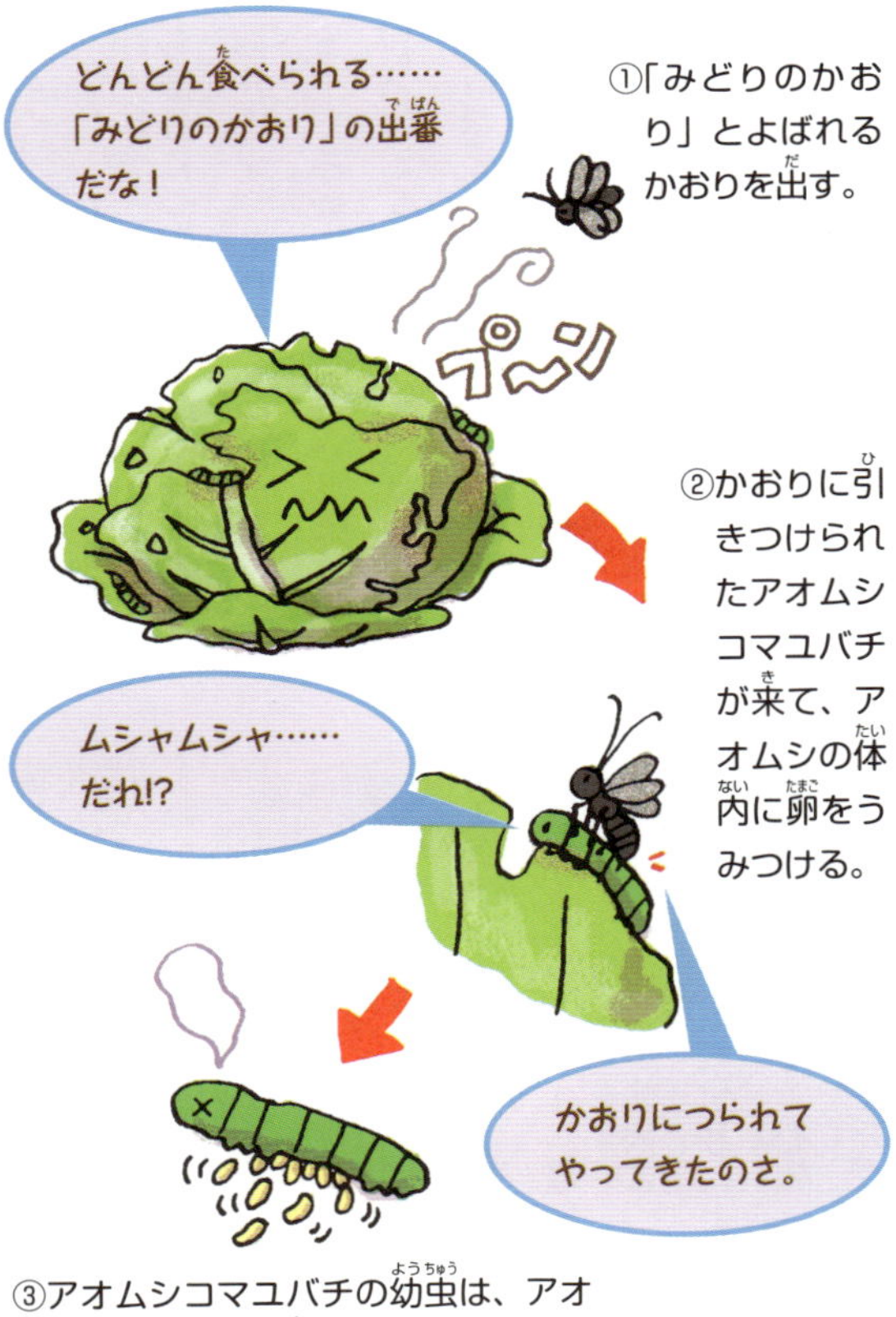
どんどん食べられる……
「みどりのかおり」の出番だな！
プ〜ン
ムシャムシャ……
だれ!?
かおりにつられて
やってきたのさ。

①「みどりのかおり」とよばれるかおりを出す。

②かおりに引きつけられたアオムシコマユバチが来て、アオムシの体内に卵をうみつける。

③アオムシコマユバチの幼虫は、アオムシのからだを食いやぶる。

ここがポイント！
キャベツはかおりを使って、自分を食べる虫の天敵をよびよせる。

160ページのこたえ
円運動

おはなしクイズ キャベツは虫に食べられたとき、何を使ってSOS信号を出す？

人間のからだにも電気がある！

読んだ日にち(　年　月　日)(　年　月　日)(　年　月　日)

ものの はたらき 電気

神経は電気信号をつたえる

わたしたちは、家のコンセントや電池から流れる電気で、さまざまな電気製品を使って生活しています。しかし、わたしたちのからだでも、電気はつくられているのです。

わたしたちのからだには、からだのさまざまな部分の状態を脳につたえたり、脳の命令をからだの各部分につたえたりするしくみがあります。これを「神経」といいます。神経は、ごく弱い電気信号をつたえることで、脳やせきずいと情報をやりとりしているのです。

たとえば、わたしたちがからだの外から刺激を受けると、その刺激は電気信号にかえられ、神経細胞という細胞を通って、脳やせきずいへとつたわります。

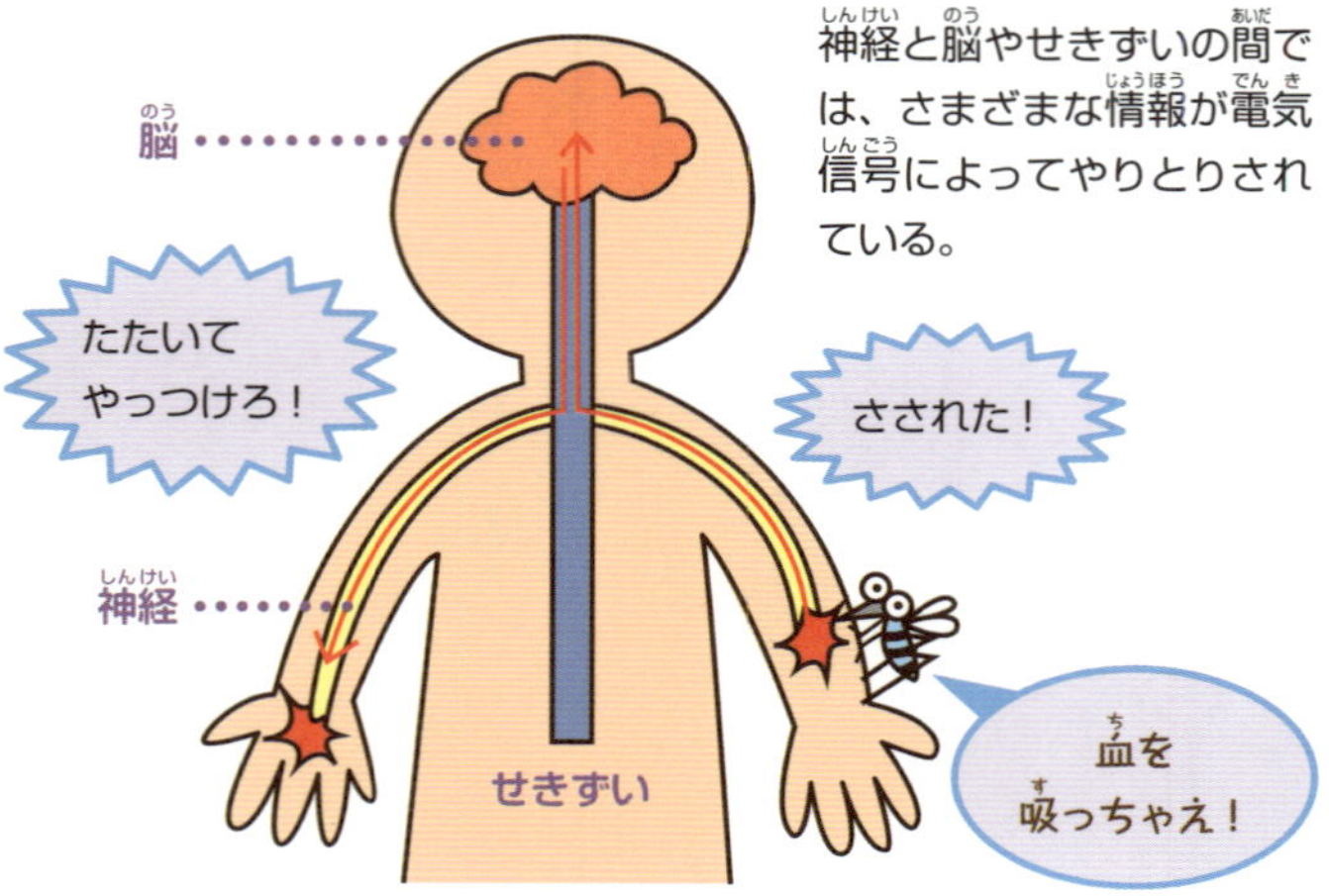

神経と脳やせきずいの間では、さまざまな情報が電気信号によってやりとりされている。
脳
たたいてやっつけろ！
さされた！
神経
せきずい
血を吸っちゃえ！

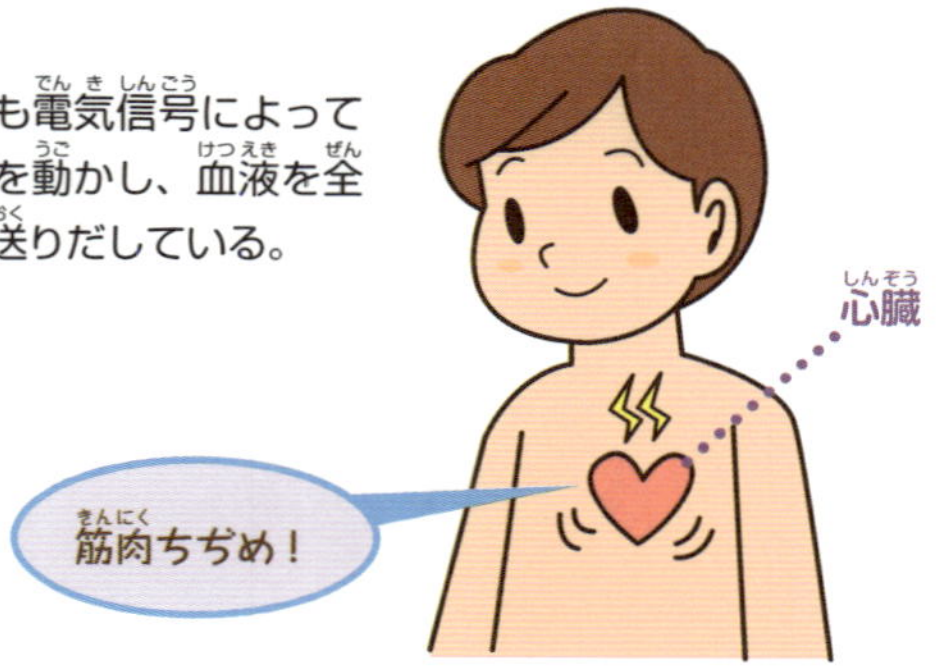

心臓も電気信号によって筋肉を動かし、血液を全身に送りだしている。
心臓
筋肉ちぢめ！

心臓も電気信号で動く

電気信号は、心臓でもうまれています。心臓には、「洞結節」とよばれる部分があり、電気信号をつくって、心臓の筋肉につたえています。この電気信号によって筋肉がちぢむことで、心臓はポンプのように、血液をからだ中に送りだしているのです。

みなさんも、健康診断で心電図検査というものを受けたことはあるでしょう。心電図ではこの電気信号をはかって、心臓の動くようすをグラフにします。心電図を見ると、心臓が正しく動いているかどうかを調べることができます。

ここがポイント！
神経は電気信号で情報をやりとりし、心臓も電気信号で動いている。

161ページのこたえ かおり

おはなしクイズ 脳の命令を、からだの各部分に弱い電気信号でつたえているものは何？

マッコウクジラは深海までもぐれる！

読んだ日にち（　年　月　日）（　年　月　日）（　年　月　日）

生命
動物

頭に脂肪がつまっている

クジラには、大きく分けて、プランクトンや小魚を食べるヒゲクジラと、大きなえものをおそって食べるハクジラの二種類がいます。

ハクジラのなかまでもっとも大きいのが、マッコウクジラです。マッコウクジラは大きな頭と口をもち、するどい歯もはえています。そして、えものをとるために、深さ一〇〇〇メートル以上の深海までもぐることができます。このときに必要になるのが、その大きな頭です。

マッコウクジラの頭のなかには、「脳油」とよばれる脂肪が約三トンもつまっています。脳油はひえると固体に、あたためると液体になります。マッコウクジラは、この脳油の性質を利用して深海にもぐっているのです。もぐるときにはまず、鼻のあなからつめたい海水を吸いこみ、脳油をひやします。すると、ひえた脳油がかたまり、密度が大きくなります。このかたまった脳油をおもりにして、マッコウクジラは最大で三〇〇〇メートルの深さまでもぐることができるのです。

ダイオウイカをとらえる

全長が約一五メートルにもなるマッコウクジラがおなかいっぱいになるためには、かなり大きなえものが必要です。そこでマッコウクジラは、深海に生息するダイオウイカをとらえて食べています。

ダイオウイカはとても大きなイカで、長い腕をふくめると、七～八メートルほどもあります。これほど大きいえものをつかまえるのは、かんたんではありません。ダイオウイカも長い腕で反撃してくるため、マッコウクジラの顔には、たくさんの吸盤のあとがあります。

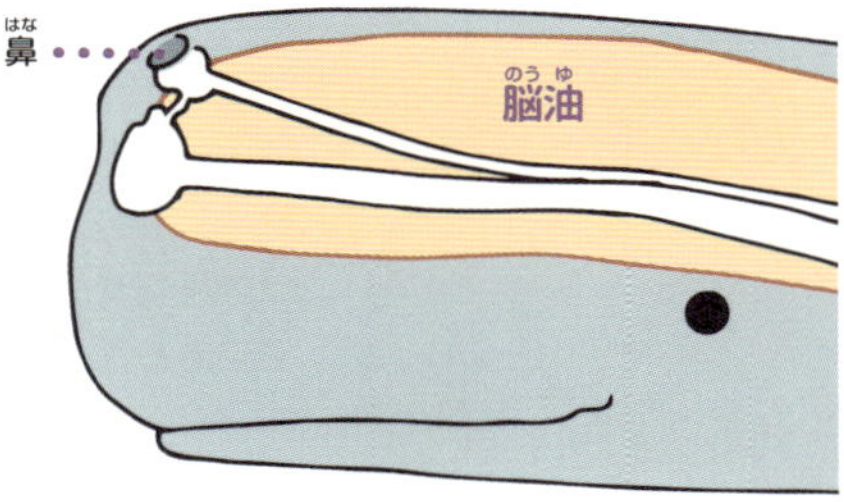
鼻
脳油

ふだんは、脳油は液体の状態で頭のなかにある。

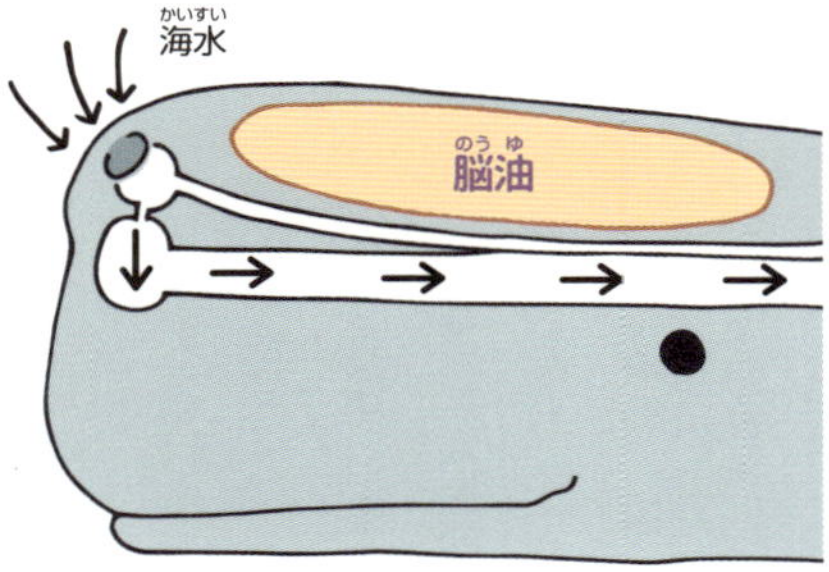
海水
脳油

つめたい海水を吸って、脳油をひやすと、ひえた脳油が固体になり、密度が大きくなる。これをおもりにして深海までもぐる。

ここがポイント！
マッコウクジラは、頭につまっている脳油をひやして固体にすることで、密度を大きくして、深海までもぐることができる。

162ページのこたえ　神経

おはなしクイズ　マッコウクジラの頭につまっている脂肪は何とよばれる？

ねむくなるのはどうして？

読んだ日にち（　年　月　日）（　年　月　日）（　年　月　日）

脳やからだを休ませる

まだまだたくさんやりたいことがあるのに、どうしてねむくなっちゃうんだろう？　と思うことがあるかもしれません。

でも、ねむること（すいみん）はとてもたいせつです。昼間、学校に行って勉強をしたり、遊んだりしているみんなの脳やからだは、ずっとはたらきつづけています。自分でも気づかないうちに、つかれがたまっているので、ねむって休むことが必要なのです。

脳がつかれると、脳のなかには「メラトニン」というねむくなる物質がたまってきます。これが、ねむくなる原因です。

ねむりに入ると、脳は昼間に見たりきいたりした、さまざまな情報の整理をします。学校で勉強したことも、ねている間に整理され、きちんと記憶されるしくみになっているのです。

体内時計に合わせると

朝になると、
目がさめる。
夜になると、
ねむくなる。

体内時計の場所

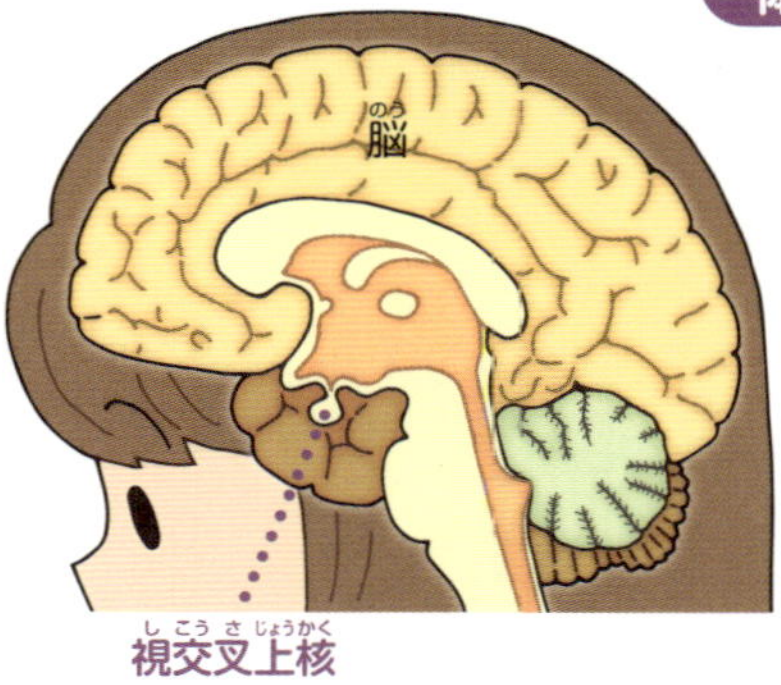
脳
視交叉上核

体内時計の中心は、脳のなかの視交叉上核にある。

体内時計に合わせる

ねむくなる原因は、ひとつだけではありません。

わたしたちは、まるで時計のように、一日ごとに生活のリズムをきざんでいます。このリズムをつくっているのが、体内時計です（→183ページ）。体内時計の中心は、脳のなかの「視交叉上核」という、小さな部分にあります。

夜になると、この体内時計に合わせてねむくなるのです。このとき、脳からはねむくなる物質も出はじめます。そして、次の日の朝、太陽の光をあびることで体内時計がリセットされ、すっきりと目をさますことができます。

ここがポイント！

脳がつかれると、脳のなかにねむくなる物質がたまってねむくなる。また、夜になると、体内時計に合わせてねむくなる。

163ページのこたえ　脳油

おはなしクイズ　脳がつかれると、脳のなかにたまる物質を何という？

地球の大きさってどうやってはかったの？

読んだ日にち（　年　月　日）（　年　月　日）（　年　月　日）

地球の大きさのはかり方

図鑑などを見ると、地球の大きさがのっています。これはもちろん、ものさしを使ってはかったわけではありません。さまざまな工夫をして、計算で求めたのです。

今から二二〇〇年以上前、古代ギリシャのエラトステネスという学者が、世界ではじめて地球の大きさを計算しました。

かれはまず、シエネという町では夏至の日の正午に人の影が真下にきて、深い井戸の底まで太陽の光がさしこむことを知りました。シエネでは、太陽が真上に来るからです。ところが、シエネより北のアレキサンドリアという町では、同じ日の同じ時刻、影はななめにできます。このことからエラトステネスは、地球は丸いと考えました。そして、地球の一周の長さを計算してみたのです。

シエネとアレキサンドリアの間のきょりと、アレキサンドリアでの太陽の角度をもとにエラトステネスが求めた地球一周の長さは、約四万六〇〇〇キロメートルでした。じっさいの長さは約四万キロメートルですから、当時としてはおどろくべき正確さでした。

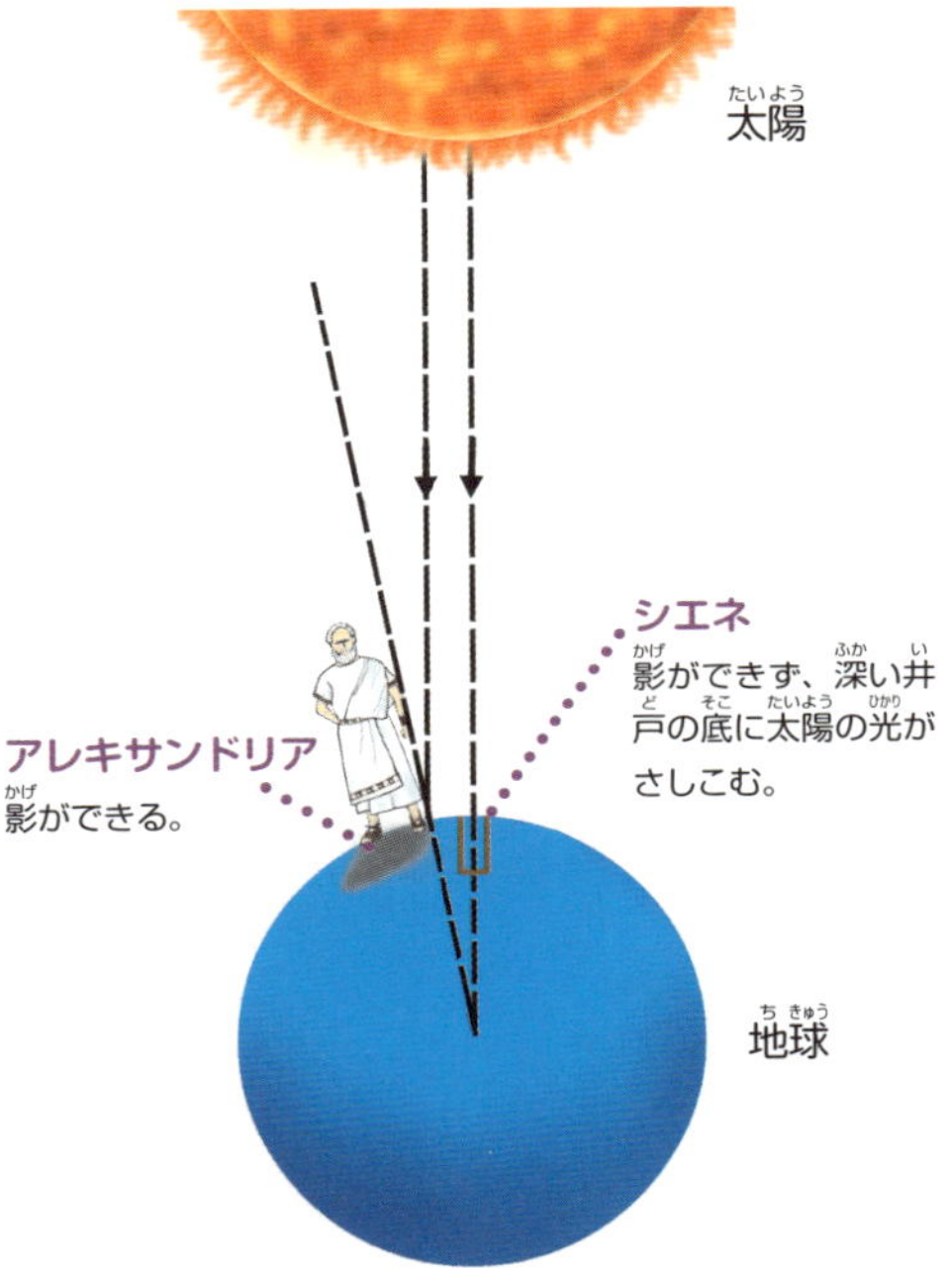
太陽
シエネ
影ができず、深い井戸の底に太陽の光がさしこむ。
アレキサンドリア
影ができる。
地球

地球は丸いので、場所によって同じ時刻の太陽の光のあたり方がちがい、地面の影のでき方もちがう。エラトステネスはこれを利用して、地球1周の長さを計算した。

人工衛星ではかる

現在では、人工衛星を使って、より正確に地球の大きさをはかることができます。

具体的にどうするのかというと、まず、地球上の二か所から、ひとつの人工衛星に向かって同時にレーザー光線を発射します。このレーザー光線が、人工衛星からはね返ってくるまでの時間をはかり、さらにふたつの場所のきょりや角度を使って計算すると、地球の大きさを求めることができるのです。

ここがポイント！
さいしょは、はなれた場所での太陽の角度をもとに、現在では人工衛星を利用してはかっている。

164ページのこたえ　メラトニン

おはなしクイズ　地球の大きさをさいしょに計算した古代ギリシャ人の名前を、何という？

漂白剤はどうして洗たくものを白くすることができるの？

読んだ日にち（　　年　　月　　日）（　　年　　月　　日）（　　年　　月　　日）

5月21日のおはなし

ものの性質変化

洗剤でとれないよごれ

わたしたちは、下着や服を洗たくするときに、洗剤を使います。洗剤は、繊維についたよごれをはがしてとることによって、繊維をきれいにしています。

しかし、カレーの黄色い色などが服についたときは、洗剤であらっても、なかなかとれません。それは、色のもと（色素）が、繊維の網目のおくまで入りこんだり、繊維と結びついたりしているからです。そのようなよごれのついた繊維をきれいにするときに使うのが漂白剤です。

色のもとをバラバラにする

わたしたちの家庭でおもに使う漂白剤には、「塩素系」といわれるものと「酸素系」といわれるものがあります。どちらも、繊維についたよごれのもとになる物質を分解して、色のない物質にかえてしまう成分がふくまれています。

塩素系の漂白剤は、繊維の色まで消してしまうことがあるくらい強いので、ふきんなどのよごれがひどいものをきれいにするのに使います。また、強いアルカリ性なので、ウール（毛）や絹、ナイロンなどには使うことができません。木綿、麻、ポリエステル、アクリルには使えます。

いっぽう酸素系は、塩素系にくらべると漂白力はそれほど強くありません。衣類を染めたときの物質（染料）まで分解することがないので、がら物の衣類の漂白にも使えます。

なお、塩素系の漂白剤を酸性のものとまぜると、有毒な気体が発生するので、酸性洗剤などといっしょに使わないように気をつける必要があります。

漂白剤や洗剤は、表示されている使用上の注意を読んで正しく安全に使いましょう。

ここがポイント！
漂白剤は、色の成分を分解して色のない物質にかえている。

漂白剤のしくみ

服（布）は、糸を織ったり編んだりしてできているので、表面があみ目のようになっている。
洗剤で落とせないよごれ（色のもと）は、このあみ目に入りこむ。

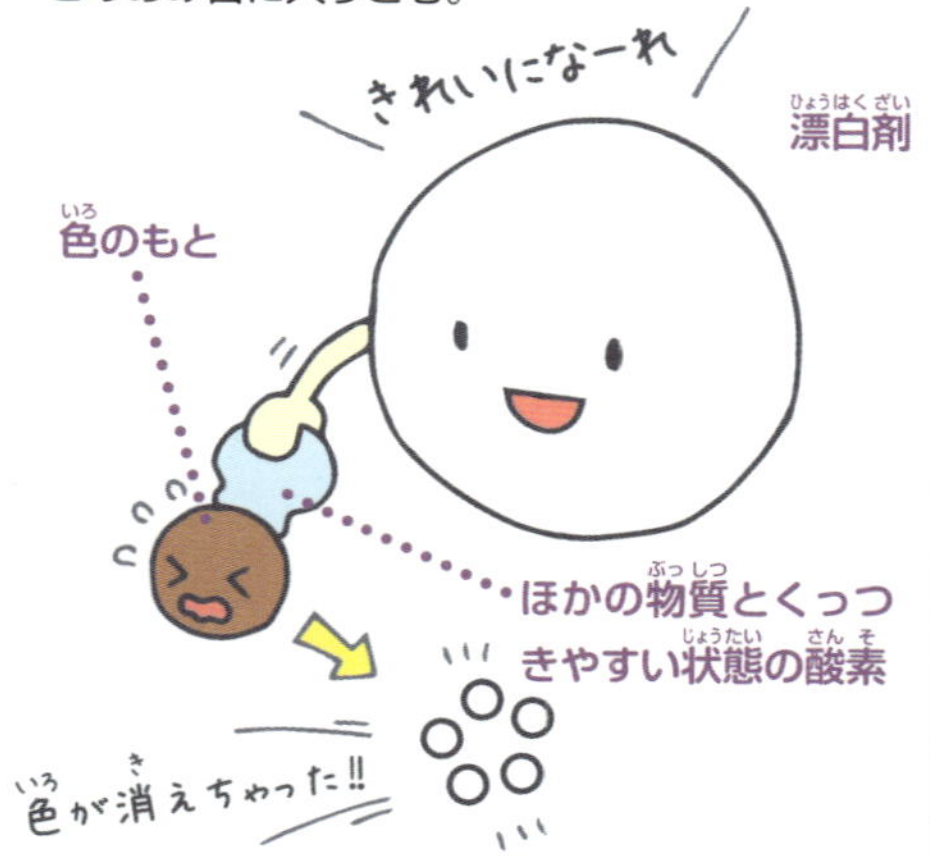

きれいになーれ
漂白剤
色のもと
ほかの物質とくっつきやすい状態の酸素
色が消えちゃった!!

漂白剤が、色のもとに酸素のつぶをくっつけると、色のもとがバラバラになり、洗たくものは白くなる。

165ページのこたえ　エラトステネス

おはなしクイズ　わたしたちの家庭でおもに使う漂白剤は、何系と何系に分かれる？

生物多様性って何？なぜたいせつなの？

読んだ日にち（　年　月　日）（　年　月　日）（　年　月　日）

生きもののつながり

地球上にはさまざまな生きものが生きており、おたがいにかかわりあいながらバランスをたもっています。これを「生物多様性」といいます。わたしたち人間は、生物多様性のおかげで、さまざまなものを手にしています。

たとえば、ミツバチが花粉を運ぶと、植物が実をつけて、わたしたちはさまざまな野菜やくだものを手に入れることができます（→86ページ）。つまり、ミツバチと植物とのかかわりあいのおかげです。

生物多様性には、生態系、種、遺伝子（→95ページ）という三種類の多様性があります。生態系の多様性とは、森林・海・河川など、生きものが生きるさまざまな環境があることを指します。種の多様性とは、動植物から微生物まで多くの生きものが存在することをいい、遺伝子の多様性とは、同じ種のなかでもさまざまな遺伝子があることで、形、はたらき、個性がことなることをいいます。

生物多様性の危機

地球上では毎年一〇〇〇から一万種の生きものが絶滅しており、生物多様性がうしなわれつつあります。生物多様性がこのような状態にある原因は、

(一) 自然破壊と環境汚染で生きもののすむ場所がなくなったことにくわえ、むやみに生きものをとったために数がへった。

(二) 里山などの手入れ不足で、生態系のバランスがくずれた。

(三) もともといなかった場所につれてこられた生きものがすみつくことによって、生態系のバランスがくずれた。

(四) 地球温暖化（→259ページ）。

の四つだといわれています。

これからわたしたちは、どうすれば生物多様性を守っていけるかを考えなければならないでしょう。

ここがポイント！
地球上のさまざまな生きもののつながりを生物多様性といい、わたしたちの生活にも関係している。

生物多様性
生態系の多様性
川
山
海
種の多様性
遺伝子の多様性

生物多様性により、わたしたちの生活はささえられている。

おはなしクイズ 生物多様性には3種類の多様性がある。生態系、遺伝子、あとひとつは？

166ページのこたえ 酸素系と塩素系

大昔の地球には、大陸がひとつしかなかった！

読んだ日にち（　　年　　月　　日）（　　年　　月　　日）（　　年　　月　　日）

5月23日のおはなし

地球　大地

さいしょの大陸のすがた？

わたしたちがすむ地球上には、ユーラシア、アフリカ、北アメリカ、南アメリカ、オーストラリア、南極の六つの大陸があります。

しかし、今から約二億年前はそれらがすべてつながっていて、「パンゲア」とよばれる巨大なひとつの大陸しかありませんでした。これは、地球上に人間がうまれるより、はるか昔のことです。

巨大大陸を動かしたプレート

では、巨大な大陸はなぜ六つにわれたのでしょうか？

地球は海も陸も、大きな岩の板のようなものでおおわれています。これを「プレート」といいます。

地球上のプレートは一まいではなく、何まいもあります。そして、それぞれのプレートが、下にあるマントル（→80ページ）の動きによって、一年に数センチメートルずつ移動しているのです。

パンゲアが分裂したのも、プレートが動いたからです。巨大な大陸があったプレートの下に、地球内部から上がってくるマントルの流れが生じ、マントルの流れにそって大陸はわれ、プレートに運ばれて移動をはじめました。

そして、巨大大陸パンゲアは一億八〇〇〇万年という、とてつもなく長い時間をかけて現在のすがたになったのです。

今も大陸は動きつづけています。しかし、その動きはとてもゆっくりとしたペースなので、その上にすんでいるわたしたちが実感することはできません。

地球の内部から上がってきたマントルの流れによって大陸がわれた。

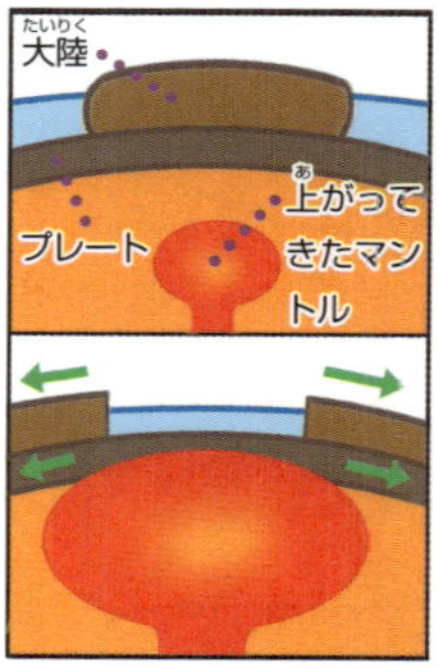

大陸
上がってきたマントル
プレート

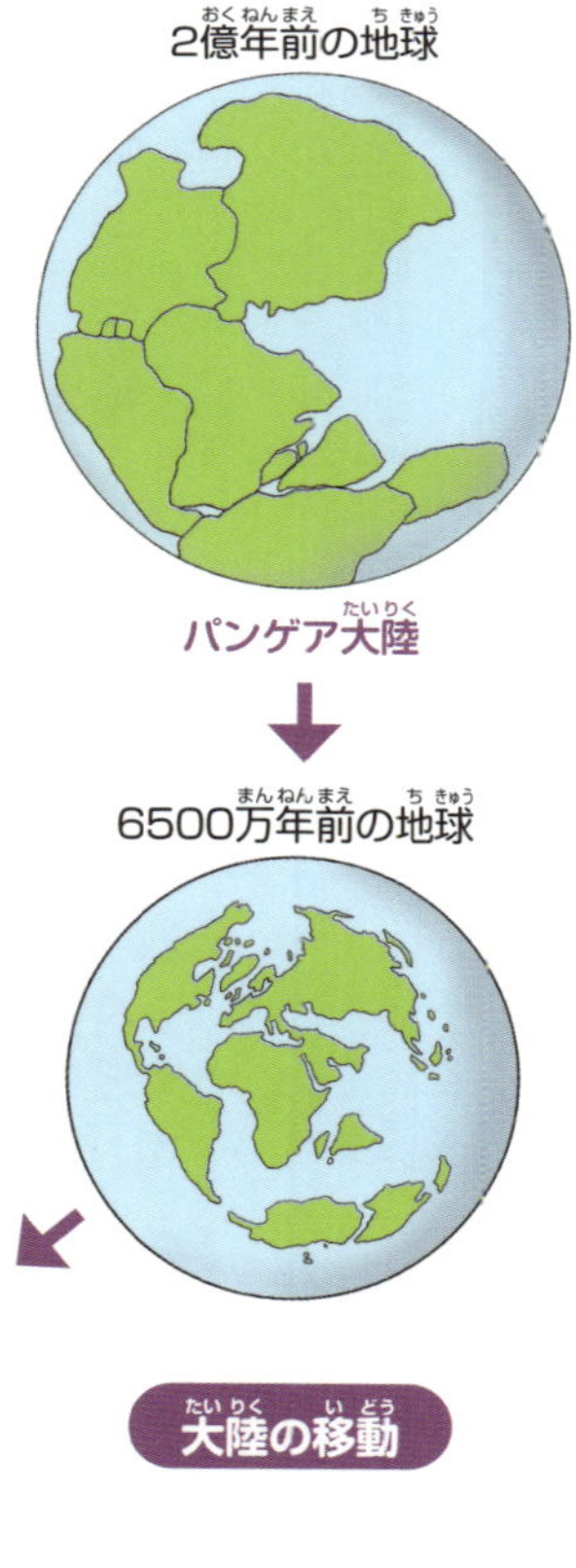

2億年前の地球
パンゲア大陸
6500万年前の地球
今の地球
大陸の移動

ここがポイント！

一億八〇〇〇万年かけてプレートが動き、巨大大陸は六つの大陸になった。

おはなしクイズ　地球をおおっている、岩の板のようなものを何という？

167ページのこたえ　種

世界でいちばんかたい食べもの、かつおぶしのひみつ!

読んだ日にち(　　年　　月　　日)(　　年　　月　　日)(　　年　　月　　日)

ものの性質　変化

水分をぬいてかたくする

けずる前のかつおぶしを、見たことがありますか。茶色くて、かたい木のぼうのようです。

かつおぶしは、魚のカツオから水分をへらしてつくります。

まず、カツオをさばいてからゆでて、骨などをとりのぞきます。この状態では、生のカツオと水分はほとんどかわりません。ここから、熱風とけむりでいぶし、かわかして水分をぬく、という作業を何度もくり返し、水分を半分以下までへらします。

そのあとは、「カビづけ」という作業をし、日光にあててほします。そして、これを数回くり返します。四か月ほどかけて完成したときには、重さ五キログラムだったカツオが八〇〇～九〇〇グラムになり、水分は一二～一五パーセントとなって、世界でいちばんかたいといわれる食べものになるのです。

発酵しておいしくなる

かつおぶしのつくり方に、「カビづけ」という作業が出てきました。どうしてわざわざ、カビをつけるのでしょう。

カビなどの目に見えない小さな微生物には、食べものをくさらせるものもありますが、食べものをおいしくしてくれるものもあります。微生物のはたらきで、食べものが変化し、おいしくなったり、長く保存できるようになることを「発酵」といいます(→90ページ)。かつおぶしにつけるカビは、かつおぶしの内がわから水分をうばってかわかしてくれるだけでなく、うまみをくわえ、油っぽさや魚くささをなくすはたらきもしています。

ここがポイント!

かつおぶしは、カビが水分を吸いだすはたらきや、食べものを発酵させるはたらきを利用している。

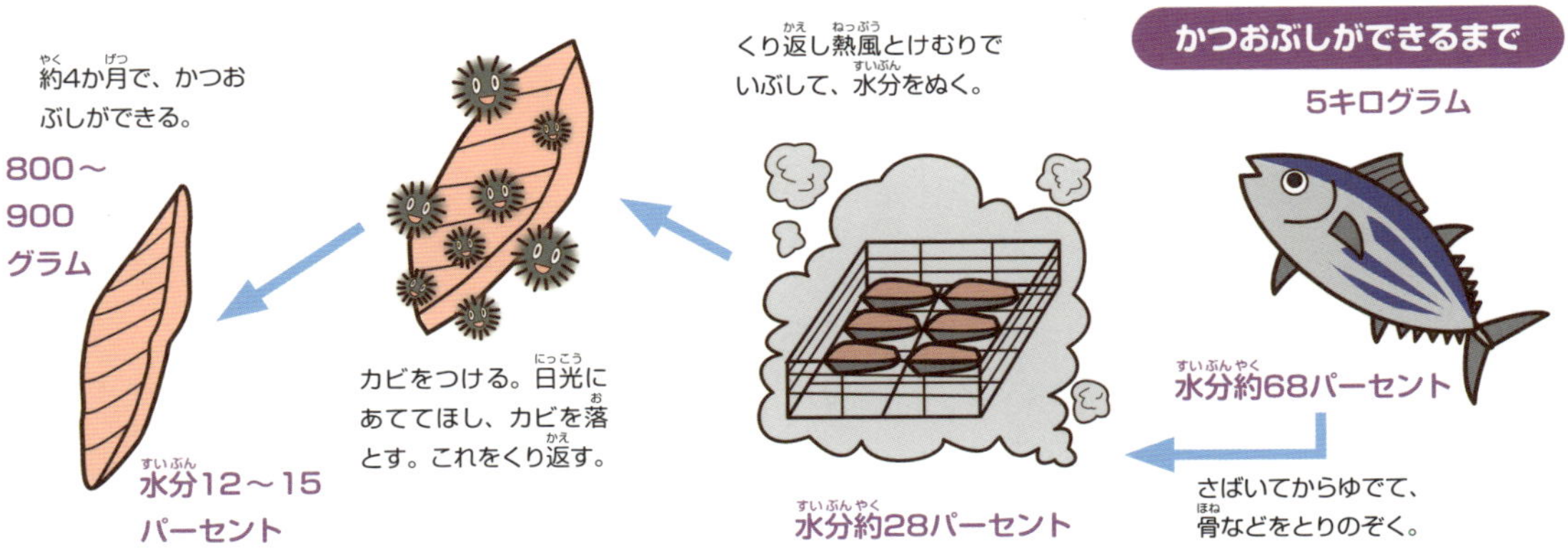
かつおぶしができるまで
5キログラム
水分約68パーセント
さばいてからゆでて、骨などをとりのぞく。
くり返し熱風とけむりでいぶして、水分をぬく。
水分約28パーセント
カビをつける。日光にあててほし、カビを落とす。これをくり返す。
約4か月で、かつおぶしができる。
800～900グラム
水分12～15パーセント

おはなしクイズ　かつおぶしの水分をとり、発酵させるためには、何をつける？

168ページのこたえ　プレート

はたらきバチは、みんなメス！

読んだ日にち（　　年　　月　　日）（　　年　　月　　日）（　　年　　月　　日）

女王バチとはたらきバチ

ミツバチは、集団でくらす昆虫です。ひとつの巣のなかには、最高で五万びきものミツバチがくらしています。

この巣の中心となるのは、「女王バチ」とよばれるハチです。女王バチは、ひとつの巣に一ぴきしかいません。卵をうむというたいせつな役割をもち、毎日約一〇〇〇こ以上の卵をうみます。

また、巣のなかには、「はたらきバチ」とよばれるハチもいます。幼虫から成虫になったはたらきバチは、さいしょは巣をそうじしたり、女王バチがうんだ卵を育てたりしています。しかし、そのあと巣の外へ出て、食料となる花のみつや花粉を集めに行くようになります（→86ページ）。

女王バチの寿命は約四年ですが、はたらきバチの寿命は、わずか約一か月です。

何もしないオスバチ

ミツバチの巣では、このはたらきバチが全体の約九〇パーセントをしめています。ただし、はたらきバチはすべてメスです。オスのはたらきバチはいません。では、オスのハチはいったい何をしているのでしょうか。

じつは、はたらきバチがはたらいている間、巣のなかのオスバチは何もしません。オスバチの仕事は、巣の外で女王バチを追いかけて、交尾をするだけです。しかも、交尾をしたオスバチは、そのショックで死んでしまいます。

また、なかには女王バチと交尾ができないオスバチもいますが、巣へもどってからも、オスバチは何もしません。そのため、やがてはたらきバチによって巣を追いだされ、うえ死にしてしまうのです。

巣のなかのミツバチ

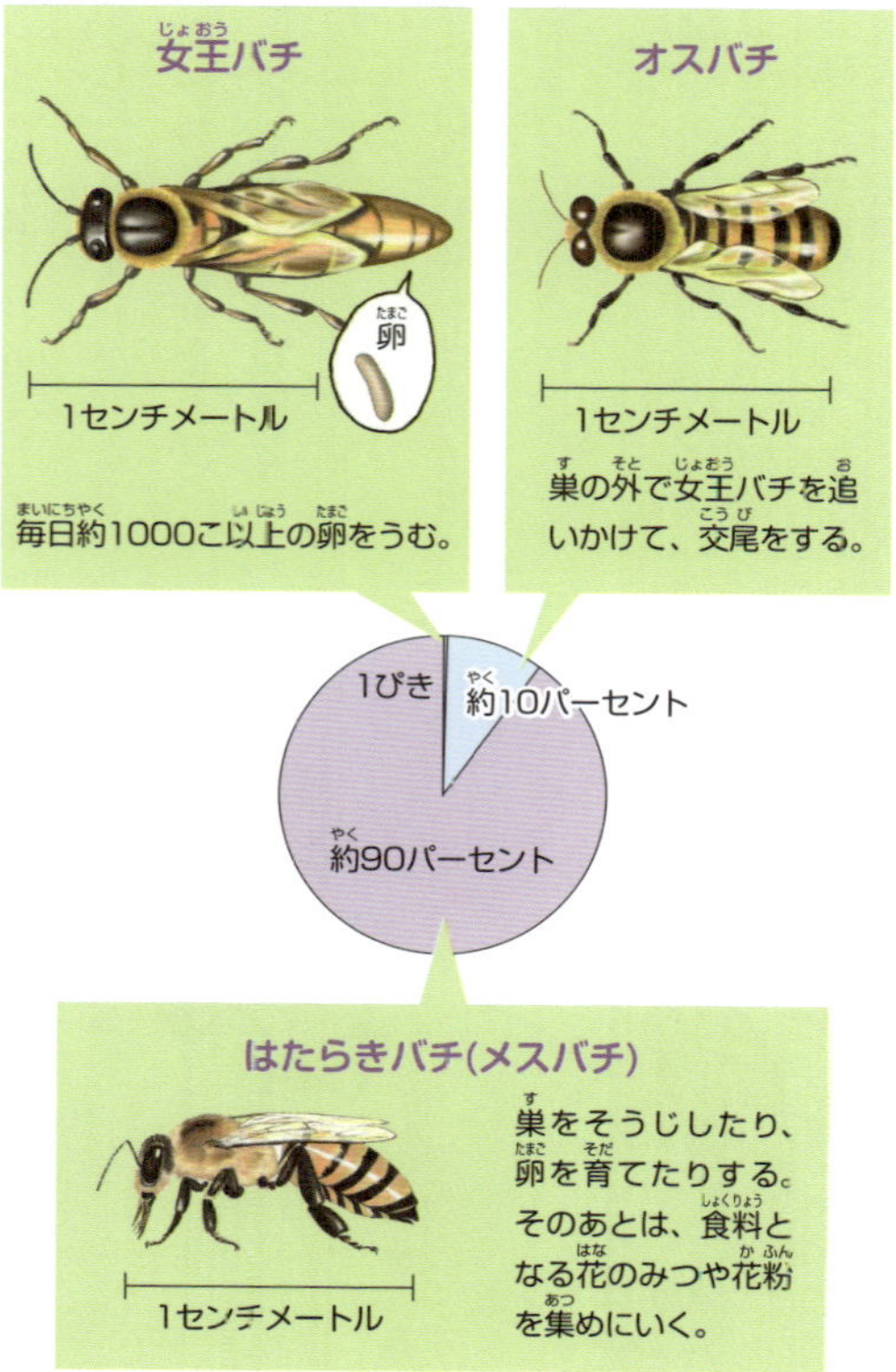

女王バチ
卵
1センチメートル
毎日約1000こ以上の卵をうむ。
オスバチ
1センチメートル
巣の外で女王バチを追いかけて、交尾をする。
1ぴき
約10パーセント
約90パーセント
はたらきバチ(メスバチ)
1センチメートル
巣をそうじしたり、卵を育てたりする。そのあとは、食料となる花のみつや花粉を集めにいく。

ここがポイント！
巣全体の、約九〇パーセントをしめるはたらきバチは、すべてメス。

おはなしクイズ 女王バチが1日にうむ卵の数は？

169ページのこたえ カビ

山や土地の高さはどうやってはかるの？

読んだ日にち（　　年　　月　　日）（　　年　　月　　日）（　　年　　月　　日）

高さをはかる基準

山や土地の高さは海面を基準にはかられていて、「海抜（海面からの高さ）○メートル」などとあらわされます。ただし、海面は潮の満ち引き（→156ページ）によって高さがかわってしまうので、日本では東京湾の平均海面を高さ（標高）ゼロメートルとしています。この平均海面をわかりやすいよう地上に定めて、高さをはかる基準としたのが、東京都千代田区の国会議事堂前にある日本水準原点です。これは、平均海面ゼロメートルより二四・五メートルの高さとされました。

さらにこれをもとに、日本全国におよそ一万七〇〇〇の水準点が設置されています。

高さをはかるときは、高さがわかっている水準点と、はかりたい地点との高低差を調べます。これをくり返して、山や土地の高さをはかるのです。

今では、人工衛星から高さをはかる方法も広がっています。GNSS（全球測位衛星システム）を使った測量では、人工衛星から送られた電波を電子基準点で観測し、高さをはかっています（→93ページ）。

高さは地殻の動きでかわる

山や土地の高さは、ずっと同じではありません。プレート（→168ページ）の動きによって山がもりあがったり、ぎゃくに地震のため土地がしずんだりと、地面の動きや変化の影響を受けるのです。

そのため日本水準原点の高さも、定期的に調べなおされています。

その結果、日本水準原点は一九二三年の関東大震災後、二四・四一四〇メートルに変更され、さらに二〇一一年の東日本大震災でわずかにしずんだことがわかり、正しく調整されました。今は、平均海面からの高さが、二四・三九〇〇メートルになっています。

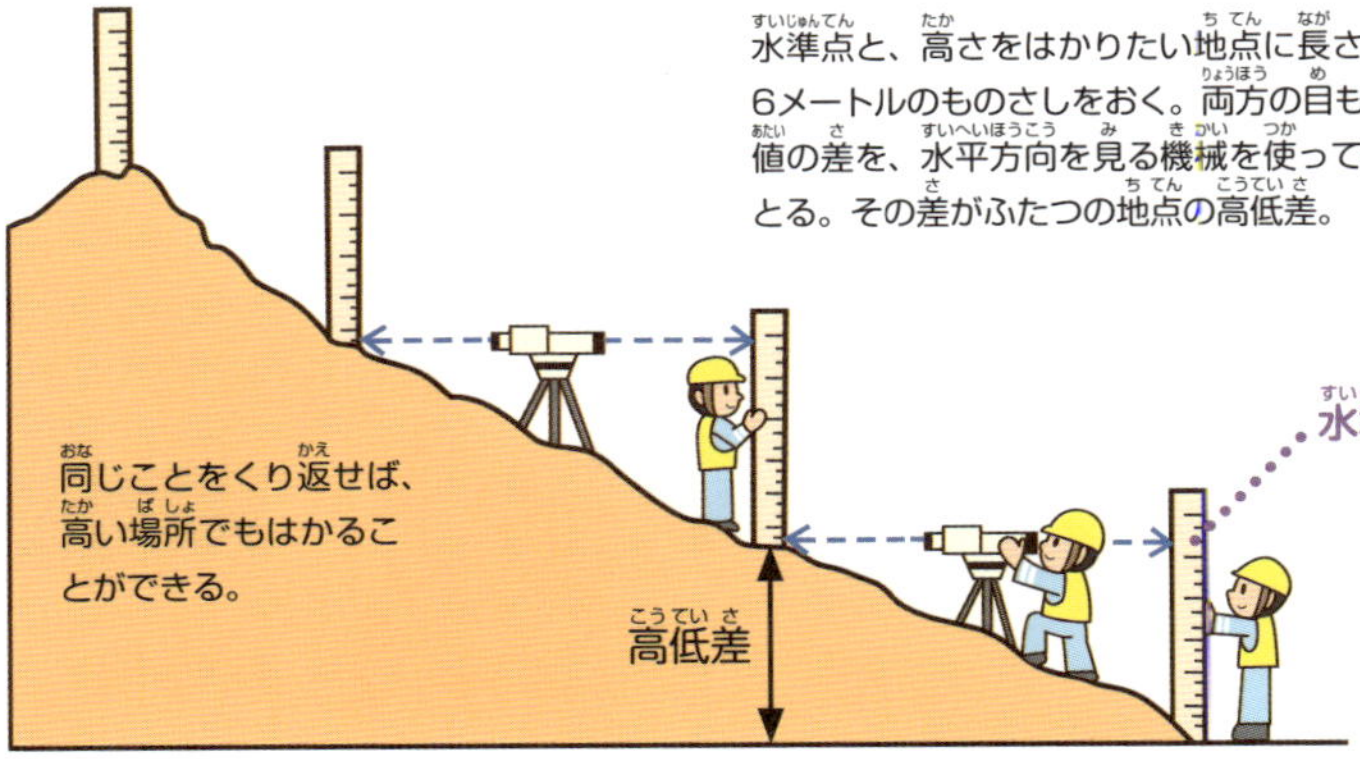
水準点と、高さをはかりたい地点に長さ3～6メートルのものさしをおく。両方の目もりの値の差を、水平方向を見る機械を使って読みとる。その差がふたつの地点の高低差。
水準点
同じことをくり返せば、高い場所でもはかることができる。
高低差

ここがポイント！

山や土地の高さは、日本全国にある水準点を基準にしたり、人工衛星からの電波を使ったりしてはかっている。

170ページのこたえ
約一〇〇〇こ以上

おはなしクイズ 日本で山や土地の高さをはかるときは、何を高さゼロメートルとしている？

磁石にくっつくものとくっつかないもののちがいは？

読んだ日にち（　年　月　日）（　年　月　日）（　年　月　日）

「磁力」をうみだすもの

磁石は、鉄やコバルト、ニッケルといった一部の金属を引きつける性質をもっています。どうしてこれらの金属は、磁石にくっつくのでしょうか。

すべての物質は、「原子」という目には見えない小さなつぶからできています（→76ページ）。原子の中心には「原子核」という部分があり、そのまわりにはより小さな「電子」というつぶがあります。この電子は自転しており、それが引きつけあったり、反発しあったりする「磁力」という力をうみだしているのです。

磁力がはたらく理由

ひとつの原子のなかには電子がいくつかあって、おたがいに磁力を打ちけしあうようになっています。この場合、磁石にくっつく性質はあらわれません。

しかし、鉄やコバルトの原子は、電子のいくつかが磁力を打ちけしあわない状態にあります。そのため、原子は小さな磁石のような性質をもち、磁石にくっつくのです。

ただし、ふつうの状態では、それぞれの原子の磁力の向きがバラバラになっているため、鉄全体としては、磁石の性質があらわれません。

ところが、磁石を近づけると、その磁力によってそれぞれの原子の磁力の向きがそろいます。すると、鉄やコバルト全体が磁石としての性質をもつようになり、磁石にくっつくようになるのです。

鉄が磁石にくっつくしくみ

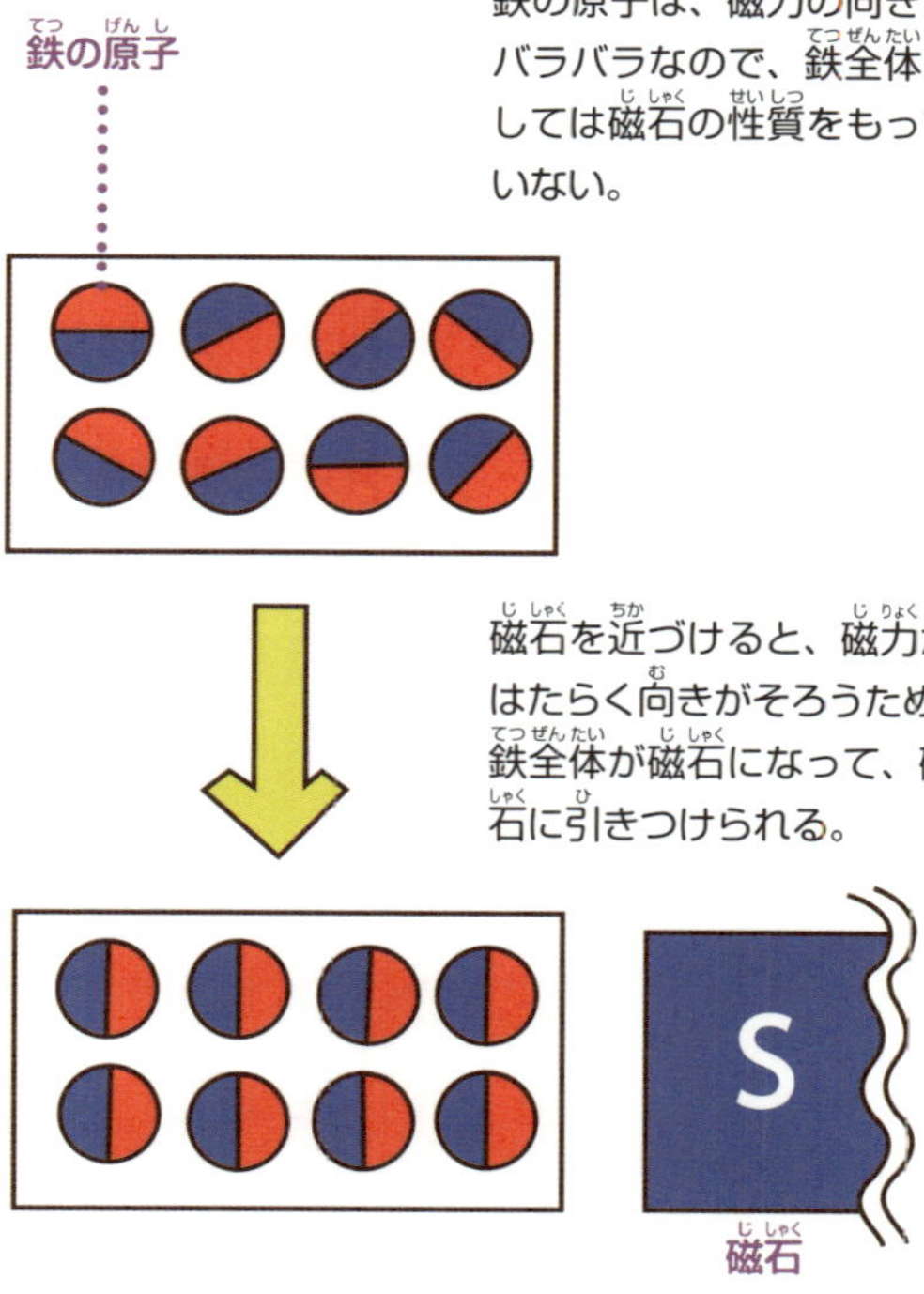
鉄の原子
鉄の原子は、磁力の向きがバラバラなので、鉄全体としては磁石の性質をもっていない。
磁石を近づけると、磁力がはたらく向きがそろうため、鉄全体が磁石になって、磁石に引きつけられる。
S
磁石

ここがポイント！
鉄やコバルトなどは、ひとつひとつの原子が磁力をもち、磁石を近づけると磁力の向きがそろって、磁石にくっつくようになる。

171ページのこたえ
東京湾の平均海面

おはなしクイズ 磁力をうんでいるのは、原子のなかの電子の何？

お米はどうして畑でなく田んぼでとれるの？

読んだ日にち（　年　月　日）（　年　月　日）（　年　月　日）

生命　植物

田んぼのつくり

わたしたちがふだん食べている野菜やくだものの多くは、畑で育てられます。しかし、日本人の主食であるお米は、そうではありません。お米は、イネという植物の実なのですが、このイネは日本ではほとんどが畑ではなく田んぼで育てられています。いったい、なぜでしょうか。

田んぼは、「あぜ」とよばれる、もりあげた土でつくったしきりで区切られていて、「作土層」と「すき床層」のふたつの層からできています。

作土層は、イネを育てるためにたがやされた土の層です。この土には、たくさんの栄養分がふくまれています。いっぽう、すき床層は、水をためるために土をかためた層です。この層があることで、水がしみこみにくくなり、田んぼに水をためることができます。

イネのひみつ

では、どうしてイネは畑ではなく田んぼで育てるのでしょうか。それは、イネがもっているしくみと関係があります。

田んぼの水は、おもに川から引きこまれています。山から流れてくるこの水には、栄養分がたくさんふくまれています。そのため、畑より田んぼのほうが、イネが栄養豊富な状態で育つことができるのです。

それなら、ほかの野菜やくだものも田んぼで育てればいいのに、と思うかもしれませんが、そうはいきません。ふつう、植物は根が水につかっていると、酸素不足でくさってしまうからです。

しかしイネには、葉やくきでとりいれた酸素を根に運ぶしくみがあります。だから、ほかの植物とちがって、田んぼでも育てることができるのです。

田んぼのつくり

作土層とすき床層のふたつの土の層をつくり、水をためてイネを育てる。

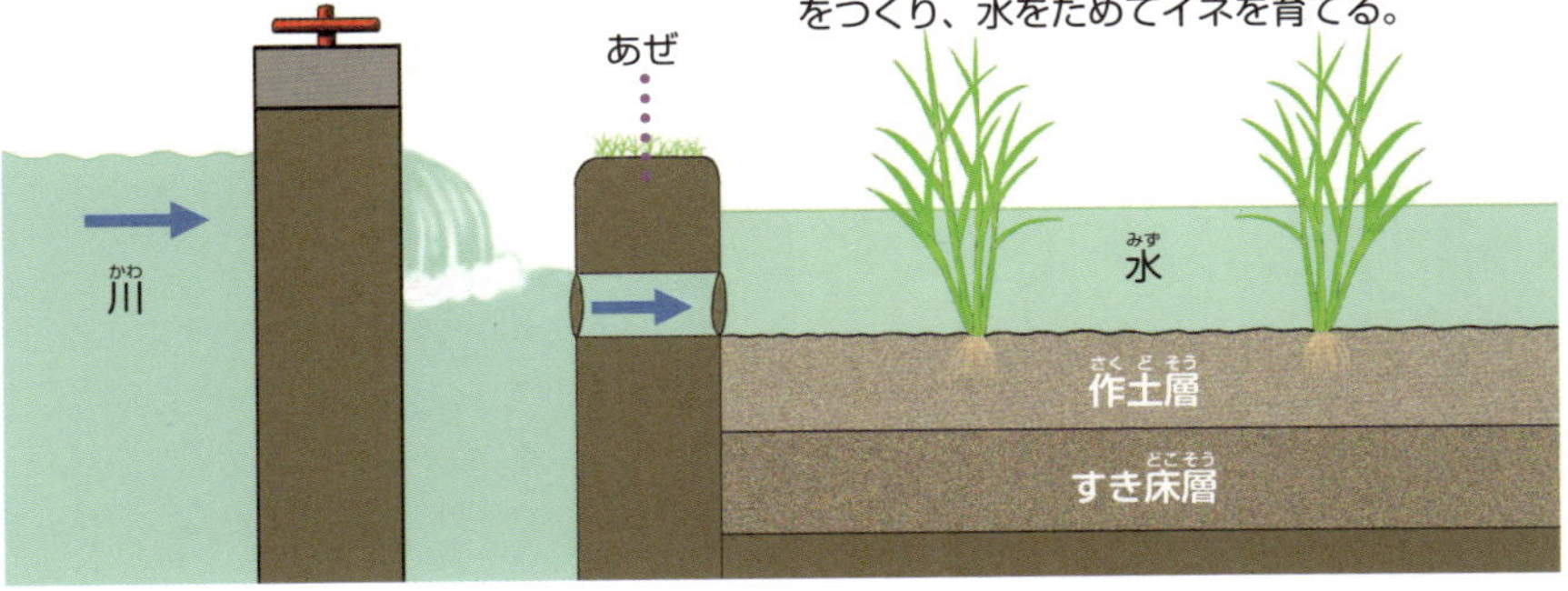
あぜ
川
水
作土層
すき床層

ここがポイント！

田んぼは栄養分をたくさんふくんだ川の水を使っているため、イネを元気に育てることができる。

自転　172ページのこたえ

おはなしクイズ　たくさんの栄養分がふくまれている田んぼの土の層を何という？

おなかがへっていないのに、おなかが鳴るのはなぜ？

読んだ日にち（　　年　　月　　日）（　　年　　月　　日）（　　年　　月　　日）

おなかのどこが鳴る？

おなかがすくと、グーとおなかから音が出ますね。この音を出すのは、食べものを消化する胃という場所です。食べものが入っていないときの胃は、小さくちぢんでいます。しかし、食べものが入ってくると筋肉がのび、大きくふくらんで胃液というものを出します。そして、のびちぢみをくり返しながら胃液と食べものをまぜあわせ、食べものをドロドロにとかして腸（胃の先にあって、栄養分や水分を吸収して、うんちをつくるところ）へ送りだすのです。

胃は、つねにのびちぢみする動き（ぜんどう運動）をくり返しているため、胃のなかがからになると、食べもののかわりに空気がおしだされて音が鳴ります。これが、おなかがすいたときの音です。

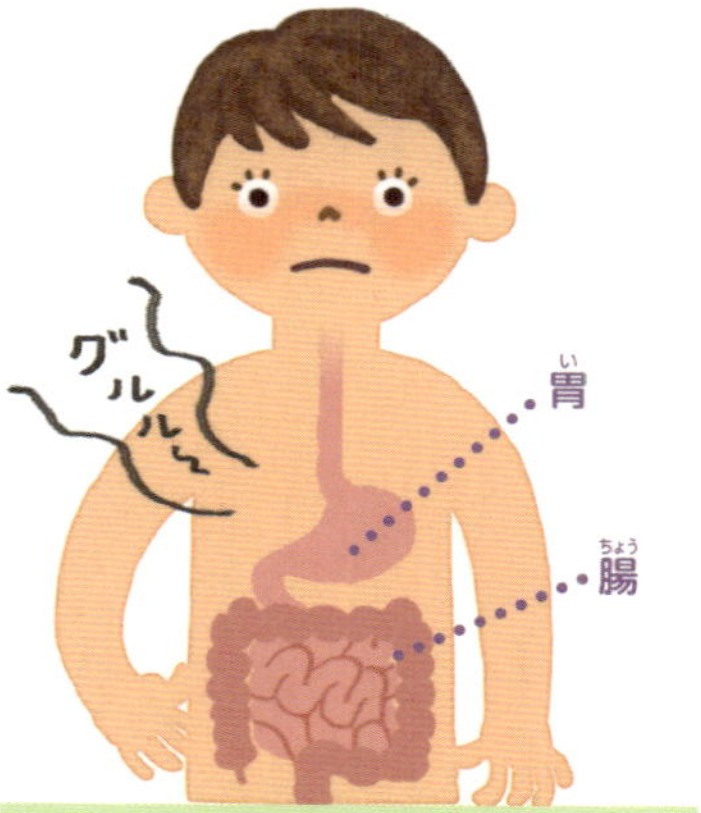
グルルル〜
胃
腸

ぜんどう運動

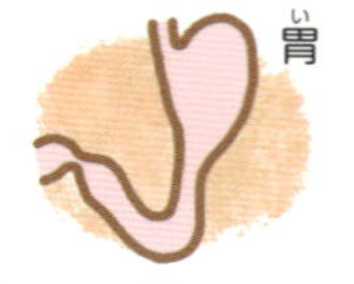
胃

①食べものが入っていないときは、ちぢんでいる。

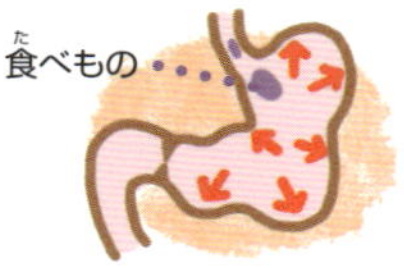
食べもの

②食べものが入ると、大きくふくらんで胃液を出す。

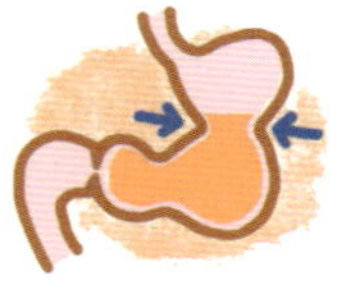

③のびちぢみをくり返しながら、胃液と食べものをまぜあわせ、腸へと送りだす。

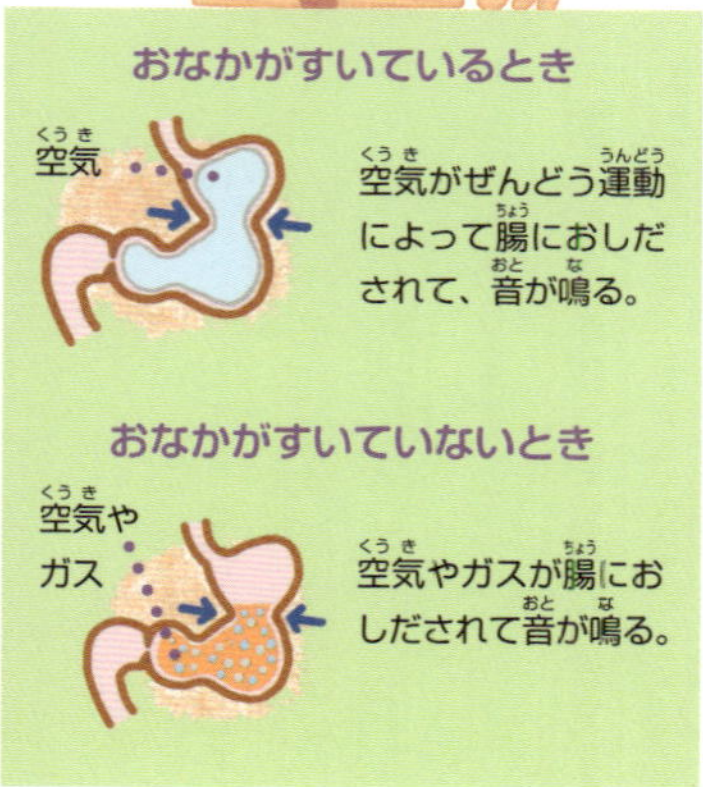
おなかがすいているとき
空気
空気がぜんどう運動によって腸におしだされて、音が鳴る。
おなかがすいていないとき
空気やガス
空気やガスが腸におしだされて音が鳴る。

おなかがすいていないのに鳴るとき

反対に、おなかがすいていないときにも、おなかが鳴ることがあります。

急いで食べたときや、炭酸飲料を飲んだときなどは、それらといっしょに空気やガスが胃のなかにたまります。これらがぜんどう運動によって腸におしだされると、おなかが鳴るのです。

さらに、おなかがいっぱいのときにも、おなかは鳴ります。

これは胃ではなく、腸の音です。うんちを出そうとして、はげしく動いた腸のなかのガスが、音を出すのです。このガスは、やがておならとなって外へ出されます。

ここがポイント！

急いで食べたときや、炭酸飲料を飲んだときなどは、空気やガスが胃のぜんどう運動によっておしだされて、おなかが鳴る。

173ページのこたえ　作土層

おはなしクイズ　胃がのびたりちぢんだりする動きを何という？

さいしょの人類って、どこでうまれたの？

読んだ日にち（　年　月　日）（　年　月　日）（　年　月　日）

生命　進化

アフリカでうまれた

サルと同じ祖先をもつ人類は、約六〇〇万年前、チンパンジーと分かれて進化をはじめました（→61ページ）。

そうして約四〇〇万年前にアフリカで、「猿人」ともよばれるアウストラロピテクスが誕生します。「猿」といってもサルやチンパンジーなどとはことなり、直立して二足歩行をしていました。

猿人はやがて「原人」へと進化し、約一八〇万年前にアフリカを出てユーラシア大陸へと広がり、道具を使ったり火をおこしたりするようになりました。中国の北京原人やインドネシアのジャワ原人などが有名です。

原人はさらに進化して、小屋にすみ、石で道具をつくり、狩りをするなど、文化をもつようになりました。約五〇万年以降に、ヨーロッパを中心に広がった「旧人」です。しかし、その後地球全体の温度が下がる「氷河期」という時期に、旧人は絶滅しました。

現在のわたしたちに直接つながる「新人」（ホモ・サピエンス）という種は約二〇万年前にアフリカで誕生し、世界各地へ広がっていったと考えられています。

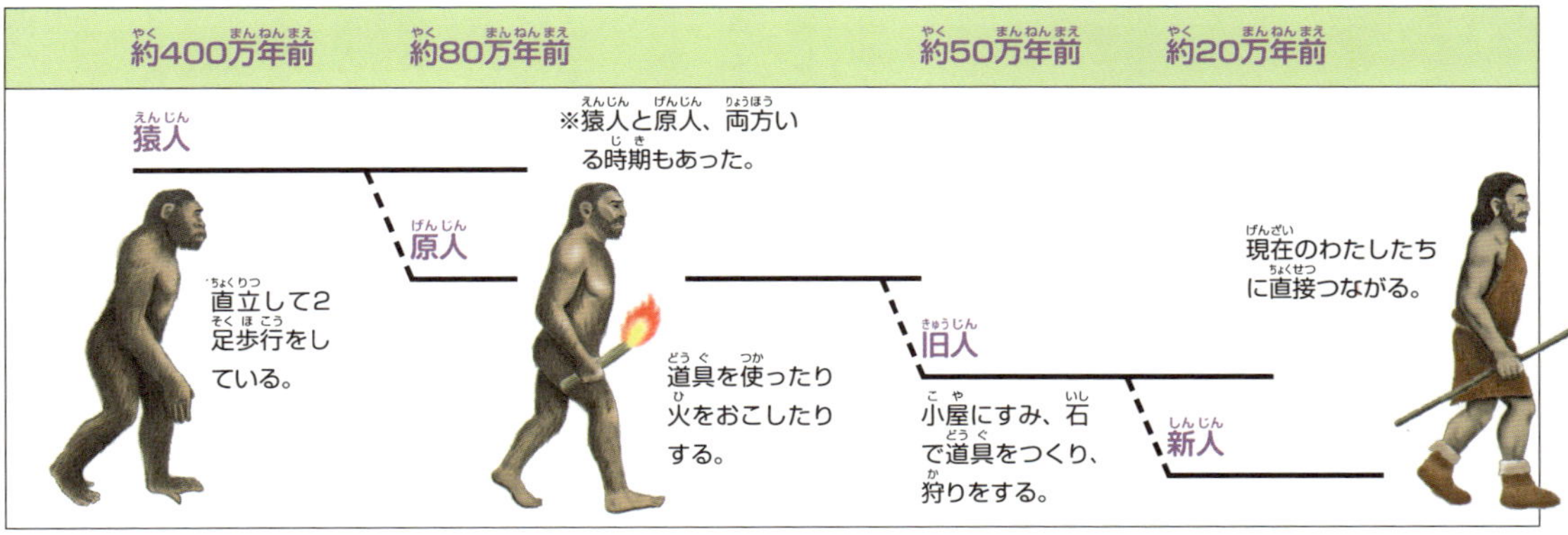

約400万年前
約80万年前
約50万年前
約20万年前
猿人
直立して2足歩行をしている。
※猿人と原人、両方いる時期もあった。
原人
道具を使ったり火をおこしたりする。
旧人
小屋にすみ、石で道具をつくり、狩りをする。
新人
現在のわたしたちに直接つながる。

さいしょの人類の女性

もっとも古い人類となるアウストラロピテクスの化石は、約三二〇万年前のもので、一九七四年にアフリカのエチオピアという国で発見されました。

全身の骨の約四〇パーセントが見つかり、女性のものとわかったので、この化石はルーシーと名づけられました。

ここがポイント！
さいしょの人類となるアウストラロピテクスは、約四〇〇万年前にアフリカでうまれた。

174ページのこたえ　ぜんどう運動

おはなしクイズ　1974年にアフリカで発見されたアウストラロピテクスの化石につけられた名前は？

オオカミって、どんな動物？

読んだ日にち（　　年　　月　　日）（　　年　　月　　日）（　　年　　月　　日）

生命　動物

オオカミとイヌのちがい

　絵本のなかでは、よく登場するオオカミですが、なかなか本物のオオカミを見る機会はありません。じっさいはどんな動物なのでしょうか？

　オオカミは、イヌの祖先です。オオカミのなかまの一部が、人間とくらすようになったのが、イヌのはじまりだといわれています。そのため、オオカミとイヌはよくにていますが、ちがう点もいくつかあります。

　たとえばオオカミの目の色は目立つ黄色をしているのに対し、イヌの目の色は茶色や青色などです。また、基本的にイヌの鼻から頭にかけては、「ストップ」とよばれる段差がはっきりとありますが、オオカミの鼻から頭にかけては、それほど段差がありません。

　歯にもちがいがあります。大型の動物をとらえるオオカミは、かたい肉や骨をかみくだく「裂肉歯」とよばれるおく歯が大きいのですが、イヌはやや小さくなっています。

　ほかにも、オオカミの前あしはからだの後方よりで、イヌの前あしは前方より、オオカミのあしあとは細長く、イヌのあしあとは円形に近い、などのちがいがあります。

日本にもいたオオカミ

　かつては日本にも、ニホンオオカミというオオカミが生息していました。オオカミは畑をあらすシカやイノシシなどをえさにするため、畑を守る神さまとして、神社などでまつられていたのです。

　しかし明治時代に入ると、シカやイノシシなどがへり、また家畜をおそうと考えられたことから、オオカミはころされてしまいました。さらに、イヌから病気をうつされるなどして、明治時代の終わりごろには絶滅したと考えられています。

オオカミ
細長いあしあと
ストップがあまりない
裂肉歯が大きい
後方より

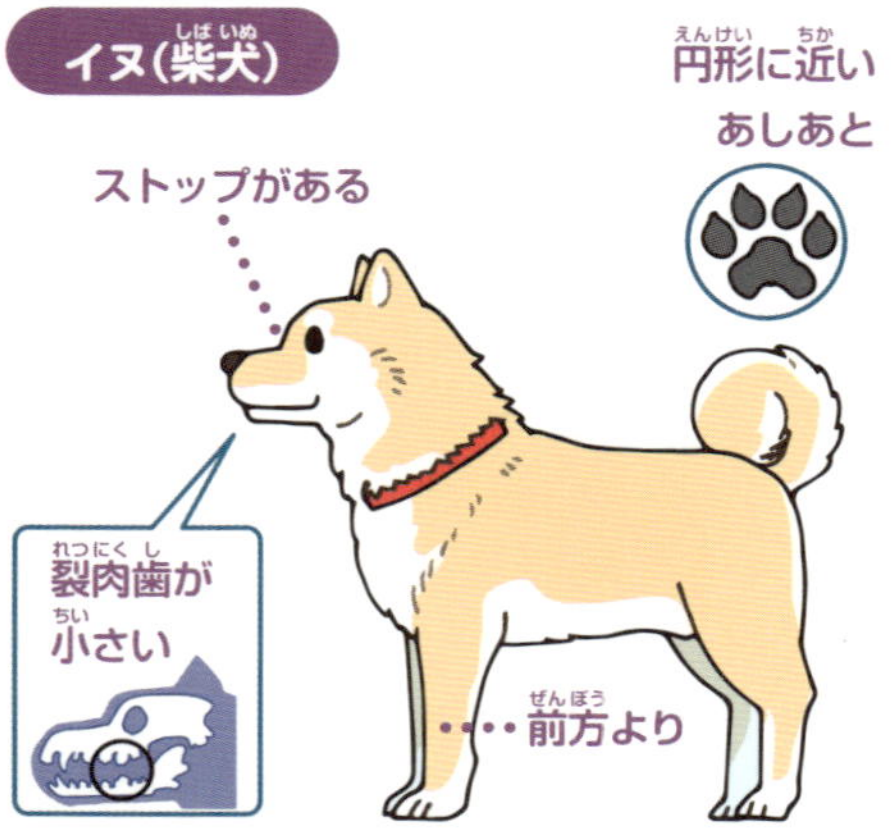
イヌ（柴犬）
円形に近いあしあと
ストップがある
裂肉歯が小さい
前方より

ここがポイント！
オオカミはイヌの祖先なので、イヌによくにているが、ちがう点もいくつかある。

おはなしクイズ　目の色が目立つ黄色なのはイヌ？　オオカミ？

175ページのこたえ　ルーシー

6月のおはなし

かみなりはどうしてジグザグに落ちるの?

読んだ日にち(　　年　　月　　日)(　　年　　月　　日)(　　年　　月　　日)

6月1日のおはなし

地球　気象

氷のつぶと気流が電気をつくる

ピカピカと光って鳴りひびき、地上に落ちてくるかみなり。これは、おもに上向きの空気の流れによって発生する、積乱雲という背の高い雲からうまれます。

大きくなった積乱雲のなかでは、空気の流れがみだれてうずをまいています。雲をつくっている氷のつぶが、このみだれた空気の流れによってこすれあうと、「静電気」という電気が発生します(→73ページ)。

重い大きな氷のつぶはマイナスの電気を、軽い小さな氷のつぶはプラスの電気をもつようになるため、積乱雲のなかでプラスの電気は上のほうへ、マイナスの電気は下の、地表に近いほうへと向かっていきます。

そして、電気が雲のなかにとどまっていられる量の限界をこえると、マイナスの電気は地表のプラスの電気と引きあい、雲と地表の間に電気が流れます。これがかみなりの正体です。

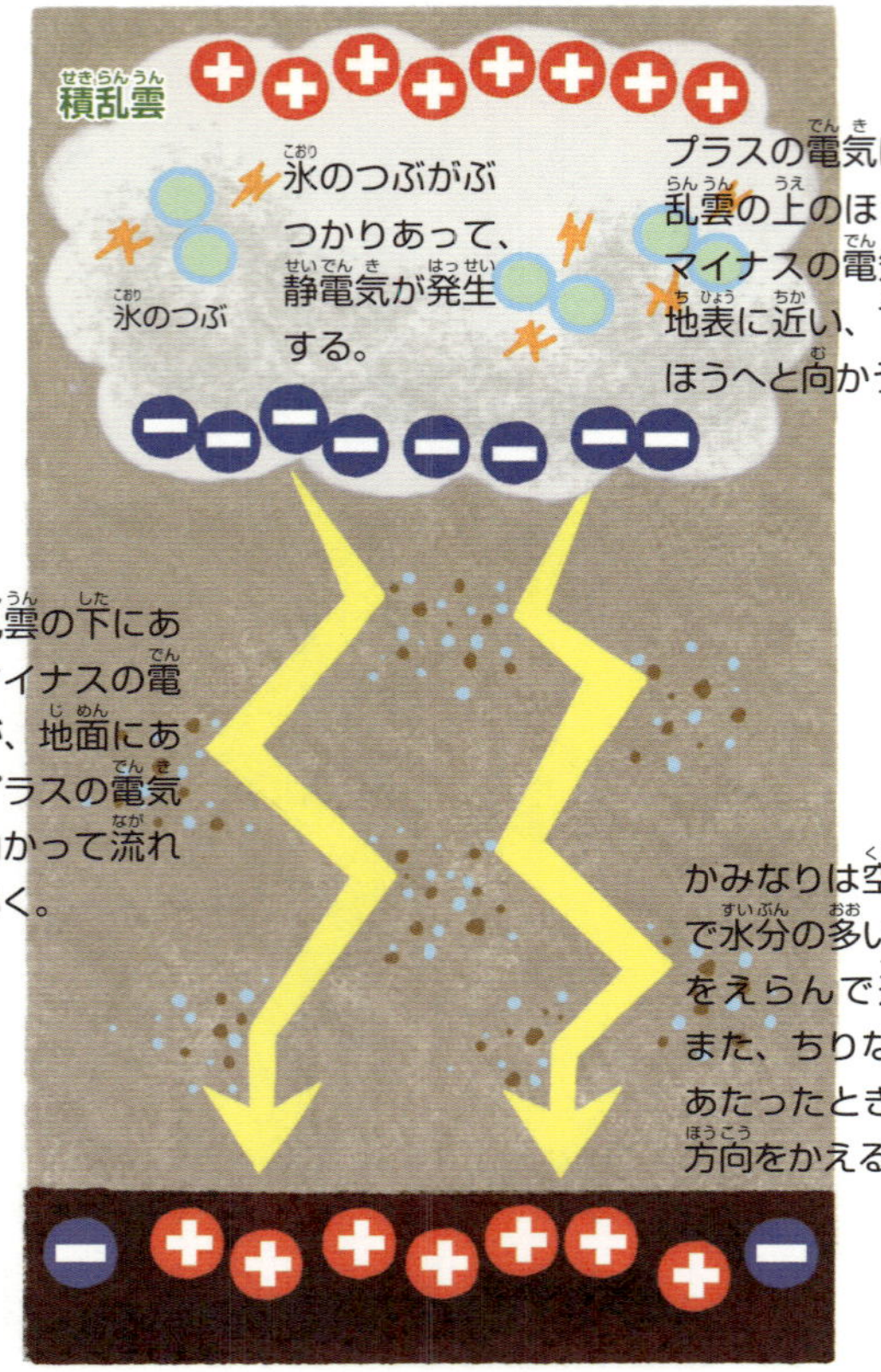

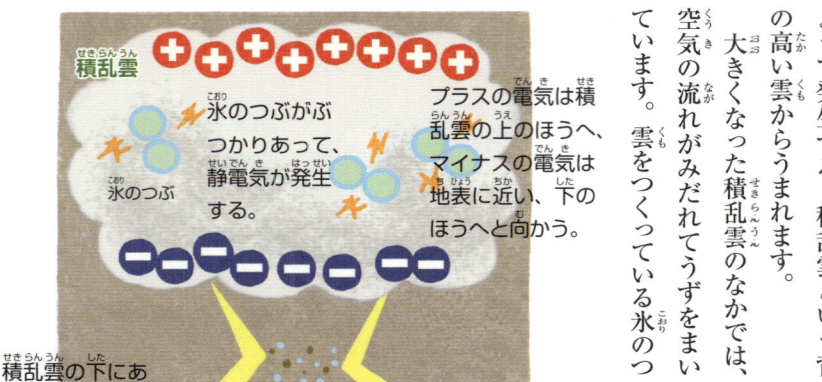

積乱雲
氷のつぶがぶつかりあって、静電気が発生する。
氷のつぶ
プラスの電気は積乱雲の上のほうへ、マイナスの電気は地表に近い、下のほうへと向かう。
積乱雲の下にあるマイナスの電気が、地面にあるプラスの電気に向かって流れていく。
かみなりは空気中で水分の多い場所をえらんで進む。また、ちりなどにあたったときにも方向をかえる。

通りやすい場所をえらんでいる

電気は何もない場所では、まっすぐに進む性質があります。しかし空気は、電気を通しにくいため、かみなりは雲と地面の間の空気のなかでも、少しでも通りやすい、水分の多い場所をえらんで進みます。

また、目に見えない小さなちりなどにあたったときにも方向がかわります。こうしてかみなりはジグザグに、いろいろな向きに枝をのばすようにして落ちるのです。

ここがポイント!
かみなりは電気を通しにくい空気のなかで、水分の多い場所をえらんで通るので、ジグザグになる。

176ページのこたえ　オオカミ

おはなしクイズ　かみなりは、空気のなかのどんな場所をえらんで通っている?

6月2日のおはなし

ICカードって、どんなしくみなの？

読んだ日にち（　年　月　日）（　年　月　日）（　年　月　日）

もののはたらき　電気

かざすだけでOK

みなさんは、ICカード式乗車券を使ったことはあるでしょうか。駅の改札口の読みとり機に「ピッ」とかざすだけで、きっぷを買わずに列車に乗れるので、便利ですね。あらかじめお金をはらっておけば（チャージ）、そこから、乗った分だけ自動的に料金が引かれていきますし、さいふなどに入れたままでも、使うことができます。でも、どうしてカードをかざすだけで、そんなことができるのでしょうか？

ICカードは、とてもたくさんの情報を記録することができる「ICチップ」という電子部品を組みこんだカードです。ICカードには大きく分けて二種類があり、乗車券のように、読みとり機にかざすだけで使えるものは、「非接触型」とよばれます。もう一種類は、機械に入れて使う「接触型」で、おもに銀行のキャッシュカードなどに使われています。

改札口に磁石の力

非接触型のICカードとその読みとり機には、電波をやりとりするためのアンテナがついています。また読みとり機からは、一〇センチメートルくらいはなれた場所までとどく、弱い磁力（磁石の力）がうまれています。そこにカードをかざすと、磁力によってアンテナに電気が流れ、ICチップと読みとり機の間で、情報のやりとりができます。

このときに、乗った駅などの情報をICチップに記録したり、記録した情報を読みとり機につたえて、料金を引いたりしているのです。

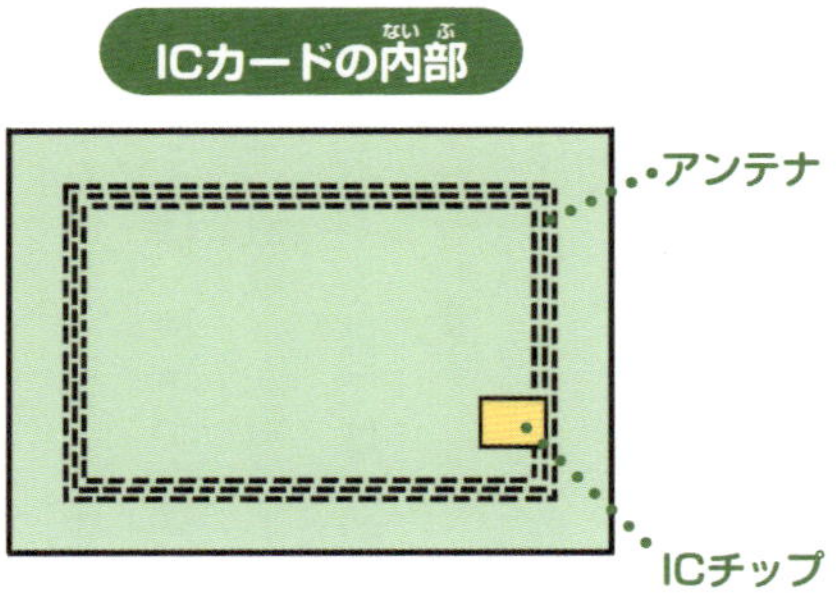

ICカードの内部
アンテナ
ICチップ

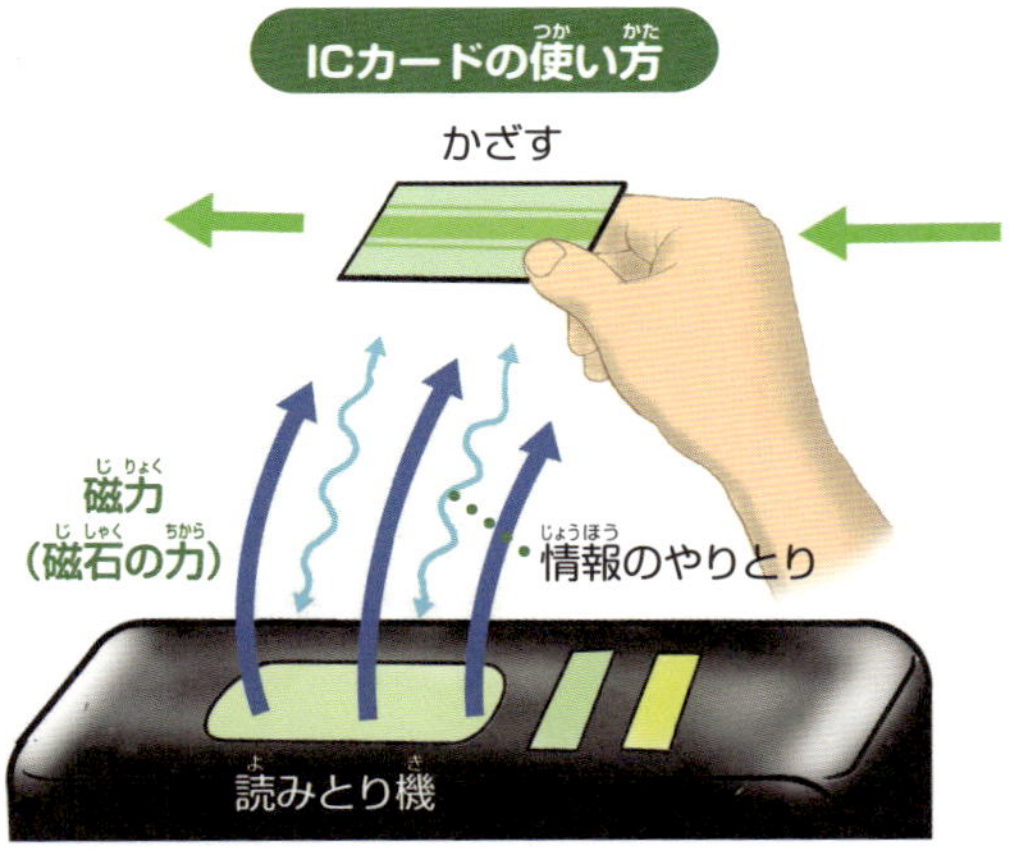

ICカードの使い方
かざす
磁力（磁石の力）
情報のやりとり
読みとり機

読みとり機にカードをかざすと、磁力でアンテナに電気が流れ、情報がやりとりされる。

ここがポイント！
ICカードは、磁力でうまれた電気を利用して、読みとり機との間で情報をやりとりしている。

178ページのこたえ　水分の多い場所

おはなしクイズ　ICカードのなかの、情報が記録されている部品を何という？

星までのきょりはどうやってはかるの？

読んだ日にち（　年　月　日）（　年　月　日）（　年　月　日）

星はとてつもなく遠い

夜空に見える星のほとんどは、地球からはるか遠くにあります。

たとえば、地球から見て太陽の次に近い恒星（太陽のように、自分でかがやく星）は、約四・二光年はなれています。

「光年」は、ふだんは使うことがありませんが、きょりの単位です。一光年は、光が一年かかって進むきょりをあらわします。光の速さは秒速三〇万キロメートル（地球を七周半するのとほぼ同じ）ですから、一光年は約九兆四六〇〇億キロメートルです。四・二光年というのが、とてつもなく遠いきょりだということがわかるでしょう。

では、それほど遠くにある星までのきょりを、いったいどうやってはかったのでしょうか。

はかるのに半年かかる

星までのきょりをはかる方法はいくつかあるのですが、ここでは比較的近くの星に用いる方法を紹介しましょう。

さいしょにやることは、きょりをはかりたい星を観測して、位置を記録することです。次に、六か月たってから、もう一度同じ星を観測します。すると、一回目と二回目で、星の見える方向にごくわずかなずれが生じます。六か月の間に地球が太陽のまわりを半周して、星との位置関係がかわったからです。この、見かけ上の位置のずれの角度をはかると、星までのきょりを計算で求めることができるのです。

一〇〇〇光年くらい先までの星であれば、この方法できょりがわかります。ただし、それ以上遠くなると、ずれの角度が小さすぎて、はかれなくなってしまいます。

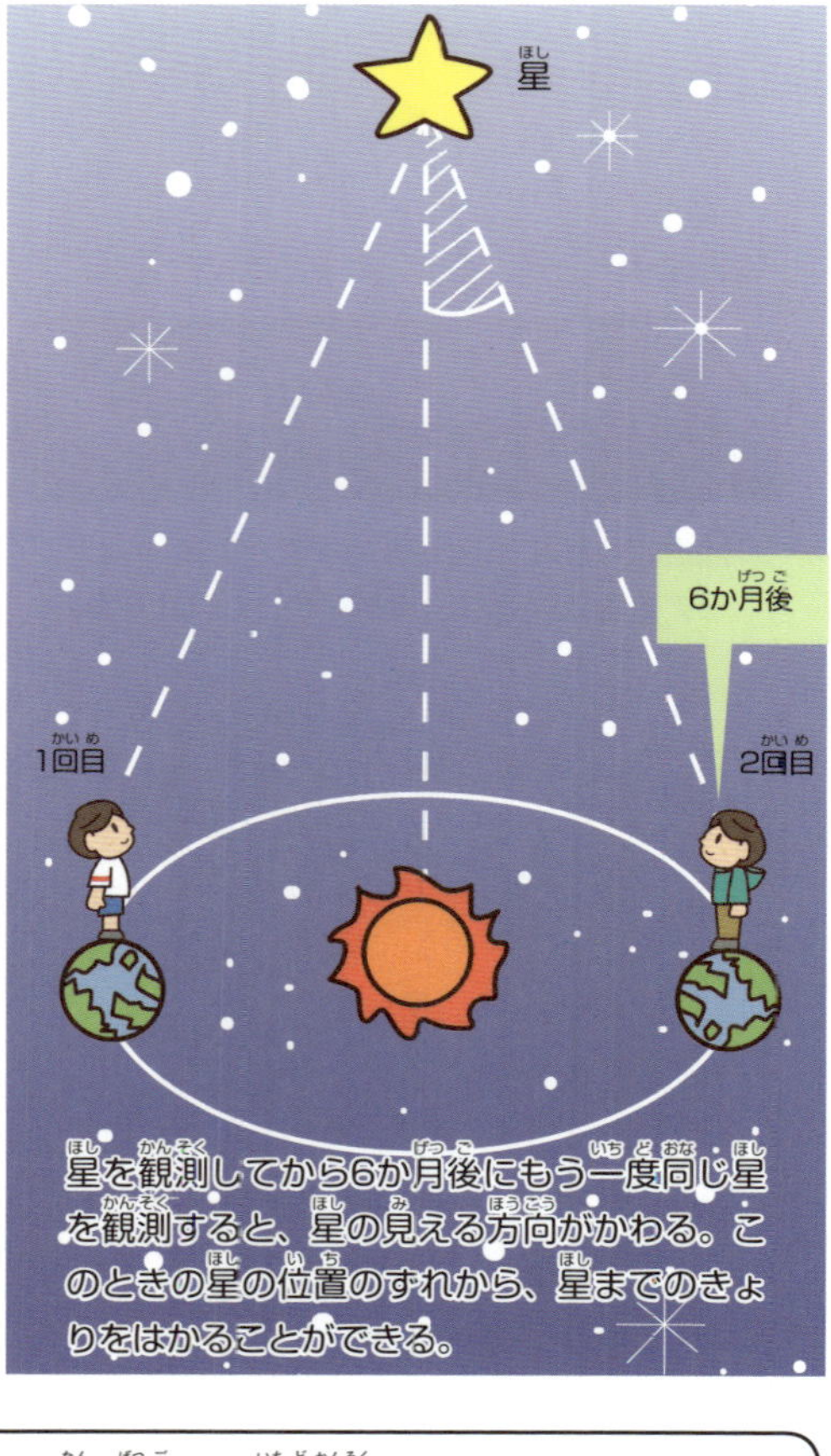
星
6か月後
1回目
2回目
星を観測してから6か月後にもう一度同じ星を観測すると、星の見える方向がかわる。このときの星の位置のずれから、星までのきょりをはかることができる。

ここがポイント！
一〇〇〇光年くらいまでの星ならば、見かけ上の位置のずれを利用して計算することができる。

179ページのこたえ　ICチップ

おはなしクイズ　星までのきょりをはかる場合、一度観測した星を、何か月後にもう一度観測するでしょうか？

6月4日のおはなし

モーターはなぜまわるの？

読んだ日にち（　　年　　月　　日）（　　年　　月　　日）（　　年　　月　　日）

もののはたらき
磁石

磁石になるコイル

わたしたちの身のまわりには、電気を流すと回転するものがたくさんあります。これらの道具が回転するのは、「モーター」というものが使われているからです。

モーターのなかを見てみると、電気を通すための線をぐるぐるまいた「コイル」があり、そのまわりをかこうように、磁石が入っています。このコイルは、電気を流すと、磁石にかわります。

磁石にはS極とN極があり、S極とN極は引きあい、S極とS極、N極とN極は反発しあうという性質があります。

引きあってまわる

コイルをかこうように入っている磁石は、S極がコイルのほうに向いているものと、N極がコイルのほうに向いているもののふたつがあります。コイルに電気が流れて磁石になると、外がわの磁石のS極とN極に引きあうように、コイルはくるりと回転します。そのあと図のAの時点で電気が流れないようにすると、コイルは磁石ではなくなりますが、いきおいでまわります（B）。この時点で、今度はコイルに反対向きに電気を流します。すると、コイルのS極とN極が入れかわり、今度はS極とS極、N極とN極が反発しあって回転します。つまり、コイルに流れる電気の向きが半回転ごとに切りかわることで、モーターは回転するのです。

ここがポイント！
コイルに電気が流れると磁石になり、外がわの磁石と引きあったり反発しあったりして、モーターがまわる。

モーターの原理

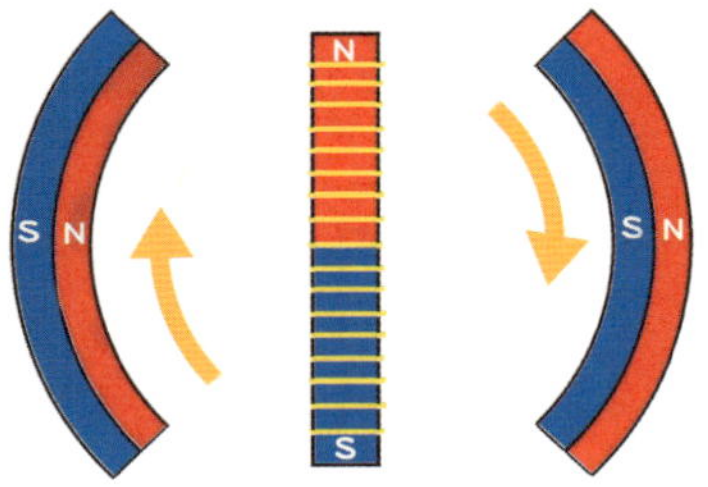

S
N
N
S
S
N

①磁石にかわったコイルが、外がわの磁石のS極、N極と引きあうようにまわる。

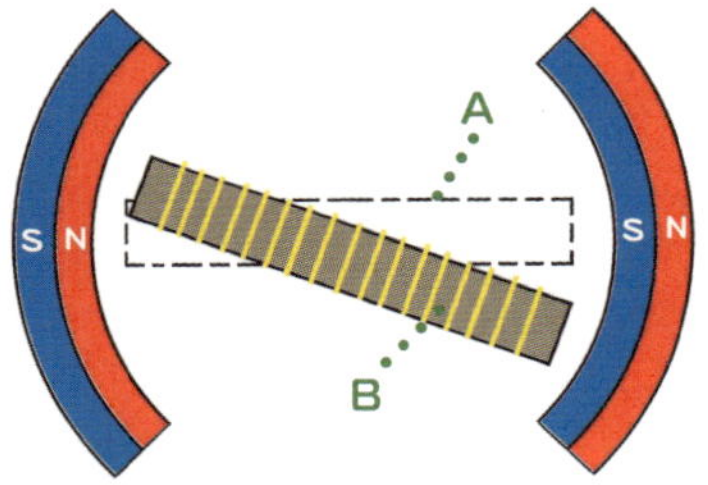

S
N
A
B
S
N

②電気を流れないようにすると、コイルは磁石ではなくなるが、いきおいでまわる。

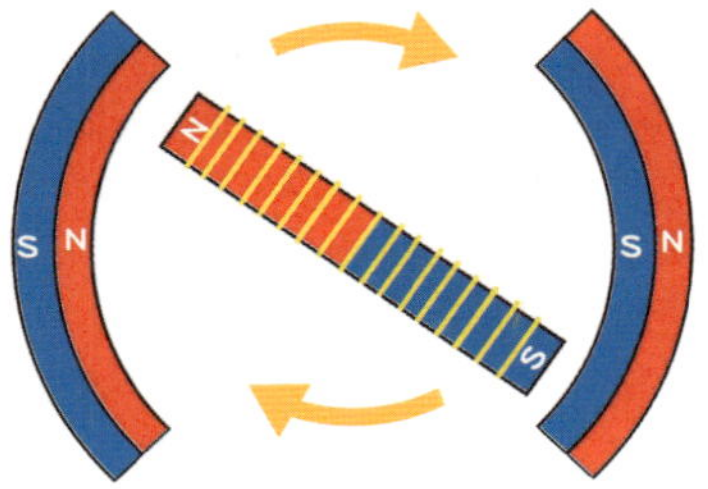

S
N
N
S
S
N

③コイルに流す電気の向きをかえると、S極とN極が入れかわり、今度は外がわの磁石のS極、N極とそれぞれ反発しあうようにまわる。

180ページのこたえ　六か月後

おはなしクイズ　S極と引きあうのは、S極？　N極？

日本にも絶滅してしまいそうな生きものがいる！

読んだ日にち（　年　月　日）（　年　月　日）（　年　月　日）

生命　動物

小さな島に集中している

地球上には、さまざまな生きものがくらしています。しかし、そのなかには数が急激にへり、絶滅が心配されている野生の生きものがいます。それが「絶滅危惧種」です。日本の「レッドリスト」によると、日本で絶滅のおそれがある生きものは約三六〇〇種にも上ります。

その多くは、日本の大部分をしめる本州ではなく、本州のまわりの小さな島にくらす生きものです。

この生きものたちは、基本的にそれぞれの島の環境に合わせた生き方をしています。そのため、環境が大きくかわると、たちまち数がへってしまいます。

生きものを絶滅させる原因

島の環境をかえて、生きものを絶滅させているのは、わたしたち人間です。その原因は、おもに三つあると考えられています。

ひとつ目は、環境の破壊です。たとえばカブトガニは、昔は日本のあちこちの海岸で見られました。しかし、開発が進んで海岸がうめたてられたため、数がへっています。

ふたつ目は「乱獲」、つまり生きものをたくさんつかまえてしまうことです。ニホンウナギは乱獲された結果、絶滅危惧種となりました。

三つ目は、外来種（→116ページ）のもちこみです。沖縄県では、毒ヘビであるハブを退治するため、島にいなかったマングースという動物が放たれました。しかし、マングースはハブではなく、沖縄にしかいない貴重な生きものを食べてしまい、深刻な問題となっています。

日本の絶滅危惧種
対馬
ツシマヤマネコ
小笠原諸島
オガサワラオオコウモリ
奄美大島
アマミノクロウサギ
西表島
イリオモテヤマネコ
沖縄諸島
ヤンバルクイナ
日本の絶滅危惧種の多くは、本州のまわりの小さな島にくらしている。

ここがポイント！
日本には、絶滅のおそれがある生きもの（絶滅危惧種）が、約三六〇〇種存在する。

181ページのこたえ　N極

おはなしクイズ　絶滅危惧種をまとめたリストを何という？

人間は目ざまし時計なしでも起きられる!

読んだ日にち(　年　月　日)(　年　月　日)(　年　月　日)

からだにそなわる体内時計

朝、どんなに目ざまし時計が鳴っても、起きられないことがありますよね。でも、人間は本来、目ざまし時計がなくても起きられることを知っていますか？

人間のからだのなかには、一日ごとにリズムをきざむ時計があります。これを「体内時計」といいます。昼間は活動し、夜はねむるという基本的なリズムが、この時計によってセットされています。

体内時計は、毎朝太陽の光をあびることでリセットされます。そのため、毎朝決まった時間に太陽の光をあびれば、人間は目ざまし時計がなくても起きられるのです。

また、起きてから一四～一六時間たつと、体内時計の命令によって、脳から「メラトニン」とよばれる物質が出されます。メラトニンがたくさん出されると、人間は自然にねむくなります。

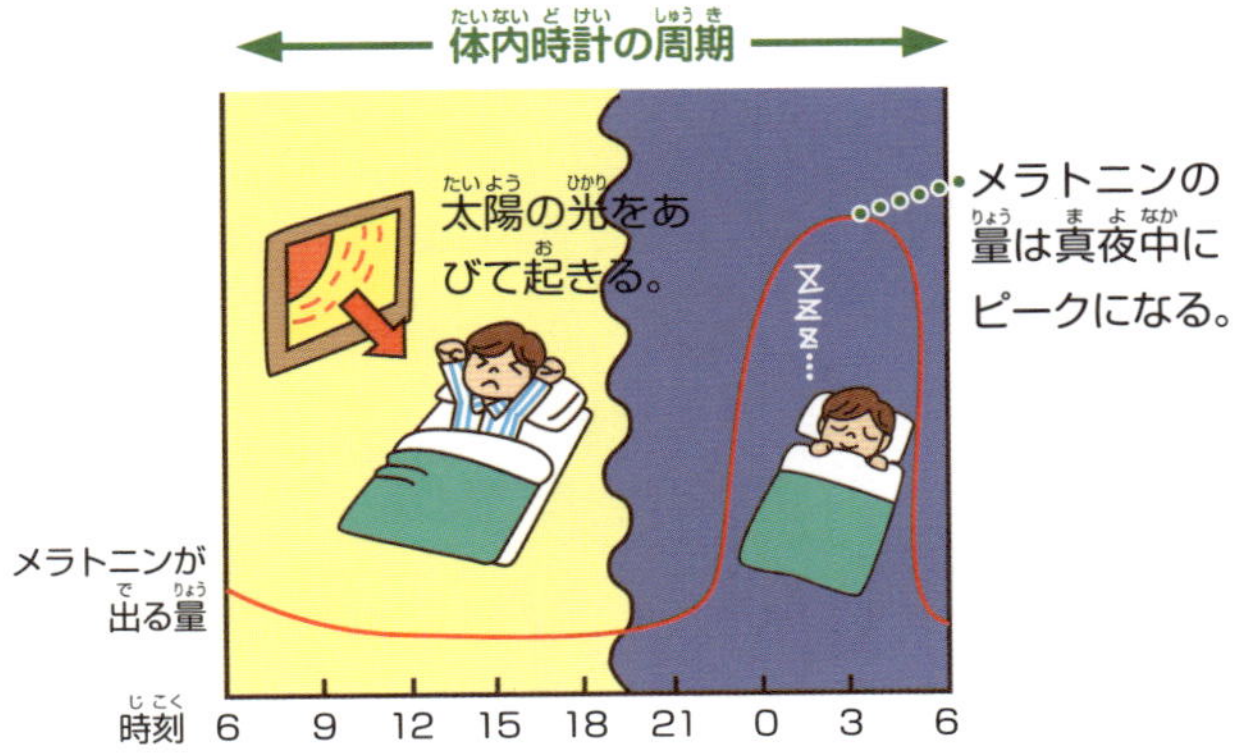

体内時計の周期
太陽の光をあびて起きる。
メラトニンの量は真夜中にピークになる。
メラトニンが出る量
時刻 6 9 12 15 18 21 0 3 6

夜にゲーム機の光をあびるなどして、体内時計がくるうと、ねむれなくなる。朝も起きられない。

朝になると、リセットされた体内時計がメラトニンを出さないようにするため、人間は元気に活動できるというわけです。

体内時計がくるうと？

しかし、夜おそくまで起きていたり、夜にスマートフォンやゲーム機の光をあびたりしていると、体内時計のリズムがくるってしまいます。体内時計のリズムがくるうと、夜に出るメラトニンの量がへり、夜になってもねむれなくなってしまうのです。さらに、「生活習慣病」とよばれる病気につながることもあります。

朝、目ざまし時計なしで起きるためにも、体内時計のリズムをととのえるようにしましょう。

ここがポイント!

毎朝決まった時間に太陽の光をあびれば、体内時計がリセットされ、目ざまし時計なしでも起きられる。

182ページのこたえ　レッドリスト

おはなしクイズ　昼間は活動し、夜はねむるというリズムがセットされている、からだのなかの時計を何という？

降水確率が高いと大雨になるの？

読んだ日にち（　　年　　月　　日）（　　年　　月　　日）（　　年　　月　　日）

雨がふるかどうかを予測する

天気予報では、よく「降水確率」ということばが出てきます。これは、一ミリメートル以上の雨か雪がふる確率のことです。降水確率は同じような気象条件になったときに、どれくらいの割合で雨がふったかをもとに計算されています。

ですから、降水確率が一〇〇パーセントだと、今までその日と同じ気象条件だった場合はかならず雨がふっていたことになります。ただし、降水確率がしめすのは雨がふるかどうかで、大雨になるかどうかはまたべつの問題です。

雨のふる量や強さのくわしい情報は、気象庁が発表している「降水ナウキャスト」を見るとよくわかります。一時間先までの、五分ごとの雨の強さやふる場所のうつりかわりが予測されているため、大雨による災害にそなえたり、避難したりするときにも役立ちます。

降水確率〇パーセントでも雨がふる？

天気予報で「降水確率は〇パーセントです」と発表されても、雨がふることがときどきあります。これは予報がまちがっているわけではありません。

降水確率は、四捨五入して一〇パーセントきざみで発表されます。予測では雨がふる確率が二パーセントや四パーセントであっても、発表は四捨五入して行われるため、〇パーセントとなります。だから確率はとてもひくいのですが、〇パーセントでも雨がふることがあるのです。

同じような気象条件の日が10回あった場合

7月25日 0.1ミリ
7月8日 0.1ミリ
5月6日 0.5ミリ
1月3日 0ミリ
11月9日 0ミリ
10月12日 1ミリ
9月8日 0ミリ
8月25日 5ミリ
12月24日 0.2ミリ
12月8日 7ミリ
気象予報士
過去のデータで1ミリメートル以上ふったのは、10回中3回！
降水確率30パーセント

ここがポイント！
降水確率は雨がふるかどうかをしめすもので、大雨になるかどうかは関係がない。

183ページのこたえ 体内時計

おはなしクイズ 降水確率が0パーセントなら、雨はぜったいにふらない。〇か×か。

海の底にも山や谷がある!

読んだ日にち（　　年　　月　　日）（　　年　　月　　日）（　　年　　月　　日）

海底を探検してみよう

陸地では、山や谷がありますよね。同じように、海にもさまざまな地形があります。

まず海岸線から海に入っていくと、大陸棚という水深二〇〇メートルまでの平らな海底がつづきます。水中をただよっている、プランクトンという小さな生きものが多く、それをえさにする魚がたくさんいるところです。

さらに沖合に進んでいくと、海はどんどん深くなっていきます。それまでつづいていた斜面が終わり、深海平原とよばれる、平らな海底に着きます。深海平原のところどころには、海盆という円形や四角形のくぼみや海底火山など、ふくざつな地形が広がっているのです。

また、海溝という深いくぼ地もあります。これは地球の表面をおおうプレート（→168ページ）のしずみこみによってできたもので、たとえば日本列島の太平洋がわに広がる日本海溝は、八〇〇〇メートルをこえる深さがあります。

マグマがふきだす海底の山脈

海の底には、海嶺という二〇〇〇～三〇〇〇メートルの高さの山脈も広がっています。この山脈の頂上はさけ目になっていて、地下深くからマグマ（ドロドロにとけた岩石）がふきだしています。

このマグマが海水によってひえてかたまることで、少しずつ海底に新しい土地をつくっています。新しくできた海底の土地は、プレートの動きによって一年間に数センチメートルほどの速さでゆっくりと動き、広がっています。

ここがポイント！

海底の深いくぼ地である海溝、海底山脈の海嶺など、海のなかにもさまざまな地形がある。

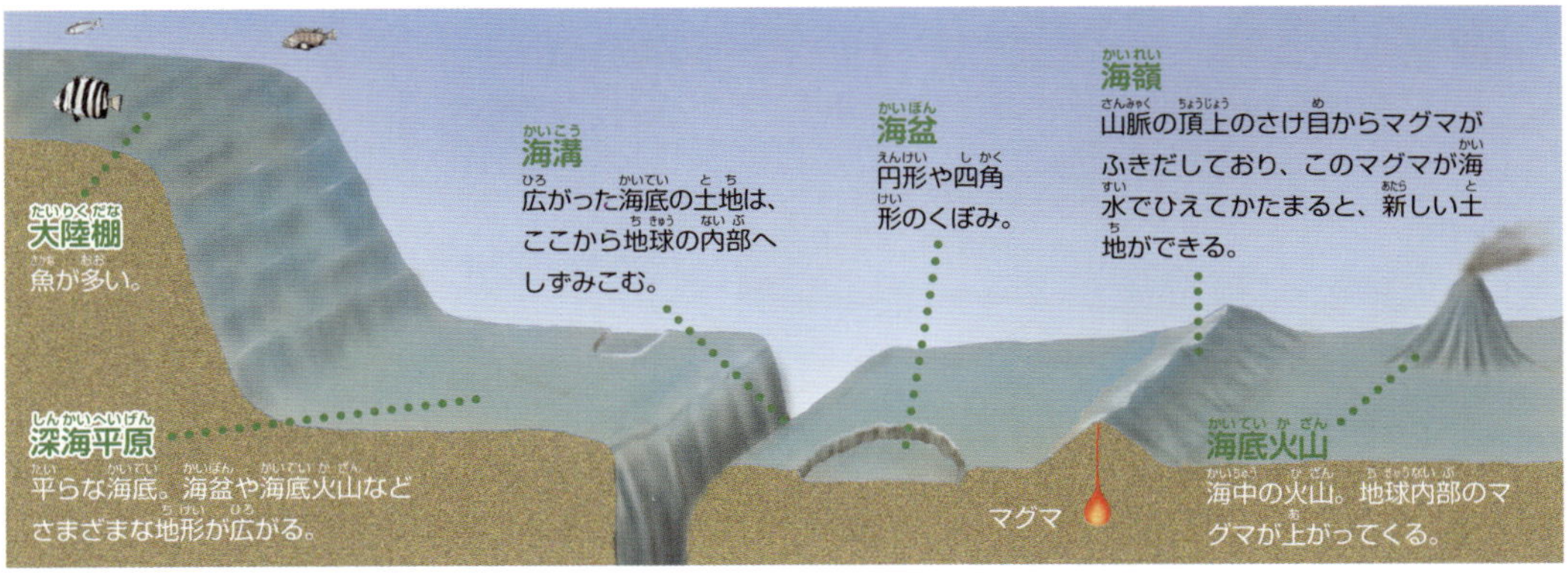
大陸棚
魚が多い。
深海平原
平らな海底。海盆や海底火山などさまざまな地形が広がる。
海溝
広がった海底の土地は、ここから地球の内部へしずみこむ。
海盆
円形や四角形のくぼみ。
海嶺
山脈の頂上のさけ目からマグマがふきだしており、このマグマが海水でひえてかたまると、新しい土地ができる。
マグマ
海底火山
海中の火山。地球内部のマグマが上がってくる。

184ページのこたえ ×

おはなしクイズ マグマがふきだしてくる海底の山脈を何という？

ふった雨の水って、どこへ行っちゃうの？

読んだ日にち（　　年　　月　　日）（　　年　　月　　日）（　　年　　月　　日）

6月9日のおはなし

もののせいしつ　水

川や海に流れこむ

山や森にふった雨は、その多くが地面にしみこみます。森の植物を育て、またそのまま地面のおく深くまでしみ通って、地下水になります。地下水は、長い時間をかけてふたたび地上にあらわれ、わき水になったり、川になったりします。

アスファルトなどで地面がおおわれた都市には、雨水を集めるしくみがあります。雨水のしみこむことができる場所が少ないと、地上にどんどんたまってしまうからです。そのため下水道などで雨水を集めて、川や海に流しています。

すがたをかえてめぐる水

雨がふったあとは、さいしょはぬれていた地面や道路がだんだんかわいていきます。これは、ふった雨の水が、太陽の熱などであたためられて、水蒸気（気体）にかわるからです。これを「蒸発」といいます。蒸発は、川や海などの水でも起きています。

水蒸気になった雨の水が、空の高いところまで上っていくと、まわりの空気の温度が下がってひやされ、水や氷のつぶになります。このつぶが集まって雲ができます。

雲のなかでは、小さな水や氷のつぶがくっつきあって、だんだん大きくなります。大きく、重くなると、空にうかんでいられなくなって、雨や雪になって落ちてきます。

雨の水は、地面などから蒸発したり、川や海に流れこんで、そこから蒸発したりして、やがて雲になり、また雨になってもどってくるのです。

水のゆくえ

①雨の水が、川や海に流れこむ。
②川や海の水が、太陽の熱であたためられ、水蒸気となって空に上る。
③空の上で、水蒸気が水や氷のつぶの集まり（＝雲）になる。
④重さにたえきれなくなり、雨や雪として地上にふる。

ここがポイント！
雨の水は蒸発して雲になり、また雨や雪になってもどってくる。

185ページのこたえ　海嶺

おはなしクイズ　水は蒸発すると何になる？

1日はどうして24時間なの？

読んだ日にち（　年　月　日）（　年　月　日）（　年　月　日）

地球 時間

はじめに一日の長さを決めた

世界中のどこに行っても、一日は二四時間です。この一日の長さはいつ、どのように決められたのでしょうか。じつは、一日の時間は人類が文明をつくったばかりのころに決まりました。

およそ四五〇〇年ほど前、古代バビロニア（現在のイラクのあたり）の人びとは、まず「一日」という時間の区切りを考えました。これは、日没から、次の日没までの時間です。

次に、太陽と月が同じ方向になる新月の日から、次の新月の日までの時間をひとつの区切りにして、「一か月」と決めました。この期間は、およそ三〇日間です。

さらに、季節によってかわる太陽の位置がまた同じ位置にもどるまでに、月の満ちかけが一二回くり返されることから、一二か月を「一年」としたのです。

「時刻」の登場

文明が進むと、もう少し細かい時間の分け方が必要になりました。そのときに利用されたのが、「日時計」です。これは、地面に棒を立て、太陽の動きに合わせてかわる影の長さや向きから、時間のうつりかわりを知ることができる道具です。

日時計を使って、太陽がちょうど南に来るときを正午とし、それより前を午前、あとを午後として、それぞれ一二に区切りました。当時バビロニアでは、一二を区切りとする計算法が使われていたからです。

こうして一日は、午前の一二時間と午後の一二時間を合わせた二四時間になったのです。

日時計のしくみ

太陽
時計の針が右まわりなのは、地球の北半分では、日時計の影が右まわりに動いていくからだといわれているよ。
棒
東
西
北
太陽が動くと、地面に立てた棒の影も動いていくため、時間のうつりかわりがわかる。影が真北に来たときは、太陽が真南にある。これを正午とした。

ここがポイント！
一二を区切りとする計算法をもとに、午前と午後をそれぞれ一二に分け、合わせて二四時間を一日とした。

186ページのこたえ　水蒸気

おはなしクイズ　地面に立てた棒の影から時刻を知ることができる道具を何という？

泣いたとき、いっしょに鼻水が出ちゃうのはどうして？

読んだ日にち（　年　月　日）（　年　月　日）（　年　月　日）

生命
人体

なみだは涙腺でつくられる

思わず泣いてしまったときには、なみだといっしょに鼻水もずるずると出てくることがあります。これはなぜでしょうか？

なみだは上まぶたのおくにある、「涙腺」でつくられます。なみだのもとは血液です。血液が涙腺を通ると、なみだになります。なみだが血液のように赤くないのは、血液の赤い色をつくる赤血球（→191ページ）という成分が、涙腺を通れないからです。

涙腺は、目がかんそうするのをふせぐため、つねに少しずつなみだをつくって、目をうるおしています。

けれども、かなしいことや、つらいことがあったときなどは、感情に影響される「自律神経」という神経のはたらきによって、涙腺がいつもよりたくさんのなみだをつくるのです。

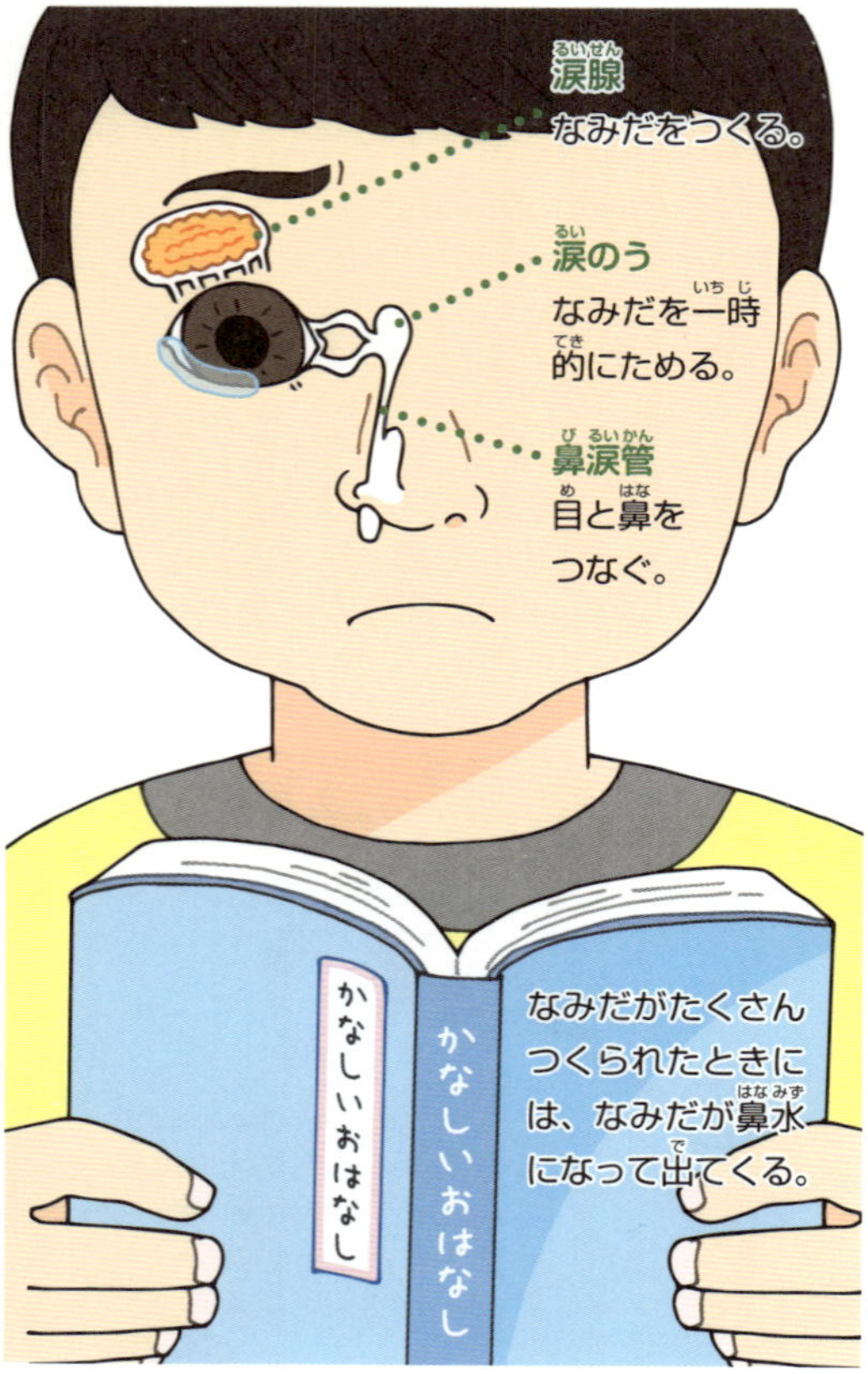
涙腺
なみだをつくる。
涙のう
なみだを一時的にためる。
鼻涙管
目と鼻をつなぐ。
かなしいおはなし
かなしいおはなし
なみだがたくさんつくられたときには、なみだが鼻水になって出てくる。

目と鼻はつながっている

目と鼻は「鼻涙管」という細いくだでつながっています。

鼻涙管の上には、「涙のう」というなみだが一時的にたまる場所があるのですが、なみだがたくさんつくられたときには、涙のうを通りすぎたなみだが、鼻涙管に流れこみます。そして、鼻水になって外へ出てくるのです。

かぜが長引いたときに出る鼻水は、古くなった細胞などをふくんでいるため、ドロリとしています。しかし、泣いたときに出る鼻水はなみだとほとんど同じなので、サラサラしています。なみだが止まれば、鼻水も自然に止まります。

ここがポイント！

泣いたときにたくさんつくられたなみだは、目と鼻をつなぐ鼻涙管に流れこんで鼻水になるため、なみだといっしょに鼻水が出る。

187ページのこたえ　日時計

おはなしクイズ　なみだをつくっているのは、上まぶたのおくのどこ？

宇宙の年齢は138億歳！

読んだ日にち(　　年　　月　　日)(　　年　　月　　日)(　　年　　月　　日)

地球
宇宙

宇宙の年齢を計算できる？

今から一〇〇年近く前、アメリカの天文学者ハッブルは、地球からはるか遠くにある銀河（星の集まり）が、地球からどんどん遠ざかっていることを発見しました。さらに、銀河によって遠ざかる速さにちがいがあり、遠くにある銀河ほど、速いスピードで遠ざかっていくことも発見しました。

このことからハッブルは、宇宙がどんどんふくらんでいるという結論に達しました。そして、地球からのきょりが遠くなると、銀河が遠ざかる速さは、一定の割合で速くなっていくこともつきとめたのです。この割合をあらわす数値は「ハッブル定数」とよばれます。

地球からのきょりがわかっている銀河であれば、ハッブル定数を使って遠ざかる速さを計算できます。そして、この速さできょりをわれば、遠ざかりはじめたとき、つまり、宇宙がうまれたのが今からどれくらい前なのかがわかるはずです。

ただ、ハッブル定数の値は観測技術が進歩するにつれてかわっていて、今でも正確には求められていません。またさいきんでは、宇宙がふくらむ速さは一定ではないと考えられているため、残念ながら、この計算で宇宙の年齢を正確に求めるのはむずかしいようです。

宇宙でもっとも古い光

現在では、べつの方法で宇宙の年齢が明らかになっています。その方法とは、宇宙でもっとも古い光を観測することです。

「宇宙マイクロ波背景放射」とよばれるその光は、宇宙が誕生してから約三八万年後に発せられたと考えられています。

人工衛星によって、この光が観測されたことで、現在では宇宙の年齢は約一三八億歳だと考えられるようになったのです。

宇宙マイクロ波背景放射は、宇宙のあらゆる方向から地球にふりそそいでいるよ！

ここがポイント！
宇宙でもっとも古い光の観測によって、宇宙の年齢は一三八億歳と考えられている。

188ページのこたえ　涙腺

おはなしクイズ　宇宙がふくらんでいることを発見した天文学者の名前は？

宇宙には地球のような星がほかにもあるの？

6月13日のおはなし

読んだ日にち（　年　月　日）（　年　月　日）（　年　月　日）

地球
宇宙

ケプラー452b
・地球と同じように、岩石でできている。
・直径は地球の約1.6倍。
・気温は地球とほぼ同じ。
・液体の水があると考えられている。
約1400光年
宇宙望遠鏡
地球からでは、はっきりと観測できない天体や宇宙のようすを、宇宙空間から観測するための望遠鏡。

太陽系の外にも惑星がある

一九九〇年代後半から、太陽系の外でも、恒星（太陽のように、自分でかがやく星）のまわりをまわる惑星が次つぎと見つかりました。このような太陽系の外にある惑星を「太陽系外惑星（系外惑星）」とよびます。はじめのころに見つかった系外惑星は、木星のような巨大ガス惑星（↓48ページ）でした。これらの惑星は、恒星のすぐ近くをわずか数日で一周したり、細長いだ円の軌道をもっていたりと、太陽系の惑星とはまったくことなるとくちょうをもっていました。

地球のように岩石でできた惑星が見つかるようになったのは、二〇〇〇年代ごろからです。

二〇〇九年には系外惑星をさがすための宇宙望遠鏡（ケプラー）が打ちあげられ、次つぎと系外惑星が見つかりました。その数は数千こにもおよびます。

第二の地球を発見？

系外惑星のなかで、地球のように岩石でできた地球型惑星（↓48ページ）に分類される「ケプラー452b」という惑星があります。

ケプラー452bは、直径が地球の約一・六倍で、地球から約一四〇〇光年（一光年は約九兆四六〇〇億キロメートル）はなれています。恒星からほどよいきょりにあり、気温は地球とほぼ同じです。また、地表には液体の水があると考えられています。

さらに、地球から約四七〇光年はなれたところにも「ケプラー438b」という地球型惑星があります。この惑星も、恒星からほどよくはなれており、地球より少しあたたかく、液体の水があると考えられています。このように、太陽系の外では、地球ににたとくちょうをもつと考えられる惑星が発見されているのです。

ここがポイント！
系外惑星のなかには、地球と同じように岩石でできていて、液体の水が存在しているかもしれない惑星がある。

189ページのこたえ　ハッブル

おはなしクイズ　太陽系の外にある、恒星のまわりをまわっている惑星を何とよぶ？

6月14日のおはなし

血液って、なぜ赤いの？

読んだ日にち（　年　月　日）（　年　月　日）（　年　月　日）

生命
人体

血液のはたらき

血液は、からだ中に通っている血管のなかを、休むことなく流れる液体です。ただの赤い液体だと思われているかもしれませんが、人間が生きていくために必要なはたらきを、たくさんもっているものです。

血液は、「血しょう」、「赤血球」、「血小板」、「白血球」という四つの成分からできており、それぞれにたいせつなはたらきがあります。

たとえば、大部分が水分である血しょうは、食事からとりいれた栄養素や、からだからいらなくなったものなどを運んでいきます。

また、赤血球は酸素とむすびつくことで、からだのすみずみまで酸素を運ぶはたらきをします。

白血球は、からだに入ってきた細菌やウイルスなどを攻撃し、からだを守るものです。

血小板は、けがをして血が出ているところに集まってきて、血を止めてくれます。

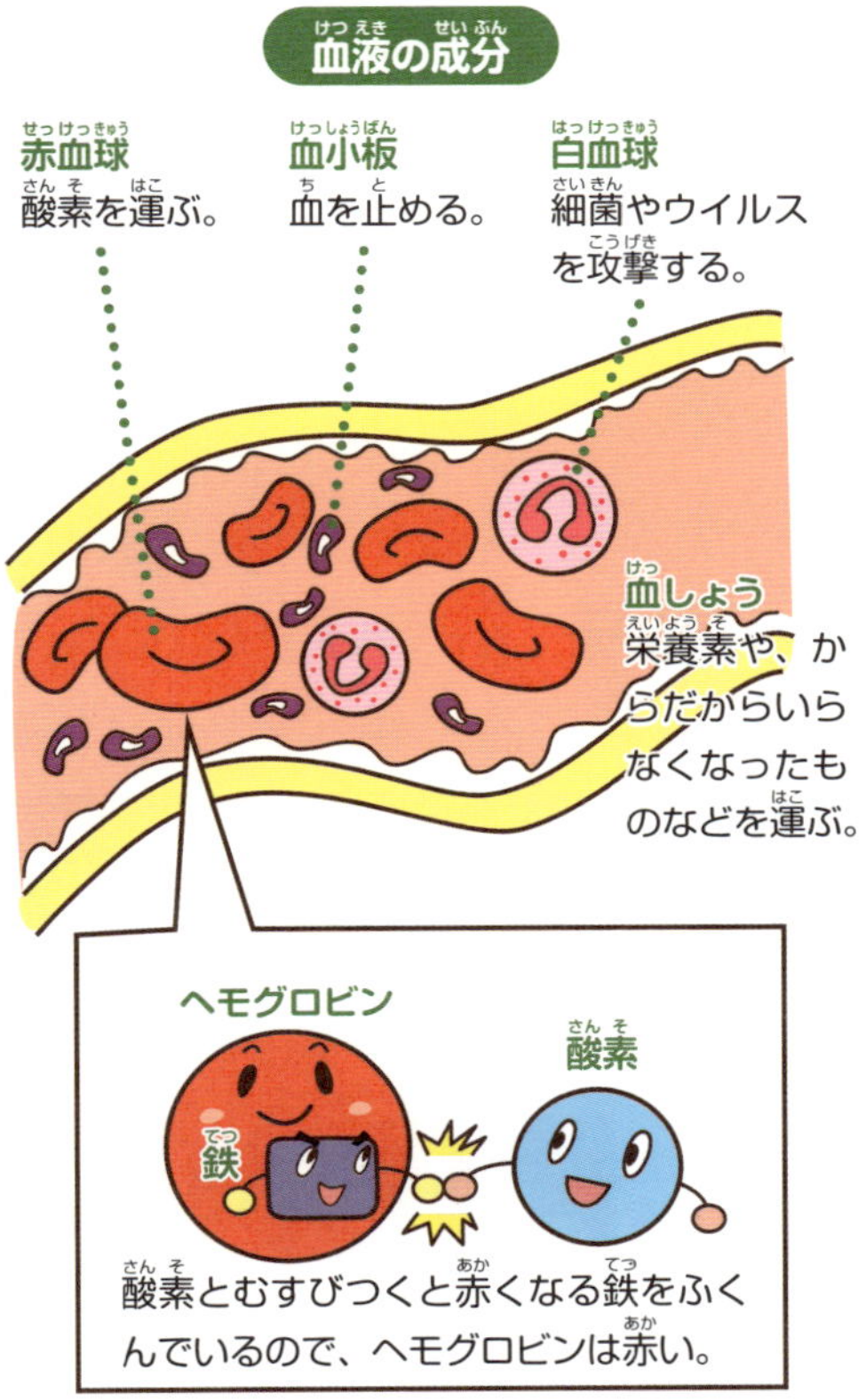

血液の成分
赤血球
酸素を運ぶ。
血小板
血を止める。
白血球
細菌やウイルスを攻撃する。
血しょう
栄養素や、からだからいらなくなったものなどを運ぶ。
ヘモグロビン
鉄
酸素
酸素とむすびつくと赤くなる鉄をふくんでいるので、ヘモグロビンは赤い。

赤はさびた鉄の色!?

人間の血液が赤く見えるのは、赤血球のなかにある「ヘモグロビン」という物質が、赤い色をしているからです。

ヘモグロビンには鉄がふくまれていて、鉄は酸素とむすびつくと、赤くなる性質をもっています。そのため、酸素を運ぶヘモグロビンは赤い色をしているのです。

みなさんは、古い鉄のくぎが、赤くさびているのを見たことがありますか？　じつは、これも鉄と空気中の酸素がむすびついて起こるものです。そう考えると、血液の赤色はさびた鉄と同じ色、といえるかもしれません。

ここがポイント！

血液のなかには赤血球というものがあり、そのなかにあるヘモグロビンが赤い色をしているため、血液は赤く見える。

190ページのこたえ　太陽系外惑星（系外惑星）

おはなしクイズ　赤血球のヘモグロビンにふくまれているのは、銀、銅、鉄のうちどれ？

満月もかけることがある！

読んだ日にち（　年　月　日）（　年　月　日）（　年　月　日）

満月がかけるときって？

太陽がかくれて見えなくなる日食（→59ページ）と同じように、月も見えなくなることがあります。これを「月食」といいます。月食は月、地球、太陽が一直線上にならんだときに、月の全体または一部分が、地球の影に入ることで太陽の光があたらなくなり、月がかけたように見える現象です。

月食は、月と太陽が地球をはさんで反対がわにある「満月」のときに起こります。ただし、月食は満月のたびに起こるわけではありません。月の公転軌道は、地球の公転軌道に対して五度かたむいているため、ふだんの満月のときは、地球の影からややそれたところにあるからです。

月食の種類

地球の影には「本影（太陽の光がほぼさえぎられた、こい影）」と「半影（本影をとりかこむ、うすい影）」の二種類があります。月の一部または全部が、半影だけに入った状態を「半影食」、本影に入ったものを「本影食」といいます。

ただ、半影はうすい影なので、見ただけでは月がかけているのかどうかよくわかりません。そのため、ふつう「月食」というと、月が本影に入った「本影食」のことをいいます。

月全部が本影に入る月食を「皆既月食」、月の一部分が本影に入る月食を「部分月食」といいます。皆既月食でも、完全に見えなくなるわけではありません。地球の大気を通りぬけた、太陽の赤い光が本影のなかに入るため、この月は暗い赤色に見えます。

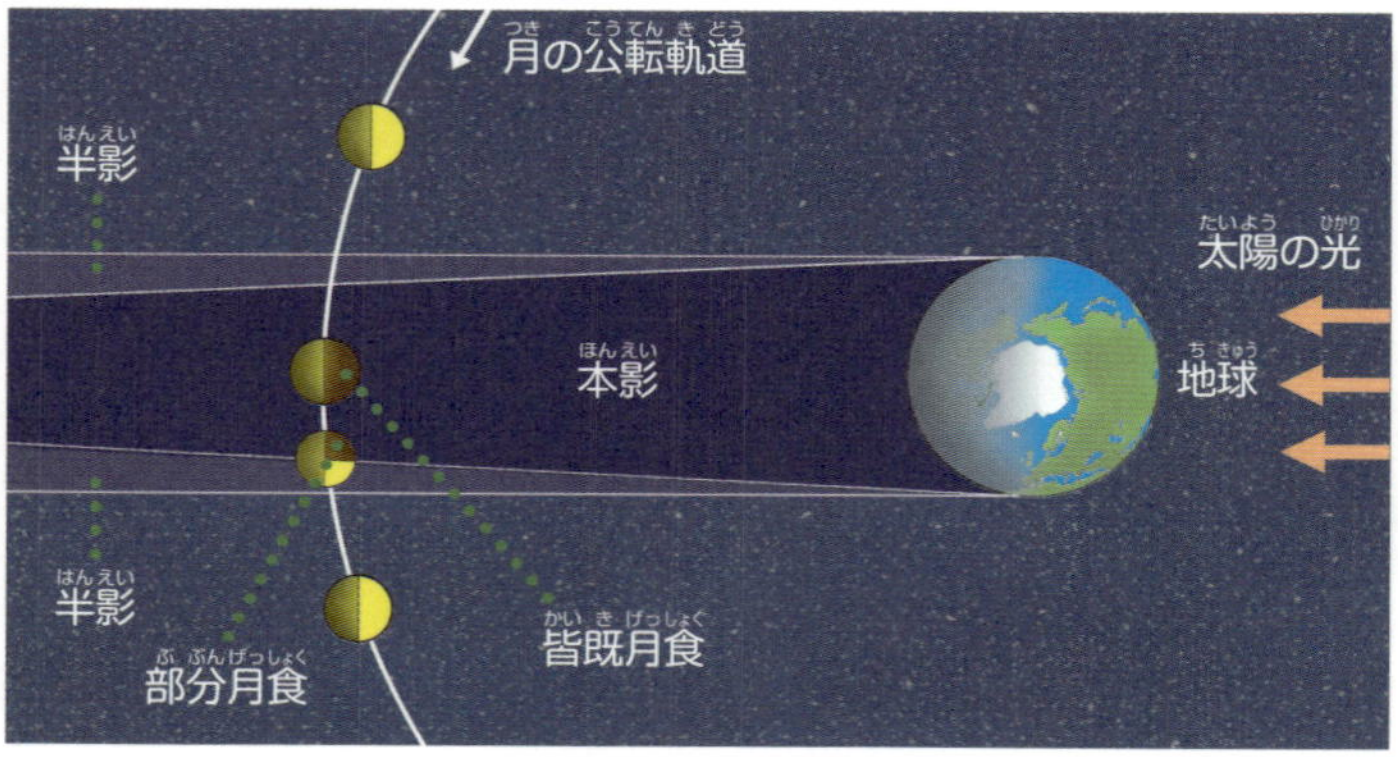

月の公転軌道
半影
太陽の光
本影
地球
半影
皆既月食
部分月食

じょじょにかけていき、本影に入ると赤く見えるようになる。

ここがポイント！

満月のときは、月が地球の影に入ることで月がかけて見える、月食という現象が起こることがある。

191ページのこたえ 鉄

おはなしクイズ 月食は、どんな月のときに起こるでしょう？

宇宙ステーションのなかで、ものがうくのはどうして？

読んだ日にち（　年　月　日）（　年　月　日）（　年　月　日）

ものの はたらき 力

宇宙ステーションのなかは無重力？

国際宇宙ステーションのなかのようすをテレビなどで見ると、宇宙飛行士やものが宙にういていますよね。

ふだん、わたしたちのからだやまわりのものが、かってにうかんでしまうことはありません。これは地球がまわりのものを引きよせる、「重力」という力がはたらいているからです。

いっぽう、宇宙ステーションのなかは、「無重力状態」になっています。そのため、からだやまわりのものがうかんでいるのです。

ただし、宇宙ステーションのなかで、地球の重力がはたらいていないわけではありません。宇宙ステーションは、地上から約四〇〇キロメートルはなれたところをとんでいますが、それくらいのきょりではたらく重力は、地上とあまりかわらないのです。

ふたつの力のはたらき

では、どうして宇宙ステーションのなかは、無重力状態になるのでしょうか。そこには「遠心力」という、もうひとつの力のはたらきが関係しています。

宇宙ステーションは地球のまわりをぐるぐるまわっています。このとき、宇宙ステーションには外がわに向かって遠心力という力（→146ページ）がはたらいています。

宇宙ステーションにはたらく重力と遠心力がつりあっているので、重力がなくなったときと同じ状態になります。つまり、これが無重力状態になるということなのです。

ただし、宇宙ステーションのなかでも重力ははたらいているので、「無重量状態」というのが正しい言い方になります。

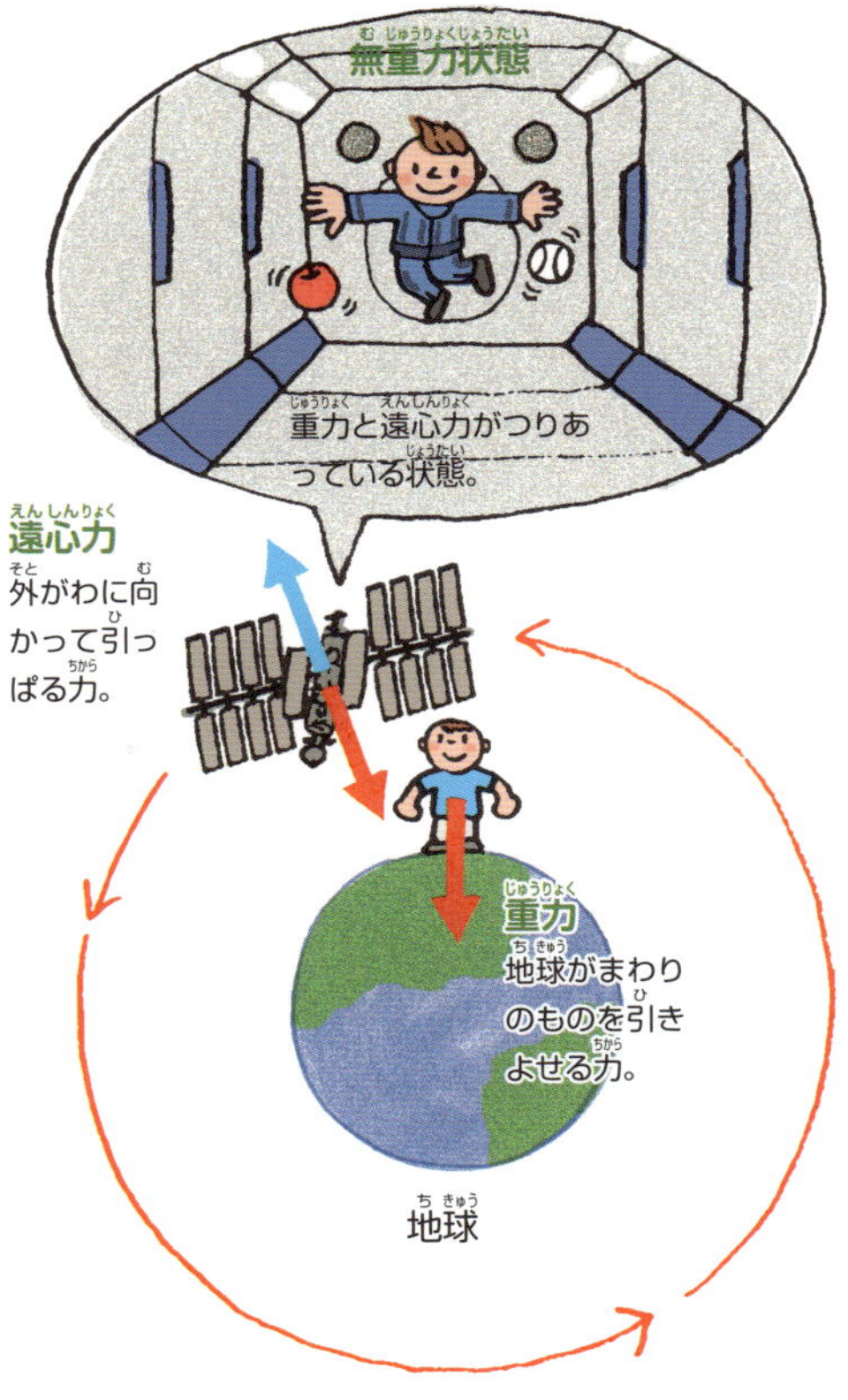
無重力状態
重力と遠心力がつりあっている状態。
遠心力
外がわに向かって引っぱる力。
重力
地球がまわりのものを引きよせる力。
地球

ここがポイント！
宇宙ステーションのなかが無重力状態になるのは、重力と遠心力がつりあっているから。

192ページのこたえ 満月

おはなしクイズ 宇宙ステーションのなかで、人やものがういている状態を何という？

砂漠も昔は森だった!

読んだ日にち(　年　月　日)(　年　月　日)(　年　月　日)

約五〇〇〇年前は森だった

アフリカ大陸北部にある「サハラ砂漠」は、約九〇〇万平方キロメートルという、アメリカとほぼ同じ大きさに砂の大地が広がる、広大な砂漠です。

砂漠は雨がふることがとても少ないので植物があまり育たず、動物にとってもすみづらい環境です。

しかし、約五〇〇〇年前ごろは、サハラ砂漠がある場所は緑が生いしげる森で、そこにはたくさんの生きものがいました。

ところが、しだいにかんそうがはじまって、現在にいたるまでかんそうした気候がつづいたことで、現在も砂漠が広がりつつあるのです。

砂漠になりやすい場所

サハラ砂漠以外にも、世界には大きな砂漠がいくつもあり、地球上の陸地の約七分の一をしめています。

地球上で砂漠になりやすい場所には、次の四つの条件があります。

(一)赤道の近くで、雨をふらせたあとのかわいた空気がある場所(北緯二〇～三〇度および南緯二〇～三〇度)。

(二)海からはなれていて、かんそうしている場所。

(三)大きな山脈をこえた、かわいた風がふく場所。

(四)つめたい海水の上でひやされた、雨をふらせにくい空気がある場所。

ただし、現在では気候の変化や、人間による森林伐採がもとで、もともと砂漠ではなかったサハラ砂漠のようなところにも、砂漠が広がるという問題が起こっています。

砂漠がある場所

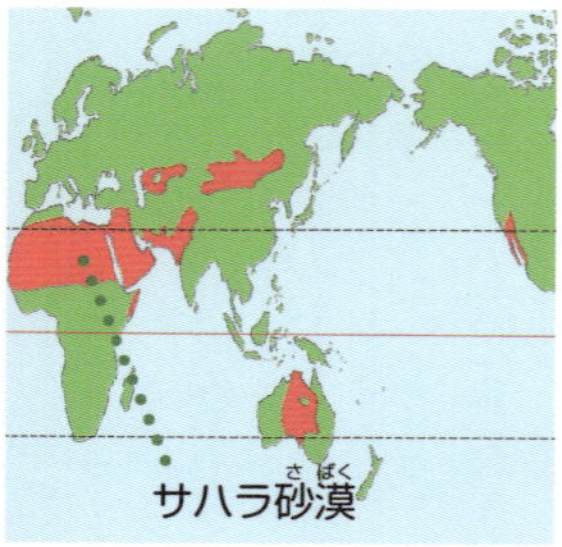

北緯30度
赤道
南緯30度
サハラ砂漠

赤い部分が、砂漠がある場所。

砂漠の砂のでき方

①かわいた土地の岩石に太陽の光があたることで、岩石の温度が上がり、ふくれる。

②夜になって、気温が一気に下がると、岩石がちぢみ、もろくなる。

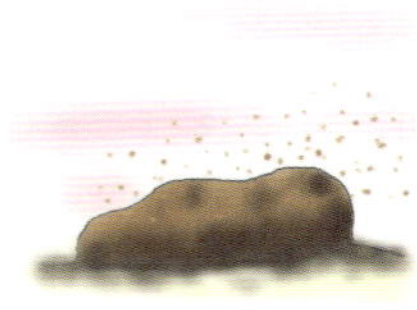

③くずれた岩石は小石や砂になり、風に運ばれ、つもっていくことで砂漠になる。

ここがポイント!

気候の変化によって、アフリカはかんそうした土地になったため、サハラ砂漠がうまれた。

193ページのこたえ
無重力状態(無重量状態)

おはなしクイズ 地球上の陸地にしめる砂漠の割合は約何分の1?

わたしたちの祖先にはどのような人びとがいるの？

読んだ日にち(　　年　　月　　日)(　　年　　月　　日)(　　年　　月　　日)

生命 進化

アジアから来た人びと

人類は、猿人→原人→旧人→新人の順で進化してきました。現在のわたしたちに直接つながるのは、このうちの新人です。新人はアフリカで誕生し、そこからユーラシア大陸へと広がりました（→175ページ）。

このうち南方アジアから南方系の人びとが三〜二万年前に日本列島にやってきて、独自の文化をきずきはじめます。かれらがやがて縄文人とよばれる、わたしたちの祖先です。

そして約二五〇〇年前には、北方アジアから北方系の人びとが日本列島にやってきます。かれらはのちに弥生人とよばれる祖先で、イネを育てる技術などをもちこみました。

また、北海道にはアイヌとよばれる人びともおり、彼らも独自の文化をきずきました。

気候に合わせた顔のとくちょう

縄文人（南方系）と弥生人（北方系）では、顔のとくちょうがことなっています。

縄文人の顔は、全体的に立体的で、二重まぶたに、まゆ毛やひげなどがこいというとくちょうがあります。いっぽう、弥生人は全体的にのっぺりとしており、まぶたも一重で、まゆ毛などもうすくなっています。

このちがいは、気候に合わせるために生じました。寒い地域にくらしていると、出っぱりの多い顔では凍傷（寒さによるけが）になりやすくなってしまいます。そのため、長い間寒い北方アジアにいた弥生人は、平面的な顔となったのです。

北方アジア
北方系
日本列島
約2500年前に日本へ来て、のちに弥生人とよばれた。
南方系
南方アジア
3〜2万年前に日本へ来て、のちに縄文人とよばれた。

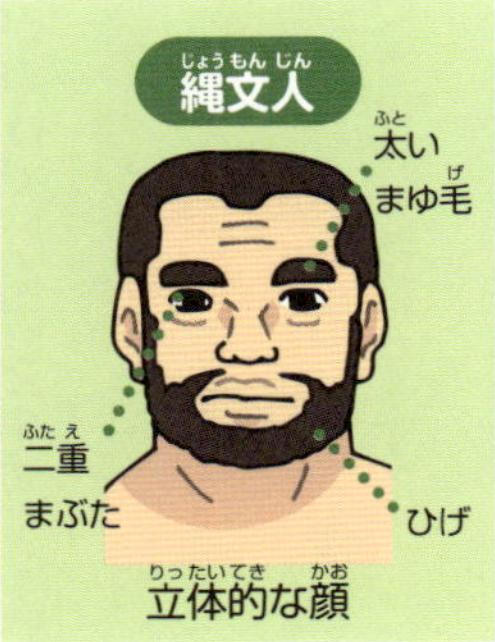

縄文人
太いまゆ毛
二重まぶた
ひげ
立体的な顔

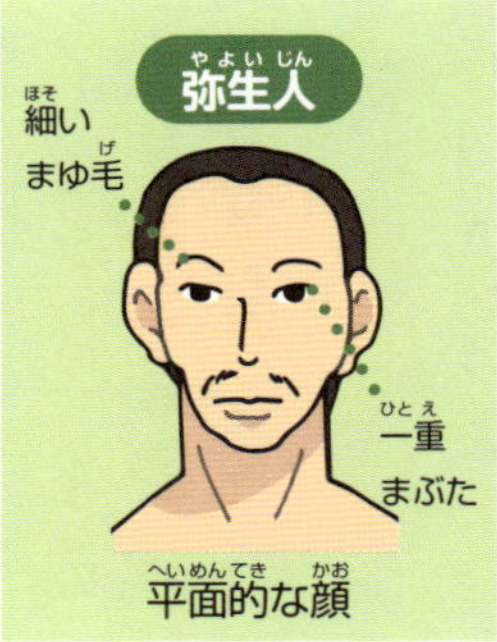

弥生人
細いまゆ毛
一重まぶた
平面的な顔

ここがポイント！
アジアなどからうつりすんだ人びとが、わたしたちの祖先になった。

194ページのこたえ
約七分の一

おはなしクイズ 約2500年前に日本にやってきた北方系の人びとは、やがて何とよばれるようになった？

カタツムリにはなぜ貝のようなからがあるの？

読んだ日にち（　　年　　月　　日）（　　年　　月　　日）（　　年　　月　　日）

カタツムリはまき貝のなかま

雨がよくふる梅雨の時期になると、からをせおって、ゆっくりと動くカタツムリのすがたを見つけることが多くなります。からをもつ生きものというと、アサリ、ハマグリ、サザエなど、海にいる生きものがほとんどです。なぜ、カタツムリは陸で生活しているのに、からをもっているのでしょうか。

カタツムリは虫のなかまと思うかもしれませんが、じつはらせん状のからをもつ、まき貝のなかまです。約四億年前、多くの生きものが海から陸へ上がり、生息しはじめました。そのころには、貝のなかまにも陸へと上がってきたものがいて、それがカタツムリになったのです。ふつう、まき貝は魚と同じように「えら」という場所で呼吸しますが（→56ページ）、カタツムリは肺で空気をとりこんで呼吸しています。

海のなかでは、えらで呼吸するよ。
陸に上がって、カタツムリになったよ！呼吸は肺でするよ。
約４億年前
まき貝
カタツムリ

からの役目　かんそうをふせいで、からだから水分がぬけないようにする。

からで身を守っているよ。
敵から攻撃されても、からでからだを守る。

カタツムリのからの役目

カタツムリは、からだから「石灰質」とよばれるものを出して、からをつくります。からはからだの一部なので、成長に合わせて大きくなり、きずついてもしばらくするとなおってしまいます。カタツムリの多くはかんそうに弱く、からには敵から身を守るほか、からだから水分がぬけていくのをふせぐという、たいせつな役目もあります。空気がかんそうする冬になると、カタツムリはからのなかに入り、入口に膜をはって冬眠します。

ここがポイント！
カタツムリはまき貝のなかまなので、まき貝と同じようならせん状のからをもっている。

195ページのこたえ　弥生人

おはなしクイズ　カタツムリは、からだから何を出して、からをつくる？

虹（にじ）は七色（なないろ）ではない？

読んだ日にち（　　年　　月　　日）（　　年　　月　　日）（　　年　　月　　日）

ものの はたらき　光

虹をつくるのは太陽の光

空にかかる虹は、赤や黄、緑や青など、いろいろな色でできていますね。その理由は、虹のもとの、太陽の光にあります。

太陽の光は、いろいろな色の光が組みあわさってできています。ただし、それらが組みあわさっているので、ふだんわたしたちには、ひとつひとつの色は見えません。ところが、組みあわさった光がバラバラになると、きれいに色ごとに分かれて、虹をつくるのです。

雨が上がったあとのように、空気中に水のつぶがたくさんあると、太陽の光が、水のつぶにあたって反射します。

このとき光は、空気中から水のつぶに入り、ふたたび出てくることになります。光には、空気と水のさかい目を通るときに曲がる（屈折する）性質があり、曲がりぐあいが色によってちがいます。そのため、出てくるときにはバラバラになっているのです。

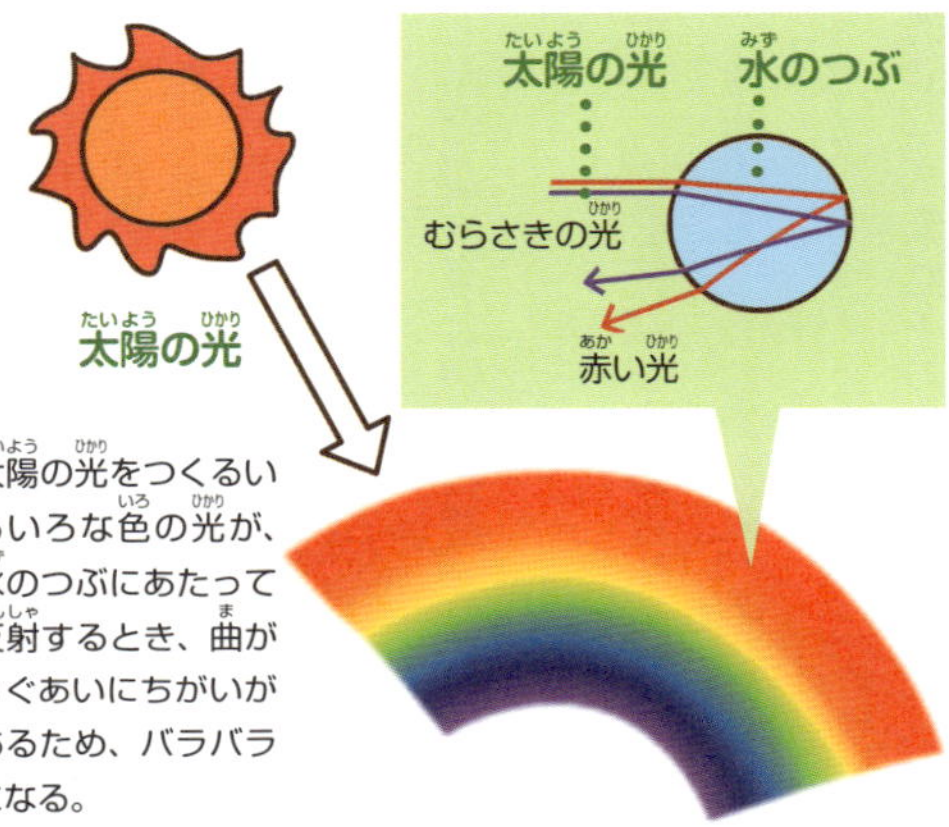
太陽の光
水のつぶ
むらさきの光
赤い光
太陽の光

太陽の光をつくるいろいろな色の光が、水のつぶにあたって反射するとき、曲がりぐあいにちがいがあるため、バラバラになる。

虹の色の数のちがい

日本
アメリカ・イギリス
ドイツ

日本：赤、オレンジ、黄、緑、青、あい、むらさきの7色。

アメリカ・イギリス：赤、オレンジ、黄、緑、青、むらさきの6色。

ドイツ：赤、黄、緑、青、むらさきの5色。

虹の色の数はいくつ？

「虹の色の数はいくつか」ときかれたら、日本では多くの人が「七色」とこたえるでしょう。たしかに絵では、虹はたいてい赤、オレンジ、黄、緑、青、あい、むらさきの七色でえがかれます。しかし、じっさいの虹は、そんなにはっきり色が分かれているわけではありません。ですから、「虹の色の数はいくつか」という質問のこたえは、国や地域によってちがいます。

日本で虹が七色とされるようになったのは、昔、イギリスの科学者・ニュートンが「七は神聖な数で、音楽のドレミも七音だから」として、そう決めたのにならったからだといわれています。

ここがポイント！

虹は、太陽の光をつくるいろいろな色の光でできる。色の数をいくつと見るかは、国によってちがう。

196ページのこたえ　石灰質

おはなしクイズ　虹ができるとき、太陽の光を反射するのは、空気中にある何？

太陽はどうやって光っているの？

読んだ日にち（　年　月　日）（　年　月　日）（　年　月　日）

太陽は何でできているの？

太陽の直径は、約一四〇万キロメートルで、地球の約一〇九倍もあります。そんな大きな太陽は、ほとんどが水素という物質でできています。

太陽の中心部は、太陽自体の重力で水素がおしちぢめられ、密度や温度がとても高くなっています。そこでは水素原子の原子核がぶつかりあって、ヘリウムという物質の原子がつくられています。水素の原子核がヘリウムにかわるときには、ほんの少し質量（重さ）がへって、その分がエネルギーにかわります。これを「核融合反応」といいます。太陽の中心では、核融合反応によって、ぼう大なエネルギーがうみだされています。

太陽の中心でうみだされたエネルギーは、だんだんと外がわにつたわっていき、太陽の表面から熱や光となって放出されるのです。

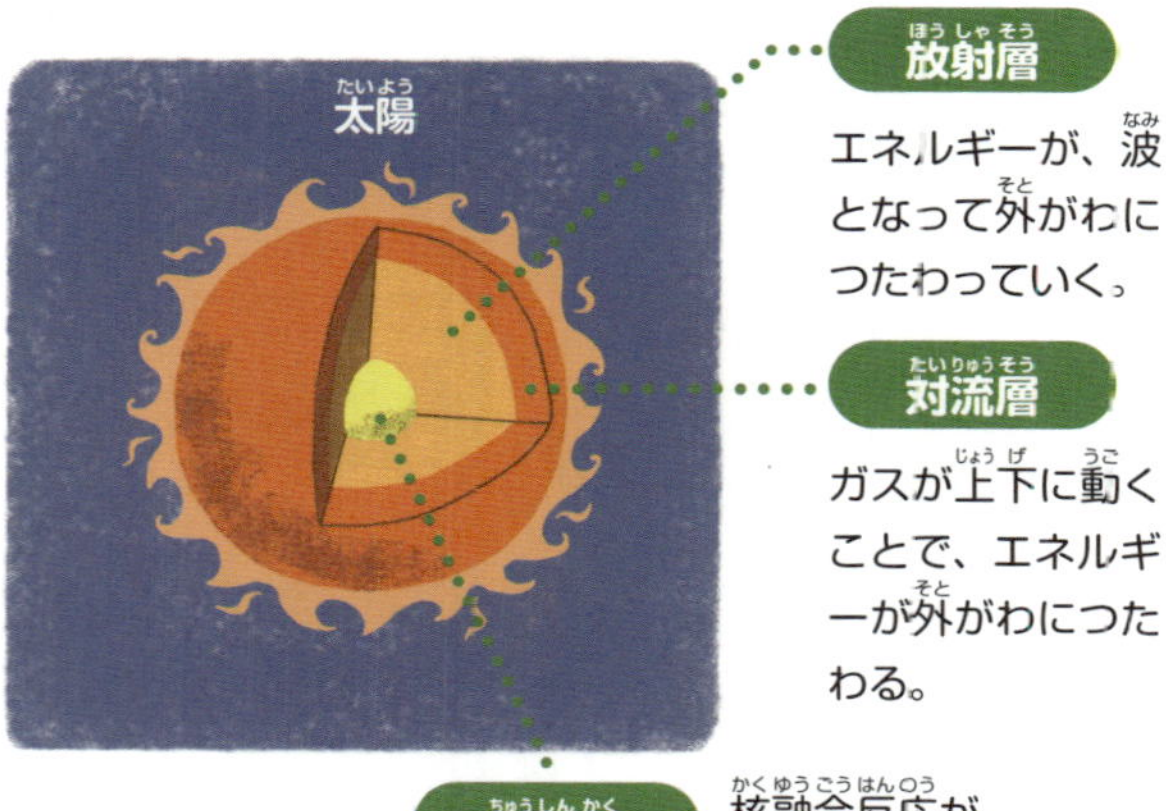
太陽
放射層
エネルギーが、波となって外がわにつたわっていく。
対流層
ガスが上下に動くことで、エネルギーが外がわにつたわる。
中心核
核融合反応が起こっている。

太陽の光にふくまれているもの

太陽の光には、いろいろな光がまざっています。わたしたちが見ることのできる光は、可視光といわれています。虹は、可視光が色ごとに分かれて見える現象です（→197ページ）。

虹のように目に見える光もあれば、紫外線（→357ページ）や赤外線（→42ページ）などの、目に見えない光もあります。なかでも強い紫外線や赤外線は、目に悪い影響をあたえることがあります。そのため、まぶしい太陽の光を見てはいけません。

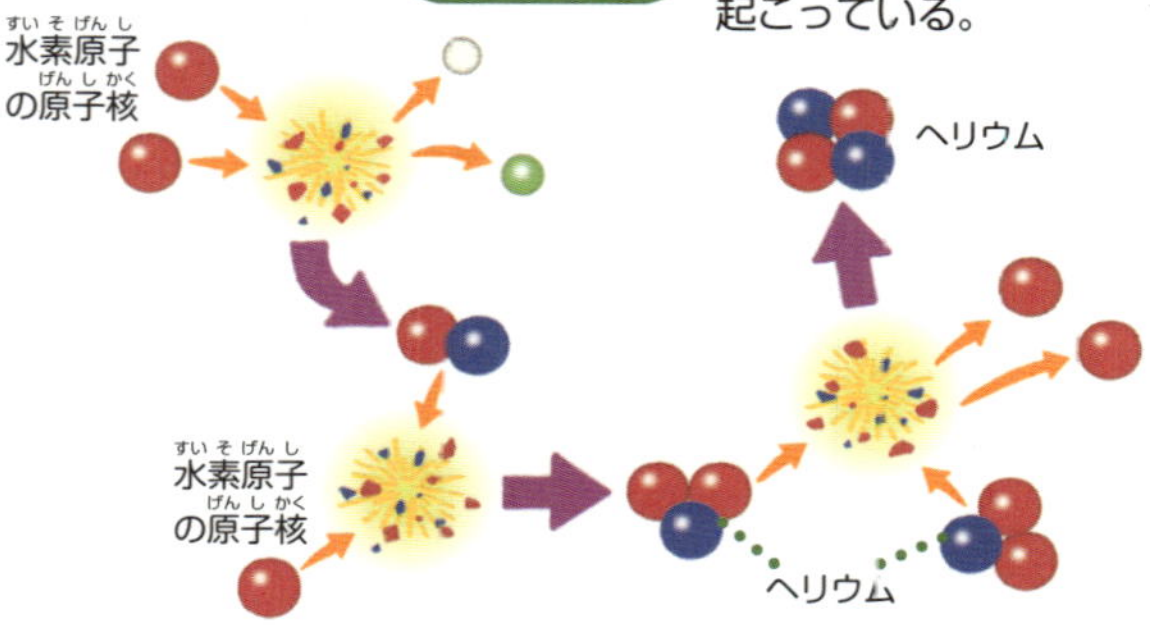
水素原子の原子核
ヘリウム
水素原子の原子核
ヘリウム
太陽の中心部では、水素原子の原子核がぶつかりあって、ヘリウムがつくられている。

ここがポイント！

太陽の中心では、水素原子の原子核がぶつかりあってエネルギーがうまれ、表面から熱や光となって放出されている。

197ページのこたえ 水のつぶ

おはなしクイズ 太陽のなかで水素原子の原子核がぶつかりあうと、何になる？

6月22日のおはなし

アメンボはなぜ水にしずまないの?

読んだ日にち(　年　月　日)(　年　月　日)(　年　月　日)

生命 虫

軽いからだとあしの油

川辺や池のほとりに行くと、アメンボが水の上をすいすいと歩いていることがあります。なぜアメンボはしずむことなく、水の上を歩けるのでしょうか?

その理由は、三つあります。

ひとつ目の理由は、アメンボの体重が、とても軽いことです。

アメンボの体重は、わずか〇・〇二グラムしかありません。これは、一円玉(重さ一グラム)の、五〇分の一の重さです。

ふたつ目の理由は、あしのつくりにあります。

アメンボの細いあしの先は、細かい毛でおおわれていて、そこから油が出ているのです。油は水をはじくものです。

アメンボはあしとあしをこすりあわせて、油を行きわたらせるため、あしが水にぬれるのをふせぐことができます。

水の性質を利用する

三つ目の理由は、水の性質によるものです。

水は、水分子という小さなつぶの集まりです(→38ページ)。水分子と水分子は、たがいに引っぱりあうことでつながっています。そして、水の表面では水分子どうしが引っぱりあって、表面積をなるべく小さくしようとしています。この性質を「表面張力」といいます(→101ページ)。アメンボが水の上を歩くと、表面がへこんで表面積が大きくなるため、水は表面張力によってもとにもどろうとします。アメンボはこの力も利用して、水の上を歩いているのです。

ここがポイント!

アメンボはとても軽く、またあしの先からは油を出して水をはじき、さらに水の表面張力も利用するため、しずまずに水の上を歩く。

水の上のアメンボ

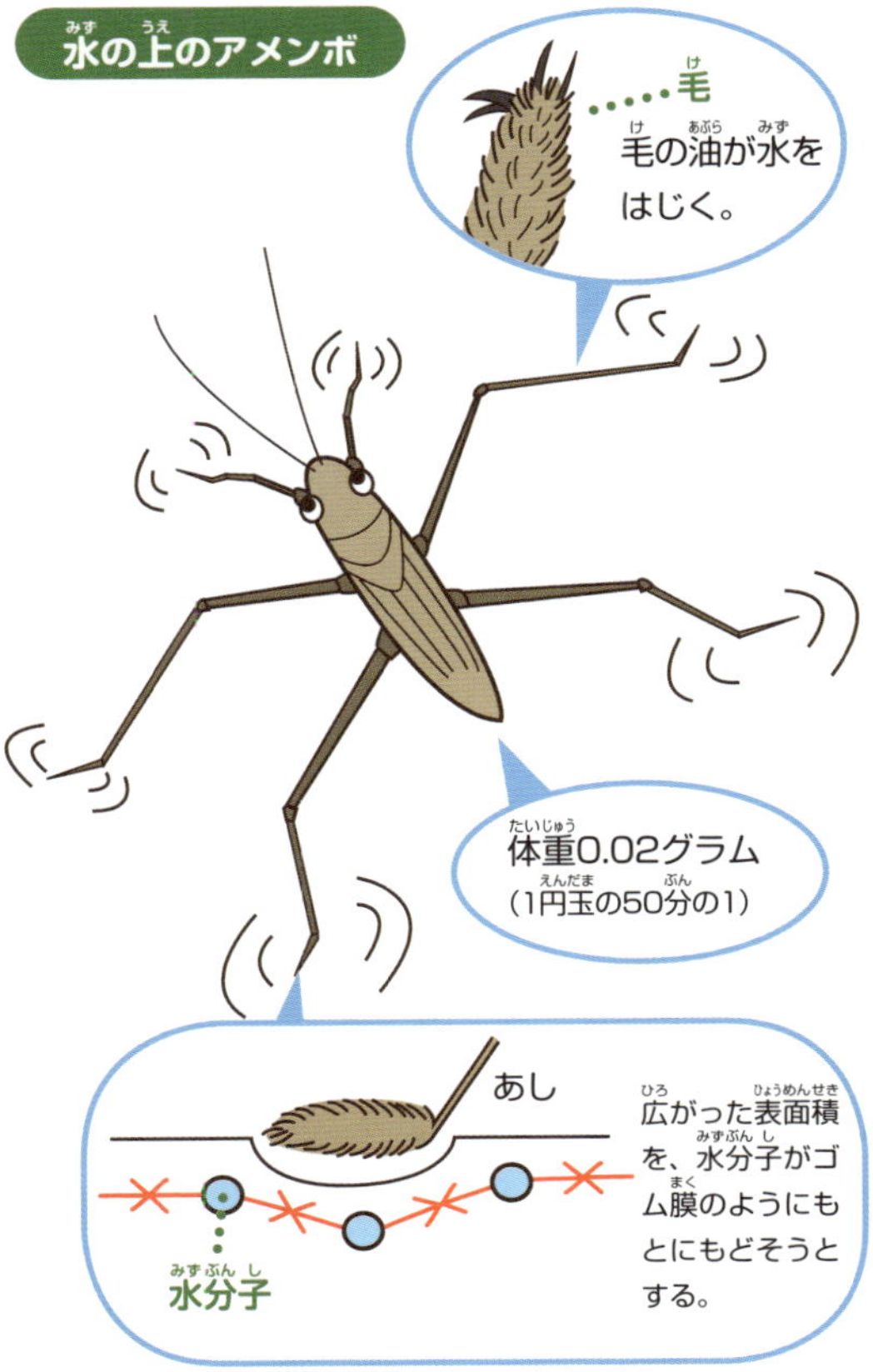

毛
毛の油が水をはじく。
体重0.02グラム
(1円玉の50分の1)
あし
広がった表面積を、水分子がゴム膜のようにもとにもどそうとする。
水分子

198ページのこたえ ヘリウム

おはなしクイズ アメンボのあしの先から出ているものは何?

ラップはどうしてはりつくの？

読んだ日にち（　　年　　月　　日）（　　年　　月　　日）（　　年　　月　　日）

6月23日のおはなし

ものの性質　もののなりたち

とてもうすいシート

食べものを冷蔵庫で保存したり、電子レンジであたためたりするときに使うラップには、食品の水分をにがさず、おいしくたもつ性質があります。また、熱に強く、あたためるときにも便利です。

ラップは、「ポリ塩化ビニリデン」などの材料をとかして、うすくのばしたシートです。あつさは一ミリの一〇〇分の一しかありません。

平らでくっつきやすい性質

そんな、うすくてつるっとしたラップが、どうして食器などにかんたんにはりつくのでしょう。

ラップの表面はとても平らで、でこぼこがありません。ものとものを、すき間なく近づけると、おたがいに引きあう力がはたらくのですが、その力は、くっつく面積が広いほど大きくなります。つまり、表面が平らなラップは、食器などにすき間なく近づくので、この引きあう力が強くなるのです。

また、ラップを箱から出そうとして引きはがすときには、ラップに「静電気」という電気（→73ページ）がたまります。静電気は、ものがこすれあったときなどにうまれる電気です。こすった下じきがかみの毛を引きよせるのも、静電気のしわざですね。電気にはプラスとマイナスがあり、プラスの電気とマイナスの電気は引きつけあうため、ラップにたまったマイナスの静電気によって、ラップが食器にはりつくのです。

さらに、ラップにはのびちぢみする力もあります。一度のびたラップは、もとにもどろうとする力で食器などにはりつくのです。

ここがポイント！
ラップは表面が平らで、静電気をもち、のびちぢみする力もあるため、食器などにはりつく。

ラップがはりつくしくみ

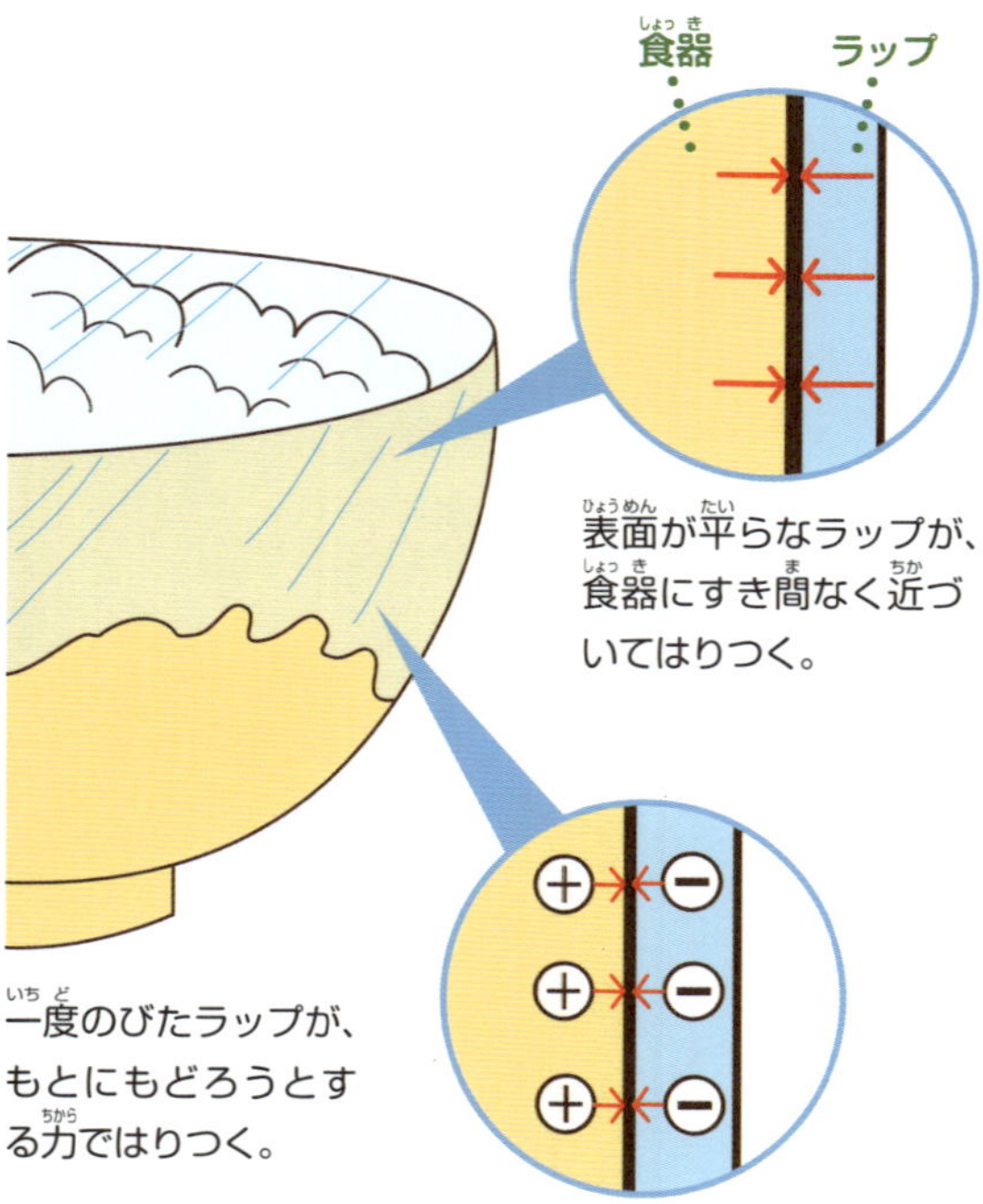

食器
ラップ

表面が平らなラップが、食器にすき間なく近づいてはりつく。

一度のびたラップが、もとにもどろうとする力ではりつく。

ラップにたまったマイナスの静電気で、食器にはりつく。

おはなしクイズ　ラップを箱から出すときに、ラップにたまる電気を何という？

199ページのこたえ　油

彗星が地球に生命をもたらした？

読んだ日にち（　年　月　日）（　年　月　日）（　年　月　日）

アミノ酸の一種を発見

地球でさいしょの生きものは、一般的には、地球でうまれたと考えられています（→99ページ）。しかし、そうではなく、地球以外の場所から、彗星に乗ってやってきたのだ、という説もあります。

彗星は、太陽のまわりをまわる天体のひとつです（→88ページ）。太陽に近づくと、ガスやちりを出して長いしっぽをつくることから、「ほうき星」ともよばれています。

彗星が地球の生きもの、つまり生命をもたらしたといわれるのは、彗星から「アミノ酸」という物質が発見されたからです。

わたしたちのからだは、「タンパク質」という物質によってつくられていますが、そのタンパク質をつくるのがアミノ酸なのです。

さらに、彗星からは「リン」という物質も発見されています。リンは、わたしたちのからだの細胞の膜や、細胞のなかにある「DNA」という物質（→95ページ）にふくまれます。

地球がうまれたばかりのころは、たくさんのいん石や彗星が地球に衝突しました。生命のみなもとは、この衝突によって地球にもたらされたというのです。

地球がうまれたばかりのころ
アミノ酸（グリシン）
たくさんのいん石や彗星が地球に衝突し、生命のみなもとがもたらされた。
彗星
太陽のまわりをまわる天体。
いん石
宇宙空間から落ちてくるもの。
うまれたばかりの地球

彗星は水ももたらした？

地球の表面は、ほとんどが海でおおわれています。少し前までは、その水も彗星がもたらしたといわれていました。

しかし、彗星の水の成分は、地球の水の成分とかなりちがいがあったため、現在は彗星ではなく、地球に衝突した小さな惑星によって、水がもたらされたと考えられています。

ここがポイント！

彗星からは、アミノ酸の一種が発見されており、生命のみなもとをもたらしたという説がある。

200ページのこたえ　静電気

おはなしクイズ　彗星から発見された、タンパク質のもとになっているものを何という？

カエルが鳴くと雨がふるの？

読んだ日にち（　年　月　日）（　年　月　日）（　年　月　日）

カエルは気圧の変化を感じとる

昔から、「カエルが鳴くと雨がふる」という言いつたえがあります。これはけっして迷信ではなく、ある程度科学的に説明できる現象です。

カエルにもいろいろな種類がありますが、そのなかでもニホンアマガエルのオスは、天気に影響をあたえる気圧（↓65ページ）の変化を感じとることができるといわれています。そのため、雨がふる前に鳴くことがあるのです。

ニホンアマガエルは皮ふがほかのカエルよりうすいため、皮ふ呼吸によって、湿気や気圧の変化を感じとることができます。ぎゃくに、皮ふがあついカエルにはその能力はありません。

もちろん、ニホンアマガエルが鳴いたからといって、かならずしも雨がふるとはかぎりませんが、鳴かなかったときよりは雨がふる確率が高いようです。

天気の言いつたえ

今のように科学的な天気予報ができる前は、「カエルが鳴くと雨がふる」のような言いつたえによって天気を予測しました。

このように、自然のようすを観察して天気の変化を予想することを「観天望気」といいます。

世界にはさまざまな観天望気の言いつたえがあります。世界的に共通しているのは、「夕やけの次の日は晴れる」というものです。

日本ではほかにも、「ツバメがひくくとぶと雨」、「朝、クモの巣がはっていると晴れ」、「ミミズが地上に出てきたら大雨」といったものがあります。

雨がふれば、じめじめした地面でじっとしている必要がないので、高いところに行ける。
ゲコゲコ
空気のつぶ
水分
湿気や気圧の変化を感じとる。

カエルの皮ふは、ネバネバの液におおわれている。この液がかわくと、呼吸ができなくなるので、いつも水の近くにいる。

ここがポイント！
ニホンアマガエルのオスは湿気や気圧の変化を感じとることができ、雨がふる前に鳴くことがある。

201ページのこたえ　アミノ酸

おはなしクイズ　雨がふる前に鳴くことがあるのはニホンアマガエルのオス、メスどっち？

人間のからだって、何でできているの？

読んだ日にち（　年　月　日）（　年　月　日）（　年　月　日）

もっとも多いのは水

人間は、毎日ごはんを食べたり、水を飲んだりして生きています。つまり、食べものや水から、人間のからだはできているのです。

人間のからだのなかに、もっともたくさんある物質は水です。からだのなかにある水は、体重の約六〇パーセントをしめています。水は筋肉をはじめとして、からだをつくっている無数の細胞のなかや、細胞と細胞の間、血液など、からだのいたるところにふくまれています。

その次に多いのは、「タンパク質」という物質です。タンパク質は、筋肉や皮ふなどをつくっています。

また、「炭水化物」や「脂肪」は体脂肪としてからだにたくわえられます。そして、呼吸をする、運動をする、体温を一定にたもつなど、からだを動かすためのエネルギーになります。

赤ちゃんのからだはとくに水分量が多く、体重の約七〇パーセントをしめています。反対に、年をとるにつれて体内の水分量はへっていき、お年よりの場合は、五〇～五五パーセントになります。

これは年をとるにつれ、水分を多くふくむ筋肉がへるため、水をたくわえることができなくなるからです。

脱水症状になると

あつい日などに、体内の水分がたりなくなると、わたしたちは「脱水症状」を引きおこします。汗が出なくなって体温が上がったり、血液の流れが悪くなったりして、からだが正常にはたらかなくなってしまうのです。

わたしたちのからだには、つねに一定の量の水分が必要なのです。

ここがポイント！

からだの約六〇パーセントは水でできている。そのほかは、タンパク質、炭水化物、脂肪でできている。

からだのなかの水分量

赤ちゃん
約70パーセントが水分。

大人
約60パーセントが水分。

お年より
50～55パーセントが水分。

202ページのこたえ　オス

おはなしクイズ　体内の水分がたりなくなって、からだが正常にはたらかなくなる状態を何という？

自転車はどうして、走っているとたおれないの？

読んだ日にち（　年　月　日）（　年　月　日）（　年　月　日）

もののはたらき　力

タイヤにはたらく力

止まっている自転車は、ささえていないとすぐにたおれてしまいますが、走っている自転車はなかなかたおれません。いったいなぜでしょうか。

自転車がたおれない理由はいくつかあります。たとえば、自転車のタイヤのように回転しているものには、回転している面の向きをそのままにたもとうとする性質があります。これを「ジャイロ効果」といいます。

まわっているこまがたおれないのも、このジャイロ効果によるものです。走っている自転車がたおれにくいのには、まわっているタイヤのジャイロ効果が関係していると考えられています。

また、「慣性」という性質（→29ページ）がはたらき、タイヤが進みつづけようとしていることもたおれない理由のひとつです。

止まっていると、ジャイロ効果がはたらかないため、たおれてしまう。

タイヤがまわっていると、ジャイロ効果がはたらくため、たおれにくい。

無意識にとるバランス

自転車に乗っている、わたしたちの動作も重要なはたらきをしています。

わたしたちは自転車に乗っているとき、車体が左にかたむくと、左にハンドルを切りながら体重を右に移動し、右にかたむくと左のときとはぎゃくの動作をして、車体をまっすぐに立てなおします。

このような動作を無意識のうちに細かくくり返していることも、走っている自転車がたおれにくい大きな理由のひとつだと考えられています。

かたむいたときにバランスをとっている

体重を右にかける。
ハンドルを左に切る。

左にかたむいたとき

ハンドルを右に切る。
左に体重をかける。

右にかたむいたとき

わたしたちが、ハンドルを切ったり体重を移動したりしてバランスをとっているので、自転車はたおれにくくい。

ここがポイント！

走っている自転車のタイヤには、ジャイロ効果や慣性がはたらき、さらに乗る人がバランスをとることでたおれにくくなっている。

おはなしクイズ　まわっているものが、向きをたもとうとするはたらきを何効果という？

203ページのこたえ　脱水症状

サメにはいろいろなふえ方がある！

読んだ日にち（　　年　　月　　日）（　　年　　月　　日）（　　年　　月　　日）

生命
魚

卵や子どもをうむ

魚は、どうやってふえていくと思いますか？　ふつうは、卵をたくさんうんでふえていくと思いますよね。でも、サメのなかまには卵をうむ種類もいれば、さいしょから子どもをうむ種類もいます。

卵をうむのは、ナヌカザメやネコザメなどです。このサメたちの卵は、丸い形をしていません。

たとえば、ナヌカザメの卵は両はしにグルグルまきのつるがついていて、これを海藻などにからませることで、海のなかでも流されないしくみになっています。

また、ネコザメの卵はねじのような形で、岩のすき間などにねじこまれることで、流されないようになっています。

どちらの卵も一度にうまれる数は少ないですが、そのかわりにひとつひとつが大きくて、卵からうまれてくる子どもも大きめです。

子どものサメの育ち方

さいしょから子どもをうむ種類には、三通りの育ち方があります。

ジンベエザメなどの子どもは、母ザメのおなかのなかで卵として育ち、卵からかえるとからだの外に出ます。卵のなかでは、卵黄（卵の黄身）の栄養で育つため、このような種類は「卵黄依存型」とよばれます。

また、オオメジロザメなどの子どもは、母ザメのおなかのなかにある「胎盤」という器官から、「へそのお」というひものようなものを通して栄養をもらいながら育ちます。この種類は、「胎盤型」とよばれます。

さらに、ホホジロザメなどの子どもは、母ザメが胎内にうんだ卵を食べて育ちます。このとき、一部の種類は卵を食べるだけでなく、きょうだいどうしで共食いをします。こうした育ち方をする種類は、「卵食・共食い型」とよばれています。

ここがポイント！
ほかの魚とちがい、サメのなかまには、卵をうむだけでなくさまざまなふえ方がある。

卵をうむ

ナヌカザメの卵

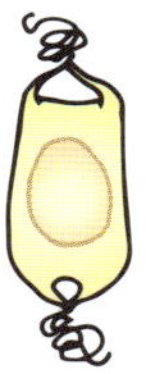

グルグルまきのつるがついている。

ネコザメの卵

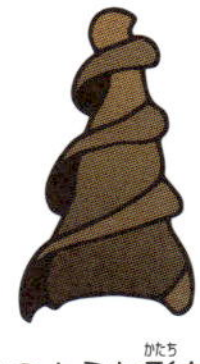

ねじのような形をしている。

子どもをうむ

卵黄依存型

卵黄

卵黄の栄養で育つ。

胎盤型

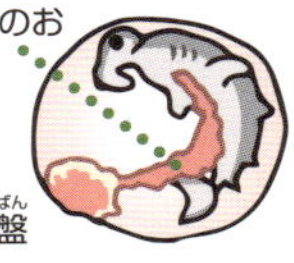
へそのお
胎盤

胎盤の栄養で育つ。

卵食・共食い型

共食い
卵

卵の栄養で育つ。共食いする種類もいる。

204ページのこたえ
ジャイロ効果

おはなしクイズ　両はしにグルグルまきのつるがついた卵をうむサメを、何という？

人間のおなかのなかには、1キログラム以上の菌がいる！

6月29日のおはなし

読んだ日にち（　年　月　日）（　年　月　日）（　年　月　日）

生命　人体

大腸のなかで生きる細菌

わたしたちが食べたものは、まず胃という場所でドロドロにされます。その後、小腸で栄養分が吸収されてから、大腸へ送られます。

このとき、大腸のなかで栄養分ののこりかすを食べるのが、「腸内細菌」とよばれる細菌です。大腸には、一〇〇〇種類以上の腸内細菌が、六〇〇兆～一〇〇〇兆こすんでいるといわれています。また、腸内細菌の重さは、全部で一～一・五キログラムにもなります。

腸内細菌のなかには、よい菌も悪い菌もいます。からだにとってよいはたらきをする細菌は、「善玉菌」とよばれています。反対に、よくない影響をもたらす細菌は、「悪玉菌」とよばれています。さらに、ふだんはおとなしくても、悪玉菌がふえると悪い菌になる「ひより見菌」という細菌もいます。

これらの細菌は、つねになわばりあらそいをしていて、ふえたりへったりしているのです。

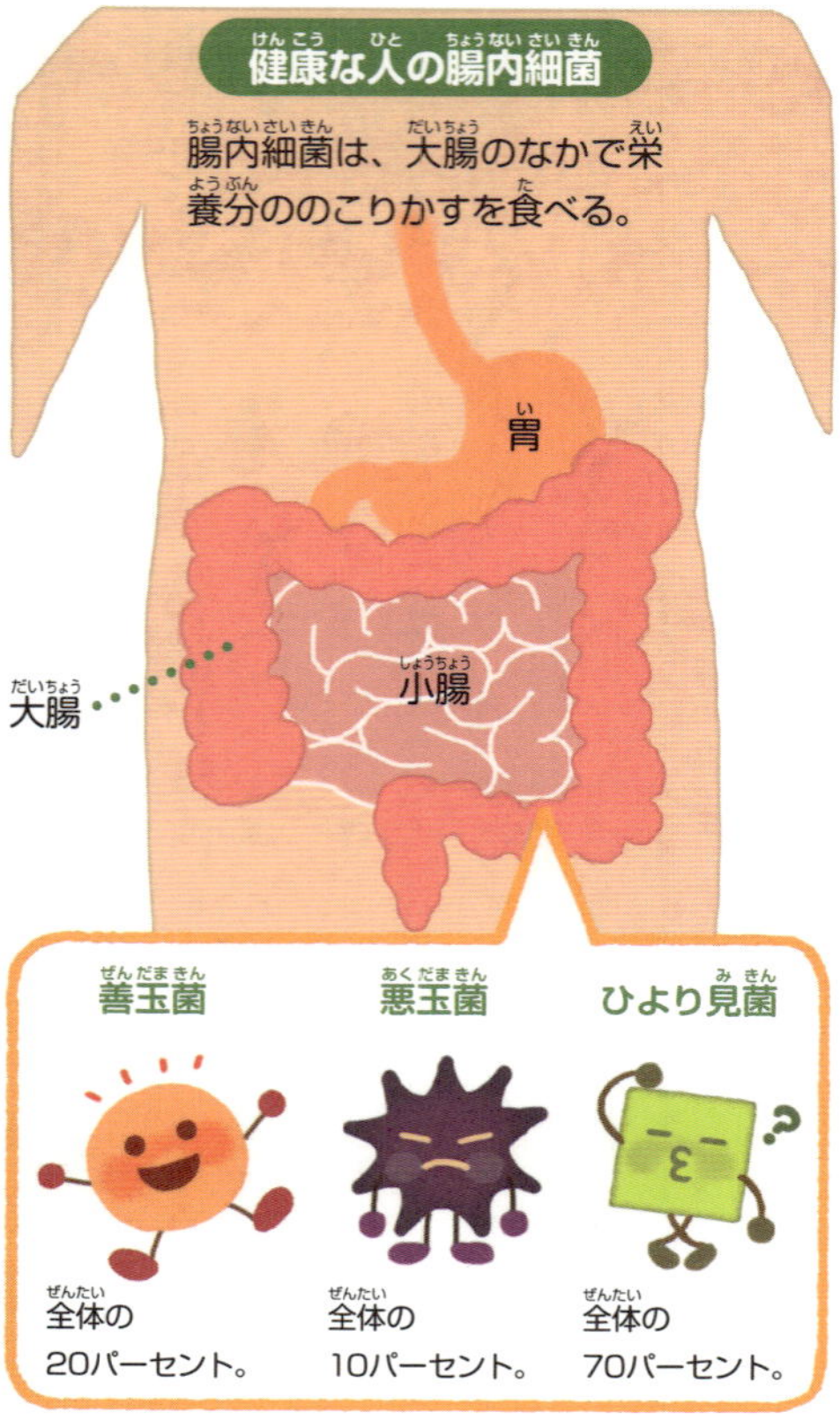

健康な人の腸内細菌
腸内細菌は、大腸のなかで栄養分ののこりかすを食べる。
胃
小腸
大腸
善玉菌
悪玉菌
ひより見菌
全体の20パーセント。
全体の10パーセント。
全体の70パーセント。

健康な人は善玉菌が多く、悪玉菌が少なめになっています。

うんちでわかるバランス

腸内細菌は、生きたままうんちにくっついて出てきます。そのため、うんちをよく見てみると、そのバランスがわかるといいます。

バナナのような形のうんちが、一日に二、三本出れば、善玉菌が多くなっているということです。かたくてコロコロしたうんちや、水っぽいうんちが出るのは、悪玉菌が多くなっているしょうこです。

悪玉菌が多いときには、ヨーグルトを食べると、ヨーグルトにふくまれる細菌が善玉菌をふやしてくれるといわれています。

ここがポイント！
大腸のなかには、六〇〇兆～一〇〇〇兆この腸内細菌がすんでいる。その重さは、全部で一～一・五キログラムにもなる。

205ページのこたえ　ナヌカザメ

おはなしクイズ　大腸のなかにいて、からだによくない影響をあたえる菌を何という？

スズメはどうして、電線にさわって平気でいられるの？

読んだ日にち（　年　月　日）（　年　月　日）（　年　月　日）

電気の性質

電線にはひじょうに強い電気が流れています。その電気がからだに流れると、「感電」といって、命の危険にさらされます。

電線の多くは、感電しにくいように電気を通さないビニールなどのカバーでおおわれています。そのため、スズメがふれても感電しません。

では、カバーがない電線の場合はどうなのでしょうか。

電気は、電圧（電気を流そうとする力）が高いところからひくいところへ、より流れやすい場所を流れる性質をもっています。電線に止まったスズメの両あしの間はせまく、電圧の差はほとんどありません。また、スズメのからだは電線ほど電気が流れやすくありません。そのため、スズメが一本の電線に止まっても、電気は流れやすい電線を通り、流れにくいスズメのからだを通りません。つまり、スズメが感電することはないのです。

スズメが感電するとき

しかし、スズメがもし電圧に差がある二本の電線にまたがって止まった場合はどうでしょうか。電圧の高い電線からひくい電線へ、電気がスズメのからだを通って流れ、スズメは感電してしまいます。

では、地面にあしがふれているわたしたちがカバーのない電線にふれるとどうなるでしょう。地面は電圧がひくい状態です。

そのため、たとえ一本でも電線にふれると、電気がわたしたちのからだに流れこみ、感電してしまいます。

流れにくい

1本の電線に止まると……
スズメの両あしには電圧の差がなく、電気は流れやすい電線のほうを流れるので、感電しない。

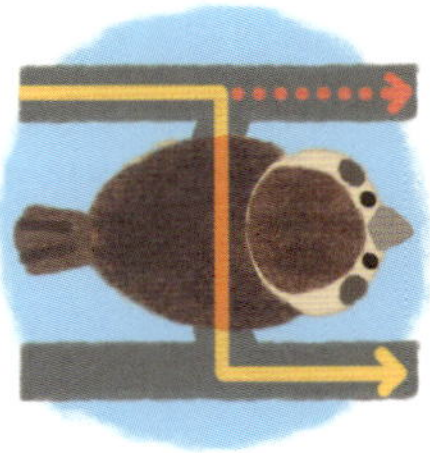

2本の電線に止まると……
電圧が高い電線からひくい電線へ電気が流れるので、スズメは感電する。

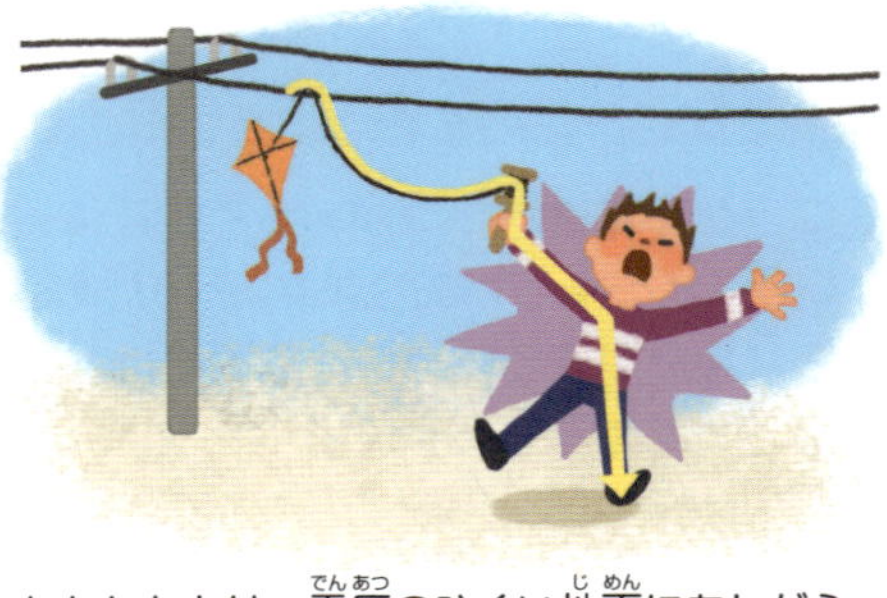

わたしたちは、電圧のひくい地面にあしがふれているので電気が流れやすい。そのため、1本の電線にふれただけで感電してしまう。

ここがポイント！
電気は電圧に差があるところを、流れやすい場所を通って流れるので、一本の電線に止まっているスズメのからだには電気が流れない。

206ページのこたえ　悪玉菌

おはなしクイズ　スズメが感電しないのは、止まっている電線の数が1本、2本どちらのとき？

わたしたちの身のまわりの金属

身のまわりにあるさまざまな金属のなかでも、とくに代表的なのは、次のような金属です。金属そのものではなく、ほかの金属とまぜたり、ほかの物質とまぜたりして「合金」として使われている場合もたくさんあります。

鉄

鉄は、加工しやすく、生産される量もほかの金属にくらべてはるかに多い金属です。身近な道具から建物の材料まで、さまざまな場面で利用されています。磁石によくつきます。ただし、空気中の酸素とむすびつくことで、さびてしまいます（→134ページ）。

銅

銅は、とても電気を通しやすいため、電気を流すための線の材料として使われます。また、十円硬貨は、90パーセント以上が銅でできています。熱をとてもつたえやすいのもとくちょうで、磁石にはつきません。緑色のさびができることがあります。

アルミニウム

アルミニウムは、鉄や銅より軽い金属です。磁石につかない、さびにくい、といった性質があります。合金にすると軽くて強い金属になります。また、缶で売られている炭酸飲料の容器によく用いられ、貴重な資源としてリサイクルされています。一円硬貨も、アルミニウムでできています。

ニッケル

ニッケルには、つやがあってさびにくいというとくちょうがあります。そのため、めっき（金属を守るために、表面にほかの金属をうすくぬること）によく利用されます。百円硬貨や五十円硬貨がニッケルをふくみます。どちらも、銅が75パーセントで、25パーセントがニッケルでできています。

金属のひみつ

わたしたちの生活のなかでは、さまざまな金属が利用されています。金属の基本的な性質と、じっさいにどんな金属があるのかを見てみましょう。

金属に共通の性質

金属とそうでない物質をくらべてみると、金属には、共通して次のような性質があります。

たたくとよくのびる

金属をたたくと、広がって、うすくのびていきます。たとえば、建物のかざりつけなどにも使われる「金ぱく」は、金をたたいてのばしたものです。そのあつさは、わずか1万分の1ミリメートルほどです。

みがくと光る

金属の表面をみがくと、光をよく反射してかがやきます。これを「光沢」といいます。ピカピカのスプーンなどに自分の顔がうつることがありますが、じっさい、昔の人はみがいた金属を鏡として使っていました。

電気をよく通す

物質には、電気を通すものと通さないものがありますが、金属は共通して電気をよく通します。そのため、身のまわりにある、電気をつたえるための電線やコードなども、金属を利用しています。

熱をつたえやすい

金属に熱をくわえると、どんどん熱がつたわって、あつくなります。なべやフライパンといった調理器具の多くが金属でできているのは、この性質のおかげで、すぐに全体をあつくすることができるからです。

酸素と二酸化炭素

わたしたちのまわりの空気には、いろいろな気体がまざっています（→44ページ）。そのなかでも、とくにわたしたちにかかわりの深い気体が、酸素と二酸化炭素です。

「呼吸」と「光合成」

わたしたち人間をふくむ動物は、「呼吸」をすることでからだのなかに酸素をとりいれないと、生きていくことができません。これは、からだが活動するエネルギーをつくるのに酸素が必要だからです。エネルギーをつくるときには二酸化炭素ができますが、これはからだにとっては必要のないものなので、息をはくときにからだの外に出します。

呼吸をするのは、植物も同じです。昼間の植物は、「光合成」といって、太陽の光を利用して水と二酸化炭素から栄養分をつくり（→281ページ）、そのときにできる酸素を外に出しています。昼は光合成がさかんなので呼吸していないように見えますが、植物はいつも呼吸しています。しかし、夜になると光合成をしないので、酸素をとりこんで二酸化炭素を出します。

酸素がないとものがもえない

「ものがもえる」というのは、そのものが、空気中の酸素とはげしくむすびつくことをいいます。つまり、酸素がなければ、ものはもえることはありません。

身のまわりの二酸化炭素

二酸化炭素は、さまざまな形でわたしたちの身のまわりにあります。ものをひやすドライアイスや、炭酸飲料のあわも、二酸化炭素なのです。

ドライアイス

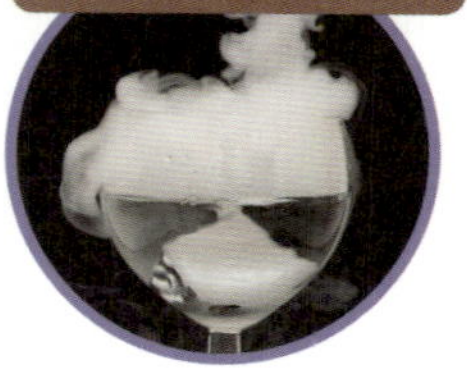

ドライアイスは、二酸化炭素をこおらせたもの。

炭酸水

炭酸水は、水に二酸化炭素をとかしたもの。

7月のおはなし

富士山も噴火するの？

読んだ日にち（　年　月　日）（　年　月　日）（　年　月　日）

かつて大噴火を起こした

日本でいちばん高い山であり、世界遺産にも登録されている富士山は、これまでに何度も大きな噴火をくり返してきた火山です。

とくに大きな噴火が起きたのは、八六四年と、一七〇七年でした。

八六四年の噴火でふきだした大量の溶岩（ドロドロにとけた岩石）がひえてかたまり、その上に樹木がしげってできたのが、現在、青木ヶ原樹海とよばれているところです。また、一七〇七年の噴火では、火山灰が江戸（現在の東京都）にまでふりそそぎ、農作物に大きな被害が出たといいます。

富士山の下にマグマがある

それ以来、めだった噴火を起こしていない富士山ですが、今も地下深くでは活動しています。

火山が噴火する理由には、地球をおおうプレート（→168ページ）が深くかかわっています。

プレートがしずみこむと、海底の岩石などから出た水分が、「マントル」とよばれる岩石の層へとしみだします。この水分によって、とけやすくなった岩石が「マグマ」になります。高温のマグマはまわりの岩石よりも軽いため、上へ上がります。このマグマにとけていた気体があわだって、外へとふきだすのが、噴火です（地上に出たマグマは、溶岩とよばれます）。炭酸飲料をふったあとにふたをあけると、いきおいよく中身がふきだすのを想像すると、わかりやすいでしょう。

富士山の地下にも、上がってきたマグマがたまっているところがありますから、いつかは噴火するときが来るかもしれません。

噴火のしくみ（マグマ噴火）
③たまったマグマがあわだち、その圧力で地上にふきだす。
②とけた岩石が温度1000度くらいのマグマになり、地表に向かって上がっていくが、地表の浅いところでとどまり、たまる。
マグマだまり
上がってきたマグマがたまるところ。
マントル
①プレートがしずみこむと、海底の岩石などにふくまれていた水分がマントルにしみだす。

ここがポイント！
富士山の下には高温のマグマがあるので、将来また噴火するかもしれない。

207ページのこたえ 一本

おはなしクイズ 最近で富士山が大きな噴火を起こしたのは、約何年前？

コピー機って、どんなしくみなの？

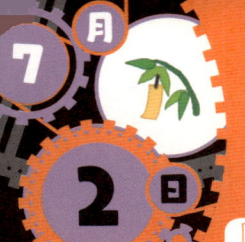

読んだ日にち（　年　月　日）（　年　月　日）（　年　月　日）

静電気を利用する

コピー機を使うと、同じ文字や絵をあっという間にたくさんつくることができます。

そのひみつは「静電気」（→73ページ）にあります。静電気とは、かみの毛を下じきでこすったときに、かみの毛と下じきがくっつく原因となる電気です。かみの毛を下じきでこすると、かみの毛にプラス、下じきにマイナスの静電気がたまるため、くっつくのです。

では、この静電気はどのようにコピー機に利用されているのでしょうか。

静電気で文字をうつす

コピー機のなかには、マイナスの静電気をもった、「感光体」とよばれる膜がついたつつのようなものがあります（＊）。コピーしたい紙をセットしてスイッチをおすと、紙に光があたり、そこで反射された光が感光体にあたります。このとき、文字や絵が書いてある部分は光を反射しないため、それ以外の部分で反射された光だけが感光体にあたります。感光体には、暗い部分では静電気をため、明るい部分では静電気をにがすという性質があります。そのため、文字や絵がある部分にだけ、マイナスの静電気がのこるのです。

次に、プラスの静電気をもった「トナー」という黒いこなを感光体に近づけます。すると、マイナスの静電気をもった文字や絵の部分にだけ、トナーがくっつくのです。

このトナーを、マイナスの静電気をもつ白い紙にうつしとり、熱で紙にしっかりとくっつけることで、コピーが完成します。

コピー機のしくみ

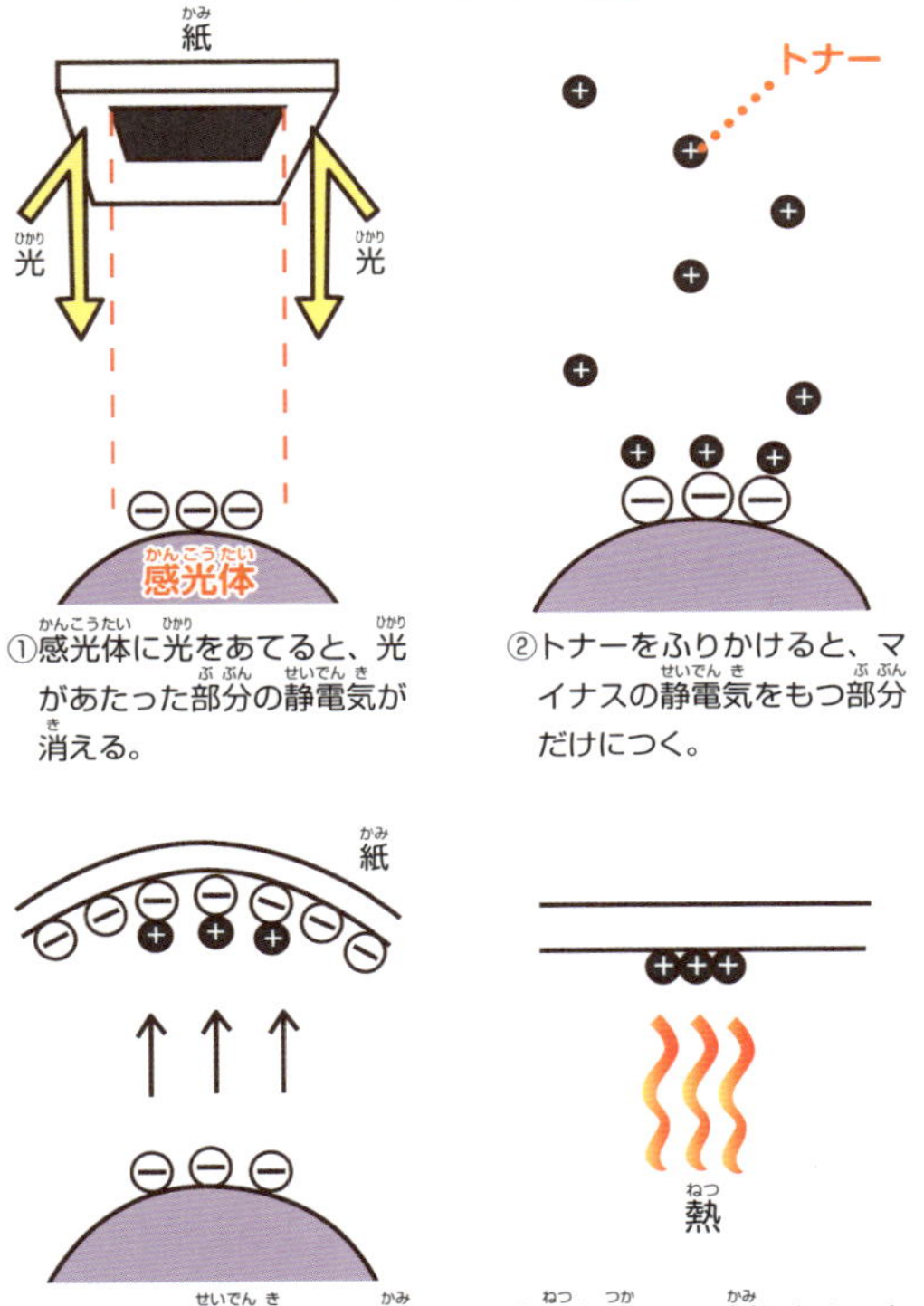
紙
光
光
感光体
トナー
紙
熱

①感光体に光をあてると、光があたった部分の静電気が消える。

②トナーをふりかけると、マイナスの静電気をもつ部分だけにつく。

③マイナスの静電気をもつ紙にトナーをうつしとる。

④熱を使って、紙にトナーをしっかりとくっつける。

＊機種によっては感光体をプラスに帯電させたものもあります。

ここがポイント！

コピー機は、静電気を使ってトナーというこなを紙につけることで文字などをうつしとる。

212ページのこたえ　三〇〇年前

おはなしクイズ　コピー機のなかにある、光があたった部分の静電気が消える膜を何という？

温度計で温度がはかれるのはなぜ？

読んだ日にち（　　年　　月　　日）（　　年　　月　　日）（　　年　　月　　日）

7月3日のおはなし

ものの性質 変化

金属はのびちぢみする

部屋のなかの温度をはかる「温度計」。おいておくだけで温度がわかるなんて、ふしぎですね。

温度計には、針の動きで温度を見る「バイメタル式温度計」や、ガラス管に入った液体の上下で温度を見る「棒温度計」などがあります。まずは、バイメタル式温度計を見てみましょう。

バイメタル式温度計の針は、金属のぜんまいにとりつけられています。金属には、熱によってのびちぢみするというとくちょうがあり、のびちぢみする度合いは、金属によってちがいます。

針のついているぜんまいは、その度合いのちがう二まいの金属をはりあわせてつくっています。すると、同じ温度でも、たくさんのびるがわとあまりのびないがわがあるので、ぜんまいには反りが生じます。この反りで針を動かして、温度をはかっているのです。

液体はふくらむ

では、棒温度計はどうでしょう。みなさんがよく見るこの温度計には、赤い液体が入っていますね。これは「灯油」という油に、色をつけたものです。棒温度計には、よく「アルコール」という液体が入っている、といわれますが、それはまちがいです。

灯油には、熱によってふくらむ性質があります。液体はみなこの性質をもっていますが、灯油はふくらむ度合いが大きく、変化がわかりやすいため、棒温度計に使われています。

棒温度計

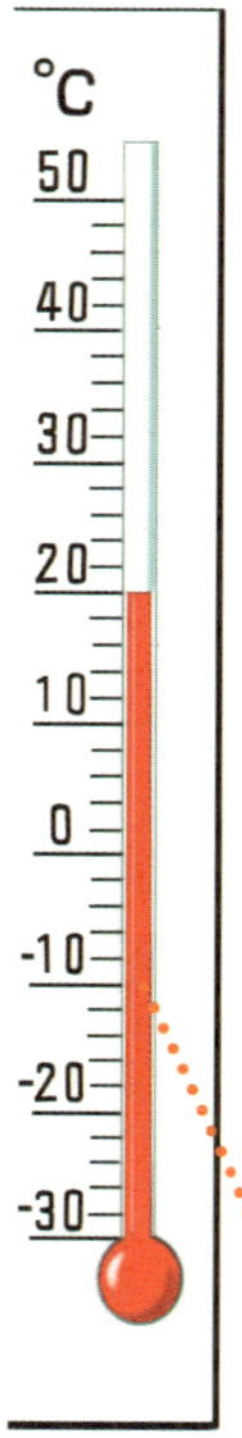

℃
50
40
30
20
10
0
-10
-20
-30
色をつけた灯油がふくらむ。

バイメタル式温度計

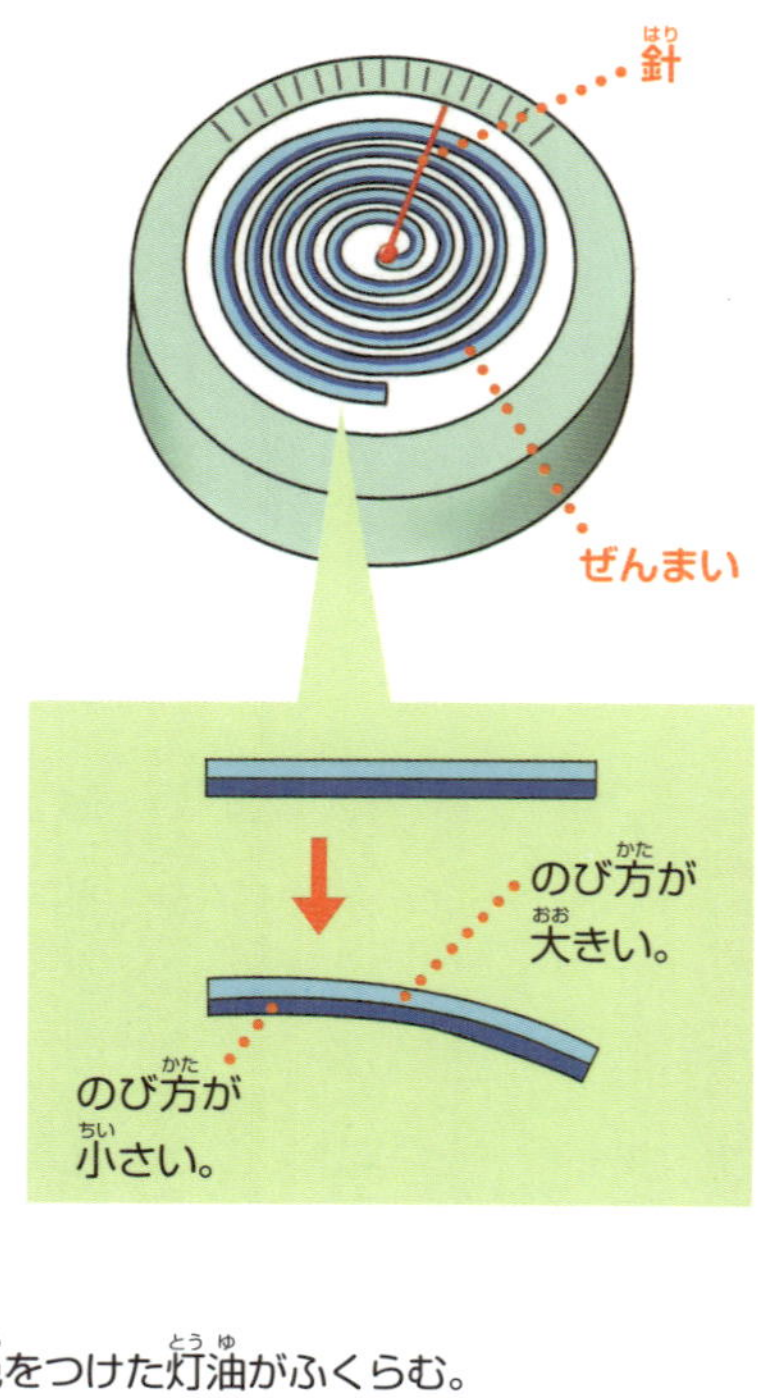

針
ぜんまい
のび方が大きい。
のび方が小さい。

ここがポイント！
温度計は、金属がのびちぢみする性質や、液体がふくらむ性質を利用するので、温度がはかれる。

おはなしクイズ 棒温度計に使われている油は？

213ページのこたえ 感光体

地球からほとんど生きものがいなくなったことがある！

読んだ日にち(　　年　　月　　日)(　　年　　月　　日)(　　年　　月　　日)

何度もくり返される大量絶滅

地球にはじめて生きものがうまれたのは、今から四〇億年前です。また、動物や植物が地球に広がっていったのは、五億四二〇〇万年前だといわれています。地球上の生きものはそれから五回、ほとんどいなくなってしまうくらい、数がへってしまったことがあります。これを「大量絶滅」といいます。

大量絶滅が起こった理由はさまざまです。四億四三〇〇万年前に起きたさいしょの大量絶滅は、地球全体の温度が下がり、雪や氷におおわれたことが原因でした。

三回目となる二億五二〇〇万年前には、海のなかの酸素がうすくなったことで、なんと海にすむ生きものの九六パーセントが絶滅してしまいました。このときの大量絶滅の原因は、はげしい火山活動による、気候の変化などではないかと考えられています。

恐竜も絶滅してしまった

六六〇〇万年前に起きた五回目の大量絶滅でも、恐竜をはじめ、多くの生きものがほろびました。

その原因は、宇宙からやってきたいん石ではないかと考えられています。巨大ないん石が地球にぶつかると、まきあげられた土や砂が空をおおって、太陽の光が地上にとどかなくなりました。そのため、気温が低下したのです。気温が低下したことで、植物が育たなくなってしまい、それを食べていた動物も死んでしまいました。

このように、地球の生きものは何度かピンチに立たされましたが、それでも完全にいなくなったことはありません。かならず何かが生きのこって、命をつないできたのです。

いん石による大量絶滅

太陽の光
巨大ないん石がぶつかり、土や砂がまきあげられる。
まきあげられた土や砂で太陽の光がとどかなくなり、植物が育たなくなる。植物を食べていた動物が死んで、さらにそれを食べていた動物も死んでしまった。
いん石

ここがポイント！
地球の歴史のなかでは何度も大量絶滅が起きたが、生きものがまったくいなくなったことはない。

214ページのこたえ　灯油

おはなしクイズ　6600万年前の大量絶滅の原因と考えられているものは何？

ポップコーンはなぜはじけるの？

読んだ日にち（　　年　　月　　日）（　　年　　月　　日）（　　年　　月　　日）

ポップコーン用のコーン

ポップコーンをつくっているのを、見たことがありますか。はじめは茶色っぽくて、かたく小さいつぶが、あたためているとポンとはじけて、白いフワフワのポップコーンになります。

ポップコーンは、名前のとおり、コーン（トウモロコシ）からつくります。でも、その材料は、わたしたちがいつもゆでたり、やいたりして食べるコーンとはちがいます。ポップコーン用のコーンは、ふつうのコーンよりかたい外がわに、はじけるひみつがあるのです。

なかの水分がふくらむ

ポップコーン用のコーンを、フライパンなどに入れてあたためると、なかのやわらかいデンプンの部分にある水分が、目に見えない水蒸気にかわり、ふくらみます。これは、おもちがふくれるのと同じしくみです（→18ページ）。でも、ポップコーンのコーンは、おもちのようにやわらかくのびたりはしません。そのため、なかの水蒸気は強い力で、外がわのかたいデンプンの部分をおしつづけます。やがて、かたい部分がその力にたえられなくなってはじけ、内がわの白いところが出てきたものがポップコーンです。

ふつうのトウモロコシでは、ポップコーン用のコーンにくらべてかたい部分がうすいので、水蒸気がもれてしまいます。そのため、はじけるほど大きな力はありません。

ここがポイント！
ふくらんだ水蒸気が、強い力で外がわのかたい部分をおすので、ポップコーンははじける。

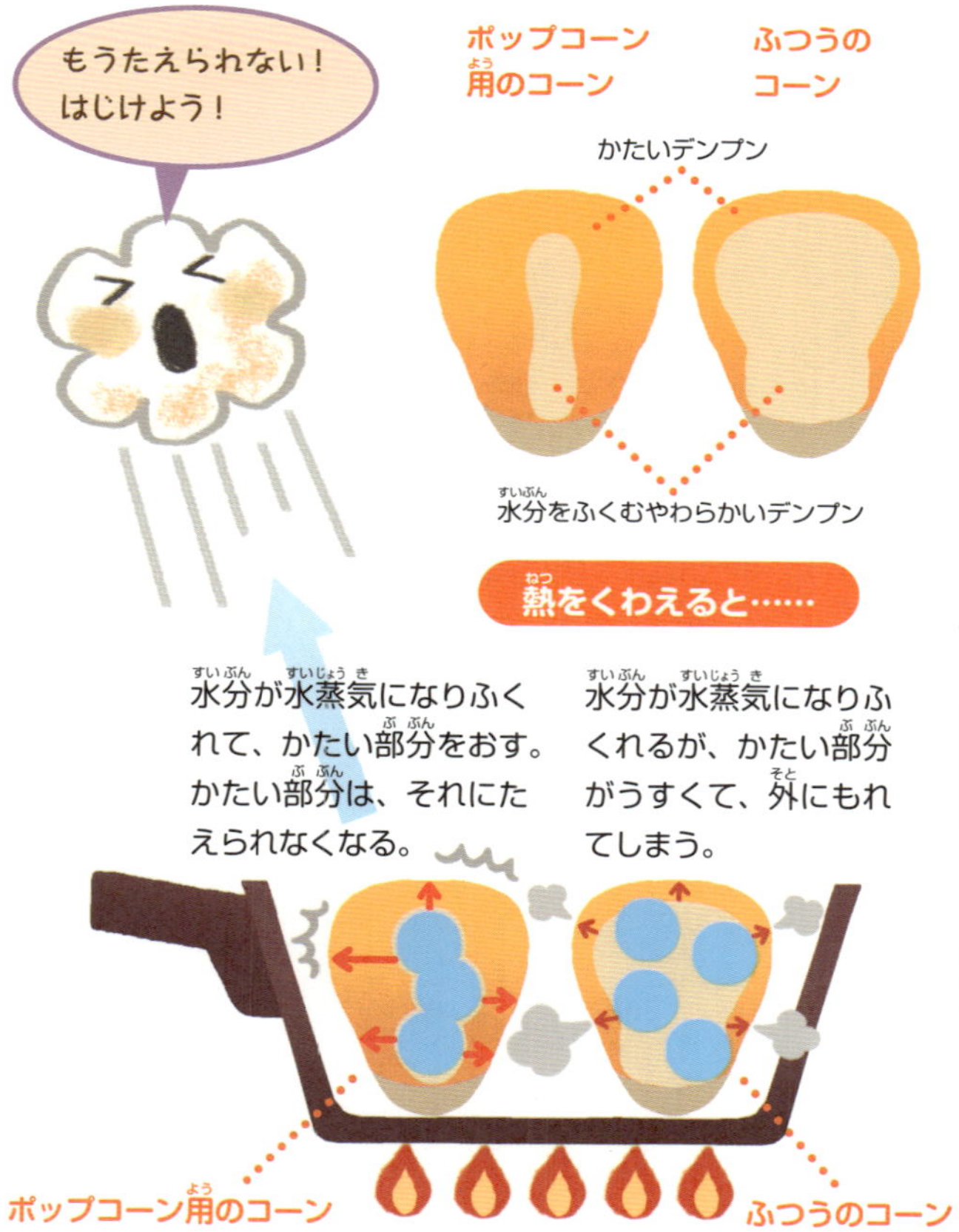
もうたえられない！はじけよう！
ポップコーン用のコーン
ふつうのコーン
かたいデンプン
水分をふくむやわらかいデンプン
熱をくわえると……
水分が水蒸気になりふくれて、かたい部分をおす。かたい部分は、それにたえられなくなる。
水分が水蒸気になりふくれるが、かたい部分がうすくて、外にもれてしまう。
ポップコーン用のコーン
ふつうのコーン

215ページのこたえ いん石

おはなしクイズ ポップコーンの材料のコーンをあたためると、なかの水分が何にかわってふくらむ？

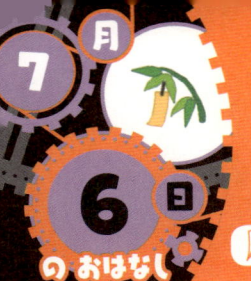

ピアノとオルガンはどうちがうの？

読んだ日にち（　　年　　月　　日）（　　年　　月　　日）（　　年　　月　　日）

弦をふるわせて音を出す

音楽の伴奏などに使われる、ピアノやオルガン。どちらもけんばんを使って演奏する点では、よくにています。しかし、音を出すしくみはまったくちがうのです。

ピアノは、けんばんのおくに、金属でできた細いひものようなもの（弦）がはられています。そして、けんばんをおすと、「ハンマー」とよばれる部品が弦をたたいて音を出します。このとき出る音はまだ小さいため、木でできた「響板」という板で音の振動を大きくしています。つまり、ピアノはギターやバイオリンなどと同じように、弦をふるわせて音を出す楽器なのです。

リードをふるわせて音を出す

オルガンにはいくつかの種類がありますが、昔、全国の小学校でさかんに使われていたものに、リードオルガンとよばれるオルガンがあります。

リードオルガンをひくときは、まず、あしでペダルをふんで空気を出し、オルガンの内部を空気のない状態にします。そして、けんばんをおすことで、空気をオルガンの内部にある「リード」といううすい板にあてます。するとリードがふるえ、音が出るのです。つまり、リードオルガンは笛と同じように、空気の力で音を出しているのです。

ピアノ

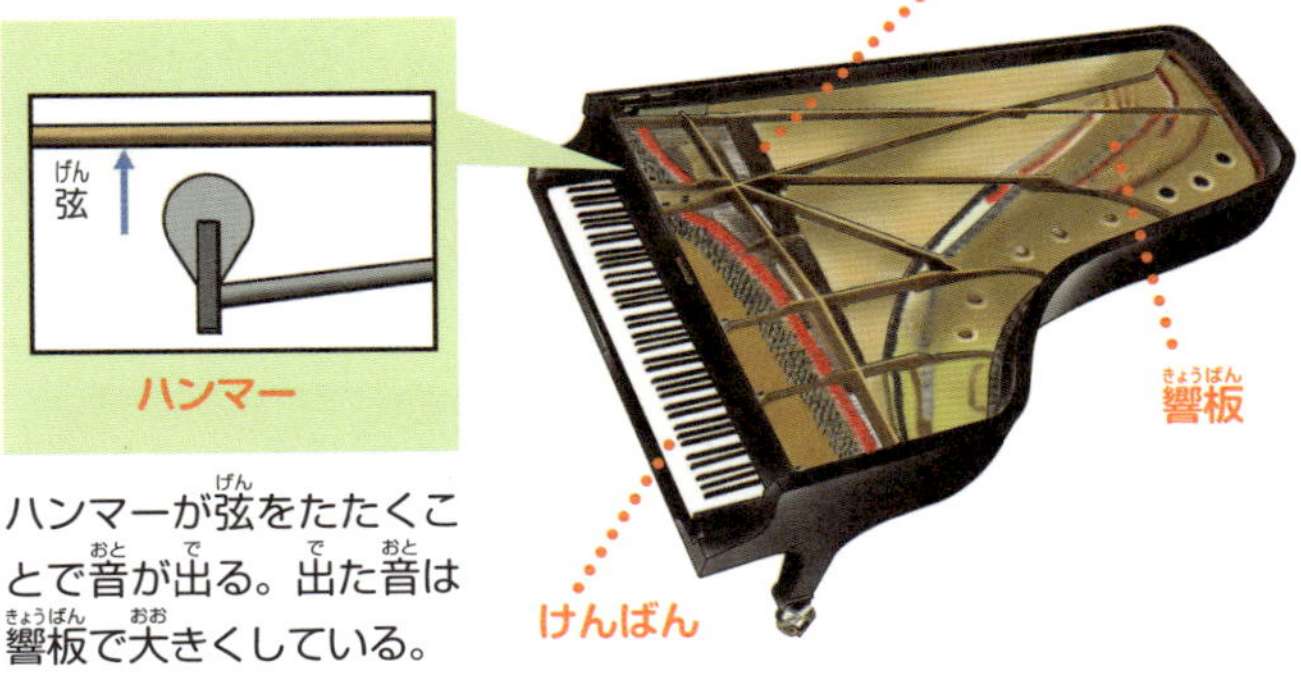
弦
響板
けんばん
弦
ハンマー

ハンマーが弦をたたくことで音が出る。出た音は響板で大きくしている。

リードオルガン

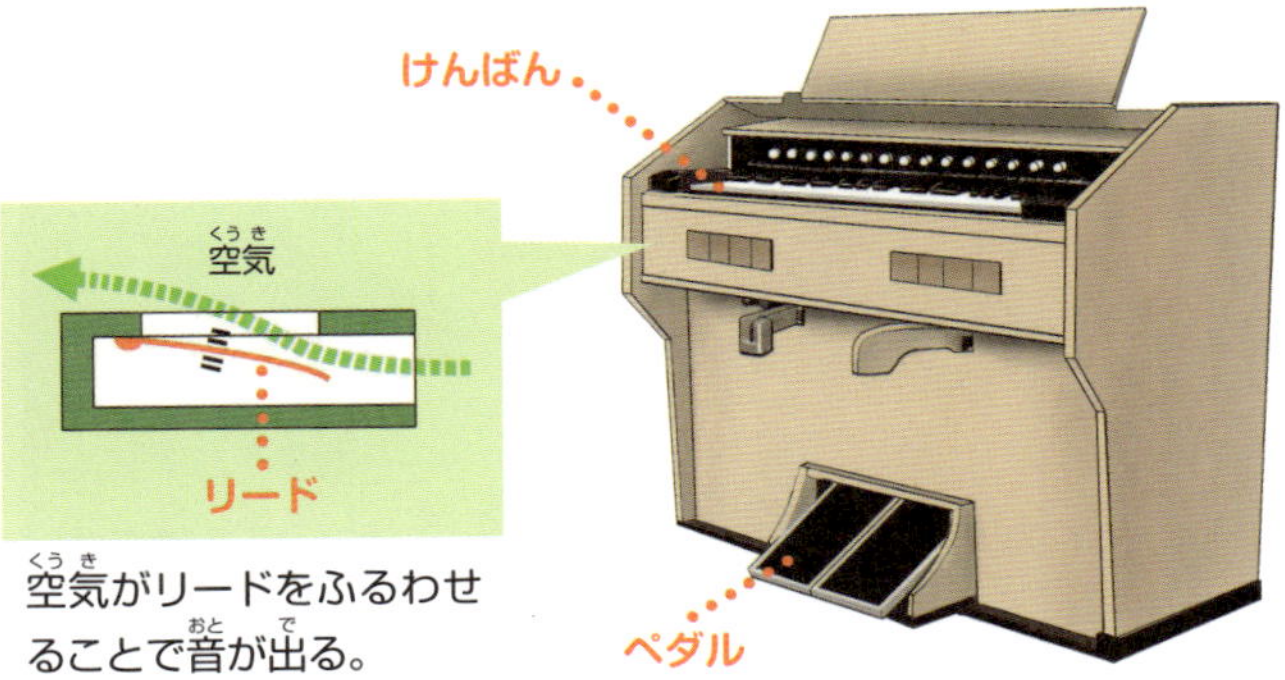
けんばん
空気
リード
ペダル

空気がリードをふるわせることで音が出る。

ここがポイント！
ピアノは弦をふるわせることで、リードオルガンはリードを空気でふるわせることで音を出す。

216ページのこたえ　水蒸気

おはなしクイズ　オルガンの音を出すうすい板を何という？

天の川って何？

読んだ日にち（　年　月　日）（　年　月　日）（　年　月　日）

地球 宇宙

無数の星の集まり「銀河系」

夏の夜空に見える天の川は、織姫と彦星が出てくる、七夕の物語でも有名ですね。でも、わたしたちが天の川として見ているのは、じつはたくさんの星だということを知っているでしょうか？

宇宙には、「銀河」とよばれる無数の星の集まりがたくさんあります。地球や太陽も、そのたくさんの銀河のうちのひとつにあるのです（→25ページ）。この、わたしたちの地球のある銀河を、「銀河系（天の川銀河）」といいます。

銀河系は、中心がふくらんだ円盤のような形をしていて、全体がうずをまいています。この円盤の直径は、およそ一〇万光年（一光年は、約九兆四六〇〇億キロメートル）です。このなかに、太陽のような自分でかがやく星（恒星）が、およそ二〇〇〇億こあるといわれています。

天の川の正体は？

地球は、この銀河系の中心から、およそ二万八〇〇〇光年はなれたところにあります。その地球から、たくさんの星が集まっている銀河系の中心方向を見ると、星が帯をつくっているように見えます。これが、天の川の正体です。

ただし、日本で夜に銀河系の中心方向が見えるのは、夏だけです。もちろん、七夕も夏ですね。

冬になると、ぎゃくに星の少ない銀河系の外がわ方向が見えるようになります。そのため、冬は夏ほどはっきりと美しい天の川を見ることはできません。

地球から銀河系の中心部分を見ると、星がたくさん集まって帯をつくり、川のように見える。

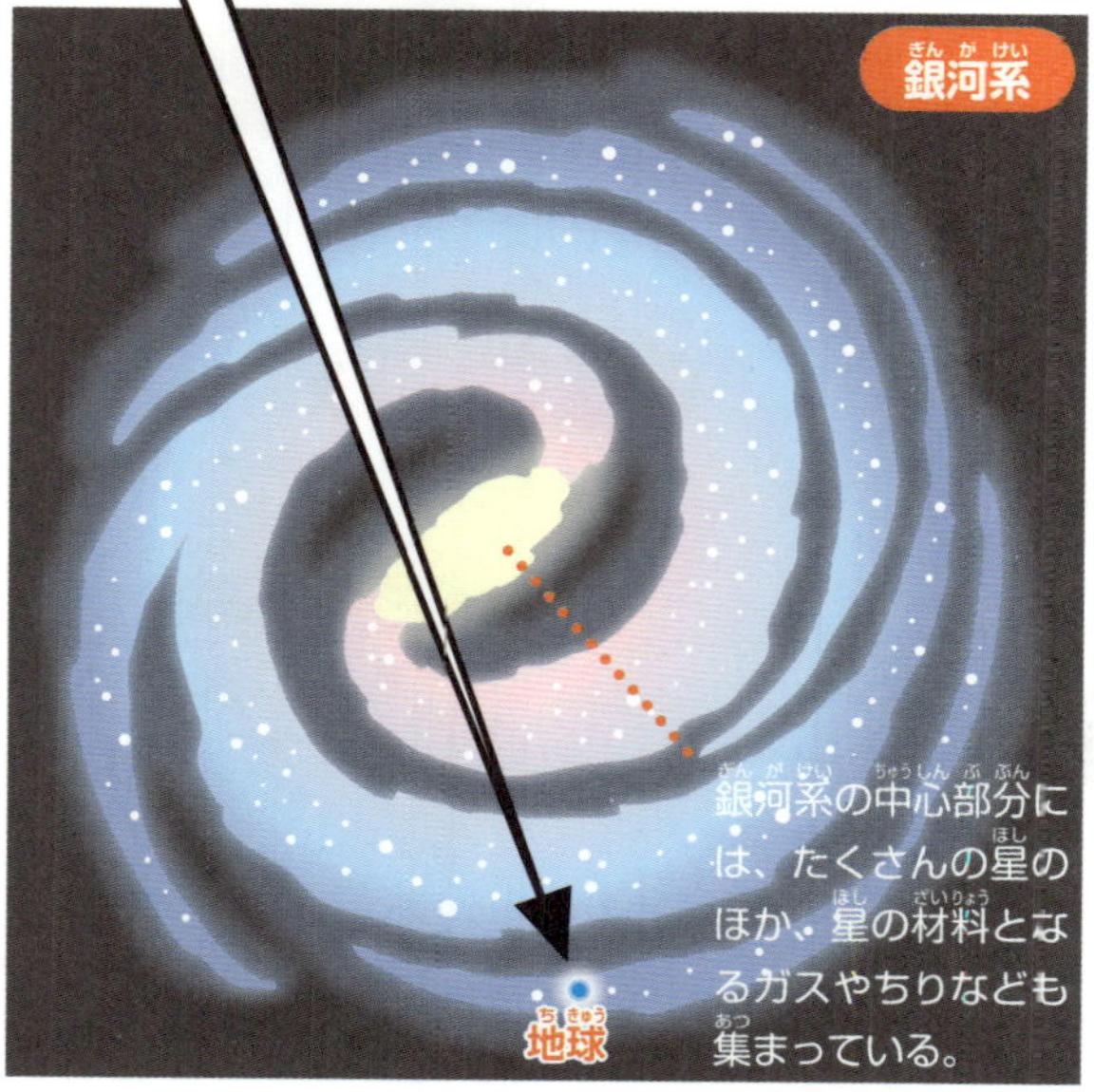
銀河系
地球

銀河系の中心部分には、たくさんの星のほか、星の材料となるガスやちりなども集まっている。

ここがポイント！

天の川は、およそ二〇〇〇億この星が集まってできた、銀河系の中心部分を見たようす。

おはなしクイズ わたしたちの地球がある銀河を何とよぶ？

217ページのこたえ　リード

大昔の地球では、10メートル近い翼竜が空をとんでいた！

読んだ日にち（　　年　　月　　日）（　　年　　月　　日）（　　年　　月　　日）

生命 動物

翼竜類はつばさでとぶ動物

今から約二億五一〇〇万年前から約六六〇〇万年前、地球上では、大型は虫類が大繁栄しました。恐竜、魚竜、首長竜……。そして、これらのほかに、「翼竜」とよばれる種類がいました。

翼竜は、つばさで空をとびながら、えものをとらえる肉食性は虫類です。翼竜があらわれたのは、二億五一〇〇万～二億年ほど前です。そのころの翼竜は、ハトほどの大きさでした。しかし、時代が進むにつれて種類がふえ、トゥプクスアラ（つばさを広げたときのはばは六メートル）やプテラノドン（七～九メートル）といった大型の翼竜が登場しました。

翼竜は、長くのびた前あしの四番目の指と、うしろあしの間にはられた大きな皮ふの膜（皮膜）からできたつばさをもっています。そして、このつばさで大空をとんでいたと考えられています。

プテラノドン

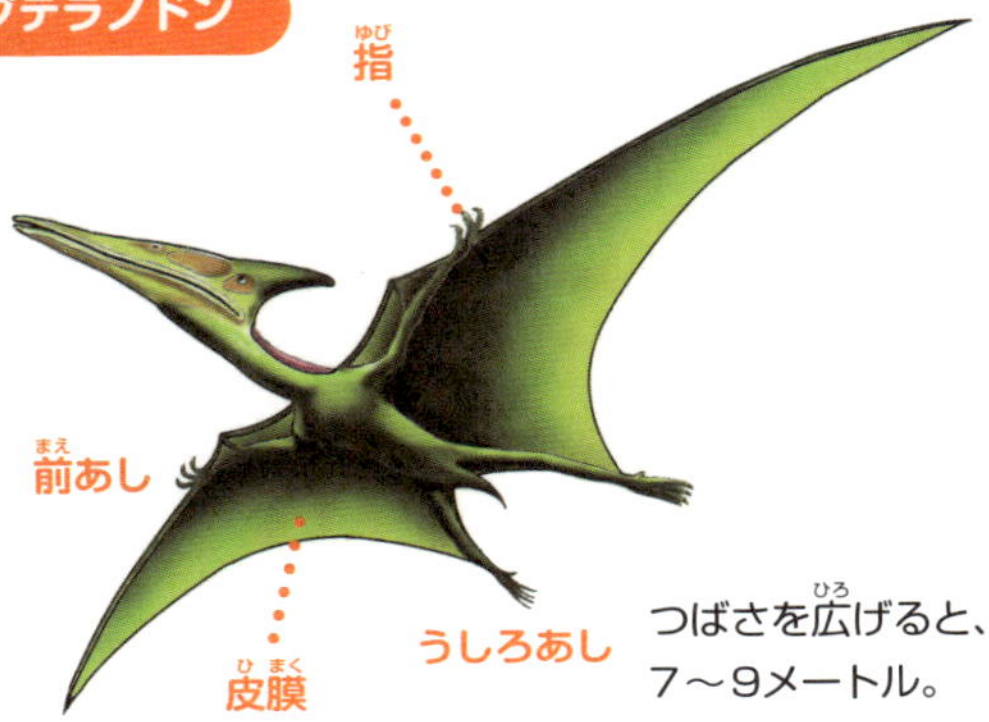
指
前あし
うしろあし
皮膜

つばさを広げると、7～9メートル。

ケツァルコアトルス

体高はキリンと同じくらい！
体高

つばさを広げると、10～20メートル。

大きすぎてとべなかった？

もっとも大きかった翼竜は、ケツァルコアトルスです。体高は二・五メートル。現在のキリンが体高三メートルですから、それとあまりかわらない大きさです。つばさを広げると、一〇～二〇メートルにもなったと推定されています。

この翼竜について、「巨大すぎてとべなかったのでは？」と考える研究者もいます。また、実験結果から「体重四〇キログラム以上の鳥は、じゅうぶんな羽ばたきができない」と結論づけている研究者もいます。大型翼竜はとべたかとべなかったか？　さらなる研究が待たれます。

ここがポイント！

翼竜は皮膜を使って空をとんだが、大型の翼竜にかぎっては、空をとべなかったという説もある。

218ページのこたえ
銀河系（天の川銀河）

おはなしクイズ ケツァルコアトルスがつばさを広げるとはば何メートルになった？

重力波をとらえられたことが、どうしてすごいの？

7月9日のおはなし

読んだ日にち（　年　月　日）（　年　月　日）（　年　月　日）

地球
宇宙

アインシュタインの予言

二〇一六年二月、あるニュースが世界中をかけめぐりました。アメリカの研究チームが、はじめて「重力波」をとらえることに成功したと発表したのです。ただ、それのどこがすごいのか、ピンとこない人もいるかもしれませんね。

重力波は、この発表のちょうど一〇〇年前、ドイツうまれの物理学者アインシュタインの論文に登場しました。かれは、重さのあるものは、そのまわりの空間をゆがめ、そのものが動けば、空間のゆがみが波となって、光の速さでつたわると考えました。この波が、重力波です。

ただし、アインシュタイン本人が、重力波をとらえたわけではありません。「理論上ではそうだから、いつかとらえられるはずだ」と考えたのです。しかし、それはじつにむずかしいことでした。

むずかしい理由がたくさん

重力波をとらえるには、重力波がつたわることでうまれる、空間ののびちぢみをとらえなければなりません。星や銀河の観測とは、わけがちがいます。

しかも、現在の技術でとらえられるほどの重力波は、かなりの重さのものが動いたときでないと発生しません。たとえば、たまたま宇宙のどこかで星が一生を終え、「超新星爆発」（→291ページ）を起こしたときなどです。ですから、チャンスはかぎられています。

さらに、たとえそのチャンスが来ても、とらえるべき空間ののびちぢみのはばは、想像もできないほど小さいものです。

日本にも「KAGRA」という重力波観測のための施設がありますが、ここでとらえようとしているのびちぢみの大きさは、三キロメートルに対して、一兆分の一の一〇万分の一ミリメートルだといいます。

重力波をとらえたのがどれほどすごいことか、少しはわかってもらえるでしょうか。

ここがポイント！
一〇〇年間だれにもできなかった、空間のごく小さなのびちぢみをとらえたのは、おどろくべきこと。

重力波
これは重い星が動いてうまれたもの。
重い星が動いたり、超新星爆発が起こったりすると、重力波がうまれるのだ！
アインシュタイン

219ページのこたえ　一〇〜二〇メートル

おはなしクイズ　100年前に重力波の存在を予言した物理学者はだれ？

納豆はなぜネバネバしているの？

読んだ日にち（　年　月　日）（　年　月　日）（　年　月　日）

生命
微生物

タンパク質を分解すると

納豆は、昔からごはんのおともとして食べられてきたものです。納豆のいちばんのとくちょうといえば、あのネバネバですよね。

納豆はもともと、なべでゆでたダイズを、イネのわらでつつみこむという方法でつくられていました。こうすると、わらのなかにいる「納豆菌」という微生物が、ダイズを発酵させるのです。発酵は、微生物がある物質を分解し、べつの物質にかえる現象で、とくに人間の役に立つものを指します（→90ページ）。

納豆菌は、ダイズにふくまれる「タンパク質」という成分を分解して、「アミノ酸」という物質にかえます。アミノ酸は、納豆の「うまみ」をつくる成分です。納豆菌は、タンパク質をアミノ酸にかえながら、さらにアミノ酸の一種である「グルタミン酸」という物質を、くさりのように数千こつなげていきます。こうしてつくられた「ポリグルタミン酸」とよばれるものが、ネバネバの糸となるのです。なお、現在の納豆の多くは、イネのわらに入れるのではなく、ダイズに直接納豆菌をふきつけてつくられます。

イネのわら
納豆菌
イネのわらのなかにいるぼくたちが、
ダイズを発酵させるよ！

ダイズだけがネバネバする

ところで、ダイズ以外のマメを、ネバネバにすることはできないのでしょうか。実験によると、ピーナッツではややネバネバになり、アズキではネバネバになりませんでした。これは、タンパク質の量がちがうためだと考えられます。

ダイズにはタンパク質が三五パーセントふくまれますが、ピーナッツには二五パーセント、アズキには二〇パーセント程度しかふくまれていません。ネバネバはタンパク質が分解されてできるので、タンパク質が少ないとネバネバしないのです。

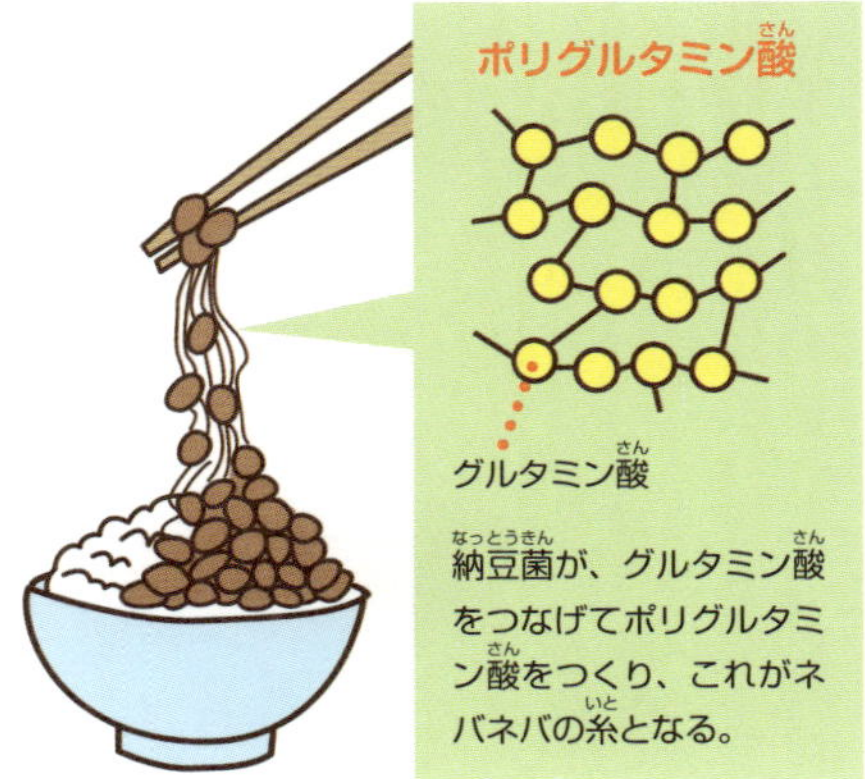
ポリグルタミン酸
グルタミン酸

納豆菌が、グルタミン酸をつなげてポリグルタミン酸をつくり、これがネバネバの糸となる。

ここがポイント！

納豆菌が、「グルタミン酸」という物質をくさりのように数千こつなげてつくった「ポリグルタミン酸」が、ネバネバの糸となる。

220ページのこたえ　アインシュタイン

おはなしクイズ　グルタミン酸が数千こつながった、納豆のネバネバの成分を何という？

重いものと軽いものを同時に落としたら、どうなる？

読んだ日にち（　　年　　月　　日）（　　年　　月　　日）（　　年　　月　　日）

もののはたらき
力

どちらも同じ速度で落ちる

大きくて重たい石を下に落とすと、あっという間に地面に落ちますよね。では、同時に小さくて軽い石を落としたら、どうなるでしょう？

古代ギリシャの、アリストテレスという哲学者は、「重いもののほうが速く落ちる」といいました。そして、その考えは約二〇〇〇年間、人びとに信じられていたといいます。

これを否定したのが、ガリレオ・ガリレイという学者です。ガリレオは、イタリアにある「ピサの斜塔」という塔から、重い金属の球と、軽い金属の球を同時に落として、ほんとうに重いもののほうが速く落ちるのか、実験したといわれています。

この実験の結果、どちらの球も同時に地面に落ちたため、すべてのものは重さに関係なく、同じ速度で落ちることがわかったというのです。

ただし、塔から落としたという話は、ガリレオが死んだあとにできたつくり話です。じっさいのガリレオは、長い斜面の上から球を転がす、という実験を行ったようです。

月で行われた実験

ガリレオの実験は、月の表面でためされたこともあります。

地球上でものを落とした場合は、空気による抵抗を受けるので、かならずしもガリレオの実験どおりにはいきません。

しかし、空気のない月でなら、空気の抵抗がない状態でものを落とせると考えられたのです。「アポロ一五号」という宇宙船の船長は、月の表面で右手にもったハンマーと、左手にもった鳥のはねを同時に落としました。すると、重いハンマーと軽い鳥のはねは同時に月面に落ち、ガリレオの説は正しかったことが証明されました。

ガリレオの実験
ピサの斜塔
ガリレオ・ガリレイ
重い金属の球と、軽い金属の球を同時に落とすと、どちらも同時に地面に落ちた。
軽い金属の球
重い金属の球
※じっさいは、長い斜面の上から球を転がす実験を行った。

ここがポイント！
空気抵抗がなければ、重いものも軽いものも同時に落ちる。

221ページのこたえ
ポリグルタミン酸

おはなしクイズ 重いものと軽いものを同時に落とすと、同時に地面に落ちることを発見した人物はだれ？

月の大きさがかわることがある!

読んだ日にち(　年　月　日)(　年　月　日)(　年　月　日)

月の大きさは同じ?

夜空にうかぶ月をながめていると、地平線から昇りはじめたばかりの月は大きく、高く昇っていく月は小さくなっていくように見えませんか。

しかし、地平線の近くでも、空高く昇ったときでも、地球と月のきょりは同じはずです。

それなのに、月の大きさがちがって見えるのは、目の錯覚(→20ページ)が原因とされています。ただし、どうしてこのような錯覚が起こるのかについては、完全にはわかっていません。

ひくいところにあるとき
高いところにあるとき

月は高いところにあると小さく見え、ひくいところにあると大きく見える。しかし、じっさいの大きさはかわらない。

ほんとうに大きさがかわる

そのいっぽうで、月の見かけの大きさが、じっさいに大きくなったり小さくなったりすることもあります。

月は地球のまわりをまわって(公転して)いますが、その軌道がだ円形をしているため、地球までのきょりは、つねに同じではありません。地球から月までの平均きょりは約三八万キロメートルです。しかし、じっさいには約三五万七〇〇〇～四〇万六〇〇〇キロメートルの間で変化しているのです。

そのため、月が軌道の上のどの位置にあるかによって、月の見かけの大きさもかわってきます。

そのなかで、月がもっとも地球に近づいたときに満月になると、いつもより月が大きく見えます。これを「スーパームーン」とよんでいます。

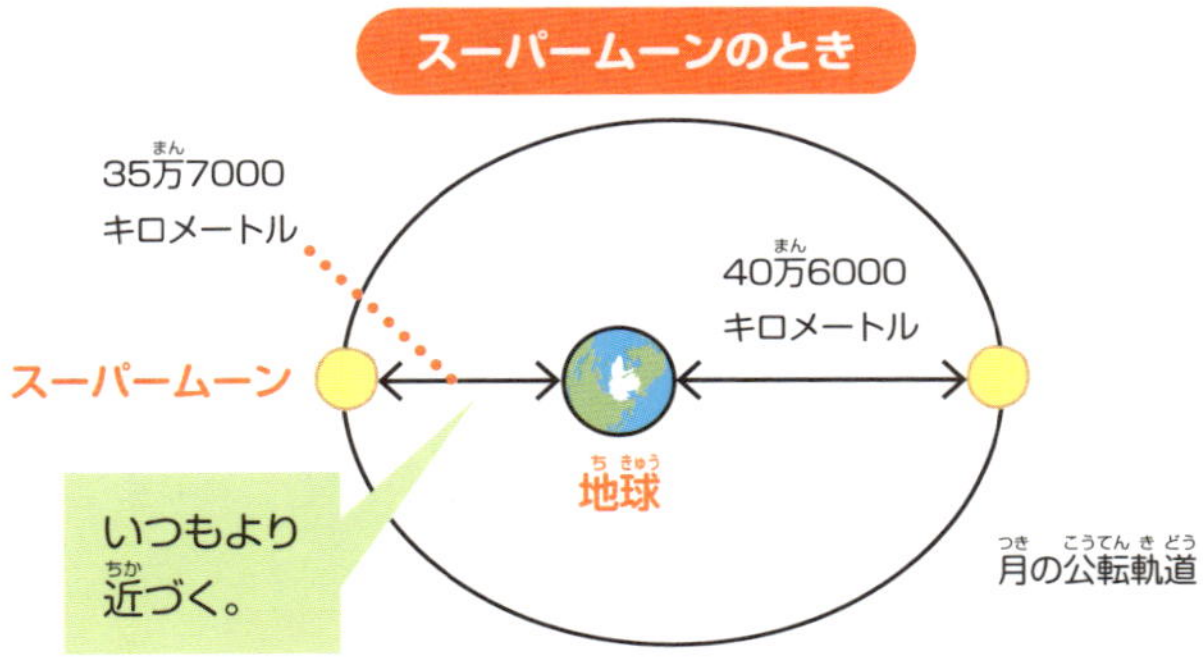
スーパームーンのとき
35万7000
キロメートル
40万6000
キロメートル
スーパームーン
地球
いつもより
近づく。
月の公転軌道

ここがポイント!

月が、もっとも地球に近づいたときの満月は、いつもより大きく見える。

222ページのこたえ
ガリレオ・ガリレイ

おはなしクイズ 月がもっとも地球に近づくとき、いつもより大きく見える満月のことを何という?

サメの歯は何回もはえかわる！

読んだ日にち（　年　月　日）（　年　月　日）（　年　月　日）

生命 魚

二万本以上の歯を使う

人間の歯は、子どもの歯から大人の歯へとはえかわります。歯がはえかわる回数は、一回だけです。これは、ライオンやキリンといった、ほかのほ乳類の動物も同じです。

しかし、なかには一生のうちに何回も歯がはえかわる生きものもいます。それは、するどい歯でえものをとらえるサメです。

サメは、口のなかに六列から二〇列の歯がはえています。

えものをとるときに使うのは、前にならぶ二列の歯だけです。そのうしろにあるのは、すべて交換用の歯なのです。

大きな魚の骨をかみくだいて、われたりすりへったりすると、前の歯は自然にぬけおちます。そして、二、三日のうちにうしろの歯が前に移動してくるというわけです。新しい歯がはえてくるため、うしろの歯があったところには、新しい歯がはえてくるため、またいつでも歯を交換することができます。

このようなしくみで、サメは生きている間に二万本以上の歯を使うといわれています。

虫歯にもならない

サメの歯はすぐにはえかわるため、虫歯菌がふえる時間もなく、虫歯になることがありません。

さらに、サメの歯の表面は、「フッ化アパタイト」という成分でできています。フッ化アパタイトは、歯みがき剤にも使われている「フッ化物」が変化したもので、歯を虫歯菌から守るはたらきがあります。

すぐにはえかわらなかったとしても、フッ化アパタイトでおおわれたサメの歯は、もともと虫歯になりにくくなっているのです。

ここがポイント！

サメの口のなかには、交換用の歯が何列もならんでいて、前の歯がわれたりすりへったりすると、何回でもはえかわる。

外から見たサメの歯

ふだん使っている歯

サメの歯のしくみ

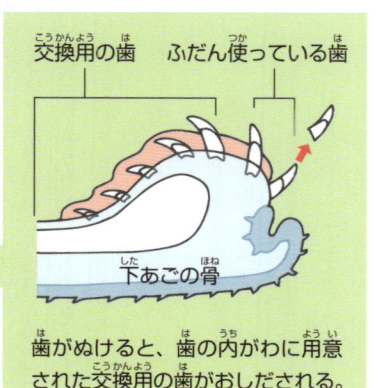

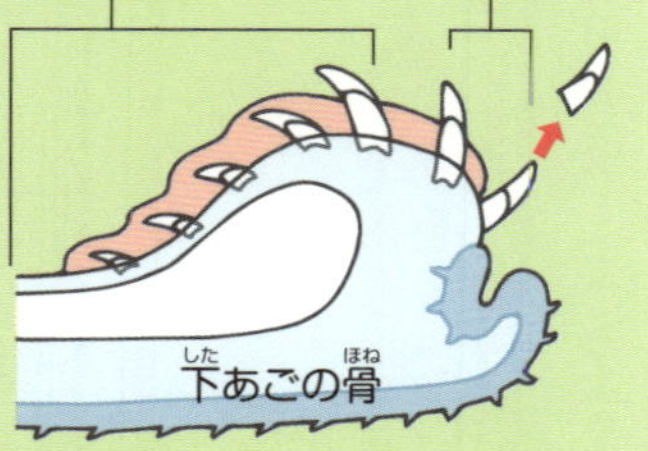
交換用の歯
ふだん使っている歯
下あごの骨

歯がぬけると、歯の内がわに用意された交換用の歯がおしだされる。

223ページのこたえ スーパームーン

おはなしクイズ サメは一生のうちで、何本くらいの歯を使う？

プールより海のほうがからだがうきやすいのはなぜ？

読んだ日にち（　年　月　日）（　年　月　日）（　年　月　日）

水の重さがちがう

みなさんは、プールよりも海のほうがからだがうきやすいと感じたことはありませんか。いったいどうして、そんなふうに感じるのでしょう。

ふつうの水と、塩がとけている海水をくらべると、量が同じでも塩がとけている分だけ、海水のほうが水よりも重くなります。そのため、塩水でできた海水は、プールのふつうの水よりも重いということになるのです。

この水の重さのちがいが、ものをうかせる力に関係してきます。

うく力が大きくなる

水中にあるものに、上向きにはたらく力を「浮力」といいます。わたしたちが水にうくのは、わたしたちのからだに浮力がはたらいているからです。

浮力の大きさは、水に入ったものがおしのけた水の重さと、同じになります（→35ページ）。つまり、プールの水よりも重い海水のほうが、浮力が大きくなります。そのため、わたしたちのからだは、プールの水よりも海水のほうがうきやすいのです。

ここがポイント！

プールの水より塩をふくむ重い海水のほうが浮力が大きいため、からだがうきやすい。

プールの水

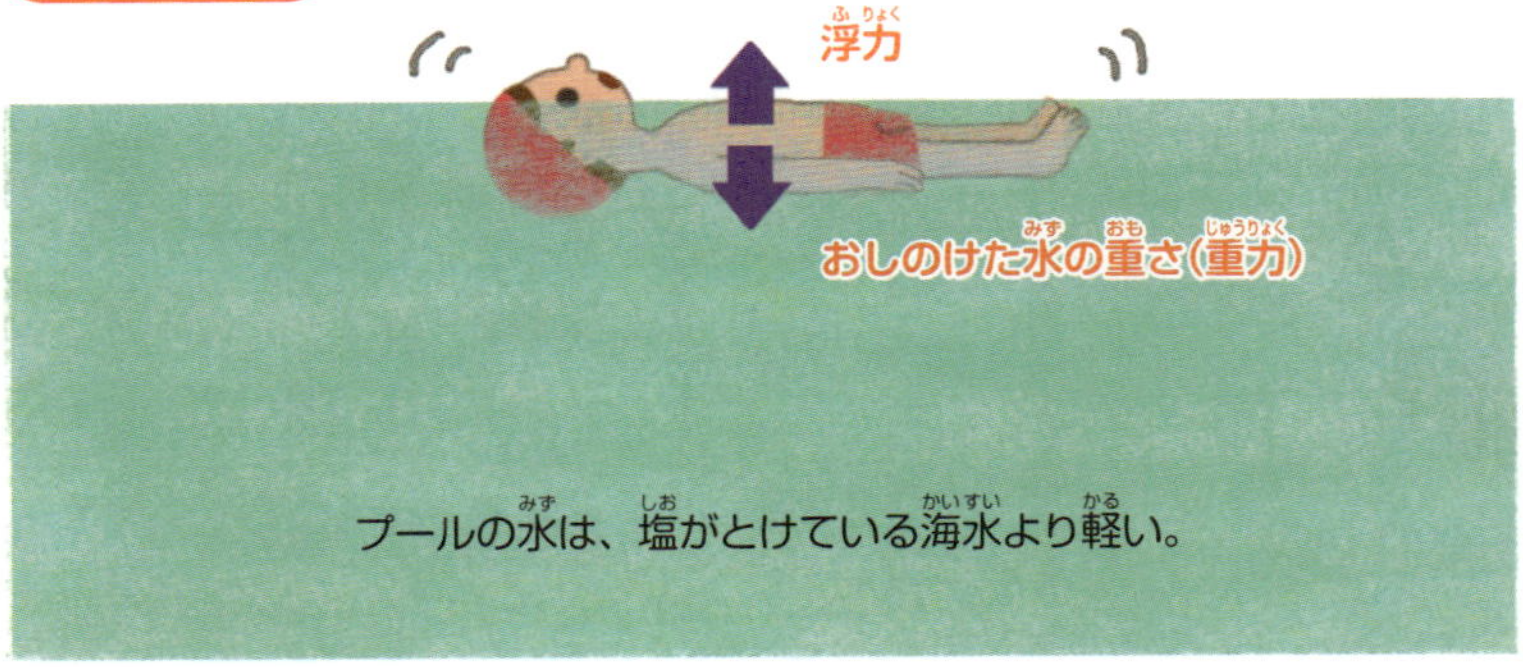

浮力
おしのけた水の重さ（重力）
プールの水は、塩がとけている海水より軽い。

海水

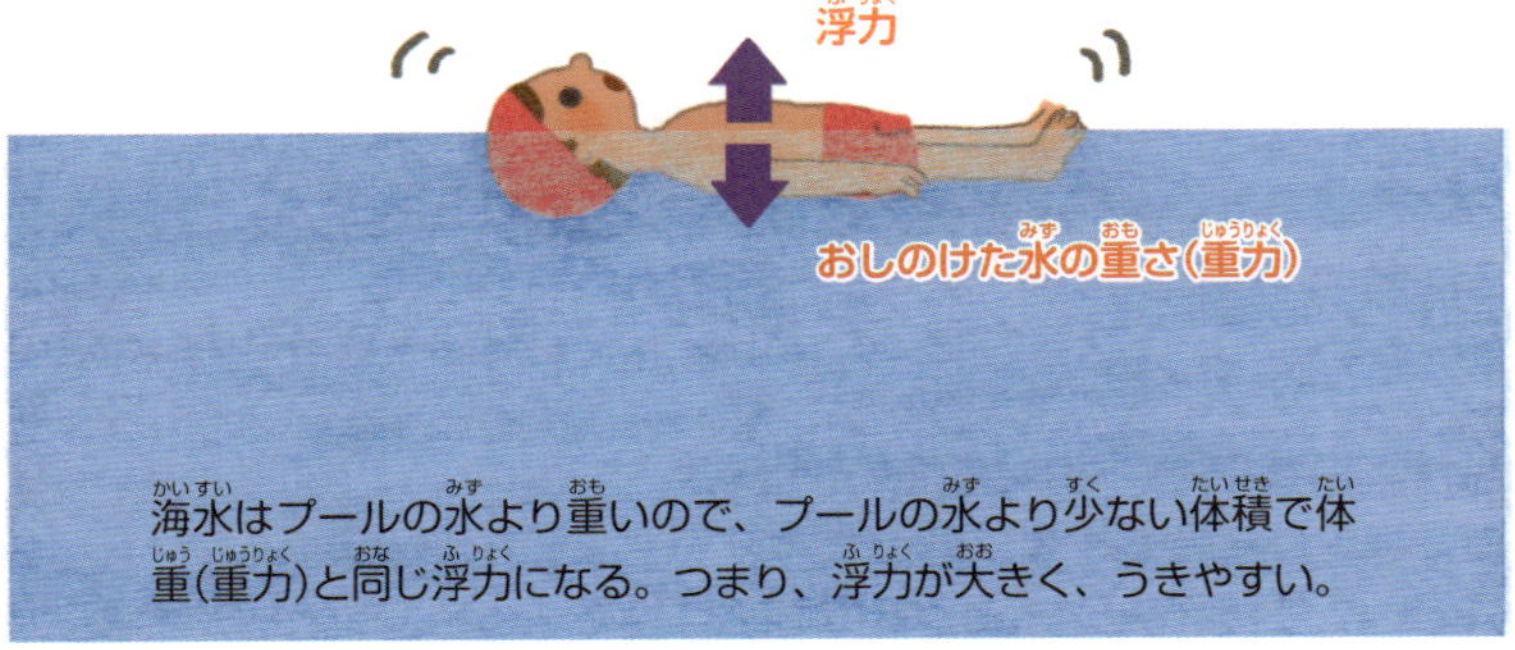

浮力
おしのけた水の重さ（重力）
海水はプールの水より重いので、プールの水より少ない体積で体重（重力）と同じ浮力になる。つまり、浮力が大きく、うきやすい。

224ページのこたえ　二万本以上

おはなしクイズ　水中にあるものに対して、上向きにはたらく力を何という？

人間のからだには、切っても再生する臓器がある!

読んだ日にち(　　年　　月　　日)(　　年　　月　　日)(　　年　　月　　日)

7月15日のおはなし

生命　人体

肝臓は再生する臓器

人間のからだの臓器は、手術などで切りとってしまうと、基本的にはもとどおりになりません。

しかし、肝臓だけは切っても再生することができます。肝臓は、全体の七〇パーセントを切っても、四か月から半年でもとの大きさにもどります。そして、一部がなくなる前と同じように、はたらきはじめるのです。

肝臓が三〇パーセントまで切りとられたときは、細胞が大きくなることでもとどおりになります。

それよりもたくさん切りとられた場合は、さらに細胞がふたつに分かれ（分裂し）、数をふやすことでもとどおりになるといいます。

ただし、肝臓がどうしてそんなふうに再生できるのかについては、まだわかっていません。

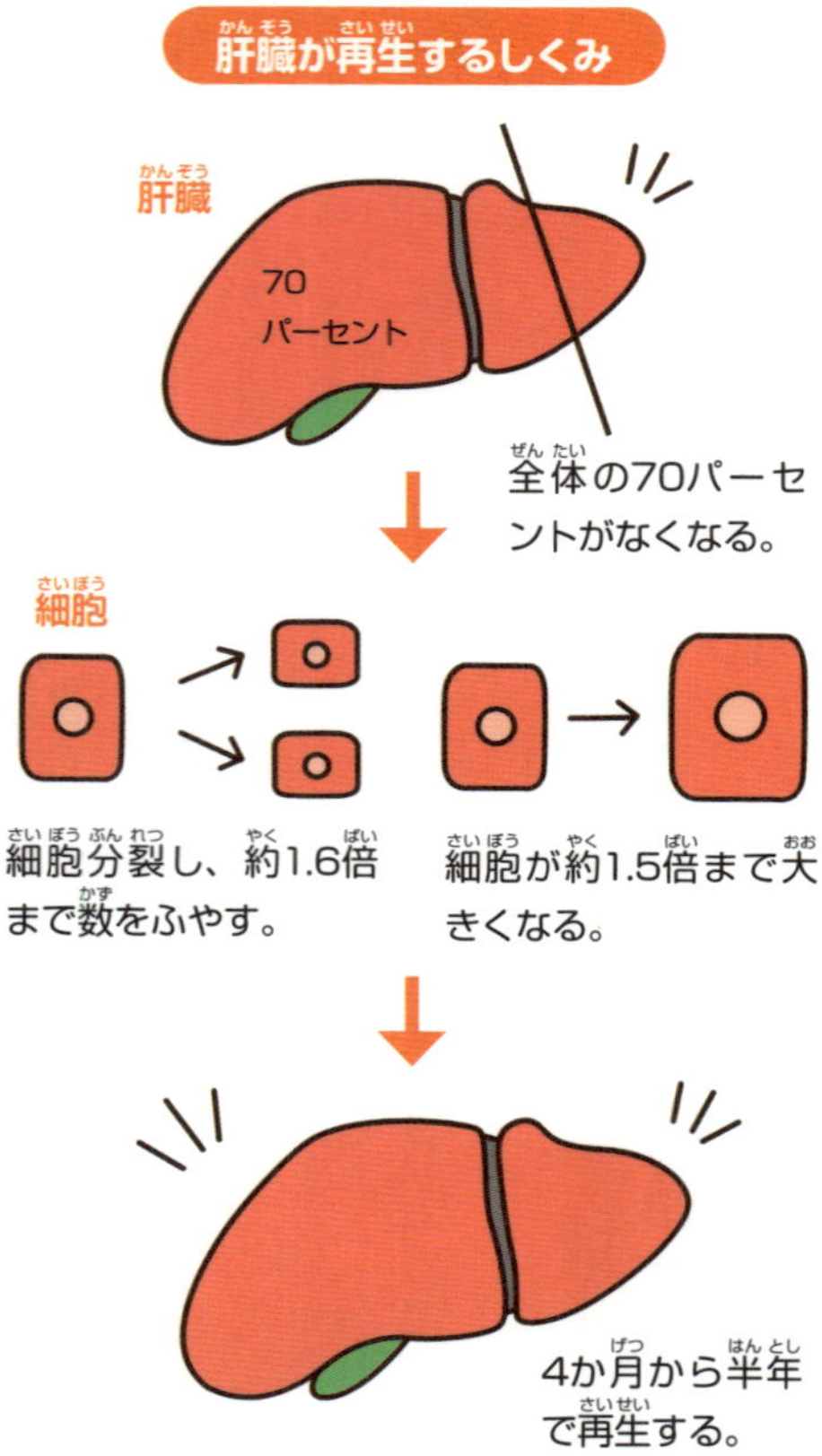

肝臓が再生するしくみ
肝臓
70
パーセント
全体の70パーセントがなくなる。
細胞
細胞分裂し、約1.6倍まで数をふやす。
細胞が約1.5倍まで大きくなる。
4か月から半年で再生する。

五〇〇以上のはたらきがある

そもそも肝臓とは、どのような臓器なのでしょうか。

肝臓は、人間のからだのなかで、もっとも大きな臓器です。からだにとってたいせつなはたらきを、いくつももっています。

たとえば、肝臓は「胆汁」という液体をつくって、脂肪という栄養素の消化を助けています。

また、食べものからとりいれた栄養素をためておいたり、そのあとで、からだが吸収できる物質につくりかえたりする役割もあります。

さらに、お酒にふくまれるアルコールなど、からだによくないものを分解して、毒がない状態にするという役割もあります。

これらは、肝臓のはたらきの一部にすぎません。肝臓のはたらきは、全部で五〇〇以上もあるといわれています。

ここがポイント!
肝臓は、全体の七〇パーセントがなくなっても、四か月から半年で再生する。

225ページのこたえ　浮力

おはなしクイズ　肝臓でつくられて、脂肪という栄養素の消化を助ける液体を何という?

島ってどうやってできるの？

読んだ日にち(　　年　　月　　日)(　　年　　月　　日)(　　年　　月　　日)

地球　大地

大陸と島のちがい

陸地は、おもに大陸と島とに分類されます。

日本のとなりにある韓国や中国は、国土の大部分がユーラシア大陸の一部にある国です。ぎゃくに、日本は島国といわれます。北海道、本州、四国、九州などのいくつもの島によってなりたっている国だからです。

世界でいちばん大きな島は、北極海と北大西洋の間にあるグリーンランドで、その面積は二一六万六〇〇〇平方キロメートルです。これより面積が小さい陸地はすべて島、大きい陸地は大陸として、定義されています。

島ができるまで

島は、大きくふたつの原因でうまれるとされています。

ひとつは、海のなかにある火山が噴火し、ふきだしたマグマがかたまることで、島となる場合です。ハワイはこれにあたります。

もうひとつは、地球の表面をおおうプレート（→168ページ）の移動でできる場合です。大きな大陸がプレートの移動で分かれ、島になります。日本列島はこれにあたります。大昔は日本も大陸の一部だったのです（→60ページ）。

そのほか、人工的につくられた島もあります。兵庫県にある「ポートアイランド」は、海をうめたてることでできた島です。南アメリカにある「ウロス島」のように、島全体が「トトラ」といわれる植物でできている人工島もあります。

また、沖縄県にはサンゴのかけらでできた島もあります。

ここがポイント！

島は、海のなかの火山が噴火してマグマがかたまったり、プレートの移動で大陸が分かれたりするとできる。

島のでき方

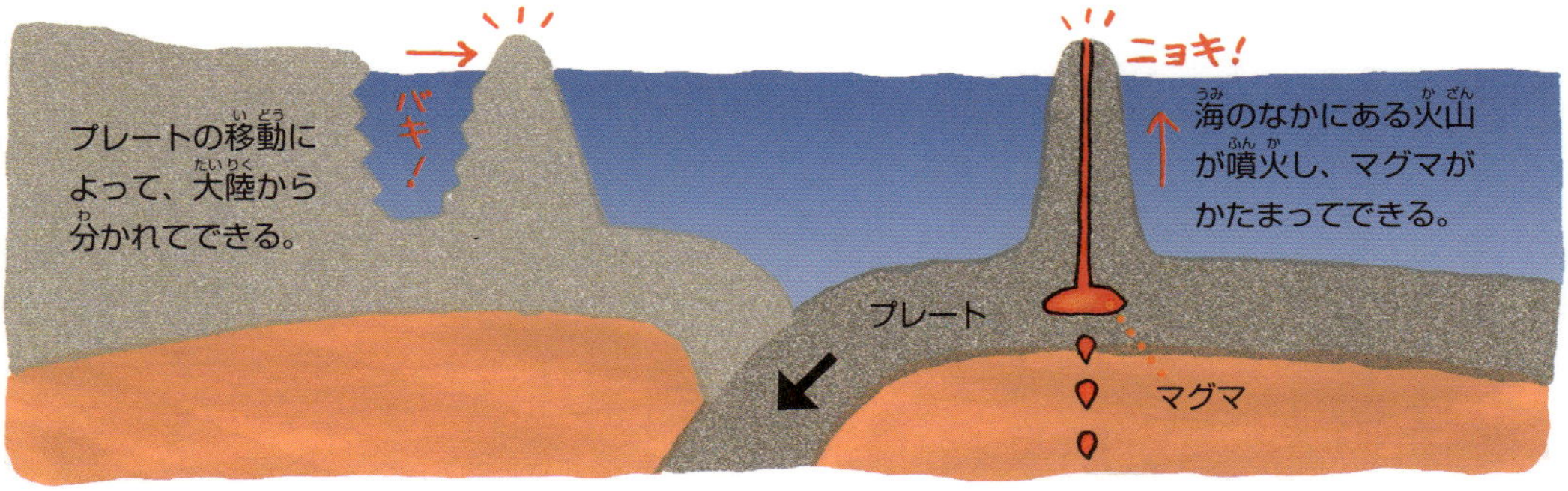

バキ！
プレートの移動によって、大陸から分かれてできる。
ニョキ！
海のなかにある火山が噴火し、マグマがかたまってできる。
プレート
マグマ

おはなしクイズ　世界でもっとも大きな島の名前は？

226ページのこたえ　胆汁

あつい日に、水をまくとすずしくなるのはどうして？

読んだ日にち（　年　月　日）（　年　月　日）（　年　月　日）

見えなくなる水

コップに水を入れてほうっておくと、いつの間にか水がへっていることがあります。これは、水が気体となり、目に見えない水蒸気になって空気中ににげていくためです（→236ページ）。

このように、水などの液体が気体になり、空気中ににげていくことを「蒸発」といいます。

蒸発するときに熱をうばう

夏、地面に水をまくことは「打ち水」とよばれています。

打ち水をするとすずしくなるため、日本人は昔から、あつい夏をすずしくすごすために、打ち水をしてきました。でも、いったいなぜ、打ち水をするとすずしくなるのでしょうか。

ものは、液体から気体にかわる（蒸発する）ときに、まわりから熱をうばうという性質があります。

この熱を「気化熱（蒸発熱）」といいます。気化熱をうばわれるので、まわりの温度が下がります。

打ち水をするとすずしくなるのは、水が蒸発するときに地面から熱をうばい、地面の温度が下がるからです。

たとえば、はだを水でぬらして風をあてると、水がかわくときにスーッとつめたく感じますよね。

これも、地面に水をまいたときと同じように、水が蒸発するときにはだから熱をうばうため、温度が下がってつめたく感じるというわけです。

水が蒸発するときに、
地面から熱をうばう。
水
熱
地面
熱
水をまいたとき

ここがポイント！
地面に水をまくと、蒸発するときに地面から熱をうばうため、地面の温度が下がってすずしくなる。

227ページのこたえ
グリーンランド

おはなしクイズ 水が蒸発するときに、まわりからうばう熱を何という？

水のなかでも生きられる昆虫がいる！

読んだ日にち（　年　月　日）（　年　月　日）（　年　月　日）

はねの下に空気をためる

水中を活発に泳ぎまわり、えものをつかまえて食べる、ゲンゴロウという昆虫がいます。ゲンゴロウはカブトムシのなかまで、水中を泳ぐだけでなく、水から出て空をとぶこともできます。しかし、魚のようなえら（→56ページ）はもっていません。では、どのようにして水中で呼吸をしているのでしょうか。

　ゲンゴロウは、「気門」というあなから空気中の酸素をとりいれて呼吸をしています。水面まで上がったゲンゴロウは、おしりの先を水面からつきだし、はねとはらのすき間に空気をためます。このすき間を「気室」といいます。ゲンゴロウの気門は気室のなかに開いており、気室にためた空気が気門を通って酸素が送られるようになっているのです。

おしりの先を水面から出して、はねとはらのすき間に空気をためる。

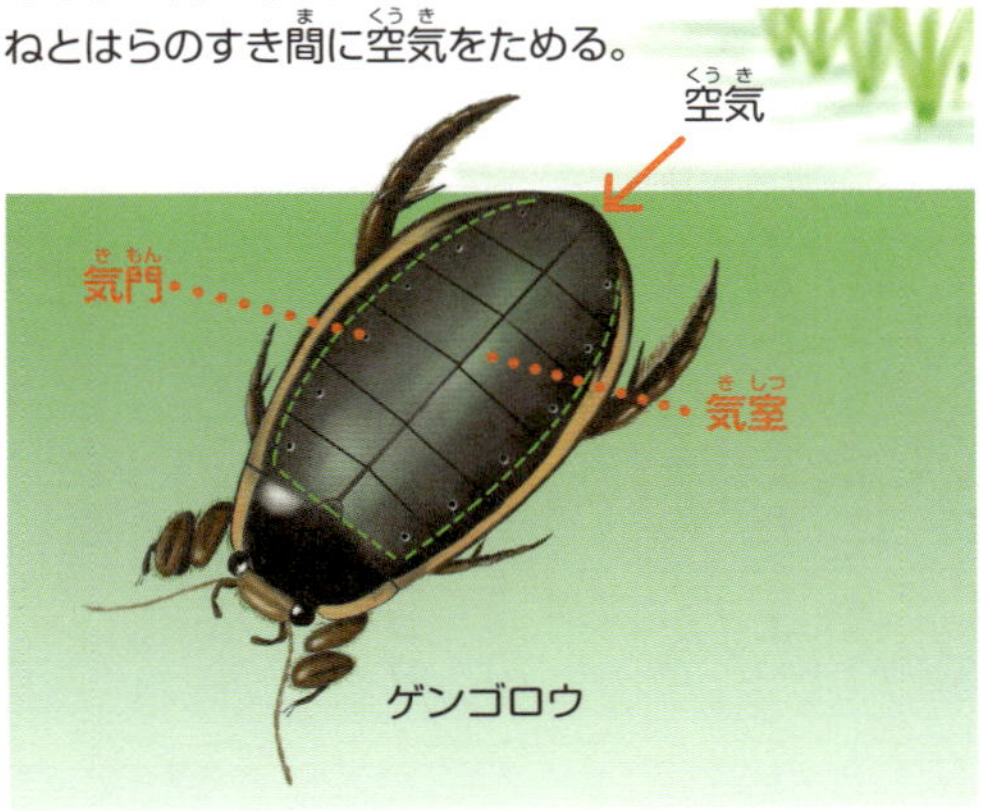
空気
気門
気室
ゲンゴロウ

おしりに空気のあわをつける

　また、ゲンゴロウは水中にもぐるときに、おしりの先に気泡（空気のあわ）をつけます。この気泡は、気室のなかにある空気とつながっていて、気泡のなかの酸素がうすくなると、水中の酸素が気泡のなかに入りこんできます。

　このしくみによって、たんに水面で空気をためるより、長い時間水中にもぐりつづけることができるのです。

　水のなかで生きる昆虫には、ほかにもタガメやミズカマキリなどのように、おしりの先についている、呼吸用のくだを水面に出して呼吸するものもいます。

　また、幼虫の間は水中ですごすトンボの幼虫のヤゴは、水中の酸素を直接とりいれるえらをもっています。

酸素
気泡

おしりの先に気泡をつけ、水中の酸素をとりこむと、水中に長くもぐっていられる。

ここがポイント！

ゲンゴロウは、はねの下の気室に空気をためるため、水中でも呼吸ができる。

228ページのこたえ　気化熱（蒸発熱）

おはなしクイズ　ゲンゴロウが呼吸に使うのはえら？　気門？

かみなりのゴロゴロという音は、何の音？

読んだ日にち（　　年　　月　　日）（　　年　　月　　日）（　　年　　月　　日）

7月19日のおはなし

もののはたらき　電気

雲のなかに電気がたまる

かみなりは、ゴロゴロと大きな音を出しながら、いな光とともに地上に落ちてきます。このゴロゴロという音は、どのようにしてうまれるのでしょうか？

かみなりをうみだす雲のなかでは、氷のつぶがたくさんただよっています。これらのつぶは、雲のなかではげしく動く空気によってこすれあい、「静電気」という電気（→73ページ）をうみだします。そして、大きな氷のつぶはマイナスの電気を、小さな氷のつぶはプラスの電気をもつようになります。

大きな氷のつぶは、その重さによって下へ下りていくため、雲の下のほうには、マイナスの電気がたまります。すると、そのマイナスの電気に引きつけられて、雲の下の地面にプラスの電気がたまります。

そして、マイナスの電気が限界までたまると、雲の上のほうや地面のプラスの電気に向かって、いっせいに移動します。これがかみなりの正体です（→178ページ）。

空気がふるえる音

かみなりの電気の強さは、最大で一〇億ボルトにも上ります。これは、わたしたちの家で使っている電気の、約一〇〇〇万倍の強さです。空気は電気を通しにくいものですが、かみなりの電気はあまりにも強いため、空気中を移動することができます。

かみなりが通る空気は、とても高温になってふくらみます。すると、そのまわりの空気がはげしくふるえます。この空気のふるえが、ゴロゴロという音になるわけです。

かみなりがうまれるしくみ

マイナスの電気は、雲の下のほうにたまる。

その電気に引きつけられて、雲の下の地面にプラスの電気がたまる。

ゴロゴロ…
ピカッ

マイナスの電気は、雲の上のほうや地面のプラスの電気に向かって流れる。このとき、いな光やゴロゴロという音がうまれる。

ここがポイント！

かみなりのゴロゴロという音は、空気が熱せられて急激にふくらむために、はげしくふるえる音。

おはなしクイズ　かみなりの電気の強さは、最大で何ボルト？

229ページのこたえ　気門

地球にいるかぎり、月のうらがわは見えない！

読んだ日にち（　　年　　月　　日）（　　年　　月　　日）（　　年　　月　　日）

月のまわり方

月は満ちかけしますが、表面に見えるもようは、いつも同じです。どうして月は、いつも同じ面を地球に向けているのでしょうか。

それは、月の自転周期（月自体が一回転する時間）と公転周期（地球のまわりを一周する時間）がどちらも約二七日で、同じだからです。

左の図にあるように、月は地球を一周する間に、自分も一回転しています。

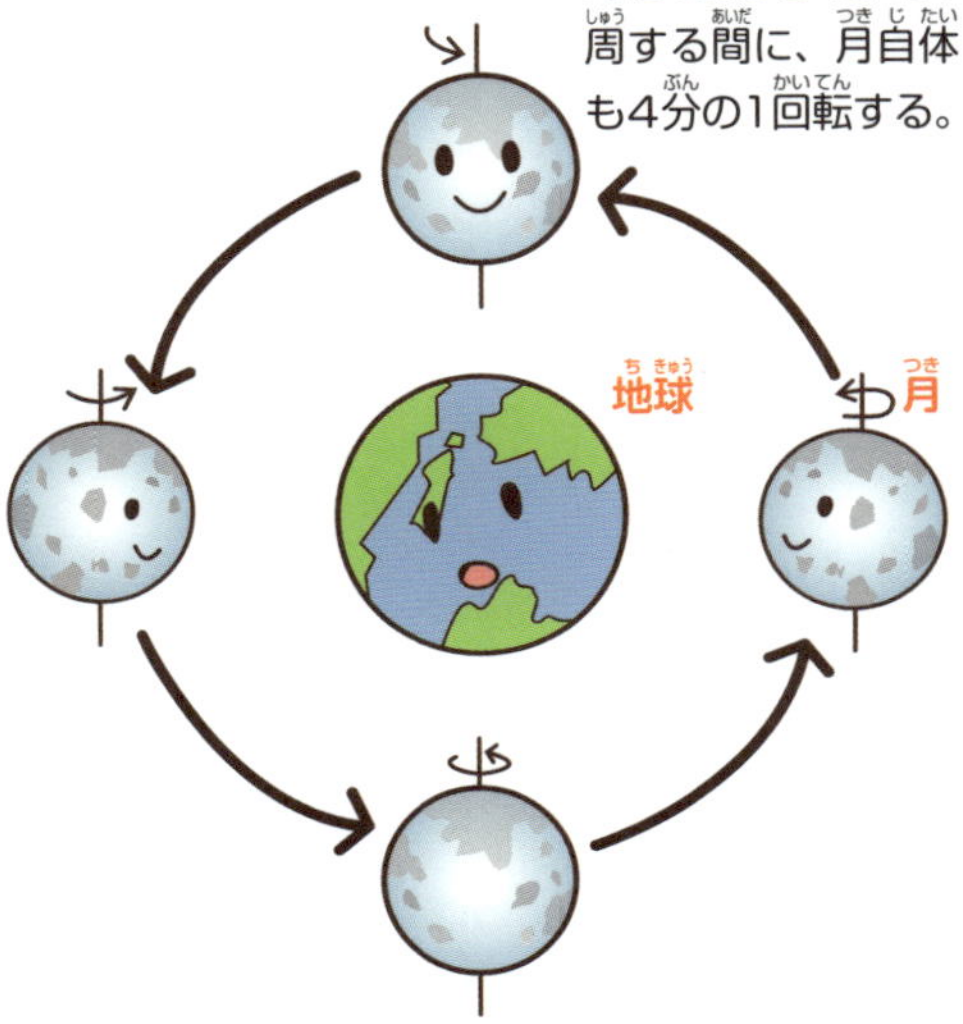
地球
月

月が地球を4分の1周する間に、月自体も4分の1回転する。

そうすると、月はいつも地球に同じ面を向けていることになるので、地球から月のうらがわを見ることはできません。

人類がはじめて月のうらがわを見ることができたのは、一九五九年、旧ソ連（現在のロシアなど）の月探査機「ルナ3号」が撮影した写真によってでした。

月の表がわ（左）は海が多く、黒っぽく見える。うらがわ（右）はクレーターが多い。

月の表がわとうらがわ

月の表面の黒っぽく見えるところを「海」、白く明るく見えるところを「高地」といいます。月の表面に見えるウサギの形は、この海の部分です（→123ページ）。

「海」は平らですが、「高地」はクレーターとよばれるくぼみや山脈、谷などが多く、起伏がある地形になっています。また「海」には、水があるわけではありません。月に天体がぶつかってできたクレーターを、地下からふきだしたマグマがうめつくしてできた地形だと考えられています。

月の表がわは「海」が多く、うらがわはクレーターでおおわれた「高地」がほとんどです。

月の表とうらでは、まるでべつの天体のようです。このような月の表とうらのちがいを「月の二分性」といいます。

ここがポイント！

月は自転周期と公転周期が同じため、地球からはいつも同じ面しか見えない。

230ページのこたえ　一〇億ボルト

おはなしクイズ　月の表面の黒っぽく見えるところを何という？

人間は深海のどこまでもぐることができるの？

読んだ日にち（　　年　　月　　日）（　　年　　月　　日）（　　年　　月　　日）

生身のままで二二四メートル

人間は、海のなかでは呼吸ができません。また、深くなればなるほど、水圧（水がものをおす力）が高くなるので、もぐれる深さにかぎりがあります。

何も身につけずにもぐった場合、ふつうの人では五メートルほどもぐることができるといわれています。

空気ボンベとダイビングスーツ、足ひれなどの道具を使ってもぐるスキューバダイビングでは、四〇メートルほどです。

しかし、フリーダイビングとよばれる、ひと呼吸でどれだけ深くもぐることができるかを競う競技の選手は、一〇〇メートル以上もぐることができます。この競技では、二二四メートルもぐったという世界記録もあります。

なお、水圧にたえられる潜水服を着た場合は、三〇〇～五〇〇メートルほどもぐることができます。

ふつうの人
5メートル
スキューバダイビング
40メートル
フリーダイビングの選手
100～200メートル
潜水服
300～500メートル
しんかい6500
6500メートル
しんかい6500
蛟竜号
7000メートル
蛟竜号

潜水艇なら七〇〇〇メートル

さらに深くもぐるには、潜水艇という乗りものが必要です。潜水艇は、深海のとても高い水圧にもつぶれることのない、がんじょうなつくりになっています。

日本には「しんかい６５００」という潜水艇があり、その名前のとおり、六五〇〇メートルまでもぐることができます。これは世界で二番目の記録です。世界でもっとも深くもぐれる潜水艇は、中国の「蛟竜号」で、七〇〇〇メートルの海底で活動することができます。日本では、より深くまでもぐれる潜水艇の開発が現在も進んでいます。

ここがポイント！
人間には三〇〇～五〇〇メートルが限界だが、潜水艇に乗れば七〇〇〇メートルまでもぐることができる。

231ページのこたえ　海

おはなしクイズ　6500メートルの深さまでもぐれる日本の潜水艇の名前は？

ホタルはどうやって光るの？

読んだ日にち（　　年　　月　　日）（　　年　　月　　日）（　　年　　月　　日）

はらの先の発光器で光る

夏の夜空を、ホタルが光りながらとびかうようすはとてもきれいですね。では、ホタルはどうやって光っているのでしょうか。

ホタルは、はらの先にある発光器のなかで、「ルシフェリン」という光る物質をつくっています。これが、「ルシフェラーゼ」というもののなかだちによって、酸素とむすびつくと、光を出すのです。

ルシフェラーゼのつくりは、ホタルの種類によってことなります。そのため、ホタルは黄色や黄緑色、オレンジ色など、さまざまな色に光ります。

オスのゲンジボタル
メスのゲンジボタル
発光器

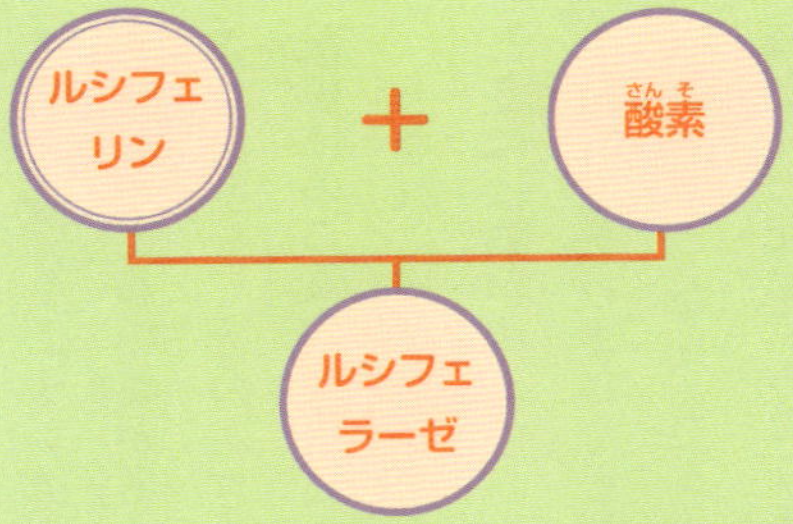
ルシフェリン
＋
酸素
ルシフェラーゼ

ルシフェラーゼによって、ルシフェリンと酸素がむすびつく。酸素とむすびついたルシフェリンは、発光器のなかで光を出す。

オスとメスのサイン

ホタルが光る理由は、いくつかあるといわれています。光によって、なかまに自分の居場所を知らせることもあれば、オスの光が、メスへのプロポーズになることもあります。ホタルの光は、なかまとのコミュニケーションなのです。

オスのホタルが光りながらとんでいると、これを見たメスのホタルが、小さな光を出してサインを送ります。そして、やってきたオスと結婚します。

また、ホタルにはたくさんの種類がいますが、種類によって、光の強さや光る時間もことなります。たとえばゲンジボタルは光が強く、光る時間も長いですが、ヘイケボタルは光が弱く、光る時間が短いです。

こういったちがいによって、ホタルはまちがえることなく、自分と同じ種類の結婚相手を見つけることができます。

ここがポイント！

ホタルははらの先の発光器でルシフェリンという物質をつくり、これがルシフェラーゼによって酸素とむすびつくことで光る。

232ページのこたえ　しんかい6500

おはなしクイズ　光りながらとぶのは、ホタルのオスとメスのどちら？

自分の見たい夢を見ることはできないの？

読んだ日にち（　　年　　月　　日）（　　年　　月　　日）（　　年　　月　　日）

7月23日のおはなし

生命　人体

レムすいみんの夢

夢を見るなら、できるだけ楽しい夢を見たいですよね。でも、人間は楽しい夢よりも、いやな夢やこわい夢を見るほうが多いといわれています。どうして自分の見たい夢を見られないのでしょうか？

人間のねむりは、「レムすいみん」という浅いねむりと、「ノンレムすいみん」という深いねむりの二種類に分けられます。わたしたちは、ひと晩のうちにこのふたつのねむりをくり返しているのです（↓327ページ）。

夢を見るのは、レムすいみんのときです。

レムすいみんのときには、ねむっていても脳が起きています。そのため、脳があざやかで物語性がある夢をつくりだします。

また、レムすいみんのときには、脳のなかの「扁桃体」という部分が活発にはたらいています。扁桃体は、喜びよりも、不安や恐怖などによって活発にはたらきます。そのため、レムすいみんの夢はいやな夢やこわい夢が多くなり、起きたあとも、そのあざやかな夢が記憶にのこるのです。

ちなみに、ノンレムすいみんのときには脳が休んでいるため、夢を見てもあいまいでまとまりがない夢が多くなります。その夢は、ほとんど記憶にのこりません。

自分が見たい夢を見る方法

では、楽しい夢、自分の見たい夢を見るためには、どうしたらよいのでしょうか。

夢は、脳が記憶をむすびつけてつくりだすものです。そのため、ねむる直前に自分が見たい夢を思いえがいて、脳に記憶させれば、その夢を見る可能性が高まると考えられています。

レムすいみんのとき
ねぼうだ！
いやな夢やこわい夢
おばけ！
ねむっていても、脳が起きている。
扁桃体
不安や恐怖などで活発にはたらく。

ここがポイント！

ねむる直前に、自分が見たい夢を思いえがいて脳に記憶させれば、その夢を見ることができるかもしれない。

233ページのこたえ　オス

おはなしクイズ　レムすいみんのときには、脳のなかの何という部分が活発にはたらいている？

エアコンはなぜ、部屋をあたためたりひやしたりできるの?

読んだ日にち(　　年　　月　　日)(　　年　　月　　日)(　　年　　月　　日)

もののはたらき
熱

熱を出し入れする冷媒

あつい日にエアコンをつけると、部屋をすずしくすることができます。いったいなぜでしょうか。

エアコンは、部屋のなかにある室内機と、家の外にある室外機からできています。そして、「冷媒」というものが室外機と室内機の間を移動しています。この冷媒には、おしちぢめると液体になって、まわりに熱を出し、おしちぢめる力をゆるめてふくらませると、気体になってまわりから熱をうばうという性質があります。

エアコンは、冷媒のこのふたつの性質を利用して、部屋をひやしているのです。

部屋の熱を屋外ににがす

室内機に送りこまれた冷媒は、熱交換器という装置のなかで気体になって熱をうばい、熱交換器をひやします。ファンで吸いこまれた部屋の空気は、この熱交換器を通ってひやされ、部屋へもどされます。そのため、部屋の温度が下がります。熱をうばった冷媒は、室外機に送られると、今度は圧縮機という装置でおしちぢめられ、液体になってまわりに熱を出します。出された熱は、ファンで屋外に出されます。熱を出した冷媒は、ふたたび室内機に送られます。エアコンは、このような冷媒の移動をくり返すことで、部屋をひやしているのです。

部屋をあたためるときはぎゃくに、屋外の空気から熱をうばい、部屋のなかに熱を出します。

エアコンのしくみ

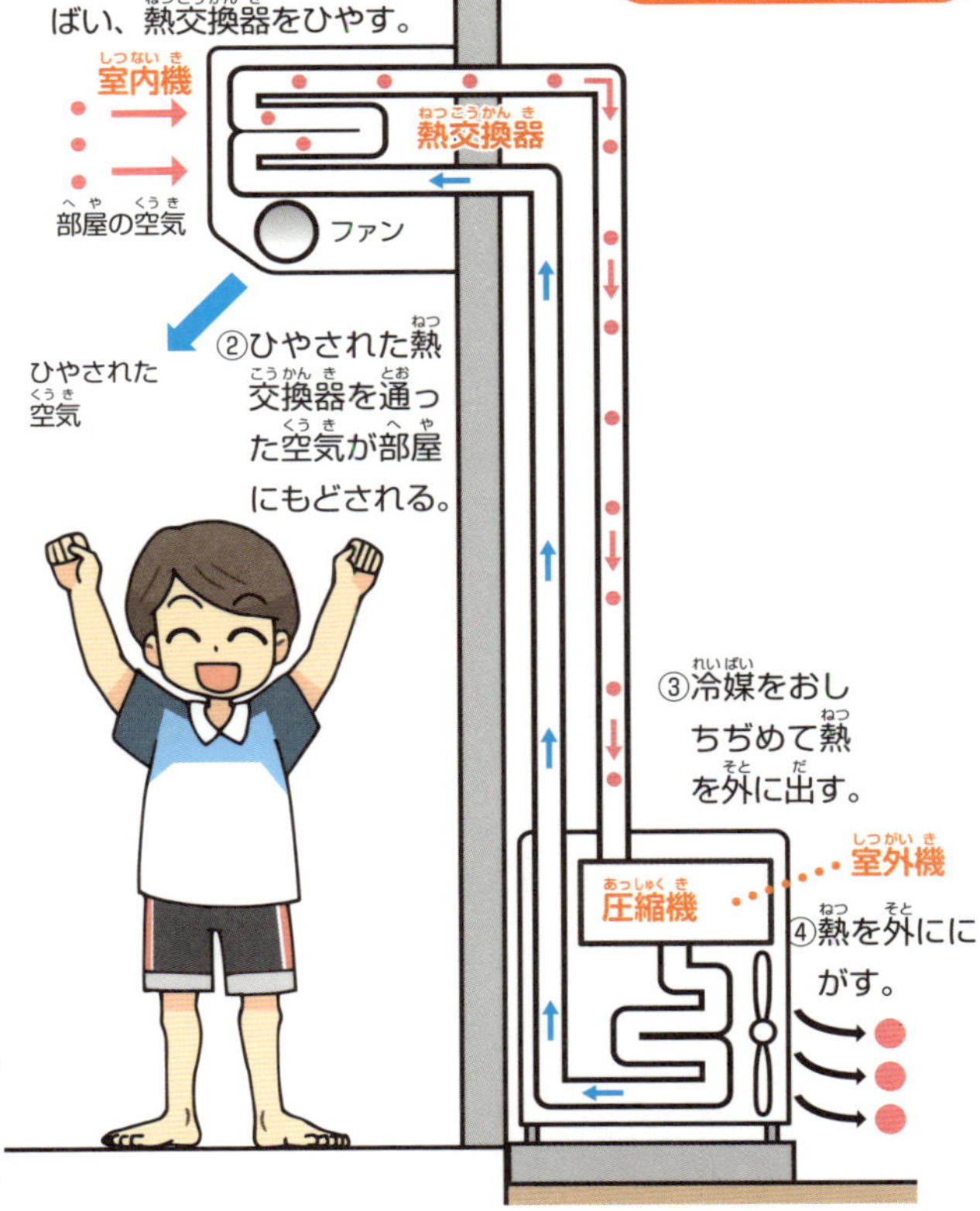
①冷媒が気体になって熱をうばい、熱交換器をひやす。
室内機
熱交換器
部屋の空気
ファン
ひやされた空気
②ひやされた熱交換器を通った空気が部屋にもどされる。
③冷媒をおしちぢめて熱を外に出す。
室外機
圧縮機
④熱を外ににがす。

ここがポイント!
熱をうばったり出したりすることで、部屋の空気の温度をかえる。

234ページのこたえ
扁桃体

おはなしクイズ 冷媒がまわりから熱をうばうのは、おしちぢめたとき? ふくらませたとき?

水たまりの水はどこに消えるの?

読んだ日にち(　　年　　月　　日)(　　年　　月　　日)(　　年　　月　　日)

水蒸気という気体になる

水たまりの水が、いつの間にかなくなっていて、びっくりしたことはありませんか? これは、水が「水蒸気」という、目に見えない気体にすがたをかえるからです。

水蒸気は空気のなかに入り、やがて雲となります(→244ページ)。

このように、水などの液体が、その表面から気体にかわる現象を「蒸発」といいます。たとえば洗たくものがかわくのも、洗たくものの水分が蒸発するからです。

これに対し、液体が表面だけでなく、そのなかからも気体にかわる現象を「沸とう」といいます。お湯をわかすときに、ブクブクと出てくるあわは、水のなかでうまれた水蒸気です。

水は、温度が一〇〇度まで上がると沸とうしますが、それよりもひくい温度のときは、水面から少しずつ蒸発していきます。

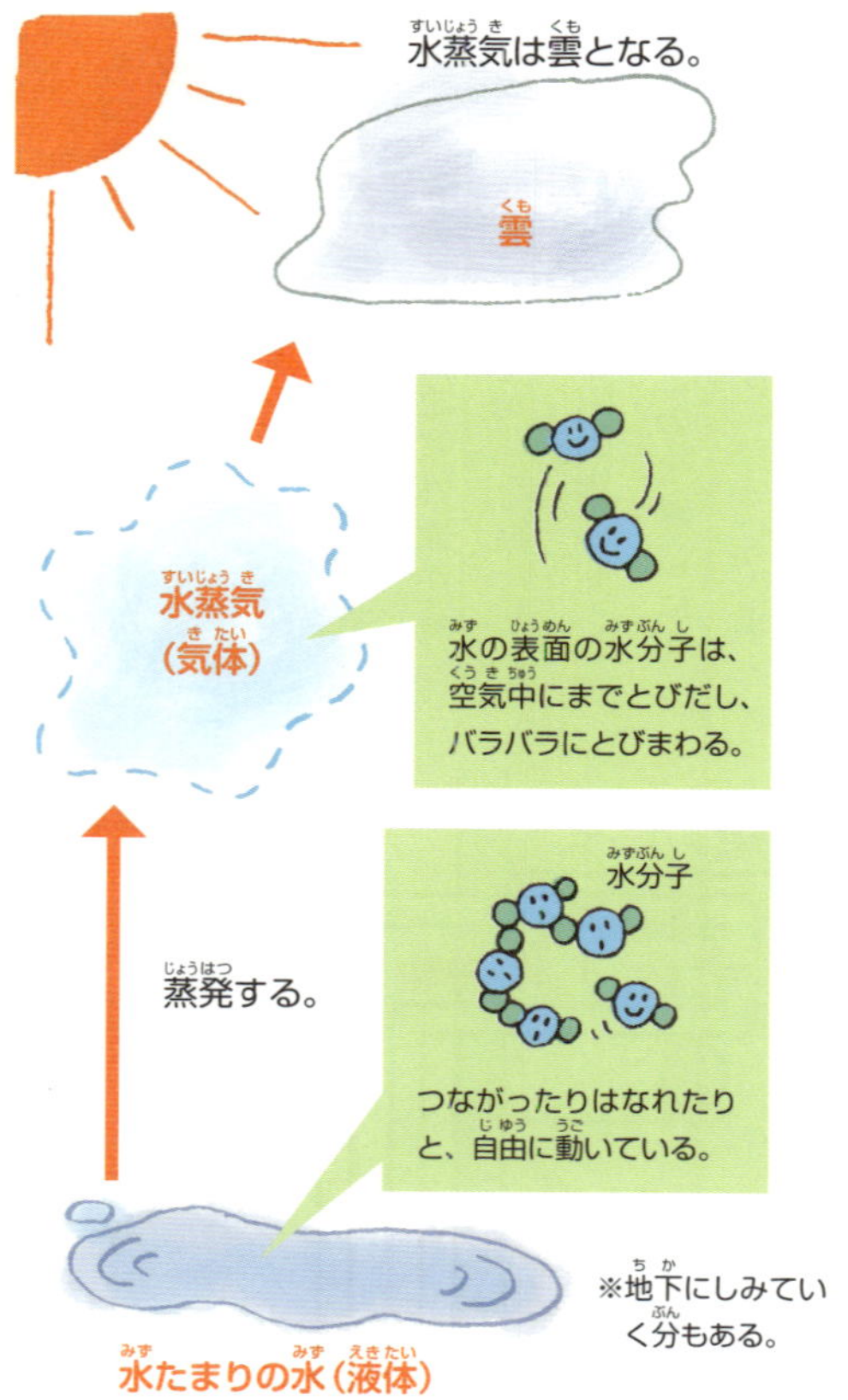
水蒸気は雲となる。
雲
水蒸気(気体)
水の表面の水分子は、空気中にまでとびだし、バラバラにとびまわる。
水分子
蒸発する。
つながったりはなれたりと、自由に動いている。
水たまりの水(液体)
※地下にしみていく分もある。

水分子がとびだしていく

水は、「水分子」という、小さなつぶでできています。水が蒸発するときには、水分子が、バラバラにとびまわるようになります。

液体である水の状態では、水のなかの水分子は、つながったりはなれたりして、自由に動いています。水の表面の水分子は、つながっていた水分子からはなれて、空気中にまでとびだしてしまうのです。これが蒸発です。

いっぽう、水が沸とうするときには、水のなかまで一〇〇度になり、水分子がいっせいにはげしく動きまわり、水中でも気体(水蒸気)になります。そして、空気中にとびだしていきます。

ここがポイント!
水が「水蒸気」という、目に見えない気体になって空気のなかに入ると、水たまりはなくなる。

235ページのこたえ
ふくらませたとき

おはなしクイズ 水などの液体が、その表面から気体にかわる現象を何という?

方位磁石で方角がわかるのはどうして？

読んだ日にち（　年　月　日）（　年　月　日）（　年　月　日）

地球はとても大きな磁石

丸い地球の中心には、「核」というものがあります（→80ページ）。核の中心部には、かたまった鉄でできた「内核」があり、その外がわに、液体の鉄でできた「外核」があるのです。

外核では、内核がもつ熱や地球の自転によって、液体の鉄が対流していると考えられています。この流れにより電流が発生すると、外核は「磁気」をもつようになります。磁気は、磁石の性質のことです。外核の磁気によって、地球は北をS極、南をN極とする大きな磁石になります。

磁石のN極とS極は引きあう性質があるため、方位磁石のN極は北極のS極に、S極は、南極のN極に引きつけられます。

反対だったN極とS極

地球の磁気の極は、とてもゆっくりしたペースで動いています。そのため、今から約八〇万年前は北がN極で、南がS極でした。地球の歴史上では、方位磁石が今と反対を向いていた期間が、三六〇万年のうちに一一回もあったとされています。

反対になる理由については、多くの学者が研究していますが、まだよくわかっていません。

地球が磁石になるしくみ
磁気が影響する範囲なら、宇宙にいても、方位磁石が使えるよ！
北極
S
N
南極
外核
液体の鉄でできた外核では、流れができる。この流れができると、外核は磁気をもつ。

ここがポイント！
地球は大きな磁石なので、方位磁石の針は南北をしめす。

236ページのこたえ　蒸発

おはなしクイズ　地球の中心にある、かたまった鉄でできた部分を何という？

カブトムシの角は何のためにあるの？

読んだ日にち(　　年　　月　　日)(　　年　　月　　日)(　　年　　月　　日)

角はけんかのためにある

カブトムシには、大きな角があります。ただし、角があるのはオスだけです。メスにはありません。

カブトムシのオスは、えさである樹液が出る場所や、交尾の相手となるメスをとりあって、ほかのオスや、クワガタムシなどとけんかをします。このときに武器として使われるのが、角です。

カブトムシのけんかでは、相手のからだの下に角を入れて、すくいなげたほうが勝ちとなります。そのため、からだが大きくて、角も大きなオスが勝利をおさめがちです。からだも角も小さなオスは、なかなかけんかに勝てません。

そこで、小さなオスは、夜になる前に樹液のある場所へやってきます。そうして真夜中に大きなオスが来る前に、ゆっくりと樹液を吸いとるのです。さらに、このときやってきたメスと交尾も行います。やがて大きなオスがあらわれると、小さなオスは退散します。

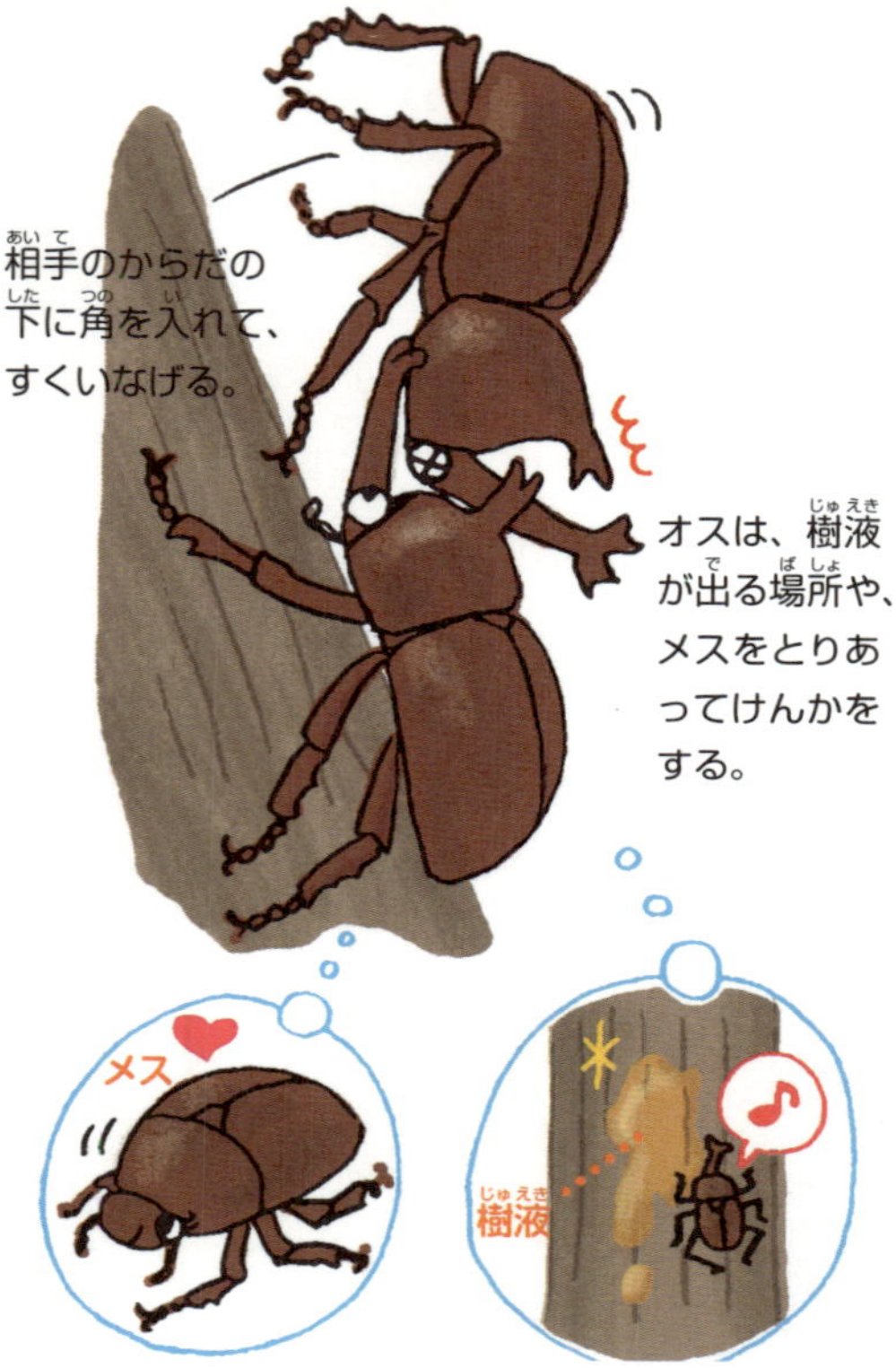
カブトムシのけんか
相手のからだの下に角を入れて、すくいなげる。
オスは、樹液が出る場所や、メスをとりあってけんかをする。
メス
樹液

さまざまなカブトムシ

世界には、一五〇〇種類以上のカブトムシがいるといわれています。種類によって、けんかをする方法もさまざまです。

東南アジアなどにすむアトラスオオカブトやコーカサスオオカブトは、三本の長い角をもち、その角で相手をおさえこみます。

また、世界最大のカブトムシとよばれるヘラクレスオオカブトは、全長が最大で一八センチメートルもあり、大きな角で相手をはさみ、投げとばすことができます。

ほかにも、角より長い前あしで相手をはたきおとす、ノコギリタテヅノカブトなどもいます。

ここがポイント！

カブトムシのオスは、樹液が出る場所やメスをとりあって、ほかのオスやクワガタムシなどとけんかをするときに、角を使う。

おはなしクイズ　カブトムシで角があるのはオス、メスどっち？

237ページのこたえ　内核

ブラックホールに吸いこまれると、どうなるの？

読んだ日にち（　　年　　月　　日）（　　年　　月　　日）（　　年　　月　　日）

地球 宇宙

何でも吸いこむ天体

「ブラックホール（黒いあな）」というものを知っていますか？　これは、とても強い重力（まわりのものを引きよせる力）によって、あらゆるものを吸いこんでしまう天体のことです。秒速三〇万キロメートルという、宇宙でいちばんの速さをもつ光でさえ、そのすさまじい重力からのがれることはできません。

そんなブラックホールに、もし人間が吸いこまれたら、いったいどうなるでしょうか。

あしから先に、立った状態でブラックホールに吸いこまれたとしましょう。ブラックホールでは、中心に近いほど強い重力がかかりますから、あしは頭よりも強く引っぱられます。そのため、からだはたてに長くのびることになります。

そして、落ちていくにつれて、からだはどんどん細長く引きのばされ、さいごにはバラバラになってしまうと考えられています。

「白いあな」もある？

ところで、ブラックホールに吸いこまれたものは、いったいどこに行くのでしょうか。そのひとつのこたえとして、「ホワイトホール（白いあな）」というものを考えた人もいます。

ホワイトホールは、ブラックホールとはまったくぎゃく、つまり、あらゆるものをはきだしてしまう天体です。これがブラックホールとつながっていて、ブラックホールに吸いこまれたものをはきだすのではないかというのです。

ただ、ホワイトホールはじっさいには存在しないという考えもあり、くわしくはわかっていません。

ここがポイント！

もしブラックホールに吸いこまれたら、からだが引きのばされ、バラバラになると考えられている。

ブラックホールのなかでは、中心に近いところほどより強い重力がかかる。そのため、吸いこまれたものは落ちていくにつれて、どんどん引きのばされていく。

ブラックホール

そしてさいごはバラバラに……。

※絵はイメージです。

238ページのこたえ　オス

おはなしクイズ　ブラックホールの近くではたらく、とても強い力は何？

花火の音がずれてきこえるのはどうして？

7月 29日 のおはなし

読んだ日にち（　　年　　月　　日）（　　年　　月　　日）（　　年　　月　　日）

もののはたらき 音

光と音がつたわる速さ

夏の夜空に打ちあげられる花火は、とてもきれいですよね。でも、花火の光に対して、「ドーン」という音は、少しずれてきこえることがあります。いったいなぜでしょう。

それは、光と音がつたわる速さに、ちがいがあるからです。

光は、一秒間に約三〇万キロメートルのきょりを進みます。これは、一秒間に地球を七周半できる速さです。いっぽう、音は空気中を一秒間に約三四〇メートルしか進みません。つまり、音の速さは光の九〇万分の一くらいだということです。そのため、光のほうが先に、わたしたちの目にとどきます。

音は光のあとにとどく

花火が、三四〇メートルはなれた場所で上がったとしましょう。

花火の光は、光るのとほぼ同時にわたしたちの目にとどきます。

しかし、花火の音のほうは、わたしたちの耳までとどくのに約一秒かかります。

また、自分と花火とのきょりが三四〇メートルの二倍になれば、音がとどくのに約二秒かかります。

このように、花火を見る場所が花火から遠くなるほど、音がきこえるのに時間がかかるのです。

音がずれるのは、花火だけではありません。かみなりの音も、光とずれてきこえます。そのため、花火もかみなりも、光と音が何秒ずれていたか数えて、それに三四〇をかければ、何メートルくらいはなれた場所で光ったのか計算することができます。

花火の音と光のずれ

ドーン
340メートル
ヒュルルルル
音は約1秒後に耳にとどく。
光はほぼ同時に目にとどく。
音がずれてる！

ここがポイント！
光と音がつたわる速さにはちがいがあるため、花火の音は光とずれてきこえる。

おはなしクイズ 音は、空気中を1秒間に約何メートル進む？

239ページのこたえ 重力

7月30日のおはなし

お菓子のふくろのなかの、「食べられません」と書かれた白いものは何？

読んだ日にち（　年　月　日）（　年　月　日）（　年　月　日）

ものの性質変化

おいしさを守るかんそう剤

パリパリしたおせんべいや、サクサクしたクッキーがしけってしまうと、おいしくないですね。お菓子がしけるのは、空気中の水分を吸うからです。空気は、お菓子のふくろのなかにも入るため、ふくろの状態でも、お菓子が水分を吸ってしける可能性があります。

そこで役に立つのが、ふくろに入った「かんそう剤」です。かんそう剤は、ふくろのなかの水分を吸いとってくれます。青やとうめいの小さなつぶが入ったものや、白い大きなつぶが入ったものがあり、お菓子のふくろだけでなく、のりの容器などにも入っています。

また、おまんじゅうのふくろなどには、空気中の酸素を吸って、食べものにカビがはえるのをふせぐ「脱酸素剤」が入っています。かんそう剤と脱酸素剤は、どちらも食べものではないため、「食べられません」と書かれているのです。

水分を吸収する

もっとも多く使われているかんそう剤は、青やとうめいのつぶが入った、「シリカゲル」というものです。シリカゲルのつぶの表面は、水とむすびつきやすい性質をもっています。また、その表面にはあながたくさんあり、面積がとても大きくなっています。そのため、シリカゲルのまわりの水分は、どんどんシリカゲルとむすびつき、吸いとられるというわけです。

シリカゲルの力
水分
食べものをしけらせる。空気のなかにもたくさんある。
シリカゲルの表面は、水とむすびつきやすい性質があるので、水分をつかまえる。
シリカゲル
表面にはたくさんのあながあり、つかまえた水分をつめこむことができる。

ここがポイント！
お菓子のふくろには、かんそう剤や脱酸素剤が入っている。

240ページのこたえ
約三四〇メートル

おはなしクイズ お菓子のふくろに入っているシリカゲルは、何を吸いとる？

虫を食べる植物がいる!

読んだ日にち（　　年　　月　　日）（　　年　　月　　日）（　　年　　月　　日）

葉をとじて虫をはさむ

植物のなかには「食虫植物」といって、光合成（→281ページ）によって自分で栄養をつくりながら、昆虫をとらえて生きている種類がいます。

食虫植物は、養分の少ない土地にはえていますが、光合成でつくりだす栄養だけでも生きていくことはできます。では、なぜ虫を食べるのかというと、とらえた昆虫を消化することで、光合成に必要な栄養をえるためです。

たとえば、ハエトリソウ（ハエトリグサ）は、「捕虫葉」という左右に開いた二まい貝のような葉で、昆虫をとらえます。葉の内がわには、「感覚毛」とよばれるトゲが左右の葉に三本ずつはえており、このトゲに昆虫がふれると、すかさず葉がとじます。とじた葉のなかでは、えものをとかす液体が出て、消化してしまいます。

さまざまな食虫植物

ハエトリソウの昆虫のとらえ方は、開いた葉がわなのようであることから、「わな式」とよばれます。食虫植物の昆虫のつかまえ方は、わな式のほかにも「粘着式」や「落としあな式」があります。

粘着式の食虫植物は、葉の表面にネバネバした液体を出す毛がついており、この毛で昆虫をつかまえ、消化します。モウセンゴケやムシトリスミレなどがそうです。

落としあな式は、ふくろのような形をした葉のなかに消化液がたまっており、そこに落ちた昆虫をとかす方法で、ウツボカズラが行うことで有名です。

ここがポイント!
昆虫を葉でつかまえてとかし、必要な栄養をえる植物がいる。

わな式

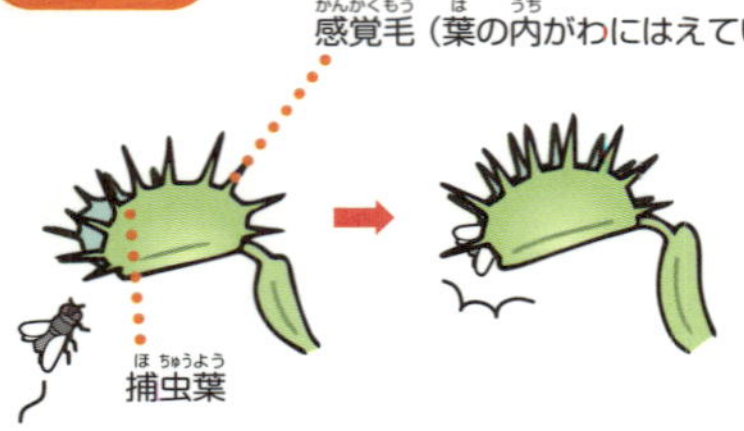
感覚毛（葉の内がわにはえている）
捕虫葉

感覚毛に昆虫がふれると、捕虫葉をとじて、昆虫を葉のなかにとじこめる。

粘着式

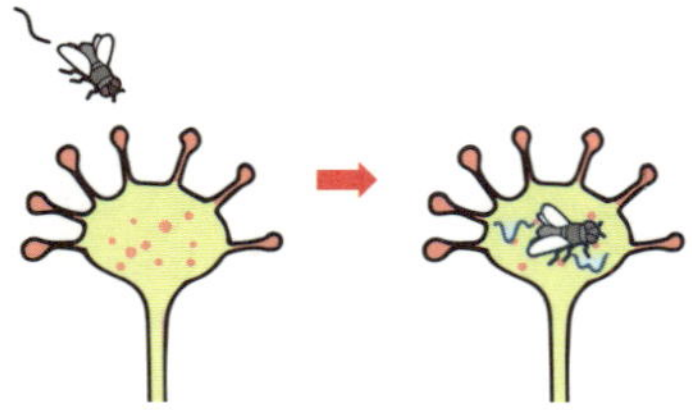

葉の表面にネバネバの液体を出す毛があり、そこに昆虫をくっつけてつかまえる。

落としあな式

葉がふくろのような形になっており、落ちてきた昆虫をつかまえて、消化する。

241ページのこたえ
空気中の水分

おはなしクイズ 食虫植物の昆虫のとらえ方はわな式と粘着式、あともうひとつは？

8月のおはなし

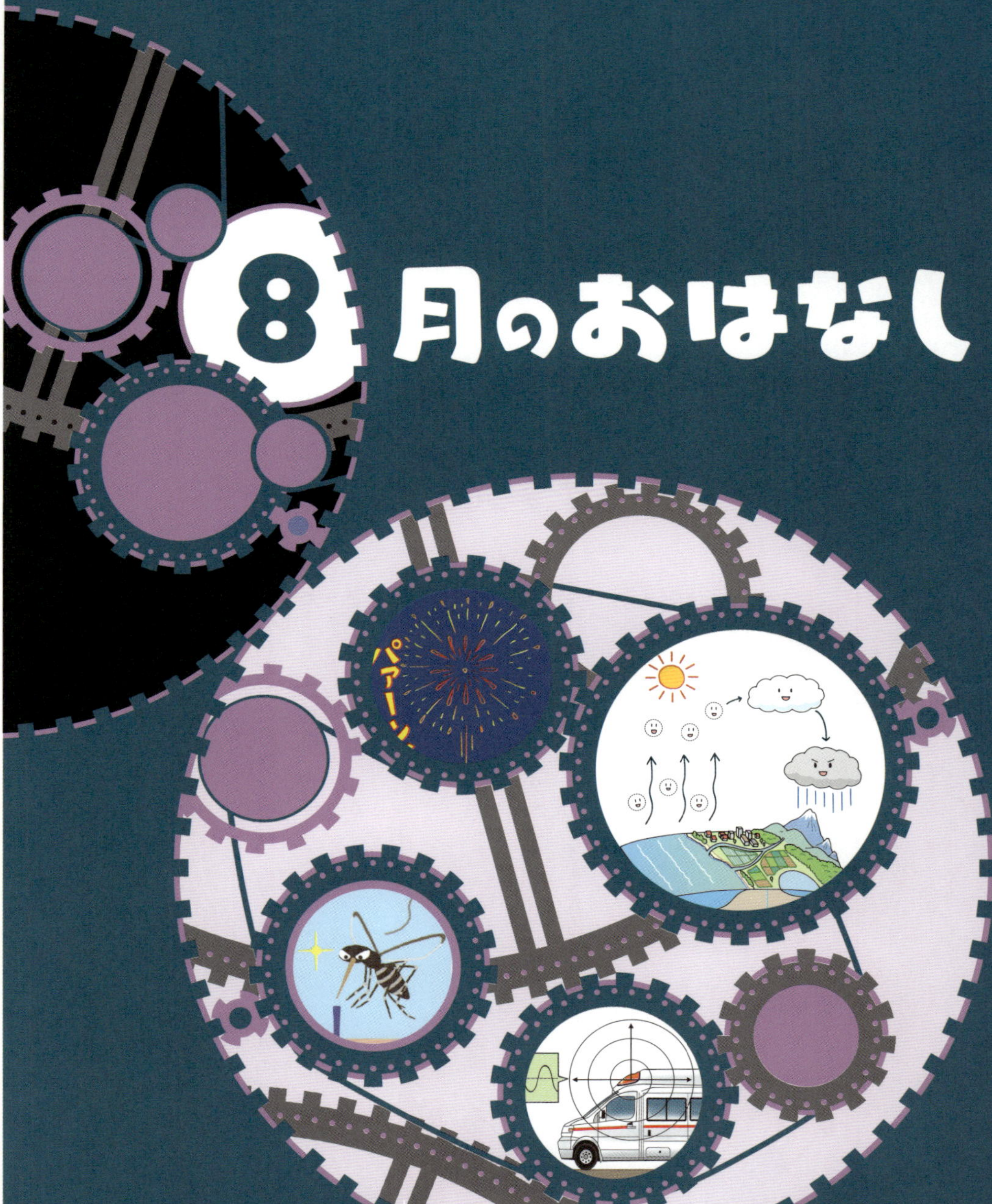

雲がういているのはどうして?

8月1日のおはなし

読んだ日にち(　　年　　月　　日)(　　年　　月　　日)(　　年　　月　　日)

地球　気象

水蒸気が空に上がって雲になる

空にうかぶ雲は、とても小さな水や氷のつぶが、集まってできています。

空気のなかには、水が気体になった水蒸気がふくまれています。また、空気にはあたたかくなると軽くなる性質があり、太陽の熱であたためられると、軽くなって空の上のほうに上っていきます。上空で温度が下がると、空気のなかにふくまれていた水蒸気がひやされて、水や氷のつぶになります。これが集まったのが、雲なのです。

こうしてできた雲は、ずっと空にういているわけではなく、少しずつ下へ落ちています。しかし、雲は上へ上っていく空気の流れによってふきあげられているので、うきつづけることができます。

ただし、水や氷のつぶがどんどんふえてくっつき、空気の流れでもふきあげられないほどになってくると、雨や雪となって落ちてきます。

雨雲が黒いのはどうして?

晴れた日にうかぶ雲は、白く見えます。これは、雲をつくるたくさんの水や氷のつぶが、太陽の光をさまざまな方向に反射しているからです。

いっぽう、雨雲は黒っぽく見えます。雲は水や氷のつぶがふえて成長すると、太陽の光をさえぎるくらい大きく、そしてあつくなるので、黒く見えるのです。

ただし、黒く見えているのは、雲の真下にいるときだけです。真下以外の場所では、雲に反射した光が目に入るので、雨雲でも白く見えます。

ここがポイント!

雲は、空気の流れによってふきあげられるのでういている。ただし、やがて雨や雪になって落ちてくる。

大きく成長した雲は太陽の光をさえぎってしまうため、黒く見える。
雲をつくる水や氷のつぶが太陽の光を反射することで白く見える。
水や氷のつぶ

242ページのこたえ
落としあな式

おはなしクイズ　雲は何が集まってできている?

つめたいものを食べると頭がいたくなるのはなぜ？

読んだ日にち（　年　月　日）（　年　月　日）（　年　月　日）

脳がかんちがいする

あつくなると、アイスクリームやかき氷を食べたくなりますね。でも、おいしくてついつい、急いで食べると、頭がいたくなってしまうことがあるでしょう。

このように、つめたいものを食べると頭がいたくなることを「アイスクリーム頭痛」といいます。これは、なぜ起きるのでしょうか？

のどのおくには、つめたさを感じる神経と、いたみを感じる「三叉神経」という神経があります。とてもつめたいものが、急にたくさん口のなかに入ってくると、いたみを感じる神経まで刺激されて、「いたい」という情報を脳に送ってしまうのです。混乱している神経は、いたむ場所もまちがえてつたえます。そして、脳はおでこやこめかみのあたりが「いたい」とかんちがいし、頭がズキズキするのです。

また、口のなかがひえすぎると、脳は血液を送って口のなかをあたためようとします。そのため頭の血管が急に広がり、そこを通る血液の量がふえて、頭がいたくなるともいわれています。

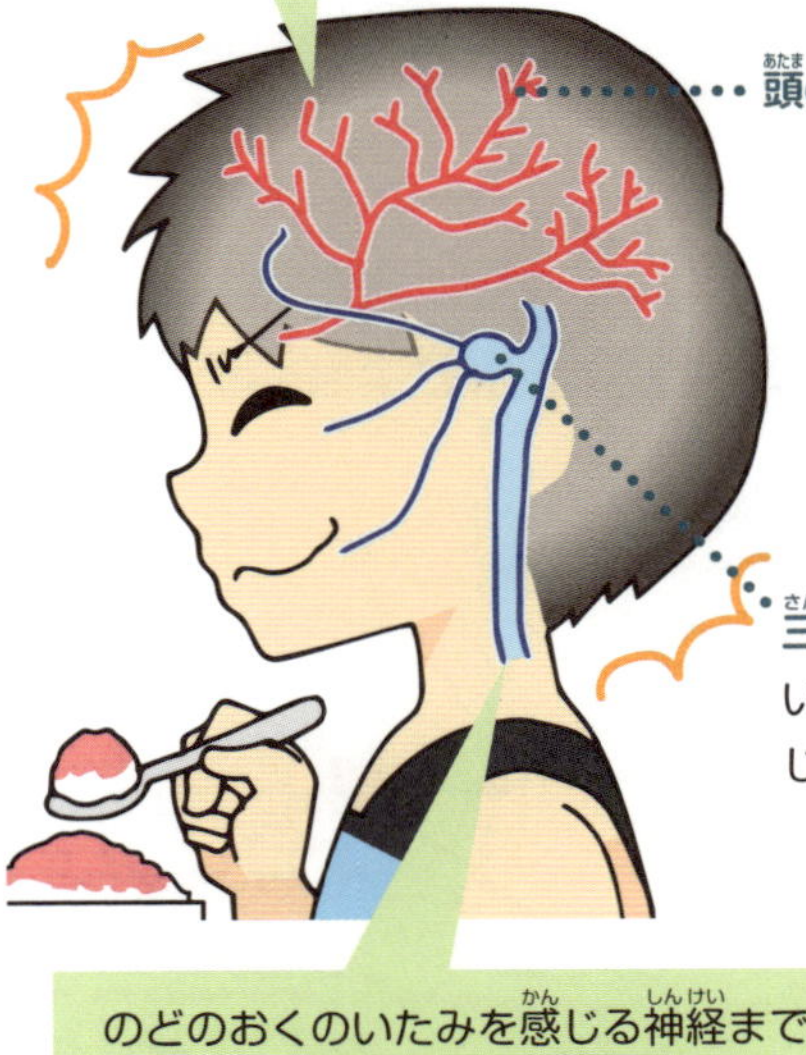
頭がいたくなる原因
脳が口のなかをあたためようとして、頭の血管が急に広がり、血流がふえる。
頭の血管
三叉神経
いたみを感じる神経。
のどのおくのいたみを感じる神経まで刺激されて、脳が「つめたい」と「いたい」をかんちがいする。

予防はできる？

アイスクリーム頭痛をふせぐには、アイスクリームやかき氷を、ゆっくりとかしながら少しずつ食べるといいでしょう。

アイスクリームは、かき氷にくらべて氷が少なく、脂肪をふくんでいます。アイスクリームのほうが温度はひくいのですが、脂肪は氷にくらべて熱をつたえにくいため、頭がいたくなりにくいといわれています。

ここがポイント！
つめたいものを食べると、のどのおくのいたみを感じる神経まで刺激されるため、脳が「いたい」とかんちがいして頭がいたくなる。

244ページのこたえ　水や氷のつぶ

おはなしクイズ　つめたいものを食べると、頭がいたくなることを何という？

救急車のサイレンはなぜ音がかわるの？

読んだ日にち(　　年　　月　　日)(　　年　　月　　日)(　　年　　月　　日)

8月3日のおはなし

もののはたらき　音

動いていると波長がかわる

救急車が通りすぎたあとは、通りすぎる前よりも、サイレンの音がひくくきこえたことはありませんか。いったいなぜ、このようにきこえるのでしょう。

音は、空気がふるえてできる波のひとつで、この波のかんかくを「波長」といいます。音を出すものが止まっているときは、音の波がまわり中に同じようにつたわります。しかし、音を出すものが動いているときは、進んでいる方向の音の波がおしちぢめられて、波長が短くなります。また、その反対がわの音の波は引きのばされて、波長が長くなるのです。

波長の長さと音の高さ

音は、波長が短いほど高くきこえ、波長が長いほどひくくきこえます。つまり、向かってくる救急車のサイレンは、波長が短い音なので高くきこえ、遠ざかる救急車のサイレンは、波長が長い音なのでひくくきこえるというわけです。

このように、近づくときと遠ざかるときで、音の高さがかわることを「ドップラー効果」といいます。近づいてくる新幹線の音よりも、遠ざかる新幹線の音がひくくきこえるのも、ドップラー効果によるものです。

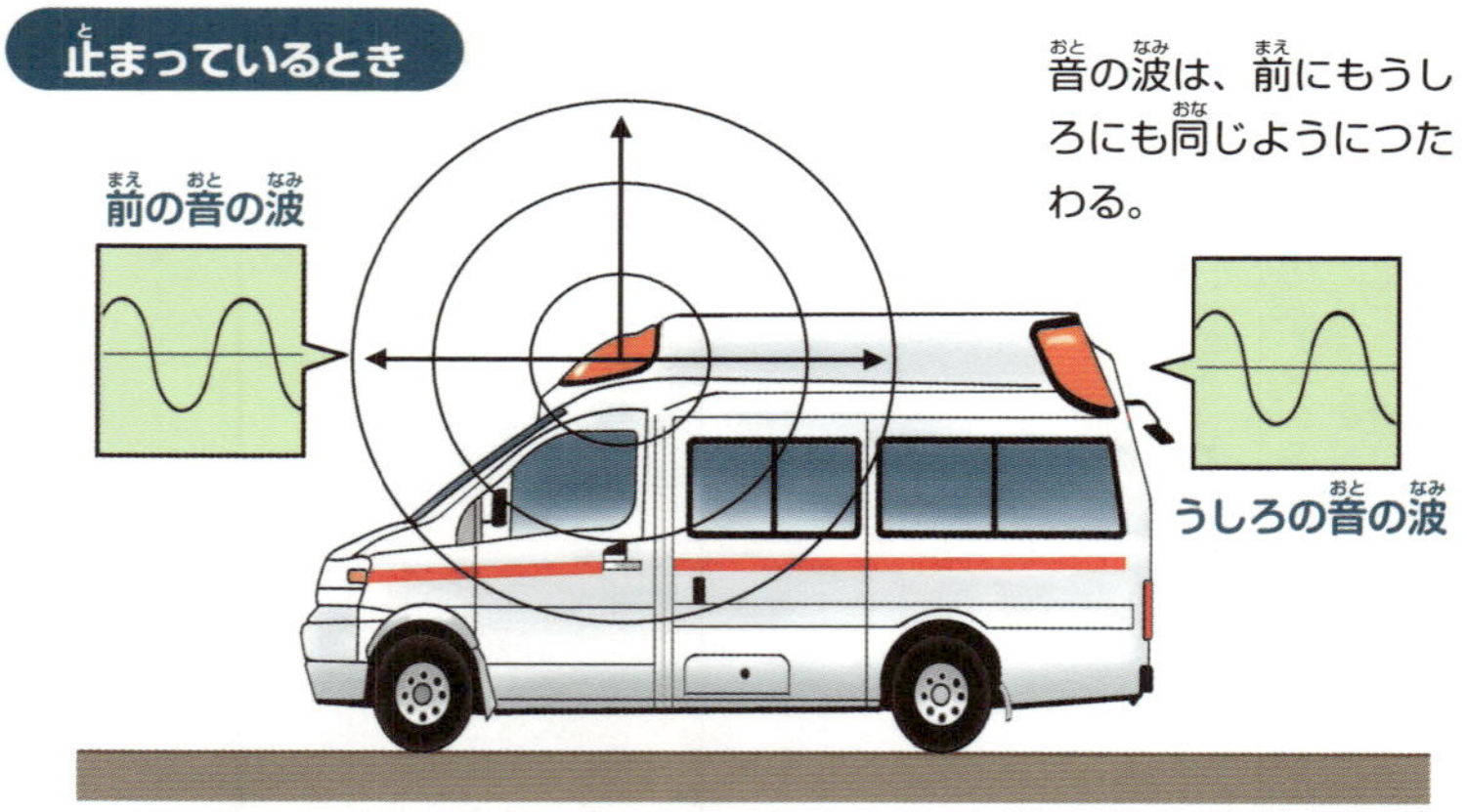
止まっているとき
音の波は、前にもうしろにも同じようにつたわる。
前の音の波
うしろの音の波

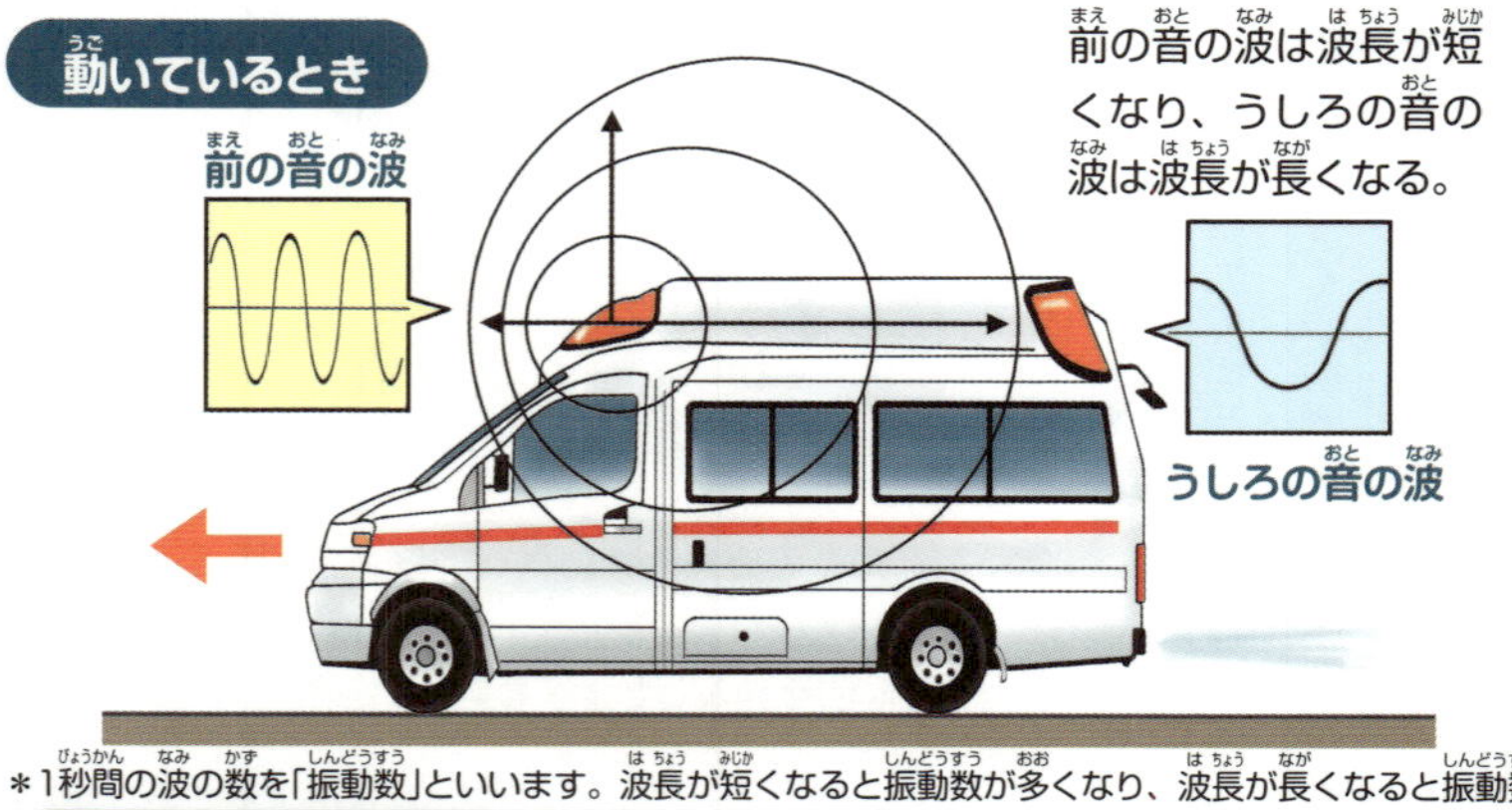
動いているとき
前の音の波は波長が短くなり、うしろの音の波は波長が長くなる。
前の音の波
うしろの音の波

ここがポイント！
救急車のサイレンは、前とうしろで波長がかわるので、音もかわる。

245ページのこたえ　アイスクリーム頭痛

＊1秒間の波の数を「振動数」といいます。波長が短くなると振動数が多くなり、波長が長くなると振動数が少なくなります。

おはなしクイズ　音は、波長が短くなると高くなる？　ひくくなる？

地球にある水はぐるぐるめぐっている！

読んだ日にち（　　年　　月　　日）（　　年　　月　　日）（　　年　　月　　日）

すがたをかえて地球をめぐる

今、地球には、およそ一四億立方キロメートルの水があるといわれています。

この水は、すがたをかえながら、地球のあちこちをめぐっています。これを水の「循環」といいます。

たとえば、水は雨や雪として地上にふりそそぎます。すると、この水は土のなかにたくわえられたり、川から海に流れこんだりします。海では、太陽にあたためられた水が蒸発して水蒸気となり、空気の流れに乗って、空で雲となります（→244ページ）。雲の一部は、風によって陸地の上にやってきて、また雨や雪となるのです。

こうして水は、すがたをかえてぐるぐるとめぐっています。ですから、地球にある水の量は、ふえたりへったりはしません。

では、水や雲が空高くとんで、宇宙に行ってしまわないのはどうしてでしょうか。

地球の重力が水をたもつ

それは、地球が強い重力をもっているからです。人間も水も、地球がまわりのものを中心に向かって引きよせる、重力という力の影響を受けています。そのため、水は地球を循環しつづけることができるのです。月のように地球より重力が小さい天体では、水が宇宙空間ににげていってしまいます。

地球の水の循環

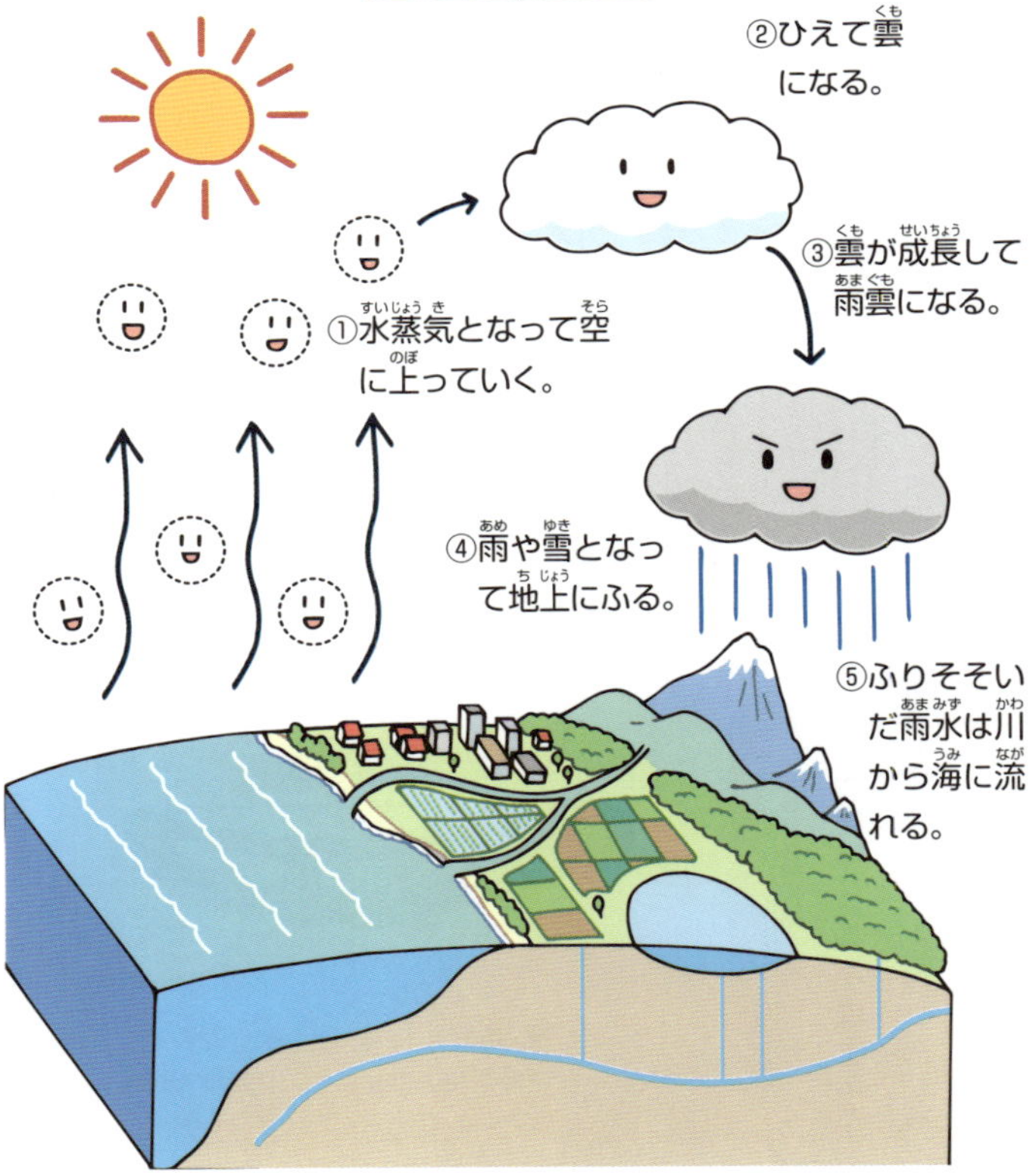
①水蒸気となって空に上っていく。
②ひえて雲になる。
③雲が成長して雨雲になる。
④雨や雪となって地上にふる。
⑤ふりそそいだ雨水は川から海に流れる。

ここがポイント！

水は水蒸気へとすがたをかえて雲になり、やがて雨や雪としてふたたび地上へとやってくることで地球をめぐっている。

246ページのこたえ　高くなる

おはなしクイズ　水が、すがたをかえて地球をめぐっていることを何という？

デンキウナギはどうやって電気をつくっているの？

読んだ日にち（　　年　　月　　日）（　　年　　月　　日）（　　年　　月　　日）

8月5日のおはなし

生命　魚

からだのほとんどが発電器官

世界には、自分で電気をつくることのできる生きものがいます。南アメリカのアマゾン川などにすむデンキウナギも、その一種です。

デンキウナギは細長い丸太のようなからだつきをしており、成長すると二・五メートルほどの体長になります。

ひれは胸びれと、尻びれしかありませんが、長い尻びれを器用に動かして、前にもうしろにも進むことができます。ただし、まわりが見えないにごった水中がすみかなので、目は退化して、ほとんど見えていません。

デンキウナギは、自分のからだのなかで電気をつくります。電気をつくっているのは、筋肉が変化した組織で、体長の五分の四をしめています。つまり、からだのほとんどが発電器官なのです。

発電器官はふたつに分かれています。しっぽのほうにある発電器官では弱い電気が、胴体部分にある発電器官では、強い電気がつくられるようになっています。

電気を起こしてえものを狩る

デンキウナギは、しっぽがわの発電器官で、二〇ボルトほどの弱い電気をつくってまわりに放ちます。これがまわりのようすをさぐる役割をはたしてくれるので、目が見えなくても安全に泳げます。

また、この弱い電気は、えものをつかまえるときにもかつやくします。弱い電気に小魚がふれたのがわかると、デンキウナギは胴の発電器官で、八〇〇ボルトほどの強い電気を発して小魚を気絶させ、丸飲みにします。

さらに、危険を感じたときも、強い電気を発して身を守ります。

このように、デンキウナギは自分でつくった電気を、いろいろなことに役立てているのです。

ここがポイント！

デンキウナギはからだのほとんどが発電器官で、弱い電気と強い電気をつくる。

デンキウナギの発電器官

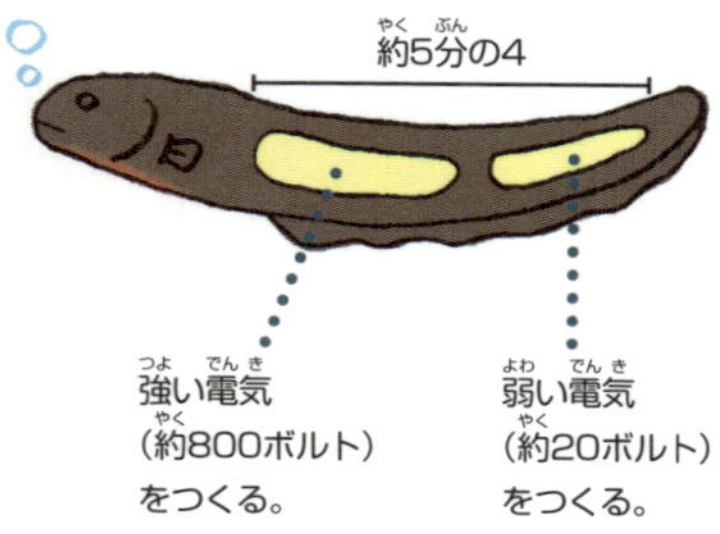
約5分の4
強い電気（約800ボルト）をつくる。
弱い電気（約20ボルト）をつくる。

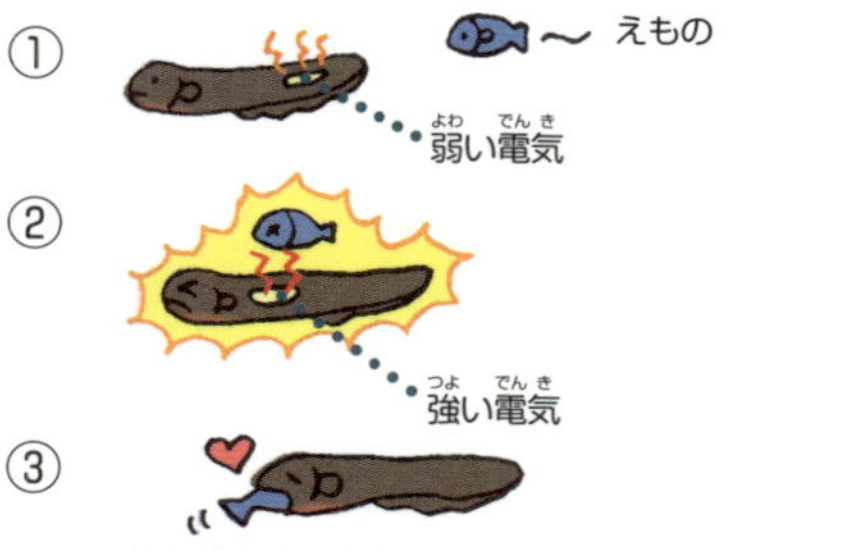
①
えもの
弱い電気
②
強い電気
③

まず、弱い電気を出しながら、えもののいる場所をさがす。えものを見つけると、強い電気を出して気絶させ、丸飲みにする。

247ページのこたえ　循環

おはなしクイズ　デンキウナギのからだのうち、発電器官がしめる割合は？

くさりやすい食べものは、どうして冷蔵庫に入れなくちゃいけないの？

読んだ日にち（　年　月　日）（　年　月　日）（　年　月　日）

生命
微生物

くさらせるはんにん

食べものがくさると、いやなにおいがしたり、色がかわったりして、食べられなくなってしまいます。食べものをくさらせるはんにんは、おもに「細菌」という、目には見えない小さな生きものです。

細菌はとても軽くて、わたしたちのまわりの空気のなかをたくさんただよっています。

細菌は生きものなので、栄養をとらないと生きていけません。そのため、食べものにくっついて、食べものの栄養を自分の栄養としてとりこみます。そして、どんどん数をふやし、同時にいらないものをはきだします。それが、くさった食べものの、いやなにおいのもとです。

細菌のきらいなもの

食べものをくさらせる細菌は、あたたかいところやしめったところで、よく活動します。食べものをあたたかいところ、しめったところにおいておくとくさりやすいのは、そのせいです。反対に、温度のひくいところやかわいたところは、細菌にとって、活動しにくいところです。だから、温度のひくい冷蔵庫のなかに食べものを入れると、くさりにくくなるのです。

じめじめ大すき！
寒くて動けない……
食べものから栄養をとらなくちゃ。

あたたかいところやしめっているところでは、細菌がよく活動するので、食べものはくさりやすい。

温度がひくく、かわいた冷蔵庫のなかでは、細菌が活動しにくいので、くさりにくい。

ただし、細菌のなかには、納豆をつくる「納豆菌」や、ヨーグルトをつくる「乳酸菌」などのように、生活に役立つ細菌もいます。

ここがポイント！
冷蔵庫のなかは温度がひくく、細菌が活動しにくいので、食べものがくさりにくい。

248ページのこたえ　五分の四

おはなしクイズ　食べものをくさらせるはんにんは？

ドライアイスはなぜ、とけても水にならないの？

読んだ日にち（　　年　　月　　日）（　　年　　月　　日）（　　年　　月　　日）

8月7日のおはなし

ものの性質 変化

ドライアイスの正体

アイスクリームやケーキなど、つめたい状態でもちはこぶものを買うと、ドライアイスがついてきます。ドライアイスは、名前に「アイス（氷）」とついていますが、ふつうの氷とはちがい、とけても水にはなりません。これは、ドライアイスが水ではなく、「二酸化炭素」からつくられているからです。二酸化炭素は、わたしたちのはく息にもふくまれています。

ドライアイスをつくるときには、まず目に見えない気体である二酸化炭素を、とても強い力でちぢめます。すると、二酸化炭素は、気体から水のような液体になります。この液体を空気中にいきおいよくふきだすと、おさえつける力が急になくなって、二酸化炭素は雪のような小さなつぶになります。このつぶをかためてつくったのが、ドライアイスです。

ドライアイスの白いけむり

ドライアイスはとけると液体にはならずに、気体の二酸化炭素にもどり、そのまま空気のなかにとけこんでしまいます。

ドライアイスを水などに入れると、もくもくと白いけむりのようなものが出てきますよね。これは、二酸化炭素ではなく、空気にうかんでいる水のつぶです。ドライアイスは、水よりもずっとつめたいマイナス七九度という温度なので、水に入れると、あたためられてとけはじめます。ドライアイスが二酸化炭素にもどるときには、まわりの空気をひやすため、ひやされた空気のなかにある水蒸気が水のつぶになって、けむりのように見えるのです。

ここがポイント！
ドライアイスは、とけると二酸化炭素にもどる。

二酸化炭素とドライアイス

※ドライアイスをさわるときは、かならずかわいた軍手などをしましょう。
ドライアイス
ひやされると見えるよ！
ふだんは目に見えないよ。
水蒸気
ドライアイスがとけて出てきた二酸化炭素が、まわりの空気をひやす。
ドライアイスは、マイナス79度。
とけちゃう！

おはなしクイズ　ドライアイスは何でできている？

249ページのこたえ　細菌

からだの半分以上が首の生きものがいた!

読んだ日にち(　　年　　月　　日)(　　年　　月　　日)(　　年　　月　　日)

生命
動物

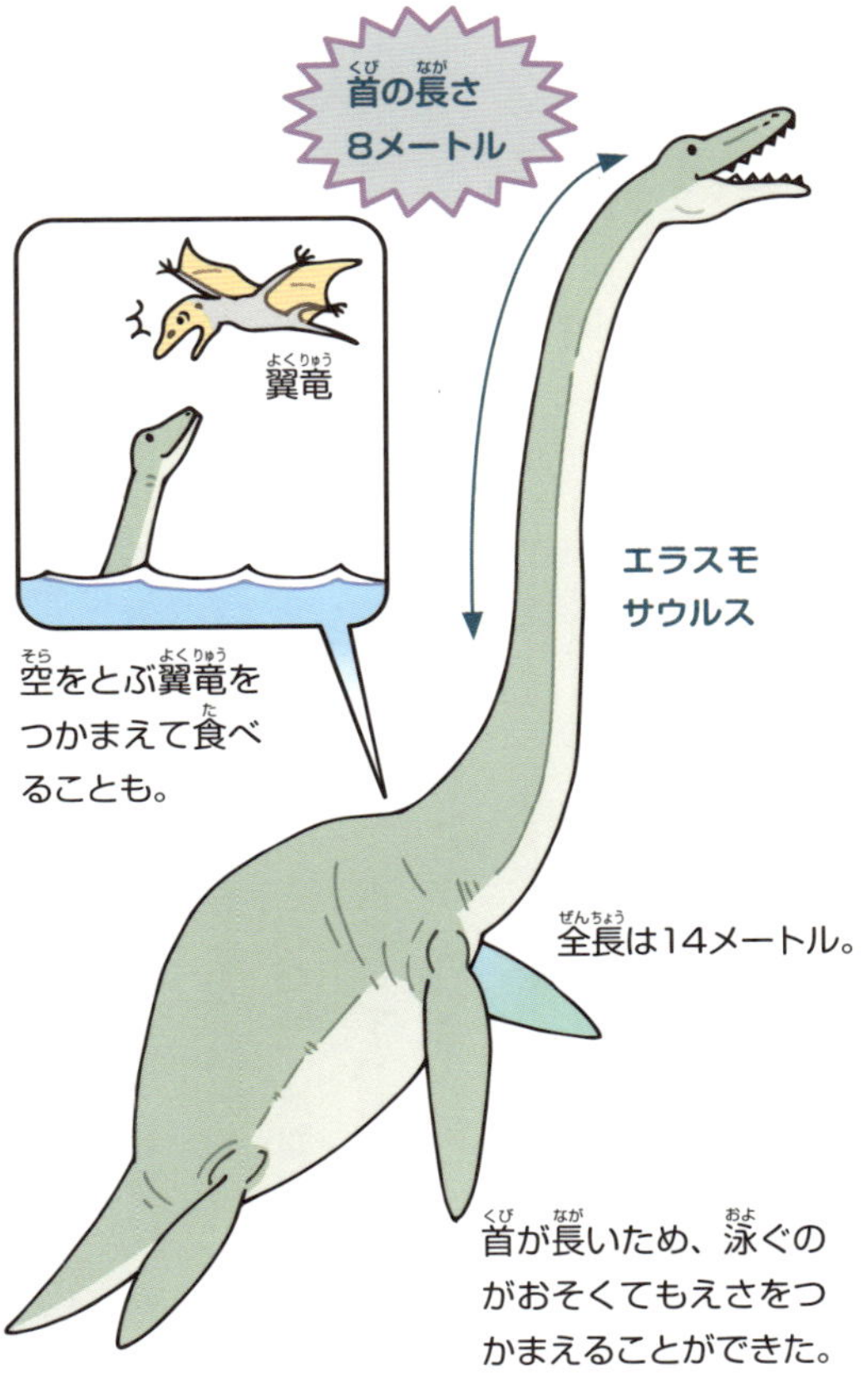
首の長さ
8メートル
翼竜
空をとぶ翼竜をつかまえて食べることも。
エラスモサウルス
全長は14メートル。
首が長いため、泳ぐのがおそくてもえさをつかまえることができた。

胴よりも長い首

恐竜が繁栄していたころと、ほぼ同時期の海には、首長竜とよばれる大型のは虫類が生息していました。首長竜という名前どおり、長い首をもち、前後のあしは海中を泳ぐためのひれになっているのがとくちょうです。恐竜のなかまと思われがちですが、ヘビやトカゲに近い生きものなので、恐竜ではありません。

この首長竜のなかでも、とくに長い首をもっていたのはエラスモサウルスです。エラスモサウルスは、全長一四メートルのうち、首の長さがなんと八メートルもありました。

エラスモサウルスの首の骨は、七六こもあったため、ヘビのように自由に曲げることができ、三回半もとぐろをまけたといいます。この長くて自由に曲げられる首のおかげで、エラスモサウルスは速く泳げないにもかかわらず、えさをつかまえることには苦労しなかったようです。

翼竜も食べていた

ところで、エラスモサウルスの胃ぶくろの化石からは、イカや魚などの魚介類のほかに、空をとぶ翼竜（→219ページ）の骨も出てきました。

このことから、水面から長い首をつきだし、空のひくいところをとぶ翼竜をつかまえて食べたと考えられています。

翼竜のえさもイカや魚介類でしたから、翼竜とエラスモサウルスはえさをめぐるライバルどうしで、はちあわせすることも多かったのでしょう。

ここがポイント!
エラスモサウルスは全長一四メートルにして、首の長さは八メートルもあり、半分以上が首だった。

250ページのこたえ
二酸化炭素

おはなしクイズ エラスモサウルスの首は何メートルあった？

ギザギザの海岸線はどうやってできたの？

読んだ日にち（　　年　　月　　日）（　　年　　月　　日）（　　年　　月　　日）

8月9日のおはなし

地球　大地

平地が海にしずんでできた

東北地方にある三陸海岸は、海岸線がふくざつに入りくみ、まるでのこぎりの歯のようにギザギザの形になっています。こうした地形を、「リアス海岸」といいます。

リアス海岸のある場所には、もともと急斜面の山や谷があったと考えられています。

ここで地球の表面にある「地殻」が変動し、海面が高くなったり、陸地がしずんで海のなかにもぐったりしたことで、平地の部分が海のなかにかくれ、山と谷のギザギザした地形がのこったのです。

三陸海岸は、今から一万年ほど前、地球全体が雪と氷におおわれた時期が終わったときに、氷がとけたことで海面が高くなり、今の形になりました。

リアス海岸ができる条件

リアス海岸ができるには、地盤がかたいことも条件のひとつです。地殻変動によって陸地が海にしずむと、山や谷だった場所は、たえ間なく波にさらされるようになります。そのため、地盤がやわらかいと、波にけずられてギザギザがのこらないのです。

また、まわりに大きな川があると、川によって運ばれてくる土や砂がどんどん河口にたまっていき、やがて、ギザギザの間の海面をうめてしまいます。こうした大きな川がないことも、リアス海岸ができる条件です。

ギザギザの海岸線は波をおだやかにするので、港にはちょうどよく、漁業が発展してきました。しかし、リアス海岸で津波（↓160ページ）が起きると、せまい湾のなかで、波が高くなってしまう危険もあります。

ここがポイント！
リアス海岸は、急斜面の山や谷だった場所が、地殻変動で海のなかにしずんでできた。

リアス海岸のでき方

①急斜面の山や谷がある場所に地殻変動が起き、海面が高くなったり、陸地がしずんだりする。

②平地だった部分が海水にしずむことで、山と谷のギザギザの部分だけがのこり、リアス海岸になる。

251ページのこたえ　ハメートル

おはなしクイズ　のこぎりの歯のように、ギザギザの海岸線をもつ地形を何という？

カにさされてもいたくないのはどうして？

読んだ日にち（　年　月　日）（　年　月　日）（　年　月　日）

三本の針を連動させる

カは、人間の皮ふに口の針をさして、からだのなかに流れている血（血液）を吸っています。針でさされているのに、いたくないのはどうしてでしょう？　これには、針のつくりが関係しています。

カの口の針は、一本の針ではありません。「上唇」「下唇」「咽頭」の三本と、二本ずつの「大顎」「小顎」の計七本からできています。

人間の血を吸うときに大事な役割をはたすのは、上唇一本と、上唇の両がわにある、ギザギザした二本の小顎です。カは、この三本を連動させて人間の皮ふをさします。

くわしくいうと、左右の小顎を、上唇とともにたがいちがいにさしながら進んでいくのです。さすとき皮ふにふれるのは、小顎のギザギザだけです。このため皮ふをあまりきずつけず、わたしたちはいたみを感じません。なお、カの針から出るだ液には、いたみを感じさせない成分もふくまれます。

カの口の針

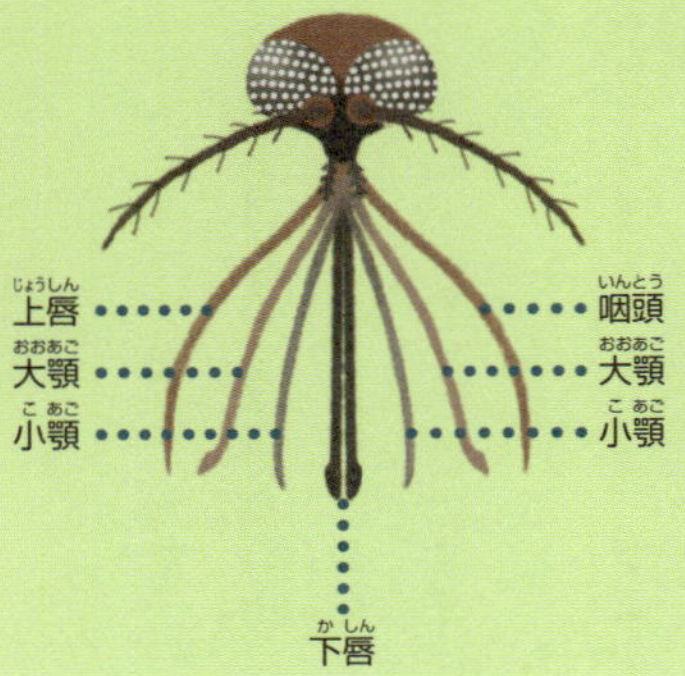
上唇
大顎
小顎
咽頭
大顎
小顎
下唇

カの口の針は、計7本で、人間の血を吸うときは上唇1本と小顎2本を連動させる。

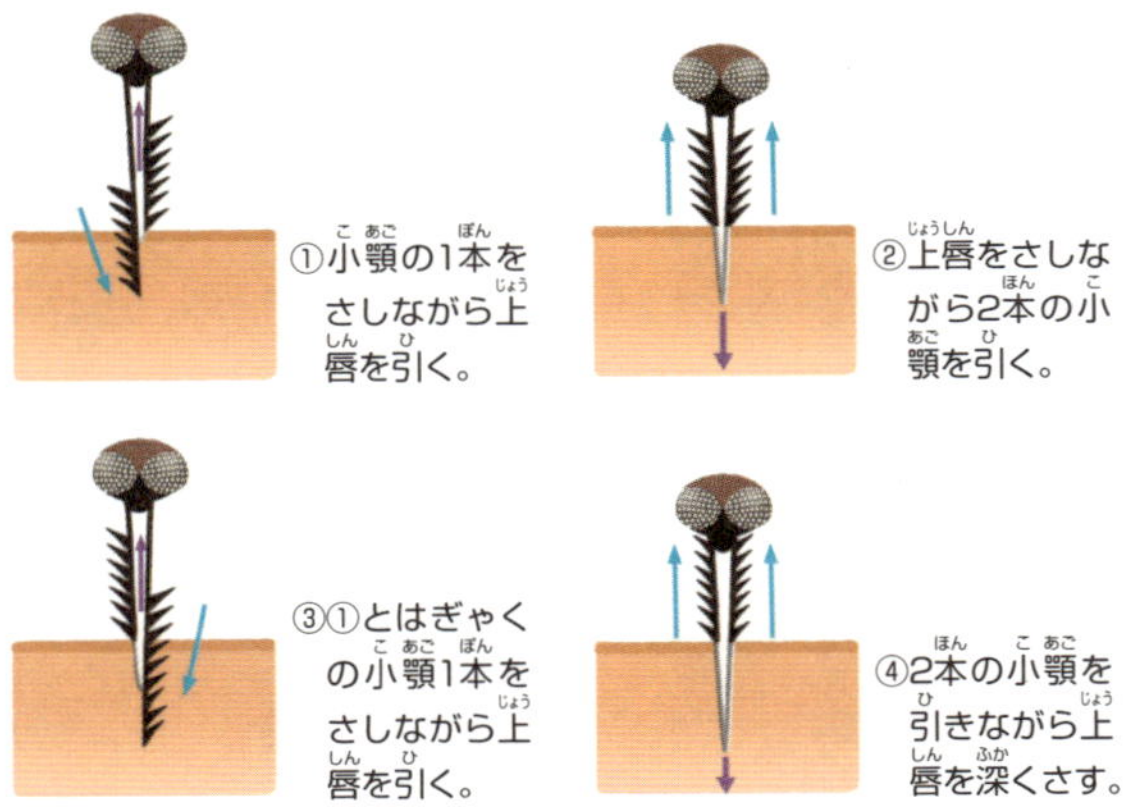
①小顎の1本をさしながら上唇を引く。
②上唇をさしながら2本の小顎を引く。
③①とはぎゃくの小顎1本をさしながら上唇を引く。
④2本の小顎を引きながら上唇を深くさす。

カの針をモデルにした注射針

みなさんは、予防接種などで注射をしたことがあるでしょう。注射針がささるときのチクッとしたいたみは、苦手な人も多いかもしれませんね。じつは、カの針をモデルにした、さしてもいたくない針がつくられています。

針の先には、カの小顎と同じようにギザギザがつけてあり、ふつうの注射針にくらべて、さすときのいたみが少なくてすみます。現在では、おもに血液をとるときのための針として使われ、注目を集めています。

ここがポイント！

カは、上唇とギザギザした小顎を連動させてさすいたみをなくす。

252ページのこたえ　リアス海岸

おはなしクイズ　いたくない注射針は、何の口をまねしている？

高い山に登ると、お菓子のふくろがふくらむのはなぜ？

読んだ日にち(　　年　　月　　日)(　　年　　月　　日)(　　年　　月　　日)

8月11日のおはなし

ものの性質　空気

空気がおす力「気圧」

ポテトチップスなど、お菓子のふくろをあけないままで高い山にもっていくと、パンパンにふくらみますよね。そして、そのままふくろをあけずに山を下りると、もとにもどります。これは、空気がおす力である、「気圧」(↓65ページ)のちがいによるものです。

山のふもとのようなひくいところでは、上のほうのたくさんの空気がおすので、つまった空気がこくなり、空気のおす力は強く(気圧が高く)なります。

いっぽう、山の頂上などの高いところでは、ひくいところにくらべて空気がうすく、空気のおす力は弱く(気圧がひくく)なります。

内がわと外がわからおす力

山のふもとにいるときは、ふくろの内がわから外がわに向かっておす力と、外がわから内がわに向かっておす力がつりあっています。

しかし、高い山に登ると気圧がひくくなるので、外がわからおす力が小さくなり、ふくろの内がわから外がわに向かっておす力のほうが強くなります。そのため、高い山の上では、お菓子のふくろがふくらむのです。

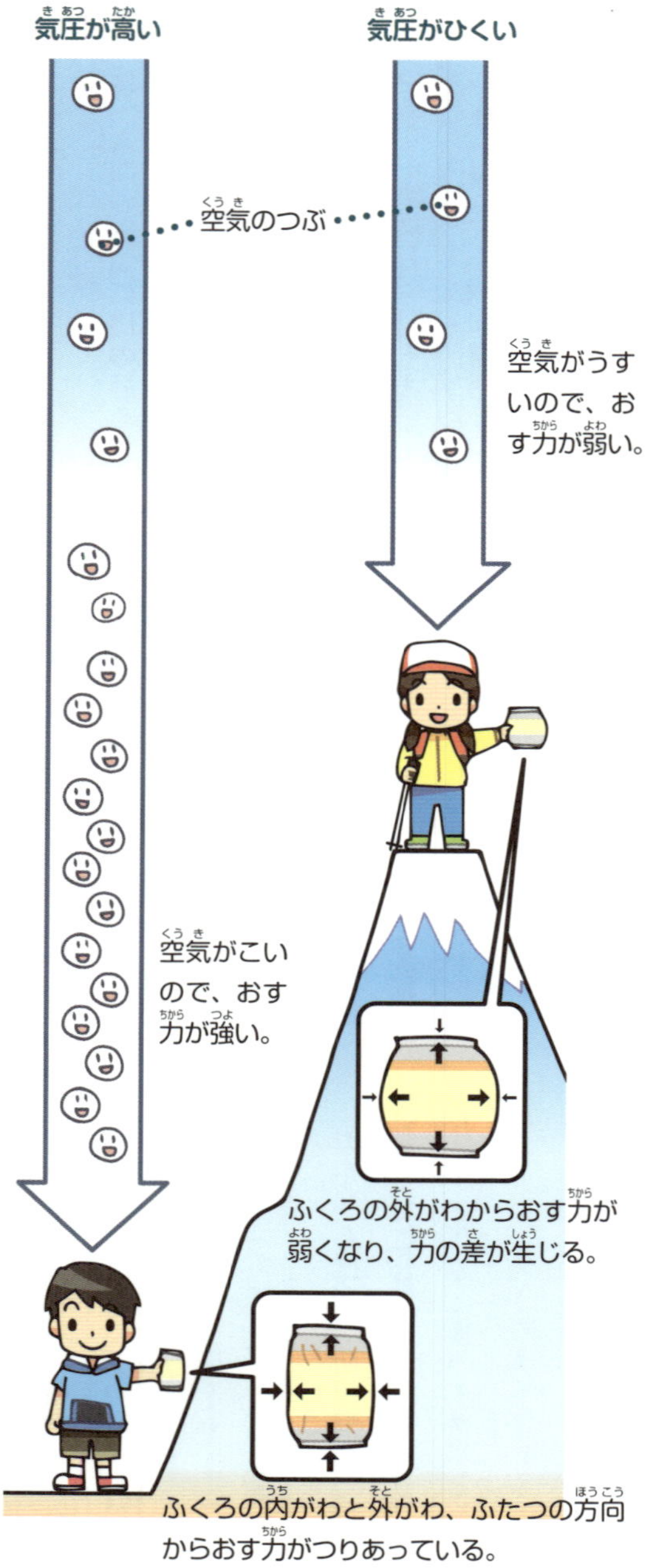

気圧が高い
気圧がひくい
空気のつぶ
空気がうすいので、おす力が弱い。
空気がこいので、おす力が強い。
ふくろの外がわからおす力が弱くなり、力の差が生じる。
ふくろの内がわと外がわ、ふたつの方向からおす力がつりあっている。

ここがポイント！
山の上は、気圧がひくいので、お菓子のふくろがふくらむ。

253ページのこたえ　カ

おはなしクイズ　山の上でふくらんだふくろは、山を下りるとどうなる？

化石を調べると、どんなことがわかるの？

読んだ日にち（　年　月　日）（　年　月　日）（　年　月　日）

地球　大地

体化石と生痕化石

みなさんは、化石って何だと思いますか？　化石は、大昔の生きもののからだや、生きものがくらしていたあとが、地層のなかから見つかったものです。

生きもののからだからできる化石は、「体化石」とよばれています。わたしたちがもっとも目にするのが、この体化石です。

また、生きものがくらしていたあと、つまり、あしあとや巣あなどは「生痕化石」とよばれています。生きもののうんちの化石も、生痕化石にふくまれます。

わたしたちは、こうした化石を調べることで、過去の地球にどんな生きものがいたか、その生きものが生きていた時代の環境はどうなっていたかがわかるのです。

化石のでき方

海の生きものを例に、化石のでき方を見てみましょう。

死んだ生きものが、海や湖の底にしずむと、そのからだは目に見えない小さな微生物などによってバラバラにされます。そして、のこった骨や歯などは、土砂におおわれます。土砂はつみかさなって地層となり、そのなかで骨の成分が石となるのです。

こうしてできた化石をふくむ地層は、やがてもりあがって陸の上にあらわれます。この地層が、雨や風、川の水などでけずられると、化石がすがたをあらわします。

ただし、すべての生きものが化石になるわけではありません。ほとんどの場合、ほかの生きものに食べられたり、波にくだかれたりしてしまうからです。

ここがポイント！
化石を調べると、過去の地球の生きものや、その生きものが生きていた時代の自然環境がわかる。

化石ができるまで

地層(土砂)
化石

①海や湖の底にしずんだ死がいが、微生物などによってバラバラにされる。

②のこったかたい骨や歯などの上に土砂がつもり、地層ができる。骨は、長い時間をかけて化石になる。

③もりあがって陸にあらわれた地層が、雨や風、川の水などでけずられ、化石が見つかる。

おはなしクイズ　生きもののからだそのものからできる化石は何という？

254ページのこたえ　もとにもどる

スイカとメロンは、くだものじゃない！

読んだ日にち（　　年　　月　　日）（　　年　　月　　日）（　　年　　月　　日）

野菜とくだもののちがい

野菜とくだものは、おもに育ち方によって分けられます。

野菜は畑で育つ、食用の植物です。根、葉、実など、さまざまな部分が食べられます。しかし、成長して花をさかせたあとは、基本的に一年以内にかれてしまいます。そのため、毎年種をまいたり、苗を植えかえたりして収穫する必要があるのです。このように、一年以内にかれる植物は「一年生植物」とよばれます。

いっぽう、木に育つ、食用の実をくだものといいます。たとえば、リンゴやサクランボは木に育つくだものです。くだものが育つ木は「果樹」とよばれ、何年も植えかえる必要がありません。一年ではかれず、毎年葉とくきをのばすこのような植物は、「多年生植物」とよばれます。

この分類によれば、スイカとメロンは畑で育つ一年生植物なので、野菜だということになります。

でもやっぱりくだもの？

ただし、野菜はおかずとして食べられるのに対し、スイカとメロンはひじょうにあまく、おもにデザートとして食べられます。そのため、食品としてはくだものに分類されています。このような野菜は、「果実的野菜」とよばれ、イチゴなども果実的野菜にふくまれます。

つまり、野菜なのかくだものなのかは、何を基準にするかによってことなり、はっきりと分けられているわけではないのです。

また、国によっても分け方がちがいます。

野菜

畑で育つ。基本的には一年生植物。

スイカ

メロン

一年生植物。おもにデザートとして食べるため、果実的野菜とよばれる。

ナス

一年生植物。おかずとして食べる。

くだもの

木に育つ実。多年生植物。

リンゴ

木に育つ実で、多年生植物。デザートとして食べる。

ここがポイント！

スイカとメロンは畑で育つ一年生植物なので、野菜に分類される。

おはなしクイズ スイカやメロンのような野菜を、何という？

255ページのこたえ 体化石

月は地球からだんだんはなれている!

読んだ日にち(　年　月　日)(　年　月　日)(　年　月　日)

地球
月

月がはなれる理由

月は、地球のいちばん近くにある天体で、地球から平均して三八万キロメートルはなれたところをまわりつづけています。

でも、地球と月がうまれた約四六億年前は、このきょりが二万キロメートルほどでした。そして、現在、月は年に約三・八センチメートルずつ、地球からはなれています。

月と地球は、「引力」という力で、おたがいに引っぱりあっています。潮が満ちたり引いたりするのは、引力があるからです。

引力で潮、つまり海の水が移動すると、海の底と海の水がこすれあい、大きな力がうまれます。そして、この力によって地球の自転にブレーキがかかります。

地球の自転がおそくなると、月の公転半径が大きくなります。つまり、月が少しずつ地球からはなれていくわけです。

ここまでくれば、バランスがちょうどいいね。
どんな地球になっているのかな?
約50万キロメートル
未来
毎年3.8センチメートルずつはなれているよ。
24時間かけて、1回転するよ!
約38万キロメートル
現在
すごい引力だね!
地球
月
5時間くらいで1回転しているよ。速い!
約2万キロメートル
大昔(約46億年前)

どこまではなれるの?

地球の自転がおそくなるにつれて、月とのきょりは遠くなります。月と地球が二万キロメートルしかはなれていなかったころは、地球の自転が今よりも速く、一日はたった五時間しかありませんでした。反対に、今から一〇〇億年後には、地球の一日は三一時間ほどになると考えられています。

そして、いずれは月と地球は約五〇万キロメートルはなれたところで、ちょうどよいバランスになり、そのきょりをたもつようになるといわれています。ただし、そのころの地球がどうなっているかはわかりません。

ここがポイント!
潮の満ち引きで海の底と海の水がこすれあい、地球の自転にブレーキがかかることで、月は少しずつはなれている。

256ページのこたえ 果実的野菜

おはなしクイズ 月は、1年にどれくらい地球からはなれていっている?

フンコロガシはなぜふんを転がすの?

8月15日のおはなし

読んだ日にち(　年　月　日)(　年　月　日)(　年　月　日)

生命
虫

えさとなるふんを守る

地球上には、動物のふんを食べる「糞虫」とよばれる昆虫たちがいます。そのなかでも、代表的な糞虫であるフンコロガシは、自分のからだよりもずっと大きいふんのかたまりをボール状に丸めて、うしろあしで転がして運んでいきます。でも、どうしてわざわざそんなことをするのでしょうか。

いくつかの説がありますが、そのひとつは、ほかの糞虫たちから、えさとなるふんを守るためというものです。動物のふんには、すぐにたくさんの糞虫が集まってきます。そこでフンコロガシは、運びやすいように丸めてから、ライバルのいないはなれた場所へふんを転がしていくのです。

ふんには、あまり栄養がありません。そのため、フンコロガシは時間をかけてたくさんのふんを食べます。ゆっくりたくさん食べるためにも、ライバルのいない遠くへ運んでいくのです。

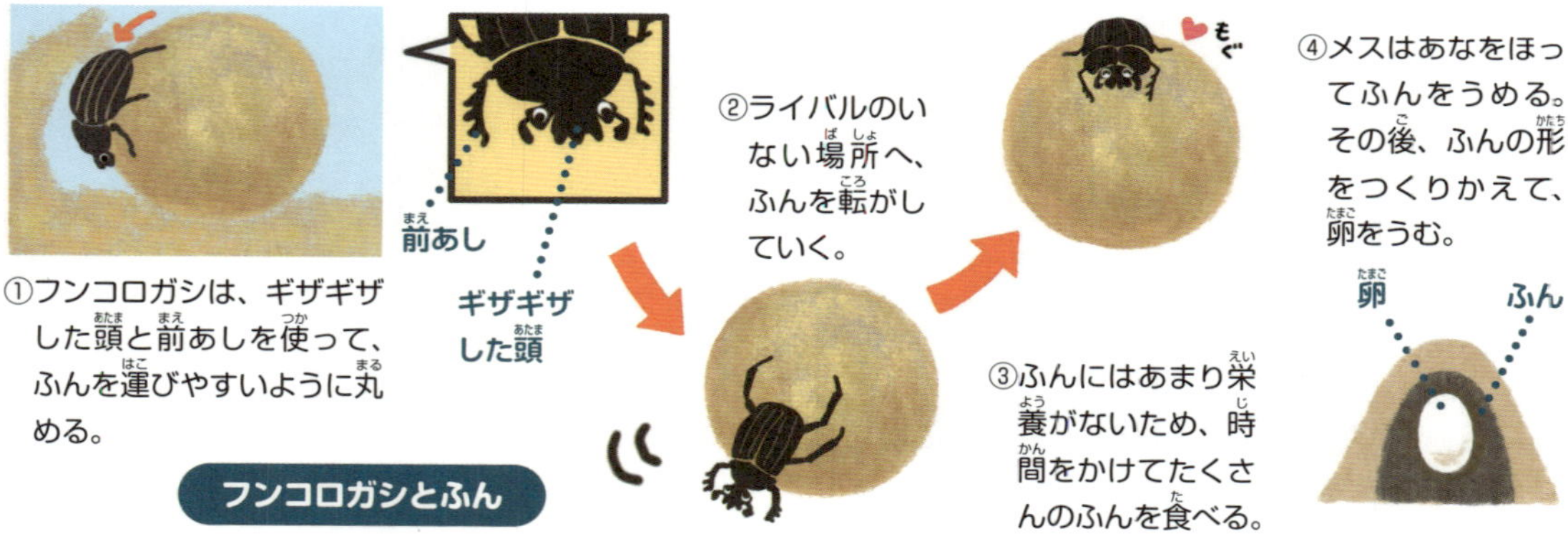

前あし
ギザギザした頭
もぐ
卵
ふん

①フンコロガシは、ギザギザした頭と前あしを使って、ふんを運びやすいように丸める。
②ライバルのいない場所へ、ふんを転がしていく。
③ふんにはあまり栄養がないため、時間をかけてたくさんのふんを食べる。
④メスはあなをほってふんをうめる。その後、ふんの形をつくりかえて、卵をうむ。

フンコロガシとふん

ふんに卵をうむ

また、ふんはフンコロガシの幼虫のごはんにもなります。ふんを運びおえたメスのフンコロガシは、あなをほって、土のなかにふんをうめます。その後、ボール状のふんを西洋ナシのような形につくりかえて、その先に卵をうみつけます。そして、卵からかえった幼虫は、まわりのふんを食べながら成長するのです。

フンコロガシは、日本ではほとんど見ることができません。ただし、マメダルマコガネという、体長が約二ミリメートルしかない昆虫は、ふんをボール状にして転がすことがわかっています。

ここがポイント!
フンコロガシがふんを転がすのは、ほかの糞虫からふんを守るためという説がある。

257ページのこたえ
約三・八センチメートル

おはなしクイズ 動物のふんを食べる昆虫を何という?

地球温暖化ってどういうこと?

読んだ日にち(　　年　　月　　日)(　　年　　月　　日)(　　年　　月　　日)

地球をあたためるガス

地球をおおっている大気には、「温室効果ガス」とよばれる気体がふくまれています。これは、地球から宇宙に出ていく熱を吸収して、その一部をまた地面につたえるはたらきをもっています。地球の温度を一定にあたたかくたもち、生きものがくらしやすい環境をつくってくれるのです。しかし、温室効果ガスがふえすぎると、地球全体があたたかくなりすぎてしまいます。これが地球温暖化です。

太陽からの熱
宇宙空間へにげていく熱
温室効果ガス
温室効果ガスに吸収された熱は、ふたたび地球をあたためる。
二酸化炭素
二酸化炭素
気温が高くなる

温室効果ガスにはいくつか種類がありますが、今、問題になっているのが、二酸化炭素です。

二酸化炭素は、石油や天然ガスなどの「化石燃料」をもやすときにたくさん発生します。化石燃料は、工場を動かすときや電気をつくるときに必要なものです。また、自動車や飛行機も、たくさんの化石燃料をもやして二酸化炭素を出しています。

わたしたちの生活にかかせない化石燃料が、地球温暖化の原因になっているのです。

温度が上がると、どうなるの?

このまま、同じように二酸化炭素を出しつづけると、二一〇〇年までに地球の平均気温は、四度前後も上がってしまうと考えられています。

温暖化が進むと、南極の氷がとけたり、あたたまった海水がふくらんで海面が上がったりしてしまいます。海のなかにしずんでしまう島や、国もあるかもしれません。

また、大雨や干ばつなどの異常気象によって植物がかれ、緑がへっていくことで砂漠になってしまう土地もふえるでしょう(→194ページ)。

地球温暖化をふせぐために、わたしたちは何ができるのかを考える必要があります。

ここがポイント!
二酸化炭素などの温室効果ガスがふえ、気温が上がっていくことを地球温暖化という。

258ページのこたえ　糞虫

おはなしクイズ 二酸化炭素などの、地球をあたためている気体のことを何という?

わかいヒマワリは太陽を追いかけて動いている!

読んだ日にち（　　年　　月　　日）（　　年　　月　　日）（　　年　　月　　日）

生命　植物

わかいときにだけ動く

ヒマワリはその名のとおり、まるで日（太陽）を追いかけるように、まわりながらさくといわれています。どうしてヒマワリは、太陽に合わせて動くのでしょうか？

じつは、太陽を追いかけて動くのは、まだつぼみの状態の、わかいヒマワリだけです。

ヒマワリのくきの先には、太陽の光があたらない部分のほうが、よく成長するという性質があります。そのため、この部分がのびると、くきは太陽のほうに曲がります。太陽が移動すると、それに合わせてのびる位置がかわるため、太陽に合わせて向きをかえているように見えるのです。

朝、太陽が東から昇るときのわかいヒマワリは、東を向きます。また、太陽が真上にあるときは真上を向き、太陽が西にしずむときは、西を向いています。

しかし、ヒマワリは花がさくころになると、くきの成長が止まってしまいます。そのため、太陽を追って動くこともなくなります。

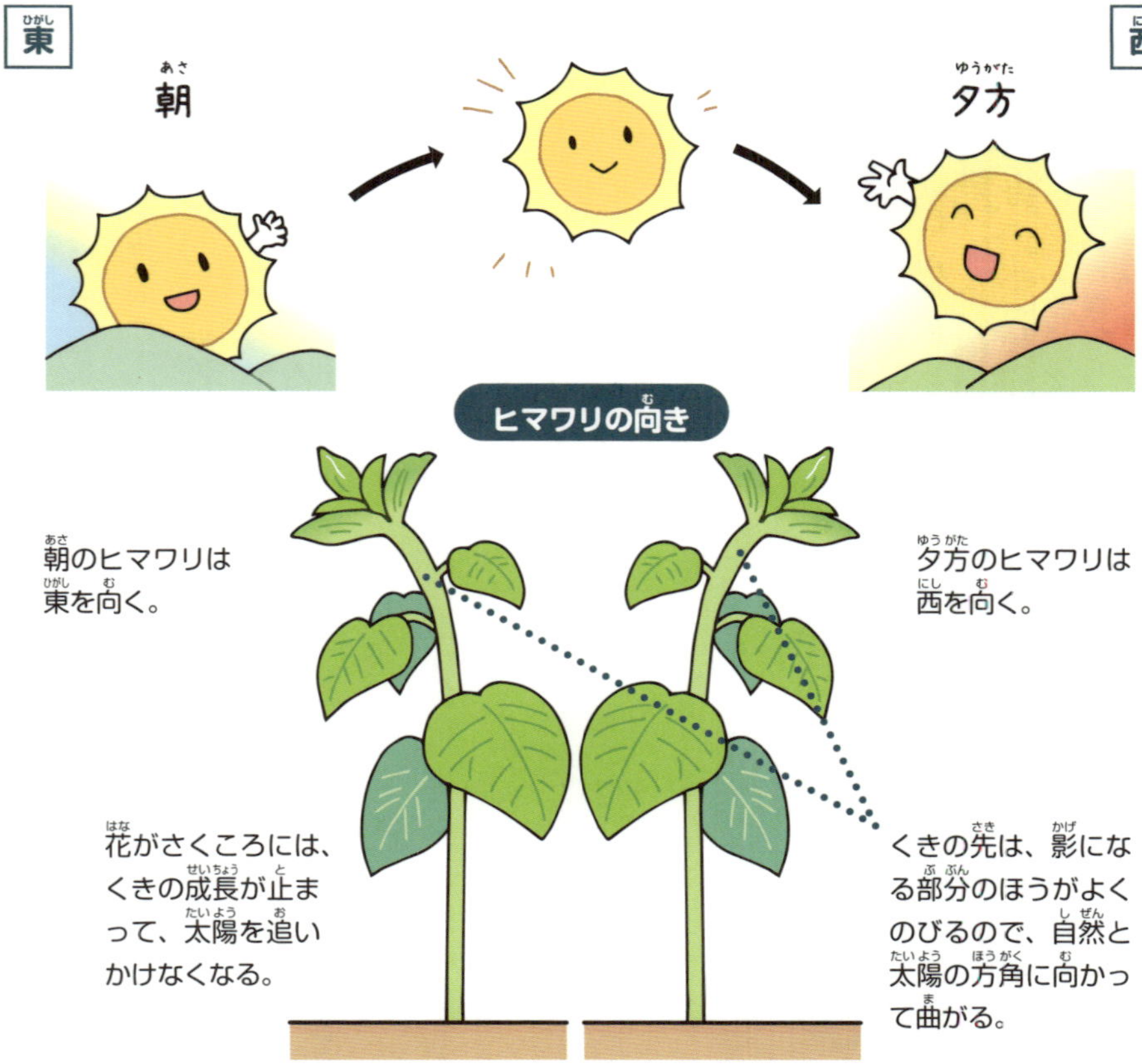
東
朝
西
夕方
ヒマワリの向き
朝のヒマワリは東を向く。
夕方のヒマワリは西を向く。
花がさくころには、くきの成長が止まって、太陽を追いかけなくなる。
くきの先は、影になる部分のほうがよくのびるので、自然と太陽の方角に向かって曲がる。

ここがポイント！
わかいヒマワリは、太陽の光があたらない部分のくきがよくのびる。

259ページのこたえ
温室効果ガス

おはなしクイズ　わかいヒマワリは、どの部分がのびて太陽のほうを向く？

花火はなぜいろんな色が出るの？

読んだ日にち（　年　月　日）（　年　月　日）（　年　月　日）

パアーン！
玉のなかには、玉をわるための「わり火薬」と、色を出すための「星」という火薬が入っている。
星の断面
玉のなか
わり火薬
玉皮
星のなかにある金属のこなが高温になって、さまざまな色を出す。いくつかの火薬を重ねることで、色を変化させることもできる。
星
星
導火線

金属の原子が光る色

ドーンと大きな音を出して、夜空をいろどる打ちあげ花火。きれいな、赤や黄、青や緑の色が、とびだしてきます。

このいろいろな色は、花火の火薬にふくまれる金属によって決まります。金属をつくる「原子」というつぶは、高温になると光を出しますが、その光の色は、金属の種類によってかわるのです。たとえば、ストロンチウムという金属は赤、ナトリウムは黄、銅は青、バリウムは緑の光を出します。

色をつくる火薬「星」

「玉」とよばれる丸い打ちあげ花火は、紙でできた玉皮というからにつつまれています。

そのなかには、「わり火薬」という玉をわるための火薬と、「星」とよばれる、たくさんの丸いつぶの火薬が入っています。金属のこなは、この星に入っていて、高温になると、それぞれの金属の色に光ります。

さらに、星のなかではいくつかことなる火薬を重ねていることもあります。こうすると、火薬は外がわからもえていくので、花火が空に広がってから、さらに色がかわります。

ここがポイント！
金属のこなをまぜた火薬で、炎の色をかえている。

260ページのこたえ
くきの先の影になる部分

おはなしクイズ 打ち上げ花火の、いろいろな色を出す火薬を何という？

砂浜はどうやってできるの？

読んだ日にち（　　年　　月　　日）（　　年　　月　　日）（　　年　　月　　日）

川が砂浜をつくる

海岸に広がる砂浜は、海水浴の場所としておなじみですね。砂浜にはたくさんの砂がありますが、この砂はおもに川が運んできたものです。陸地を流れる川は、水だけでなく、大量の土や砂もいっしょに上流から下流に運びます。

河口（川が海に流れこむところ）にたまった土や砂は、海岸に沿った海の流れによって広がっていきます。そして、海から陸に打ちよせる波によって、海岸に向かっておされ、少しずつたまっていき、砂浜ができるのです。

こうしてできた砂浜は、波を弱めるはたらきがあります。もし砂浜がなかったら、大きな波が堤防をこえて、町に流れこんでしまうでしょう。また、砂浜には、砂のなかにいる微生物が打ちよせた海水のよごれを、浄化するはたらきもあります。

音の出る砂浜がある

砂浜をつくる砂のなかには、「鳴き砂」や「鳴り砂」とよばれるものがあります。これは、あしでふみしめてみると、まるで動物が鳴いているかのような「キュッ、キュッ」という音がする砂のことです。鳴き砂が広がる砂浜は、その上を歩いているだけで音楽のように砂が鳴ります。

鳴き砂のおもな成分は、「セキエイ」という種類の鉱物です。このセキエイどうしがこすれあって音が出るのです。

ただし、きれいな砂浜で、つぶの小さなセキエイがたくさんふくまれていないと、音は出ません。鳴き砂を楽しむには、砂浜をきれいにたもつことがたいせつなのです。

砂浜のでき方

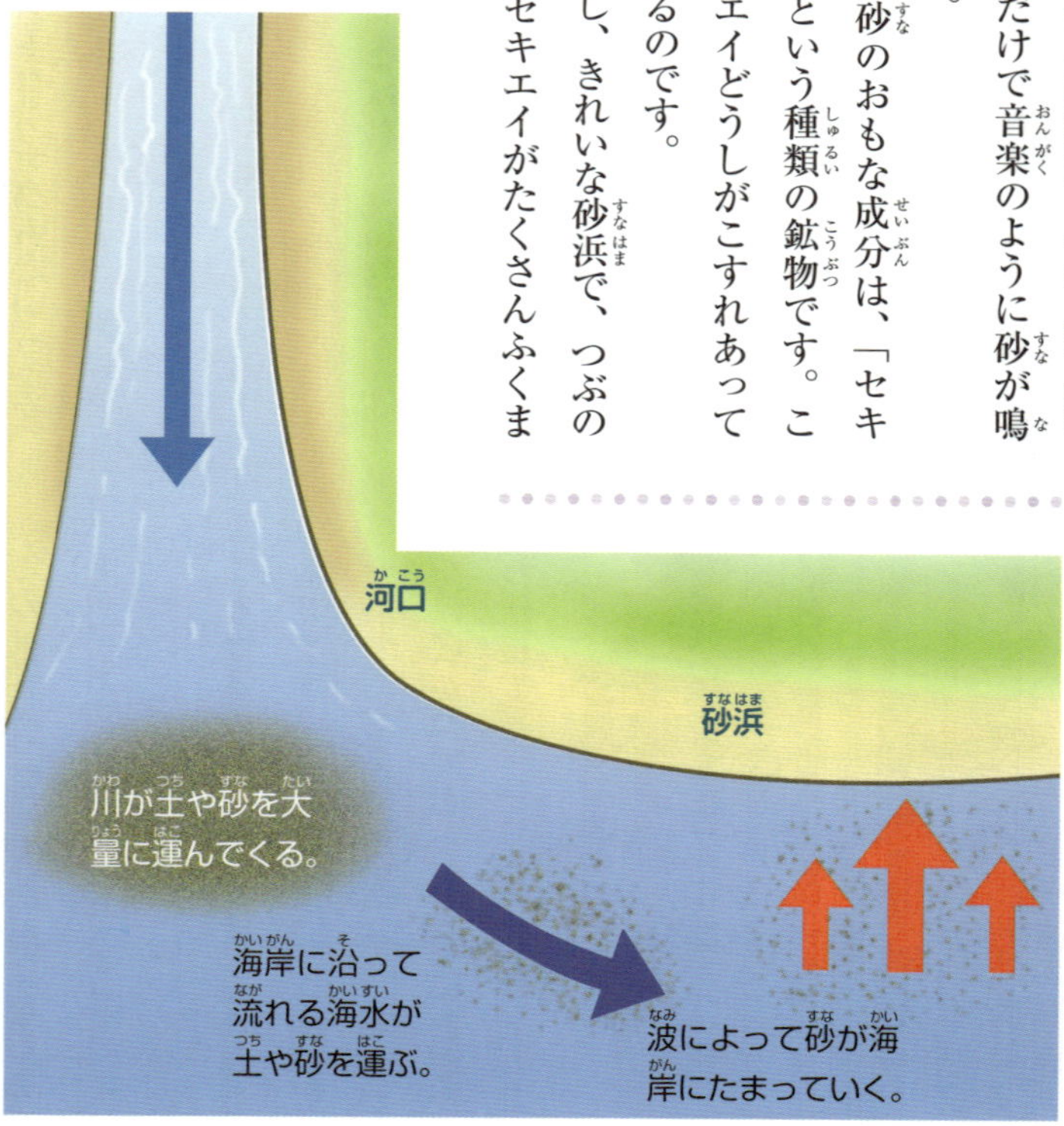
川の流れ
河口
砂浜
川が土や砂を大量に運んでくる。
海岸に沿って流れる海水が土や砂を運ぶ。
波によって砂が海岸にたまっていく。

ここがポイント！

砂浜は、川によって運ばれた砂が、波によって海岸に打ちよせられてできる。

星 261ページのこたえ

おはなしクイズ 鳴き砂は、どんな鉱物がこすれあうことで音が出る？

カにさされると、どうしてかゆくなるの？

読んだ日にち（　年　月　日）（　年　月　日）（　年　月　日）

外から来た異物をやっつける

夏は、カにさされてかゆい思いをしますよね。どうしてカにさされると、はだがかゆくなるのでしょう？

カは、人間の血を吸うときに、自分のだ液をそそぎいれます。これは、人間から吸った血が、カのからだのなかでかたまるのをふせぐためです。からだの外へ出た血は、やがてかたまってしまいますが、カのだ液には、その血をかたまりにくくする成分がふくまれるのです。

しかし、カのだ液は、人間のからだにとっては外からやってきた異物です。そのため、からだはこの異物をやっつけようとします。このとき、皮ふの細胞から「ヒスタミン」という物質が放出され、ヒスタミンが、かゆいと感じる神経を刺激するため、かゆくなるというわけです。

ただし、カにさされたばかりのときはまだかゆくなりません。カのだ液には、いたみやかゆみを感じないようにする成分もふくまれるからです。そのため、少し時間がたってその成分の効果がなくなると、神経が刺激されてはだがかゆくなります。

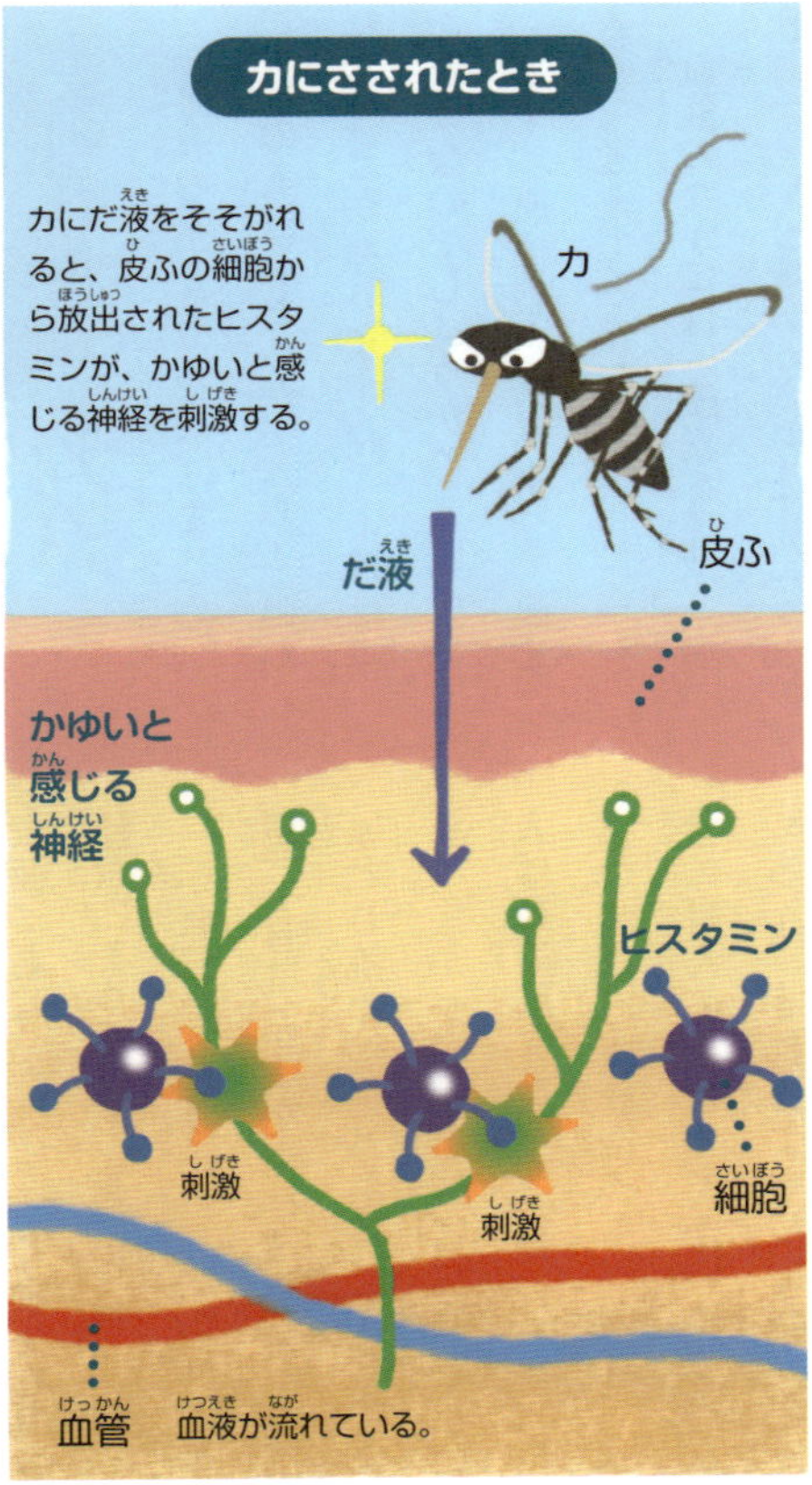
カにさされたとき
カにだ液をそそがれると、皮ふの細胞から放出されたヒスタミンが、かゆいと感じる神経を刺激する。
カ
だ液
皮ふ
かゆいと感じる神経
ヒスタミン
刺激
刺激
細胞
血管
血液が流れている。

あとからまたかゆくなる

じつは、いったんかゆみがおさまっても、あとからまたかゆくなることもあります。その原因は、血液のなかの「白血球」という成分（→191ページ）です。白血球は、カにさされた場所にあとからたくさん集まって、からだに入った異物をたおそうとします。すると、血管が広がって、かゆみを感じる神経が刺激され、ふたたびかゆくなるのです。

はだがかゆくなると同時にはれるのは、血液のなかの「血しょう」という成分が、さされた場所に集まるからです。大部分が水分である血しょうが集まることで、からだに入ったカのだ液があらいながされるといいます。

ここがポイント！
カにさされたときにだ液をそそがれて、からだがそれをやっつけようとするので、かゆくなる。

262ページのこたえ　セキエイ

おはなしクイズ　カにだ液をそそがれたとき、皮ふの細胞から放出される物質を何という？

血液型と性格って関係があるの?

読んだ日にち(　　年　　月　　日)(　　年　　月　　日)(　　年　　月　　日)

血液型は何で決まる?

「血液型がA型の人はまじめ」、「O型の人はおおらか」などといわれることがありますね。これはほんとうなのでしょうか?

まず、血液型が何によって決まるか、考えてみましょう。

血液のなかには、酸素を運ぶ「赤血球」という成分があります(→191ページ)。A型、B型、O型、AB型といった血液型は、この赤血球の表面にある、「抗原」というものの種類によって決まります。

赤血球に「A抗原」があればA型、「B抗原」があればB型、A抗原とB抗原が両方あればAB型になりますが、赤血球に抗原がない人はO型になるのです。

つまり、血液型のちがいは、成分のほんの少しのちがいです。もちろん、それによってその人の性格が決まることはありません。性格は育った環境や、さまざまなできごとを通してしだいにできあがっていくものです。だから、血液型が同じでも、まったくちがった性格の人もいます。「この血液型はこういう性格」などと、かんたんにはいいきれないことをおぼえておきましょう。

A型の赤血球

A抗原

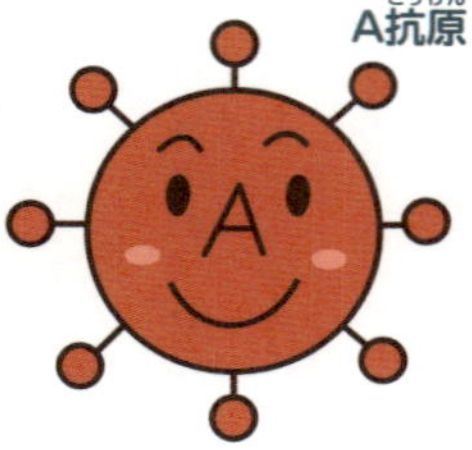

A抗原をもっている。

B型の赤血球

B抗原

B抗原をもっている。

AB型の赤血球

A抗原　B抗原

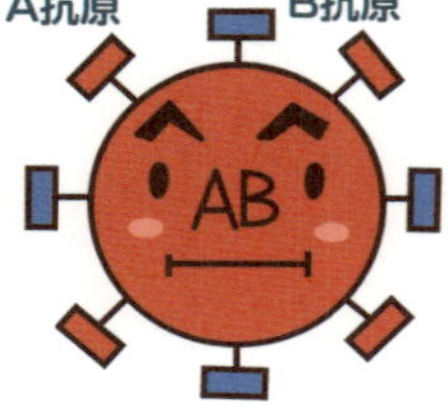

A抗原とB抗原を両方とももっている。

O型の赤血球

抗原をもっていない。

血液型が意味をもつとき

ただし、血液型が大きな意味をもつときもあります。それは、大きなけがをしたり、手術を受けたりするときです。

けがや病気などで大量に出血し、血液がたりなくなったときには、ほかの人の血液をもらいます。しかし、このときちがう血液型の血液をもらうと、場合によっては死んでしまうことさえあるのです。

ここがポイント!

性格は育った環境などを通してできあがっていくもので、血液型と性格は関係がない。

おはなしクイズ 血液型は、赤血球の表面にある、何の種類によって決まる?

263ページのこたえ　ヒスタミン

電車の線路はのびちぢみしている！

読んだ日にち（　年　月　日）（　年　月　日）（　年　月　日）

のびちぢみするレール

電車が走るときには、ガタンゴトンという音がします。どうしてこんな音がするのでしょうか。そのひみつは、電車が走る「レール」のつなぎ方にあります。

レールは、おもに鉄でできています。そして、鉄などの金属には、温度が高くなるとのび、ひくくなるとちぢむ性質があります。レール一本の長さは、二五メートルが基準になっているのですが、温度が一〇度のときに二五メートルのレールは、四〇度に上がると九ミリメートルほどのびるそうです。

でも、じっさいには、レールはまくら木に固定されているので、のびちぢみはそれよりも少なくなります。

レールのつなぎ目で調整

線路は、長さ二五メートルのレールをつなげてつくっています。ただし、はじめからぴったりとくっつけてしまうと、レールがのびたときにぶつかってしまうので、つなぎ目にすき間をあけています。このすき間を通るときに、電車はガタンゴトンと音がするのです。

でも、新幹線や一部の電車では、この音がしませんね。新幹線などでは、ロングレールという、長さ二〇〇メートル以上のレールを使っています。このレールは、つなぎ目自体が少なく、つなぎ目の形も工夫されているため、音がおさえられます。

ここがポイント！
電車の線路をつくるレールは、温度によってのびちぢみする。

線路のつくり

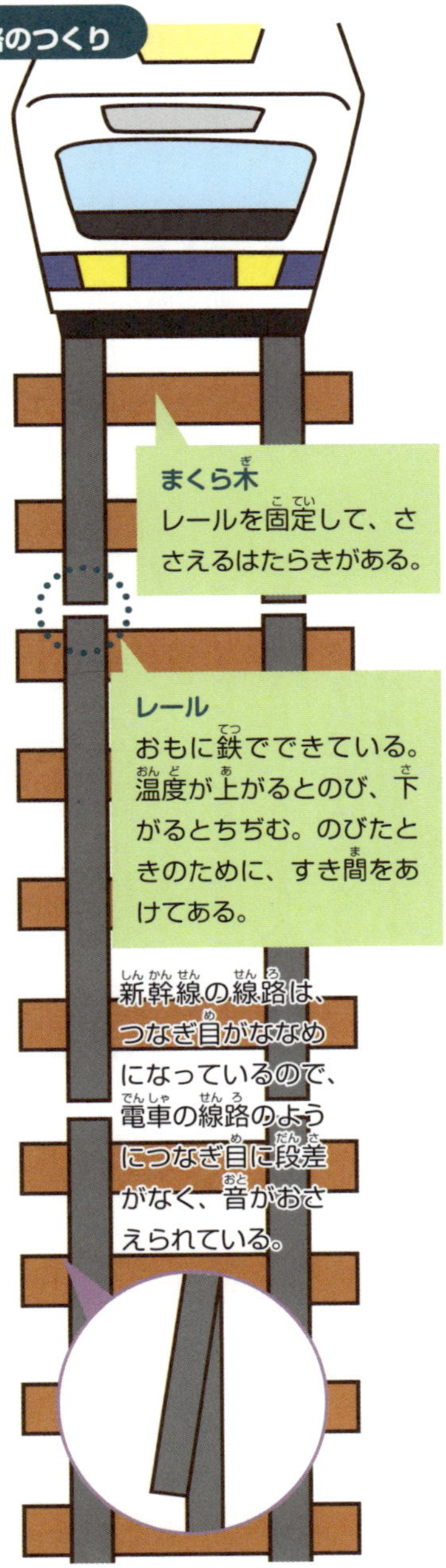
まくら木
レールを固定して、ささえるはたらきがある。
レール
おもに鉄でできている。温度が上がるとのび、下がるとちぢむ。のびたときのために、すき間をあけてある。
新幹線の線路は、つなぎ目がななめになっているので、電車の線路のようにつなぎ目に段差がなく、音がおさえられている。

264ページのこたえ　抗原

おはなしクイズ　電車に乗ると、ガタンゴトンと音がするのは、レールのつなぎ目に何があるから？

ダイオウイカはなぜ大きくなったの？

読んだ日にち（　　年　　月　　日）（　　年　　月　　日）（　　年　　月　　日）

生命　動物

大きくなって身を守る

ダイオウイカは、日本の近くの海にもすんでいる、世界最大のイカです。今までに見つかったなかで最大のものは、全長が約一八メートルだったという記録があります。

深い海にすむダイオウイカの生態は、もともとなぞにつつまれていました。しかし、二〇〇四年にはじめて海のなかを泳ぐすがたが撮影されたことで、ようやくいくつかのことがわかってきたのです。

ダイオウイカがすんでいるのは、海の深さが二〇〇メートルから一〇〇〇メートルの「トワイライトゾーン」とよばれる場所です。

トワイライトゾーンは、水面からも海底からも遠いので、敵におそわれそうになっても、海草や岩などにかくれることができません。そのため、ダイオウイカはからだを大きくして、敵から身を守ろうとしたのではないか、といわれています。

はじめは浅い海にいた？

現在は深い海にいるダイオウイカも、はじめは浅い海にすむ小さなイカだったという説があります。

ダイオウイカのからだは、表が赤むらさき色で、うらが白い色をしています。このように色がちがうと、敵が海の上からダイオウイカを見たときには、赤むらさき色が暗い海の色にまぎれます。また、敵が海の底から見たときには、白い色が明るい太陽の光にまぎれて、見つかりにくくなるのです。

じつは、これは浅い海の生きもののとくちょうです。しかし、浅い海では、ほかの生きものとえさやすみかのうばいあいになるため、ダイオウイカはあらそいがない、深い海をえらんだ、ともいわれています。

表とうらで色がちがうと…

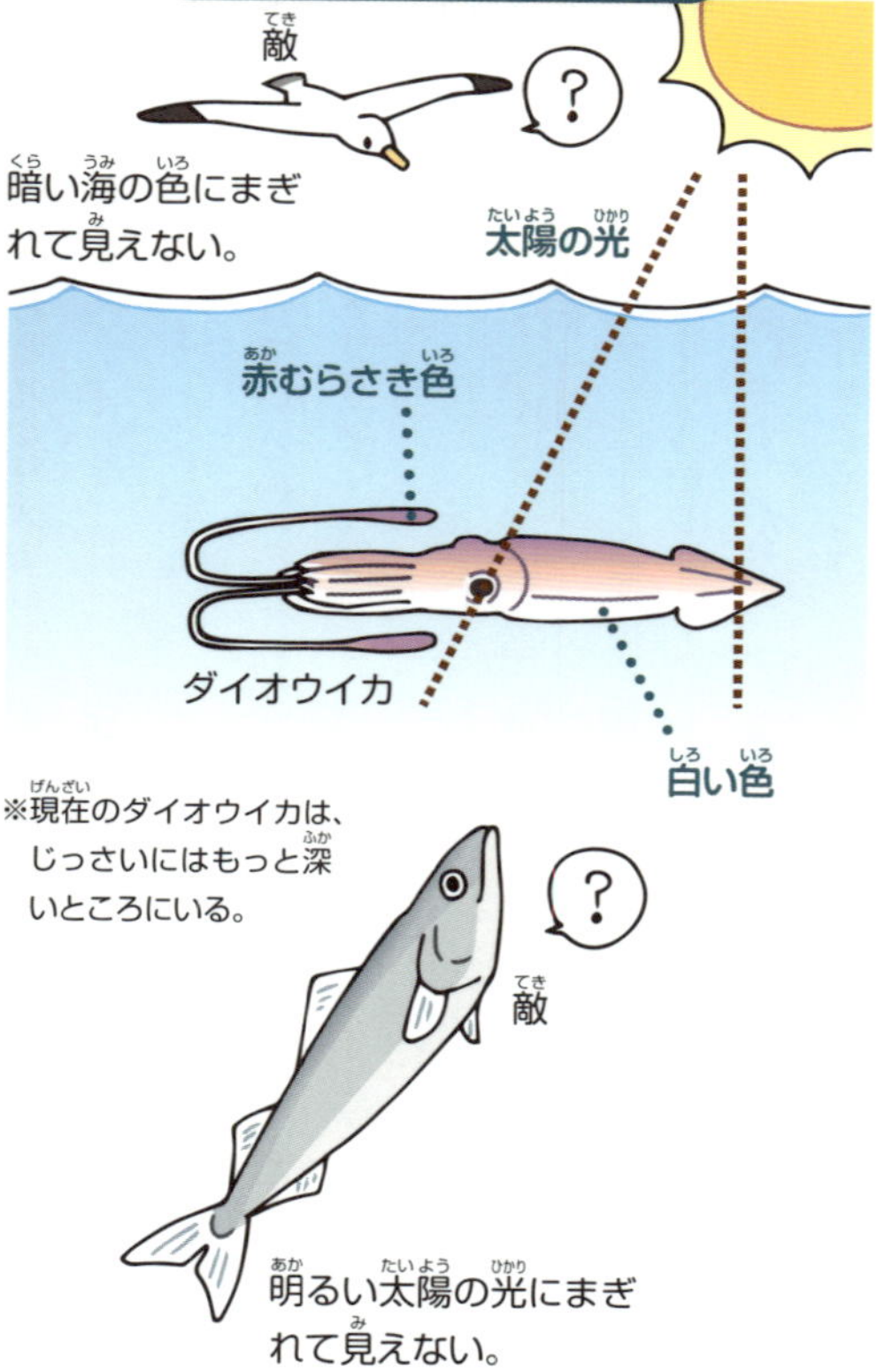
敵
暗い海の色にまぎれて見えない。
太陽の光
赤むらさき色
ダイオウイカ
白い色
※現在のダイオウイカは、じっさいにはもっと深いところにいる。
敵
明るい太陽の光にまぎれて見えない。

ここがポイント！

ダイオウイカがすむトワイライトゾーンには、敵からかくれる場所がないため、からだを大きくして身を守ろうとした、といわれている。

265ページのこたえ　すき間

おはなしクイズ　海の深さが、200メートルから1000メートルの場所を何という？

がけのしましまもようは何？

読んだ日にち（　年　月　日）（　年　月　日）（　年　月　日）

地層からわかる地球の歴史

　がけや山はだなど、地形がむきだしになっている場所を見てみると、しましまのもようになっているところがあります。これは「地層」といって、砂やどろなどが、何万年、何億年もかけてつみかさなってできたものです。そのため、ふつうは下にいくほど、昔の砂やどろだということになります。

　地層の色や、ふくまれているものがちがうのは、その地層をつくっているものやでき方がちがうからです。たとえば火山灰がたくさんつみかさなっている地層があったなら、その年代に火山の噴火が起こったことをしめしています。

　また地層には、植物や魚などの化石（→255ページ）もふくまれています。この化石からも、年代やそのときの環境を知ることができます。貝などの化石が見つかれば、かつてその場所が海や湖だったことがわかります。また、木の化石からは、どんな森林が広がっていて、どんな気候だったのかを想像することもできます。

曲がっていく地層

　地層は年代によっては、波形に曲がっていることもあります。これを「しゅう曲」といいます。地層がしゅう曲する原因は、地殻の変動（→252ページ）にあります。

　地層はふつう、水平につみかさなりますが、完全にかたくなる前に横方向に圧縮されると、波形に曲がってしまうのです。また、地層には、陸上の水のはたらきなどによりけずられたあとが見られることもあります。

2億5000万年前の地層
3億6000万年前の地層
地層が水面より上に出て、雨風でけずられたのででこぼこしている。その後しずんで、さらに地層ができた。
しゅう曲した地層
ここは3億6000万年前から2億5000万年前に海面に出た陸地だ。

ここがポイント！
がけのしましまもようは、長い年月をかけて土やどろ、火山灰などがつみかさなった地層。

266ページのこたえ　トワイライトゾーン

おはなしクイズ　地層が横方向に圧縮されることで曲がることを何という？

まわりの雑音を消すヘッドホンがある！

読んだ日にち（　年　月　日）（　年　月　日）（　年　月　日）

ノイズをキャンセルする

駅のホームなどでは、まわりの音がうるさくて、ききたい音楽がよくきこえないことがあります。

しかし、一部のイヤホンやヘッドホンは、そうした問題を解決する機能をもっています。それが、ノイズキャンセリング機能です。

ノイズは「雑音」、キャンセリング（キャンセル）は「消す」という意味です。ノイズキャンセリング機能は、どのようなしくみで音を消すのでしょうか。

波の形が反対の音

音の正体は、空気のふるえです。このふるえは、波としてつたわっていきます。そのため、音の波の形が反対の音を流すと、音と音が打ちけしあって、音を消すことができるのです。

ノイズキャンセリング機能をもつイヤホンやヘッドホンは、外がわにマイクがついていて、そこでまわりの雑音を集めます。そして、集めた雑音を打ちけす音をつくり、音楽といっしょに流すわけです。そうすると雑音が消されるので、小さな音でも音楽を楽しむことができます。

ただし、この機能によってすべての音を消せるわけではありません。ノイズキャンセリング機能は、おもに音（空気のふるえ）の振動数が少ない音を打ちけすものだからです。

エアコンや自動車のエンジン、電車の音などは、振動数が少なく、打ちけしやすい音です。反対に、人の話し声のような、振動数が多い音は打ちけすことができません。

しかし、そのおかげで、音楽を楽しんでいても、話しかけてきた人の声をききとることができます。

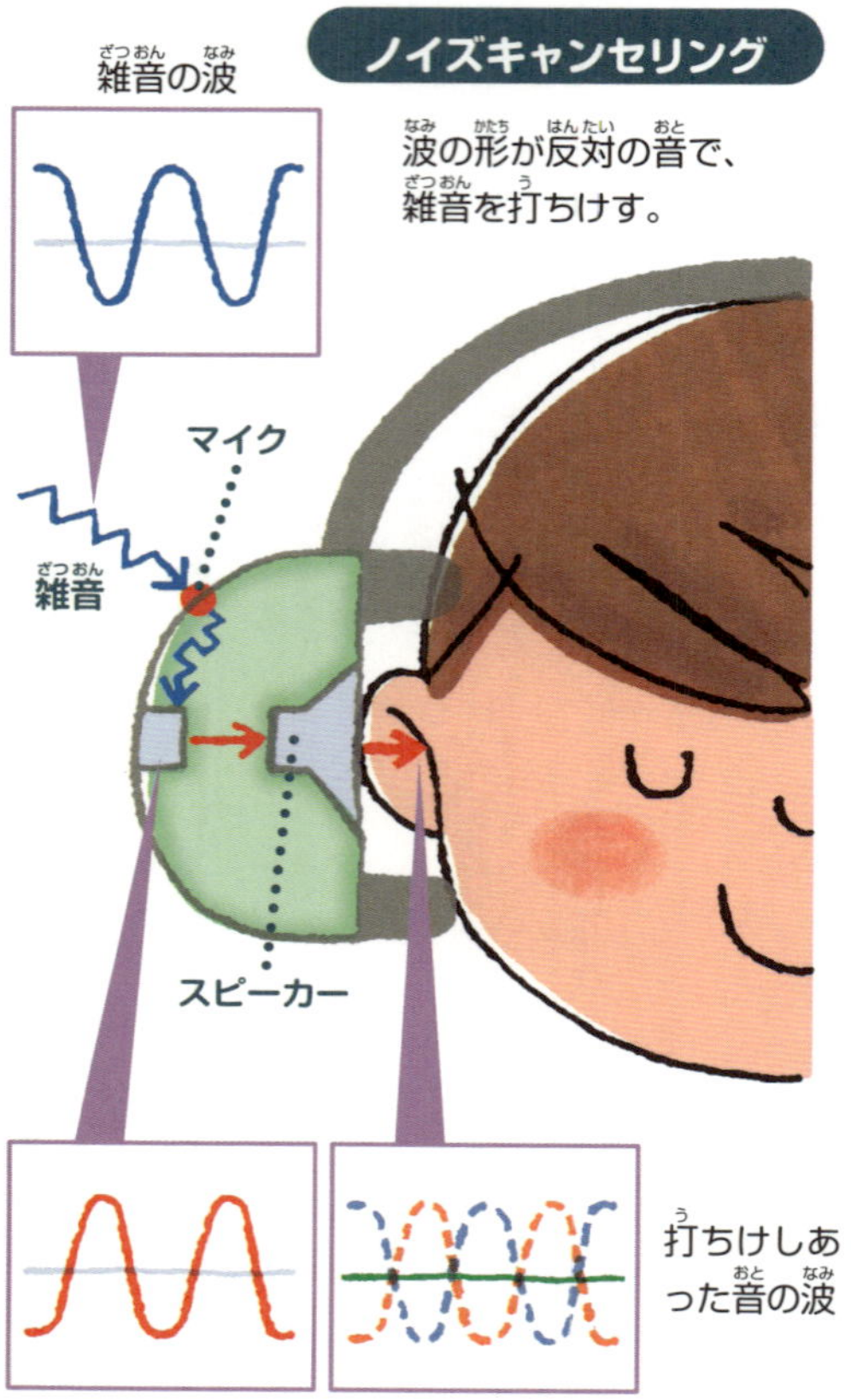
ノイズキャンセリング
雑音の波
波の形が反対の音で、雑音を打ちけす。
マイク
雑音
スピーカー
打ちけしあった音の波

ここがポイント！
ノイズキャンセリング機能をもつイヤホンやヘッドホンは、波の形が反対の音をつくって、雑音を消す。

267ページのこたえ しゅう曲

おはなしクイズ 波の形が反対の音をつくって、雑音を消す機能を、何という？

セミはどうしてあんなに大きな声で鳴けるの？

読んだ日にち（　　年　　月　　日）（　　年　　月　　日）（　　年　　月　　日）

「発音膜」をふるわせる

夏になると、よくセミの鳴き声がきこえてきますね。ミンミンゼミは「ミーン、ミーン」、ツクツクボウシは「ツクツクホーシ」など、セミによってさまざまな鳴き声があります。

ただし、鳴くといっても、動物のように口で鳴いているわけではありません。セミは、はらで音を発しているのです。

音を出すときに使われるのは、はらにある「発音筋」という筋肉と「発音膜」という膜です。

オスのセミは発音筋を動かして、発音膜をペコペコとふるわせることで音を出します。発音膜が大きく動くように、オスのセミのはらはからっぽになっています。

また、発音膜が動くのと同時に、セミははらのなかにある「共鳴室」で音をひびかせます。音をひびかせたあとは、はらをおおう「腹弁」で、音の大きさや調子もかえています。

オスのセミのはらのなか

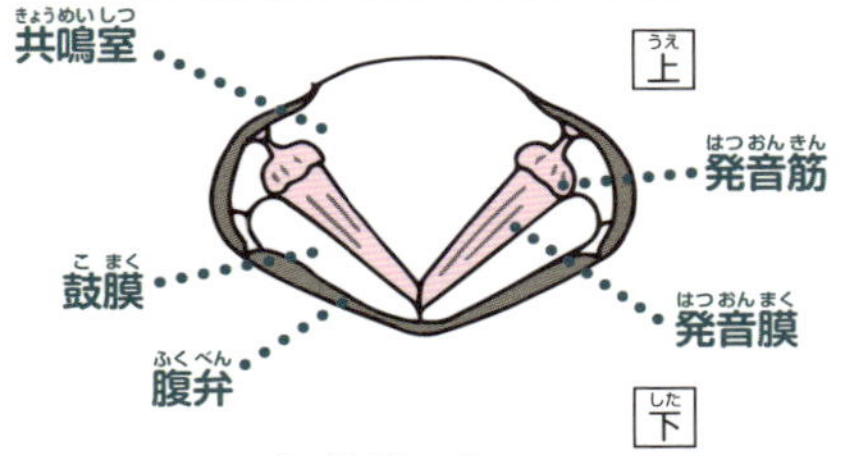
共鳴室
上
発音筋
鼓膜
発音膜
腹弁
下

発音筋をちぢめて発音膜を引っぱると、もとにもどるときに音が鳴る。さらに、共鳴室で音をひびかせ、腹弁で大きさや調子を整える。また、腹弁の内がわにある鼓膜で、なかまの鳴き声をききわけている。

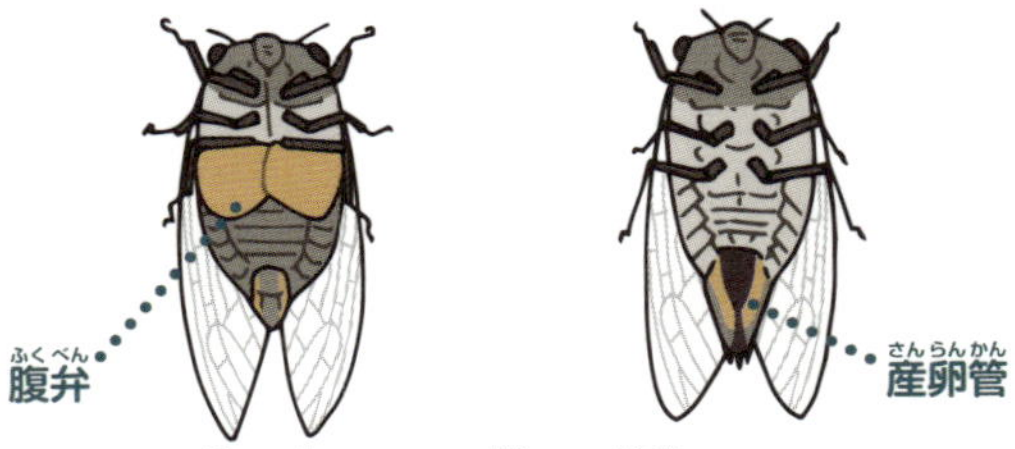
オス
メス
腹弁
産卵管

オスには音を出すための大きな腹弁がついている。メスの腹弁は小さく、はらの先に卵をうむための産卵管がついている。

メスをよびよせるために鳴く

セミのなかでも、鳴くのはオスだけです。メスは鳴きません。

オスゼミは、近くにいるメスをよびよせて交尾するため、大きな声で鳴きます。セミの成虫が生きられるのは、二〜三週間ほどですから、この短い間に子孫をのこさなければなりません。そのためオスゼミは、本鳴きとよばれる大きな音を発することで、「ぼくはここにいるよ」とメスゼミによびかけているのです。

なお、ほかのオスをじゃまするときのオスゼミは、本鳴きよりも短いじゃま鳴きという音で鳴き、敵におそわれたときは、けたたましい音で悲鳴を上げます。このように、セミは時と場合に応じて鳴き方をかえているのです。

ここがポイント！
セミははらのなかの「発音筋」と「発音膜」を動かすことで鳴く。

268ページのこたえ
ノイズキャンセリング機能

おはなしクイズ セミが音を出すのは、頭、胸、はらのうち、どこ？

どうくつって、どうやってできるの？

読んだ日にち（　　年　　月　　日）（　　年　　月　　日）（　　年　　月　　日）

どうくつの種類

どうくつは、地中深くに広がっているふしぎな空間です。でき方によって、おもに三種類に分けられます。

「溶岩洞」は、火山の噴火がもとになってできるどうくつです。噴火で流れだした溶岩は、表面がひえてかたまりますが、やがて内部はまだ熱をもって流れていきます。この流れていった溶岩によってからっぽになった部分が、どうくつになるのです。

「海食洞」は、波の力によって、岩が少しずつけずられてできるどうくつです。あらい波の力で、岩のもろい部分がけずられていき、天井をのこして空間が広がっていくのです。

「鍾乳洞」は、「石灰岩」という岩石でできた大地にできます。石灰岩は、雨水や地下水にふれるととける性質をもっています。そのため、雨水でとけた石灰岩が、地下水の流れによってさらにとけて、けずられていくことでどうくつができます。

鍾乳洞

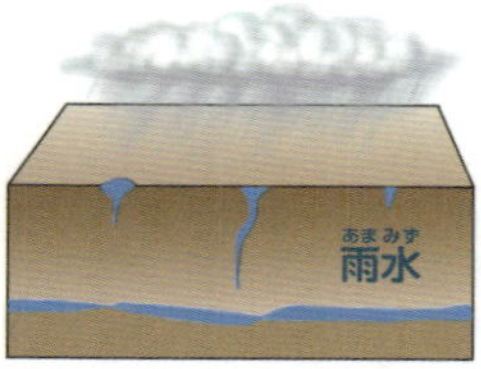
雨水

雨水がしみだして石灰岩がとける。

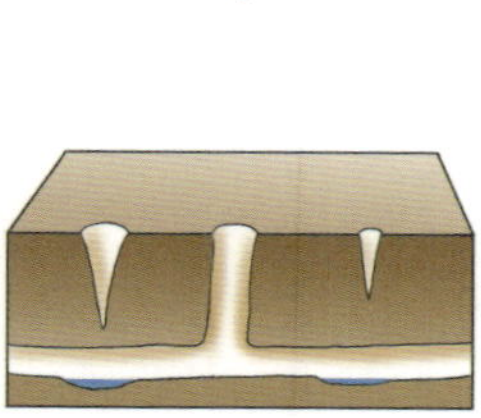

さらに地下水の流れによって石灰岩がとけていき、どうくつになる。

海食洞

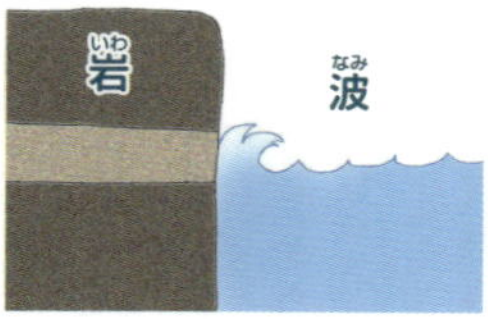
岩
波

波の力によって岩がけずられる。

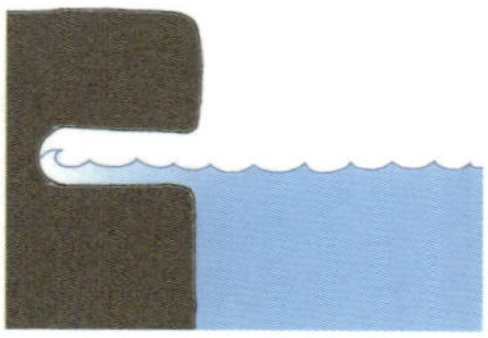

岩のもろい部分だけがどんどんけずられていき、広がった空間がどうくつになる。

溶岩洞

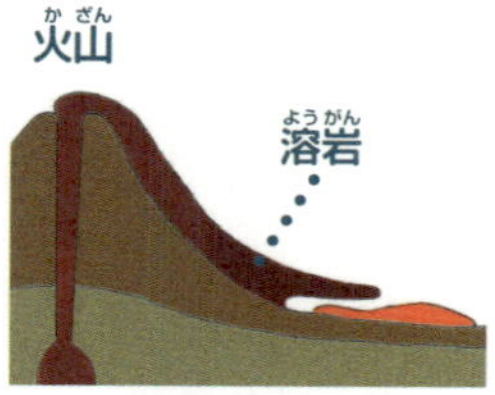
火山
溶岩

火山の噴火によって溶岩が流れでると、表面がひえてかたまる。

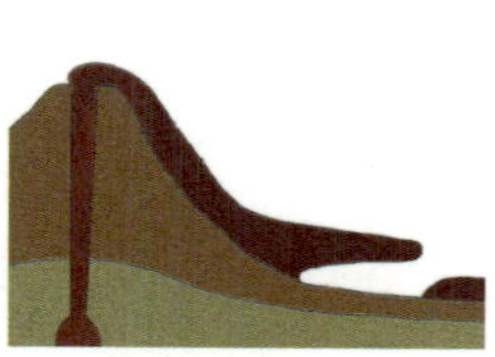

内部の溶岩が流れだして、からっぽになった部分がどうくつになる。

ここがポイント！
でき方で、どうくつは三つの種類に分けられる。

269ページのこたえ　はら

おはなしクイズ　波の力によって、岩がけずられることでできるどうくつを何という？

日焼けをすると、皮がむけるのはなぜ？

読んだ日にち（　年　月　日）（　年　月　日）（　年　月　日）

生命 人体

皮ふを紫外線から守る

夏休みに、毎日プールで泳いでいると、日焼けしてはだの色がこくなりますよね。これは、太陽の光にふくまれる、「紫外線」という光（→357ページ）のせいです。

紫外線は、皮ふをきずつけます。すると、皮ふのなかにある「メラノサイト」という細胞が、「メラニン」という黒い色のもと（色素）をつくりだします。メラニンは皮ふの表面近くに集まって、紫外線を吸収して細胞を守ってくれるのです。皮ふを守るメラニンがふえればふえるほど、はだの色はこくなります。

ただし、短い間にたくさんの紫外線をあびると、メラニンが紫外線を吸収しきれないことがあります。そんなときは、はだが赤くなり、やけどのようになるのです。

日焼けをする

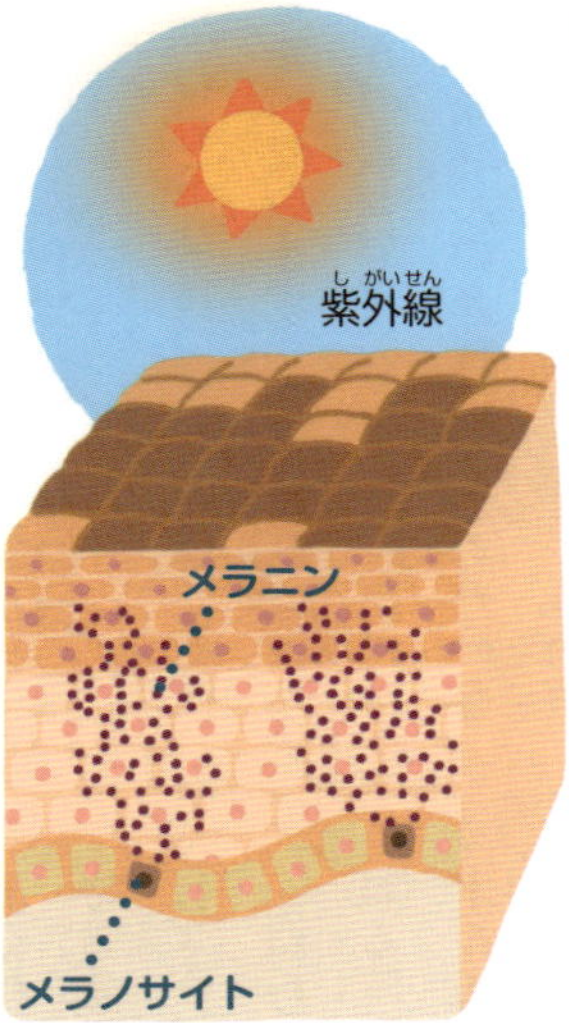
紫外線
メラニン
メラノサイト

①紫外線が、皮ふをきずつけようとする。
②皮ふのなかのメラノサイトが、メラニンという黒い色素をつくりだす。
③紫外線を吸収しようとして、メラニンが皮ふの表面近くに集まるため、はだの色がこくなる。

古い細胞がはがれおちる

日焼けしてから、少し時間がたつと、皮がむけてきます。

これは、皮ふの細胞がうまれかわっていくからです。皮ふの表面では、古くなった細胞が死んで、かたい層をつくっています。そして、この古い皮ふの細胞がはがれおちるのが、皮がむけるということなのです。

日焼けをした皮ふの表面の細胞は、とてもかんそうしていてはがれやすくなっているため、いっぺんに皮がむけます。

また、このときはがれおちる古い皮ふの細胞にはメラニンもふくまれるため、皮がむけると、もとのようなはだの色にもどります。

ちなみに、お風呂でからだをこするとあかが落ちますが、このあかも、はがれおちた古い細胞です。

皮がむける

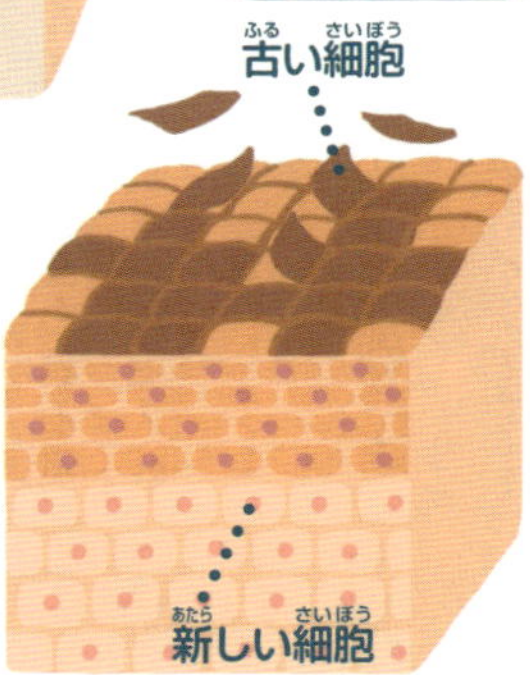
古い細胞
新しい細胞

④皮ふの表面の細胞（古い細胞）は、とてもかんそうしていて、はがれやすくなっている。
⑤古い細胞がはがれおちる（皮がむける）と、新しい細胞が表面に出てくる。

ここがポイント！
日焼けをした皮ふの表面の古い細胞は、とてもかんそうしていてはがれやすくなっているため、皮がむける。

270ページのこたえ　海食洞

おはなしクイズ　メラノサイトという細胞がつくる色素を、何という？

「ねる子は育つ」って、ほんとう？

読んだ日にち（　　年　　月　　日）（　　年　　月　　日）（　　年　　月　　日）

8月29日のおはなし

生命　人体

成長ホルモンがつくられる

「ねる子は育つ」ということばを知っていますか？　これはほんとうのことです。

みなさんの身長は、からだのなかで「成長ホルモン」という物質がつくられるとのびていきます。そして、成長ホルモンがもっともさかんにつくられるのが、ねているときなのです。そのため、夜しっかりねることは、身長をのばすのにたいせつです。

小学生の理想的なすいみん時間は、約九時間といわれています。ゲームやパソコンなどに熱中してすいみん時間が短くなると、成長ホルモンがあまりつくられなくなるため、注意しましょう。

また、清潔で心地よい素材のまくらやベッドを使えば、ぐっすりとねむれます。ただし、夕ごはんを食べてからすぐねると、食べたものがきちんと消化されないため、よくねむれません。食事はねる二時間前までに終わらせるとよいでしょう。

ねむりにつく時間も重要です。ねる時間がおそいと、その分成長ホルモンがつくられる量はへってしまいます。なるべく早くねて、早く起きるようにしましょう。

大人も必要な成長ホルモン

成長ホルモンの役割は、身長をのばすことだけではありません。からだのなかの物質をべつの物質に変化させ、生きるために必要なエネルギーをつくる、「代謝」というはたらきもうながすのです。たとえば、骨の代謝がうながされると骨の量がふえ、「タンパク質」という物質の代謝がうながされると、筋肉の量がふえます。このように、成長ホルモンは健康なからだの維持にも役立ちます。

成長ホルモンがつくられるしくみ

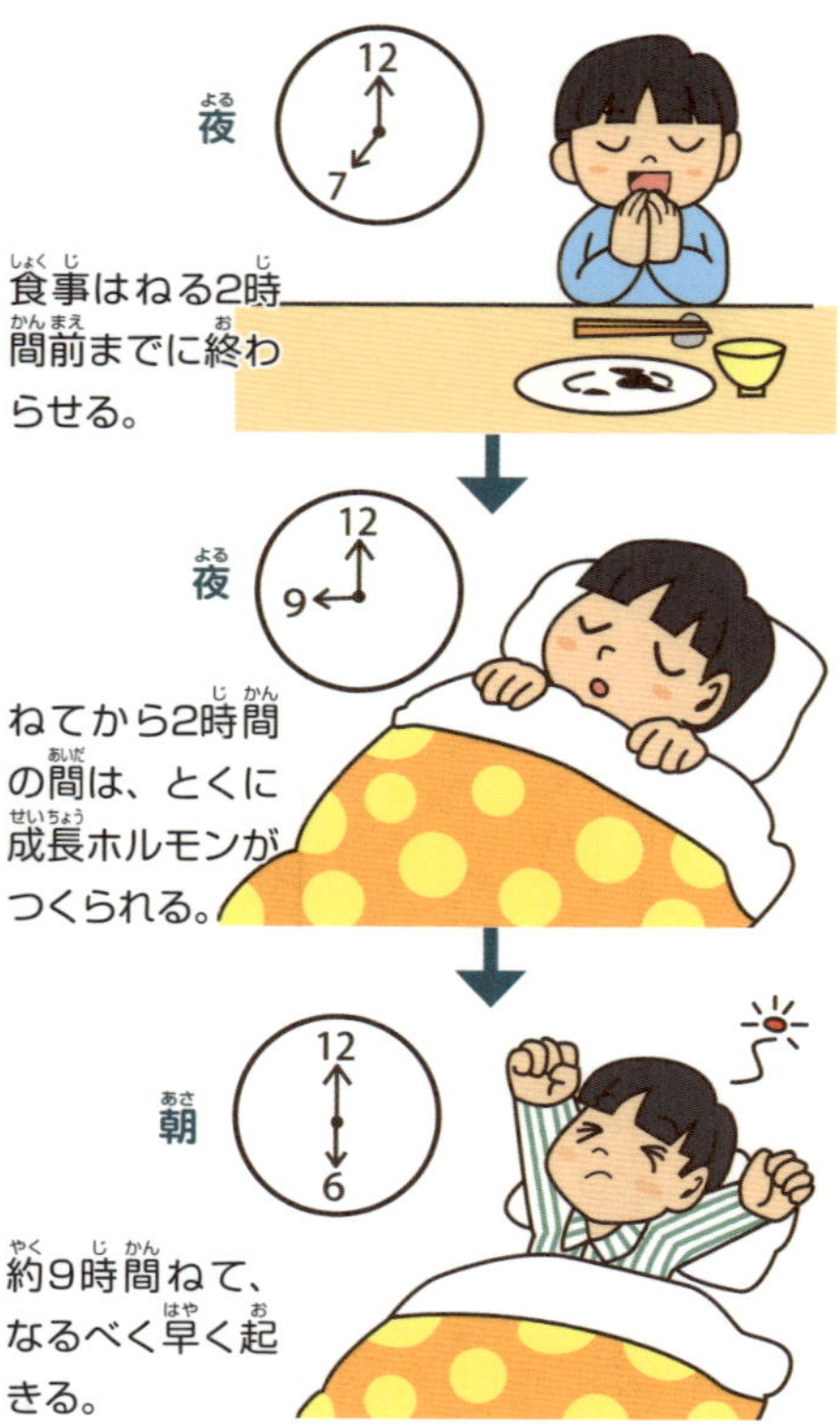
夜
12
7
食事はねる2時間前までに終わらせる。
夜
12
9
ねてから2時間の間は、とくに成長ホルモンがつくられる。
朝
12
6
約9時間ねて、なるべく早く起きる。

ここがポイント！

身長をのばす成長ホルモンは、ねているときにもっともさかんにつくられるため、「ねる子は育つ」ということばは正しい。

271ページのこたえ　メラニン

おはなしクイズ　からだのなかで、何という物質がつくられると身長がのびる？

天気予報はどれくらいあたるの？

読んだ日にち（　年　月　日）（　年　月　日）（　年　月　日）

地球　気象

季節によってあたる率がちがう

気象庁が発表している天気予報（降水の有無）は、一年間の全国平均の場合、八三パーセントの適中率であたっています。人工衛星やレーダー、スーパーコンピューターなど、最新の科学技術を使うことによって、この率は昔よりも上がっています。

しかし、天気予報は季節によって、予測のしやすさに差があります。とくに夏（七月）は、全国平均で天気予報の適中率が七九パーセントと、ややひくくなっています。

これは、今の技術でも予測することがむずかしい夕立などの集中豪雨が、夏にせまい範囲でいきなり発生することが多いからです。

天気予報のむずかしい地域

季節だけでなく、地域によっても天気予報のあたりやすさはちがってきます。

冬（一月）の北海道の天気予報の適中率は、全国平均よりもはるかにひくい七一パーセントです。これは、北海道に雪をもたらす雲が、せまい地域に限定してあらわれるため、予測しにくいからです。また、北海道はとても広いため、雲が発生する場所を予測するのがむずかしい、という理由もあります。

いっぽう、沖縄地方はたくさんの島が集まっているところです。大きな山脈など、雨がふる原因となる地形が少ないため、雨のふる場所を予測しにくくなっています。そのため、沖縄地方での雨の予報の適中率は、ほかの地域よりもひくくなっています。

ここがポイント！
天気予報は一年間の全国平均で八三パーセントあたっているが、季節や地域によってもちがう。

山沿いでは雲をつくる上向きの空気の流れが発生しやすく、雨雲ができやすい。そのため、大きな山がある地域は雨を予測しやすい。

沖縄地方は大きな山が少なく、なだらかな地形のため、雨雲の発生場所を予測することがむずかしい。

272ページのこたえ　成長ホルモン

おはなしクイズ　天気予報がむずかしく、全国平均で適中率がひくい季節はいつ？

野菜に塩をかけると、なぜしなびるの？

読んだ日にち（　年　月　日）（　年　月　日）（　年　月　日）

細胞の水分が出ていく

「青菜に塩」ということばを知っていますか？　これは、元気はつらつとしていた人が、一転してしょんぼりしているようすをあらわしたことわざです。

このことわざでは、新鮮でいきいきとしていた「青菜（緑色の葉っぱの野菜）」が、塩をかけるとしなびてしまうようすを、人間にあてはめています。野菜は、なぜ塩をかけるとしなびるのでしょうか？

野菜に塩をかけると、とけた塩水と野菜の細胞のなかの水分が、細胞の膜を通してまざりあおうとします。塩水のほうが、野菜の水分よりも濃度が高いため、まざりあうことで、同じこさになろうとするのです。

しかし、塩のつぶは、野菜の細胞の膜を通ることができません。細胞の膜にあいているあなはとても小さいため、水のつぶしか通れないのです。

その結果、野菜の水分だけが細胞の外へ出ていき、野菜はしなびてしまうというわけです。

ナメクジも小さくなる

じつは、雨上がりによく見るナメクジも、塩をかけるとしなびたように小さくなってしまいます。これには、ナメクジのからだのつくりが関係しています。

ナメクジのからだの約九〇パーセントは、水分です。また、ナメクジは皮ふをもっていないため、からだの表面がかんそうしないように、ヌメヌメとした粘液を出しています。塩をかけられると、この粘液が塩水となり、ナメクジのからだの水分が出ていくのです。

ちなみに、あまりにも大量の塩をかけられると、ナメクジは死んでしまいます。

野菜に塩をかけると

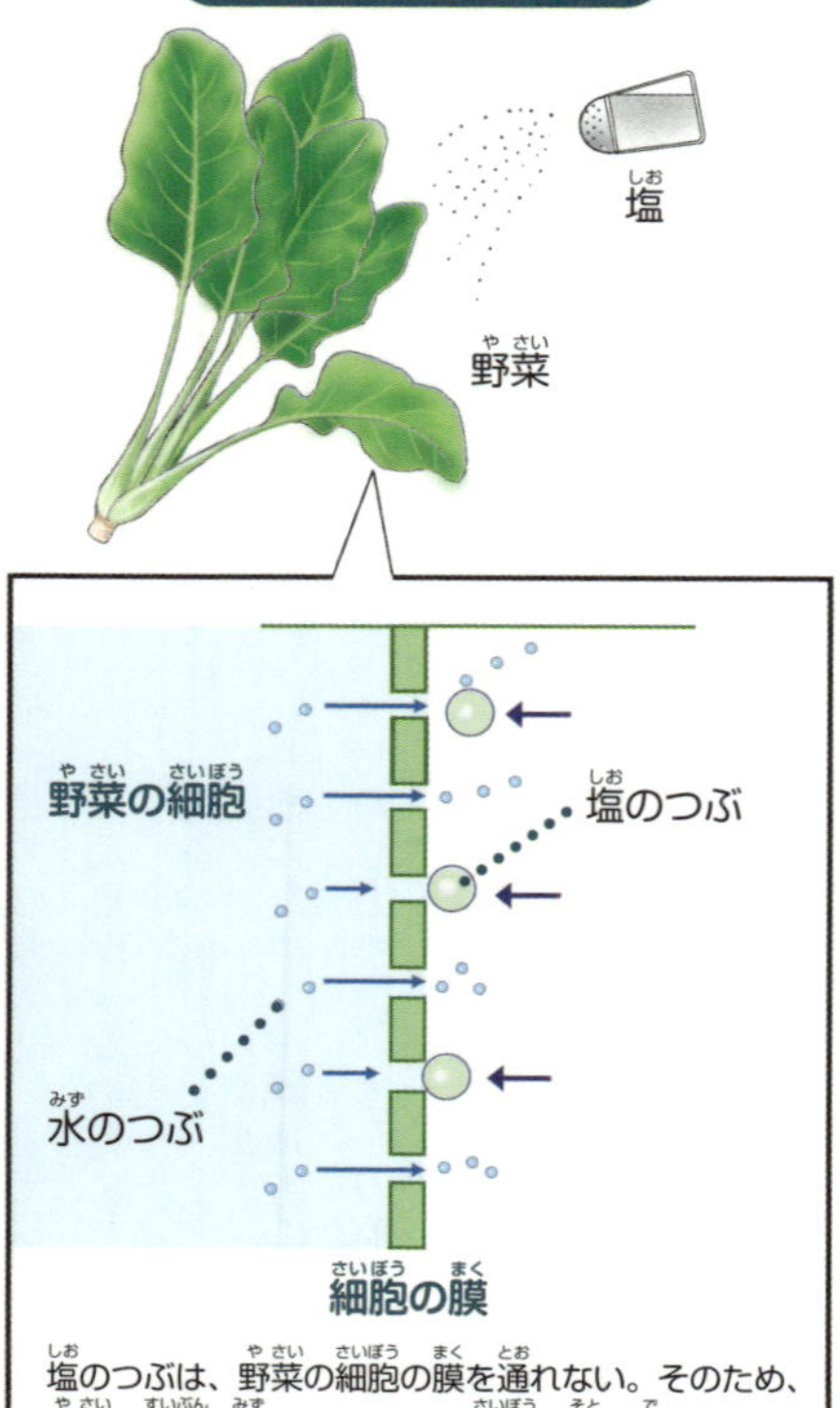
塩
野菜
野菜の細胞
塩のつぶ
水のつぶ
細胞の膜

塩のつぶは、野菜の細胞の膜を通れない。そのため、野菜の水分（水のつぶ）だけが細胞の外へ出ていく。

ここがポイント！

野菜に塩をかけると、野菜の細胞のなかの水分と塩（水）が同じこさになろうとして、水分だけが出ていってしまい、野菜はしなびる。

夏 273ページのこたえ

おはなしクイズ　元気だった人が一転してしょんぼりしているようすを、野菜にたとえたことわざは？

9月のおはなし

地震はどうして起こるの？

9月1日のおはなし

読んだ日にち（　年　月　日）（　年　月　日）（　年　月　日）

地球　大地

プレートの境界の力

地球の表面は、「プレート」という十数まいの大きな岩の板におおわれています（→168ページ）。

プレートは少しずつ動いているため、プレートとプレートの境界には、おしあったり、引っぱりあったりする力がかかります。この力によって発生するのが、地震です。

日本のように、海洋プレートが大陸プレートの下にもぐりこんでいるところで起こる地震の原因は、おもにふたつあります。

海洋プレートが、大陸プレートの下にもぐりこむときには、大陸プレートが引きずりこまれます。これによって生じたひずみが、限界に達すると、大陸プレートはいきおいよくはねあがります。これがひとつ目の原因です。この場合の地震は、「海溝型地震」とよばれます。

また、海洋プレートがもぐりこむと、その力で大陸プレートの内部や地表面の岩盤がこわれます。これがふたつ目の原因です。このときに起こる地震は、「内陸型地震」とよばれています。

海溝型地震は、内陸型地震よりも規模が大きくなります。ただし、内陸型地震でも、地震が起こる原因となった場所（震源）が近い場合には、大きな地震となります。

プレートとマントル

では、プレートはどうして動くのでしょうか。プレートが動くのは、地球の内がわにある「マントル」という岩石の層（→80ページ）が、熱でゆっくりまざっているからです。このマントルの動きが、プレートを動かしています。

ここがポイント！

地震が起こるのは、プレートの境界に、おしあったり、引っぱりあったりする力がかかるから。

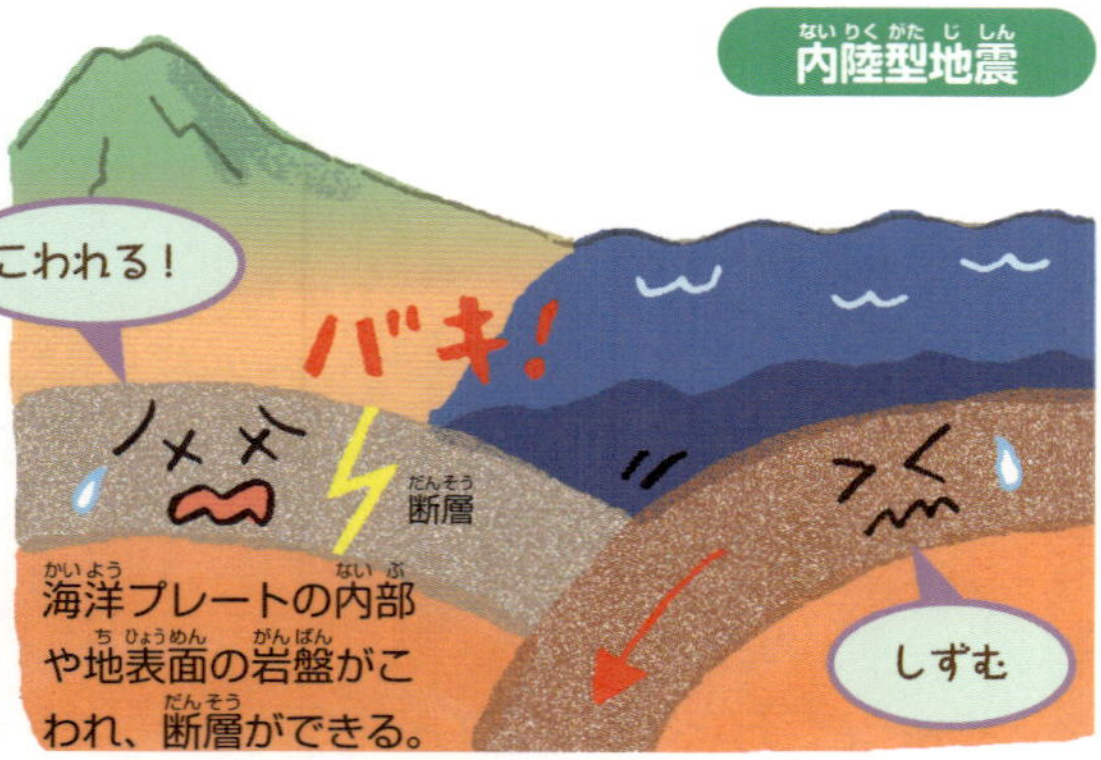
内陸型地震
こわれる！
バキ！
断層
しずむ

海洋プレートの内部や地表面の岩盤がこわれ、断層ができる。

海溝型地震
はねかえる！
はねあがり
大陸プレート
海洋プレート

ひずみが限界に達すると、大陸プレートがいきおいよくはねあがる。

274ページのこたえ　青菜に塩

おはなしクイズ　地震のふたつのタイプ、「海溝型地震」と、もうひとつは？

キリンのあしをまねた服がある！

読んだ日にち（　年　月　日）（　年　月　日）（　年　月　日）

あしに圧力をかける服

飛行機に乗るパイロットや、ロケットに乗る宇宙飛行士には、飛行機が一気に空へ上ったり、ロケットが打ちあげられたりするときに、強い重力がかかります。そして、体重がふだんの何倍にもなる感じでおしつけられます。これをアルファベットの「G」であらわします。体重が二倍になってかかるときは、二Gといいます。

Gがかかると、血液がからだの下のほうに集まって、脳の血液がたりなくなり、めまいなどを起こすことがあります。

これをふせぐために開発されたのが、キリンのあしのしくみをまねた服です。キリンの細長いあしをおおう皮ふは、つねにあしに圧力をかけています。これによって、血液があしに集まることなく、上へおしあげられていくのです。

キリンの皮ふのように、あしに圧力をかけるスーツを着ることで、パイロットや宇宙飛行士は、血液の流れを正常にたもてるようになりました。

キリンの大きな心臓

キリンは、頭からあしの先までの長さが、約五・五メートルもあります。だからこそ、頭のてっぺんから長いあしの先まで、血液をしっかりめぐらせるしくみが必要なのです。

ちなみに、血液を送りだす心臓は、重さが一〇キログラム以上あります。この大きな心臓で、キリンは脳やあしの先までたくさんの血液を送ります。

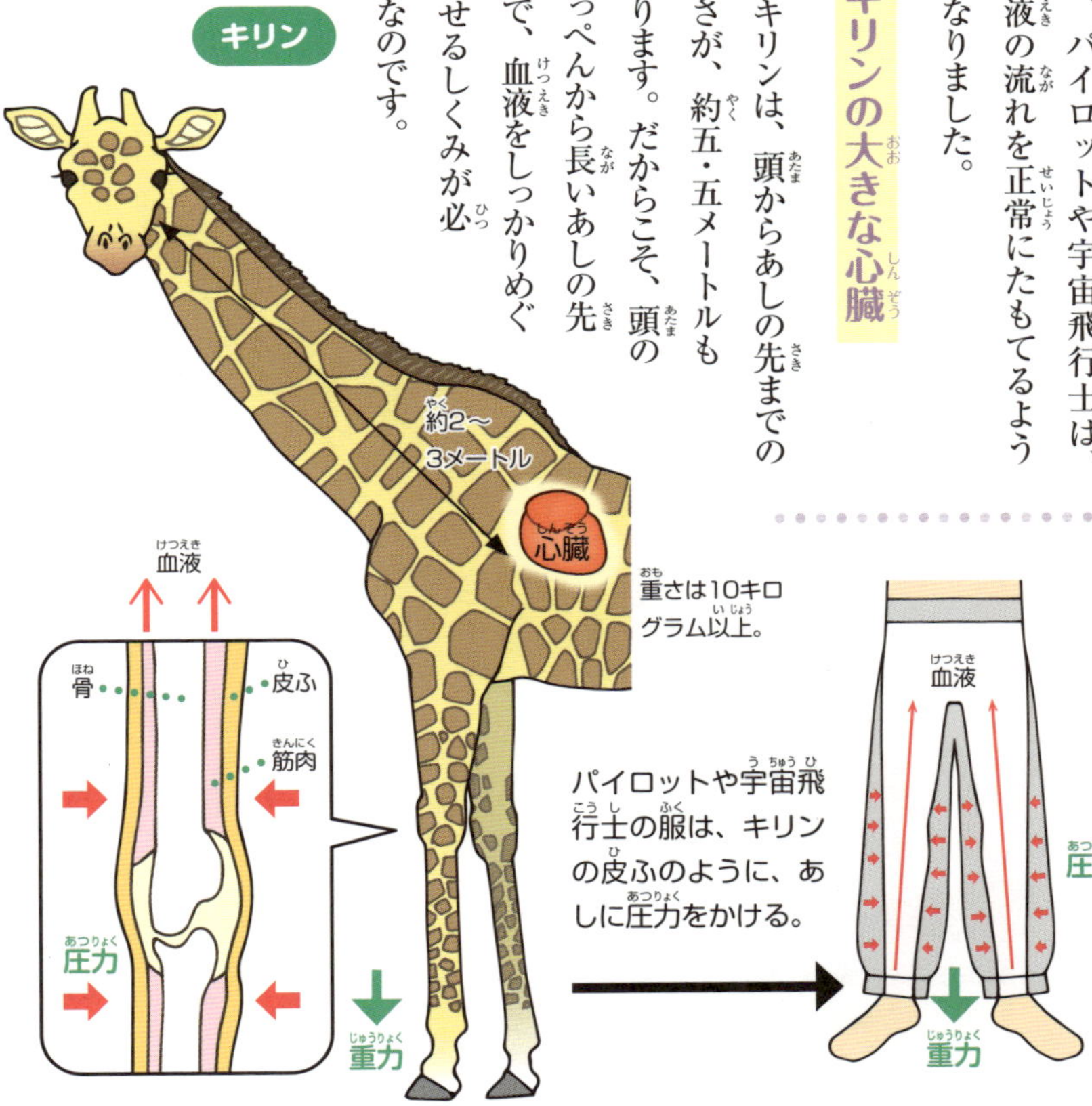
キリン
約2〜3メートル
心臓
重さは10キログラム以上。
血液
骨
皮ふ
筋肉
圧力
重力
パイロットや宇宙飛行士の服は、キリンの皮ふのように、あしに圧力をかける。
血液
圧力
重力

ここがポイント！
パイロットや宇宙飛行士の服は、キリンの皮ふのように、あしに圧力をかける。

276ページのこたえ　内陸型地震

おはなしクイズ　パイロットや宇宙飛行士の服は、からだのどこに圧力をかけるようになっている？

風って、どんなところでふくの？

9月3日のおはなし

読んだ日にち（　　年　　月　　日）（　　年　　月　　日）（　　年　　月　　日）

地球　気象

風がふく原因

風がふくには、ある条件があります。それは、ちがう温度の空気があるということです。

風の正体は、空気の流れです。空気には、温度が上がるとふくらんで軽くなり、温度が下がるとちぢんで重くなる性質があります。

太陽によってあたためられ、軽くなった空気は上へ上ります。上った空気は、空の高いところでひやされて重くなり、下に下りてきます。下りてきたつめたい空気は、あたたかい空気が上ったことで、空気が少なくなった場所に流れこんでいきます。このときの空気の流れが、風なのです。

風がふく場所

空気の温度差によって風がふく場所は、地球上のいたるところにあります。

たとえば海岸の近くでは、昼は「海風」、夜は「陸風」がふきます。

昼は、陸地の空気が太陽であたためられて上へ上り、陸地よりもあたたまりにくい、海の上でひやされて下へ下りてきます。そして、海から陸地へ海風がふくのです。

太陽が出ない夜は、陸地よりも海の上の空気があたたかくなるため、陸地から海へ陸風がふきます。

また、山の斜面では、昼に「谷風」、夜に「山風」がふいています。

昼は斜面の空気が太陽であたためられ、山の谷間から頂上へ上ります。これが谷風です。夜は気温が下がるため、空気がひやされて重くなり、山の頂上から谷間へ下りてきます。これが山風です。

ほかにも、大陸と海の間には、夏と冬に風向きをかえる「季節風」という風がふき、地球のまわりにも、「偏西風」や「貿易風」といった、大きな帯状の風がふきます。

ここがポイント！
風は、空気の温度差があるところでふく。

海岸の近くで風がふくしくみ
つめたい空気
陸風
軽い！
重い…
あたたかい空気
海風

太陽にあたためられた空気は上に上り、空の高いところでひやされて下に下りてくる。そして、空気が少なくなった場所に流れこむ。

277ページのこたえ　あし

おはなしクイズ　海岸の近くでふく風は、海風と何風？

トンボは風が強くても弱くても自由にとべる！

読んだ日にち（　年　月　日）（　年　月　日）（　年　月　日）

空気のうずができる

トンボは、昆虫のなかでも一、二をあらそう飛行の名手です。

四まいのはねをべつべつに動かしながら、とぶ方向をとつぜんかえたり、空中で止まったり、宙返りすることもできます。このすぐれた飛行能力によって、トンボは空中をとぶ小さな昆虫をとらえます。

トンボのさらにすごいところは、風が強くても、ぎゃくに風が弱くても、うまくとべることです。その理由は、どこにあるのでしょう。

トンボのはねをよく見ると、表面がでこぼこしています。トンボがとぶときには、このでこぼこに小さな空気のうずができるため、どんな風にも対応できるのです。

空気のうずがあることで、風が強くてもはねのまわりの空気がみだれず、自由にとべます。また、風が弱いときは、このうずがはねのまわりの空気をうしろに流すことで、はねが上向きの力を受け、とぶことができます。さらに、長いはら（しっぽ）があることで、横から風がふいてきても、安定してとぶことができます。

トンボ

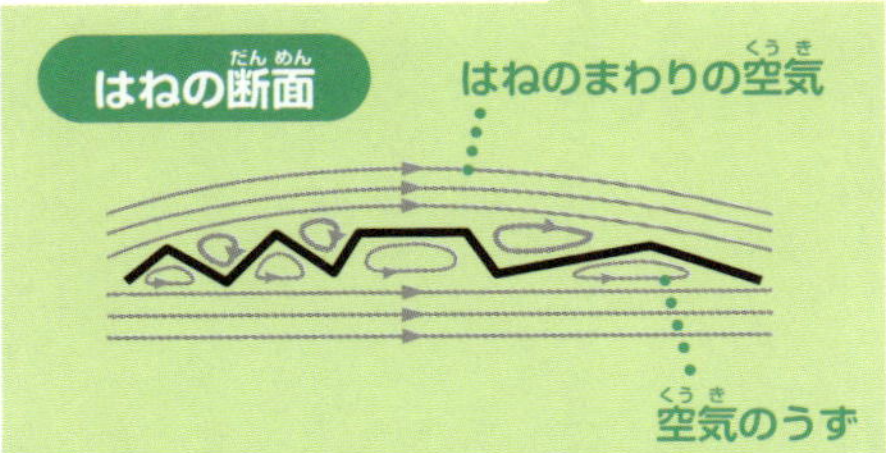
はねの断面
はねのまわりの空気
空気のうず

空気のうずがあることで、風が強くても、はねのまわりの空気がみだれない。風が弱くても、うずが空気をうしろに流すのでとべる。

マイクロ・エコ風車
表面がでこぼこのはねが、4まいついている。

トンボをモデルにした風車

そんなトンボをモデルにして、強い風でも弱い風でも電気がつくれる、「マイクロ・エコ風車」も開発されています。

現在の日本で使われている風力発電用の風車は、台風などで風が強すぎるときには、こわれないように回転を止めています。弱い風でもまわりません。しかし、マイクロ・エコ風車は、表面がでこぼこしているはねが、風になびくように変形し、風を受けながします。そのため、小さくても台風のような強い風にたえることができます。反対に秒速三〇センチメートルほどの弱い風でも回転できるのです。

ここがポイント！
トンボははねの表面がでこぼこしているため、そこに空気のうずができ、風が強くても弱くてもとべる。

278ページのこたえ　陸風

おはなしクイズ　トンボのはねをモデルにしてつくられた風車は、何のために使われる？

大昔の植物が、どうしてくさらずにのこっているの？

読んだ日にち（　年　月　日）（　年　月　日）（　年　月　日）

地球　大地

昔の葉の形が今もそのまま

化石というと、恐竜の骨などを思いうかべる人が多いかもしれませんが、植物の化石が見つかることもあります。

ちょっと力を入れただけでちぎれたり、折れたりしてしまう葉っぱなどの植物が、どうして化石（↓255ページ）として何万年、何百万年とのこっているのでしょうか。

植物の化石のなかでも、とくにきれいに形がそのままのこっている「木の葉石」を見てみましょう。

木の葉石は、栃木県にある「塩原湖成層」という地層から見つかります。この地層は、湖のなかにまわりの土や砂、どろや火山灰が流れこんでできたもので、地層のなかには水中の珪藻（↓108ページ）のからなども入っています。

この地層ができるとき、流れこむ土などとともに、落ち葉もまざりました。つみかさなった地層のなかの葉っぱは、湖のなかで地層とともにかたまっていき、そのままの形で化石になったのです。

木の成分がかわった化石

また、木がそのままの形で化石になった、「珪化木」というものもあります。

これは、土やどろのなかにうもれていた木の幹に、「珪酸」という成分をふくんだ地下水がしみこんでできたものです。この珪酸が、長い年月をかけて木の細胞をかえていきます。すると、木の成分がすっかりおきかわって、とてもかたい、くさることもない化石になってしまうのです。木のような、石のような化石であることから、「木化石」ともよばれています。

ここがポイント！
湖のなかの地層にとじこめられたり、成分がかわったりすることで、植物がくさらずに化石となった。

珪化木
木の幹にしみこんだ珪酸が、木の成分をかたい物質へとかえたため、そのままの形でのこった。

木の葉石（イヌブナ）
湖のなかで土などといっしょにつみかさなった葉っぱが、地層のなかでそのままの形でのこっている。

279ページのこたえ　風力発電

おはなしクイズ　栃木県にある、木の葉石が見つかる地層は、海でできた？　湖でできた？

野菜は土がなくてもつくれるの？

読んだ日にち（　年　月　日）（　年　月　日）（　年　月　日）

生命
植物

植物に必要なもの

植物は、生きるために「光合成」を行っています。これは、太陽の光を利用して、水と空気中の二酸化炭素から、栄養分をつくりだすはたらきです。植物は、この自分でつくりだした栄養分と、根から吸収した、土のなかの養分を使って成長しています。

植物にとって、土はさまざまな役割をもつものです。植物がたおれないようにささえる土台にもなりますし、植物が育つのに必要な水や養分もたくわえています。さらに、植物が根から呼吸を行うときに必要な、空気もふくんでいるのです。

しかし、土でなくても、土台となるものや、水や養分などがあれば植物は育ちます。つまり、土がなくても野菜はつくれるということです。

じっさいに、肥料をとかした水（培養液）で野菜を育てる、「養液栽培」という方法もあります。養液栽培では、トマトやイチゴなどがつくられています。

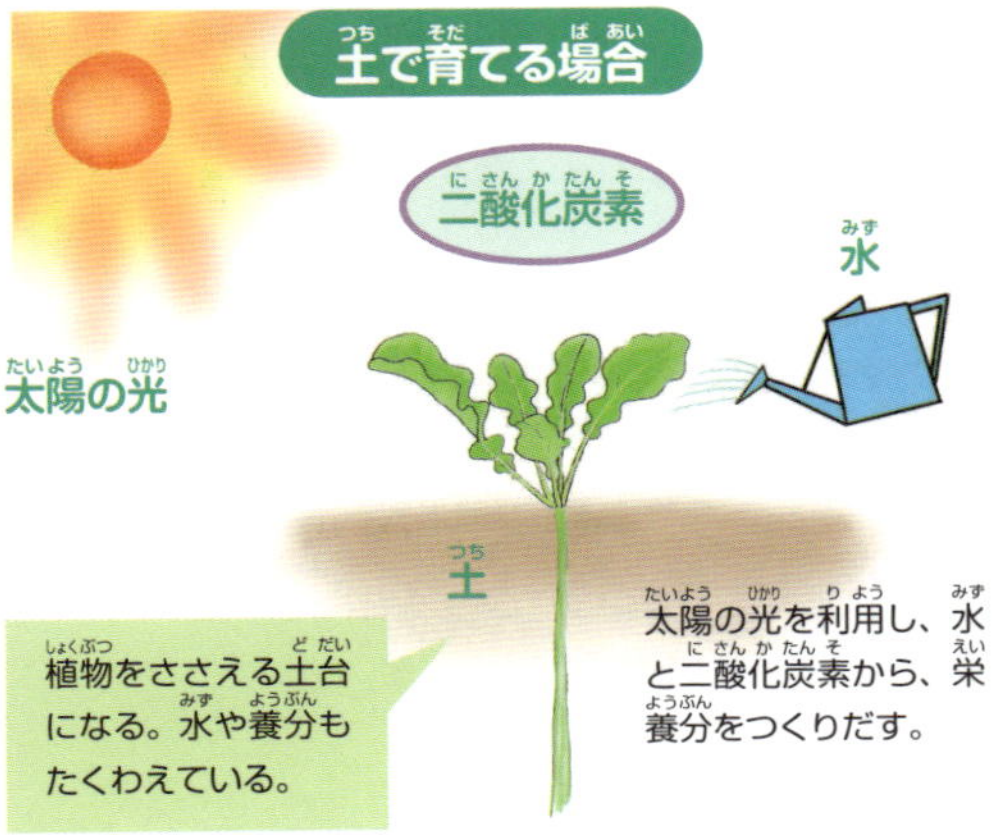
土で育てる場合
二酸化炭素
水
太陽の光
土
植物をささえる土台になる。水や養分もたくわえている。
太陽の光を利用し、水と二酸化炭素から、栄養分をつくりだす。

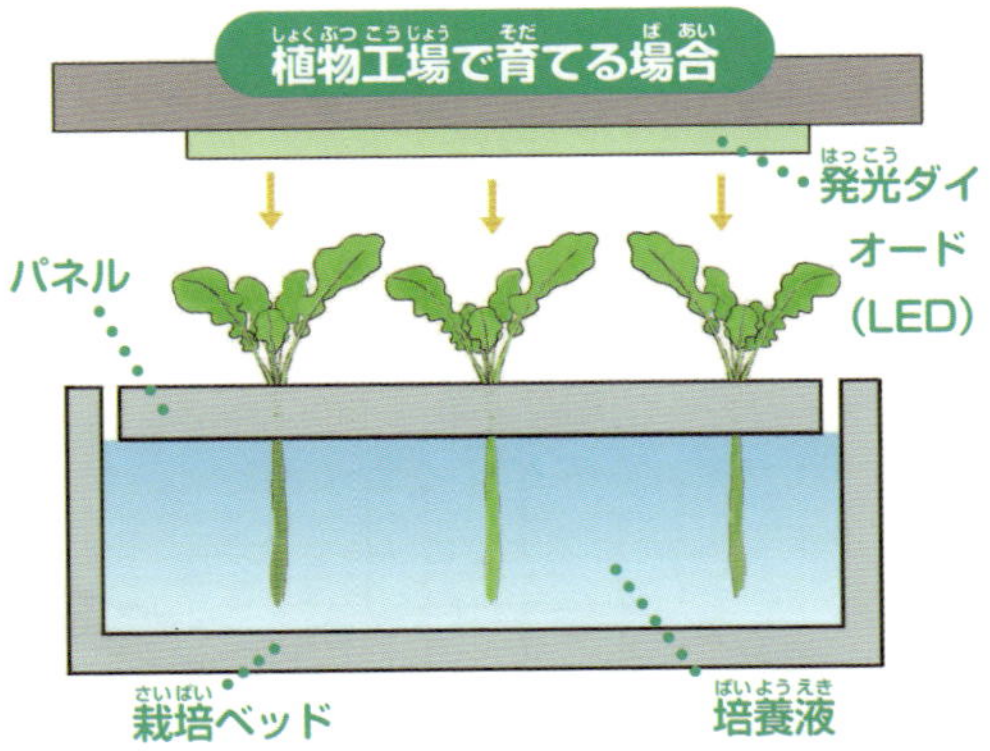
植物工場で育てる場合
発光ダイオード（LED）
パネル
栽培ベッド
培養液

太陽の光もいらない!?

土だけではありません。「植物工場（野菜工場）」とよばれる場所では、太陽の光すら使わずに、野菜の栽培が行われています。

太陽のかわりとなるのは、発光ダイオード（LED）という、人工的な光です。この光は、植物の光合成に必要な色の光に合わせてあるため、効率よく野菜を育てることができます。

照明以外にも、植物工場のなかは、植物にとってもっともよい環境となる工夫がされており、天候や季節などに左右されることなく、野菜づくりが行えます。

ここがポイント！
土台となるものや、水や養分などがあれば、土がなくても植物はつくれる。

280ページのこたえ　湖

おはなしクイズ　植物を育てるときに必要ものは3つ。水と二酸化炭素と、あとひとつは？

虫めがねを使って、太陽の光で紙をこがせるのはどうして？

読んだ日にち（　年　月　日）（　年　月　日）（　年　月　日）

太陽の光を集める

みなさんは虫めがねを使って太陽の光を紙にあて、こがしたことはありますか。天気がいいときには、数秒で紙がこげはじめて、もえてしまうこともあります。どうして虫めがねを使うと、紙がこげるのでしょうか。

虫めがねに使われているレンズは「凸レンズ」といい、中心部分がふくらんだ形をしています。このレンズに光を通すと、光はまっすぐに進まずに、曲がります。この現象を「屈折」といいます。さらに、凸レンズを通って屈折した光は、一か所に集まるという性質があります。そのため、虫めがねに太陽の光を通すと、光が一か所に集まるのです。

なぜあつくなるの？

凸レンズで集められる光の量は、レンズの面積に比例します。直径が二倍になれば、四倍の光を集めることができます。また、レンズと紙のきょりをかえると、紙にあたる光の面積がかわります。光があたる部分が小さいほど、単位面積あたりの光の量が多くなります。

太陽の光は、ものにあたると熱を出すはたらきをするため（↓42ページ）、一か所に集めると、その部分の温度は高くなります。

つまり、虫めがねで、紙とのきょりと角度をうまく調節し、光があたる部分を一点にすれば、その部分の温度はとても高くなるのです。直径一〇センチメートルぐらいの虫めがねであれば、紙はかんたんにこげたり、もえたりします。

このとき、黒い紙を使うと、白い紙のときよりもより多くの光を吸収して熱になるため、こげやすくなります。

虫めがねに太陽の光を通すと、レンズを通った光は曲がって、1か所に集まる。このとき、虫めがねを上下に動かしてみると、集まる光の大きさがかわる。

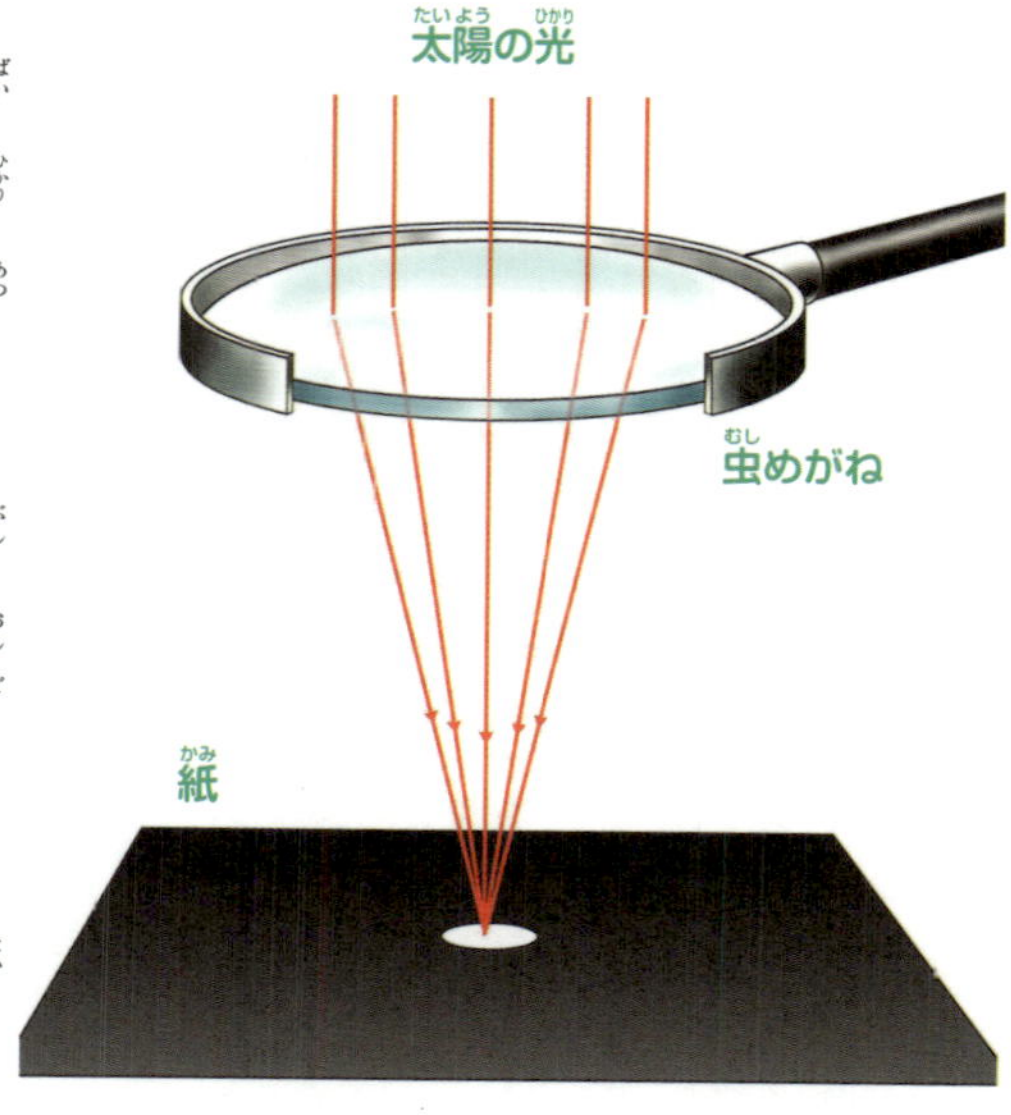
太陽の光
虫めがね
紙

一点に光を集めるため、虫めがねの下の紙は高温になる。

ここがポイント！
虫めがねで一か所に光を集めると、光があたった場所が高温になって紙がこげる。

281ページのこたえ　光

おはなしクイズ　凸レンズを通った光がまっすぐ進まずに、曲がることを何という？

歯は鉄よりもかたい！

読んだ日にち(　　年　　月　　日)(　　年　　月　　日)(　　年　　月　　日)

いちばんかたいところ

人間のからだのなかで、いちばんかたいところはどこだと思いますか？　骨ではありません。骨よりもかたいところ、それは歯です。

物質のかたさをあらわす「モース硬度」という基準によると、人間の歯は、かたいほうから四つ目の「七」にあたります。鉄のモース硬度が「四」で、ガラスが「五」ですから、歯は鉄やガラスよりもかたいということになるのです。

ただし、モース硬度が「七」になるのは、歯の表面をおおっている、「エナメル質」とよばれる部分だけです。エナメル質の内がわにある、「象牙質」という部分のモース硬度は「五～六」になります。

エナメル質がこれほどかたいのは、象牙質のさらに内がわに、「歯髄」という部分があるからです。歯髄は、神経や血管が集まっていて、歯に酸素や栄養をあたえるたいせつなところなので、かたいエナメル質に守られているというわけです。

歯をとかすミュータンス菌

そんなエナメル質の成分をとかして、やがて歯をスカスカにしてしまうものがいます。それは、歯の表面にくっついた、「ミュータンス菌」という細菌です。この菌は、食べものにふくまれる「糖分」を使って「酸」をつくり、歯をとかしてしまいます。これを「脱灰」といいます。

ふつう、酸にとかされた歯はだ液によってもとどおりになりますが、脱灰があまりにも進むと、歯はもとどおりになりません。これが虫歯といわれる状態です。

ここがポイント！

人間の歯の表面をおおっている「エナメル質」は、鉄やガラスよりもかたい。

身近なもののモース硬度

※数字が小さいものほどやわらかく、大きいものほどかたい。

1
チョーク
2
岩塩
3
サンゴ
4
鉄
5
ガラス
6
オパール
7
エナメル質
象牙質
歯
歯髄
8
エメラルド
9
ルビー
10
ダイヤモンド

神経や血管が集まっていて、歯に酸素や栄養をあたえる歯髄を守っているため、歯のエナメル質はかたくなっている。

282ページのこたえ　屈折

おはなしクイズ　人間の歯の表面をおおっている部分を何という？

たつまきはどうして起こるの？

読んだ日にち（　　年　　月　　日）（　　年　　月　　日）（　　年　　月　　日）

9月 9日 のおはなし

地球 気象

たつまきのしくみ

たつまきは、空気が高速で回転し、強い風を引きおこす現象です。

たつまきが発生するのは、おもに台風や低気圧（→65ページ）によって、「積乱雲」という雲ができたときです。積乱雲は、あたたかい空気の下につめたい空気が入りこんで、上向きの空気の流れが起きてできる雲です。

大きくなった積乱雲の下のほうで、向きのちがう風がべつべつの方向からふきこんでくると、上向きの空気の流れは回転をはじめ、うずをつくります。このうずが、たつまきになるのです。また、たつまきが発生すると、ろうとのような形をした雲ができます。

とても強いたつまきの力

たつまきは短い時間で消えますが、大きな破壊力をもっています。トラックや家を、そのままふきとばしてしまうほどです。木をなぎたおしたり、列車を脱線させたりもします。

また、上向きの空気の流れによって飲みこんだがれきや石などを、まわりにすごいスピードでばらまきます。

ただ、とつぜん起こってすぐに消えてしまうので、たつまきのしくみについてはまだわかっていないことも多く、あまり正確に予測することができません。日差しがさえぎられて暗くなったり、かみなりがきこえたりするような天気の変化が見られた場合には、たつまきに注意しましょう。

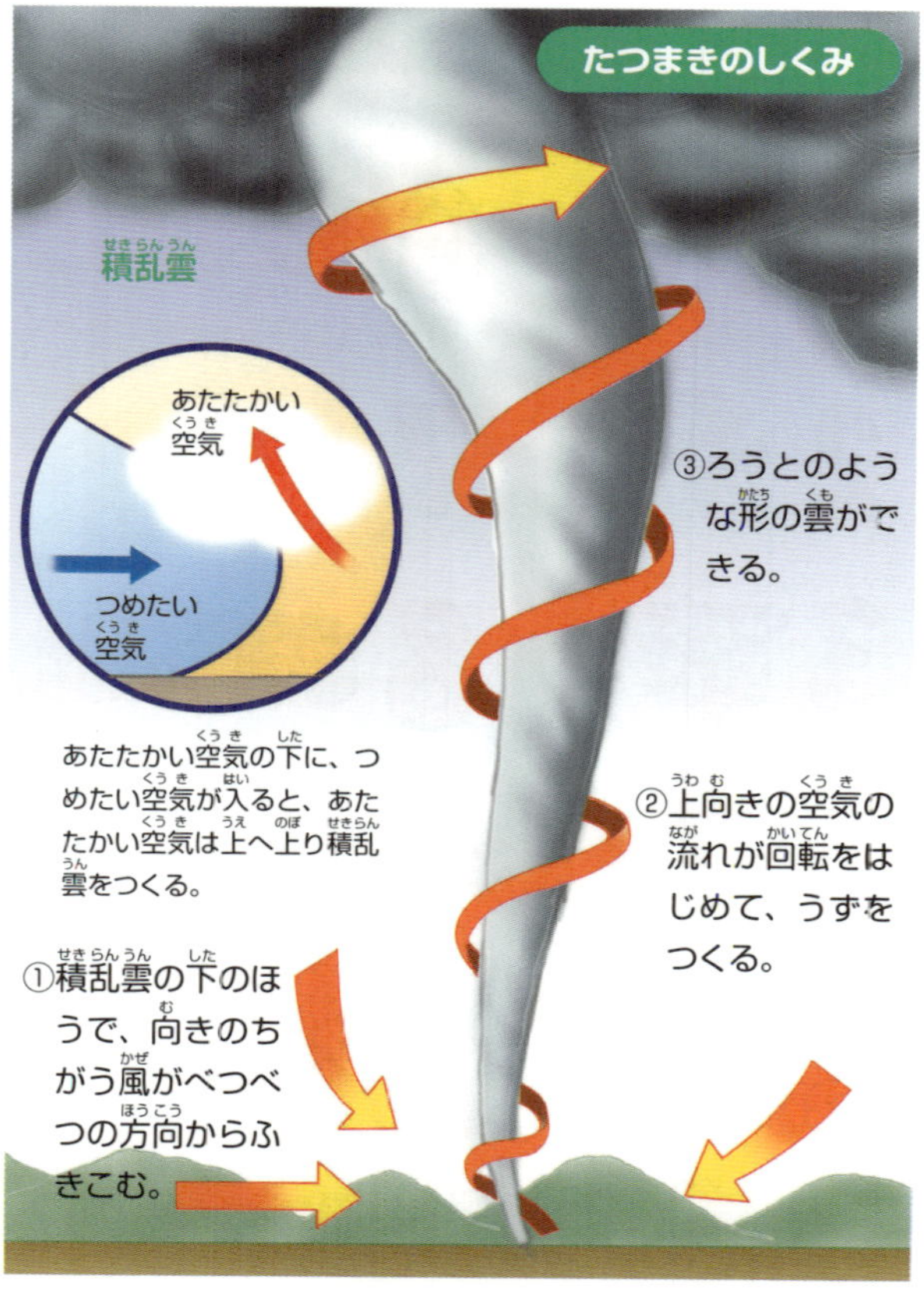

たつまきのしくみ
積乱雲
あたたかい空気
つめたい空気
あたたかい空気の下に、つめたい空気が入ると、あたたかい空気は上へ上り積乱雲をつくる。
①積乱雲の下のほうで、向きのちがう風がべつべつの方向からふきこむ。
②上向きの空気の流れが回転をはじめて、うずをつくる。
③ろうとのような形の雲ができる。

ここがポイント！
大きくなった積乱雲の下で、向きのちがう風がふきこんでくると、上向きの空気の流れがうずになり、たつまきが起こる。

283ページのこたえ　エナメル質

おはなしクイズ　たつまきをつくる原因となる雲の名前は？

クラゲのからだはどうしてとうめいなの？

読んだ日にち（　年　月　日）（　年　月　日）（　年　月　日）

生命
動物

とうめいなゼリー状の物質

水族館に行くと、たくさんのクラゲを見ることができますね。

クラゲは、からだの九九パーセント以上が水分でできています。骨はありませんが、そのかわりに、「間充ゲル」というゼリー状の物質で形をたもっています。この間充ゲルがとうめいなので、クラゲはとうめいに見えるのです。

からだがこわれやすいクラゲですが、恐竜がいた時代よりもずっと昔、五億年以上前から海をただよっていたと考えられています。

水のなかをただようクラゲ。

クラゲのからだのつくり

クラゲのえさは、小さなプランクトンや小魚などです。プランクトンの場合は、口に入ってきたものをそのまま食べます。しかし、小魚の場合は、近づいてきたところに毒針をさして、弱らせてから食べます。クラゲの丸いかさのふちには、たくさんの触手がはえており、この触手の表面に、「刺胞」という毒針を出すふくろがあるのです。一ぴきのクラゲがもつ刺胞の数は、数十億こ以上といわれています。

クラゲの口はかさのうらにありますが、おしりのあなはどこにもありません。そのため、口から入ったえさの食べのこしやふんは、ふたたび口からはきだされます。

また、人間の場合、からだに必要な栄養分は、心臓から送りだされる血液によって全身に運ばれますが、クラゲは心臓をもっておらず、血液も流れていません。クラゲが口に入れたえさは、「胃腔」という部分でとかされ、栄養分はそこからのびる「放射水管」というくだを通して、からだ中に運ばれます。このとき、栄養分を行きわたらせるため、クラゲはかさをプカプカと動かします。

クラゲのからだ

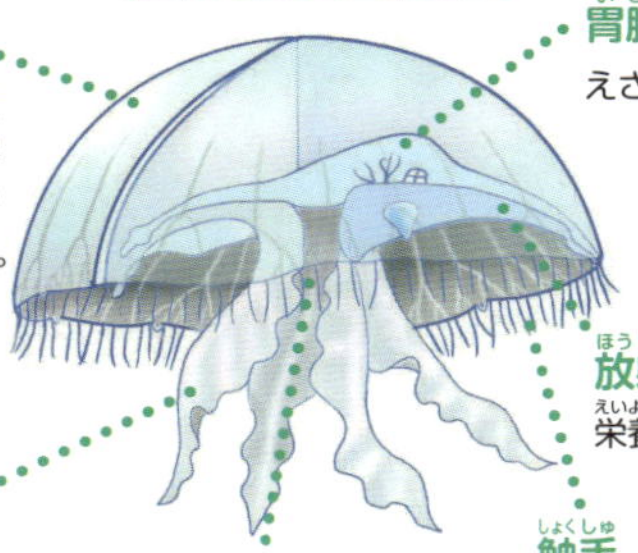
かさ
プカプカと動いて、栄養分を行きわたらせる。
胃腔
えさをとかす。
放射水管
栄養分を運ぶ。
口腕
えさをつかまえる。
口
食べのこしやふんもはきだす。
触手
表面に、毒針を出す刺胞がある。

ここがポイント！
形をたもつ物質がとうめいなので、クラゲはとうめいに見える。

284ページのこたえ
積乱雲

おはなしクイズ クラゲの触手の表面にある、毒針を出すふくろを何という？

バットの両はしで力くらべをしたら、どっちが勝つ？

読んだ日にち（　年　月　日）（　年　月　日）（　年　月　日）

てこの原理がはたらく

だれかといっしょに、バットの両はしをもってまわしあい、力くらべをしたことはありますか？

このとき、みなさんがバットの太いほうをもち、相手が細いほうをもつと、みなさんのほうが勝ちやすくなります。これは、相手が大人の場合でも同じです。大人のほうが力は強いはずなのに、なぜ勝つことができるのでしょうか。

バットの断面は円の形をしていますが、力をかける位置が、その円の中心から遠くなるほど、まわす力は小さくてすみます。

たとえば、円の中心からのきょりが二倍だと、バットをまわす力は二分の一になり、きょりが三倍になると、力は三分の一になるのです。これを「てこの原理」といいます。てこの原理を利用すれば、小さな力で大きなものを動かすことができます。

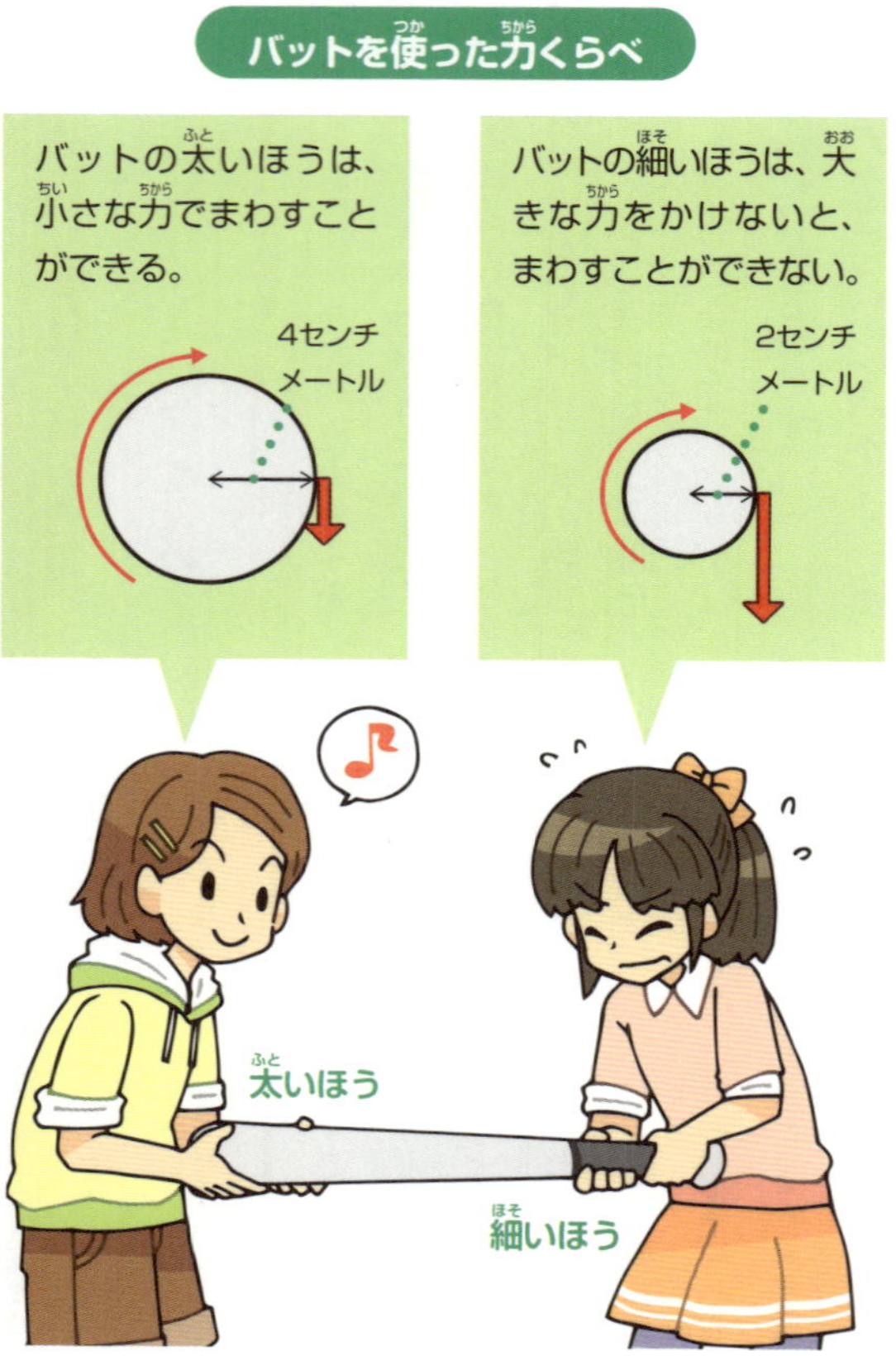
バットを使った力くらべ
バットの太いほうは、小さな力でまわすことができる。
4センチメートル
バットの細いほうは、大きな力をかけないと、まわすことができない。
2センチメートル
太いほう
細いほう

太いほうが小さな力ですむ

バットの太いほうは、細いほうにくらべて、力をかける位置が円の中心より遠くなります。太いほうの半径が四センチメートル、細いほうの半径が二センチメートルだった場合、太いほうをもった人は、細いほうをもった人の半分の力を出せば、相手と力がつりあうのです。そして、その半分の力より、ほんの少しでも強く力を出せば、力くらべに勝てます。

てこの原理を利用したものは、ほかにもたくさんあります。ねじをしめたりゆるめたりするドライバーは、もち手（力をかける部分）が太くなっているため、小さな力でねじをまわすことができます。

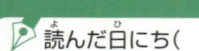

ここがポイント!

バットの両はしをもって力くらべをすると、太いほうをもった人が勝ちやすくなる。

おはなしクイズ　バットの太いほうをもった人が力くらべに勝ちやすい理由は、何という原理で説明できる？

285ページのこたえ　刺胞

宇宙って、どうやってできたの？

読んだ日にち（　年　月　日）（　年　月　日）（　年　月　日）

とつぜんうまれた宇宙

宇宙ができる前、そこは空間も物質も何もない状態でした。そのような状態から、小さな点がうまれて、一気にふくらみました。現在の科学では、これが宇宙のはじまりだと考えられています。

一気にふくらんだ宇宙は、大量のエネルギーによって、高温の火の玉のようになりました。これを「ビッグバン」といいます。そのあとも宇宙は、どんどんふくらみながら、ゆっくりひえていきました。そのなかで、すべての物質のもとになる小さなつぶがうまれ、やがてそこから水素やヘリウムなどの物質がうまれました。

銀河ができるまで

宇宙がうまれて数億年がたつと、宇宙空間にただよっていた物質やガスがたくさん集まって、星がうまれました。そうやって次つぎと星がうまれ、やがて星がたくさん集まる部分ができました。このたくさんの星が集まった部分が銀河（→218ページ）になったのです。

さらに、宇宙がうまれて九〇億年ほどたったころ（約五〇億年前）、銀河のひとつ、天の川銀河のなかで、太陽のもとになる星ができました。これを「原始太陽」といいます。原始太陽はまわりの物質やガスを引きよせ、どんどん成長して太陽になりました。そして、太陽が引きよせた物質どうしがぶつかり、くっつきながら大きくなって、惑星ができていきました。

このように長い年月をかけて、今の宇宙はできていったのです。ちなみに、宇宙は今もふくらみつづけて、広がっています。

宇宙の歴史
小さな点が一気にふくらむ。
ビッグバンにより、宇宙空間がさらにふくらむ。このとき、物質がうまれる。
数億年後 星がうまれる。やがて、星が集まり銀河になる。
約90億年後～ 天の川銀河のなかに、太陽と惑星ができる。

ここがポイント！
宇宙は、何もないところにうまれた小さな点が一気にふくらんだことで、できたと考えられている。

286ページのこたえ　てこの原理

おはなしクイズ　宇宙が一気にふくらんで高温の火の玉のようになったことを何という？

マグニチュードと震度はどうちがうの？

読んだ日にち（　年　月　日）（　年　月　日）（　年　月　日）

地震の規模をあらわす

地震が起こると、すぐにニュース速報などで、震源の場所や深さとともにマグニチュードと震度という数字が発表されます。このふたつには、どんなちがいがあるのでしょうか。

まず、マグニチュードとは、地震そのものの規模をあらわす数字で、その地震が、どれだけのエネルギーをもっていたかをしめすものです。

マグニチュードが一大きくなると、地震のエネルギーは約三二倍になり、二大きくなると約一〇〇〇倍にもなります。つまり、マグニチュード七の地震のエネルギーは、マグニチュード五の一〇〇〇倍にもなるわけです。

ゆれの強さをあらわす

いっぽう、地震によるその場所のゆれが、どのくらいの強さだったかをあらわす数字が震度です。震度〇から七までの、一〇段階があります（震度五と六には、それぞれ「強」と「弱」のふたつがあります）。

たとえ、マグニチュードの大きな地震でも、震源が深いときや、自分のいる場所から遠い場合は、震度は小さくなります。反対に、震源が近ければ、マグニチュードが小さくても、震度が大きくなることがあります。

二〇一一年の東日本大震災のときは、マグニチュード九という、日本の歴史のなかでもとくに大きな規模で、最大震度は七と、たいへんはげしいゆれとなりました。

震度3
遠い
マグニチュード
5

震度4
近い
マグニチュード
4

マグニチュード（地震の規模）が小さい地震でも、震源が近ければ、マグニチュードの大きな地震よりも震度（ゆれの強さ）が大きくなることもある。

ここがポイント！
マグニチュードは地震の規模を、震度はその場所のゆれの強さをあらわす。

おはなしクイズ その場所での地震のゆれの強さをあらわすのは何？

287ページのこたえ ビッグバン

大昔は、もっと大きなゾウのなかまがいた！

読んだ日にち（　　年　　月　　日）（　　年　　月　　日）（　　年　　月　　日）

生命　動物

約一万年前に絶滅した

現在では、アフリカゾウというゾウが、陸上でもっともからだの大きい動物だといわれています。しかし、大昔にはもっと大きいゾウのなかまがいました。それがマンモスです。

マンモスのもっとも大きな種類は、高さが約五メートルで、長いきばをふくめた体長は、約九メートルもありました。

マンモスは、北半球の広い範囲で繁栄していたといいます。しかし、約一万年前に絶滅してしまったため、今はもういません。

マンモスが絶滅した理由については、いくつかの説があります。なかでも有力とされているのは、気候がかわったことで、食べものがなくなったからだという説です。

マンモスが生きていたのは、「氷河期」とよばれるとても寒い時代でした。そのころの大地には、かんそうした草原が広がっており、マンモスはそこで植物を食べていたのです。しかし、氷河期が終わって地球があたたかくなると、ちがう種類の植物がふえ、マンモスが食べられるものが少なくなり、ほろびたといわれています。

人間にほろぼされた？

また、人間がマンモスをほろぼした、という説もあります。

マンモスが生きていた時代の人間は、狩りなどを行って生活していました。人間にとって、マンモスは大量の肉を手に入れられるえものだったため、たくさん狩られて、ほろびたというものです。

絶滅した理由については、ほかにも巨大なあらしや新しいウイルスなど、複数の説があります。

ここがポイント！

マンモスは、最大で高さが約五メートル、体長は約九メートルもある巨大な動物だったが、約一万年前に絶滅した。

マンモスとゾウ

松花江マンモス　もっとも大きなマンモス。高さ約5メートル、体長約9メートル。

アフリカゾウ　高さ約3メートル、体長約7メートル。

マンモスは大きい！

288ページのこたえ　震度

おはなしクイズ　マンモスが絶滅したのは、どのくらい前のこと？

からだの細胞は、入れかわっている！

読んだ日にち（　年　月　日）（　年　月　日）（　年　月　日）

9月15日のおはなし

生命　人体

古い細胞と入れかわっている

人間のからだは、数十兆この細胞からできています。

この細胞のなかで、脳の神経細胞と心臓の筋肉細胞以外の細胞は、ひとつの細胞がふたつに分裂する細胞分裂によって、新しい細胞がうまれ、古い細胞と入れかわっています。古い細胞は死んで、うんちやおしっこといっしょに、からだの外に出されます。

古い細胞が死んで、新しい細胞と入れかわるまでの日数は、からだの部分によってちがいます。たとえば、食べたものを消化・吸収する胃や腸の表面の上皮細胞は、消化液などの強い刺激を受けることから、一日ほどで死んで、新しい細胞と入れかわっています。

太陽の紫外線などの刺激を受ける皮ふの表面の表皮細胞は、三〇日ほどで入れかわっています。からだをあらうと、あかが落ちますが、これは死んだ皮ふの表皮細胞です（→360ページ）。

細胞が分裂しなくなると

年をとると、細胞分裂がうまくできなくなります。新しい細胞をつくれないと、古い細胞や、きずがついた細胞を使いつづけることになります。この古い細胞がふえた状態が「老化」です。

また、寿命にかかわる細胞が分裂できるのは、約五〇回までだといわれています。もし、すべての細胞が約五〇回分裂するまで生きたとしたら、人間は一二〇歳になります。つまり、いっさいけがや病気をしなかったら、計算上では、人間は一二〇歳まで生きられることになります。

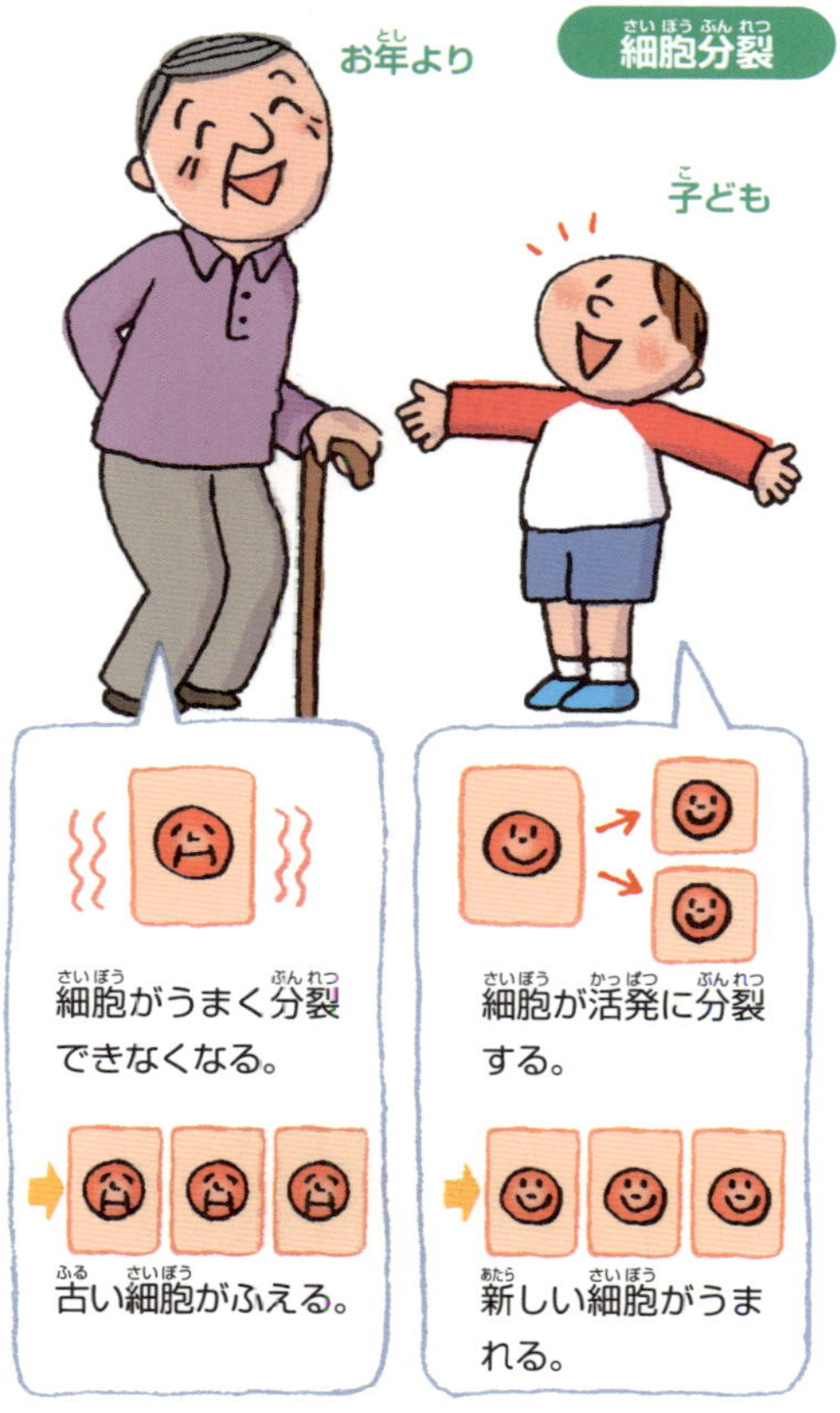

細胞分裂
お年より
子ども
細胞がうまく分裂できなくなる。
古い細胞がふえる。
細胞が活発に分裂する。
新しい細胞がうまれる。

ここがポイント！

人間のからだのなかでは、古い細胞が死んで新しい細胞と入れかわっている。

289ページのこたえ　約一万年前

おはなしクイズ　胃や腸の上皮細胞は、何日ほどで入れかわっている？

宇宙からは、からだに害をあたえる宇宙線がふりそそいでいる！

読んだ日にち（　年　月　日）（　年　月　日）（　年　月　日）

地球 宇宙

宇宙線って何？

宇宙空間では、「宇宙線（宇宙放射線）」とよばれる、高いエネルギーの小さなつぶが、光とほとんど同じ速さでとんでいます。

地球にもたくさんの宇宙線がとんできており、地球の大気にぶつかりながら、たくさんふりそそいでいます。では、宇宙線はどこから来ているのでしょうか。

この宇宙線は、太陽系から遠くはなれたところで起きた「超新星爆発」によるものだと考えられています。超新星爆発は、太陽の八倍以上重い星が一生のさいごに起こす現象で、中心にはブラックホール（↓239ページ）などの天体がのこり、星の外がわの層は、ものすごいいきおいでふきとばされます。そのとき、爆発を起こした星のまわりにあった物質にエネルギーがくわわり、宇宙線となって宇宙空間にとばされるのです。

宇宙線は危険？

宇宙線は、放射線（↓113ページ）と同じように、わたしたち生きものの細胞のなかの、遺伝子が入っている「DNA」（↓95ページ）をきずつけてしまいます。

ただ、地上にいるわたしたちには、地球のぶあつい大気のおかげで大きな影響はありません。

しかし、宇宙にいる宇宙飛行士は、長い間、大量に宇宙線をあびることになるので危険です。とくにこの先、たとえば火星へ行くなどで長期間にわたって宇宙空間で生活しなければならない場合は、宇宙飛行士があびる宇宙線の量をへらす対策が必要とされます。

重い星が死ぬときに起こす超新星爆発によって宇宙線がとんでくる。
宇宙線
地球にとんできた宇宙線は、大気にぶつかることで、人間のからだに影響がほとんどないくらいまで弱くなる。

ここがポイント！
重い星の超新星爆発により、宇宙線がとぶと考えられている。

一日 290ページのこたえ

おはなしクイズ 宇宙空間を光と同じ速さでとぶ、高いエネルギーをもったつぶを何という？

川の流れが深さ1600メートルの谷をつくった！

9月 17日のおはなし

読んだ日にち（　年　月　日）（　年　月　日）（　年　月　日）

深さ一六〇〇メートルのさけ目

アメリカのアリゾナ州にある巨大な峡谷、グランドキャニオンは、地球にきざまれた深いさけ目で、約四五〇キロメートルの長さがあります。

さけ目のなかでもとくに深い場所は、なんと一六〇〇メートル以上もあります。そのみごとな景色は、世界遺産にも登録されています。

グランドキャニオンはもともと、平らな土地だったと考えられています。しかし、約七〇〇〇万年前に土地がもりあがって高原地帯となり、さらに約四〇〇〇万年前から、一帯を流れていたコロラド川によって、少しずつ大地がけずられていったのです。

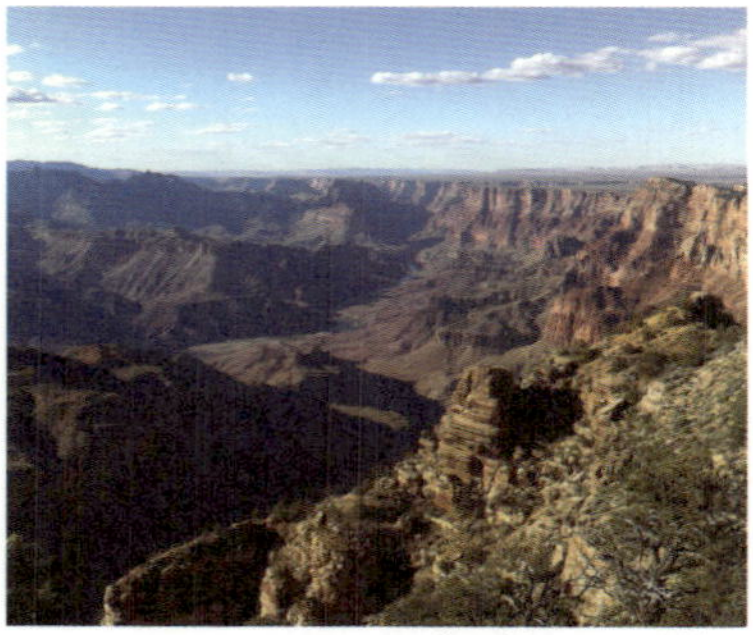

グランドキャニオンのさけ目の深さは、平均で1200メートルある。

川の流れが峡谷をつくる

コロラド川は、一〇〇年に二センチメートルのペースで、川の底をけずっていきました。こうしたはたらきを「侵食」といいます。

コロラド川はしだいに大地を侵食して、谷底を流れるようになり、その谷もどんどん深くなっていきました。そうやって、今から約二〇〇〇万年前に、現在のすがたになったのです。

グランドキャニオンの地層（→267ページ）には、地球の歴史がきざまれています。いちばん浅いところで二億五〇〇〇万年前、いちばん深いところでは一七億年前の地層を見ることができるのです。

さらに、コロラド川の底の岩石は、二〇億年前のものといわれています。

グランドキャニオンができるまで

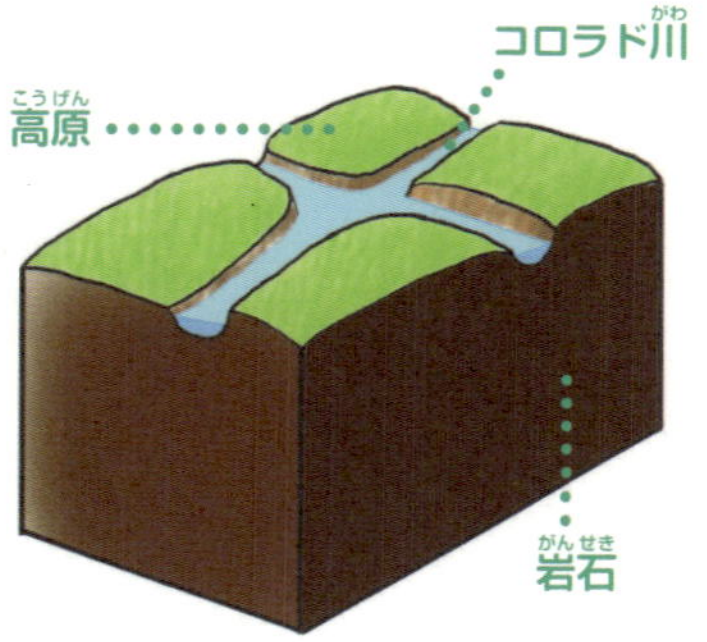
コロラド川
高原
岩石

①約4000万年前から、コロラド川が大地をけずりはじめた。

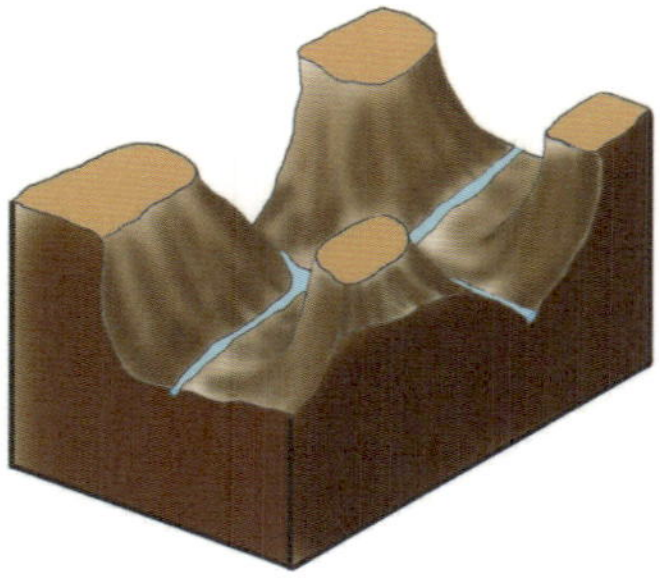

②川の流れによって大地が侵食され、最大で1600メートルもの深さになった。

ここがポイント！
コロラド川による侵食が、長い時間をかけて大地をけずってグランドキャニオンをつくった。

291ページのこたえ
宇宙線（宇宙放射線）

おはなしクイズ グランドキャニオンは、川のどのようなはたらきでできた？

バッタは体長の10倍も高くとべる!

読んだ日にち(　年　月　日)(　年　月　日)(　年　月　日)

生命 虫

うしろあしの筋肉とレジリン

草むらで、バッタをつかまえたことはありますか？

バッタは、自分の大きさの何倍も高いところまでジャンプして、遠くへ行ってしまいます。これは、人間を敵と判断したからです。鳥やカエルなど、多くの動物からえさとしてねらわれやすいバッタは、敵におそわれそうになると高くとびます。

では、バッタはどうしてあんなに高くとべるのでしょうか。

バッタのうしろあしには、とても太い部分があって、そのなかに大きな筋肉が入っています。

さらに、うしろあしの関節には「レジリン」という、ゴムのような物質がふくまれています。

とびだすときのバッタは、うしろあしの大きな筋肉をちぢめて、レジリンにたくわえた力を一気に放出するため、高くとぶことができるのです。たとえるなら、指で曲げた金属のバネが、指をはなすとはじけとぶようなイメージです。

とびだしたあとは、あしをまっすぐのばし、空気の抵抗を受けないようにします。バッタはこうして、最高五〇センチメートル、体長の約一〇倍の高さをとびます。最高点に達したあとは、はねを使ってとぶきょりをのばします。

バッタのとび方

うしろあし

①うしろあしの筋肉をちぢめて、関節にあるレジリンに力をたくわえる。

②筋肉をのばして、レジリンにたくわえた力を一気に放出する。

③最高点に達したあとは、はねを使ってとぶきょりをのばす。

レジリンをもつ生きもの

動物につくノミも、あしのつけ根にレジリンをもっています。レジリンを使って、ノミは体長の約一〇〇倍の高さまでとぶといいます。一生の間に五億回以上はばたくとされるハチも、はねのつけ根にレジリンがあります。

ここがポイント！

バッタは、うしろあしの筋肉をちぢめて、関節にふくまれるレジリンにたくわえた力を一気に放出するため、高くとべる。

292ページのこたえ　侵食

おはなしクイズ　バッタのうしろあしの関節にふくまれる、ゴムのような物質は？

月が見えない日があるのは、どうして？

読んだ日にち(　　年　　月　　日)(　　年　　月　　日)(　　年　　月　　日)

月の形がかわる理由

月は、三日月、半月、満月……と、毎日少しずつ形をかえていきます。これを「月の満ちかけ」といいます。

月は、自分で光を発しているわけではありません。太陽の光を反射して、かがやいています。ですから、わたしたちに見えるのは月の、太陽の光があたっている部分だけです。光があたっていない部分は影になって暗いので、見ることができません。

また、月は地球のまわりをまわっているので、月と地球の位置関係は毎日かわります。そのため、地球から見たときの、光があたっている部分の見え方もかわり、月の形がかわるのです。

見えないけれど昼間も空に

ところが一か月に一度くらい、空が晴れていても、まったく月が見えないときがあります。このときの月を「新月」といいます。

新月の日は、地球から見て、月が太陽と同じ方向にあります。この場合、月は、太陽の光があたっていない部分を地球に向けています。つまり、光があたっている部分がまったく見えないので、月自体が見えないのです。

しかも新月のときの月は、太陽と同じ方向にありますから、見かけの動きも太陽と同じです。つまり、日の出とともに空に昇り、日没とともにしずんでしまいます。ですから、夜空には月はまったく見えません。

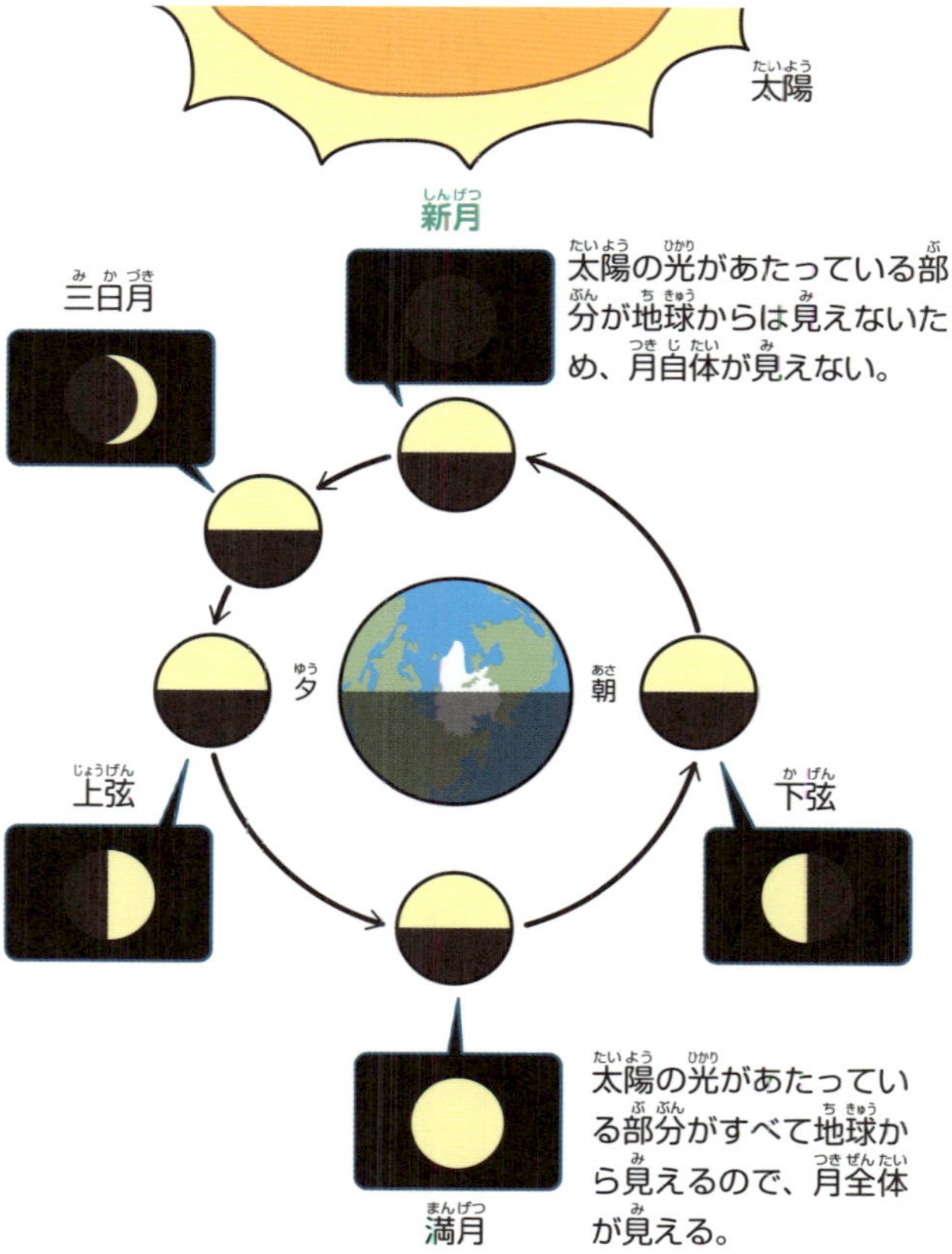

太陽
新月
太陽の光があたっている部分が地球からは見えないため、月自体が見えない。
三日月
夕
朝
上弦
下弦
満月
太陽の光があたっている部分がすべて地球から見えるので、月全体が見える。

ここがポイント！
月が太陽と地球の間にやってくる「新月」のときは、地球からは月が見えなくなる。

293ページのこたえ　レジリン

おはなしクイズ　月が毎日少しずつ形をかえていくことを何という？

空はどうして青いの？

読んだ日にち（　年　月　日）（　年　月　日）（　年　月　日）

太陽の青色の光がちらばる

わたしたちは、太陽の光を一色の光のように感じていますよね。でも、じっさいの太陽の光は、赤色や青色など、さまざまな色の光がまざっています。空が青く見えるのは、太陽の光のなかの、青色の光のせいです。

太陽の光は、地球をとりまく空気の層を通って、わたしたちのいる場所までとどきます。このとき、一部の光は、層をつくる空気のつぶにぶつかって、空にちらばってしまいます。それが青色の光です。

青色の光は、空気のつぶにぶつかると、さまざまな方向にちらばります。青色の光が空一面にちらばっているから、空が青く見えるというわけです。

なお、青色以外の光は、空気のつぶにぶつかってもほとんどちらばらず、まっすぐ進んでいきます。

赤色の光がちらばる夕焼け

では、青い空が赤くそまり、夕焼けとなるのはなぜだと思いますか？

夕方の太陽は、昼間よりも空のひくい位置にあります。そのため、太陽の光は昼間よりも長く、大気の層を通ることになります。

青色の光は、長いきょりを進む間にちらばりすぎてしまい、わたしたちの目までとどきません。

青色の光が見えなくなると、昼間は見えなかった、赤色の光が見えるようになります。赤色の光は、少しだけちらばりながら、まっすぐ進みます。これによって、夕方は空が赤く見えるのです。

空が青く見えるしくみ

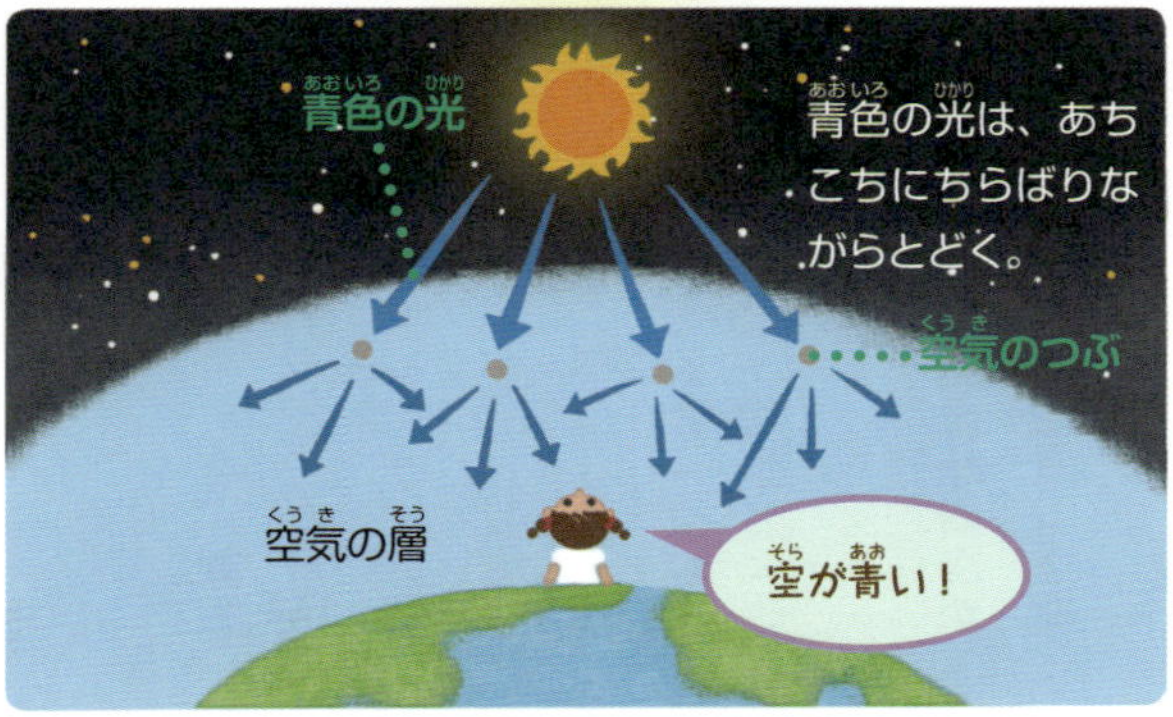
青色の光
青色の光は、あちこちにちらばりながらとどく。
空気のつぶ
空気の層
空が青い！

空が赤く見えるしくみ

青色の光
赤色の光
青色の光は、ちらばりすぎてしまう。赤色の光は、少しだけちらばりながらとどく。
空が赤い！

ここがポイント！
太陽の青色の光が、空気のつぶにぶつかって空一面にちらばると、空が青く見える。

294ページのこたえ
月の満ちかけ

おはなしクイズ 太陽の光が長く空気の層を通って目にとどくのは、昼間と夕方、どちら？

おしっこの色がちがうときがあるのはどうして？

読んだ日にち（　　年　　月　　日）（　　年　　月　　日）（　　年　　月　　日）

黄色いおしっこ

毎日出るおしっこの色を、観察したことはありますか？　よく見ると、色がこいときや、うすいときがありますね。おしっこはだいたいうすい黄色をしていますが、これはおしっこのなかに「ウロクローム」という黄色い物質がふくまれているからです。

ウロクロームは、赤血球のなかのヘモグロビンという物質（→191ページ）からつくられます。

ヘモグロビンは、ひ臓や肝臓という場所で分解されると、「ビリルビン」という物質にかわります。そして、ビリルビンの一部が、おしっこのもとをつくる腎臓という場所でウロクロームになるのです。このウロクロームが黄色いため、おしっこも黄色くなります。

さまざまな色のおしっこ

人間の子どものからだは、約七〇パーセントが水分でできています。からだのなかの水分の量は、いつも同じになるように調節されていて、よぶんな水分はおしっこになって外にすてられます。

水分をたくさんとったときは、よぶんな水分も多くなり、おしっこの量がふえます。そのため、ウロクロームの色がうすまり、ほとんど無色になります。

反対に、たくさんの汗をかくなどしてからだの水分が少なくなったときは、ウロクロームの色がこく出るため、こい黄色になります。

食べものによって、おしっこがこい黄色になることもあります。

血液がまざった赤いおしっこが出たときは、病気にかかっているかもしれないので、おうちの人に相談しましょう。

ふつうのとき

うすい黄色のおしっこ

黄色はウロクロームの色。

水分をたくさんとったとき

ほとんど無色のおしっこ

ウロクロームの色がうすまる。

汗をたくさんかいたとき

こい黄色のおしっこ

ウロクロームの色がこく出る。

ここがポイント！

「ウロクローム」という物質の色が、からだのよぶんな水分の量でこくなったりうすくなったりするため、おしっこの色がかわる。

おはなしクイズ　水分をたくさんとったときのおしっこは、どんな色になる？

295ページのこたえ　夕方

太陽がもえつきてしまうことはないの？

読んだ日にち（　　年　　月　　日）（　　年　　月　　日）（　　年　　月　　日）

地球 太陽

太陽も燃料不足になる？

太陽は、巨大な「水素」のかたまりで、水素を燃料にかがやいています。ところが、長い時間のうちに、太陽の内部では水素がへっていき、水素が変化してできる「ヘリウム」がふえていきます。

エネルギーをつくる、太陽の中心部分にヘリウムの核ができると、中心の温度が上がって、太陽はふくらんでいきます。そして、ふくらんだ分、表面の温度が下がって、太陽の色は赤くなります。

このような、赤く巨大な星を「赤色巨星」とよびます。

年をとった太陽のすがた

太陽は、今から五〇億年後には赤色巨星になり、今の地球の軌道くらいまでふくらむと考えられています。

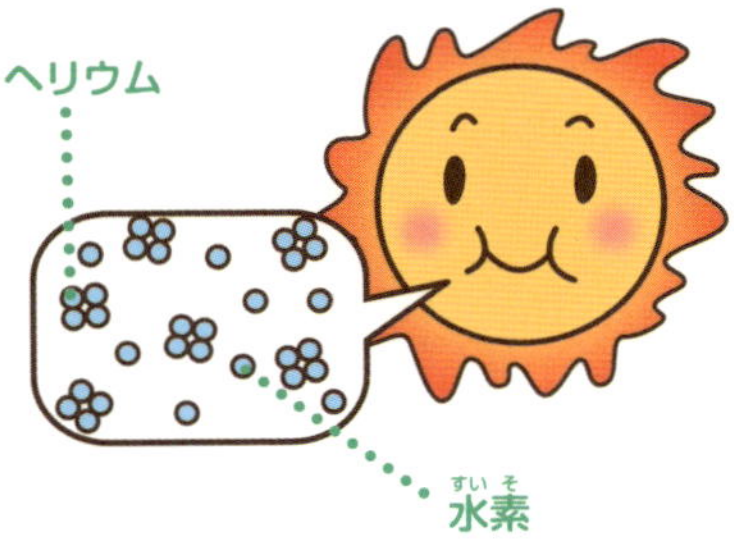
ヘリウム
水素

①中心部分にヘリウムの核ができると、中心の温度が上がって、太陽はどんどんふくらんでいく。

赤色巨星

②ふくらんだ太陽は「赤色巨星」となり、まわりの惑星を飲みこんでいく。

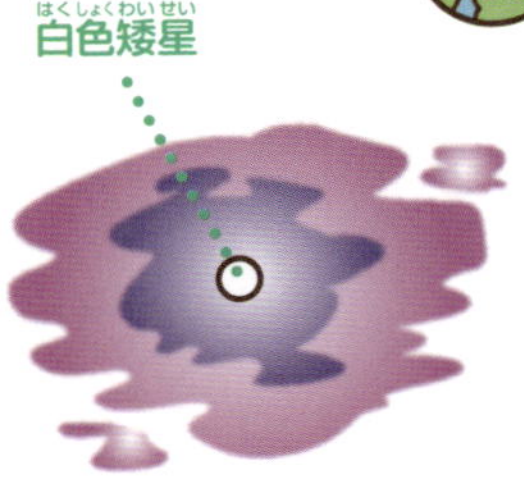
白色矮星

③太陽の表面の層のガスは宇宙空間に広がり、中心部分が白く小さな「白色矮星」になる。

太陽が赤色巨星になると、水星と金星はふくらんだ太陽に飲みこまれてしまうでしょう。しかし、太陽がガスを放出して軽くなることで引力が弱まり、地球の軌道が外がわに移動するため、飲みこまれることはないと考えられています。そして、だんだんと太陽の表面の層のガスが宇宙空間に広がっていき、そのあとには、太陽の中心部が、白くかがやく小さな星となってのこります。この星を「白色矮星」とよびます。

白色矮星は、自分でエネルギーをつくることができないため、ゆっくりとひえて、やがて暗くなっていきます。これが太陽のさいごといっていいでしょう。

ここがポイント！

太陽は五〇億年後には赤色巨星になって、まわりの惑星を飲みこんだあと、白色矮星となり、ひえて暗くなる。

296ページのこたえ
ほとんど無色

おはなしクイズ ふくらんで表面の温度が下がり、赤くなった星を何という？

太陽系に第9惑星があるかもしれない！

読んだ日にち（　年　月　日）（　年　月　日）（　年　月　日）

地球　太陽系

太陽系の九つ目の惑星

太陽系は、太陽と、太陽のまわりをまわっている「惑星」などの天体からできています。太陽系の惑星には、太陽に近い順に、水星、金星、地球、火星、木星、土星、天王星、海王星の八つがあります。太陽系がどこまでかは、はっきり決まっていませんが、だいたい「太陽の影響がとどく範囲」とされています。

太陽からいちばん遠い惑星の海王星までのきょりは、約四五億キロメートルですが、その先の太陽から七五億キロメートルほどはなれたところに、「エッジワース・カイパーベルト」という帯のようにたくさんの天体が広がる部分があります。このエッジワース・カイパーベルトにあるいくつかの天体の軌道を調べた結果、太陽系に九つ目の大きな惑星がある可能性が出てきたのです。

新しい惑星はどんな星？

研究によると、この第九惑星は、質量（重さ）が地球の約一〇倍で、半径は三倍ほど、地球と海王星の中間くらいの大きさで、ガスが集まってできた惑星だと考えられています。太陽からとても遠く、海王星までのきょりの二〇倍はなれたところにあり、太陽のまわりを一周するのにかかる時間は一万～二万年にもなるといいます。

第九惑星は、あまりにも遠く、そして太陽のまわりをまわる道すじがとても大きいため、どこにいるのかさがすのがむずかしく、まだそのすがたを確認できていません。もし第九惑星があるとしても、じっさいに発見できるのがいつになるかはわかりません。

ここがポイント！
第九惑星は、海王星までのきょりの二〇倍はなれたところにある。

エッジワース・カイパーベルトにある天体を調べて、第9惑星がある可能性は見つかったけど、まだだれも見たことはないんだ。
太陽
水星
金星
地球
火星
木星
土星
天王星
海王星

297ページのこたえ　赤色巨星

おはなしクイズ　太陽から75億キロメートルあたりの、多くの天体が集まっている部分を何という？

空気がなくても生きられる生きものがいる！

読んだ日にち（　年　月　日）（　年　月　日）（　年　月　日）

生命
動物

クマのようにゆっくり歩く

地球上のほとんどの生きものは、空気がなければ生きていけません。それは、空気中の酸素という気体が、からだのなかで栄養分とむすびついてエネルギーをつくる（→382ページ）からです。しかし、たとえ空気がない環境でも生きられる生きものがいます。それが、クマムシです。

クマムシは、「緩歩動物」とよばれる生きものです。地球上には、一〇〇〇種類以上の緩歩動物が存在しますが、大きさはどれも〇・〇五～一・五ミリメートルほどしかありません。八本の短いあしで、ゆっくり歩くようすがクマににているため、クマムシとよばれています。

クマムシは北極や南極といった寒いところから、赤道の近くのあついところ、さらに高い山から深い海まで、あらゆる場所にすんでいます。身近な場所では、コケのなかなどにもすんでいます。

かんそう状態になる

まわりに水分がなくなったときのクマムシは、「乾眠」とよばれるかんそう状態になり、たるのような形になるまでちぢみます。

こうなると、死んでしまっているのとほとんど同じ状態になるため、どんな環境でも生きることができます。

たとえば一五〇度というとても高い温度の場所でも、マイナス二〇〇度以下というとてもひくい温度の場所でも、さらに、空気がない宇宙空間でも生きられるのです。宇宙には、強い「放射線」というもの（→113ページ）がとびかっていますが、クマムシはこの放射線にもたえられます。

そして、雨がふるなどしてふたたび水分をえると、また動きはじめることができるのです。

いつものクマムシ

8本（4対）の短いあしで、ゆっくり歩くすがたがクマににている。あらゆる場所にいる。

短いあし

かんそう状態のクマムシ

宇宙でもへいき！

まわりに水分がなくなったときはかんそう状態になり、たるのような形になるまでちぢむ。

ここがポイント！
乾眠状態のクマムシは、空気がない宇宙空間でも生きられる。

298ページのこたえ
エッジワース・カイパーベルト

おはなしクイズ まわりに水分がなくなったときのクマムシは、何とよばれる状態になる？

温度のひくさには限界がある！

読んだ日にち（　年　月　日）（　年　月　日）（　年　月　日）

いちばんひくい絶対零度

○度よりもひくい温度には、「マイナス」ということばがつきますよね。そして、マイナス一度、二度というふうに、温度はどんどんひくくなります。しかし、温度はどこまでもひくくなるわけではありません。「絶対零度」とよばれる、いちばんひくい温度が存在します。

わたしたちがふだん使っている温度の単位を、「摂氏温度（℃）」というのですが、摂氏温度であらわすと、絶対零度はマイナス二七三・一五度になります。

また、「絶対温度（K）」という単位であらわすと、絶対零度はゼロケルビンになります。絶対温度は、物質をつくる、「分子」や「原子」というつぶ（→76ページ）の動きにもとづいた単位です。

分子や原子は、つねに動いています。はげしく動くほど温度が高く、ゆっくり動くほど温度がひくくなります。そして、分子や原子がまったく動かなくなると、ゼロケルビンになります。

なお、温度は絶対零度に近づくことはあっても、じっさいに絶対零度に達することはありません。

いちばん高い温度

絶対零度という、いちばんひくい温度があるように、いちばん高い温度もあるのでしょうか？

じつは、温度の高さには限界がないと考えられています。

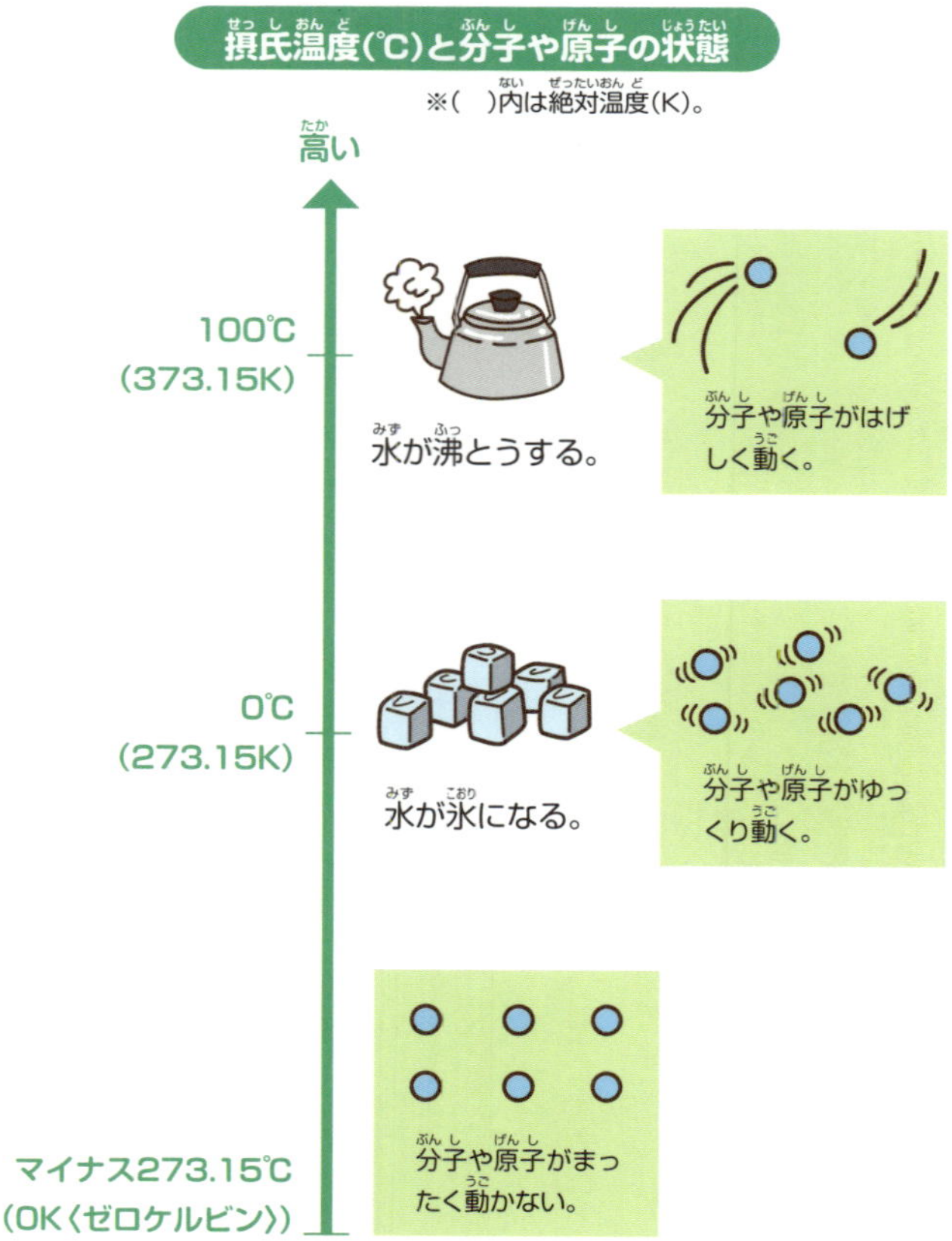

摂氏温度(℃)と分子や原子の状態
※(　)内は絶対温度(K)。
高い
100℃
(373.15K)
水が沸とうする。
分子や原子がはげしく動く。
0℃
(273.15K)
水が氷になる。
分子や原子がゆっくり動く。
マイナス273.15℃
(0K〈ゼロケルビン〉)
分子や原子がまったく動かない。

ここがポイント！
「絶対零度」とよばれる、いちばんひくい温度が存在するが、温度の高さには限界がないと考えられている。

おはなしクイズ 摂氏温度であらわすと、絶対零度は何度になる？

299ページのこたえ 乾眠

台風はどこから来るの？

読んだ日にち（　年　月　日）（　年　月　日）（　年　月　日）

台風がうまれるところ

日本では、夏から秋にかけて、台風がやってきます。では、台風はどこから来るのでしょうか？

台風は、地球を北と南で半分に分ける、「赤道」という境界線の近くの海でうまれます。ここでは太陽の光が強くあたるため、あたためられた海の水が、どんどん水蒸気という気体にかわります。

水蒸気は上空に向かい、やがて「積乱雲」という大きな雲をつくります。

積乱雲は、水蒸気を次つぎに吸いこんで、大きくなります。水蒸気が雲にかわるときには、熱を出すのですが、この熱が積乱雲のなかの上向きの空気の流れを強めます。そして、中心付近の最大風速（一〇分間平均）が毎秒約一七メートル以上になると、「台風」とよばれるのです。また、台風のなかの強い風は、ぐるぐるまわることによって、外がわにひっぱられます。すると、台風の中心部には、あながができます。このあなは、「台風の目」とよばれています。

偏西風と貿易風で移動

地球のまわりには、「偏西風」や「貿易風」といった、大きな帯状の風があります。偏西風は西からふく風で、貿易風は東からふく風です。赤道付近でうまれた台風は、まず貿易風によって北西へ移動し、その後偏西風によって北東へ進んで、日本へ近づくといいます。

ここがポイント！
台風は赤道周辺の海でうまれ、偏西風や貿易風によって日本へ来る。

台風のでき方

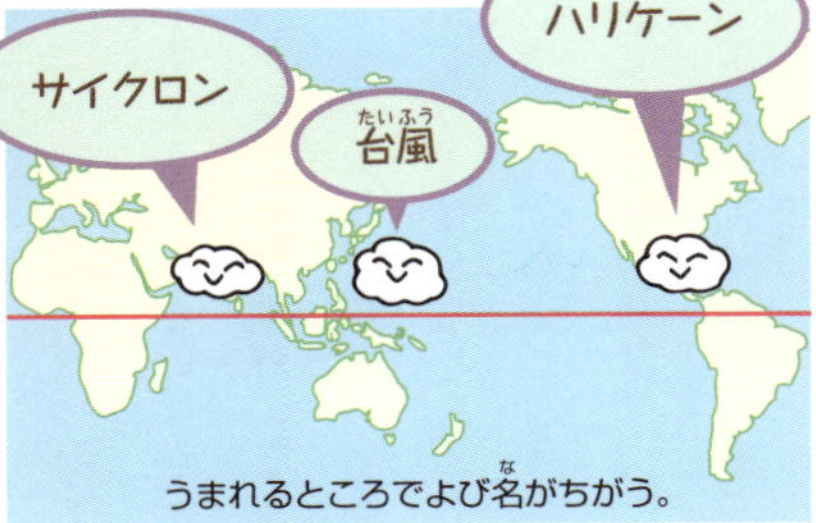
ハリケーン
サイクロン
台風
うまれるところでよび名がちがう。

①赤道周辺のあたたかい海で、台風のもととなる積乱雲ができる。

大きくなる！

②積乱雲は、反時計まわりにまわりながら、水蒸気を吸いこんで成長し、台風となる。

いざ日本へ！

③台風のなかでは、上向きの空気の流れがうずをまく。中心には雲がなく、目ができる。

300ページのこたえ
マイナス二七三・一五度

おはなしクイズ 積乱雲のなかの最大風速（10分間平均）が毎秒約何メートル以上になると、台風とよばれる？

土って何からできているの？

読んだ日にち（　　年　　月　　日）（　　年　　月　　日）（　　年　　月　　日）

9月27日のおはなし

ものの性質　もののなりたち

もとになったのは岩のつぶ

花や野菜を植えるのにかかせない土は、太陽系で地球にしかないものです。大昔、地球の表面には岩しかありませんでした。その岩は、やがて雨や風などの自然の力によって、くだかれたり、けずられたりして、じゃりや砂ができました。まだ、陸上には生きものはいませんでした。

生きものの力で岩が土に！

今から約五億年前、はじめて植物のなかまが陸に上がってきました。コケのような小さな植物で、岩のすきまに根をはりました。

植物が成長したり、かれたりをくり返すと、かれた植物がたまっていきます。これが微生物によってバラバラにされると、養分にかわります。そして、砂などにまじって、土になります。

養分がふえれば、大きな植物がはえ、やがて動物もやってきます。植物がかれ、動物が死ぬと、それもまたバラバラにされて、養分になります。こうして長い時間をかけて、土ができ、土のあつみがましていきました。

土の色は、もとの岩の成分や土にふくまれる「鉄分」などによってちがいます。場所によって土の色がちがうのはこのためです。植物がくさってできた成分が多い黒っぽい土は、養分の多い土です。

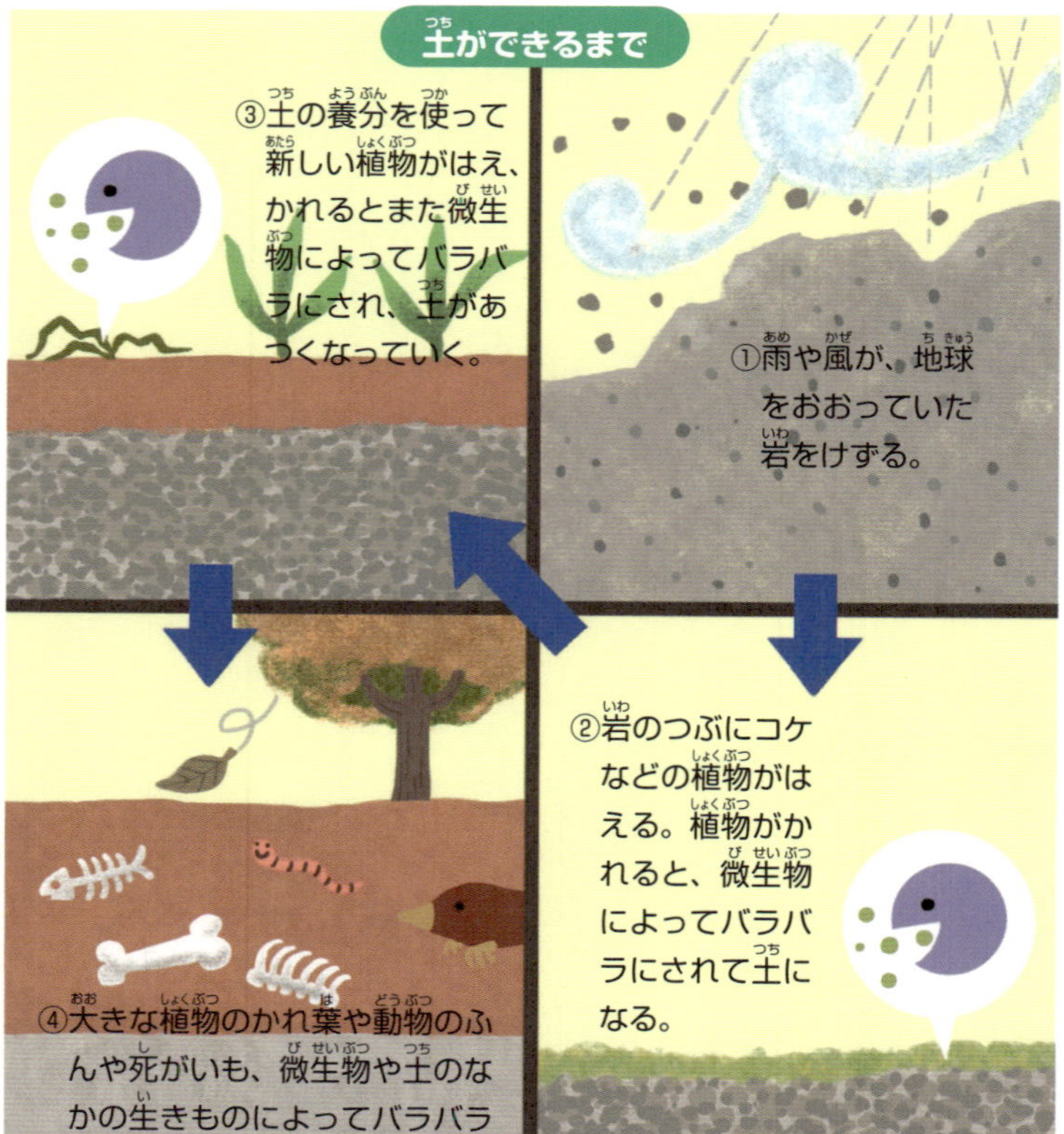

土ができるまで
①雨や風が、地球をおおっていた岩をけずる。
②岩のつぶにコケなどの植物がはえる。植物がかれると、微生物によってバラバラにされて土になる。
③土の養分を使って新しい植物がはえ、かれるとまた微生物によってバラバラにされ、土があつくなっていく。
④大きな植物のかれ葉や動物のふんや死がいも、微生物や土のなかの生きものによってバラバラにされ、どんどん土が広がる。

ここがポイント！
土は岩のつぶと、植物や動物がバラバラになったものからできる。

301ページのこたえ　約一七メートル

おはなしクイズ　かれた植物や動物の死がいは、何のはたらきで養分になる？

地球から見てもっとも明るくかがやく惑星は？

読んだ日にち(　年　月　日)(　年　月　日)(　年　月　日)

明るく見える理由

金星は太陽と月の次に明るく見え、地球から見てもっとも明るくかがやく惑星です。金星がとても明るく見える理由のひとつは、金星が地球にいちばん近い惑星だからです。

また、金星は月と同じように、太陽の光を反射してかがやいているのですが、ほかの天体よりも太陽の光をより多く反射するというとくちょうがあります。これは金星をおおっているあつい雲が、太陽の光のほとんどを反射するからです。

明けの明星、宵の明星

このようにもっとも明るくかがやく金星ですが、夜中に見えることはありません。

これは金星が、地球よりも太陽に近い軌道をまわる惑星だからです。地球から見て、つねに太陽のあるほうにいるため、金星が見える状態になるのは、昼間の間だけです。そのため、空がやや暗い明け方か夕方によく見えるのです（場合によっては昼間に観測できることもあります）。このことから金星は「明けの明星」、「宵の明星」とよばれることもあります。

金星は、地球よりほんの少し小さい惑星で、地球のふたごの星とよばれています。

ただし、金星の大気は約九五パーセントが二酸化炭素（地球の大気は〇・〇四パーセント）で、地表から高さ五〇～七〇キロメートルくらいまで、あつい雲の層におおわれています。二酸化炭素には、太陽の光による熱がにげないようにするはたらきがある（→259ページ）ため、金星は表面温度が約四七〇度という、地球とはまったくことなる環境になっています。

金星の見え方

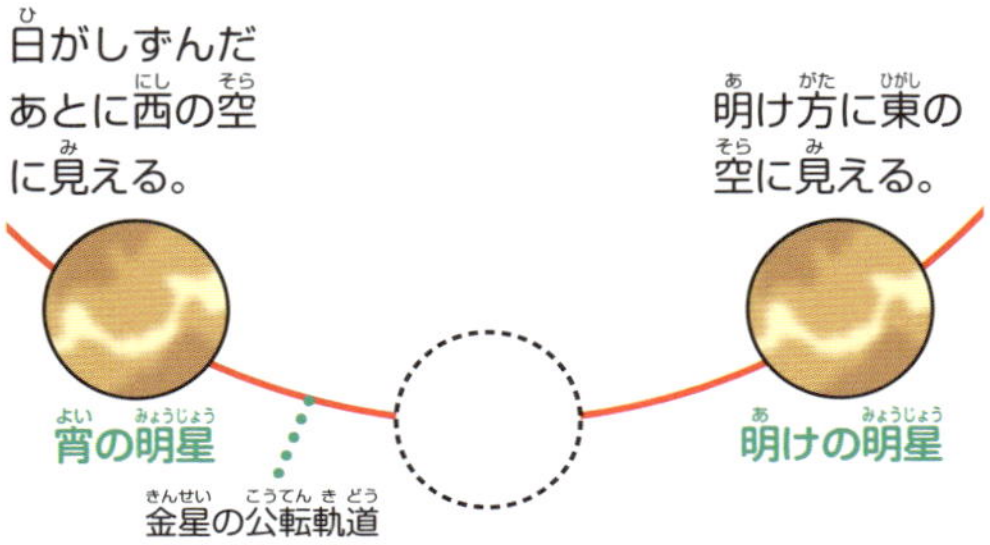
日がしずんだあとに西の空に見える。
明け方に東の空に見える。
宵の明星
明けの明星
金星の公転軌道

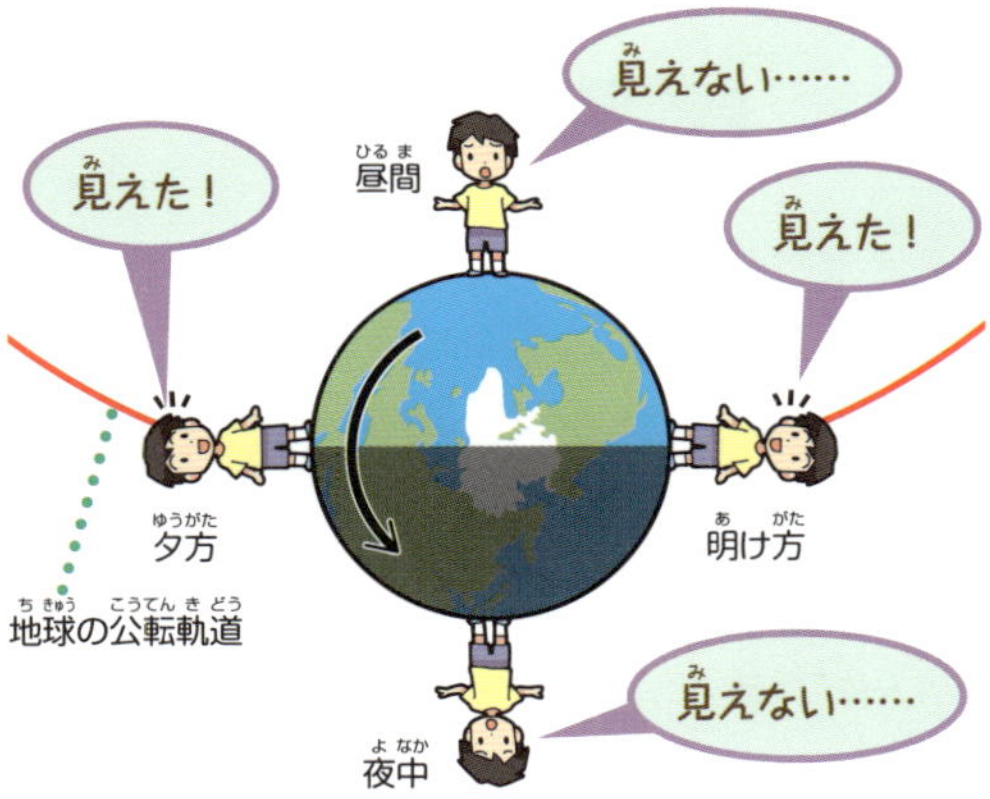
見えない……
昼間
見えた！
見えた！
夕方
明け方
地球の公転軌道
見えない……
夜中

ここがポイント！
太陽系の惑星でもっとも明るくかがやく金星は、「明けの明星」「宵の明星」とよばれ、明け方か夕方にしか見えない。

302ページのこたえ 微生物

おはなしクイズ 金星が明るくかがやいているのは、金星の何が太陽の光をよく反射するから？

どうくつにはふしぎな生きものがすんでいる!

読んだ日にち(　年　月　日)(　年　月　日)(　年　月　日)

目のないサンショウウオ

ヨーロッパにある山の地下には、つめたい水が流れるどうくつがあります。そこにすんでいるのがホライモリです。

ホライモリは、サンショウウオという動物の一種です。しかし、一生を真っ暗などうくつのなかですごすため、ふつうのサンショウウオにはないとくちょうがあります。

まず、ホライモリには目がありません。何も見えない暗やみのなかでは、目をもつ必要がなかったからです。また、からだの色は真っ白で、もようもありません。色によって、太陽の強い光から身を守る必要もなかったからです。

ホライモリは、世界ではじめて発見されたどうくつの生きものです。しかし、からだが細長く、手あしも短いことから、昔の人にはドラゴンの子どもだと信じられていました。

どうくつにすむ生きもの

世界には、どうくつにすむ生きものがたくさんいます。その多くは、ホライモリと同じように目がなくなっていて、からだの色をつくる色素もうすくなっています。昆虫は、あしや触角が長くなっています。

また、えさや酸素の少ないどうくつで生きるため、それらをエネルギーにかえるペースがおそく、とても長生きです。ホライモリのなかには、一〇〇年以上生きたものもいます。

じつは、現在どうくつのなかでくらす生きものも、もともとはどうくつの外でくらす生きものでした。

しかし、時代が寒い気候からあたたかい気候へかわり、空気もかんそうしてきたために、気温がひくく、湿度が高いどうくつのなかにすみかをうつしたといわれています。

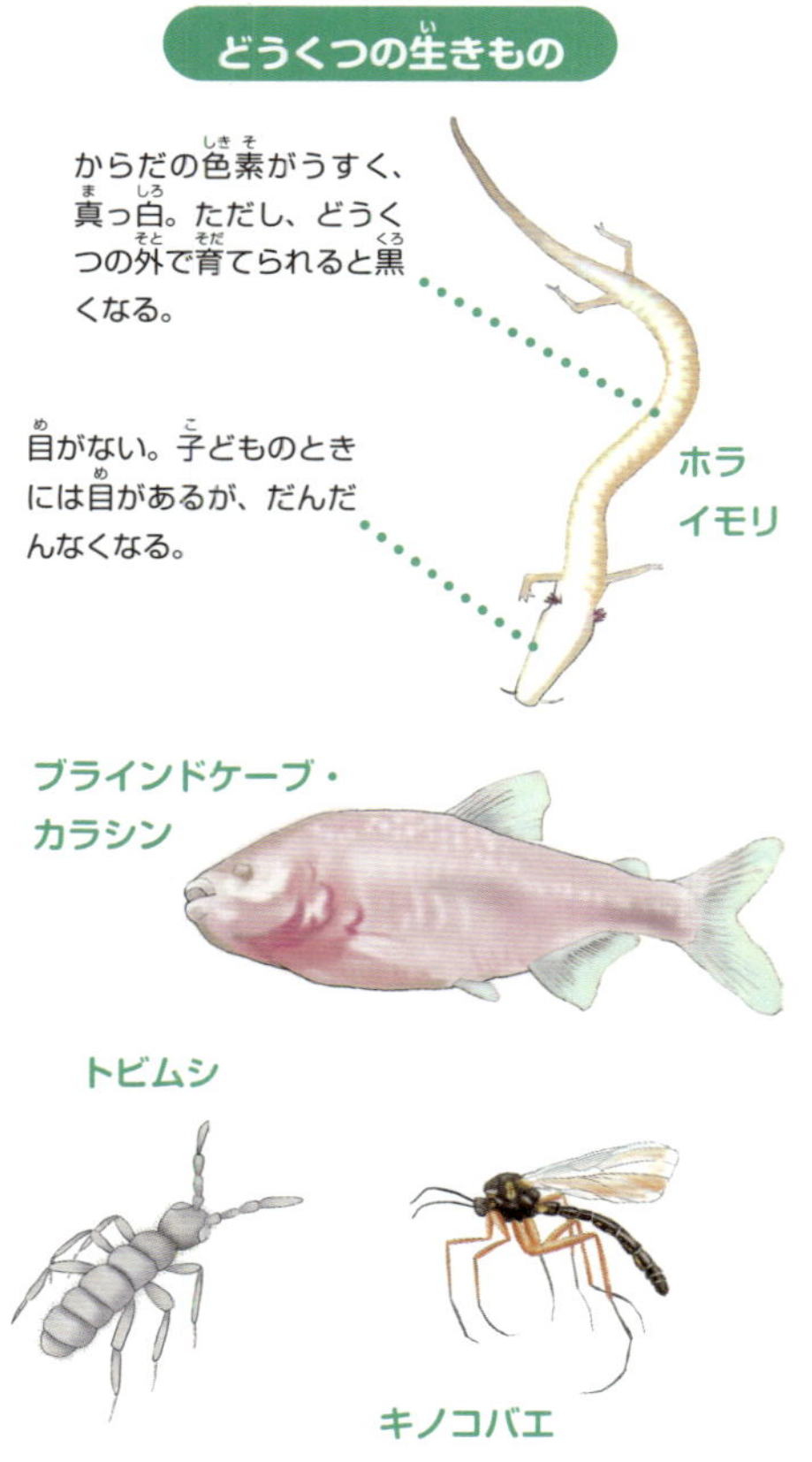
どうくつの生きもの
からだの色素がうすく、真っ白。ただし、どうくつの外で育てられると黒くなる。
目がない。子どものときには目があるが、だんだんなくなる。
ホライモリ
ブラインドケーブ・カラシン
トビムシ
キノコバエ

ここがポイント!
どうくつにすむ生きものは、目がなくなっていて、からだの色素もうすくなっている。

303ページのこたえ　あつい雲

おはなしクイズ　ホライモリは、何の子どもだと信じられていた?

あくびはどうして出るの？

読んだ日にち（　年　月　日）（　年　月　日）（　年　月　日）

脳に酸素を送る？

ねむいときやたいくつなときは、自然とあくびが出てしまいますね。いったいなぜ、あくびは出るのでしょうか。

これまでは、あくびをして空気をたくさん吸うことで、脳に酸素を送っていると考えられていました。ねむくなると、呼吸もゆっくりになって酸素がたりなくなります。あくびをして酸素を送れば、脳がまた活発にはたらくことができるというわけです。

ところがさいきんになって、あくびをしてもからだに入る酸素の量はあまりかわらないことがわかってきました。そのため、現在はほかに理由があるとされています。

考えられる理由のひとつは、筋肉を動かすということです。あくびをして口を大きくあけたり、同時にからだをのばしたりすると、顔やからだの筋肉が動きます。すると脳が刺激され、活発にはたらくようになるといわれています。

きんちょうしているときにあくびが出ることがあるのも、筋肉のきんちょうをゆるめて、脳をはたらかせるためだと考えられています。

あくびがうつるわけ

また、近くにいる人があくびをしていると、つられてあくびが出てしまうことがあります。

これもいくつか説がありますが、よくいわれているのは、あくびをしている人に共感するからだ、というものです。

とくに家族や仲のいい友だちなど、親しい人があくびをしたときには、相手の気持ちを考えて共感しやすいため、あくびがうつりやすいといわれています。

口を大きくあける

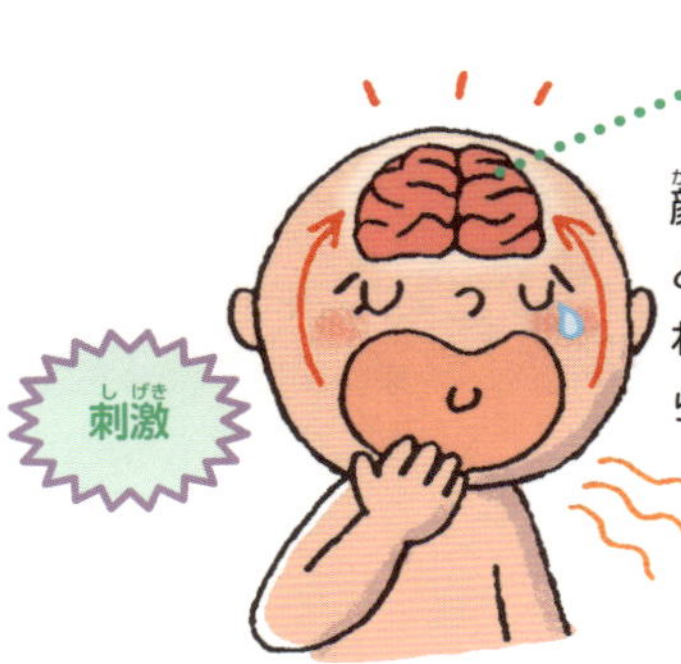
脳
刺激

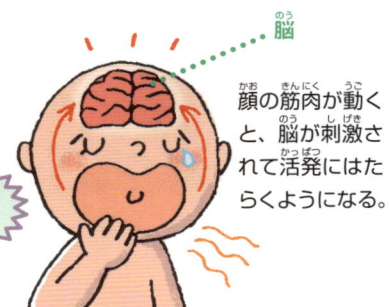

顔の筋肉が動くと、脳が刺激されて活発にはたらくようになる。

からだをのばす

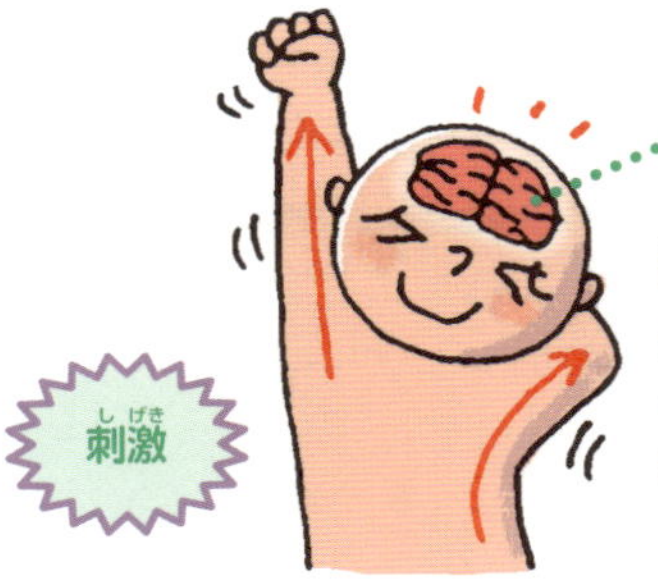
脳
刺激

同じように、からだの筋肉が動くことでも脳が刺激される。

ここがポイント！

あくびをして口を大きくあけると、筋肉が動いて脳が活発にはたらくようになるため、あくびが出るともいわれている。

304ページのこたえ　ドラゴン

おはなしクイズ　あくびをして口を大きくあけたときには、顔やからだの何が動く？

これもは虫類！

大昔にくらしていた恐竜も、は虫類です。鳥は恐竜の子孫だといわれています（→365ページ）。

は虫類

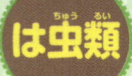

カメやヘビ、トカゲのような、からのある卵をうむ動物です。まわりの温度によって、体温が変化します（→84ページ）。からだはうろこでおおわれていて、肺で呼吸を行います。

両生類

カエルのような、からのない卵をうむ動物です。まわりの温度で体温が変化します。小さなころは水のなかにいて、「えら」で呼吸を行いますが（→56ページ）、大きくなると陸に上がり、肺や皮ふで呼吸します。

これも両生類！

ヤモリとまちがわれやすいイモリは、両生類にふくまれます。なお、ヤモリはは虫類に分類されます（→129ページ）。

魚類

水のなかで、からのない卵をうみます。からだはうろこでおおわれていて、えらで呼吸を行います。体温はまわりの温度によって変化します。

＊本書に掲載しているお話の「ジャンル」では、ほ乳類、は虫類、両生類などは「動物」、鳥類は「鳥」、魚類は「魚」、昆虫やクモなどの節足動物は「虫」としています。

動物のなかまたち

地球には、さまざまな動物がくらしています。どのようななかまがいるのか、また、どこがちがうのか見ていきましょう。

動物は背骨があるかないかで、「せきつい動物」と「無せきつい動物」に分けることができます。ライオン、ニワトリ、カメ、カエル、魚などはせきつい動物です。バッタやチョウなどの昆虫やアサリ、ミミズなどは無せきつい動物です。せきつい動物は、次の5種類に分類できます。

ほ乳類

ライオンやキリンのような、赤ちゃんをうむ動物です。人間もほ乳類にふくまれます。まわりの温度によって、体温が変化しません。からだには毛がはえていて、「肺」で呼吸を行います（→382ページ）。

これもほ乳類！

海でくらすクジラも、ほ乳類です。クジラの一種であるイルカも、ほ乳類にふくまれます（→91ページ）。

鳥類

からのある卵をうみます。ほ乳類と同じように、まわりの温度で体温が変化しません。からだは羽毛でおおわれていて、肺で呼吸を行います。

からだのなかのいろいろな臓器

わたしたちのからだのなかにはたくさんの「臓器」があり、それぞれが、生きるうえでかかせないさまざまなはたらきをしています。

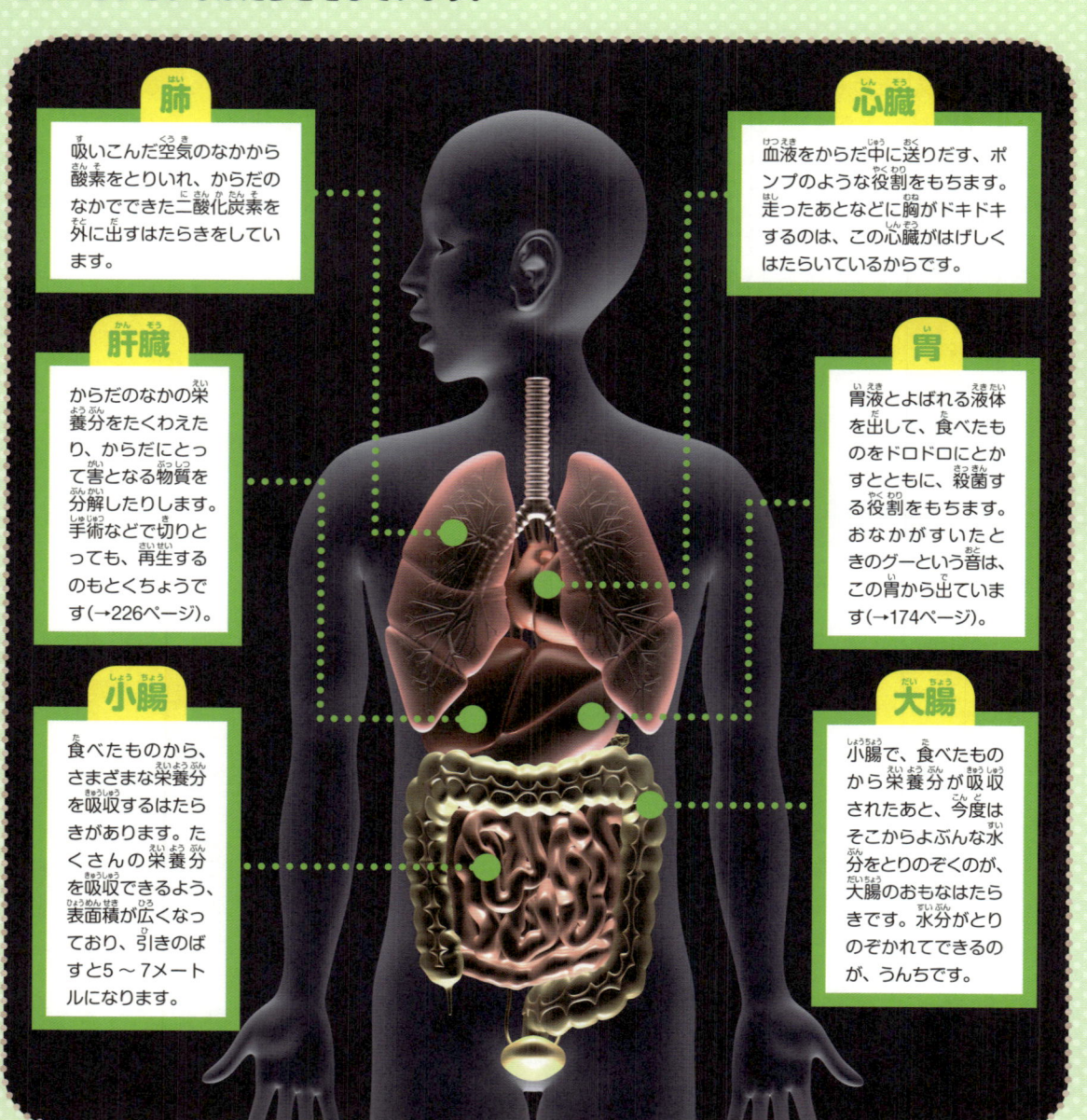

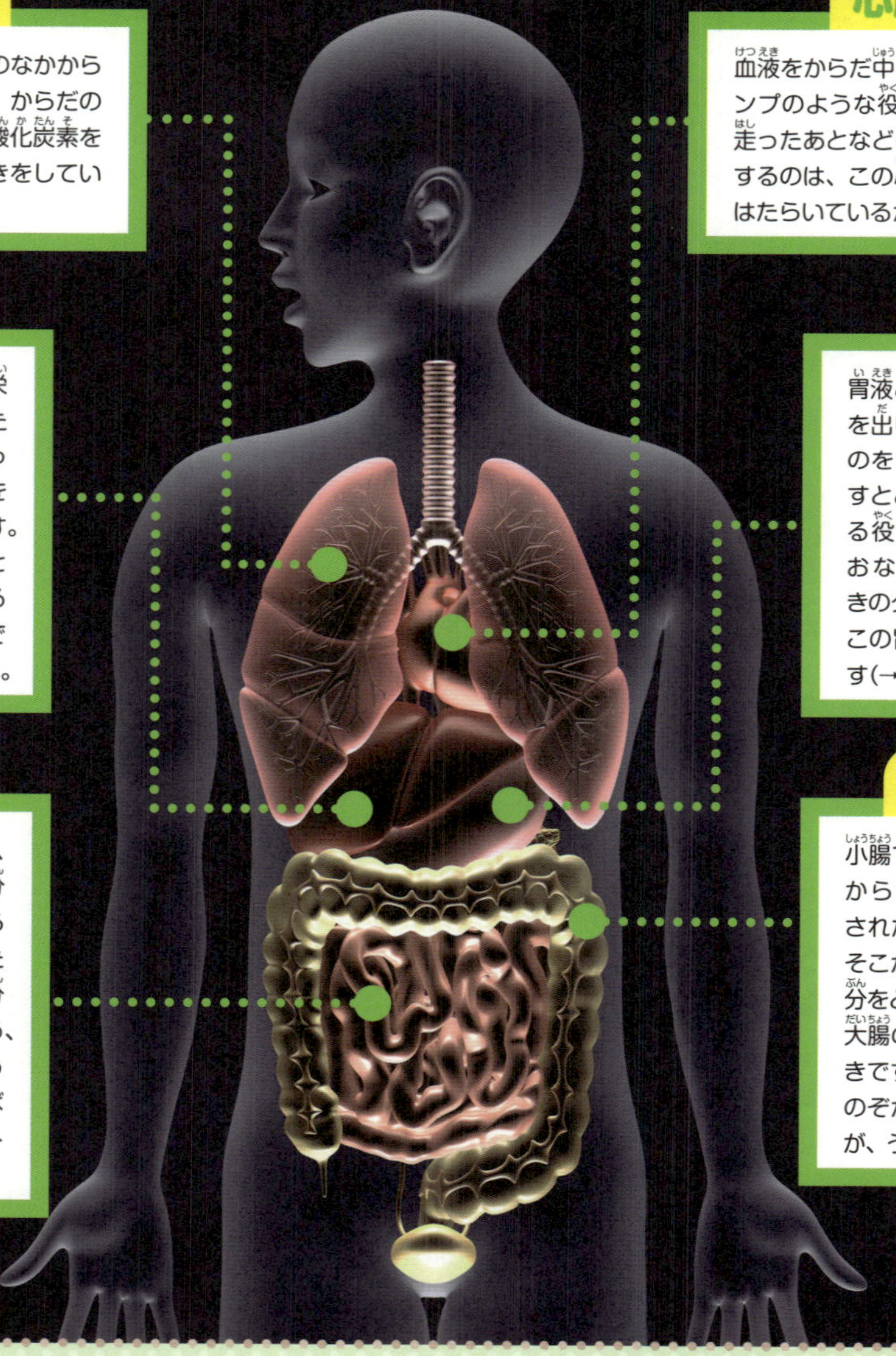

肺

吸いこんだ空気のなかから酸素をとりいれ、からだのなかでできた二酸化炭素を外に出すはたらきをしています。

心臓

血液をからだ中に送りだす、ポンプのような役割をもちます。走ったあとなどに胸がドキドキするのは、この心臓がはげしくはたらいているからです。

肝臓

からだのなかの栄養分をたくわえたり、からだにとって害となる物質を分解したりします。手術などで切りとっても、再生するのもとくちょうです(→226ページ)。

胃

胃液とよばれる液体を出して、食べたものをドロドロにとかすとともに、殺菌する役割をもちます。おなかがすいたときのグーという音は、この胃から出ています(→174ページ)。

小腸

食べたものから、さまざまな栄養分を吸収するはたらきがあります。たくさんの栄養分を吸収できるよう、表面積が広くなっており、引きのばすと5～7メートルになります。

大腸

小腸で、食べたものから栄養分が吸収されたあと、今度はそこからよぶんな水分をとりのぞくのが、大腸のおもなはたらきです。水分がとりのぞかれてできるのが、うんちです。

10月のおはなし

めがねとコンタクトレンズ、どっちがよく見えるの？

読んだ日にち（　　年　　月　　日）（　　年　　月　　日）（　　年　　月　　日）

ピントを合わせて見る

めがねとコンタクトレンズは、どちらもものが見えにくくなったときに使うものです。では、どちらがよく見えるのでしょうか？

わたしたちがものを見るときは、目のなかにある「水晶体」という部分が、カメラのレンズのように外からの光を集めます。そして、その光が目のおくの「網膜」にうつることで、わたしたちはものをはっきりと見ることができます。

水晶体のまわりには、「毛様体」という部分があり、これをのびちぢみさせると、水晶体がぶあつくなったりうすくなったりします。そうすることで、網膜にうつるもののピントを調節しているのです。

そのため、水晶体のあつさをうまく調節できなくなると、ピントを合わせられなくなります。網膜の手前でピントが合ってしまい、遠くのものが見えにくくなるのが「近視」です。反対に、網膜のうしろでピントが合って、近くのものが見えにくくなるのが、「遠視」といわれる状態です。

ピントが合っている目

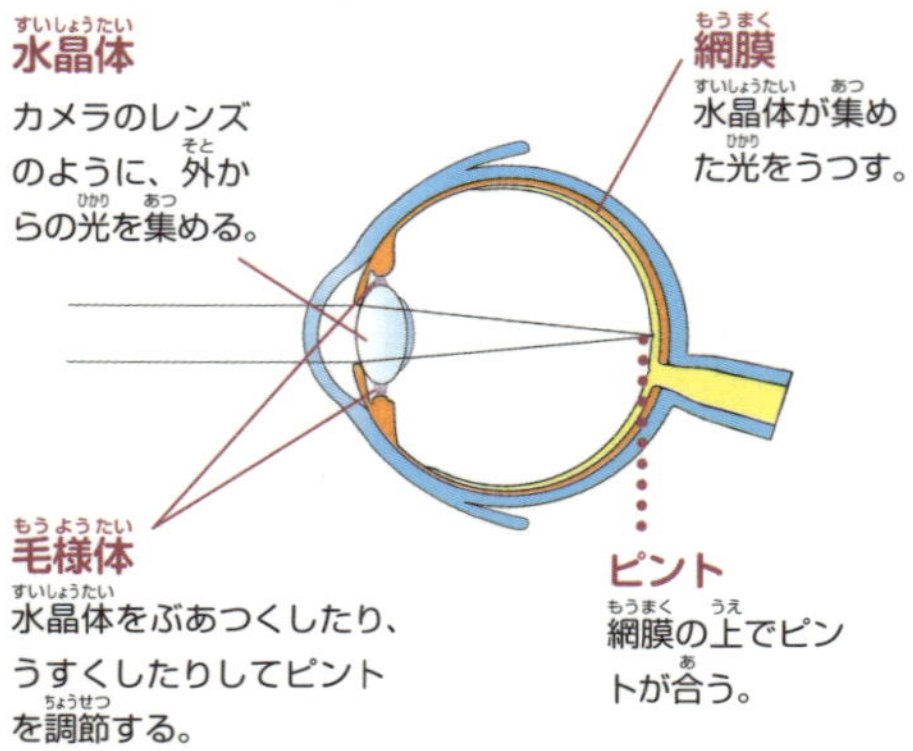
水晶体
カメラのレンズのように、外からの光を集める。
網膜
水晶体が集めた光をうつす。
毛様体
水晶体をぶあつくしたり、うすくしたりしてピントを調節する。
ピント
網膜の上でピントが合う。

近視の目

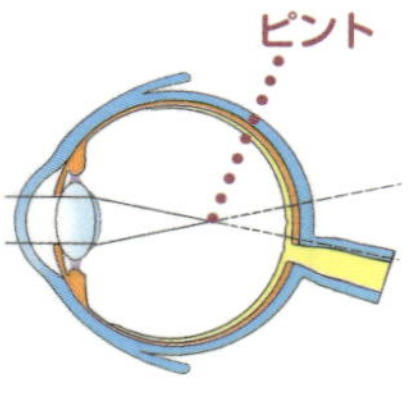
ピント

網膜の手前でピントが合うので、遠くのものが見えにくい。

遠視の目

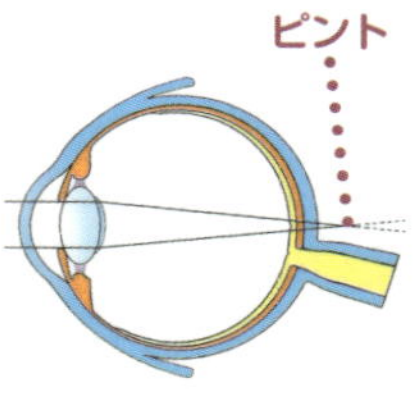
ピント

網膜のうしろでピントが合うので、近くのものが見えにくい。

めがねとコンタクトレンズ

めがねは目からはなれていますが、コンタクトレンズは目に直接のせるため、見え方がちがいます。

たとえば近視用のめがねでは、じっさいよりものが小さく見え、遠視用のめがねではものが大きく見えてしまいますが、コンタクトレンズはほぼ正しい大きさでものを見ることができます。

また、見える範囲もめがねより広くなるため、コンタクトレンズのほうがよく見えるといえます。

ただし、使い方がむずかしく、目をきずつけやすいものでもあるので、使用にあたっては医師の診断と処方が必要です。

ここがポイント！

コンタクトレンズは、ほぼ正しい大きさでものを見ることができ、見える範囲も広いため、めがねよりよく見えるといえる。

おはなしクイズ 人間の目のなかにあって、カメラのレンズのように外からの光を集める部分は？

305ページのこたえ 筋肉

10月2日のおはなし

天王星は横だおしのままでまわっている！

読んだ日にち（　年　月　日）（　年　月　日）（　年　月　日）

地球
太陽系

ぶつかってたおれた？

太陽系の惑星は、太陽のまわりをまわる「公転」をしながら、自分自身もまわる「自転」をしています。また、自転の中心となる北極と南極をむすぶ軸は、公転面に対して垂直ではなく、どの惑星も少しかたむいています。この軸のかたむきは、ほとんどの惑星の場合三〇度以下ですが、金星と天王星だけは大きくかたむいています。金星の場合、約一七七度とほとんどさかさまです（→362ページ）。

いっぽう、天王星のかたむきは約九八度です。つまり、ほとんど横だおしになって、太陽のまわりをまわっているのです。天王星が横だおしになっている理由は、ほかの惑星と同じように、あまりかたむいていない状態で自転していたところに、大きな天体がぶつかって、たおれてしまったからだと考えられています。

横だおしの世界

天王星は、横だおしになって太陽のまわりをまわっているため、太陽の動きが地球とは大きくちがっています。

天王星が太陽のまわりをひとまわりするのは、約八四年間ですが、天王星の北極や南極にあたる部分では、その半分の四二年間、ずっと昼がつづきます。のこりの四二年間は、ずっと夜になります。

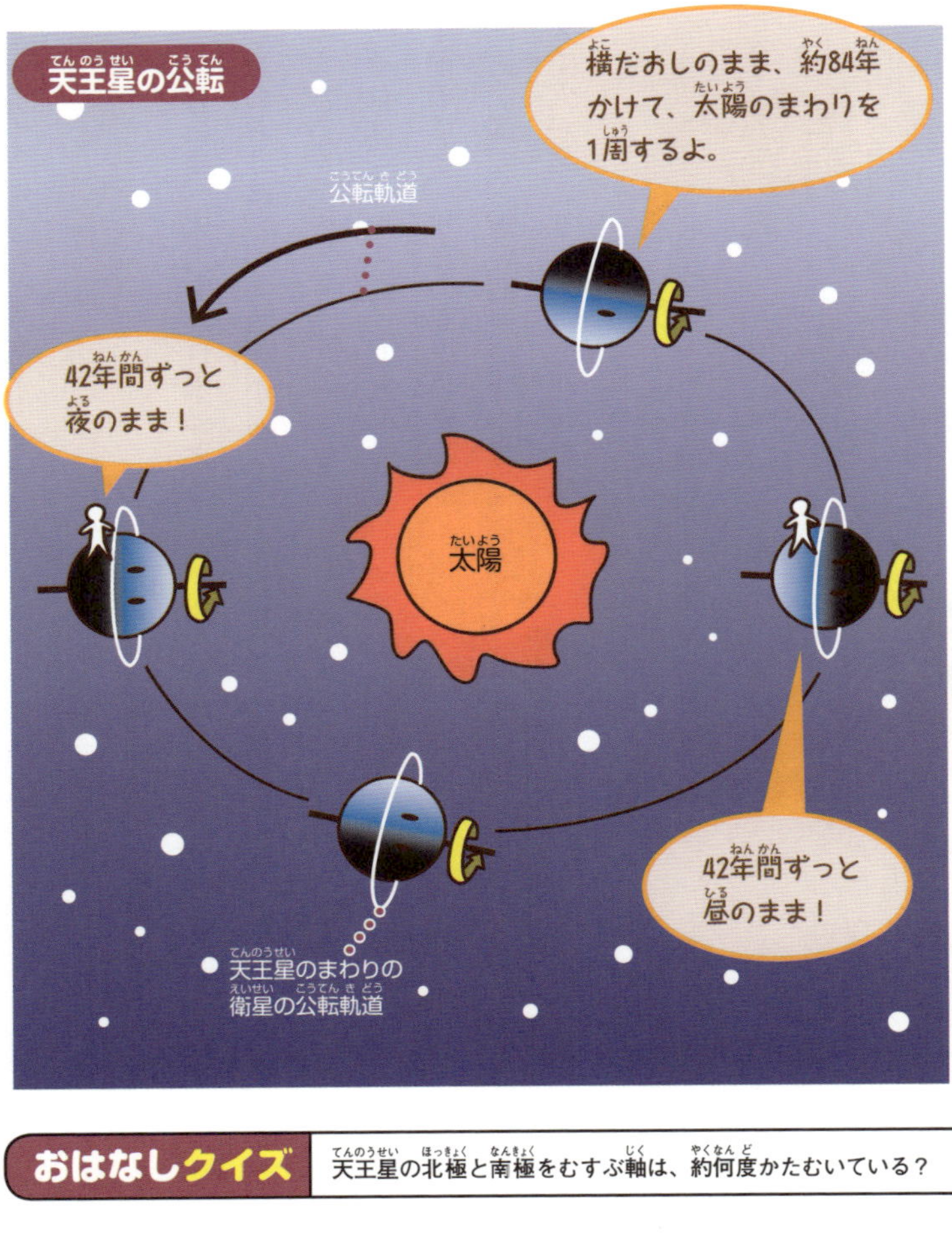

天王星の公転
横だおしのまま、約84年かけて、太陽のまわりを1周するよ。
公転軌道
42年間ずっと夜のまま！
太陽
42年間ずっと昼のまま！
天王星のまわりの衛星の公転軌道

ここがポイント！
大きな天体とぶつかったために、横だおしになったと考えられている。

310ページのこたえ
水晶体

おはなしクイズ
天王星の北極と南極をむすぶ軸は、約何度かたむいている？

火山灰って、どこまでとぶの？

10月 3日のおはなし

読んだ日にち（　　年　　月　　日）（　　年　　月　　日）（　　年　　月　　日）

地球 大地

風でとばされる火山灰

日本は火山が多い国です。火山が噴火するときには、「火山灰」がとびちります。

火山灰は、噴火によってふきだした、直径二ミリメートル以下の噴出物の破片です。そのつぶは、とても小さいうえに軽いので、上空の風に乗って、遠くまでとびちります。噴火の大きさによってちがいますが、最低でも三〇キロメートルくらいはとぶといわれています。

火山灰がまいちると、建物や乗りものなどがよごれたり、機械のなかに入りこんで、こしょうの原因になったりすることがあります。

そして、何より問題なのが、人間のからだに悪い影響をあたえることです。火山灰がふっているときは、マスクやハンカチで鼻と口をおおったり、晴れていてもかさをさすなどして、からだに火山灰が入るのをふせぐ必要があります。

大噴火と火山灰

大昔には、火山灰が日本の大部分をおおうほどの大噴火があったことがわかっています。

それは、今から約二万九〇〇〇年前のこと。現在の鹿児島県の錦江湾北部で、短い期間に次つぎと大噴火が起こり、からになった地下に「姶良カルデラ」というくぼんだ土地ができました。このときの火山灰は、かなりの量が全国各地にとびちりました。関東地方でも、一〇センチメートルの火山灰がつもったとされています。

火山灰がとぶ場所
錦江湾の大噴火（姶良大噴火）では、北海道以外のほぼ全域に火山灰がふった（数字はつもった火山灰の量）。
5センチメートル
富士山
10センチメートル
富士山の噴火
20センチメートル
錦江湾
50センチメートル
姶良大噴火

ここがポイント！
火山灰は小さくて軽いので、風に乗って遠くまでとびちる。

311ページのこたえ
約九八度

おはなしクイズ 約2万9000年前に大噴火があったのは今の何県？

卵はゆでるとなぜかたくなるの？

読んだ日にち（　年　月　日）（　年　月　日）（　年　月　日）

ものの性質
変化

かたくなる正体は？

みなさんは、きのうの夕食に何を食べましたか。やき肉を食べた人は、やく前の肉を思いだしてみましょう。やわらかい生の肉は、やくとちぢんでかたくなりましたね。やき魚もそうです。やくと、身がかたくなります。また、卵も、ごはんにかける生卵はやわらかいのに、ゆでるとかたいゆで卵になります。

このように、ゆでたりやいたりしてかたくなる、肉、魚、卵などの食べものには、「タンパク質」という栄養のもとがふくまれています。タンパク質は、筋肉や骨、皮ふなど、生きもののからだをつくる、たいせつな物質です。

タンパク質は、そのほとんどが熱をくわえるとかたくなる性質をもっています。

それは、熱によってタンパク質の分子の構造が、変化するからです。これを「変性」といいます。タンパク質が変性すると、もとにはもどりません。

ゆで卵ができるまで

卵にはタンパク質がたくさんふくまれています。そのため、生卵をそのままお湯であたためると、黄身と白身がともにかたくなってゆで卵になります。

ところで温泉卵は、黄身はほぼかたくなっているのに、白身はとろっとしていますね。これは、白身のタンパク質は八〇度近くでかたくなり、黄身のタンパク質は六五～七〇度でかたくなるからです。つまり、黄身はかたくなっても、白身はまだやわらかい温度でゆでているのです。

生卵がかたくなるしくみ

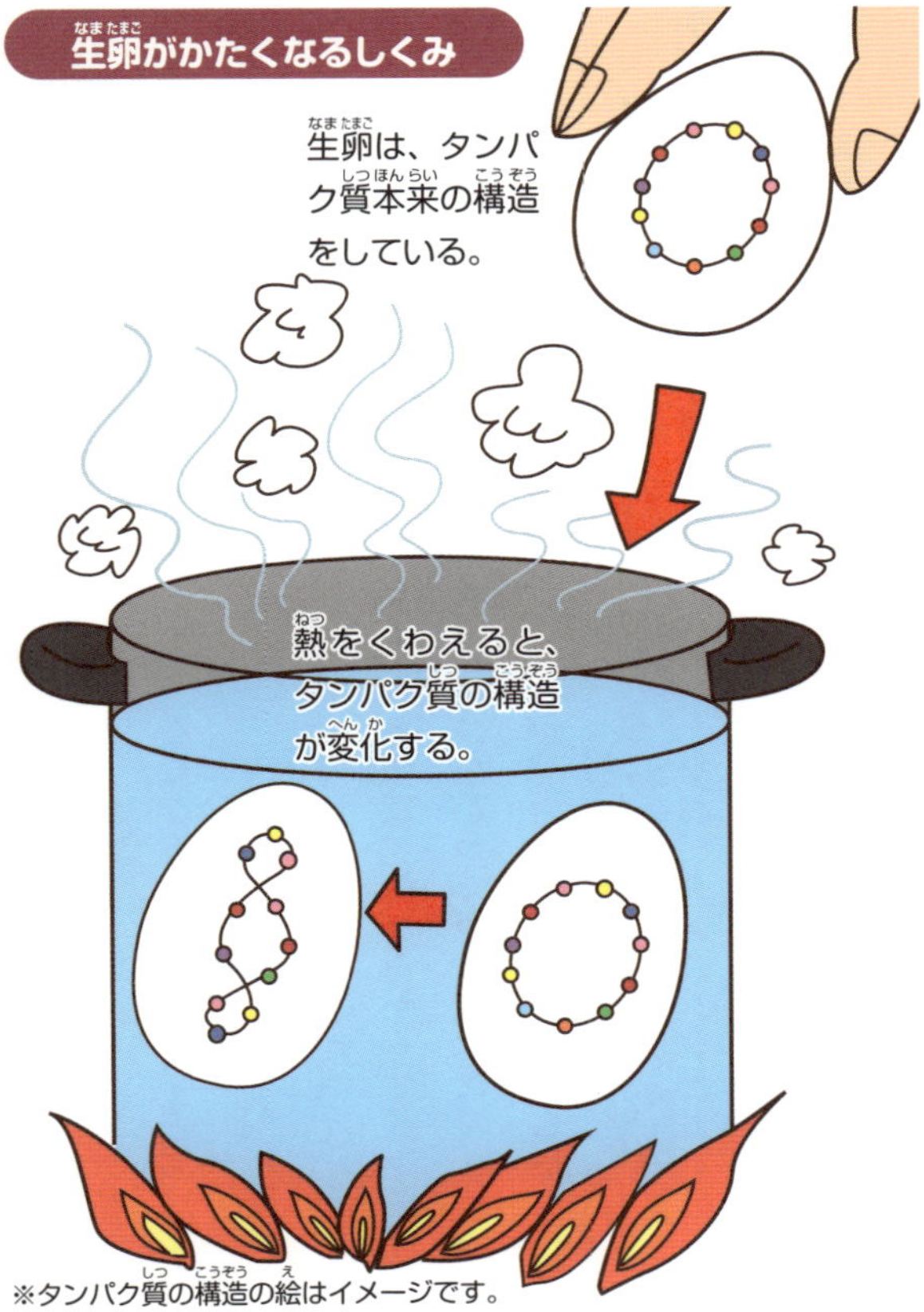

生卵は、タンパク質本来の構造をしている。
熱をくわえると、タンパク質の構造が変化する。

※タンパク質の構造の絵はイメージです。

ここがポイント！
卵にふくまれるタンパク質は、熱をくわえるとかたくなる。

312ページのこたえ　鹿児島県

おはなしクイズ　卵の黄身と白身は、どちらが先にかたくなる？

ダンゴムシはどうして丸くなるの？

読んだ日にち（　年　月　日）（　年　月　日）（　年　月　日）

丸まって自分の身を守る

公園で、石や落ち葉の下などをのぞいてみると、ダンゴムシを見つけられるでしょう。ダンゴムシは、さわるとまるでおだんごのように、くるりと丸くなります。

これは、自分をねらう生きものたちから、身を守るための行動です。ダンゴムシは、小鳥やアリやカエルなどからおそわれそうになると、丸くなって頭やはらをかくします。やわらかい頭やはらは、敵にねらわれやすいからです。そうして敵がなかなか食べられない、かたい部分だけを見せて、敵がいなくなるのを待つというわけです。

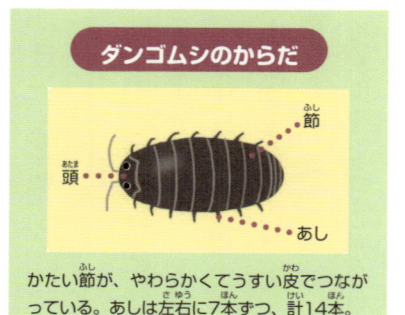

ダンゴムシのからだは、「節」というかたい甲羅でできていて、節と節は、やわらかくてうすい皮でつながっています。このうすい皮が、引っぱられてのびるため、ダンゴムシは丸くなれるのです。

なお、ダンゴムシとよくにたワラジムシという生きものもいますが、ワラジムシはさわっても丸くなりません。見た目も、ダンゴムシより少し平らです。

小鳥
アリ
カエル

自分をねらう生きものたちからおそわれそうになると、丸くなって頭やはらをかくす。

ダンゴムシのからだ

節
頭
あし

かたい節が、やわらかくてうすい皮でつながっている。あしは左右に7本ずつ、計14本。

ダンゴムシは昆虫ではない

ダンゴムシは、名前に「ムシ」と入っていますが、昆虫ではありません。昆虫は、あしが六本ある生きものです。ダンゴムシは左右に七本ずつ、計一四本ものあしがはえています。

じつは、ダンゴムシはエビやカニと同じ、「甲殻類」に分類される生きものです。ダンゴムシのくらしのなかに、そのしょうこを見つけることもできます。たとえばダンゴムシは、あしのつけ根にあるふくろのなかで、卵を育てながら歩きます。いっぽう、エビやザリガニは、おなかにある短いあしに卵をぶらさげて歩きます。つまり、どちらも卵をもちあるくのです。

ここがポイント！

ダンゴムシは、自分をねらう生きものたちから身を守るため、丸くなって頭やはらをかくす。

313ページのこたえ　黄身

おはなしクイズ　ダンゴムシとよくにているけれど、さわっても丸くならない生きものは？

10月6日のおはなし

日本にも氷河があった！

読んだ日にち（　　年　　月　　日）（　　年　　月　　日）（　　年　　月　　日）

地球　大地

ゆっくりと動く氷の川

高い山の頂上近くでは、冬の間につもった雪が、春になってもとけないことがあります。この雪を「万年雪」といいます。

万年雪の下の部分は、雪の重みでおしかためられて、氷になります。この氷がだんだんあつくなっていくと、自分の重みで川のようにゆっくり動きだします。これが「氷河」です。

氷河はまわりの岩をけずりながら、ゆっくりと流れていきます。そのため、地面がけずられて、とくちょうのある地形がうまれます。たとえば、山の斜面をスプーンでえぐったような「カール」や、地形がアルファベットの「U」の字のようにけずりとられた、「U字谷」などがあります。

日本でも氷河を発見

日本にも、約一万年前には四〇ほどの氷河があったと考えられています。しかし、気候の変化でとけてしまい、今は氷河は存在しないといわれていました。ところが、富山県の立山連峰にたくさんの万年雪があったため、その下に氷河がないか調査したところ、二〇一二年に、氷河の存在が認められました。立山連峰では、現在も氷河の調査がつづけられています。

ここがポイント！
氷河は、万年雪の下の部分の氷が、おしかためられてうまれる。

氷河ができるまで

①雪がふる。
新雪
②つもった雪の下の部分が、新しくつもった雪の重みでおしかためられ、氷ができる。
氷
谷
③重くなった氷が、川のようにゆっくり動きだす。
④蒸発したり、とけて水になって、湖へ流れたりする。
湖

314ページのこたえ　ワラジムシ

おはなしクイズ　山の斜面をスプーンでえぐったような地形を何という？

磁石を近づけてはいけないものがあるのはなぜ？

読んだ日にち（　年　月　日）（　年　月　日）（　年　月　日）

10月7日のおはなし

ものの はたらき 磁石

生活のなかの磁石

わたしたちの身のまわりには、磁石が使われているものがたくさんあります。ランドセルのとめ具や黒板にはるマグネットのように、すぐに磁石だとわかるものもあれば、おもちゃの「モーター」など、見ただけでは気づかない部分に使われているものもあります。

さて、大人の人に、キャッシュカードのうら面を見せてもらいましょう。細長い黒い帯の部分がありますね。じつは、この部分には、目には見えないほど小さな磁石のつぶがぬりこまれています。

S極とN極の向きがかわる

キャッシュカードの黒い帯は、情報を記録する部分です。情報は、S極とN極の向き（ならび方）であらわされ、記録されます。ここに強い力をもった磁石を近づけると、どうなるでしょうか。磁石はS極とN極で引きあう性質があるため、黒い膜にぬりこまれた小さな磁石も、近づけた磁石によってS極とN極の向きがかわります。すると、それまで記録していた情報がこわれてしまいます。

ぬりこまれる磁石の磁力の強さは、それが何に使われるかによってちがいます。自動改札機を通す、うらが茶色い電車のきっぷにも磁石がぬりこまれていますが、この磁石の磁力は、それほど強くありません。

しかし、キャッシュカードのようにたいせつな情報を記録し、長期間使うものには、強い磁石が使われています。

ただし、ネオジム磁石（→139ページ）のように強力な磁石を近づけると、情報がこわれてしまうこともあるので、注意が必要です。

ここがポイント！
キャッシュカードの情報は、磁石のつぶのS極とN極の向きで記録される。

キャッシュカード

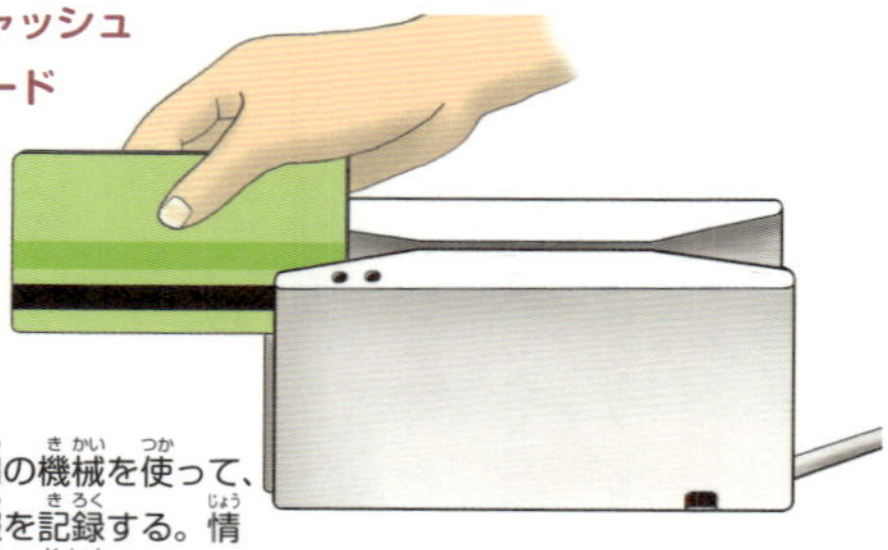

専用の機械を使って、情報を記録する。情報は、磁石のつぶのS極とN極の向きであらわされる。

磁石
S

磁石はS極とN極で引きあうため、近づけた磁石の方向に向きがそろうなどして、情報がこわれる。

315ページのこたえ　カール

おはなしクイズ　キャッシュカードのうら面の、どの部分に磁石が使われている？

骨の数は、大人より子どものほうが多い!

読んだ日にち(　　年　　月　　日)(　　年　　月　　日)(　　年　　月　　日)

生命
人体

骨がくっついていく

人間のからだは、たくさんの骨によってささえられています。さまざまな大きさや形の骨が、頭からあしの先まで組みあわさって、全身の形をたもっているのです。

人間の骨は、大人の場合、全部で約二〇六こあります(「約」というのは、大人でも年齢によって数がちがうからです)。

いっぽう、赤ちゃんには、約三〇五この骨があります。しかし、からだの成長にともなって、べつべつだった骨がくっついていくため、だんだん数がへるのです。

たとえば手の骨の場合、子どもは長い骨の間に小さな丸い骨があります。しかし、大人には長い骨しかありません。

この丸い骨は、「骨端核」とよばれるもので、「骨端軟骨」という、まだやわらかい骨につつまれています。骨端軟骨が成長し、かたい骨になると、はなれていた長い骨と骨端核がくっついて、ひとつになります。

大人の手の骨

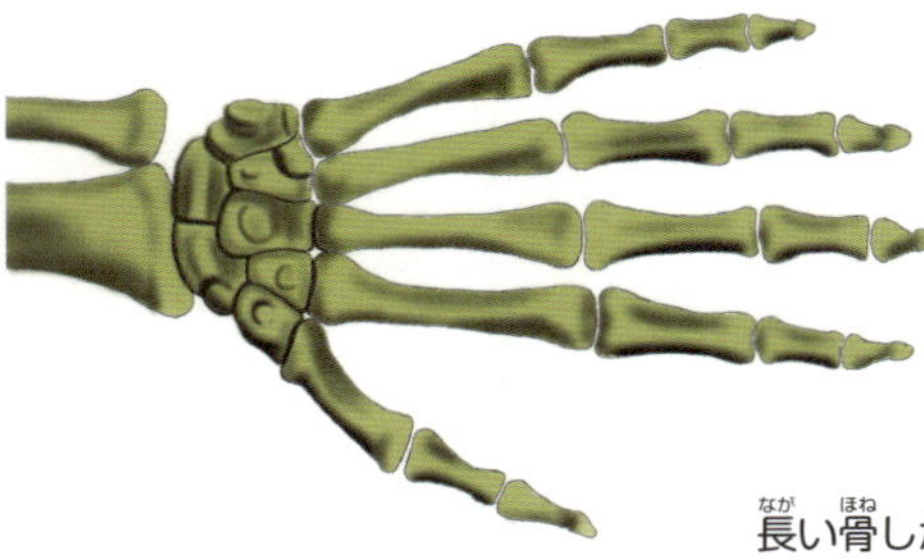

長い骨しかない。

子どもの手の骨

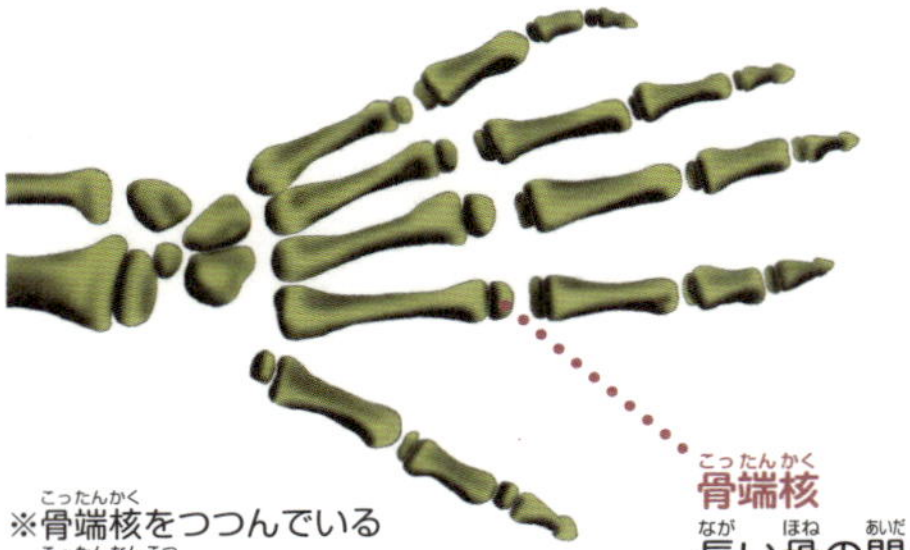
骨端核

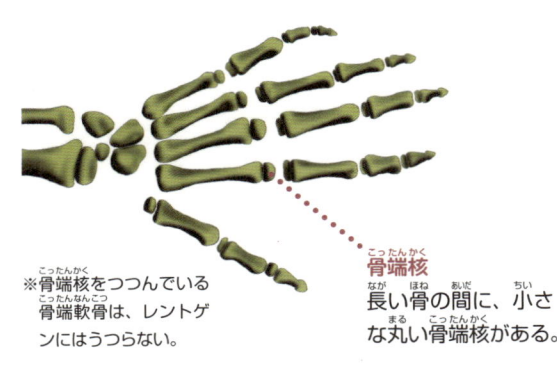

長い骨の間に、小さな丸い骨端核がある。

※骨端核をつつんでいる骨端軟骨は、レントゲンにはうつらない。

骨の成長のために

ところで、骨はいったい何からできていると思いますか?

骨は、「コラーゲン」という物質が集まってできた繊維に、「リン酸カルシウム」という物質がくっついてできています。

そのため、成長期のみなさんは、牛乳や小魚などからカルシウム分をたっぷりとることがたいせつです。また、コラーゲンはからだをつくる「タンパク質」の一種なので、タンパク質が多くふくまれる肉や魚なども、食べるとよいでしょう。

ここがポイント!
人間の骨は、大人の場合、全部で約二〇六こあるが、赤ちゃんのときは、約三〇五こあった。

316ページのこたえ
細長い黒い帯の部分

おはなしクイズ 骨の数は、大人と赤ちゃん、どちらが多い?

噴火は予測できるの？

10月9日のおはなし

読んだ日にち（　年　月　日）（　年　月　日）（　年　月　日）

地球　大地

短い期間の予測はできる？

日本は火山が多い国です。噴火のおそれがある火山は、一一〇もあります。そして、その約半分の四七の火山はとくに活発な状態で、噴火の可能性が高いため、つねに監視、観測されています。

もし、噴火を事前に予測できたら、火山の近くにすむ人たちがそこからにげるなどして、危険をへらすことができるでしょう。

しかし、今のところは「来月の下旬に噴火しそうだ」、「今年は夏に噴火がある」などと、長期的な予測をすることはできません。ただし、「地震計」や「傾斜計」といった道具で、つづけて観測をすれば、噴火を一～七日前くらいに予測できる場合もあります。

マグマ噴火（噴火前）

マグマがふきだす「マグマ噴火」は、前兆があるので、予測できることがある。

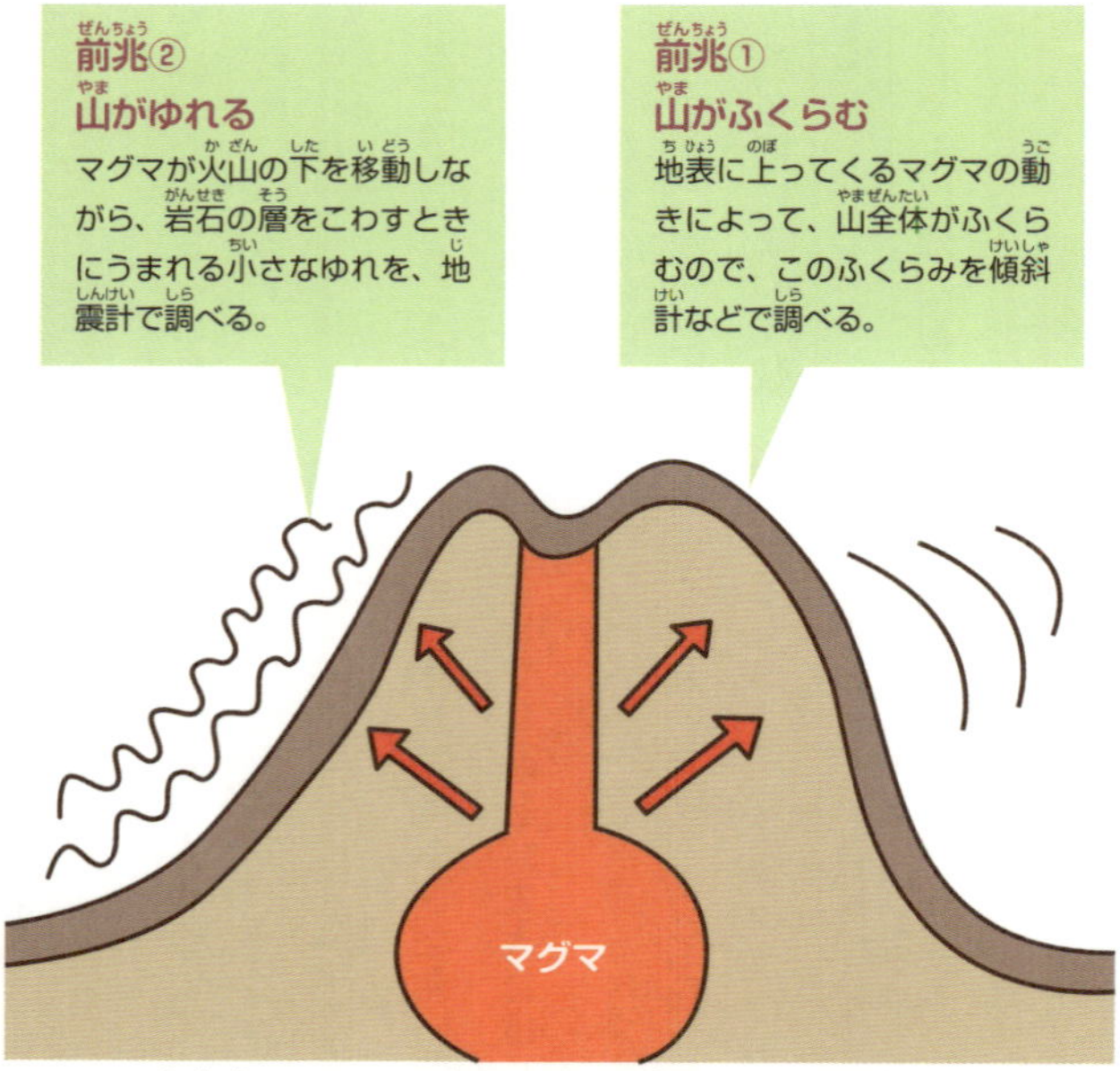

前兆①
山がふくらむ
地表に上ってくるマグマの動きによって、山全体がふくらむので、このふくらみを傾斜計などで調べる。
前兆②
山がゆれる
マグマが火山の下を移動しながら、岩石の層をこわすときにうまれる小さなゆれを、地震計で調べる。
マグマ

地下水がマグマで熱せられて爆発する「水蒸気爆発」では、これらの前兆が見られない。

噴火の種類

火山の噴火は、三種類に分けられます。ひとつは、地下にある「マグマ」というとてもあつい物質が、地表に上ってきて噴出する「マグマ噴火」。ふたつ目はマグマが直接、地下水や海水にふれ、水蒸気になって爆発する「マグマ水蒸気爆発」です。これらの噴火は、いくつかの前兆があるため、予測できることがあります。

もうひとつは、火山の内がわの地下水が、マグマに熱せられてふくれあがり爆発する「水蒸気爆発」です。水蒸気爆発は、前兆がはっきりせず、予測しにくいといわれています。

気象庁では、火山の情報をつねに発信しています。

ここがポイント！

つづけて観測すれば、噴火を少し前に予測できる場合もある。

317ページのこたえ　赤ちゃん

おはなしクイズ　日本で噴火のおそれがある火山はいくつある？

テレビゲームをたくさんすると、目が悪くなっちゃうの？

読んだ日にち（　　年　　月　　日）（　　年　　月　　日）（　　年　　月　　日）

ピントを調節しにくくなる

家でテレビゲームばかりしていると、おうちの人から「目が悪くなるよ」といわれませんか？

テレビゲームをしているときは、つい目に力が入って、近いところばかりを見てしまいます。

ものを見るときには、目のなかの「毛様体」という部分をのびちぢみさせ、カメラのレンズのような「水晶体」という部分をぶあつくしたり、うすくしたりしてピントを調節します（→310ページ）。

しかし、ずっと近いところを見ていると、毛様体がのびたままになり、水晶体はぶあつい状態がつづいて、もとの状態にもどりにくくなるのです。

そのため、テレビゲームを長時間やったあとに遠くを見ると、視界がぼやけて、よく見えなくなることがあります。

また、暗い部屋でテレビゲームをすると、ゲームの光の刺激によって目がつかれます。

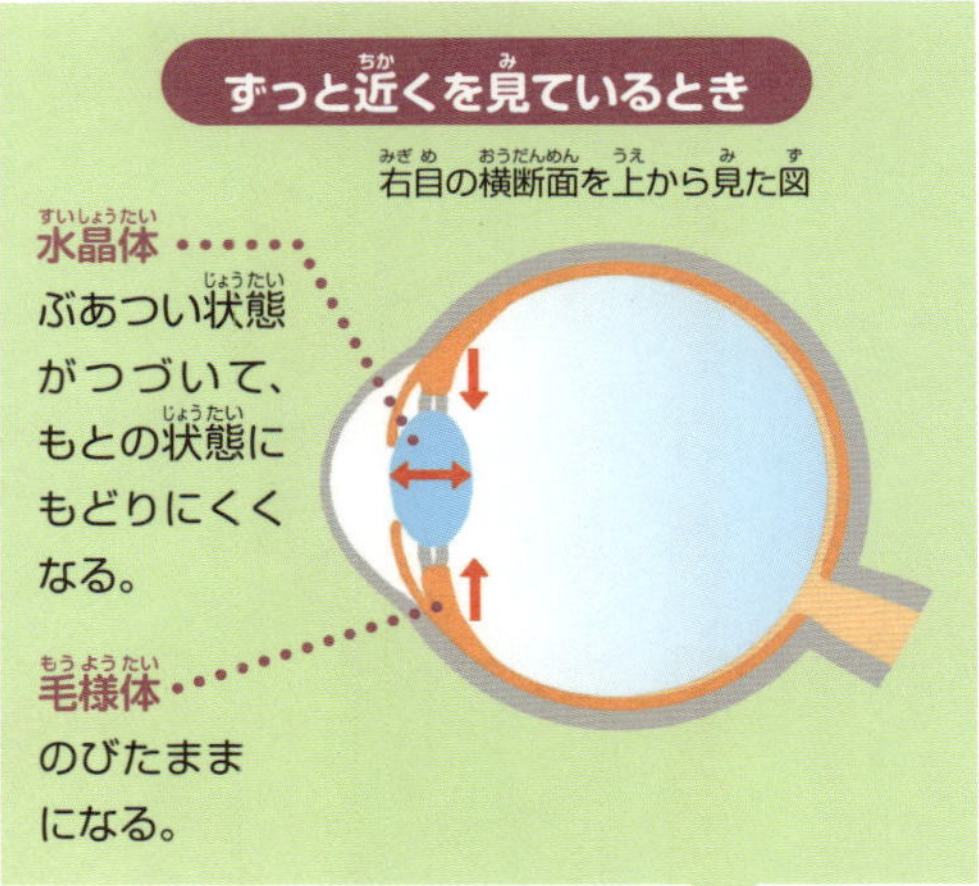
ずっと近くを見ているとき
右目の横断面を上から見た図
水晶体
ぶあつい状態がつづいて、もとの状態にもどりにくくなる。
毛様体
のびたままになる。

目をつかれさせない方法

目をつかれさせないためには、どうしたらよいのでしょうか。

いちばんたいせつなのは、やはり画面に近づきすぎないことです。ゲーム中の姿勢には、よく気をつけましょう。また、テレビゲームをしているときは、ついまばたきをわすれがちになり、目がかんそうしてしまいます。意識的にまばたきをして、目になみだのうるおいをあたえましょう。ときどき休けいをとって、まぶたをとじたり、遠くの景色を見たりするのもよいですね。長時間つづけてしまわないように、遊ぶ時間を決めておくこともたいせつです。

ここがポイント！

テレビゲームをたくさんしたあとに遠くを見ると、視界がぼやけることがあるけれど、かならずしも目が悪くなるわけではない。

318ページのこたえ　二〇

おはなしクイズ　ずっと近いところを見ていると、ぶあつい状態がつづく目のなかの部分は？

マラソン選手はなぜ高地で練習するの？

読んだ日にち（　年　月　日）（　年　月　日）（　年　月　日）

高いところは空気がうすい

マラソンの選手が、標高の高い場所（高地）で練習していることを知っていますか。高地は、わたしたちの生活している場所と何がちがうのでしょうか。

地球上にあるものは、すべて、地球の中心から引っぱる力（重力）を受けています。空気もこの力によって、地面に引きよせられます。また、空気は目には見えませんが、重さがあるので、下の空気は上の空気におされ、ぎゅっとつまってこくなります。そのため、地面に近いところにくらべて、高地は空気がうすくなります。

うすい空気にからだが反応

人は、息をすることで、空気のなかにある「酸素」をからだにとりいれています。肺に入った酸素は、血液のなかの赤血球にある、「ヘモグロビン」という物質とむすびつきます。ヘモグロビンは血管を通って、からだ中に酸素を運びます。この酸素が、わたしたちがからだを動かすためのエネルギーになっています（→191ページ）。

ところが、高地では空気がうすいので、そこで練習すると、からだにとっては空気がたりません。そこで、肺はより多くの空気をとりこもうとし、からだは、より多くの酸素をとりこむために、赤血球とヘモグロビンの数をふやします。

つまり、高地で練習することで、運動に必要な酸素を多くとりこめるようになり、運動能力が高まるのです。

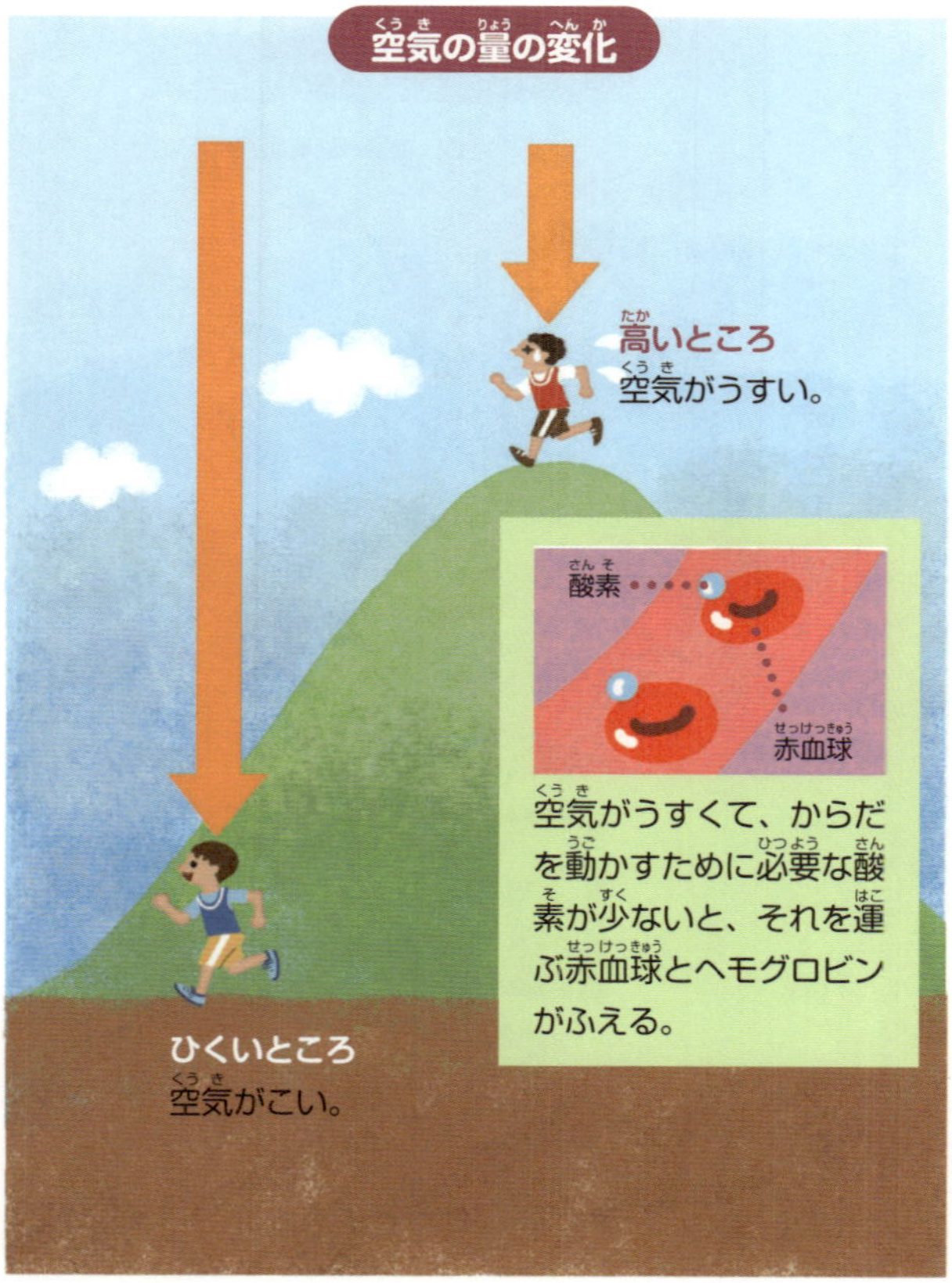
空気の量の変化
高いところ
空気がうすい。
ひくいところ
空気がこい。
酸素
赤血球
空気がうすくて、からだを動かすために必要な酸素が少ないと、それを運ぶ赤血球とヘモグロビンがふえる。

ここがポイント！
高地で練習すると、酸素をとりこみやすくなり、運動能力が高まる。

おはなしクイズ 血液のなかで、酸素を運ぶはたらきをするのは？

319ページのこたえ 水晶体

10月12日のおはなし

秋になるとなぜ葉っぱが黄色くなったり赤くなったりするの？

読んだ日にち（　　年　　月　　日）（　　年　　月　　日）（　　年　　月　　日）

生命
植物

葉っぱが黄色くなるしくみ

秋になると、イチョウの葉が黄色くなったり、もみじの葉が赤くなったりしてとてもきれいですね。

葉っぱが緑色をしているのは、「クロロフィル」という緑色の色のもとがあるからです。クロロフィルは、「カロチノイド」という黄色の色のもとといっしょに葉っぱにふくまれていて、太陽の光を吸収し、栄養分をつくりだすはたらき（光合成）をしています。秋になると、太陽の光が弱くなるため、このはたらきを終えたクロロフィルはバラバラにされて、数がへっていきます。すると、黄色のカロチノイドだけがのこり、葉っぱの色が黄色くなるのです。

栄養分で赤くなる

いっぽう、葉っぱが赤くなるのは、赤い色のもとである「アントシアン」によるものです。葉っぱには、「葉柄」という軸があり、葉っぱでつくられた栄養分は、このなかにあるくだを通って、枝から木全体に運ばれます。また、根から吸いあげた水分も、このくだを通って葉っぱに運ばれます。しかし、秋になると、葉柄と枝の間にしきりができます。すると、葉っぱでつくられた栄養分は木全体に送られず、葉のなかにたまるようになります。この栄養分に日があたると、赤い色のもとであるアントシアンがつくられるため、葉っぱが赤くなるのです。

葉っぱの色がかわるしくみ

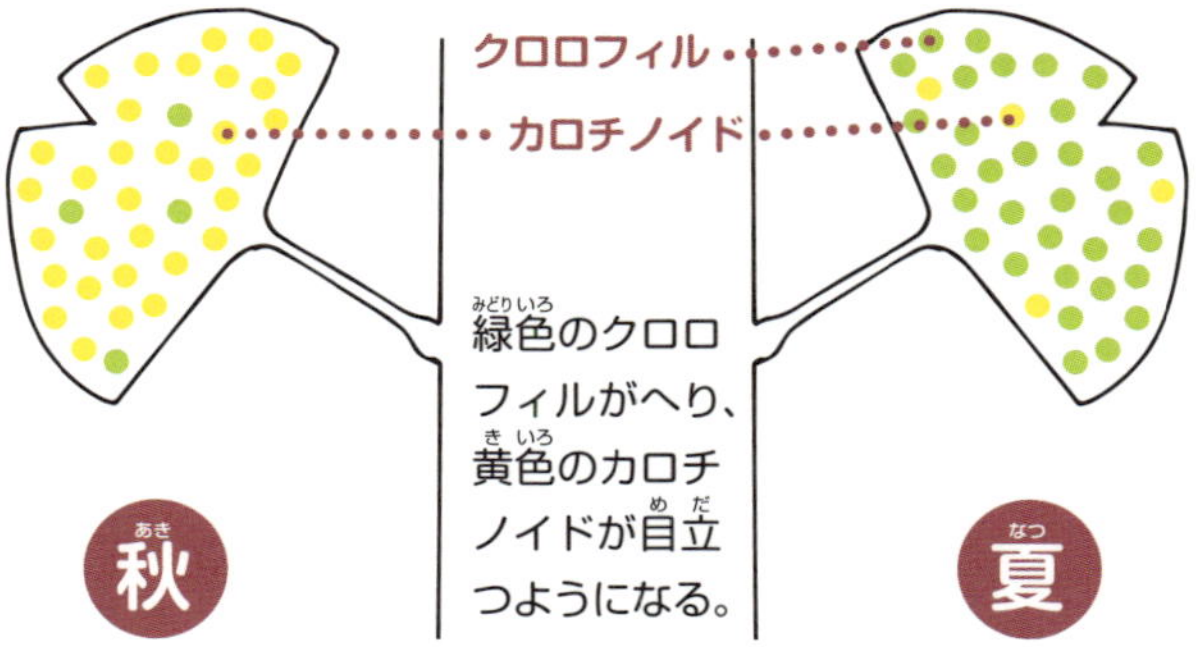

クロロフィル
カロチノイド
緑色のクロロフィルがへり、黄色のカロチノイドが目立つようになる。
秋
夏

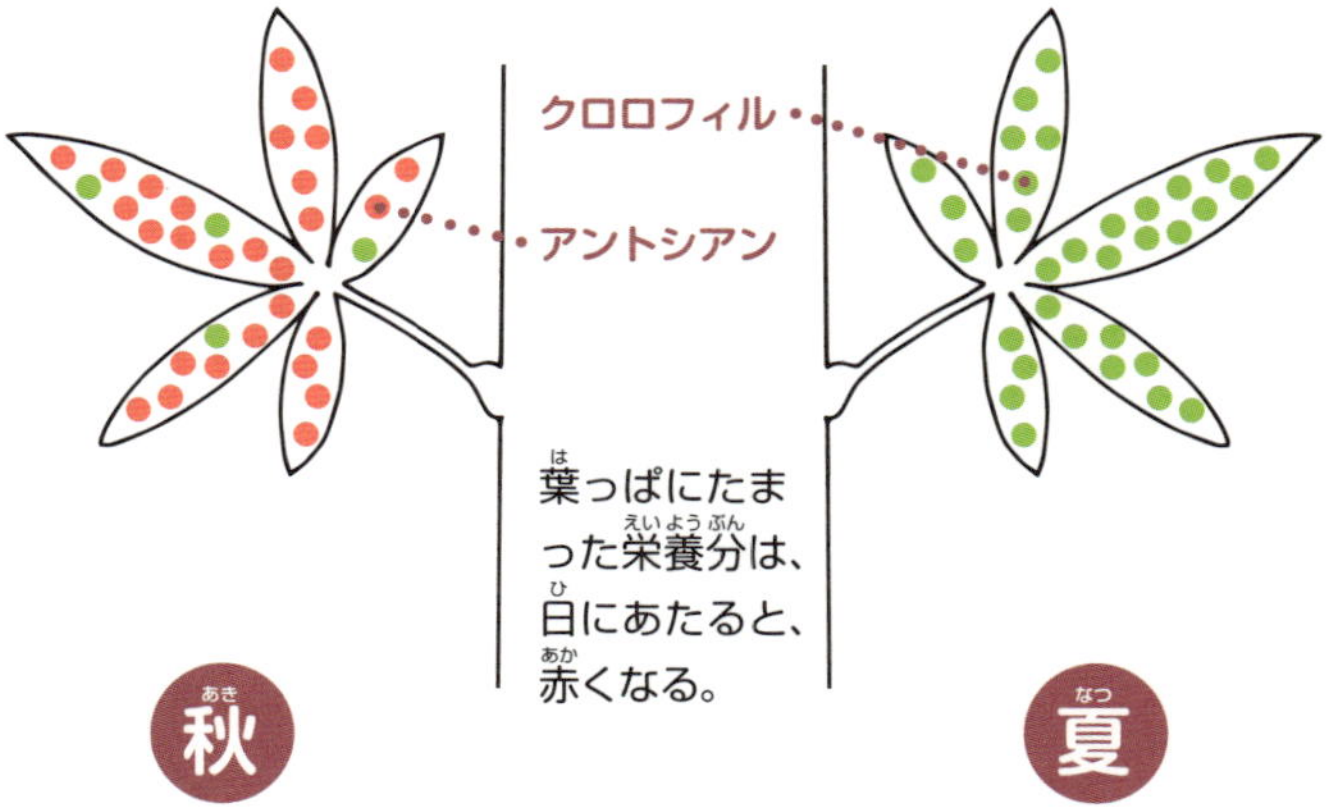

クロロフィル
アントシアン
葉っぱにたまった栄養分は、日にあたると、赤くなる。
秋
夏

ここがポイント！
葉は、色のもとがへったりかわったりして、色がかわる。

320ページのこたえ
赤血球（ヘモグロビン）

おはなしクイズ　葉っぱが緑色をしているのは、何という色のもとがあるから？

フローレス原人という小さな人類がいた！

読んだ日にち（　　年　　月　　日）（　　年　　月　　日）（　　年　　月　　日）

10月13日のおはなし

生命 進化

約一メートルの人類

　ヒトの祖先は、アフリカ大陸にすんでいました（→175ページ）。「猿人」とよばれるこの生きものは、やがて「原人」へと進化し、アフリカ大陸を出てユーラシア大陸の各地に広がりました。そのうちの一種が、「フローレス原人」です。約一〇万～六万年前まで、インドネシアのフローレス島にすんでいたため、そうよばれています。

　フローレス原人は、身長が一メートルほどしかありませんでした。ヒトの祖先である、猿人の身長が約一・三メートルですから、フローレス原人はそれよりも小さいということになります。また、フローレス原人の脳は、チンパンジーとほぼ同じ大きさでした。人類は、進化とともにからだや脳が大きくなったと考えられていましたが、フローレス原人の発見で、その常識がくつがえされたのです。

　フローレス原人には、もうひとつ、おどろくべきことがあります。それは、「ウォレス線」をこえたことです。ウォレス線は、アジアとオーストラリアの間にある、深い海峡に沿った境界線です。現在の人間のように、航海の技術をもたないかぎり、生きものがこれより南へ移動することはできません。しかし、フローレス原人は原人でありながら、ウォレス線をこえた先の島にすんでいました。

動物が小型化する島

　フローレス原人がすんでいたフローレス島は、動物の「島嶼化」が起こる島として知られています。島嶼化とは、まわりから孤立した島にすむうちに、動物が巨大化したり、小型化したりする現象です。

　フローレス原人も、フローレス島に入った原人が、この島嶼化によって小型化して誕生したと考えられています。

ぼくより小さいのに、大人なんだ！
フローレス原人
身長約1.2メートル。　身長約1メートル。

ここがポイント！
フローレス原人は、身長が約一メートルだった。

321ページのこたえ
クロロフィル

おはなしクイズ フローレス原人の脳の大きさは、何とほぼ同じだった？

プラスチックって、どうやってつくるの？

読んだ日にち（　年　月　日）（　年　月　日）（　年　月　日）

石油からつくられる

みなさんは、三角定規や消しゴムやシャープペンを使いますよね。これらの材料には、すべてプラスチックが使われています。プラスチックは、さまざまな形に加工できる、便利な素材なのです。

プラスチックには複数の種類がありますが、ほとんどが石油からつくられています。まず、地下から石油のもとである「原油」をほりだします。原油に熱をくわえると、ガスや何種類かの液体に分けられます。そのなかのひとつである「ナフサ」が、プラスチックの原料になります。ナフサをさらに熱すると、「エチレン」や「プロピレン」などの気体に分けられ、これらの成分をたくさんつなぎあわせると、プラスチックになるのです。

身のまわりにあるプラスチック製品を見てみると、「ポリエチレン」や「ポリプロピレン」ということばを見つけることができるでしょう。これは、プラスチックの種類の名前です。「ポリ」は「たくさん」という意味です。つまり、ポリエチレンはエチレンを、ポリプロピレンはプロピレンを、それぞれたくさんつなげてつくったプラスチックなのです。

プラスチックのつくり方

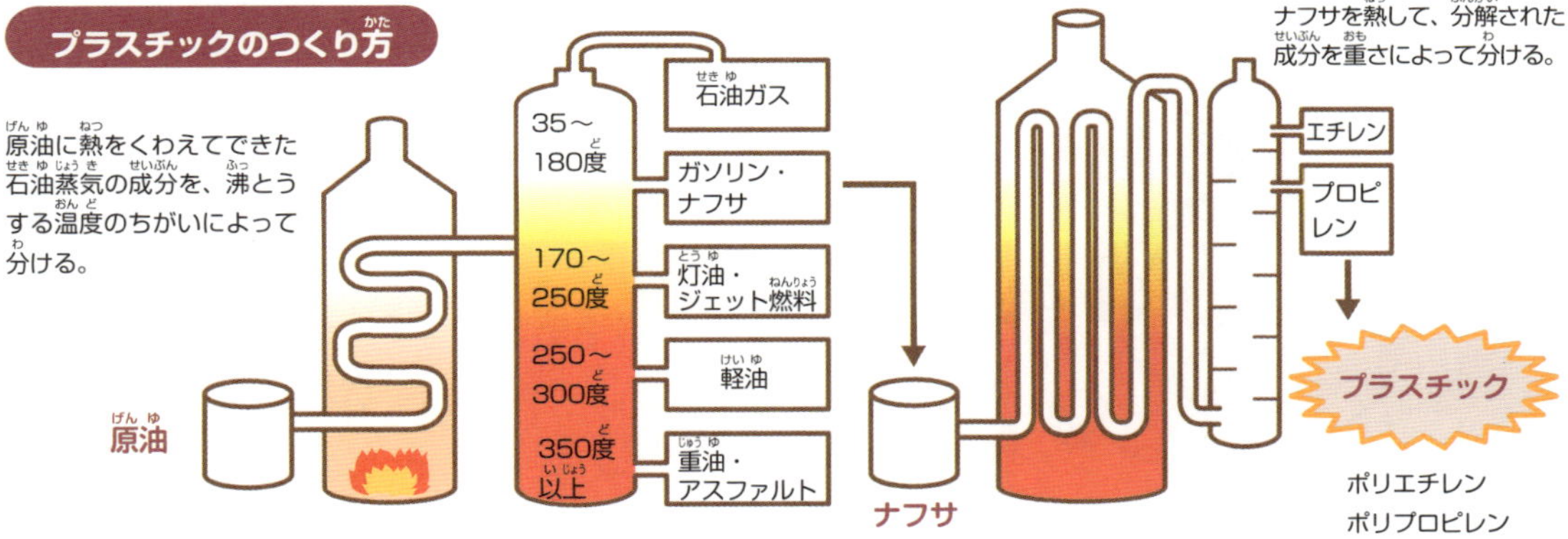
原油に熱をくわえてできた石油蒸気の成分を、沸とうする温度のちがいによって分ける。
原油
35～180度
170～250度
250～300度
350度以上
石油ガス
ガソリン・ナフサ
灯油・ジェット燃料
軽油
重油・アスファルト
ナフサ
ナフサを熱して、分解された成分を重さによって分ける。
エチレン
プロピレン
プラスチック
ポリエチレン
ポリプロピレン

プラスチックのリサイクル

石油からつくられるプラスチックはくさりにくいため、山や海などにすてられると、いつまでもゴミとしてのこってしまう、という問題があります。そのため、ペットボトルや使いすて容器などは、リサイクルが進められています。

たとえばペットボトルは、小さくくだいてからよくあらい、かんそうさせると、新しいプラスチック製品の原料になります。

ここがポイント！
プラスチックは石油からつくる。

322ページのこたえ
チンパンジー

おはなしクイズ 原油から分けられた液体のひとつで、プラスチックの原料になるものを何という？

水星の1日は1年より長い！

読んだ日にち（　　年　　月　　日）（　　年　　月　　日）（　　年　　月　　日）

「一年」と「一日」の長さ

惑星が、太陽のまわりを一周する（公転する）のにかかる時間を「公転周期」、自分で一回転する（自転する）のにかかる時間を「自転周期」といいます。

多くの惑星では、この公転周期がその惑星での一年、自転周期が惑星での一日（恒星日といいます）となります。たとえば地球の場合、公転周期は約三六五日、自転周期は約二四時間なので、一年は三六五日、一日は二四時間になるわけです。

いっぽう、一日を太陽が真南に来る南中から次の南中までとする見方もあります。これを恒星日に対して、太陽日といいます。地球はほぼ同じですが、太陽日で見ると、自転と公転の周期によっては、一日がとても長い惑星もあります。その代表が、水星です。

長い長い昼と夜

水星は、自転周期が約五九日で、公転周期は約八八日です。そのため、太陽が南中してから次に南中するまで約一七六日かかります。つまり、一年の長さである公転周期より、一日のほうが長いことになります。

では、ちょうど日の出をむかえた水星の上にだれかが立っていたとして、水星の一日を見てみましょう。

水星は約八八日かけて一周公転する間に、およそ一回半自転します。このとき、水星の上にいる人から見ると、八八日の間は太陽が出たまま、つまり、ずっと昼間がつづきます。そして、次の公転一周の八八日間は太陽が見えず、ずっと夜がつづきます。

こうして、次の日の出がおとずれるまでに、公転二周、自転三回分の時間、約一七六日かかることになるのです。

地球の場合

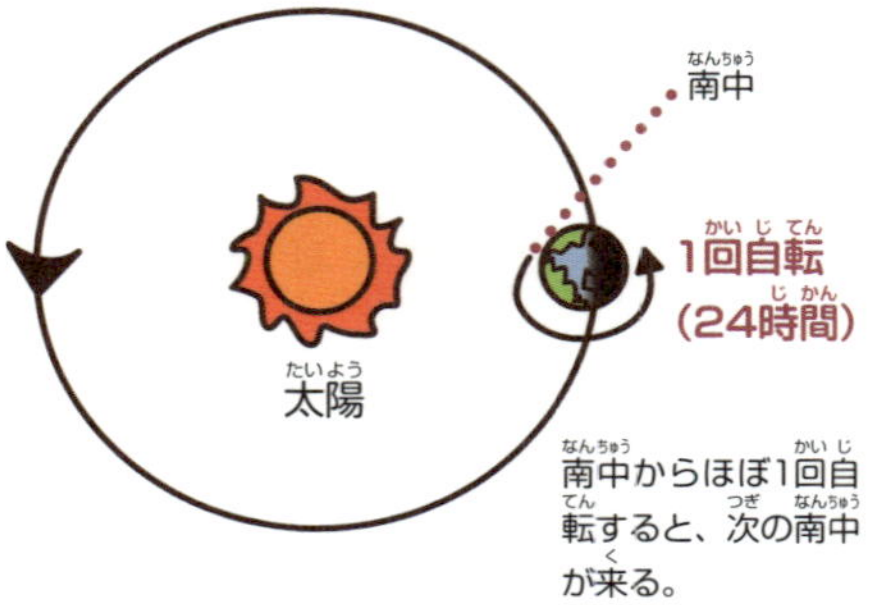
南中
1回自転
(24時間)
太陽

南中からほぼ1回自転すると、次の南中が来る。

水星の場合

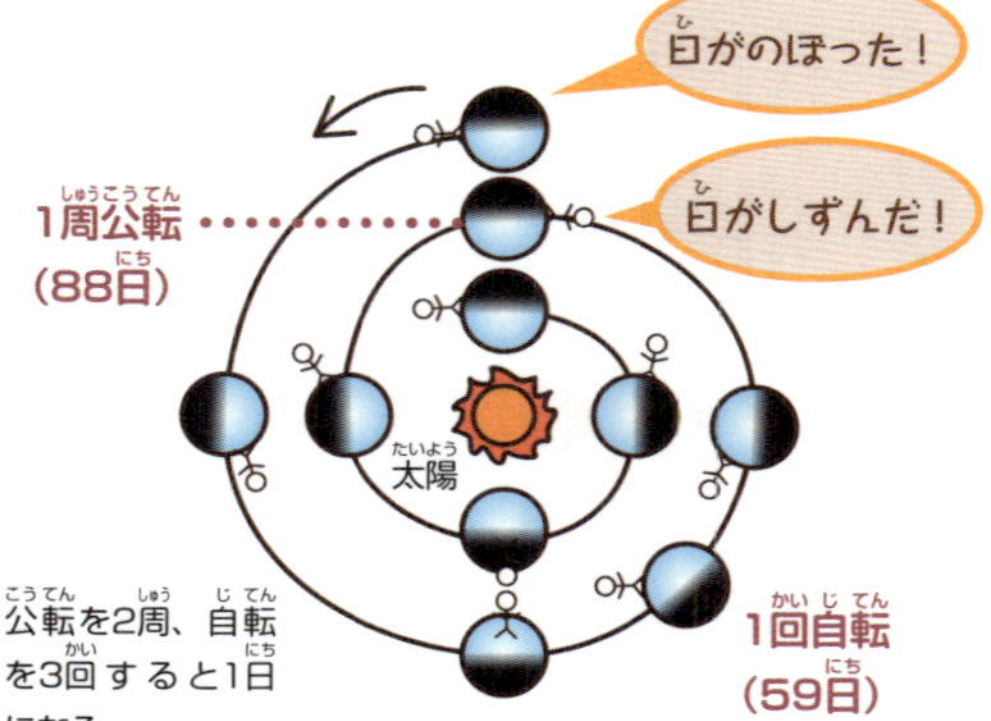
日がのぼった！
日がしずんだ！
1周公転
(88日)
太陽
1回自転
(59日)

公転を2周、自転を3回すると1日になる。

ここがポイント！
水星の一日の長さは、太陽日でいうと、昼が八八日、夜が八八日で、合わせて一七六日もある。

323ページのこたえ
ナフサ

おはなしクイズ 惑星が、太陽のまわりを1周するのにかかる時間を、何周期という？

内がわからと、外がわからでは、卵のわれやすさがちがう！

読んだ日にち（　年　月　日）（　年　月　日）（　年　月　日）

卵のふしぎ

料理で卵を使うときは、からをわりますよね。わるときは、卵を食器のふちなどのかたいところにぶつけて、ひびを入れると思います。しかし、少しいきおいをつけないと、からにひびは入りません。

卵は本来、なかに鳥のひなが入っているものです。そして、そのひなは、卵のなかである程度まで育ったら、自分の力でからをわって出てこなければなりません。でも、まだ小さいひなの力だけで、人間でも力を入れないとわれない卵のからがわれるのは、ふしぎですね。これは卵が、外がわからの力には強く、内がわからの力には弱くできているからです。

三つの層でできたから

卵のからは、外から順に「クチクラ」、「卵殻」、「卵殻膜」という三つの層でできています。いちばん外のクチクラは、ざらざらしたうすい膜で、微生物の侵入をふせぐはたらきをしています。

卵が外がわからの力に強い理由は、その形にあります。曲がった面でできた卵の形には、外がわからかかった力が一点にとどまらず、全体に広がるという性質があるのです（アーチ構造）。また、卵のからは丸いほうよりも、先がとがっているほうが力が広がり、われにくくなっています。

いっぽう、卵殻をつくっている炭酸カルシウムなどの物質の結晶は、内がわからの力でわれやすいならび方をしています。そのため、ひなの弱い力でも、内がわからなら、からをわることができるのです。

ここがポイント！

卵は、外がわからの力ではわれにくい形をしているが、卵殻の結晶が、内がわからの力でわれやすいならび方をしている。

卵にかかる力

クチクラ
卵殻
卵殻膜
卵殻の結晶が、内がわからの力でわれやすいならび方をしている。
卵の外がわからかかる力は、卵の全体に広がる。

324ページのこたえ 公転周期

おはなしクイズ 卵のからをつくる3つの層、クチクラ、卵殻と、もうひとつは何？

海のなかにも雪はふる？

読んだ日にち（　　年　　月　　日）（　　年　　月　　日）（　　年　　月　　日）

海の雪の正体

雪はふつう空からふってきますが、海のなかでも、白っぽい雪のようなものが見られます。これは「マリンスノー」とよばれるもので、けっして空から落ちてきた雪のつぶが、水面を通りぬけて海底にしずんでいくのではありません。

マリンスノーの正体は、プランクトン（水中をただよっている生きもの）などの死がいやふん、陸上からの土砂などが集まったかたまりです。それらが、水中にただよっていると、雪のように見えるのです。

地球温暖化をふせぐ

マリンスノーは、地上の気温が上がる「地球温暖化」をふせぐのにも、一役かっています。

地球温暖化の大きな原因は、空気のなかに二酸化炭素がふえることです。マリンスノーのもとになっている植物プランクトンは、海の表面あたりをただよいながら、光合成（→281ページ）をしていて、二酸化炭素を吸っています。なんと、その量は、全人類が出す二酸化炭素より多いといわれます。

マリンスノーは海底にしずみ、海水にとけます。そしてもう一度表面にあらわれ、植物プランクトンの養分になります。

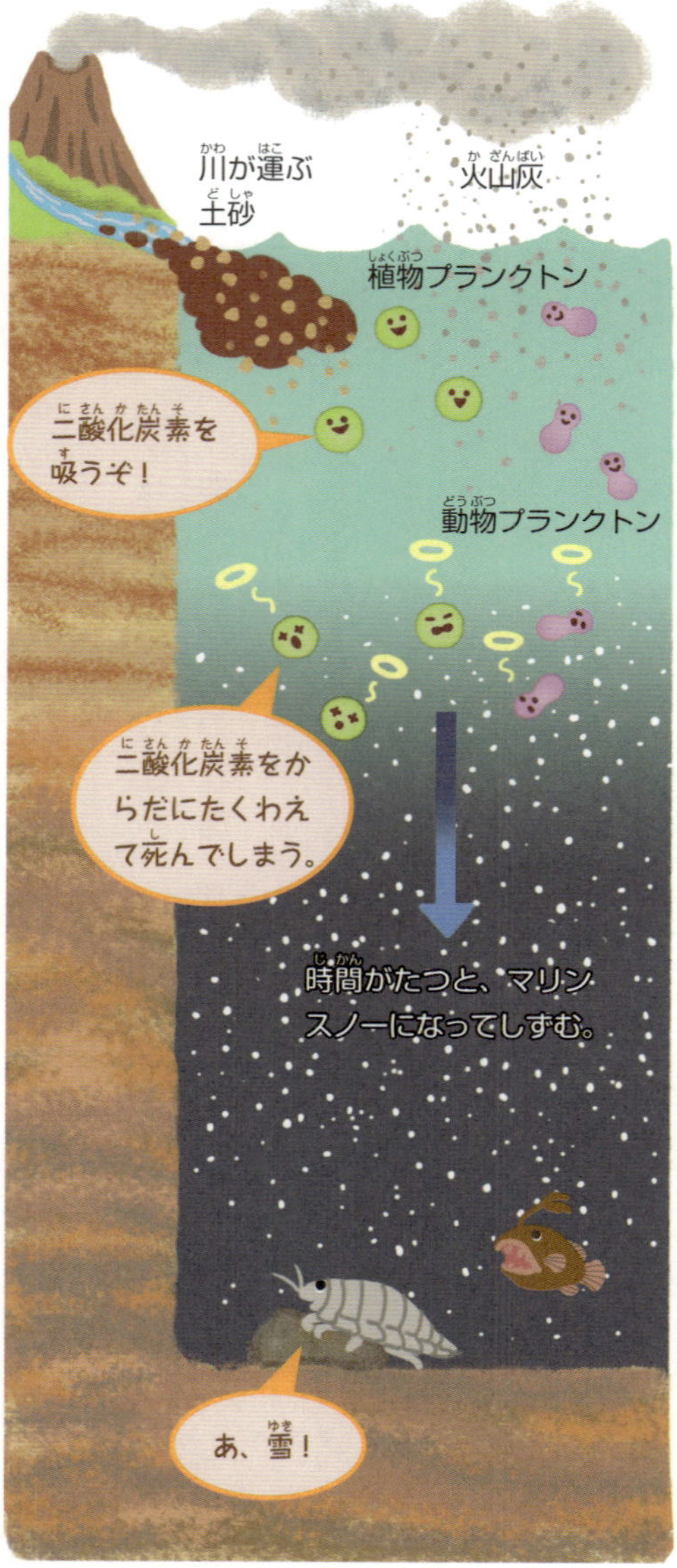

川が運ぶ土砂
火山灰
植物プランクトン
二酸化炭素を吸うぞ！
動物プランクトン
二酸化炭素をからだにたくわえて死んでしまう。
時間がたつと、マリンスノーになってしずむ。
あ、雪！

ここがポイント！
海のなかには、プランクトンなどの死がいやふんなどが、マリンスノーとしてふっている。

325ページのこたえ　卵殻膜

おはなしクイズ　マリンスノーのもとのひとつは、水中をただよっている何？

金しばりって何？

読んだ日にち（　年　月　日）（　年　月　日）（　年　月　日）

レムすいみん中に起こる

みなさんは、金しばりを知っていますか？　ねているときに、意識はあってもからだが動かなくなったり、声が出なくなったりするのが金しばりです。

金しばりが起こるのは、ねむりのリズムがみだれるからだといわれています。

すいみん（ねむること）は、ねむりの深い「ノンレムすいみん」と、ねむりの浅い「レムすいみん」に分けられます。ノンレムすいみんは、脳が休んでいて、からだは少し起きている状態です。いっぽうレムすいみんは、からだが休んでいて、脳は半分起きている状態です。

わたしたちは、ねむりにつくとまずノンレムすいみんに入ります。そのあと、ノンレムすいみんとレムすいみんを、約九〇分ごとにくり返していきます。これが正常なねむりのリズムです。

ところが、何かのきっかけでノンレムすいみんではなく、レムすいみんからねむったり、レムすいみんのとちゅうで目がさめたりすることがあります。そんなときは、脳だけが起きている状態になるため、どんなに脳が命令をしても、からだが動きません。これが、金しばりの正体だと考えられています。

ノンレムすいみんのとき
脳が休んでいる。
からだは少し起きている。

レムすいみんのとき
脳は半分起きている。
からだが休んでいる。

レムすいみんのとちゅうで目がさめると、脳が命令をしてもからだが動かず、金しばりが起こる。

金しばりをふせぐには

では、どうしたら金しばりをふせげるのでしょうか。

まずは毎日、同じ時間にねむりにつくことです。寝不足やねむりすぎも、すいみんのリズムをみだします。また、高さの合ったまくらをえらぶなど、ねむる環境を見なおすこともたいせつです。ねむる前には、脳が興奮しないように、テレビを見たり、ゲームをしたりしないようにするのも効果的です。

ここがポイント！

ねむりのリズムがみだれて、脳だけが起きている状態になると、脳が命令をしてもからだが動かず、金しばりが起こる。

326ページのこたえ
プランクトン

おはなしクイズ　わたしたちがねむるときは、ふつうレムすいみんとノンレムすいみん、どちらから入る？

日本ではどうして地震がよく起こるの？

読んだ日にち(　　年　　月　　日)(　　年　　月　　日)(　　年　　月　　日)

地球　大地

プレートが関係している

世界中には、ほとんど地震が起こらない国があるいっぽうで、よく地震が起こる国があります。

わたしたちがすむ日本は、地震がとても多い国のひとつです。世界中で起こる地震のうち、一〇パーセントが日本で起こっているといわれています。

地震が起こるのには、地球の表面をおおうプレート（↓168ページ）が大きく関係していて、プレートどうしのさかい目で起こる地震や、プレートのなかで起こる地震があります。

海洋プレートが地球内部にしずむときは、いっしょに大陸プレートも引きずられていきます。このとき、大陸プレートにはもとにもどろうとする力がはたらきます。すると、その力で大陸プレートがはねあがり、これが地震として地表につたわるのです（「海溝型地震」）。

また、海洋プレートが動くことで、大陸プレートのなかで大きな力がくわわると、地中の岩盤がずれてしまいます。このずれが地表につたわれば、地震になります（「内陸型地震」）（↓276ページ）。

日本と四つのプレート

日本列島の下にはこうした地震を起こす原因となるプレートが四つ集まっています。

日本の下では、大陸プレートの北アメリカプレートとユーラシアプレートに、海洋プレートのフィリピン海プレートと太平洋プレートがぶつかって、しずみこんでいます。そのため、四つのプレートにはふくざつに力がかかり、日本では地震が多いのです。

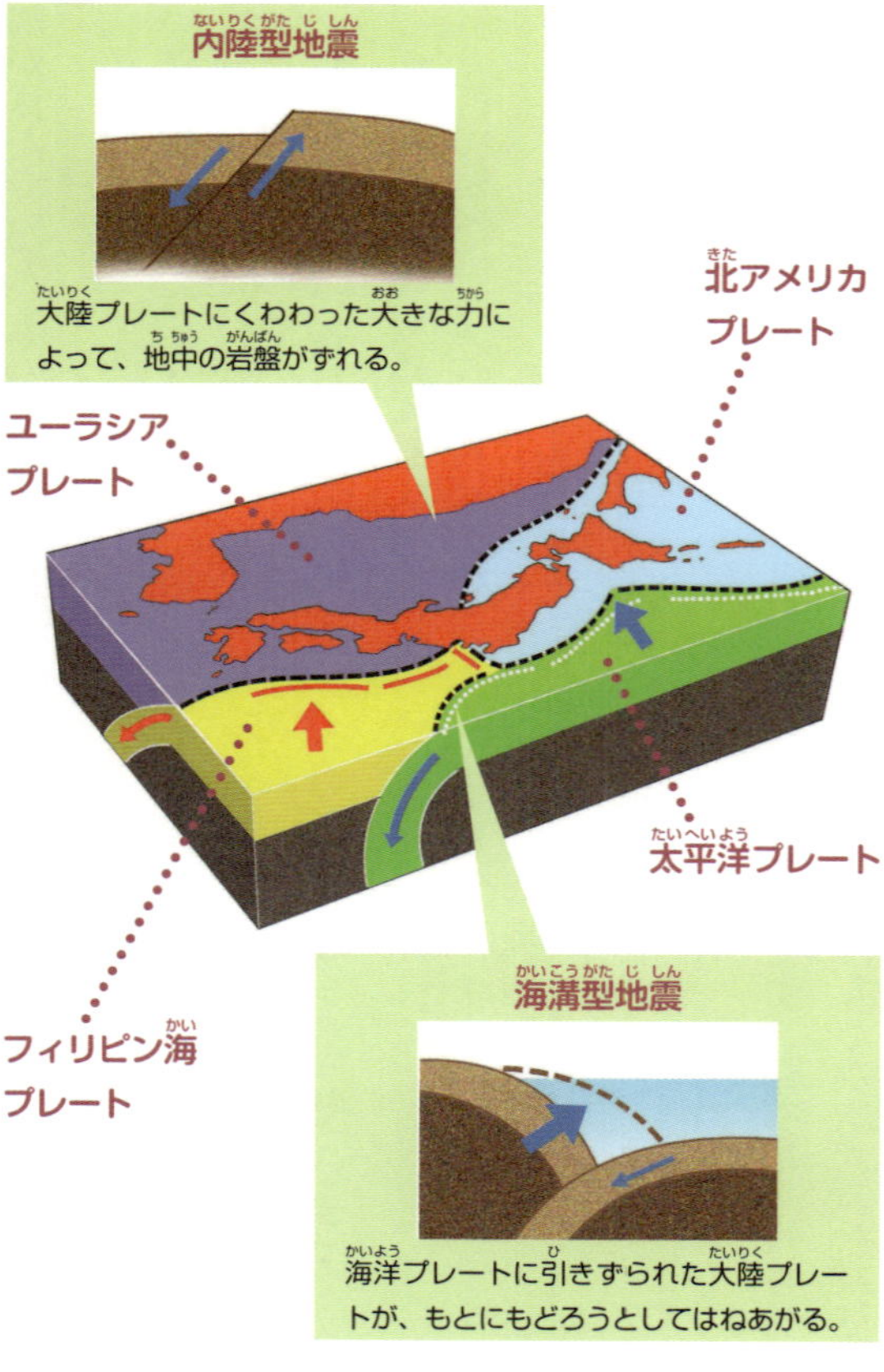
内陸型地震
大陸プレートにくわわった大きな力によって、地中の岩盤がずれる。
北アメリカプレート
ユーラシアプレート
太平洋プレート
フィリピン海プレート
海溝型地震
海洋プレートに引きずられた大陸プレートが、もとにもどろうとしてはねあがる。

ここがポイント！
日本は四つのプレートの上にあるので、地震が起こりやすい。

327ページのこたえ　ノンレムすいみん

おはなしクイズ　世界中で起こる地震の何パーセントが日本で起こっている？

マグロはねむっているときも泳いでいる！

読んだ日にち(　　年　　月　　日)(　　年　　月　　日)(　　年　　月　　日)

生命
魚

マグロは口をあけて泳ぐ

魚の多くは、えら呼吸によって、体内に酸素をとりいれています。えらは、口のうしろにある呼吸器官です。多くの魚は、口をあけて水をとりこみ、水にとけている酸素をえらで吸収すると、口をとじてえらぶたをあけ、酸素のなくなった水を外に出します。

魚が水中で口をパクパクさせているのは、ポンプのように水を出し入れすることで、呼吸をしているからなのです。

ところが、魚のなかには自分でえらぶたをあけしめできないものもいます。その代表がマグロです。

マグロは、泳ぐことによって呼吸をします。口を少しあけた状態で泳ぎ、口から入る水の圧力で、えらぶたをあけているのです。

呼吸をするには、泳ぎつづけるしかないため、マグロはねむっている間も泳いでいます。泳ぎをやめると、酸素不足で死んでしまいます。

長いきょりを泳ぐマグロ

マグロがすんでいるのは、海のなかの「外洋」とよばれる区域です。陸地に沿った海にくらべ、沖合の外洋では、えさにめぐりあうチャンスがかなり少なくなります。ですから、えさとなるほかの魚やイカなどを見つけるためにも、マグロは長いきょりを泳ぎまわる必要があるのです。

マグロは、ふだんは時速四〜六キロメートルの速さで泳いでいる魚です。しかし、えさを見つけると背びれ、胸びれ、はらびれをたたんで、時速八〇キロメートルでつきすすみます。

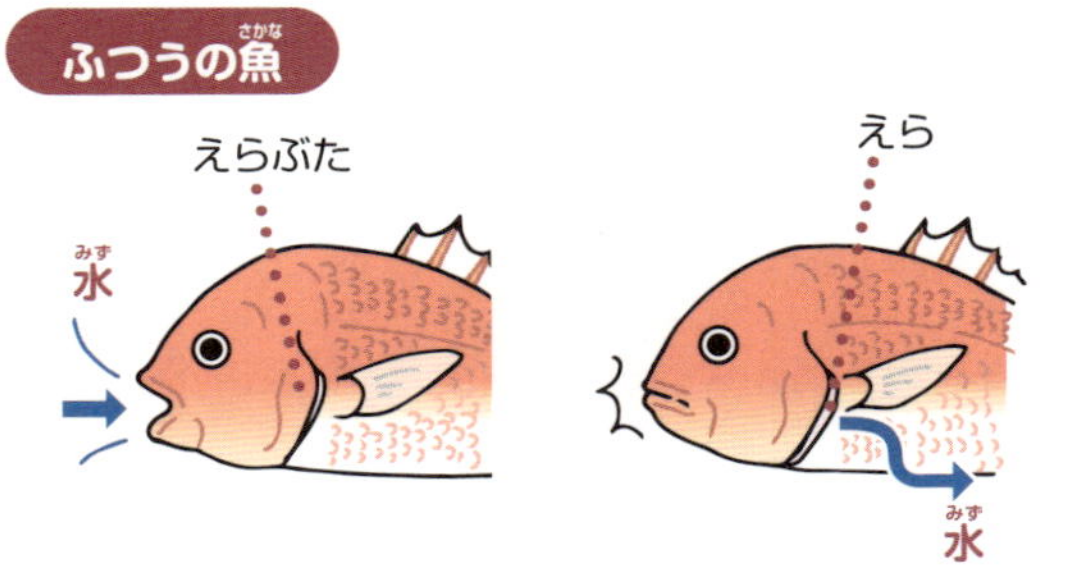
ふつうの魚
えらぶた
えら
水
水

口をあけて水を吸いこみ、えらぶたの下のえらで水のなかの酸素をとりこむ。口をとじると、えらぶたをあけて酸素のなくなった水を外に出す。

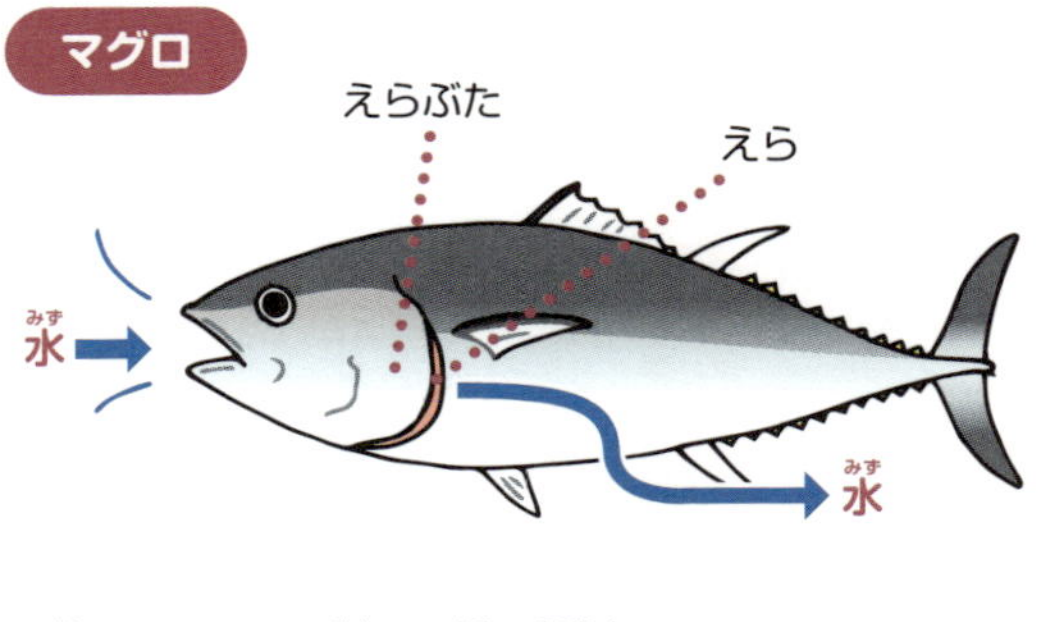
マグロ
えらぶた
えら
水
水

口をあけたまま泳ぎ、水の圧力でえらぶたをあける。そのときに水から酸素をとりこむ。

ここがポイント！
マグロがねむっている間も泳いでいるのは、呼吸をするため。

328ページのこたえ
一〇パーセント

おはなしクイズ マグロがすんでいるのは、海のなかの何とよばれる区域？

季節によって日がしずむ時間がちがうのはなぜ？

読んだ日にち（　年　月　日）（　年　月　日）（　年　月　日）

地球はかたむいてまわる

日本には、春、夏、秋、冬という季節がありますが、夏は日没の時間がおそく、冬は早くなります。これはなぜでしょうか？

まず、季節ができるしくみについて考えてみましょう。

地球は、北極と南極をむすぶ「地軸」という軸を中心に回転しています。これを「自転」といいます。

この地軸は、少しかたむいています。そして、地球は下の図のようにかたむきながら、約三六五日かけて太陽のまわりをまわっています。これを「公転」といいます。

かたむきながらまわることで、地球の表面では、一年のなかでも時期によって太陽の光のあたり方にちがいが出てきます。

太陽の高度が高い時期は、あつくなります。地表の同じ面積にあたる光が、太陽の高度が高いほど多いからです。これが夏です。いっぽう、太陽の高度がひくい時期は、寒くなります。これが冬です。春と秋は、その中間です。

昼と夜の長さがかわる

太陽の高度がかわると、昼と夜の長さもかわります。

太陽の高度が高い夏は、昼の時間が長く、夜は短くなります。つまり、日がしずむのがおそくなるということです。これに対し、太陽の高度がひくい冬は、昼の時間が短く、夜が長くなり、日がしずむのは早くなります。いっぽう、春と秋は、昼と夜の時間が同じくらいです。

公転する地球

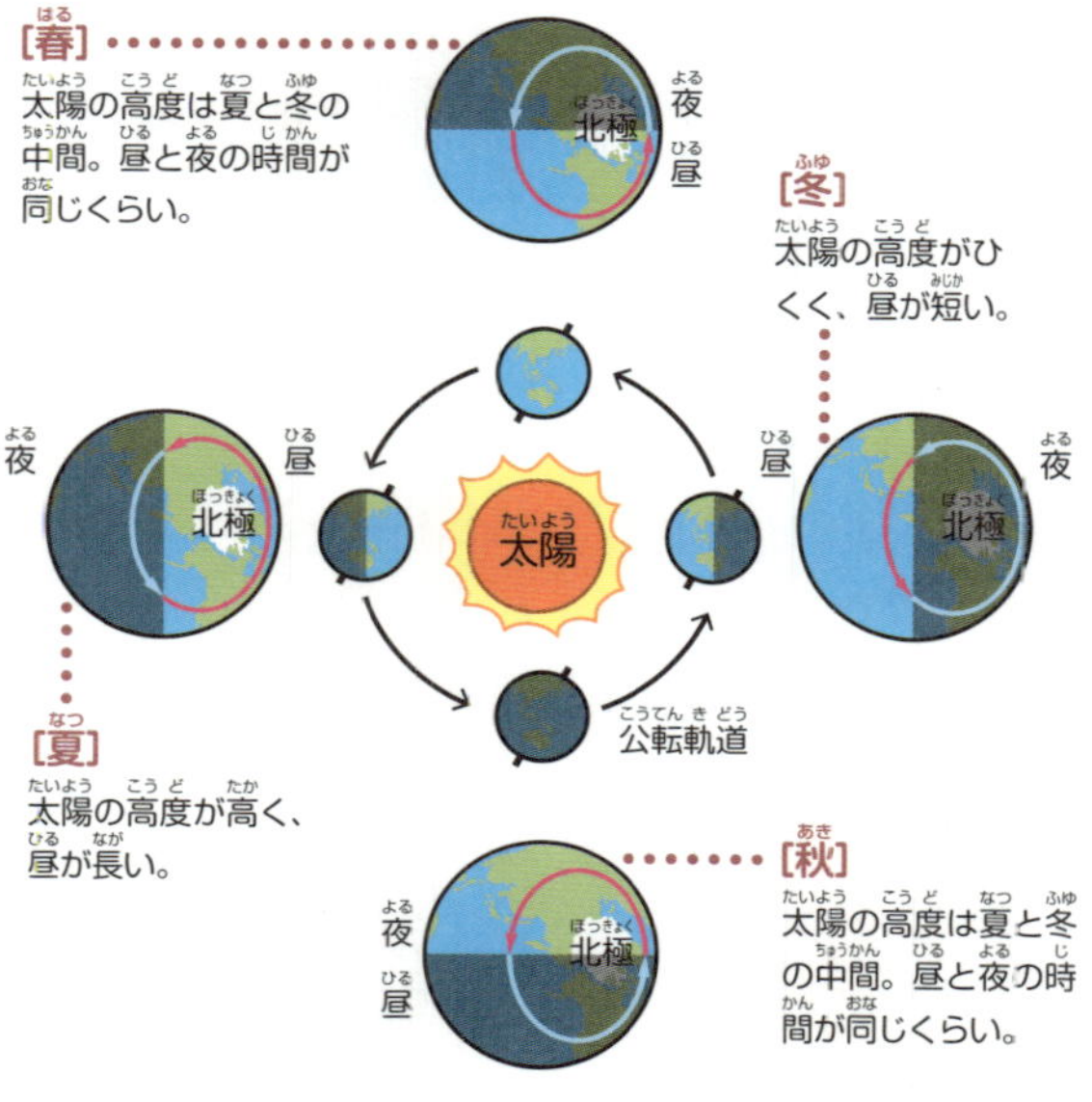
［春］
太陽の高度は夏と冬の中間。昼と夜の時間が同じくらい。
夜
昼
北極
［冬］
太陽の高度がひくく、昼が短い。
昼
夜
北極
夜
昼
北極
太陽
［夏］
太陽の高度が高く、昼が長い。
公転軌道
［秋］
太陽の高度は夏と冬の中間。昼と夜の時間が同じくらい。
夜
昼
北極

ここがポイント！
地球の地軸が公転面に対してかたむいているため、時期によって太陽の高度と昼の長さがかわる。そのため日がしずむ時間もかわる。

329ページのこたえ　外洋

おはなしクイズ　地球が自転するときの軸を何という？

パラシュートには小さなあながあいている！

読んだ日にち（　年　月　日）（　年　月　日）（　年　月　日）

空気の力でスピードダウン

パラシュートを使うと、高いところから、ゆっくり安全に下りることができますね。これは、大きく開いたパラシュートに、上へ向かう風（空気の流れ）があたり、スピードが落ちるからです。

そして、下向きに落ちる力と、上向きに空気がおす力がちょうどつりあうスピードで、パラシュートは落ちていきます。

たまった空気をにがすあな

パラシュートにあたった空気は、そのあと、どこに行くのでしょう。ぬけ道がなければ、ふちのあちこちから外へ出てしまい、空気の流れをコントロールできません。パラシュートの上で、空気の流れがぶつかり、うずができることもあります。こうした場合は、空気の流れでパラシュートがかたむいたり、左右にゆれたりして危険です。

そのため、パラシュートのてっぺんには小さなあながあいています。すると、たまった空気がまっすぐ上にぬける道ができ、パラシュートの動きが安定します。

ここがポイント！
パラシュートは、たまった空気をあなからにがし、安全に下りる。

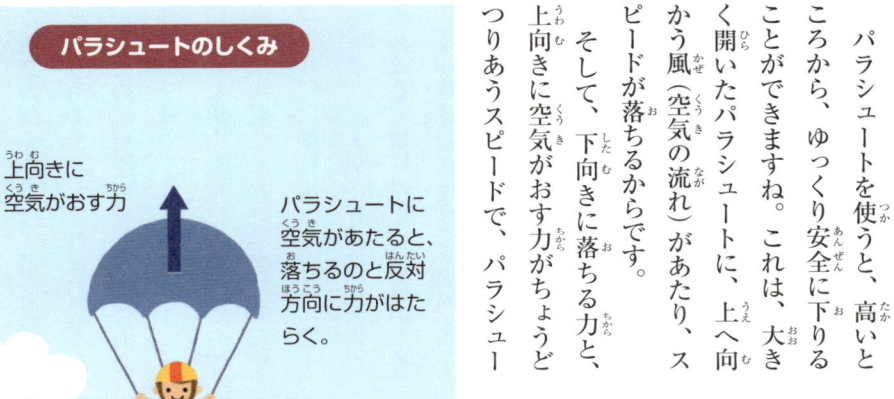

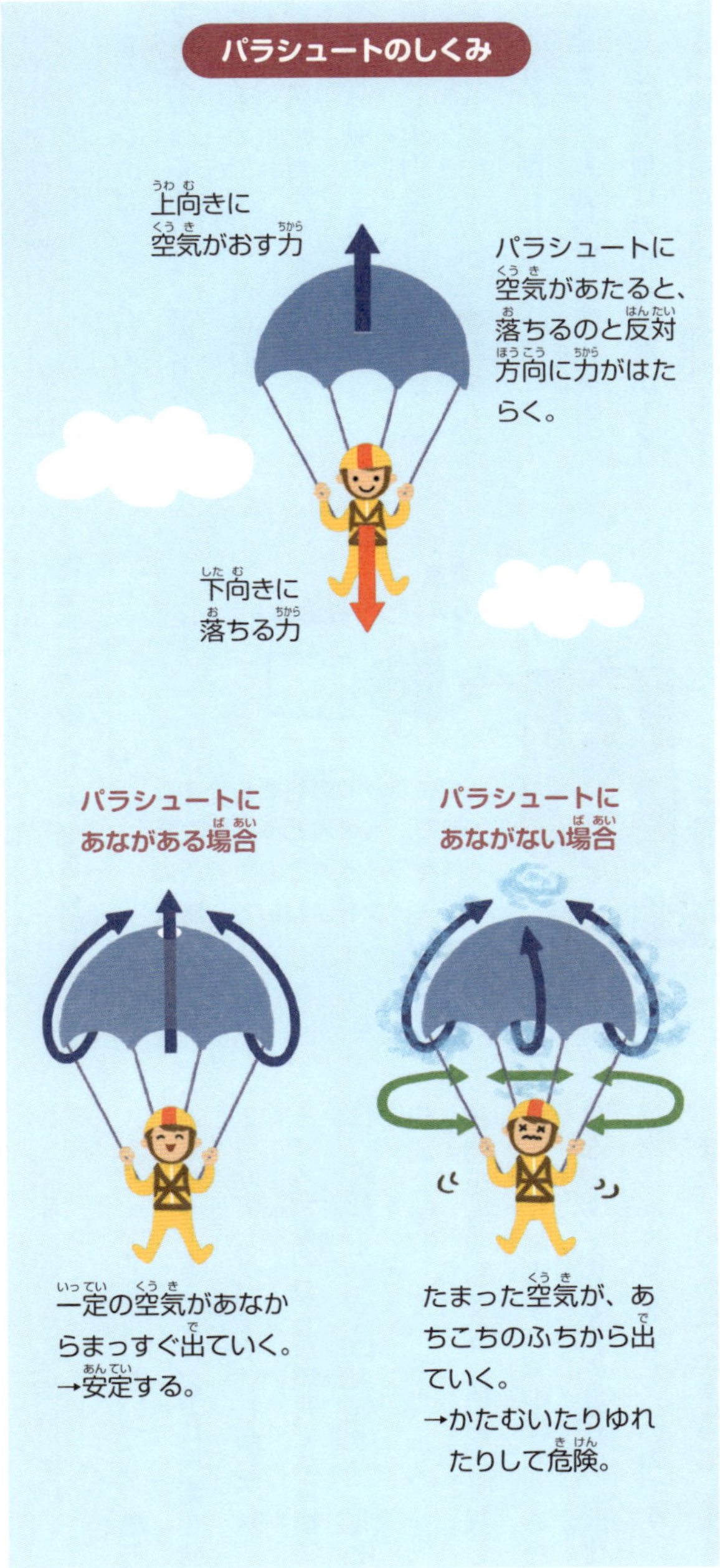
パラシュートのしくみ
上向きに空気がおす力
パラシュートに空気があたると、落ちるのと反対方向に力がはたらく。
下向きに落ちる力
パラシュートにあながある場合
パラシュートにあながない場合
一定の空気があなからまっすぐ出ていく。→安定する。
たまった空気が、あちこちのふちから出ていく。→かたむいたりゆれたりして危険。

330ページのこたえ 地軸

おはなしクイズ　何がパラシュートにぶつかることで、落ちるスピードがおそくなる？

電気は動物や植物からもつくることができる！

読んだ日にち（　年　月　日）（　年　月　日）（　年　月　日）

バイオマス発電という方法

世界でいちばん多く行われている電気のつくり方は、「火力発電」というものです。これは石炭や石油などの燃料をもやし、その力で発電機を動かす方法です。

しかし火力発電は、地中から燃料をほりだすときや、燃料をもやすときに二酸化炭素を大量に発生させます。大気中に二酸化炭素がふえると、地球の平均気温が上昇する「地球温暖化」（→259ページ）の原因になってしまいます。

そこでさいきん注目されているのが、「バイオマス発電」です。バイオマス発電の燃料は、動物や植物などからできるものです。

たとえば家畜のふんやおしっこ、いらなくなった木材や木くず、さらにサトウキビやトウモロコシといった農作物も利用できます。これらをこな状にして圧縮し、小さな固形の燃料（木質チップや木質ペレットなど）にしてもやすと、電気をつくることができるのです。

バイオマス発電のしくみ

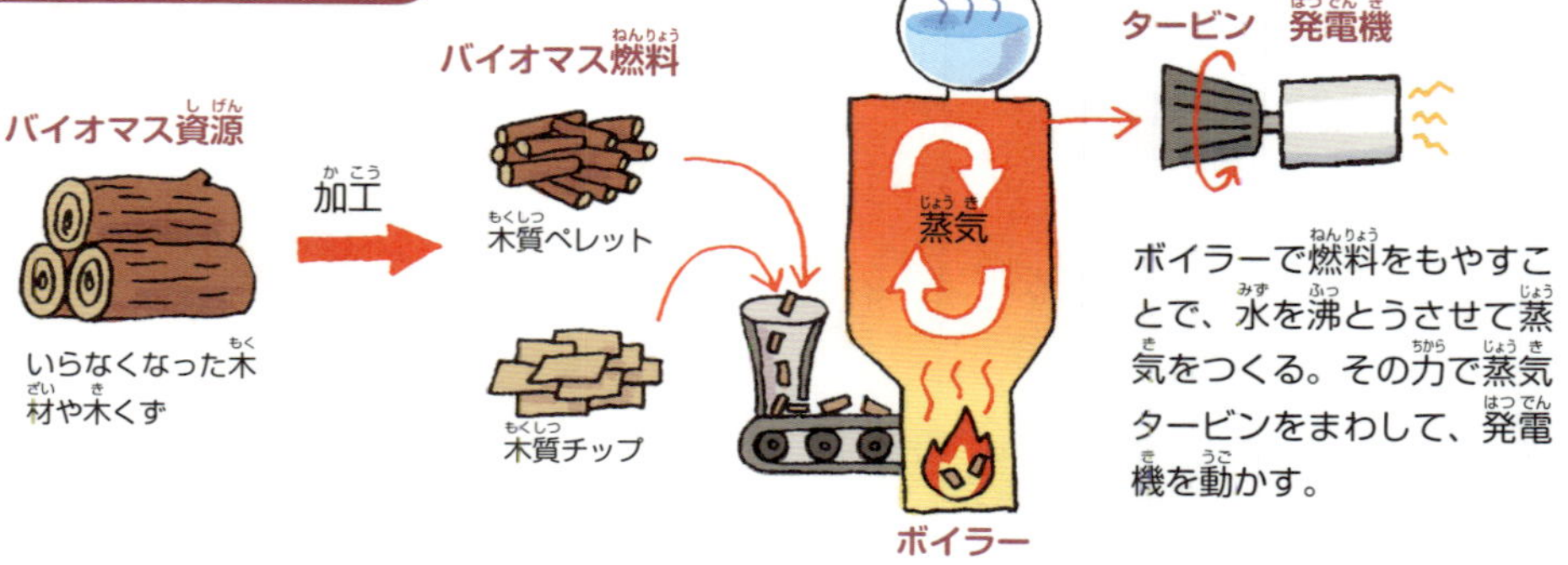
バイオマス資源
いらなくなった木材や木くず
加工
バイオマス燃料
木質ペレット
木質チップ
蒸気
ボイラー
蒸気
タービン
発電機
ボイラーで燃料をもやすことで、水を沸とうさせて蒸気をつくる。その力で蒸気タービンをまわして、発電機を動かす。

二酸化炭素をふやさない

バイオマス発電においても、燃料をもやすときには二酸化炭素を発生させてしまいます。しかし、バイオマス発電のおもな燃料である植物は、成長するときに大気中の二酸化炭素を吸収しています。そのため、植物をもやしても、植物が吸収した二酸化炭素が大気中にもどるだけなので、全体として見れば二酸化炭素はふえもへりもしないのです。

また、いつかはなくなってしまう石炭や石油などとちがい、植物は育てることができるので、エネルギー源がなくなるということはありません。そのため、バイオマス発電は「再生可能エネルギー」とよばれています。

ここがポイント！

「バイオマス発電」では、動物や植物などからできるものを燃料として、電気をつくることができる。

331ページのこたえ　空気

おはなしクイズ　バイオマス発電では、何からできるものを燃料にしている？

空をとぶヘビやトカゲがいる！

読んだ日にち（　年　月　日）（　年　月　日）（　年　月　日）

空をとぶヘビ

アフリカや東南アジアのあつい地域のジャングルには、高い木がたくさん集まっています。そのため、木から木へ移動するときに、一度地上に下りるのではなく、となりの木へ直接とびうつる動物がたくさんくらしています。

東南アジアの森林にすむ、パラダイストビヘビは、木から木へ空をとんで移動します。とぶときは、肋骨という胴体の骨を横に大きく広げ、からだを平らにします。そうすることで、はらの下にたくさんの空気を受けて、遠くまでとぶことができるのです。高い木からなら、一〇〇メートルもとべるとされています。

空をとぶトカゲ

同じく、東南アジアの森林にすむトビトカゲは、肋骨の先が長くのびていて、骨と骨の間に皮ふの膜がついています。この膜は、ふだんはたたまれています。しかし、敵におそわれるなど、移動しなければならなくなると、トビトカゲは肋骨を広げ、この膜をつばさのようにしてとびます。すると、三〇メートルほどとぶことができます。

また、空をとぶとまではいきませんが、トビヤモリというヤモリは、たるんだ皮ふで空気を受けとめながら、高い木からとびおりることができます。

ほかにも、水かきを広げて同じように着地するトビガエルというカエルもいます。いずれも、アフリカや東南アジアなどの、高い木が多く集まっているジャングルにすむ生きものたちです。

ここがポイント！
ジャングルには、骨を広げてからだの形をかえることで空をとぶヘビやトカゲがいる。

パラダイストビヘビ

ふつうの状態

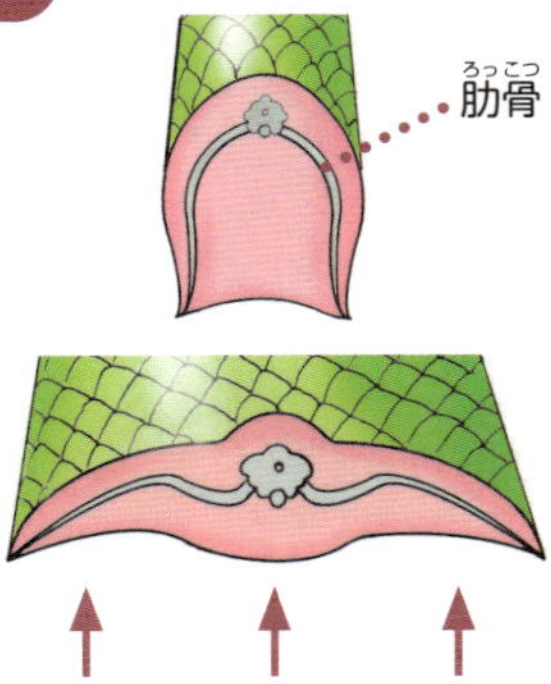
肋骨

空をとぶとき
肋骨を横に大きく広げてからだを平らにする。平らになったはらで下からの空気を受けて、空をとぶ。

トビトカゲ

ふつうの状態

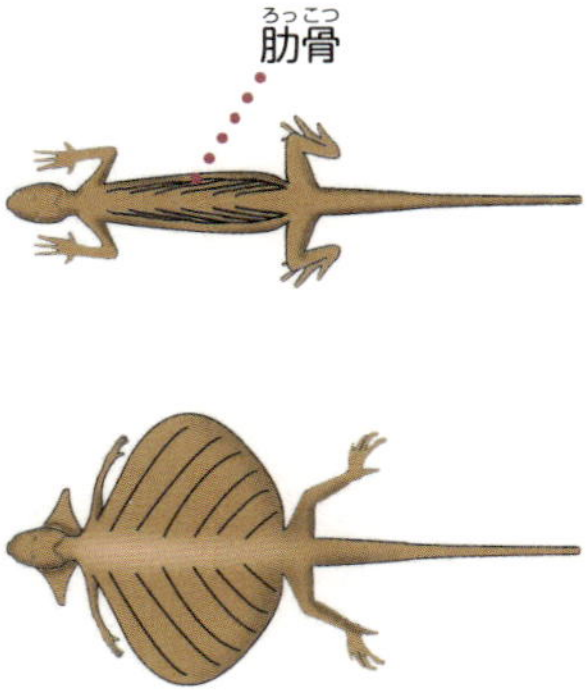
肋骨

空をとぶとき
肋骨を広げて、皮ふの膜をつばさのようにしてとぶ。

332ページのこたえ 動物や植物など

おはなしクイズ トビトカゲはどこの骨を使って空をとぶ？

ミドリムシで飛行機がとぶ!

読んだ日にち(　年　月　日)(　年　月　日)(　年　月　日)

生命
微生物

わたしたちのくらしの燃料

わたしたちが使う石油は、毎日のくらしにかかせない燃料です。石油は、海中にしずんだ生きものの死がいの上に、どろや砂がつみかさなって、おしつぶされ、地中の熱であたためられることでできます。

しかし、このようにしてうみだされる石油にはかぎりがあり、いつかなくなってしまうと考えられています。

そこで、石油にかわるエネルギー資源を見つけることが必要となっています。

微生物から出る燃料

今注目されているのは、微生物がつくるエネルギー資源です。ミドリムシという水中にすむ微生物は、植物と同じように光合成(→281ページ)を行っています。そして、ミドリムシは光合成によって栄養分をつくりだすときに、油もつくりだしています。この油が、飛行機などを動かすときのジェット燃料に利用できるとして、研究が進められているのです。

ミドリムシのような、微生物や植物からつくりだす燃料を「バイオ燃料」といいます。石油は量にかぎりがありますが、バイオ燃料ならば、なくなる心配はありません。また、バイオ燃料は、光合成を行うときに二酸化炭素を吸収しているため、環境にもやさしいエネルギー源として期待されているのです。

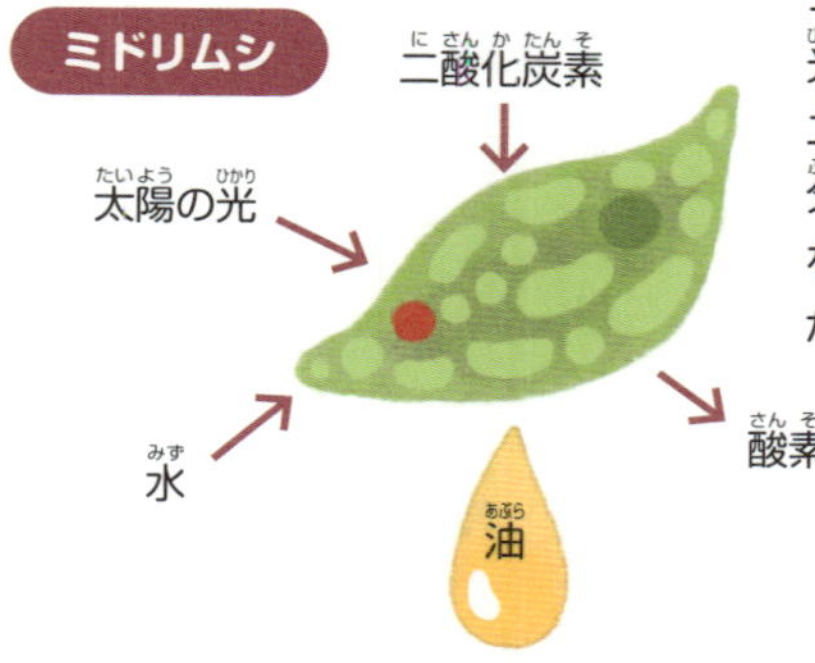
ミドリムシ
二酸化炭素
太陽の光
水
酸素
油

ミドリムシが太陽の光を利用して、水と二酸化炭素から栄養分をつくる(光合成をする)ときに、油がつくりだされる。

飛行機

ミドリムシの光合成でできた油が、飛行機などを動かす燃料に利用できると考えられている。

ここがポイント!

ミドリムシの光合成によってつくられる油が、飛行機などを動かす燃料として、期待されている。

333ページのこたえ　肋骨

おはなしクイズ　植物と同じように光合成を行い、飛行機の燃料をつくることができる微生物を何という?

10月26日のおはなし

原子力って、何？

読んだ日にち（　年　月　日）（　年　月　日）（　年　月　日）

もののせいしつ
もののなりたち

原子もつぶの集まり

わたしたちのまわりにあるすべてのものは、バラバラにしていくと、さいごにこれ以上分解できない「原子」（→76ページ）になると考えられてきました。しかし、科学が進歩すると、原子はさらに細かなつぶが集まってできていることがわかりました。

今では、原子は、「陽子」と「中性子」というつぶがむすびついた「原子核」と、そのまわりをまわっている「電子」からできていることがわかっています。

原子核から出るエネルギー

原子のなかには、原子核にとても多くの陽子と中性子をもっているものがあります。そして、さらにそのなかには、原子核のむすびつきが少し不安定で、いくつかに分かれるものがあります。

原子核が分かれる「核分裂」が起こると、とても大きなエネルギーが、「熱」と、わたしたちのからだに影響をあたえることのある「放射線」として放出されます。このエネルギーが「原子力」です。

原子力発電では、核分裂でできる熱を使って、水をあたため、水蒸気にすることで発電しています。火力発電でも同じような原理で発電されていますが、原子力発電では、必要となる燃料が比較的かんたんに手に入り、また、発電時に二酸化炭素が排出されずにすみます。ただし、熱エネルギーとともに放出される放射線のあつかいには、注意が必要になります。

原子力発電のしくみ

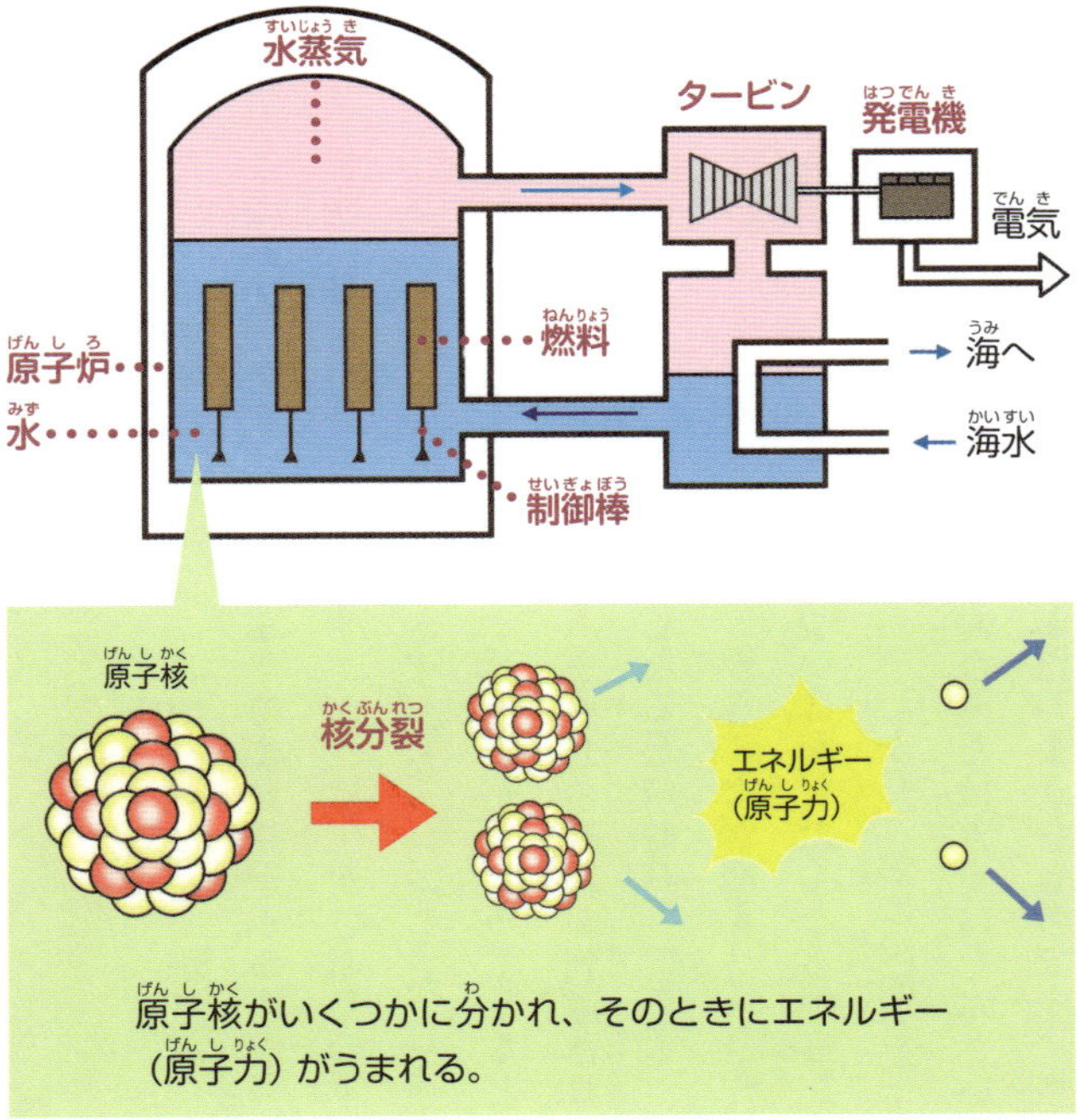

水蒸気
タービン
発電機
電気
原子炉
燃料
水
制御棒
海へ
海水
原子核
核分裂
エネルギー（原子力）
原子核がいくつかに分かれ、そのときにエネルギー（原子力）がうまれる。

ここがポイント！
原子核が分かれるときに、大きなエネルギーが放出される。

334ページのこたえ　ミドリムシ

おはなしクイズ　原子核は、何と何からできている？

かさぶたはなぜできるの?

読んだ日にち(　　年　　月　　日)(　　年　　月　　日)(　　年　　月　　日)

10月27日のおはなし

生命 人体

かさぶたができるまで

ひざをすりむいたりすると、血管が切れて血が出てきます。しかし、血はやがて自然に止まって、ガサガサしたかさぶたができます。このかさぶたは、どうやってできるのでしょうか?

血（血液）が止まるのは、血液のなかの「血小板」という成分（→191ページ）が、きず口に集まってくるためです。集まった血小板は、血栓というふたをつくって、血液が外に流れるのをふせぎます。

しかし、それだけでは不安定なので、血液のなかの「フィブリノゲン」という物質が、細長い糸のような「フィブリン」となってあみをつくり、血小板をおおいます。

さらに、血液のなかの「赤血球」という成分（→191ページ）も、このあみにからまってかたまります。こうしてできたものが、かさぶたです。

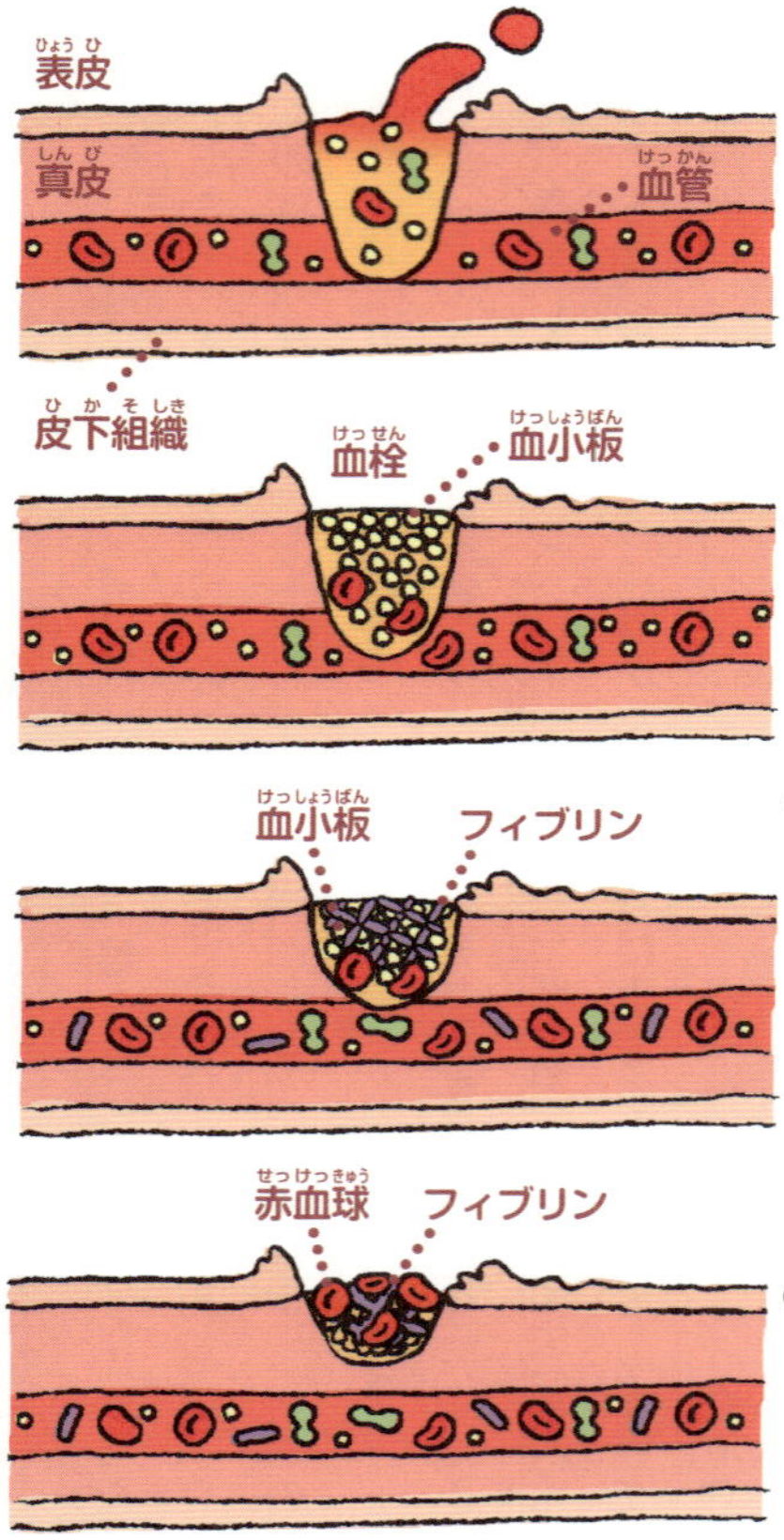

表皮
真皮
血管
皮下組織
血栓
血小板
血小板
フィブリン
赤血球
フィブリン

①血管が切れて、血が出てくる。

②血小板がきず口に集まって、血栓というふたをつくる。

③フィブリノゲンが、細長い糸のようなフィブリンとなってあみをつくり、血小板をおおう。

④赤血球も、フィブリンがつくったあみにからまってかたまる。

かゆくてもがまん

時間がたつと、かさぶたやかさぶたのまわりがかゆくなってきます。これは、かさぶたの下にあるきずがなおってきたしょうこです。きずがなおってくると、かゆみを感じる神経が刺激されてかゆくなるといわれています。

かさぶたがあまりにもかゆいと、ついはがしたくなるかもしれません。しかし、前に説明したように、かさぶたはきず口をふさいでいるふたのようなものです。無理にはがすと、せっかくなおりかけていたきず口がまた開いてしまいます。ばい菌が入ることや、きずあとがのこることもあるので、かさぶたははがさないようにしましょう。

ここがポイント!

かさぶたは、血管が切れたときに、血液が外に流れだすのをふせぐためにできる。

335ページのこたえ　陽子と中性子

おはなしクイズ　血が出ると、まずきず口に集まってくる血液のなかの成分は?

クモはなぜ自分の糸にくっつかないの？

読んだ日にち（　年　月　日）（　年　月　日）（　年　月　日）

くっつかない糸の上を歩く

みなさんも、クモの巣を見たことはあるでしょう。

あみ目状のクモの巣は、えものとなるチョウなどの昆虫をつかまえるわなとなります。ネバネバした糸のあみにからまって動けなくなった昆虫を、クモはさらに糸でグルグルまきにしてしまうのです。

しかし、ふしぎなことに、クモは自分で自分の巣にからまって、動けなくなることはありません。

これはいったいなぜでしょうか。

その大きな理由は、クモの巣のつくりにあります。クモの巣は、巣の円形をつくっている「横糸」と、巣の中心から広がっている「縦糸」の二種類の糸でできていますが、横糸はネバネバするのに対し、縦糸はネバネバしません。

つまり、うまく縦糸の上だけを歩けば、クモは自分の糸にくっつく心配がないのです。

さらに、万が一ネバネバの横糸の上を歩いてしまっても、クモのあしには油のようなものがついており、ネバネバがあしにくっつくのをふせぐ、ともいわれています。

ネバネバのひみつ

では、クモの糸（横糸）はなぜネバネバするのでしょう。

クモは、はらの先にある、「糸いぼ」とよばれるつきだした部分から糸を出します。縦糸を出すときは、ふつうの糸を出しますが、横糸を出すときには、「粘液」というのりのような液体でおおわれた糸を出します。粘液は糸の上で少しずつ集まり、やがて丸い球になります。これが「粘球」です。横糸には、粘球がいくつもならんでいるため、ネバネバするというわけです。

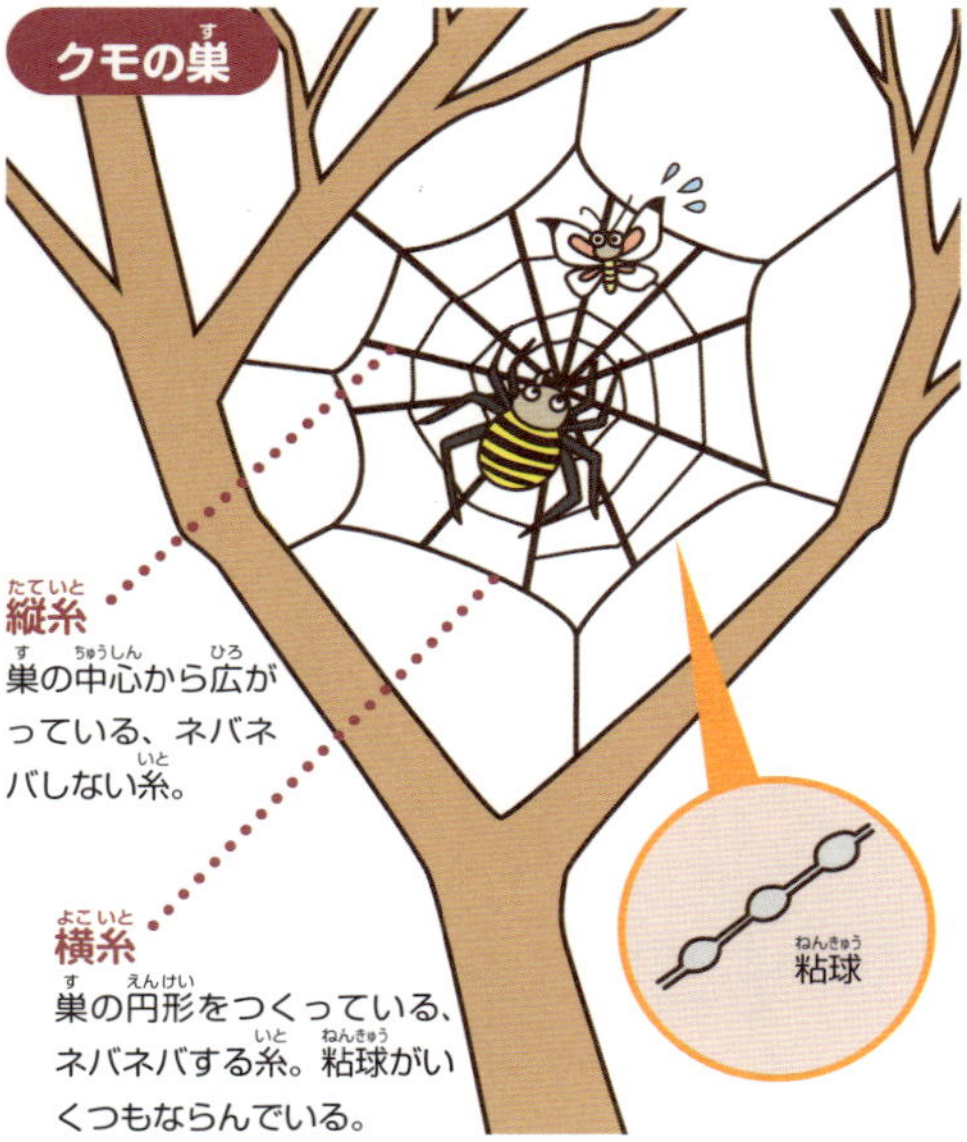
クモの巣
縦糸
巣の中心から広がっている、ネバネバしない糸。
横糸
巣の円形をつくっている、ネバネバする糸。粘球がいくつもならんでいる。
粘球

クモの糸いぼ
糸いぼ
クモは、はらの先にある糸いぼからふつうの糸や、粘液でおおわれた糸を出す。

ここがポイント！
自分の巣にいるクモは、ネバネバする横糸ではなく、ネバネバしない縦糸の上を歩くため、自分の糸にくっつかない。

336ページのこたえ
血小板

おはなしクイズ クモの巣のなかの、ネバネバしない糸は何という糸？

どうして接着剤でものがくっつくの？

読んだ日にち(　　年　　月　　日)(　　年　　月　　日)(　　年　　月　　日)

10月29日のおはなし

ものの性質 変化

接着のしくみの三タイプ

工作のときなどに、ものをくっつけるためにのりやボンドを使いますね。これらの接着剤によって、ものとものがくっつくしくみには三つのタイプがあります。

ものの表面には、目には見えない細かなでこぼこがあります。ものに接着剤をぬると、このでこぼこに接着剤が入りこんでかたまり、ものとものをくっつけます。これがひとつ目のタイプで、このはたらきを「アンカー効果」といいます。

ふたつ目は、接着剤をものにぬったときに、接着剤の分子(→76ページ)とものの分子が化学反応を起こしてむすびつくタイプです。

三つ目は、分子どうしが近づいたときに生じる、おたがいが引きあう力でくっつくタイプで、この力は「ファンデルワールス力」とよばれています。

かたまり方もいろいろ

接着剤はかたまってくっつきますが、かたまり方にはいくつかの種類があります。たとえば、のりや木工用ボンドは、なかの水分がぬけてかたまります。

瞬間接着剤は、空気やものの表面にある、ほんのわずかな水分に反応して、かたまるようになっています。ほかにも、一度接着剤を熱でとかすことで、ひえてかたまるものもあります。

ここがポイント！
接着剤は、さまざまなはたらきによって、ものとものをくっつけている。

接着のしくみの3タイプ

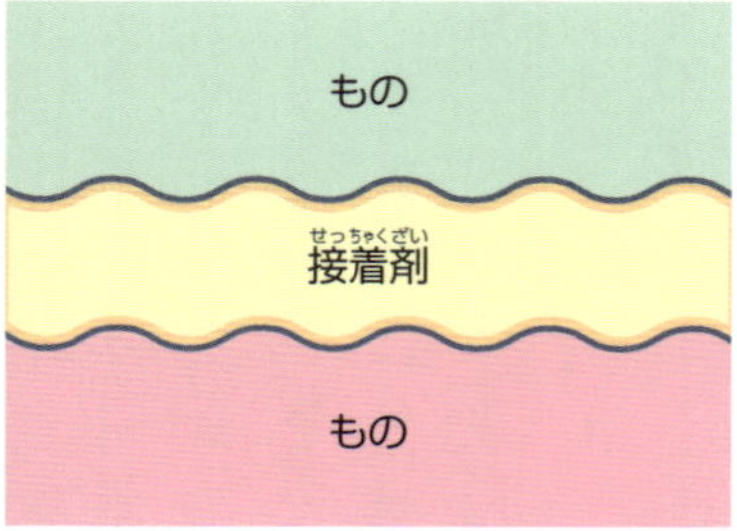
もの
接着剤
もの

アンカー効果によるもの
接着剤が、ものの細かなでこぼこに入り、なかでかたまってくっつく。

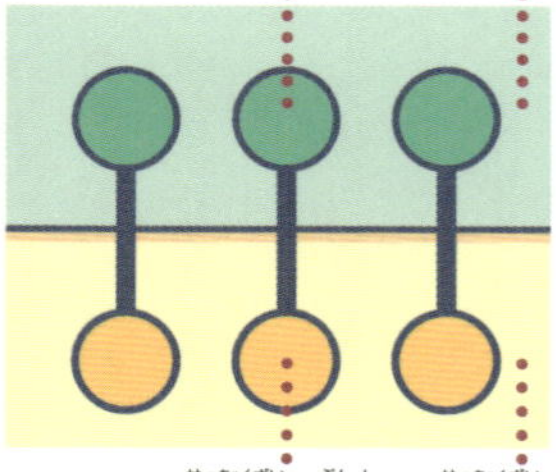
ものの分子
もの
接着剤の分子
接着剤

化学反応によるもの
ものの分子と接着剤の分子が化学反応を起こしてむすびつく。

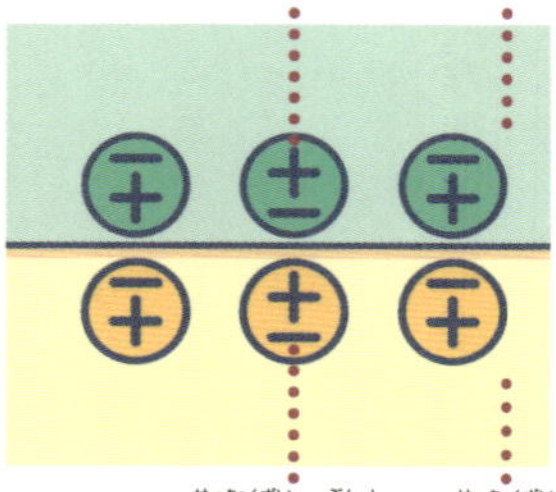
ものの分子
もの
接着剤の分子
接着剤

分子どうしの引きあいによるもの
分子どうしが引きあって、くっつく。

337ページのこたえ 縦糸

おはなしクイズ 接着剤が、ものの細かなでこぼこに入ってかたまることで、ものをくっつける効果は？

イルカは超音波でえものをさがす!

読んだ日にち(　　年　　月　　日)(　　年　　月　　日)(　　年　　月　　日)

生命
動物

二種類の音を使いわける

イルカがくらす水のなかは、太陽の光がとどきにくく、またにごりやすいため、目を使って遠くを見ることがむずかしい世界です。

しかし、水のなかは音がひじょうによくつたわるため、イルカは音、つまり鳴き声をさまざまな目的で利用するようになりました。

むれで生活するイルカは、むれのなかまと会話をします。そのときに使われるのが、「ホイッスル音」とよばれる鳴き声です。人間の耳には、「ピーピー」という音にきこえます。

また、イルカはえものをさがすときや、まわりのようすを知りたいときには、「クリック音」とよばれる鳴き声を出します。これは「カリカリ」「ギリギリ」、もしくは「カチッカチッ」という音にきこえます。

ただし、クリック音の大半は、超音波とよばれるとても高い音なので、人間にはほとんどきこえません。

おでこから音を出す

では、クリック音をどう使って、えものをさがしているのでしょう。

人間とちがい、イルカには声を出す「声帯」という部分がなく、本来音をきく耳のあなも、耳あかがつまっていて使えません。

そのため、イルカは頭にある「噴気孔」という鼻のあなのおくで音をつくります。そして、おでこにある「メロン」というだ円形の部分でその音を集め、前方に放ちます。

音はえものや障害物にあたると、はねかえります。はねかえってもどってきた音の振動は、下あごの骨でキャッチされます。イルカの下あごの骨と耳はつながっているため、キャッチされた音は耳へ送られます。

イルカはこうして、えものや障害物の場所や大きさ、形などを感じとっているのです。

クリック音の使い方

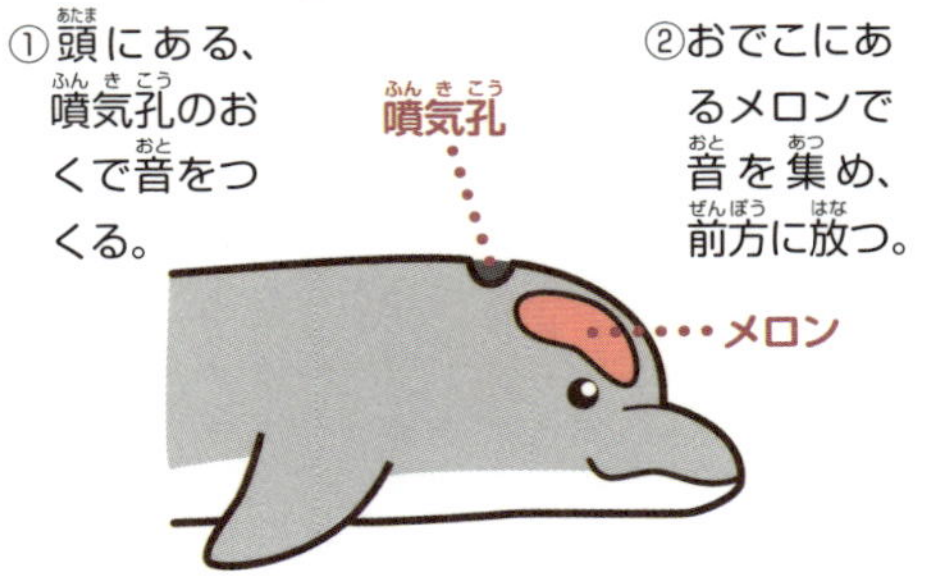
①頭にある、噴気孔のおくで音をつくる。
②おでこにあるメロンで音を集め、前方に放つ。
噴気孔
メロン

※ホイッスル音の出し方も同じ。

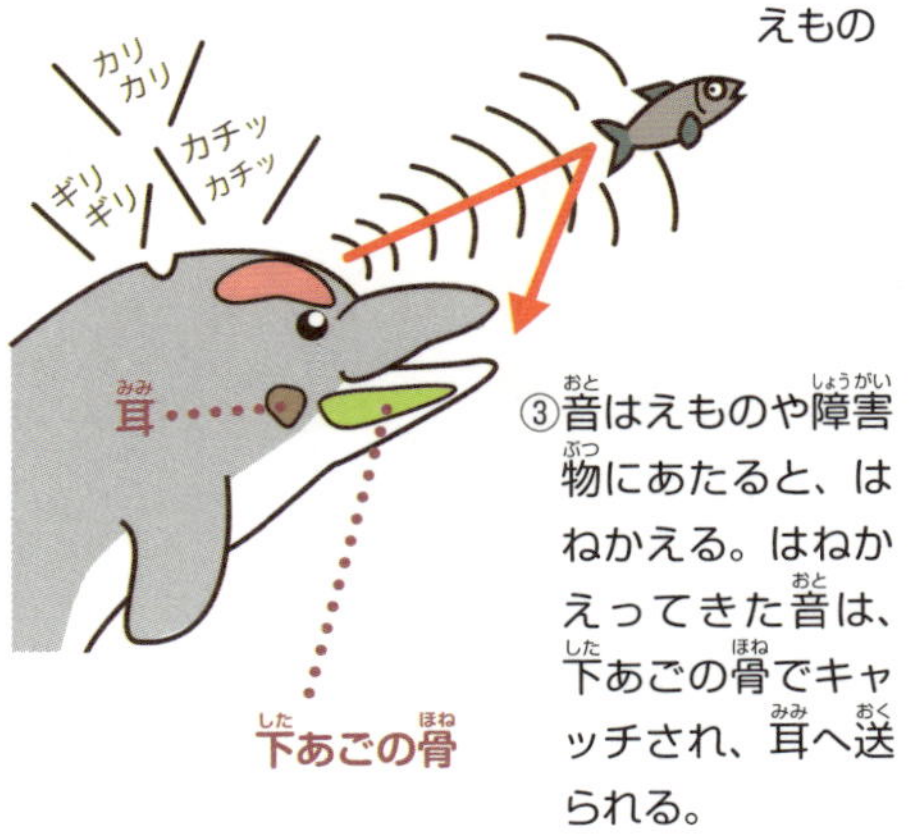
えもの
カリカリ
ギリギリ
カチッカチッ
耳
下あごの骨
③音はえものや障害物にあたると、はねかえる。はねかえってきた音は、下あごの骨でキャッチされ、耳へ送られる。

ここがポイント!

イルカは「ホイッスル音」とよばれる鳴き声を出して、むれのなかまと会話をする。えものをさがすときなどは、「クリック音」を出す。

338ページのこたえ
アンカー効果

おはなしクイズ　イルカのおでこにあって、音を集めるだ円形の部分を何という?

オスにもメスにもなれる生きものがいる！

読んだ日にち（　　年　　月　　日）（　　年　　月　　日）（　　年　　月　　日）

オスとメスの機能

生きものには、オスとメスがないものもいますが、多くの場合は、オスとメスに分かれています。そして、オスがもつ精子と、メスがもつ卵がひとつになる（受精する）と、子どもができます。つまり、オスには精子をつくる、メスには卵をつくるという、子どもをつくるための機能があるのです。これを「生殖機能」といいます。

しかし、自然界には一ぴきでオスとメス両方の生殖機能をもつ生きものがいます。これらの生きものは、さいしょからオスとメスの生殖機能をもつ種類と、あとから性別をかえることで、両方の生殖機能をもつ種類とに分けられます。

両方の生殖機能をもつもの

さいしょからオスとメスの生殖機能をもつ種類は、さらに一ぴきが自分だけで受精するものと、二ひきが交尾することで、おたがいに受精するものに分けられます。

自分だけで受精するのは、イタヤガイという二枚貝などです。自分だけで精子と卵をつくりだし、それを海に放出して受精させます。

二ひきがおたがいに受精するのは、カタツムリやナメクジなどです。おたがいの精子をあたえあって（交尾をして）受精します。

また、あとから性別をかえる種類には、クマノミという魚がいます。イソギンチャクのなかにすむクマノミは、小さいときは全部オスですが、やがてむれでもっとも大きなオスがメスにかわって卵をうみます。そして、二番目に大きなオスがその卵に精子をかけ、受精させるのです。

このような、オスにもメスにもなれる生きものたちは、あまり遠くまで移動ができず、オスとメスがなかなか出会えないために、こうした形で子どもをのこすようになった、といわれています。

カタツムリの場合

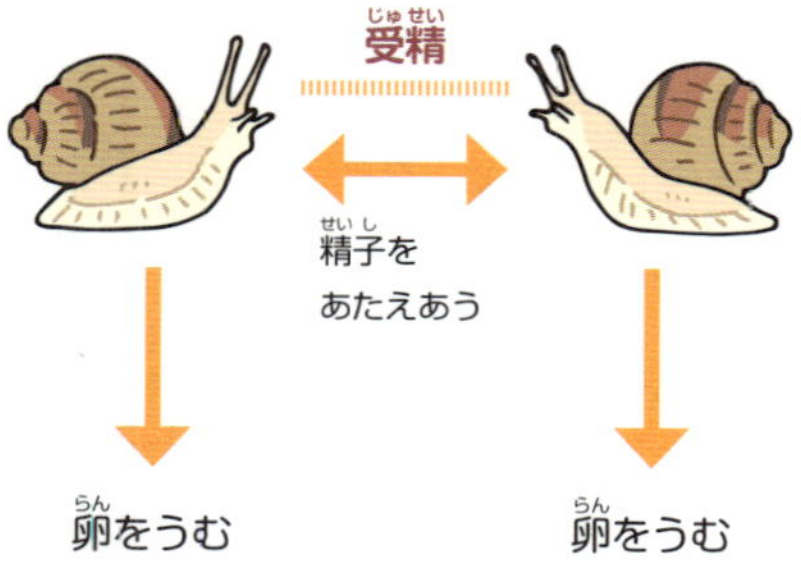
受精
精子をあたえあう
卵をうむ
卵をうむ

クマノミの場合

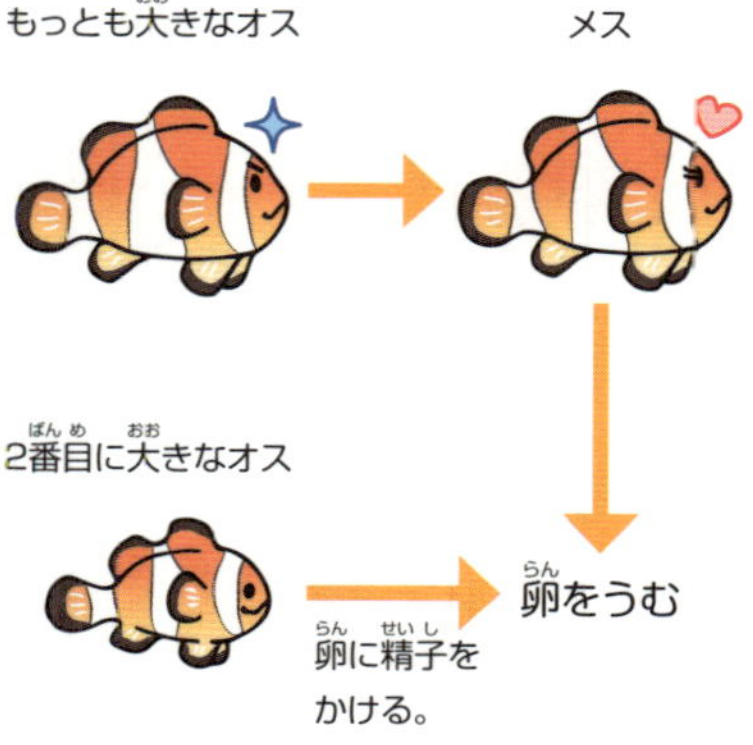
もっとも大きなオス
メス
2番目に大きなオス
卵に精子をかける。
卵をうむ

ここがポイント！

さいしょからオスとメスの生殖機能をもつ生きものや、あとから性別をかえられる生きものがいる。

339ページのこたえ メロン

おはなしクイズ もっとも大きなオスがメスにかわり、2番目に大きなオスがそのメスの卵に精子をかける魚は？

11月のおはなし

土星が水にうくって、ほんとう？

読んだ日にち（　年　月　日）（　年　月　日）（　年　月　日）

大きいけれど、じつは軽い

土星は、太陽系のなかでは二番目に大きい惑星です。直径は地球の約九倍（約一二万キロメートル）、体積は約七六四倍、重さは約九五倍もあります。

ところが、同じ体積でくらべると、土星の重さは水の〇・七倍しかありません。つまり、土星は水よりも軽いということです。

ですから、もし土星をすっぽり入れることができるプールがあれば、土星はそこにプカプカういてしまうことでしょう。

では、どうして土星はそんなに軽いのでしょうか。

土星の材料は？

そのひみつは、土星をつくっている物質にあります。

土星をつくるおもな物質は、「水素」というものです。内部を見てみると、中心には岩石や氷でできた「核」という部分がありますが、そのまわりは液体の状態の水素、さらにその外がわは気体の水素というつくりで、ほとんどが水素でできていることがわかります。割合でいうと、土星のおよそ九三パーセントは、水素です。

水素は、宇宙のあらゆる物質のなかで、いちばん軽い物質です。つまり、ほとんどが宇宙でもっとも軽い物質でできているため、土星は水よりも軽いのです。

土星の内部

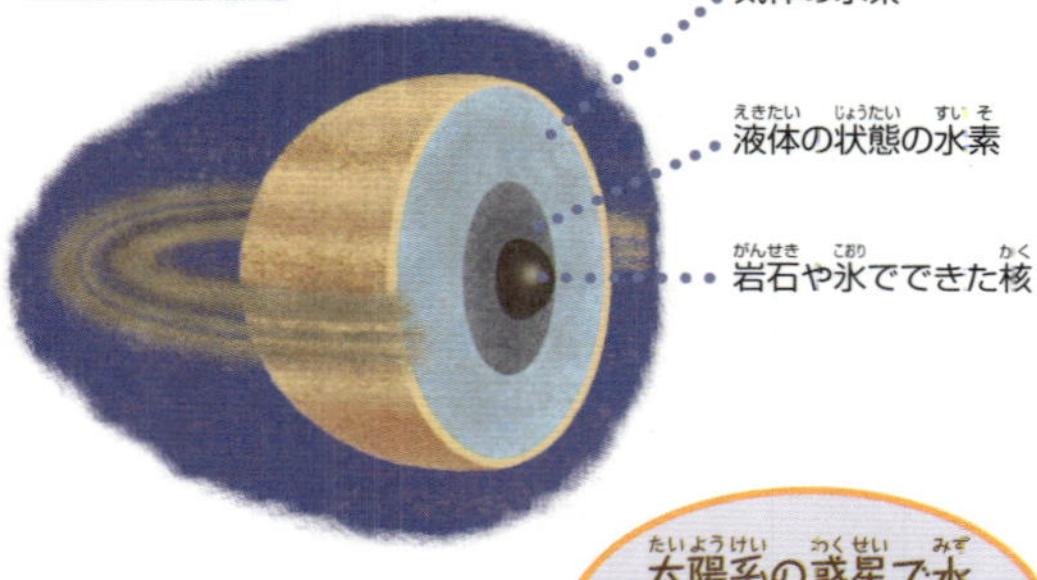
気体の水素
液体の状態の水素
岩石や氷でできた核

ちなみに、土星と同じ「巨大ガス惑星」（→48ページ）に分類される木星も、およそ九〇パーセントが水素でできています。ただし、木星は土星にくらべて中身がつまっているので、同じ体積でくらべて、水より軽いということはありません。

太陽系の惑星で水にうくのは、土星だけなんだって！
土星

ここがポイント！
土星はおもに水素でできていて、水よりも軽いため、水にうく。

340ページのこたえ
クマノミ

おはなしクイズ 土星が水にうくのは、何でできているから？

大きな動物ほど長生きする？

読んだ日にち（　　年　　月　　日）（　　年　　月　　日）（　　年　　月　　日）

生命
動物

心臓の動きがおそくなる

みなさんは、ゾウが何年くらい生きるか知っていますか？　アジアゾウの寿命は、約八〇年です。では、ほかの動物はというと、ウシの寿命は約三〇年、イヌは約一五年、そして、小さなハツカネズミだと一〜二年になります。こうして見ると、からだが大きな動物ほど、寿命が長い傾向があるようです。なぜ大きな動物は長生きできるのでしょう。

ほ乳類の動物は、心臓が約一五億回動くと寿命をむかえるといわれています（いくつかの説があります）。大きな動物は、体温をたもちやすく、エネルギー消費が少なくてすむので、心臓の動く速さがおそくなります。つまり、その分寿命が長くなるというわけです。

なお、これを人間にあてはめると、二六年くらいしか生きられないことになるのですが、じっさいの人間の寿命は七〇〜八〇年です。これは、医療が発達し、また栄養のある食事がとれているためだと考えられています。

もっとも長生きの動物

現在世界でもっとも長生きしている動物は、アルダブラゾウガメという種類のカメ、「ジョナサン」で、現在一八三歳と推定されています。

アルダブラゾウガメは、ガラパゴスゾウガメとともに世界一大きなリクガメで、体重は約二五〇キログラムです。それでもゾウよりは小さく、体重も少ないのですが、ジョナサンはもともとの生息地よりも寒い、セントヘレナ島でかわれているため、長生きしているようです。カメはまわりの気温がひくくなると、体温も下がり、とても少ないエネルギーで活動するようになります。そのため、心臓の動く速さがとてもゆっくりになるのです。

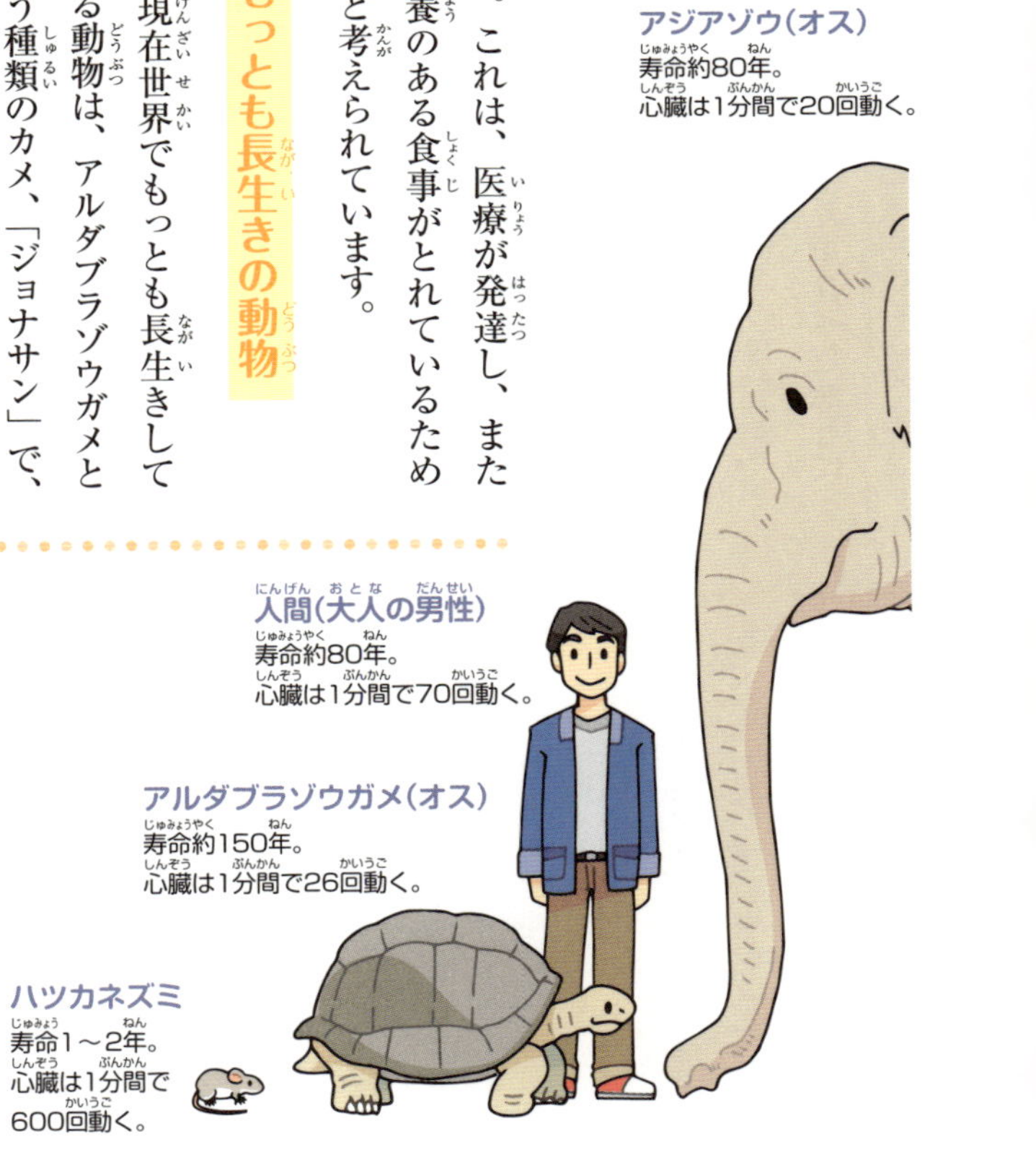
アジアゾウ（オス）
寿命約80年。
心臓は1分間で20回動く。
人間（大人の男性）
寿命約80年。
心臓は1分間で70回動く。
アルダブラゾウガメ（オス）
寿命約150年。
心臓は1分間で26回動く。
ハツカネズミ
寿命1〜2年。
心臓は1分間で600回動く。

ここがポイント！

ほ乳類は、心臓が約一五億回動くと寿命をむかえるといわれるけれど、大きな動物は心臓の動く速さがおそくなる分、長生きする。

342ページのこたえ　水素

おはなしクイズ　現在世界でもっとも長生きしているカメの名前は？

おなかがいっぱいになると、ねむくなるのはなぜ？

読んだ日にち（　　年　　月　　日）（　　年　　月　　日）（　　年　　月　　日）

おなかがいっぱいになると

ごはんを食べて、おなかがいっぱいになったあとは、なんだかねむくなりますよね。いったいなぜでしょう。

考えられる理由のひとつは、体温が下がるからです。食事をすると、体温が一時的に上がって血のめぐりがよくなります。

しかし、人間のからだには体温を一定にたもつはたらきがあるので、しばらくすると体温は下がります。人間は夜ねるとき、体温を下げてねむりに入るため、食べたあとに上がった体温が、しばらくして下がると、ねむくなるというわけです。

また、食欲を高めるはたらきがあると考えられていた、脳から出る「オレキシン」という物質に、目をさまさせるはたらきがあり、おなかがへると出る量がふえ、おなかがいっぱいになると出る量がへることがわかってきました。そのため、ごはんを食べると、オレキシンの出る量がへって、ねむくなるのです。

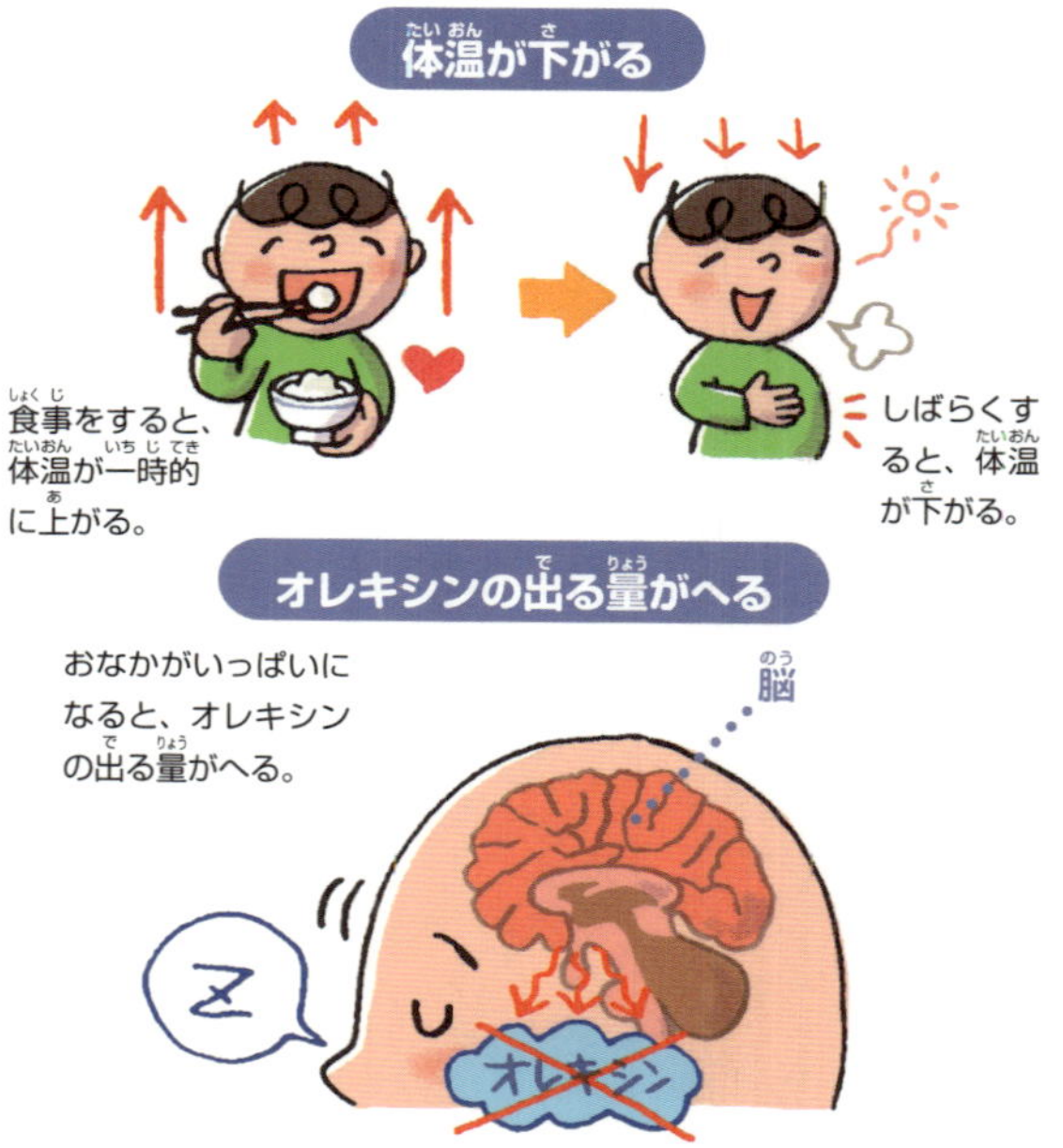
体温が下がる
食事をすると、体温が一時的に上がる。
しばらくすると、体温が下がる。
オレキシンの出る量がへる
おなかがいっぱいになると、オレキシンの出る量がへる。
脳
オレキシン

からだのリズムも原因

朝、昼、晩のごはんのなかでも、とくにお昼ごはんを食べたあとにねむ気を感じる人が多いようです。

これは、昼間にねむくなる、からだのリズムがあるからです。

人間には、一日に二回ねむ気のピークが来ます。いちばんねむくなるのは夜中の二時から四時ですが、午後の二時から四時、つまりお昼ごはんのあとにも、ねむ気のピークがやってくるのです。

ただし、夜しっかりねていれば、お昼ごはんのあとでも、そこまでねむくなりません。がまんできないような、強いねむ気を感じる場合は、寝不足の可能性があります。

育ちざかりのみなさんは、九時間くらいねたほうがよいでしょう。

ここがポイント！

おなかがいっぱいになると、体温が下がったり、オレキシンという物質の出る量がへったりするため、ねむくなる。

343ページのこたえ　ジョナサン

おはなしクイズ　おなかがへると、脳から出る目をさまさせるはたらきのある物質は？

電気ストーブであたたかくなるのはなぜ？

読んだ日にち（　年　月　日）（　年　月　日）（　年　月　日）

赤外線であたたまる

太陽からとどく光は、わたしたちの目に見える光と、見えない光に分けられます。この見えない光のひとつが、「赤外線」です。

赤外線を吸収した物質は、温度が上がります。太陽の光をあびるとあたたかく感じるのは、この赤外線がふくまれるからです（→42ページ）。

太陽だけでなく、地球上のすべてのものが、赤外線を出しています。とくに、温度が高いものほど、たくさんの赤外線を出すことができます。

そのため、電気ストーブでは、電気を使って高い温度になるまで熱した「ハロゲンランプ」とよばれる電球などから、たくさんの赤外線を出しているのです。その熱がつたわることで、わたしたちはあたたかいと感じられます。

放射（輻射）
電気ストーブ
熱が、赤外線によってつたわる。
赤外線

熱のつたわり方

熱が、赤外線によってつたわることを「放射（輻射）」といいますが、熱がつたわる現象は、放射以外にもあります。

たとえば、やかんでお湯をわかしたときには、やかんの取っ手もあつくなります。これは、火にあたっていた部分の熱が、取っ手まで移動したからです。このように、熱が物質のなかを移動してつたわることを、「伝導」といいます。

また、おふろのお湯や部屋の空気が、上のほうだけあたたかいことがあるのは、あたたかい水や空気が上のほうへ移動し、ぎゃくにつめたい水や空気が下のほうへ移動するからです。

このように、液体や気体が移動して熱がつたわることは、「対流」とよばれています。

伝導
熱が、物質のなかを移動してつたわる。

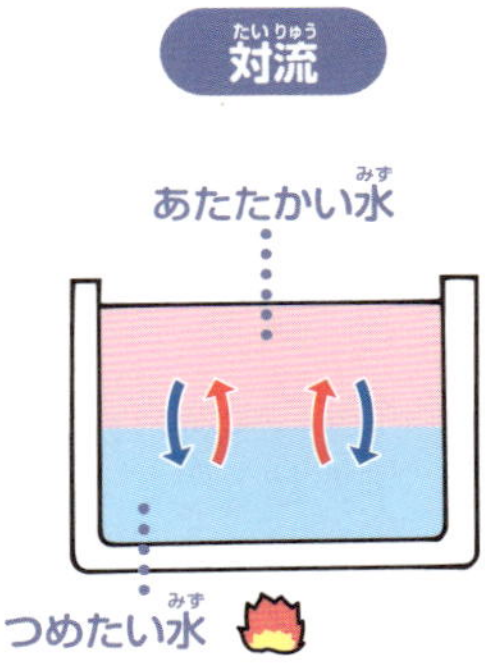
対流
あたたかい水
つめたい水
液体や気体が移動して、熱がつたわる。

ここがポイント！
電気ストーブは、熱をつたえる「赤外線」という光を出して、まわりをあたためる。

344ページのこたえ　オレキシン

おはなしクイズ　熱が、赤外線によってつたわることを何という？

植物にも寿命があるの？

読んだ日にち（　　年　　月　　日）（　　年　　月　　日）（　　年　　月　　日）

樹木は数千年も生きる

生きものには、寿命があります。それは植物も同じです。

植物は、芽を出してから、種子をのこしてかれるまでの期間によって、三種類に分けられます。

まず、一年以内にかれてしまう植物を「一年生植物」といいます。また、二年以内にかれる植物は「二年生植物」といいます。これらの植物の寿命は、それぞれ一年、二年といえるでしょう。

一年や二年ではかれず、何年も育つことができる植物は「多年生植物」といいます。多年生植物の寿命は、種類によってさまざまです。樹木の場合は、数百年生きることもめずらしくありません。日本では、「縄文杉」とよばれるスギが二〇〇〇年以上生きており、アメリカのネバダ州で見つかった「イガゴヨウマツ」というマツは、推定で約四八〇〇年生きたといわれています。

樹木が何年も生きる理由

では、どうして樹木は何年も生きられるのでしょうか。

樹木の幹や根の先端には、幹や根を長くのばそうとする細胞が集まっています。この細胞のひとつひとつが、分裂する（ふたつに分かれる）ことによって、幹や根はのびていくのです。さらに、幹や根のすぐ内がわにも、細胞が分裂する層があります。そのため、幹や枝や根は長くのびながら、同時に太くなっていきます。

これらの細胞は、まわりの環境さえよければ無限に分裂することができるため、樹木は長く生きられるというわけです。

なお、古くなった細胞は死んでしまいますが、細胞をおおっていたかたい膜だけがのこり、樹皮などになって木をささえます。

一年生植物

1年以内にかれる。

コスモス

二年生植物

2年以内にかれる。

ムギ

多年生植物

何年も育つことができる。

イガゴヨウマツ

ここがポイント！

一年生植物と二年生植物の寿命は、一年、二年といえる。多年生植物の寿命は、種類によってさまざま。

おはなしクイズ　1年や2年ではかれず、何年も育つことができる植物を何という？

345ページのこたえ　放射（輻射）

リンゴが茶色くなっちゃうのはどうして？

読んだ日にち（　　年　　月　　日）（　　年　　月　　日）（　　年　　月　　日）

原因はポリフェノール

リンゴを切ったり、すりおろしたりしてからしばらくすると、色が茶色っぽくなりますね。でも、よく思いだしてください。茶色くなるのは、リンゴだけでしょうか。バナナやモモ、ナスやアボカドなども、茶色くなります。

リンゴをはじめ、ほとんどのくだものや野菜には、「ポリフェノール」という物質がふくまれています。色が茶色くなるのは、このポリフェノールが原因です。そのため、ポリフェノールの量が少ないナシやメロンなどは、色がかわりにくいのです。

空気にふれて色がかわる

リンゴのなかには、ポリフェノールのほかに、「酵素」というものがふくまれています。酵素とポリフェノールは、ふだんは細胞のなかのべつべつの場所にあるのですが、リンゴを切ると細胞がこわれて、同じ場所にやってきます。

切ったり、皮をむいたりして、リンゴの表面が空気にふれると、酵素は空気のなかにある酸素と、ポリフェノールをむすびつけます。すると、ポリフェノールは酸素に反応して、茶色く変化してしまうのです。

茶色くならないようにするには、切ったリンゴを、塩水やレモンじるにつけるとよいでしょう。そうすれば、酵素のはたらきや、ポリフェノールと酸素がむすびつく反応そのものがおさえられ、茶色くならなくなります。

ここがポイント！

ポリフェノールが酸素とむすびついて茶色くなる。

リンゴが茶色になるしくみ
切ったリンゴの表面が空気中の酸素にふれると……
酸素です！
酵素のぼくが、酸素とポリフェノールをくっつけるよ。
ポリフェノールです。
酸素とくっついたポリフェノールが茶色になって、リンゴの色も茶色になる。

346ページのこたえ　多年生植物

おはなしクイズ　リンゴにふくまれていて、切ったあとなどに茶色くなる成分は何？

氷はなぜ水にうくの？

読んだ日にち（　年　月　日）（　年　月　日）（　年　月　日）

水の分子の状態

コップに氷を入れて、飲みものをついでみると、氷がプカプカうかびますよね。なぜ、氷は水にうくのでしょうか。

水は、水分子という小さなつぶが集まってできています。水の状態のときは、水分子はあちこちに動きまわることができます。しかし、氷の状態になると、水分子はしっかりむすびついて、動かなくなります。水分子は、決まった形でしかむすびつけないのですが、このむすびつき方できれいにならぶと、水分子の間にはすき間ができます。このような、水と氷の水分子の集まり方に、氷が水にうくひみつがあります。

重さがかわる

水と氷を同じ体積でくらべてみると、水分子があちこちに動きまわる水の状態では、たくさんの水分子がぎっしりとつまることができます。しかし、氷の状態では、水分子どうしがむすびついてならび、すき間があるので、水分子が入れる範囲が、水のときよりも少なくなります。

そのため、水と氷の重さを同じ体積でくらべてみると、水分子がぎっしりつまっている水のほうが重く、すき間がある氷のほうが軽いということになります。氷が水にうくのはそのためです。

液体と固体の重さを同じ体積でくらべた場合、水のように固体のほうが軽くなる物質はめずらしく、ほとんどの物質は、液体のほうが軽くなります。

ここがポイント！
水がこおって氷になると、同じ体積でくらべて水よりも軽くなるため、氷は水にうく。

水と氷の重さ

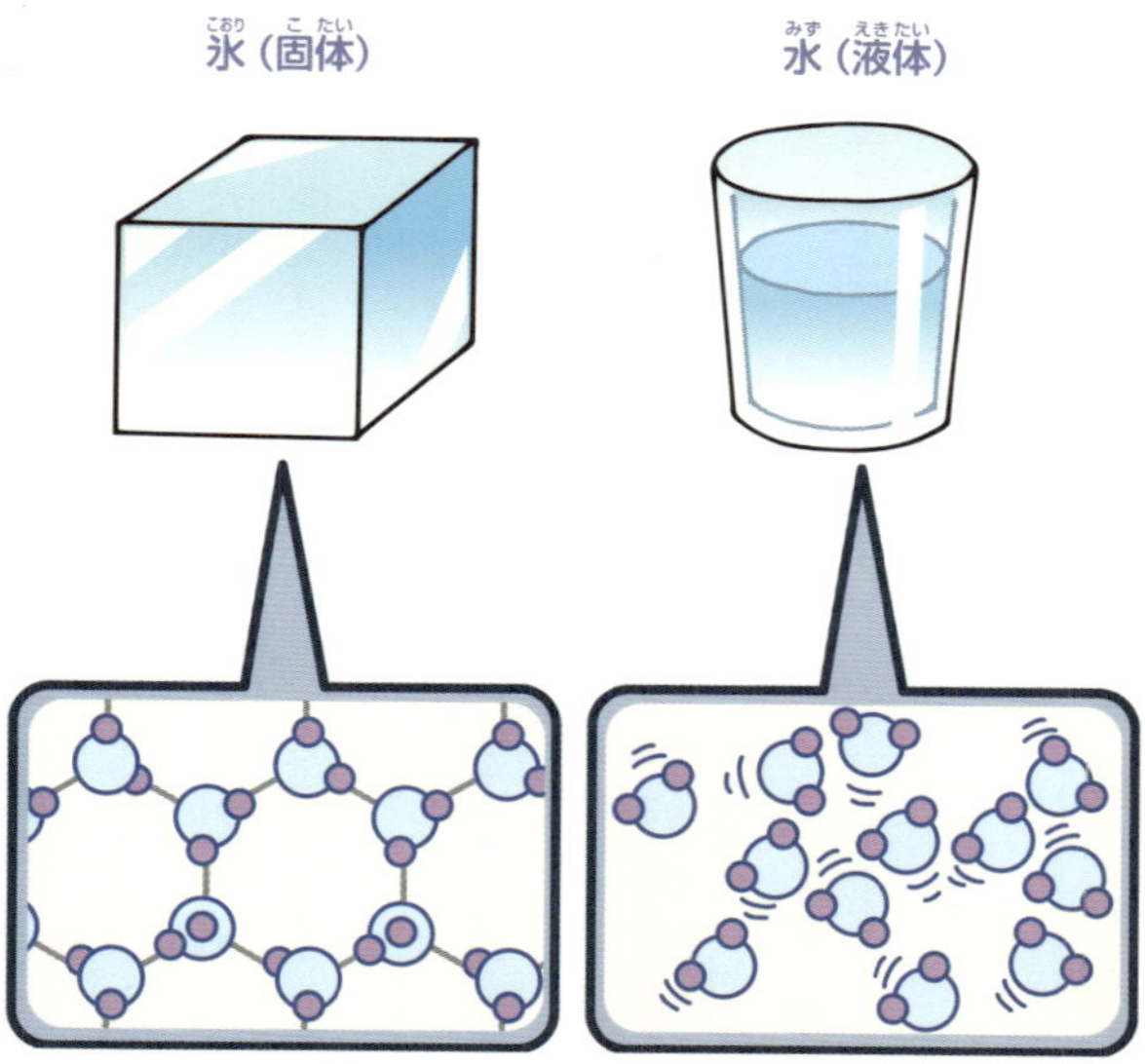
氷（固体）
水（液体）

むすびつき方から、水分子の間にすき間ができるので、水より軽くなる。

同じ体積のなかに、氷のときより多くの水分子がある。

347ページのこたえ　ポリフェノール

おはなしクイズ　同じ体積でくらべると、水は液体のときと固体のときでは、どちらが軽くなる？

放射線はからだにどんな影響があるの？

読んだ日にち（　　年　　月　　日）（　　年　　月　　日）（　　年　　月　　日）

DNAをきずつける

放射性物質から出る「放射線」は、人のからだの細胞（からだをつくるいちばん小さな部品）や、そのなかにある、からだをつくる設計図である「遺伝子」が記録されているDNA（→95ページ）をきずつけます。からだの外からあびても、からだのなかを通りぬけ、その間にきずつけるのです。

たとえば、けがをして皮ふの細胞が一部死んでしまっても、新しい細胞がうまれて、きれいになおります。このとき、新しい細胞には、遺伝子がそっくり受けつがれています。

遺伝子が記録されているDNAは、放射線にきずつけられると、きずついたところをタンパク質や酵素という物質のはたらきでなおそうとします。放射線の量が少なく、時間があればうまくなおすことができますが、放射線を短い時間に大量にあびると、なおすのが間に合いません。ひどいときには、そのまま死んでしまうこともあります。

ガンをなおせる？

しかし、放射線はからだに悪いことばかりではありません。ガンの治療に放射線が使われることもあります。

放射線をガン細胞だけに向けてあてることで、ガン細胞をこわすことができます。この方法ならば、手術でからだや内臓などをきずつけず、いたみもありません。

ここがポイント！
放射線は、人のからだをつくる設計図である遺伝子が記録されているDNAをきずつける。

放射線がからだを通りぬけるとき

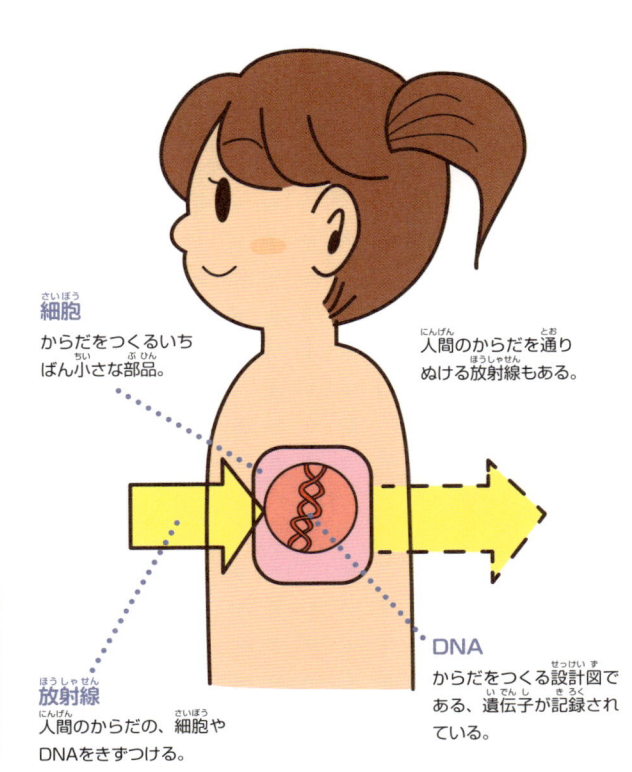

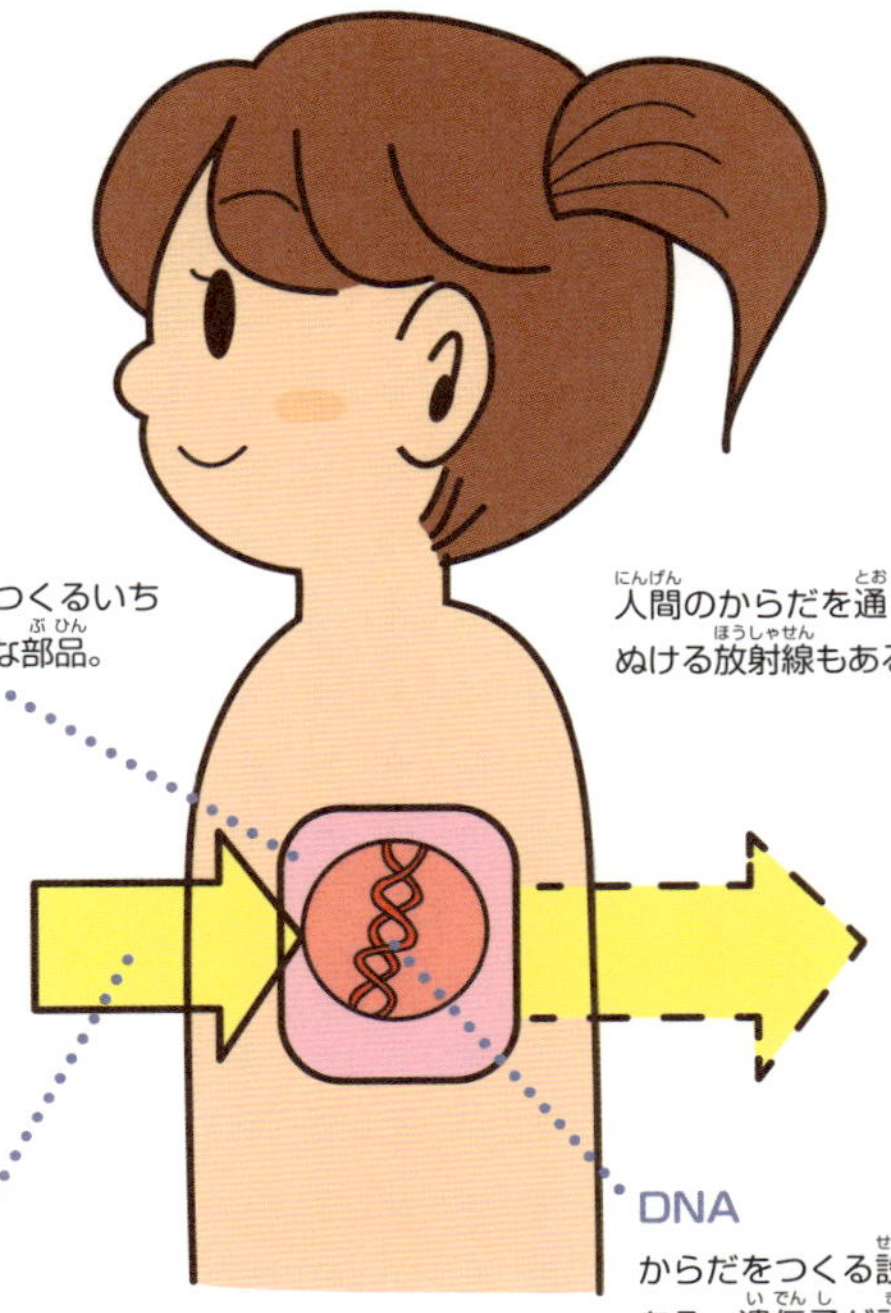
細胞
からだをつくるいちばん小さな部品。
人間のからだを通りぬける放射線もある。
DNA
からだをつくる設計図である、遺伝子が記録されている。
放射線
人間のからだの、細胞やDNAをきずつける。

348ページのこたえ　固体

おはなしクイズ　放射線は、遺伝子が記録されている何をきずつける？

人工衛星では時間が速く進む!

読んだ日にち(　　年　　月　　日)(　　年　　月　　日)(　　年　　月　　日)

重力がないと時間は速くなる

時間は、どんなところでも同じように進んでいると思いますよね。しかし、時間の進み方は一定ではありません。地球上のものは、「重力」という力によって地球の中心へ引きつけられますが、宇宙空間では、この重力の影響が少なくなります。重力は、時間の進み方をおくらせるため、宇宙では時間が速く進むのです。たとえば、地上二万キロメートルの高さで地球をまわっている人工衛星では、地上よりも時間が速く進みます。

車のカーナビやスマートフォンで使われているGPS機能は、人工衛星が電波を出した時間と、アンテナが受けとった時間の差できょりをはかり、今いる場所をわりだしているので、この時間のずれが大きな問題になります。一年で〇・〇一四秒くらいという、わずかなずれですが、GPS上ではきょりが大きくかわってしまうからです。そのため、GPS用の人工衛星の時計は、ほんのわずかだけおそく進むようにしています。

ロケットのなかでは?

また、高速で動いているもののなかでは、時間がゆっくり進みます。ものすごい速さで移動するロケットに乗った場合、ロケットのなかにいる人にとっては、時間はいつもどおりにすぎます。でも、ロケットの外にいる人から見ると、ロケットのなかの時間はゆっくり進んでいるように見えるのです。

かりに、秒速二七万キロメートル(光の速さの九〇パーセントの速さ)でとんでいるロケットに乗ったとしたら、地球にある時計が一秒進む間、ロケットのなかの時計は〇・四四秒しか進んでいないことになります。

人工衛星
1秒あたり100億分の4.45秒速い。
もう1秒たったの!? まだ0.44秒しかたってないよ。
1秒たったよ。
光速に近い速さで進むロケット
地球

ここがポイント!
重力や移動の速さによって、時間の進み方はかわる。

349ページのこたえ　DNA

おはなしクイズ　人工衛星からの電波によって、自分のいる場所を教えてくれる機能を何という?

11月10日のおはなし

長きょり走には2種類の走り方がある!

読んだ日にち(　　年　　月　　日)(　　年　　月　　日)(　　年　　月　　日)

生命 人体

一歩の大きさがちがう

秋になると、持久走などで、長いきょりを走りますよね。長いきょりを走りつづけるのが苦手な人や、なかなか速く走れないと思っている人もいるでしょう。

長きょり走には、歩はばの大きさによってことなる、二種類の走り方があります。

ひとつ目は、歩はばを大きくすることで、歩数を少なくする「ストライド走法」です。この走り方では、全身の筋肉をばねのようにして、とびながら走るため、スピードが出しやすくなります。長きょり走のなかでも、比較的短いきょりを走るときに使われます。

いっぽう、長いきょりを走るマラソンなどでは、歩はばをやや小さくして、あしの動きを速くする「ピッチ走法」が使われます。歩はばを小さくすることで、あし首への衝撃がへるため、長い時間をかけて走ることに向いているのです。

ストライド走法
あしを広く開いて、うしろに流すように走る。
歩はばを大きくし、全身の筋肉をばねにして走る。

ピッチ走法
腕のふりと呼吸のリズムを合わせて走る。
歩はばをやや小さくし、あしの動きを速くする。

速く走るコツ

それぞれの走り方で速く走るには、歩はばを大きくするか、歩数を多くすることが必要です。そのコツもあります。

歩はばを大きくとるストライド走法では、あしをなるべく広く開き、からだのうしろまで大きくあしを流す走り方を身につけるといいでしょう。ピッチ走法では、小さく折りたたんだ腕を速くふりましょう。腕のふりに合わせてあしが前に出やすくなります。さらに、腕のふりと呼吸のリズムを合わせると、よりスピードを出すことができます。

ここがポイント!

長きょり走の走り方には歩はばを大きくするストライド走法と、歩はばを小さくしてあしの動きを速くするピッチ走法がある。

350ページのこたえ
GPS機能

おはなしクイズ 歩はばを大きくし、全身の筋肉をばねにして走る走法を何という?

飛行機はどうして空をとべるの？

読んだ日にち（　　年　　月　　日）（　　年　　月　　日）（　　年　　月　　日）

まずすごいスピードで走る

飛行機は、たくさんの人を乗せて大空をとんでいきます。あんなに大きくて重い乗りものなのに、どうして空をとぶことができるのでしょう。

飛行機は、空にとびたつ前、長いきょりのかっそう路を走ります。そのスピードは、およそ時速二五〇キロメートル。新幹線とほぼ同じ速さです。このスピードで空気にぶつかっていくので、飛行機のまわりには、強い空気の流れ（風）ができます。

揚力がうまれる

飛行機の機体の左右には、大きなつばさがあります。飛行機のつばさにぶつかった空気は、つばさの上と下に分かれます。そして、強い空気の流れができます。このとき、つばさの上を通る空気はスピードが速くなり、つばさの下を通る空気は、スピードがおそくなります。すると、つばさの上がわは空気が速く流れるので、空気がうすくなり、空気がまわりのものをおす力（圧力）が小さくなります。空気の流れがおそい、つばさの下がわは空気がこいので、下がわの圧力のほうが大きくなるのです。このちがいが、つばさをおしあげる力になります。これを「揚力」（→154ページ）といいます。

飛行機はとぶために、揚力をうみだすだけの空気の流れをつくる必要があります。そのため、強力なジェットエンジンやプロペラで、空気をうしろに向けて出し、その反動を利用して前に進むことで、空気の流れをうみだしています。

ここがポイント！
前に進むときにうまれる、空気の流れでつばさをおしあげる。

飛行機がとぶしくみ

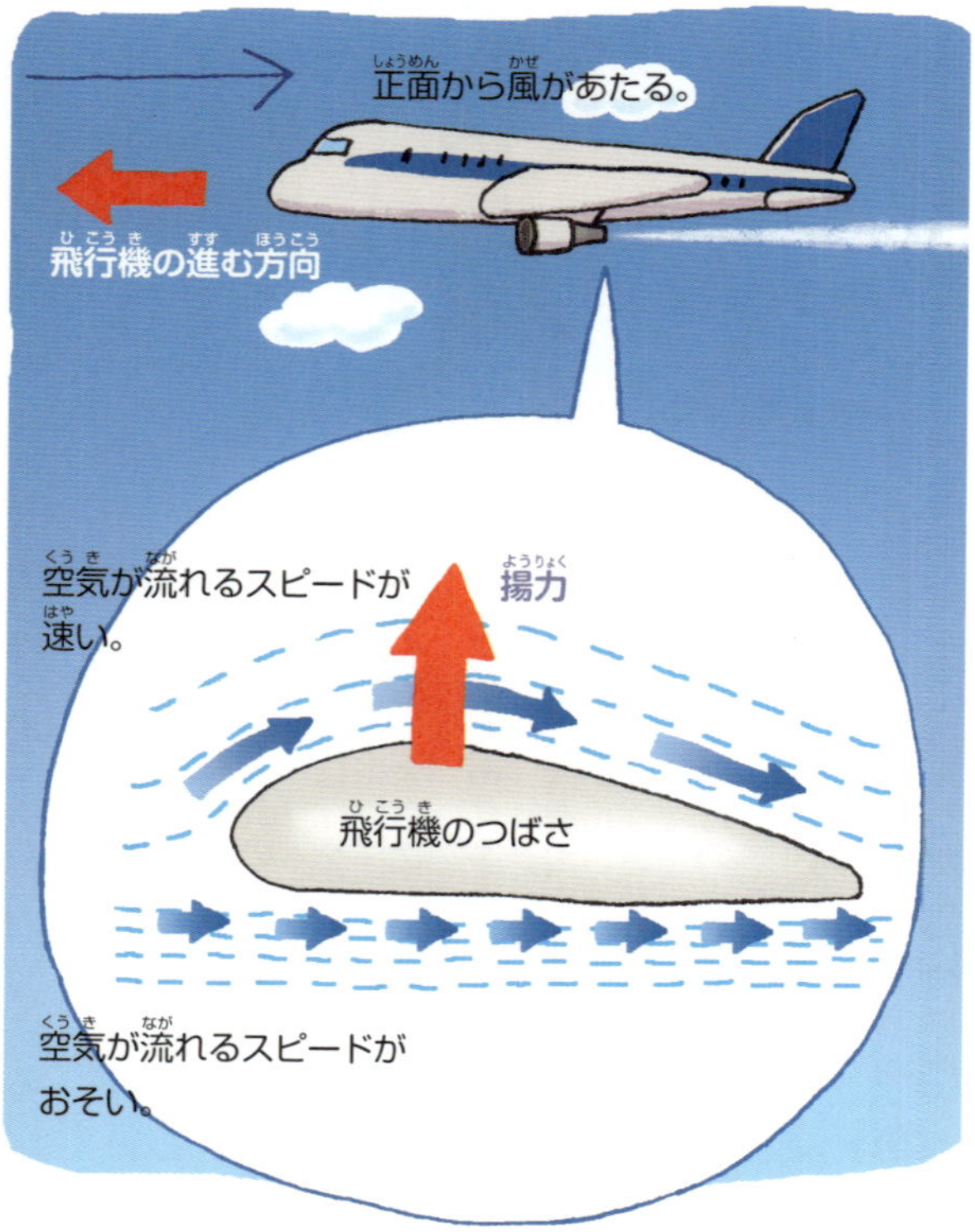

正面から風があたる。
飛行機の進む方向
空気が流れるスピードが速い。
揚力
飛行機のつばさ
空気が流れるスピードがおそい。

おはなしクイズ 飛行機は空気の流れをうみだすために、何を使って前に進んでいる？

351ページのこたえ ストライド走法

11月12日のおはなし

シロアリの巣には自然のエアコンがある！

読んだ日にち（　　年　　月　　日）（　　年　　月　　日）（　　年　　月　　日）

生命　虫

シロアリの巣のしくみ

シロアリは、家にすみついて、土台や柱を食べてしまうことで有名です。しかし、シロアリにはたくさんの種類があり、人の家に被害をあたえるものは少ないのです。多くはアフリカや東南アジアなどのあつい地域にむれですみ、アリ塚とよばれるとても大きな巣をつくることで知られています。

アリ塚は、サバンナとよばれる草原などで見ることができます。サバンナはかんそうしており、昼間はあついのですが、夜はぐっと気温が下がるきびしい環境です。しかし、アリ塚のなかは温度の変化がなく、いつも三〇度くらいにたもたれています。

これは、アリ塚の表面にあいた小さなあなによって、空気が入れかわるしくみになっているからです。また、アリ塚の地下深くに広がるトンネルは、地下水によってひやされており、ここのつめたい空気もアリ塚全体に流れるようになっています。アリ塚は、シロアリたちがつくった、空調システムのようなものだといえるかもしれません。

六メートルの巨大アリ塚

シロアリのなかでも、とくに大きなアリ塚をつくるのがセイドウシロアリです。このシロアリは、オーストラリアに生息し、高さ六メートルの巨大な岩のようなアリ塚をつくります。そのなかには、なんと三〇〇万びきものシロアリがくらしています。

このようなりっぱなアリ塚を、シロアリたちは土に自分たちのだ液をまぜ、少しずつつみあげて、つくりあげていくのです。

アリ塚の空調システム

アリ塚の表面には、小さなあながいくつもあいている。そこから空気を入れかえているので、アリ塚のなかには、つねに新鮮な空気が流れている。

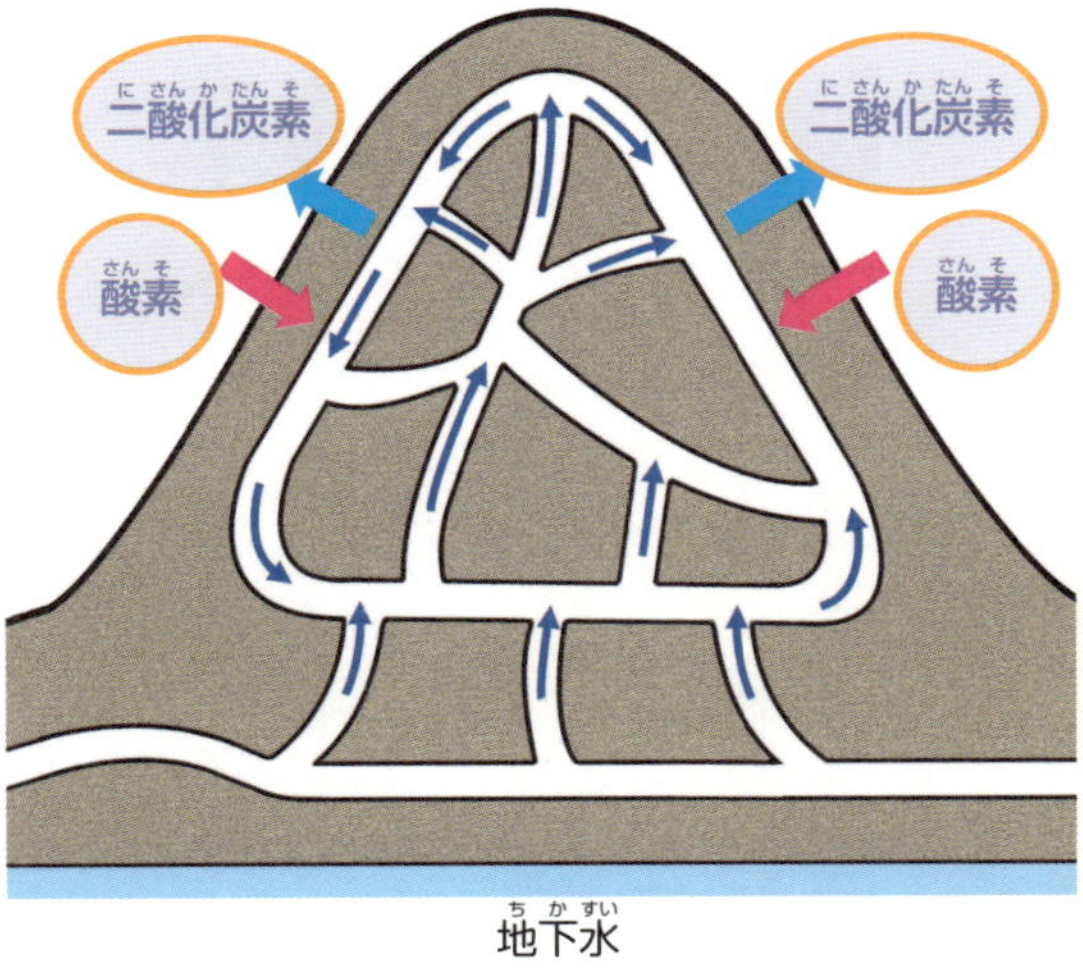

二酸化炭素
酸素
二酸化炭素
酸素
地下水

アリ塚の地下にはトンネルが広がっており、地下水によってひえた空気がアリ塚全体に流れるようになっている。

ここがポイント！
空気を入れかえるあなや地下水によって、アリ塚のなかは一定の温度にたもたれている。

352ページのこたえ　ジェットエンジンやプロペラ

おはなしクイズ　オーストラリアで高さ6メートルのアリ塚をつくるシロアリの名前は？

パンダはどうして白黒なの？

読んだ日にち（　年　月　日）（　年　月　日）（　年　月　日）

太陽の光を集める

パンダには、白と黒のもようがありますよね。でも、どうして白黒に分かれているのでしょうか？

パンダのからだをよく見てみましょう。黒くなっているのは、目のまわりと耳、それから前あしとうしろあしだけです。

目のまわりが黒いのは、太陽の光から目を守るためです。野生のパンダは、雪がふる高い山にくらしています。雪にはじかれた太陽の光は、とてもまぶしいので、目に光が入らないように、目のまわりの黒い部分で光を吸収しているのです。黒い色には、太陽の光を吸収する性質があります。

また、耳や手あしが黒いのは、つめたくなりやすい部分だからです。寒い場所にくらすパンダは、うすい耳や、地面にふれる手あしを黒くして、太陽の光を吸収しようとしている、といわれています。

敵に見つかりにくくする

さらに、白黒のからだは敵に見つかりにくい、ともいわれています。おもに竹やぶにいるパンダのすがたは、竹やぶにさす木もれ日とその影にまぎれて、よく見えなくなるというわけです。

また、それだけでなく、白い部分は雪に、黒い部分は岩にも見えるため、やはり敵から見つかりにくい、という説もあります。

なお、中国では白と茶色のパンダも見つかっています。白と茶色になった理由については、まだよくわかっていません。

寒さでつめたくなりやすい部分で、太陽の光を吸収する。
雪にはじかれた、太陽の光を吸収する。
パンダ

白黒のからだは、竹やぶの木もれ日とその影にまぎれるので、敵に見つかりにくい。また、白い部分は雪に、黒い部分は岩にも見える。

ここがポイント！
パンダは、からだの黒い部分で太陽の光を吸収している。また、白黒のからだで敵に見つかりにくくしている、といわれている。

353ページのこたえ
セイドウシロアリ

おはなしクイズ　パンダはからだの黒い部分で何を吸収している？

ウナギはどこでうまれるの？

読んだ日にち（　　年　　月　　日）（　　年　　月　　日）（　　年　　月　　日）

生命　魚

すがたをかえながら移動

ウナギは川や湖でくらす魚、というイメージが強いかもしれませんね。でも、ウナギがうまれるのは川でも湖でもありません。

日本人が昔からたくさん食べてきたニホンウナギは、日本から南に約三〇〇〇キロメートルもはなれた、マリアナ諸島という場所の近くの海でうまれるのです。

卵からかえったばかりの仔魚（子ども）は、大きさが約五ミリメートル程度で、まだ目も口もできていません。しかし、やがてとうめいでヤナギの木の葉のような形をした、「レプトセファルス」に成長します。西へ移動したレプトセファルスのむれは、「北赤道海流」と、「ミンダナオ海流」というふたつの海流に乗り、北と南の二手に分かれます。北へ向かったレプトセファルスは、さらに「黒潮」というべつの海流に乗り、とうめいだけれど形は大人に近い、「シラスウナギ」となります。

シラスウナギは台湾や中国、韓国、そして日本へとたどりついたあと、川や湖でくらすことによって、みなさんがよく知る黒っぽいすがたとなり、大きさも四〇～五〇センチメートルに成長します。

ニホンウナギのルート

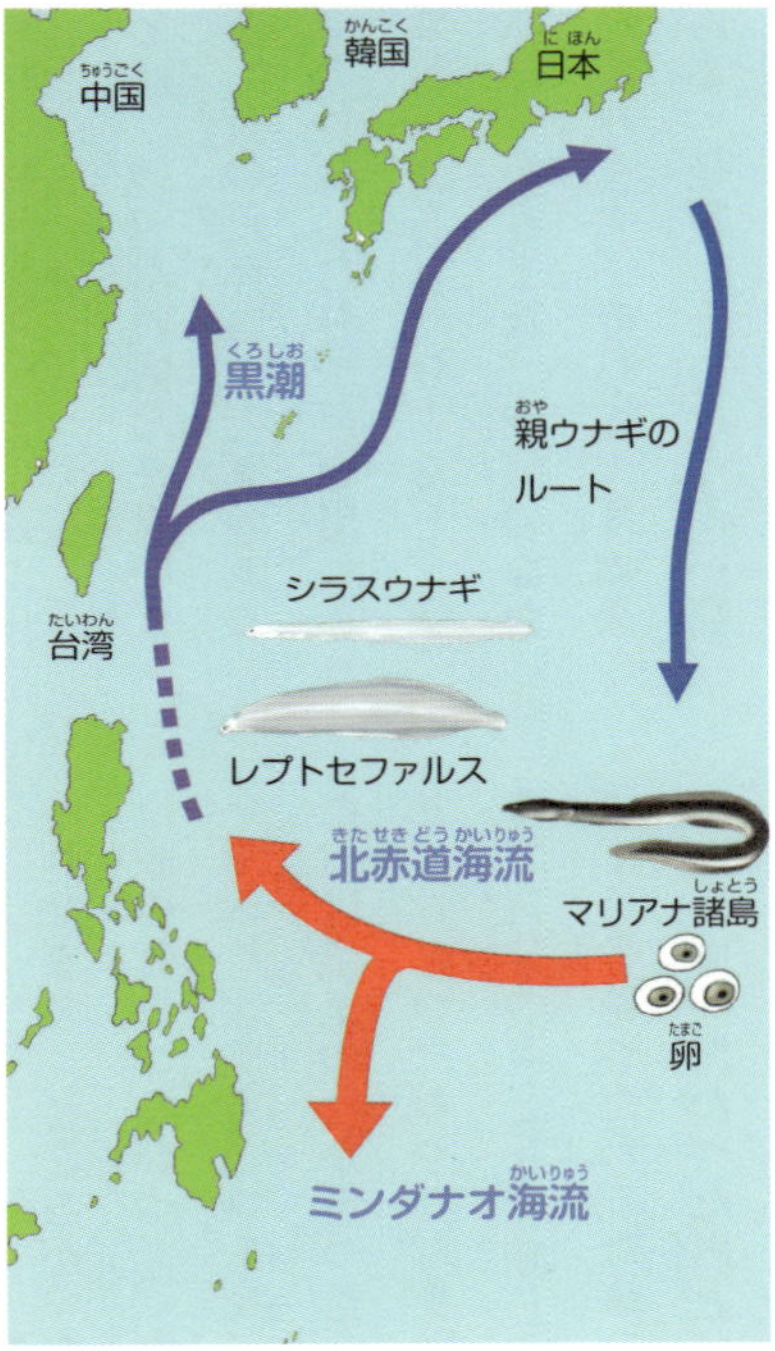

中国
韓国
日本
黒潮
親ウナギのルート
シラスウナギ
台湾
レプトセファルス
北赤道海流
マリアナ諸島
卵
ミンダナオ海流

マリアナ諸島近くの海で卵がうまれ、卵からかえった仔魚はレプトセファルスとなる。北へ向かったレプトセファルスは黒潮に乗り、シラスウナギとなって日本へたどりつく。

絶滅のおそれがある？

現在のニホンウナギの養殖は、つかまえてきたシラスウナギを池に入れて育てる、という方法で行われています。人工的に卵をかえすことは、行われていません。

しかし、そのシラスウナギが、さいきんではあまりとれなくなってきました。そのため、ニホンウナギのねだんは高くなっています。二〇一三年には、環境省の「レッドリスト」で「絶滅危惧種」にも指定されました（→182ページ）。

ここがポイント！
日本人が昔から食べてきたニホンウナギは、日本から南に約三〇〇〇キロメートルはなれた、マリアナ諸島の近くの海でうまれる。

354ページのこたえ　太陽の光

おはなしクイズ　ニホンウナギがうまれる場所は、何という場所の近くの海？

録音した自分の声が、ふだんとちがう声にきこえるのはなぜ?

読んだ日にち(　　年　　月　　日)(　　年　　月　　日)(　　年　　月　　日)

音の正体は空気のふるえ

音とは、いったい何だと思いますか? 音の正体は、空気のふるえです。わたしたちが声を出したり、楽器を演奏したりすると、空気のふるえがうまれ、空気のなかをつたわります。そして、耳のなかにある「鼓膜」といううすい膜をふるわせます。そうすると、膜のふるえが、神経をつたわる電気の信号にかわります。わたしたちは、この電気の信号を脳で感じることで、音をきいているのです。

声の一部は骨をつたわる

でも、自分の声を録音してきいてみると、ふだんきいている自分の声とはちがう声にきこえます。いったいなぜでしょうか。

わたしたちは、のどのおくにある「声帯」という部分で空気をふるわせ、声を出しています。声帯から出た声は、おもに空気のなかをつたわって耳に入り、鼓膜をふるわせます。ところが、声の一部は頭の骨をつたわって、直接鼓膜をふるわせます。つまり、わたしたちは空気のなかをつたわった声と、骨をつたわった声を同時にきき、自分の声として感じているのです。骨をつたわった声は、空気のなかをつたわった声とは、高さや大きさがちがいます。

いっぽう、録音された声は、空気のなかをつたわった声だけです。そのため、自分がふだんきいている声とはちがってきこえるのです。

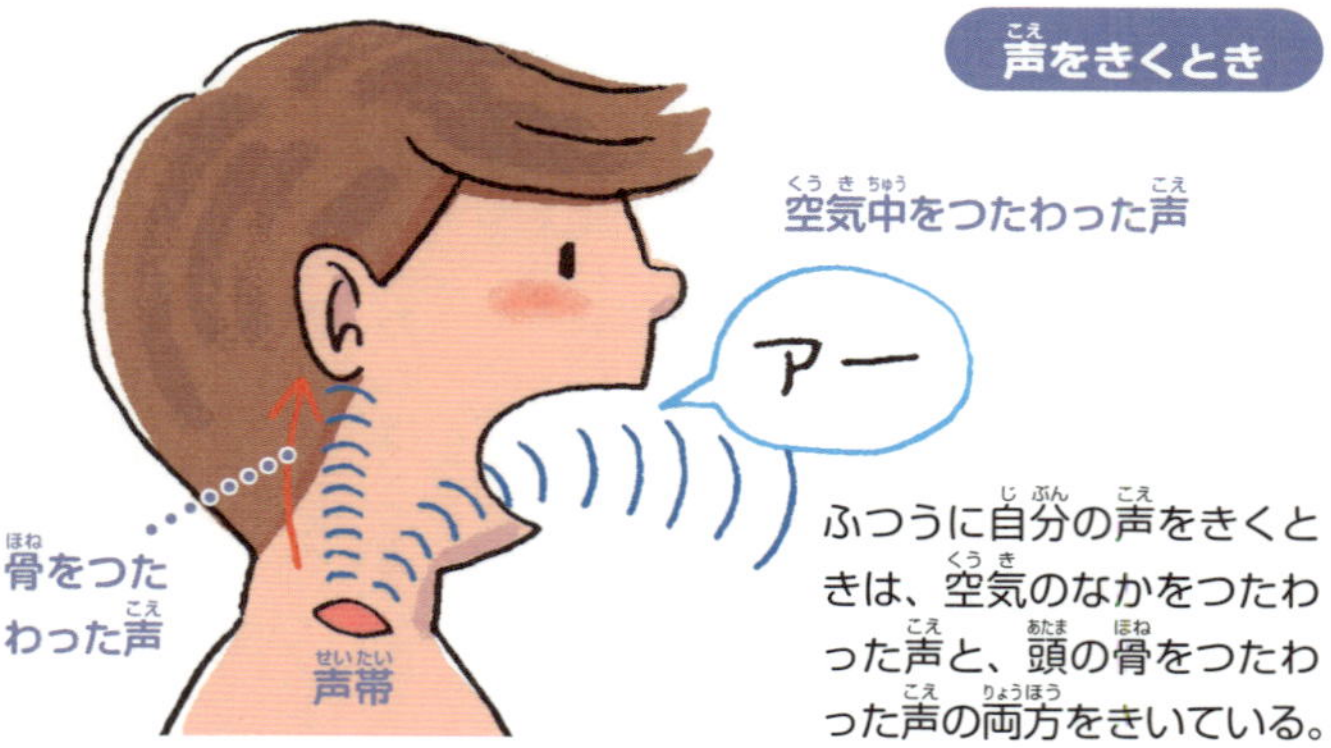
声をきくとき
空気中をつたわった声
アー
骨をつたわった声
声帯

ふつうに自分の声をきくときは、空気のなかをつたわった声と、頭の骨をつたわった声の両方をきいている。

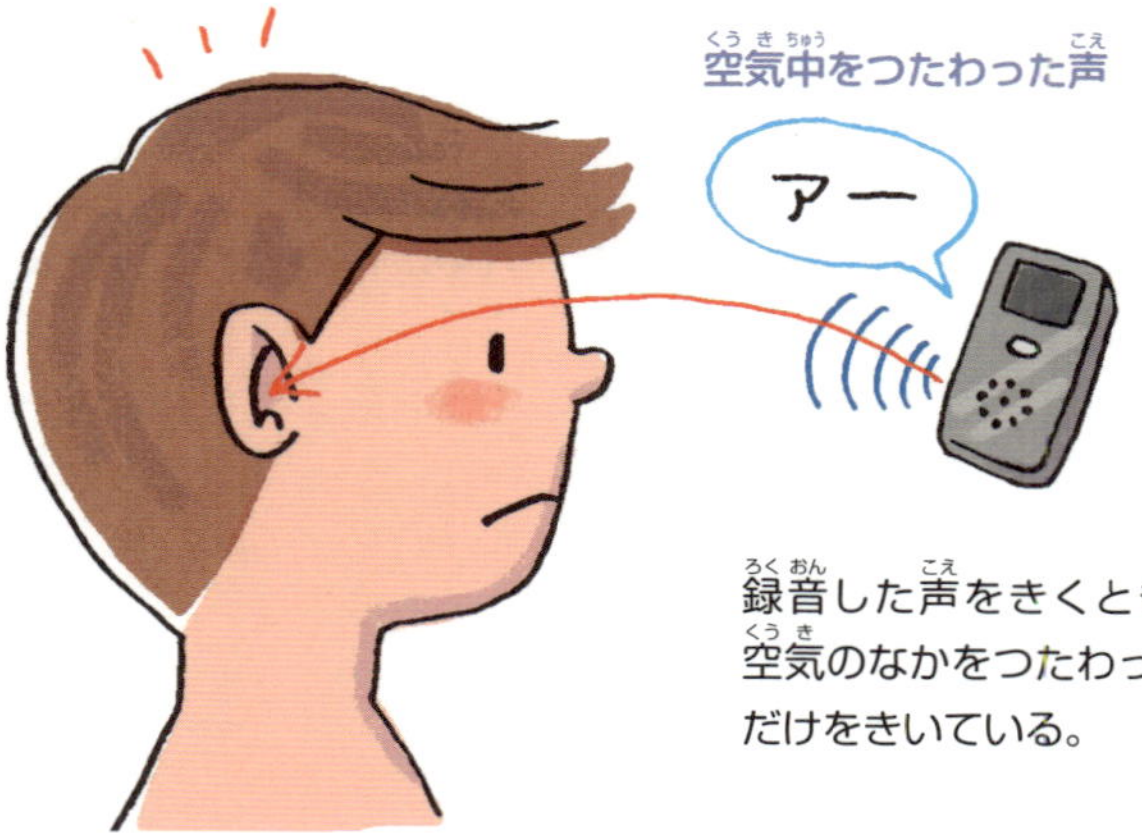
空気中をつたわった声
アー

録音した声をきくときは、空気のなかをつたわった声だけをきいている。

ここがポイント!
自分の声は、空気のなかだけでなく、頭の骨も通してきいている。

355ページのこたえ
マリアナ諸島

おはなしクイズ のどのおくにある、空気をふるわせて音を出す部分を何という?

チョウには、人間には見えない光が見える！

読んだ日にち（　年　月　日）（　年　月　日）（　年　月　日）

紫外線が見える

わたしたちは、目を使ってさまざまな色の光を見ています。しかし、生きもののなかには、人間には見えない光が見えるものがたくさんいます。その代表例がチョウです。

生きものはみな、目のなかにある「オプシン」という物質が光を感じています。オプシンにはいくつかの種類があり、昆虫であるチョウは、人間がもっていない種類のオプシンをもっているのです。そのため、チョウは「紫外線」という光を見ることができます。

紫外線は、太陽の光にふくまれている光のひとつです。皮ふをきずつけることもあるこの光は、人間の目では見ることができません。

しかし、チョウをふくむ昆虫や、鳥や魚、は虫類など、人間以外のさまざまな動物は、紫外線を見ることができます。

結婚相手も見つけられる

チョウの世界は、紫外線が見えることでなりたっています。

人間の目には黄色一色に見える花畑でも、チョウの目には、花の中心、つまりみつをふくむ部分の明るさがちがって見えるのです。それは、花の中心が紫外線をよく吸収するからです。そのため、チョウはえさである花のみつをかんたんに見つけられます。

また、モンシロチョウというチョウは人間には白一色に見えますが、紫外線が見える目で見ると、オスは暗く、メスは明るく見えます。これも、オスのはねが紫外線を吸収するからです。モンシロチョウは、これによってかんたんにオスとメスを見分けて、結婚相手を見つけられます。

花のみつを見つけられる

紫外線

みつをふくむ花の中心は、紫外線をよく吸収する。

チョウは人間がもっていない種類のオプシンをもっているため、明るさがちがって見える。

結婚相手を見つけられる

紫外線
オス
メス

オスのはねは紫外線を吸収するため、チョウには暗く見える。

メスのはねは、明るく見える。

ここがポイント！
チョウは、目のなかに人間がもっていない物質をもっているため、紫外線を見ることができる。

356ページのこたえ　声帯

おはなしクイズ　チョウには見えて、人間には見えない太陽の光を何という？

人工衛星は宇宙で止まっているの？

読んだ日にち（　年　月　日）（　年　月　日）（　年　月　日）

11月17日のおはなし

地球　宇宙

静止衛星の役割

地球のまわりには、たくさんの人工衛星がとんでいます。そのなかには、地上から見ると、ずっと同じ場所に止まっているように見える人工衛星があります。これを「静止衛星」といいます。

わたしたちの生活にかかわっている静止衛星には、「気象衛星」や「通信・放送衛星」があります。

気象衛星は、宇宙から地球上空の雲や温度、風などを観測している衛星です。よくテレビの天気予報で見る「一時間ごとの雲のようす」は、この気象衛星が撮影したものです。

通信・放送衛星は、テレビを放送する放送局や、電話会社から受けとった電波を、宇宙から直接、とどけてくれる衛星です。ひとつの衛星で日本全国をカバーでき、より多くの情報をかんたんに通信・放送できます。

動いているけど止まっている!?

静止衛星は、いつも上空の同じところにありますが、止まっているわけではありません。二四時間で一回転する地球の自転に合わせて、地球のまわりをまわっているのです。これは、二台の車が同じ速さでならんで走っているとき、乗っている人から見ると、となりの車が止まって見えるのと同じことです。

人工衛星が地球のまわりをまわるスピードは、地球からのきょりによって決まります。静止衛星がとんでいるのは、地上から約三万六〇〇〇キロメートルの赤道の真上にあたる軌道で、時速一万八〇〇〇キロメートルです。この軌道は、人工衛星が、地球の自転に合わせてまわることができるコースで、「静止軌道」といいます。

ここがポイント！

静止衛星は、地球の自転に合わせてまわっている。

生活にかかわる静止衛星

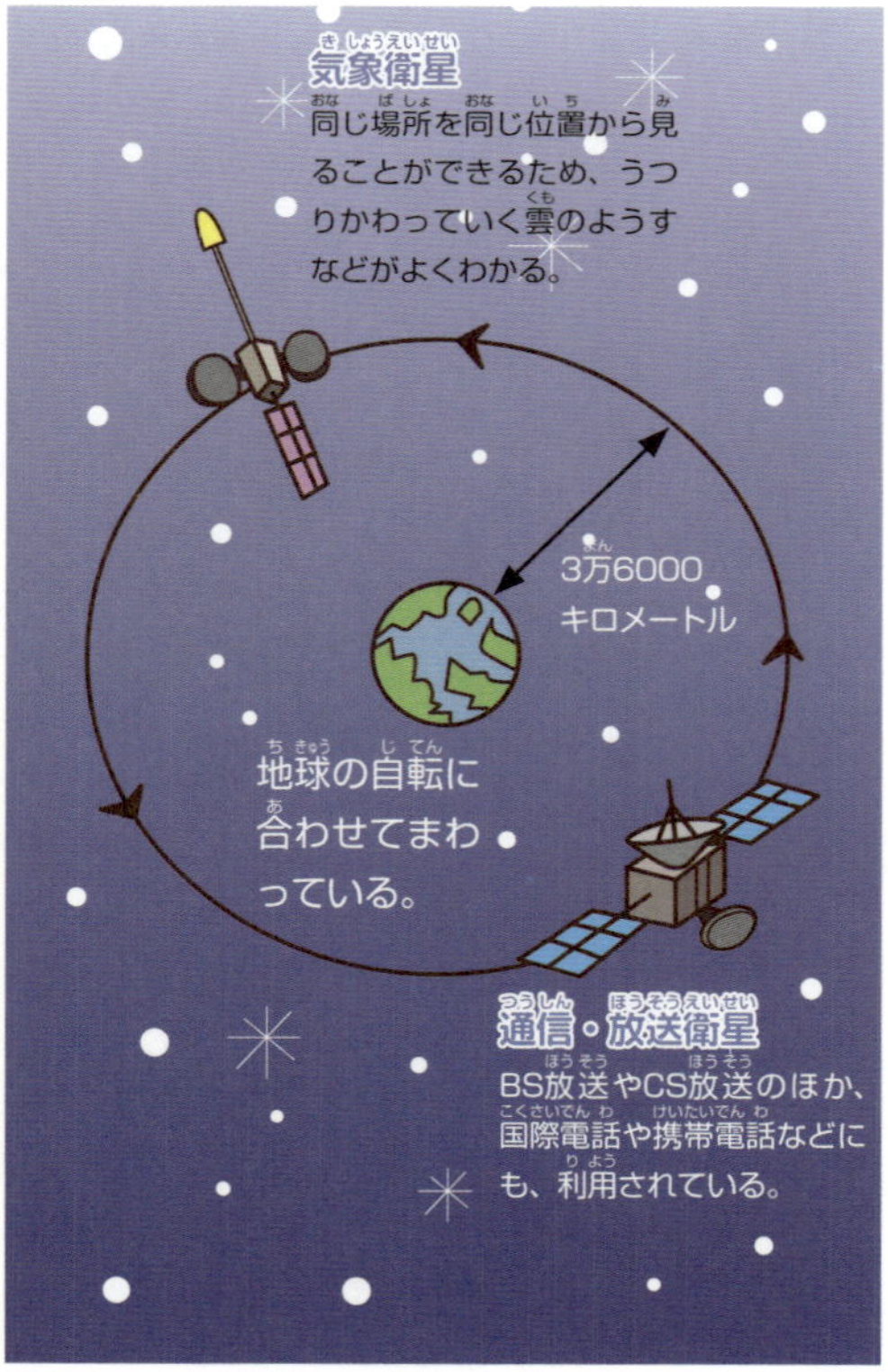

気象衛星
同じ場所を同じ位置から見ることができるため、うつりかわっていく雲のようすなどがよくわかる。
3万6000キロメートル
地球の自転に合わせてまわっている。
通信・放送衛星
BS放送やCS放送のほか、国際電話や携帯電話などにも、利用されている。

おはなしクイズ　静止衛星がまわっている、地上から約3万6000キロメートルはなれた赤道上空の軌道を何という？

357ページのこたえ　紫外線

ウシとクジラはなかまだった！

読んだ日にち（　年　月　日）（　年　月　日）（　年　月　日）

生命。進化

ウシ目とクジラ目の動物

陸でくらすウシと、海でくらすクジラが同じなかまの動物だといわれても、なかなかピンとこないかもしれませんね。

じっさい、ウシとクジラは動物を分類する学問でも、もともとはべつのグループに分類されていました。ウシやカバ、ラクダなどは「ウシ目（偶蹄目）」、クジラやイルカは「クジラ目」というグループに属していたのです。

しかし、DNAの分析により、クジラ目の動物はウシ目の動物のなかまで、ウシ目のなかでも、カバに近いということがわかりました。そのため、ウシ目とクジラ目を合わせた、「クジラ偶蹄目」というグループがつくられたのです。

ちなみに「偶蹄目」というのは、あしのひづめ（大きな爪のようなもの）が、二本か四本の偶数にわかれた動物を指します。

からだが変化したクジラ

ウシと同じなかまということは、クジラも昔は陸でくらしていたということです。海でくらすようになった理由は、「海のほうがえさがたくさんあったから」、「海には敵となる動物がいなかったから」などといわれています。

もともと陸でくらしていたので、クジラもイルカも、人間のように「肺」で呼吸します。人間と同じで、水中で呼吸することはできないため、ときどき水面から頭を出して呼吸するのです。

いっぽう、海でのくらしに合わせて変化した部分もあります。海で生きるには、泳ぎやすいからだが必要です。そのため、前あしは胸びれ、しっぽは尾びれとなって、うしろあしはなくなってしまったといいます。

クジラ偶蹄目の動物

クジラ以外は、もとウシ目。
ラクダ
ブタ
ペッカリー
マメジカ
ウシ
カバ
クジラ

ここがポイント！

ウシをふくむウシ目と、クジラをふくむクジラ目はなかまであることがわかったため、「クジラ偶蹄目」というグループがつくられた。

おはなしクイズ　ウシ目とクジラ目を合わせたグループを何という？

358ページのこたえ　静止軌道

あかって、どこから出てくるの？

読んだ日にち（　年　月　日）（　年　月　日）（　年　月　日）

皮ふはどんどんうまれかわる

お風呂でからだをごしごしとあらうと、あかが出てきますよね。このあかは、どこから出てくるのでしょうか？

人間のからだをおおっている皮ふは、大きく三つに分かれています。表面から、「表皮」、「真皮」、そして「皮下組織」です。

表皮は、さまざまな刺激からからだを守るものです。毛や爪も、表皮のなかまです。

表皮はいくつもの層に分かれていますが、そのいちばん下では、つねに細胞分裂（→290ページ）が行われていて、新しい表皮を次つぎにつくっています。このはたらきによって、古い表皮は新しい表皮におされて、やがてはがれてしまいます。つまり、このはがれおちた古い表皮があかなのです。表皮はこうして、四週間ほどで入れかわるといわれています。

皮ふのさまざまなはたらき

表皮の下には、とてもじょうぶな真皮があります。真皮は、人のからだをつくる物質のひとつである「コラーゲン」をたくさんふくみ、皮ふをささえたり、組織の形をたもったりするはたらきがあります。

また、皮ふのいちばん下には、表皮と真皮をささえる皮下組織があります。皮下組織は、ほとんどが脂肪でできているものです。人間の体温を一定にたもっているほか、衝撃から身を守るはたらきもあります。

ここがポイント！
皮ふのいちばん外がわにある表皮が、古くなってはがれおちたものがあか。

表皮のいちばん下で起こる細胞分裂によって、新しい表皮が次つぎにうまれる。これらが上へ上がっていくことで、いちばん上にある古い表皮がはがれ、あかになる。

あか

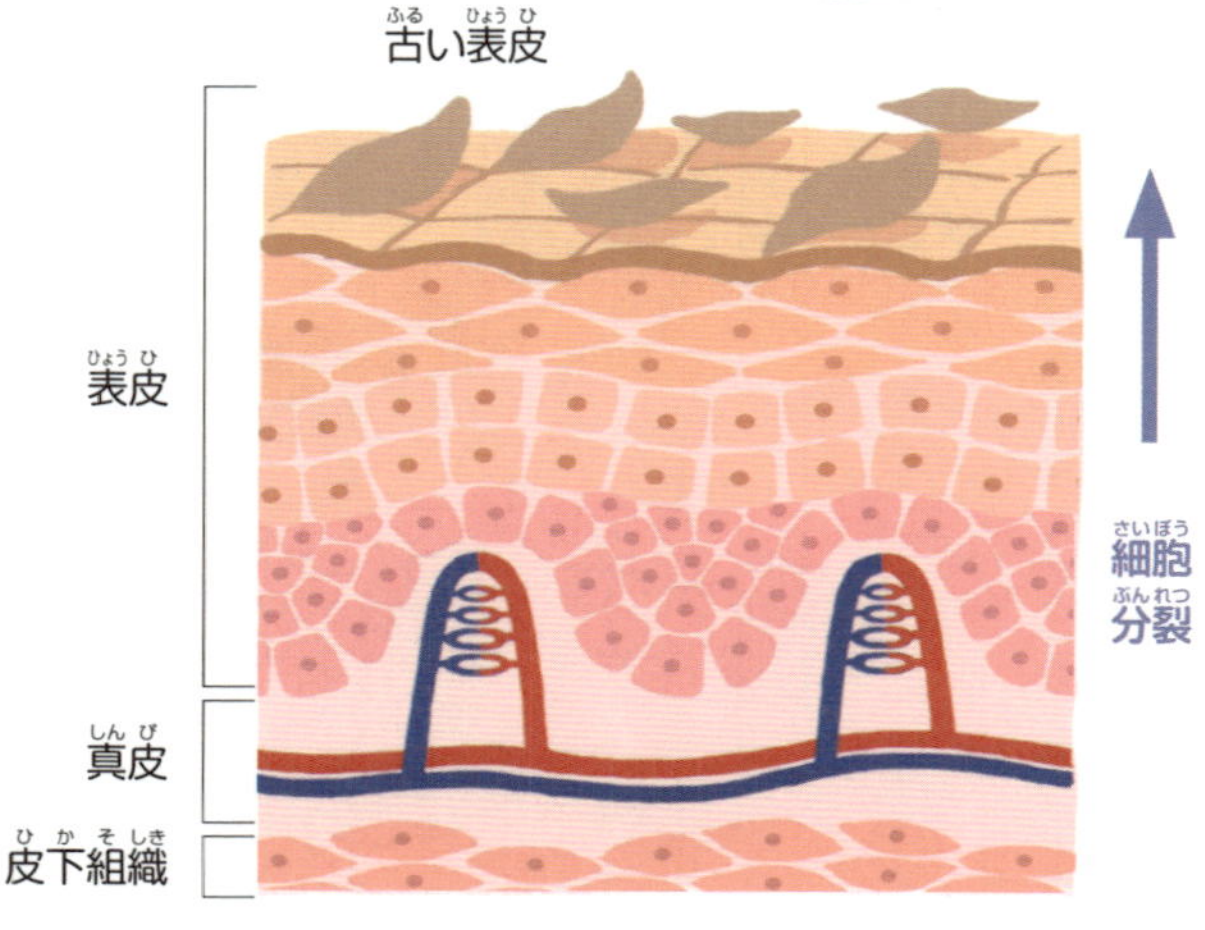
古い表皮
表皮
真皮
皮下組織
細胞分裂

359ページのこたえ クジラ偶蹄目

おはなしクイズ あかは皮ふのどの部分から出てくるもの？

11月20日のおはなし

空気を入れた自転車のタイヤがあつくなるのはなぜ？

読んだ日にち（　年　月　日）（　年　月　日）（　年　月　日）

もののはたらき
熱

空気から熱がうまれる

みなさんは、空気入れで自転車のタイヤに空気を入れたことがありますか？

空気入れを一生けんめいおして、空気をパンパンに入れてからタイヤをさわると、あつく感じます。空気入れの下のほうもさわってみましょう。同じように、あつくなっていますよね。これはいったいなぜでしょうか。

空気のような気体には、強い力でおしちぢめられると、温度が上がるという性質があります。タイヤにどんどん空気が入っても、タイヤはどこまでもふくらむわけではありません。そのため、タイヤのなかの空気は、ふえればふえるほどおしちぢめられて、温度が上がるのです。空気入れの下のほうがあつくなるのも、その部分の空気が、上からおされつづけるからです。

空気のつぶの運動

温度が変化するのは、空気のつぶの運動が原因です。空気のつぶは、もともと自由に動きまわっていますが、おしちぢめられるときには、運動がはげしくなり、温度が上がるのです。

反対に、おしちぢめる力が弱くなって、空気のつぶがおしこまれている空間がふくらむときには、空気のつぶの運動がゆっくりになり、温度が下がります。

ここがポイント！

空気がおしちぢめられるときに、空気のつぶの運動がはげしくなり、温度が上がる。

タイヤに空気を入れるとき

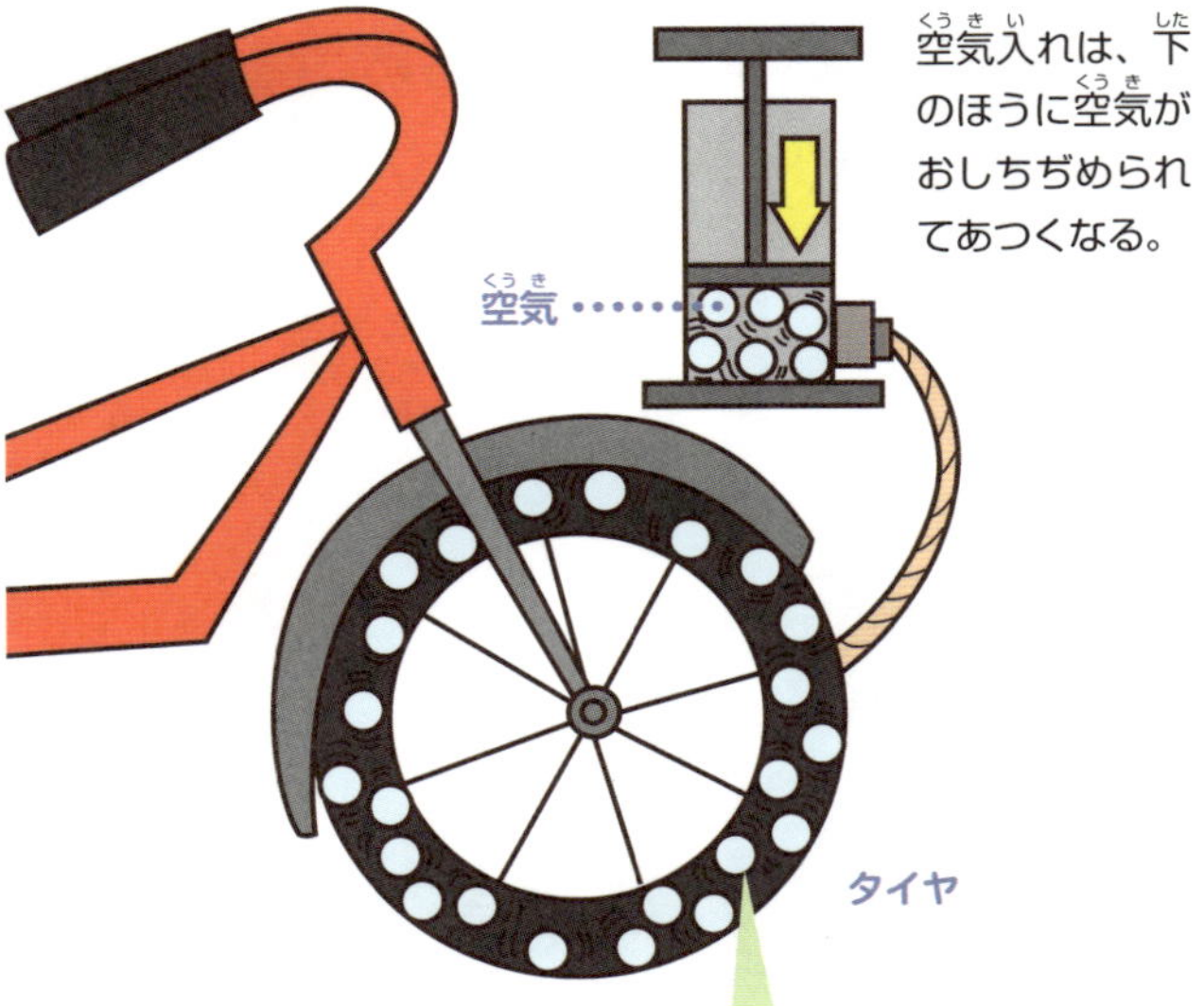

空気入れは、下のほうに空気がおしちぢめられてあつくなる。
空気
タイヤ

空気入れから入った空気が、どんどんおしちぢめられていく。おしちぢめられるときに、空気のつぶの運動がはげしくなり、温度が上がる。

360ページのこたえ　表皮

おはなしクイズ　空気の温度が上がるのは、何の運動がはげしくなるから？

太陽が西から昇って東にしずむ惑星がある！

11月21日のおはなし

読んだ日にち（　年　月　日）（　年　月　日）（　年　月　日）

地球 太陽系

金星だけぎゃくにまわっている

太陽系の惑星は、すべて同じ向きで太陽のまわりをまわっています。そして、ほとんどの惑星は、自分でまわる「自転」の向きも同じです。しかし、金星の自転の向きだけは、反対になっています。そのため、金星から見る太陽の動きは、地球とはぎゃくになり、太陽は西から昇って東にしずんでいくように見えるのです。

また、金星は自転のスピードもとてもゆっくりで、地球が二四時間で一回転するのに対し、一回転するのに二四三日もかかります。

地球からいちばん近く、大きさもつくりもにているといわれる金星ですが、その自転については、たくさんのなぞがあるのです。

自転の向きがぎゃくのわけ

金星の自転だけがぎゃく向きになったわけについては、大きくふたつの考えがあります。

惑星は、大きな岩がぶつかったりくっついたりしてつくられますが、そのときのぶつかり方によって、たまたま自転の向きがぎゃくになったというのがひとつ目の考え方です。

ふたつ目は、太陽が金星の大気を引っぱる力によって、長い時間をかけて回転の向きがぎゃくになったという考え方です。

いずれにしても、決定的なしょうこはなく、今も研究が進められています。

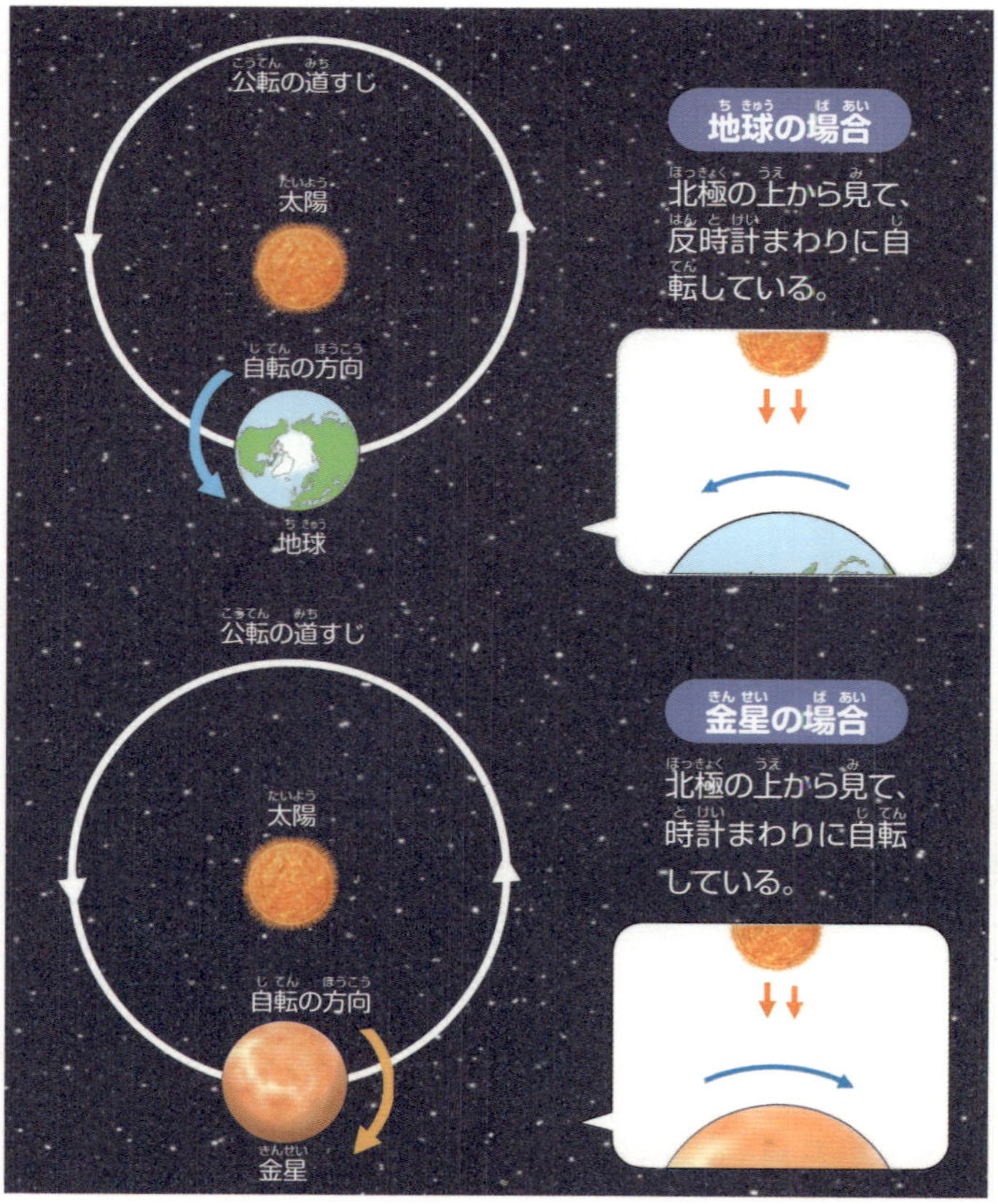

公転の道すじ
太陽
自転の方向
地球
地球の場合
北極の上から見て、反時計まわりに自転している。
公転の道すじ
太陽
自転の方向
金星
金星の場合
北極の上から見て、時計まわりに自転している。

ここがポイント！
金星は、地球と反対の方向に自転するので、太陽の動きもぎゃく。

361ページのこたえ
空気のつぶ

おはなしクイズ 金星から見た太陽の動きが地球とはぎゃくになるのは何の向きがちがうから？

からだがバラバラになっても、もとどおりになる生きものがいる！

読んだ日にち（　年　月　日）（　年　月　日）（　年　月　日）

生命　動物

切った数だけふえる

みなさんは、プラナリアという生きものを知っていますか？　プラナリアは、おもに水のきれいな川や池にすみ、石や葉っぱにくっついている、全長一～三センチメートルほどの生きものです。

このプラナリアは、からだをバラバラに切りきざまれても、再生することができるめずらしい生きものです。

たとえば、プラナリアを一〇こに切ってみると、それぞれのかけらが再生をはじめ、やがて一〇ぴきのプラナリアになるのです。プラナリアは、どうして切っても切っても再生できるのでしょうか。

プラナリアの全身には、からだのどんな組織や器官にもなることができる「幹細胞」があります。この細胞によって、どこを切られてもすぐに、新しく再生できるのだといわれています。

もとどおりになる遺伝子

再生するといっても、頭を切ったところに、しっぽがはえてきてしまってはこまりますよね。

しかし、からだの右半分を切ったプラナリアを観察していると、ちゃんと左半分から右がわが再生されていきます。

その理由は、プラナリアがからだのどこに、どんな部位をつくるのかをコントロールする「遺伝子」（→95ページ）をもっているからです。たとえば、二〇〇二年に日本の研究者によって発見され、名づけられた「nou-darake（脳だらけ）遺伝子」という遺伝子は、からだの前の部分、つまり頭の位置にだけ脳をつくるようにします。この遺伝子のはたらきをじゃますると、からだのあちこちに脳ができてしまいます。

こうした遺伝子のはたらきによって、プラナリアは正確にからだを再生することができるのです。

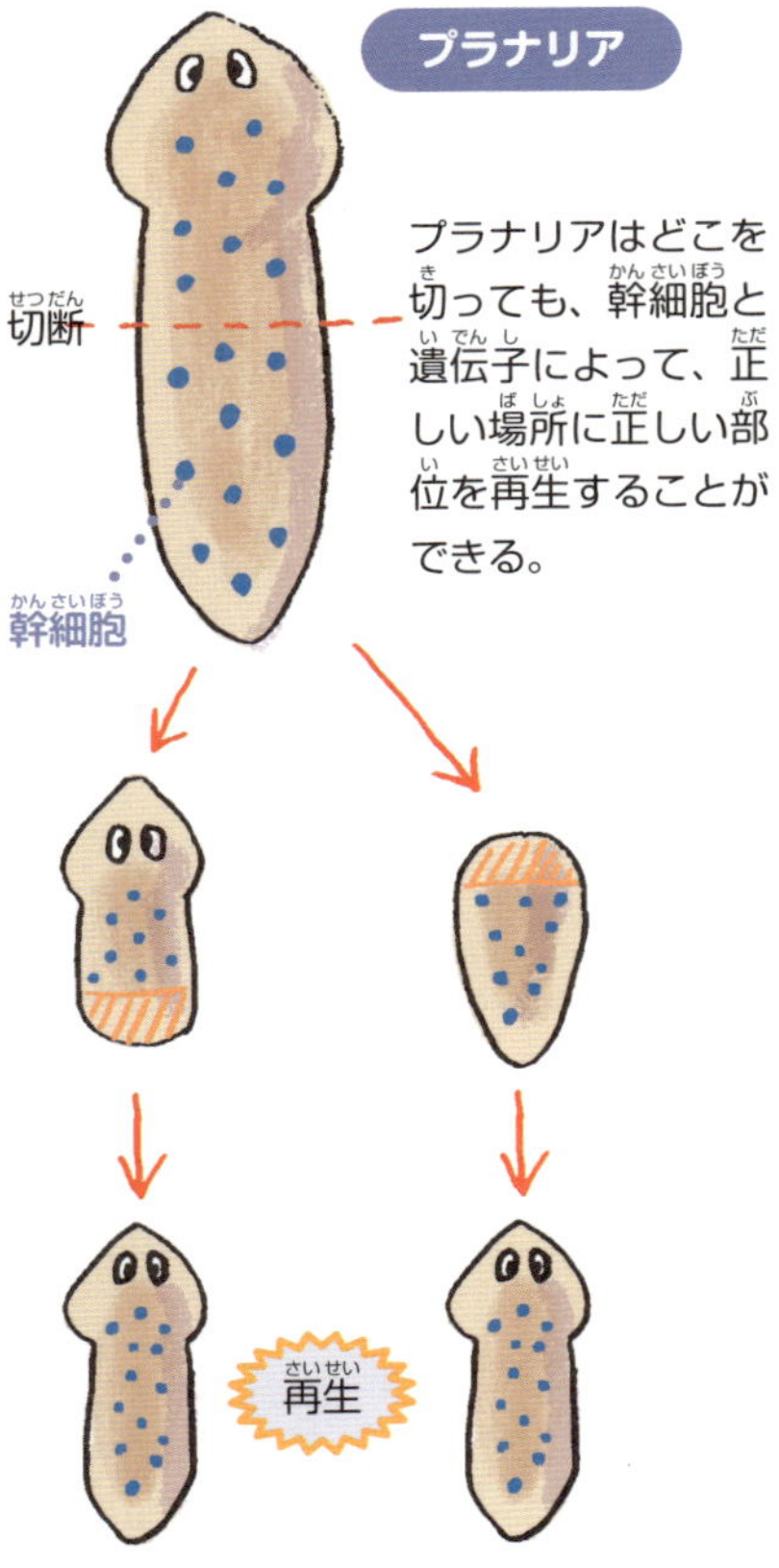
プラナリア
プラナリアはどこを切っても、幹細胞と遺伝子によって、正しい場所に正しい部位を再生することができる。
切断
幹細胞
再生

ここがポイント！
どんな器官にもなれる幹細胞によって、プラナリアは切られても再生することができる。

自転　362ページのこたえ

おはなしクイズ　プラナリアのもつ、頭の部分にだけ脳ができるようにしている遺伝子を何という？

地球が氷につつまれた時代があった！

11月23日のおはなし

読んだ日にち（　年　月　日）（　年　月　日）（　年　月　日）

地球　大地

くり返される氷期

地球がうまれたのは、今から約四六億年前だと考えられています。

この四六億年の間に、地球の地上の温度は、大きく変化してきました。

四六億年の歴史から見ると、今は地球上がつめたくなっている「氷河時代」にあたります。といっても、この氷河時代はさいきんはじまったものではありません。なんと百万年もつづいているのです。そして、その間に「氷期」（寒くなっていく時期）と、「間氷期」（あたたかい時期）が、約一〇万年ごとにくり返されており、今は間氷期にあたります。

地球が丸ごとこおりついた

過去の地球では、気候が長い間寒くなる氷期に、多くの生きものが絶滅していきました（→215ページ）。

現在、わかっている氷期のなかでも、とくに規模が大きかったといわれているのが、約七億三〇〇〇万年前から約六億三五〇〇万年前の間に起きた氷期です。このときの地球は、表面全体が氷でおおわれていたという説もあります。これを「スノーボールアース説」といいます。

しかし、完全に氷でおおわれていても、地球の内部にあるマグマ（ドロドロにとけた岩石）は活動しており、海の底にある「熱水噴出孔」（→99ページ）では、バクテリアなどの生きものがほそぼそと生きのびて、命をつないできたと考えられています。

ここがポイント！
今の地球は氷河時代で、氷期と間氷期をくり返している。

氷期になると

海面がひくくなる

雨や雪が氷として陸にとどまり、海面がひくくなる。

日本と大陸がつながっている

大陸の生きものが、日本列島にやってきた。

間氷期になると

海面が高くなる

陸上の氷がとけ、海面が高くなる。

日本と大陸がつながっていない

日本列島にとりのこされた生きものがいる。

363ページのこたえ
nou-darake（脳だらけ）　遺伝子

おはなしクイズ　氷河時代のなかで、地球があたたかくなっている、今の時期を何という？

11月24日のおはなし

鳥は恐竜の子孫？

読んだ日にち(　　年　　月　　日)(　　年　　月　　日)(　　年　　月　　日)

生命
進化

鳥と恐竜をつなげた始祖鳥

かつて恐竜は、絶滅したと思われてきました。しかし、さいきんの研究によって、恐竜は鳥へと進化したことがわかってきました。なぜ、鳥が恐竜の子孫だとわかったのでしょうか。

一八六一年、ドイツのジュラ紀（二億年前～一億四五〇〇万年前）後期の地層から、「始祖鳥」の化石が発見されました。始祖鳥は、全身に羽毛があり、つばさやくちばしをもつなど、鳥類としてのとくちょうをもつものです。

しかし、つばさになっている前あしに指があったり、くちばしに歯があったりと、鳥とはちがうところもありました。じつは、これらは「獣脚類」というグループの恐竜がもつとくちょうだったため、始祖鳥は、恐竜が鳥へ進化するとちゅうの生きものと考えられるようになったのです。

羽毛がはえた恐竜もいる

鳥と恐竜に関係があることをしめすしょうこは、それだけではありません。

一九九五年、中国の白亜紀（一億四五〇〇万年前～六六〇〇万年前）の地層から、はじめて羽毛がはえた恐竜の化石が見つかりました。これまで鳥しかもたないと思われていた、羽毛をもつ恐竜がいたことがわかったのです。この恐竜は、「シノサウロプテリクス」といって、羽毛は茶色やオレンジ色で、からだにもようがありました。

つまり、ジュラ紀の終わりには、羽毛をもつ恐竜から原始的な鳥が誕生し、白亜紀には、羽毛をもつ恐竜と原始的な鳥がともにくらしていたと考えられるわけです。

ここがポイント！
始祖鳥は、鳥と恐竜の両方のとくちょうをもっている。

始祖鳥(アルカエオプテリクス)

※始祖鳥の色は、諸説あります。

前あしに指
くちばしに歯
尾に骨

尾にしまもよう
首から尾にかけて羽毛

シノサウロプテリクス

364ページのこたえ 間氷期

おはなしクイズ 鳥が恐竜の子孫だとわかるきっかけになった生きものは？

海の底には「もえる氷」がうまっている！

読んだ日にち（　年　月　日）（　年　月　日）（　年　月　日）

「もえる氷」の正体

ふつう、水はもえません。ぎゃくに、水をかけると火は消えてしまいます。同じように、冷凍庫でつくった氷に火をつけても、もえることはありません。しかし、地球上には「もえる氷」とよばれるものがあります。

「もえる氷」の正体は、「メタンハイドレート」という物質です。これは、「メタン」というもえやすいガスが水とむすびつくことで、氷のようになったものです。メタンハイドレートは、火を近づけるともえはじめます。そして、もえたあとは水しかのこりません。

ほりだしにくい資源

日本の近くの海には、広い範囲でメタンハイドレートがあるといわれています。これは、エネルギーを自分の国だけでまかなえない日本にとっては、とても明るい話題です。しかし、メタンハイドレートは深海の地下深くにあるので、ほりだしにくい物質です。メタンと水に分けて、メタンだけをとりだす方法が研究されていますが、まだいろいろな問題がのこっています。たとえば、メタンは大気中では「温室効果ガス」（→259ページ）として環境に影響をあたえてしまうため、とりあつかいに注意が必要なのです。

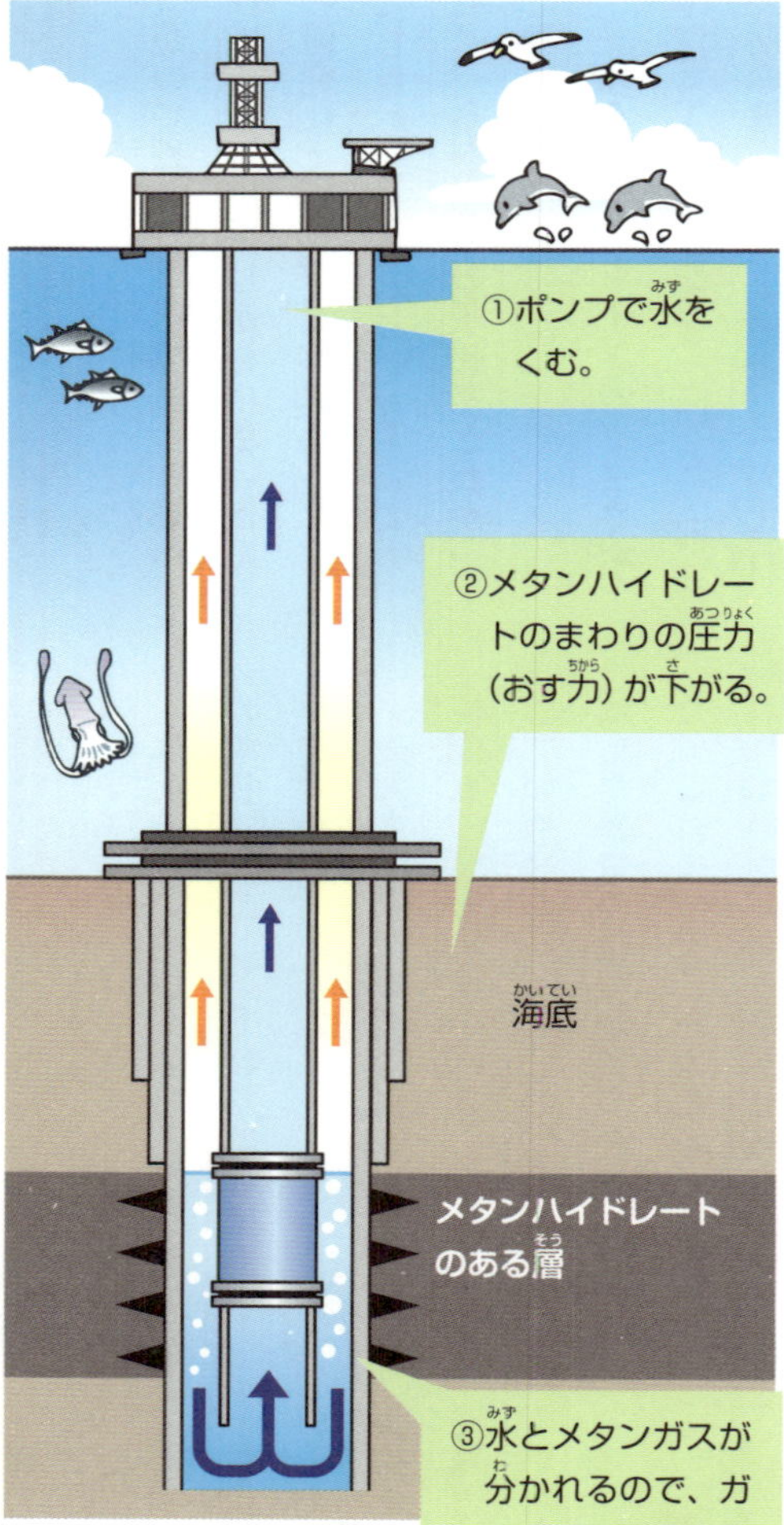
①ポンプで水をくむ。
②メタンハイドレートのまわりの圧力（おす力）が下がる。
海底
メタンハイドレートのある層
③水とメタンガスが分かれるので、ガスをとりあげる。

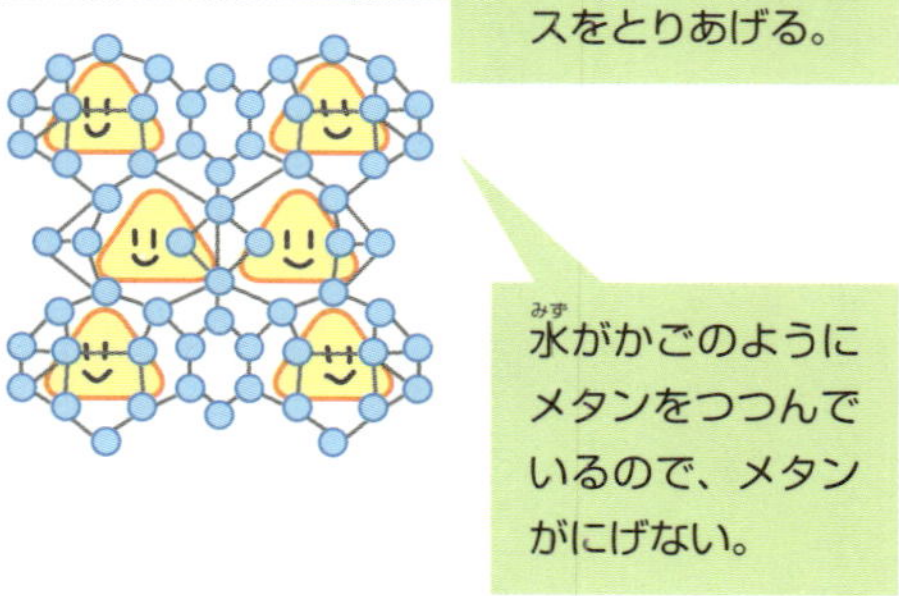
水がかごのようにメタンをつつんでいるので、メタンがにげない。

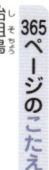

ここがポイント！

海の底には、「もえる氷」つまり「メタンハイドレート」がある。

365ページのこたえ 始祖鳥

おはなしクイズ　「もえる氷」とよばれている物質を何という？

流星群のとき、たくさんの流れ星が見られるのはなぜ？

読んだ日にち（　　年　　月　　日）（　　年　　月　　日）（　　年　　月　　日）

流れ星の正体はちり!?

流れ星には「星」という名前がついていますが、その正体は、宇宙をただよっている、砂つぶなどのちりです。大きさは、だいたい〇・一ミリメートル以下から数センチメートル、重さも数ミリグラムから数十グラムと、とても小さいものです。

　このちりのなかを地球が通ると、ちりが地球をおおう大気の層にものすごいスピードでとびこんできます。そして、地上から一〇〇～一五〇キロメートルの場所で、大気中の原子や分子にぶつかり、プラズマといわれる高温状態になって光をはなちます。これが流れ星です。

　光のすじを引いた流れ星は、だいたい地上七〇キロメートルくらいのところで消えます。

毎年見られる流星群

流れ星には、いつどこにあらわれるかわからないものと、毎年決まった時期に、たくさん流れるものがあります。そして、決まった時期にあらわれる、たくさんの流れ星を「流星群」といいます。流星群をつくりだすもととなっているのは、太陽のまわりをまわっている「彗星」です（→88ページ）。彗星は、ちりをふくんだ氷のかたまりで、太陽の近くを通るときに熱でとけて、あとにたくさんのちりをのこしていきます。彗星の通り道を地球が横ぎると、たくさんのちりがまとめて流れ星となって見えるのです。

　地球が彗星の通り道を横ぎる日時は決まっているので、毎年だいたい、同じ時期に流星群が見られます。また、流星群には、ふたご座流星群やペルセウス座流星群など、そこから出ているように見える星座の名前がつけられています。

彗星と流星群

彗星
太陽
彗星がのこしたちり
地球
彗星の通り道
地球では、流星群に見える。

ここがポイント！
流星群は、太陽の熱でとけて、彗星から出た大量のちりで起こる。

366ページのこたえ
メタンハイドレート

おはなしクイズ 流星群をつくりだすもととなる天体は何？

皮ふから、さまざまな臓器をつくることができる！

読んだ日にち（　年　月　日）（　年　月　日）（　年　月　日）

どんな臓器にもなれる細胞

おなかのなかの赤ちゃんは、いちばんさいしょはひとつの小さな細胞でできています。しかし、細胞はどんどん分裂してふえ、さらに心臓や骨など、さまざまな種類に変化していきます。かつては、たとえば肝臓になった細胞は、ほかの臓器の細胞にはなれないと考えられていました。

ところが、皮ふなどの細胞に、ある特定の遺伝子（→95ページ）を組みこむことでできる細胞は、からだのどんな場所の細胞にもなれることがわかりました。これを「iPS細胞」といいます。

iPS細胞を利用すれば、病気の人のからだの、悪い部分の細胞をつくりだして、病気の原因の解明や新しい薬のテストに使うことができます。また、病気でどこかの臓器がだめになってしまった場合、現在はほかの人から臓器をもらってとりかえる（移植する）ということが行われていますが、それを自分の細胞からつくった臓器でできるようになるかもしれないのです。iPS細胞を開発した山中伸弥教授は、ノーベル医学・生理学賞を受賞しています。

じっさいに臓器をつくる

人間の肝臓をつくるには、まず、皮ふなどの細胞からiPS細胞をつくり、これを肝臓の細胞になる少し手前の細胞に変化させます。

そして、細胞と細胞をつなぐはたらきをもつ細胞と血管をつくる細胞をくわえます。

すると、三つの細胞がかたまり、これがやがて肝臓に育っていくのです。

そのほか、iPS細胞から目の表面にある「角膜」をつくる実験なども行われています。

ふつうの細胞

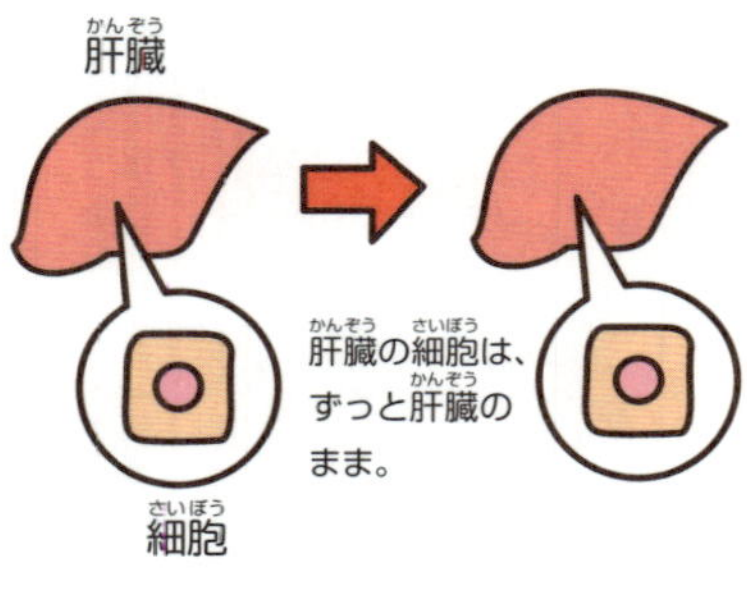
肝臓
肝臓の細胞は、ずっと肝臓のまま。
細胞

iPS細胞

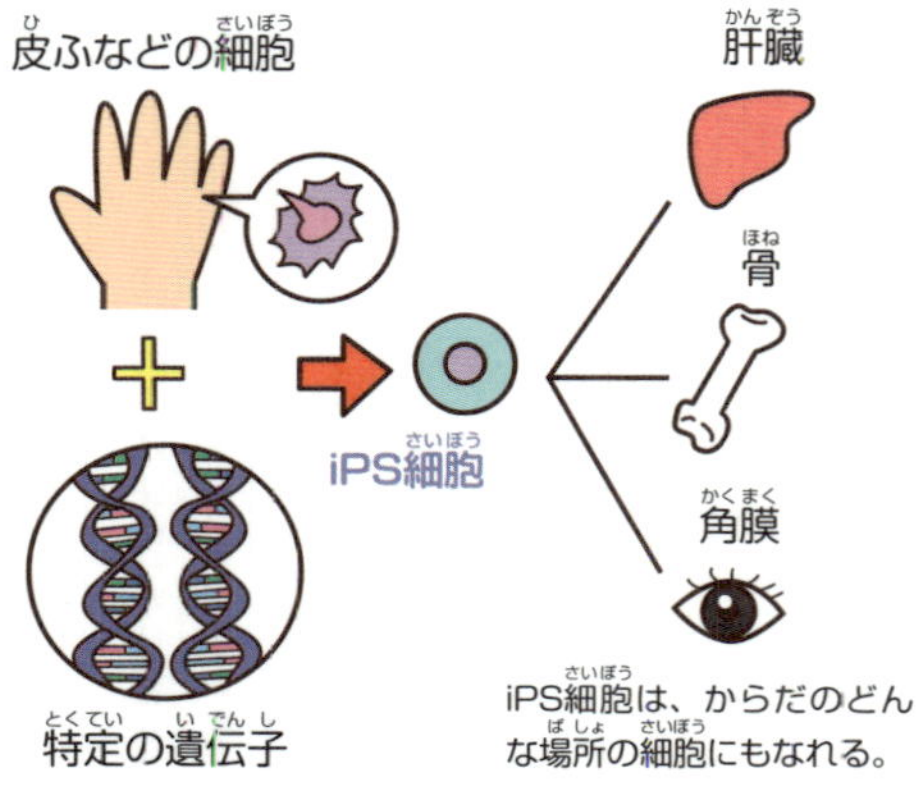
皮ふなどの細胞
特定の遺伝子
iPS細胞
肝臓
骨
角膜
iPS細胞は、からだのどんな場所の細胞にもなれる。

ここがポイント！
iPS細胞は、からだのどんな場所の細胞にもなれる。

おはなしクイズ 特定の遺伝子を組みこむことで、からだのどんな場所の細胞にもなれる細胞を、何という？

367ページのこたえ　彗星

熱に弱い細菌ばかりじゃない！

読んだ日にち（　年　月　日）（　年　月　日）（　年　月　日）

熱に強いタンパク質をもつ

細菌は高温に弱い、というイメージをもっている人は多いのではないでしょうか。使いおわったまな板などに、熱湯をかけて消毒する方法もありますよね。しかし、すべての細菌が熱に弱いというわけではありません。温泉や、海のなかの熱湯がわきだす場所（↓99ページ）などには、高温でも生きられる細菌がすんでいるのです。

お風呂の温度より高い、五五度以上でも生きられる細菌を、「好熱菌」といいます。また、そのなかでも七五度以上でも生きられる細菌を「高度好熱菌」、さらに九〇度以上でも生きられる細菌を「超好熱菌」といいます。

細菌にかぎらず、ほとんどの生きものは熱に弱いものです。それは、生きもののからだをつくる「タンパク質」という物質が、熱によってこわれてしまうからです。

しかし、好熱菌はほかの生きものにはない、熱に強いタンパク質をもつため、高温の環境でも生きることができます。

すべての生きものの祖先？

じつは、もっとも高温で生きられる超好熱菌は、すべての生きものの祖先に近いといわれています。なぜなら、はじめて生きものがうまれたころの地球も、とても高温だったと推測されているからです。

すべての生きものの祖先は、「原核生物」ともよばれます（↓391ページ）。原核生物が進化したものが「真核生物」で、真核生物のなかに動物や植物、菌類などがふくまれます。つまり、わたしたちは超好熱菌から進化したのではないか、と考えられているのです。

超好熱菌を研究することは、生きものの進化の流れを知るためにも、役立つといわれています。

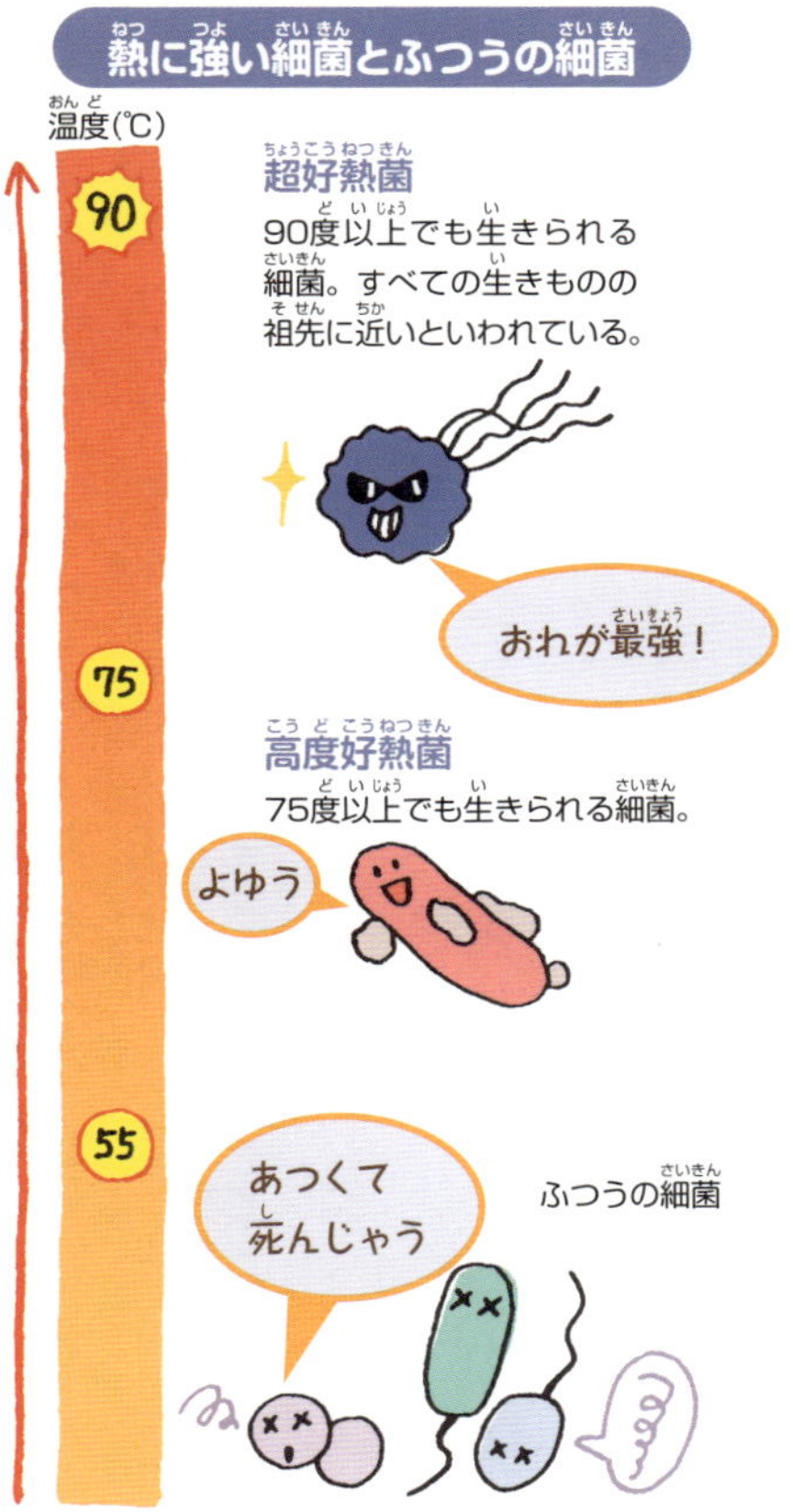
熱に強い細菌とふつうの細菌
温度(℃)
90
超好熱菌
90度以上でも生きられる細菌。すべての生きものの祖先に近いといわれている。
おれが最強！
75
高度好熱菌
75度以上でも生きられる細菌。
よゆう
55
あつくて死んじゃう
ふつうの細菌

ここがポイント！

温泉や、海のなかの火山などには、高温でも生きられる細菌がすんでいる。

368ページのこたえ
iPS細胞

おはなしクイズ　90度以上でも生きられる細菌を、何という？

洗剤に書いてある「まぜるな危険」って、どういうこと？

読んだ日にち（　年　月　日）（　年　月　日）（　年　月　日）

塩素系と酸性タイプの洗剤

みなさんのおうちにある洗剤には、大きな文字で「まぜるな危険」と書かれていることがあります。これはどういう意味なのでしょう？

「まぜるな危険」と書かれている洗剤は、「塩素系」と「酸性タイプ」の二種類に分けられます。

塩素系は、「塩素」をふくむ物質がおもな成分です。たとえば、お風呂場や台所のカビをとる洗剤や、排水パイプをきれいにする洗剤には塩素系のものがあります。また、よごれをとる漂白剤にも、塩素系のものがあります。

いっぽう酸性タイプは、「酸性」つまり、すっぱい味がする性質をもつものです（もちろん、口に入れてはいけません）。トイレで使う洗剤には、酸性タイプのものがあります。

この塩素系の洗剤と、酸性タイプの洗剤がまざると、有毒な塩素ガスが発生します。このガスを吸うと、死んでしまう場合もあるのです。そのため、塩素系と酸性タイプの洗剤や漂白剤には、かならず「まぜるな危険」と書かれています。

有毒なガスが発生するとき

では、どのようなときに有毒なガスが発生するのでしょうか。

たとえば、トイレのパイプを塩素系の洗剤できれいにして、その洗剤がまだのこっているのに、酸性タイプの洗剤でそうじをすると、有毒なガスが発生してしまいます。

また、塩素系の洗剤と、お酢などがまざったときにも、同じことが起こります。お酢は、お風呂場や台所の水あかをとることができます。しかし、水あかをとったあとに塩素系の洗剤を使うと、やはり有毒なガスが発生するのです。危険なので絶対にやってはいけません。

ここがポイント！
塩素系と酸性タイプの洗剤や漂白剤がまざると、有毒な塩素ガスが発生してしまう。

塩素系の洗剤

まぜるな危険

カビをとったり、排水パイプをきれいにしたりする。

酸性タイプの洗剤

まぜるな危険

トイレをきれいにする。お風呂場や台所の水あかをとるものもある。

塩素系の洗剤と酸性タイプの洗剤がまざると、塩素ガスが発生する。

369ページのこたえ　超好熱菌

おはなしクイズ　「まぜるな危険」と書かれている洗剤は、塩素系と何に分けられる？

11月30日のおはなし

宇宙で電気をつくることができる!

読んだ日にち(　年　月　日)(　年　月　日)(　年　月　日)

もののはたらき
電気

宇宙で行う太陽光発電

わたしたちが使っている電気は、地球上のさまざまな場所にある、発電所でつくられています。しかし、現在は宇宙にうかぶ「発電衛星」とよばれる人工衛星で電気をつくり、それを地上で利用する研究も進められています。

宇宙で電気をつくる方法は、「宇宙太陽光発電」とよばれています。「太陽光発電」というのは、太陽の光のエネルギーを利用して、電気をつくる方法です。この方法は、すでに世界中で行われていますが、雨の日やくもりの日、そして夜の間は、電気がつくれません。これに対し、宇宙ではそうした自然条件に左右されずに、太陽の光で発電できるのです。宇宙で太陽光発電を行うと、地上で行った場合の一〇倍の発電ができるといわれています。

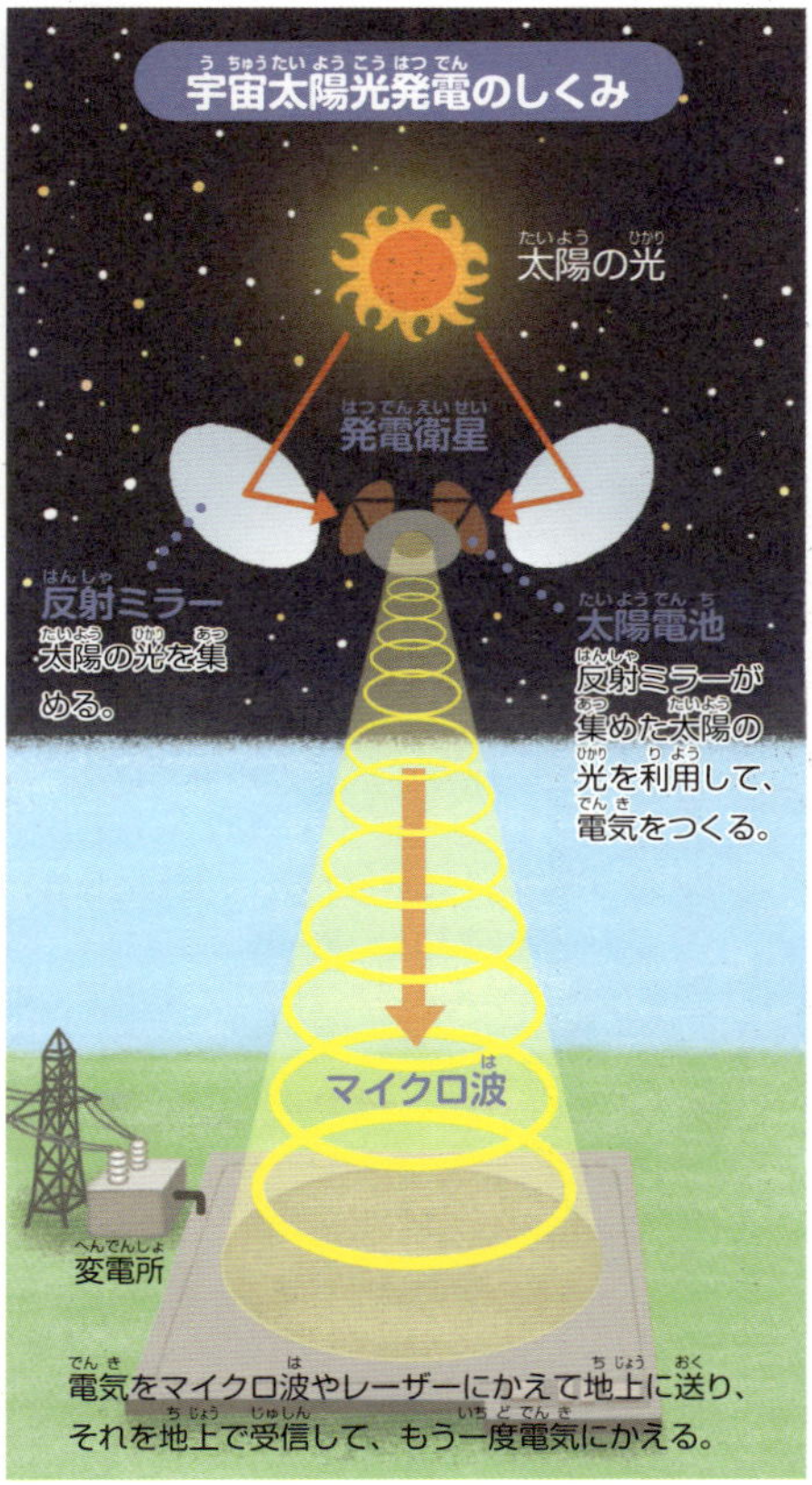

宇宙太陽光発電のしくみ
太陽の光
発電衛星
反射ミラー
太陽の光を集める。
太陽電池
反射ミラーが集めた太陽の光を利用して、電気をつくる。
マイクロ波
変電所
電気をマイクロ波やレーザーにかえて地上に送り、それを地上で受信して、もう一度電気にかえる。

実現は二〇四〇年以降?

ふつう、発電所でつくられた電気は、電線を通して遠くまで運ばれます。しかし、宇宙と地球の間に、電線をはることはできません。

そこで使われるのが、「マイクロ波」とよばれる電波や、「レーザー」という、広がらずにまっすぐ進む光です。つまり、宇宙でつくった電気を、電波や光にかえて地上に送り、地上でもう一度電気にかえるのです。ただし、現在の技術では、短いきょりで、小さな電気を送ることしかできません。

宇宙太陽光発電を実現するには、この技術をより高める必要があります。また、発電するための大きな発電衛星や、発電衛星の材料を運ぶ大きなロケットをつくるには、ばく大な費用がかかります。そのため、ほんとうに宇宙で電気がつくれるのは、二〇四〇年以降になると考えられています。

ここがポイント!
宇宙空間で、太陽の光のエネルギーを利用して発電する、「宇宙太陽光発電」の研究が進んでいる。

370ページのこたえ
酸性タイプ

おはなしクイズ 宇宙で発電した電気を、地上に送るときに使おうとしているのは、「レーザー」や何?

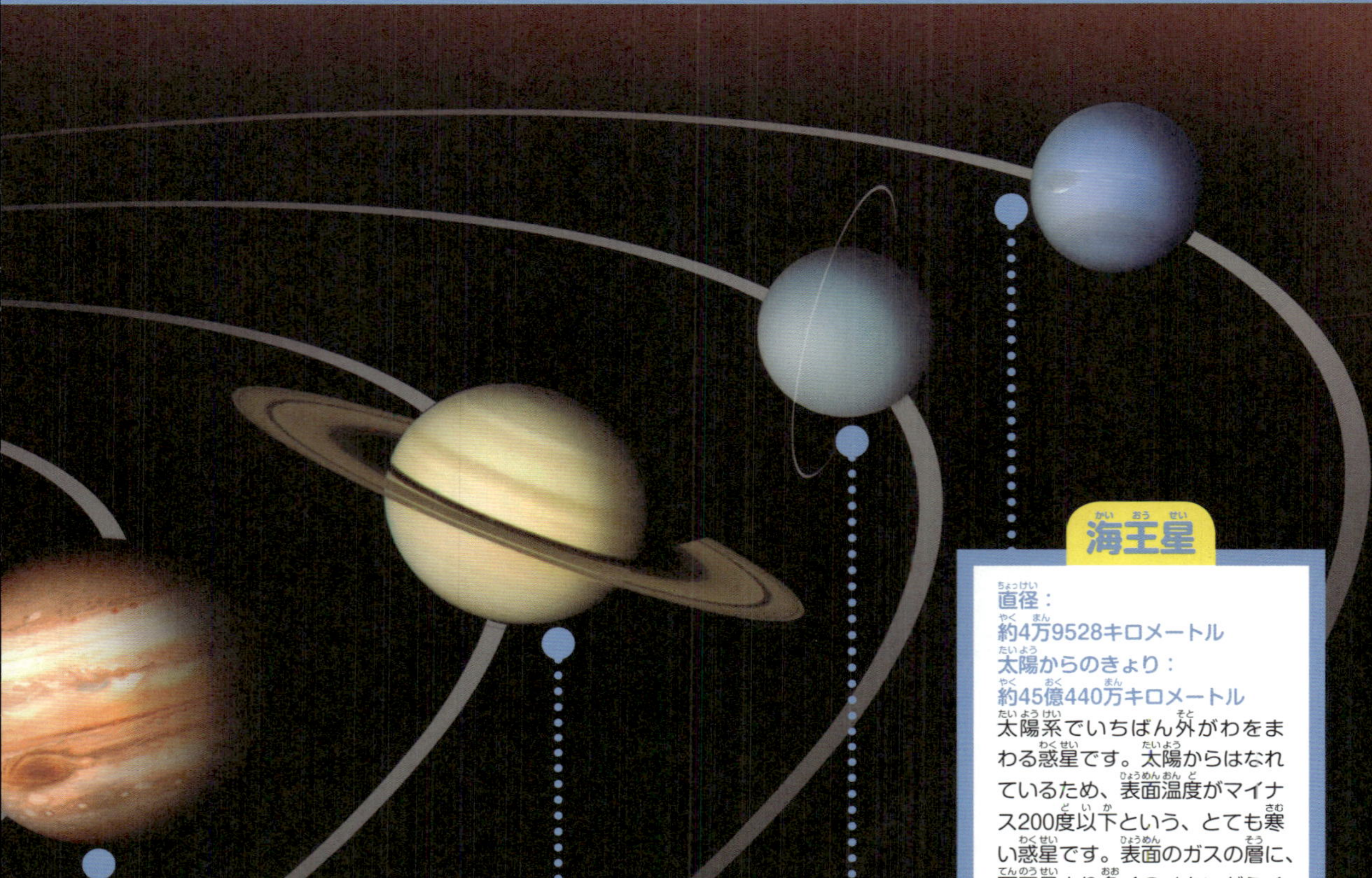

海王星

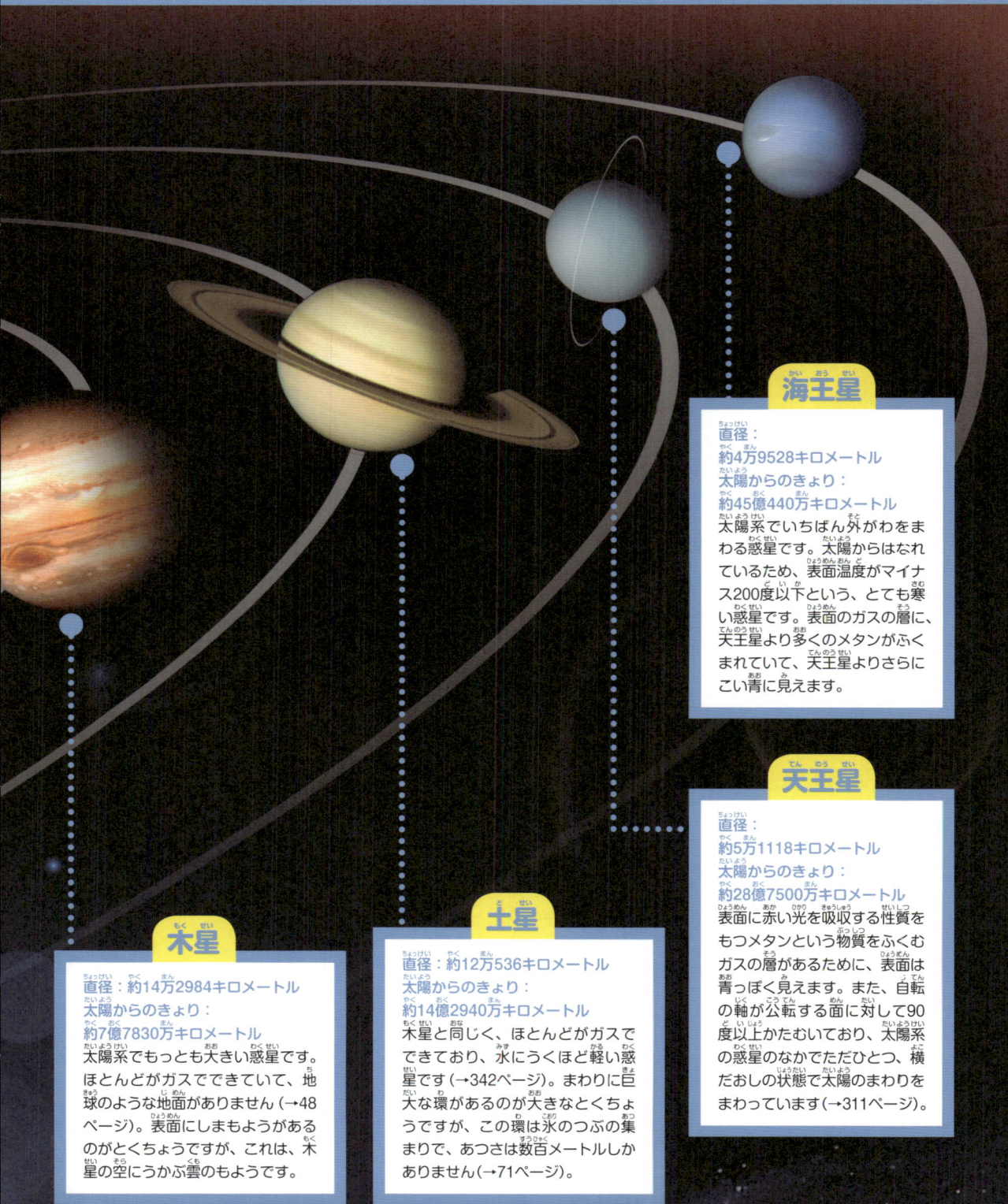

直径：
約4万9528キロメートル
太陽からのきょり：
約45億440万キロメートル

太陽系でいちばん外がわをまわる惑星です。太陽からはなれているため、表面温度がマイナス200度以下という、とても寒い惑星です。表面のガスの層に、天王星より多くのメタンがふくまれていて、天王星よりさらにこい青に見えます。

天王星

直径：
約5万1118キロメートル
太陽からのきょり：
約28億7500万キロメートル

表面に赤い光を吸収する性質をもつメタンという物質をふくむガスの層があるために、表面は青っぽく見えます。また、自転の軸が公転する面に対して90度以上かたむいており、太陽系の惑星のなかでただひとつ、横だおしの状態で太陽のまわりをまわっています(→311ページ)。

木星

直径：約14万2984キロメートル
太陽からのきょり：
約7億7830万キロメートル

太陽系でもっとも大きい惑星です。ほとんどがガスでできていて、地球のような地面がありません(→48ページ)。表面にしまもようがあるのがとくちょうですが、これは、木星の空にうかぶ雲のもようです。

土星

直径：約12万536キロメートル
太陽からのきょり：
約14億2940万キロメートル

木星と同じく、ほとんどがガスでできており、水にうくほど軽い惑星です(→342ページ)。まわりに巨大な環があるのが大きなとくちょうですが、この環は氷のつぶの集まりで、あつさは数百メートルしかありません(→71ページ)。

太陽系のすがた

わたしたちがくらす地球は、太陽のまわりをまわる「惑星」のひとつです。そして、ほかにも7つの惑星があり、全部で8つの惑星が太陽のまわりをまわっています。

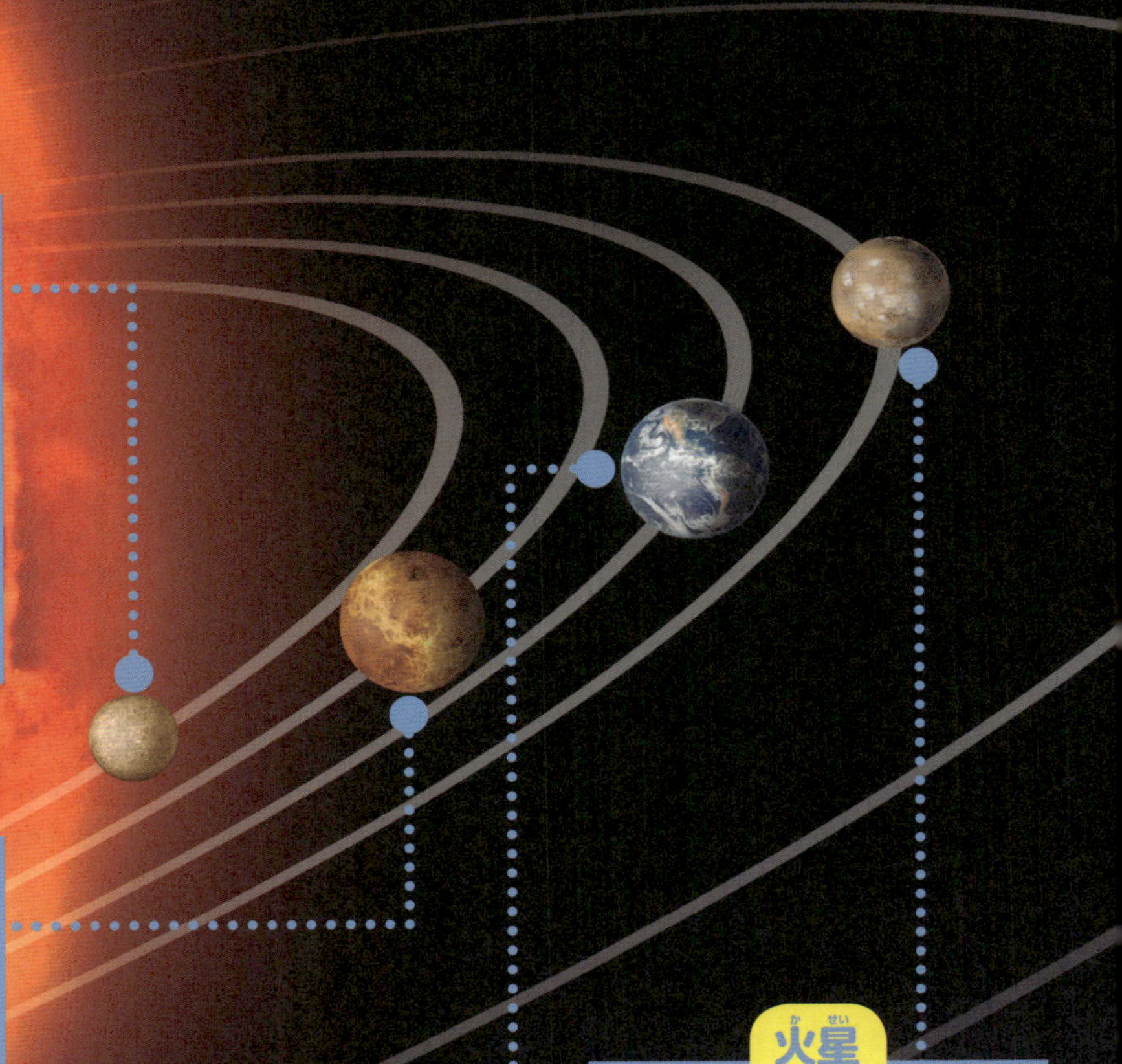

水星

直径：約4879キロメートル
太陽からのきょり：約5790万キロメートル

太陽にもっとも近いところをまわっています。地球のおよそ5分の2くらいの大きさの小さい惑星で、表面には、いん石がぶつかったことでできたでこぼこがたくさんあります。太陽日の「1日」が「1年」より長い惑星でもあります(→324ページ)。

金星

直径：約1万2104キロメートル
太陽からのきょり：約1億820万キロメートル

地球のおとなりの惑星で、明け方や夕方の空に、明るくかがやいて見えることがあります(→303ページ)。ぶあつい雲におおわれており、表面温度が470度にもなる、とてもあつい惑星です。

地球

直径：約1万2756キロメートル
太陽からのきょり：約1億4960万キロメートル

わたしたちがくらしている惑星です。太陽からのきょりが、水が液体で存在できる範囲におさまっており、そのおかげで、さまざまな生命をはぐくむ惑星となりました。

火星

直径：約6792キロメートル
太陽からのきょり：約2億2790万キロメートル

地球のもうひとつのおとなりです。表面には水が流れたあとのようなものが見つかっていて、かつては水があったのではないかと考えられています。太陽系でのなかでも大きな火山であるオリンポス山があります(→41ページ)。

地球が起こす現象

地球上では、地球そのものの活動などによって、さまざまな現象が起こります。美しい現象もあれば、わたしたちにとっては危険な現象もあります。

噴火

地球内部にある、ドロドロにとけた高温の岩石が、ときに山からふきだします（→318ページ）。

オーロラ

太陽からとどく、電気をおびたつぶが地球の空気にぶつかることで、空が美しくかがやきます（→406ページ）。

地震

わたしたちの生活をおびやかすこともある地震は、地球の表面をおおう「プレート」の動きによって起こります（→276ページ）。

かみなり

かみなりの正体は電気です。雲のなかで電気がうまれ、地面との間に流れるとき、はげしい光と音が発生します（→178ページ）。

12月のおはなし

お店にならんでいるカイロがあつくならないのはなぜ？

読んだ日にち（　　年　　月　　日）（　　年　　月　　日）（　　年　　月　　日）

外がわのふくろの役目

ふったり、もんだりすると、すぐにあたたかくなる「使いすてカイロ」（「化学カイロ」ともいいます）。でも、お店にならんでいるカイロをそのままふっても、あつくはなりません。

カイロは、カイロのなかに入っている材料が、空気にふれないとあつくはなりません。そのため、カイロが入っている外がわのふくろは、なかの材料が空気にふれないようになっているのです。

カイロがあつくなるしくみ

みなさんは、さびた鉄のくぎを見たことがありますか。じつは、外がわのふくろから出した使いすてカイロのなかでは、くぎがさびるのと同じことが起こっています。

カイロのなかには、鉄のこなや、水、塩、炭などが入っています。鉄は空気にふれると、空気のなかの「酸素」とむすびついて、さびます（「酸化鉄」という物質になります）。また、さびるときには、熱がうまれます。

この熱は、くぎのような小さな鉄がさびるときにも出ているのですが、反応がゆっくりなため、表面からどんどんにげてしまい、あつくなりません。

使いすてカイロでは、鉄のこなが入っているので、反応する表面積が大きくなっているほか、水や塩、炭など、鉄と酸素がむすびつくのを助けるものが入っています。こうして、速く、集中的に鉄をさびさせ、熱をたくさん出しているのです。

使いすてカイロの中身

鉄
酸素
熱
酸化鉄
鉄のこなと空気のなかの酸素がむすびつくと、熱がうまれる。
水
塩
炭
保水剤
鉄のこなと酸素が速くむすびつくように、助けるよ！
内がわのふくろ
空気の量を調整する。
外がわのふくろ
カイロが空気にふれないように、とくしゅなフィルムでとじこめる。
カイロのなかが水びたしにならないように、水をとりこむよ。

ここがポイント！
使いすてカイロはなかの鉄のこなが、空気とむすびつくことであつくなる。

371ページのこたえ　マイクロ波

おはなしクイズ　カイロの外がわのふくろは、カイロの中身が何にふれないように守っている？

電気って、どうやってつくっているの？

読んだ日にち（　年　月　日）（　年　月　日）（　年　月　日）

電気をうみだす電磁誘導

わたしたちは、毎日さまざまな電気製品を使いながらくらしています。この電気は、発電所という場所でつくられ、電線を通ってわたしたちの家にとどけられます。では、発電所では、いったいどのようにして電気をつくっているのでしょうか。

導線をグルグルとまいたものを「コイル」といいますが、このコイルの近くで磁石を動かすと、電気がうまれます。これを「電磁誘導」といいます。

発電所には、「発電機」というものがあり、そのなかに大きなコイルと磁石があります。そして、大きなコイルのなかに入れた磁石を回転させ、その力で電気をつくっているというわけです。

磁石を回転させる方法

発電機の磁石を回転させる方法は、いくつかあります。現在もっともよく用いられているのは、天然ガスや石炭、石油などを利用した方法です。

まず、これらの燃料をボイラーでもやし、水を沸とうさせます。そうしてできた蒸気を、「タービン」というはね車のはねにふきつけて、まわします。こうすることで、発電機のなかの磁石を回転させるのです。

このようなしくみを利用した発電所を、火力発電所といいます。また、「ウラン」という物質を燃料にして、火力発電所と同じように水を沸とうさせ、タービンをまわすのが、原子力発電所です。

さらに、高いところから落ちる水の力を利用する水力発電所や、風の力で風車をまわして、磁石を回転させる風力発電所もあります。なお、太陽光発電は、電磁誘導とはことなる原理で発電しています。

ここがポイント！

発電所では、さまざまな方法で、コイルのなかにある磁石を回転させ、電気をつくっている。

火力発電所のしくみ

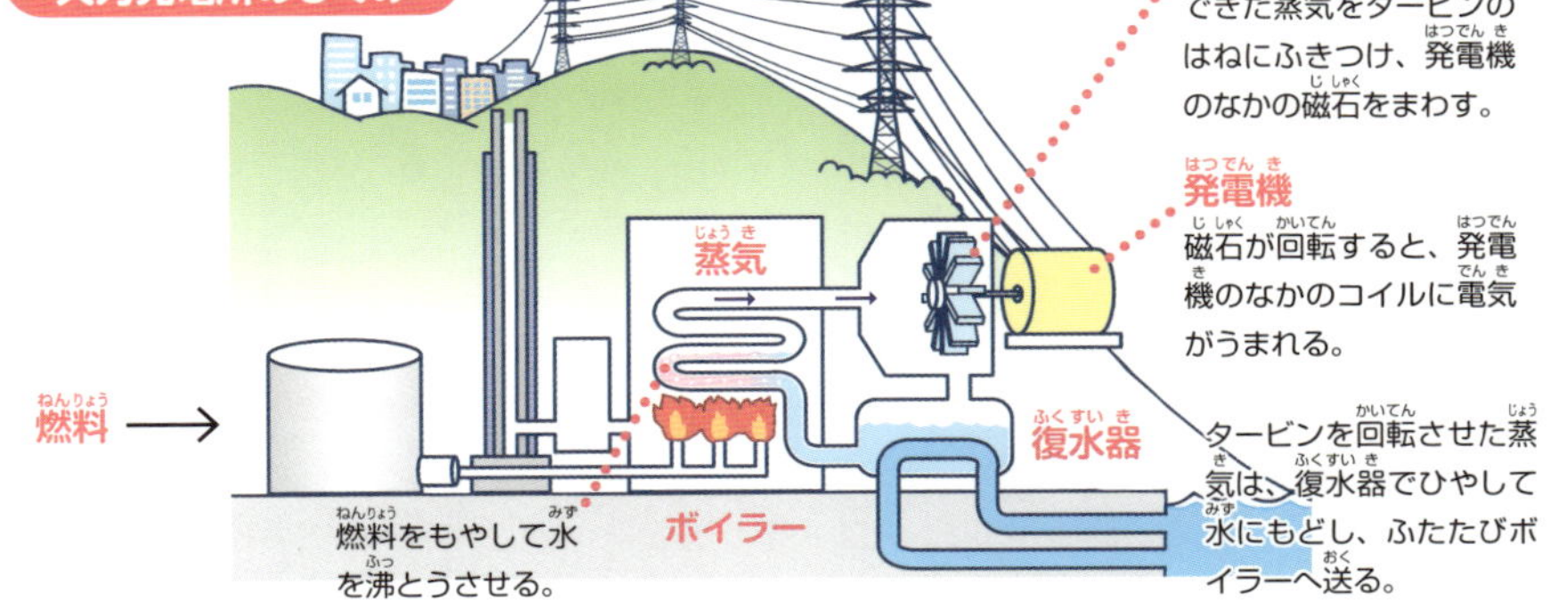
タービン
できた蒸気をタービンのはねにふきつけ、発電機のなかの磁石をまわす。
発電機
磁石が回転すると、発電機のなかのコイルに電気がうまれる。
蒸気
燃料
ボイラー
燃料をもやして水を沸とうさせる。
復水器
タービンを回転させた蒸気は、復水器でひやして水にもどし、ふたたびボイラーへ送る。

376ページのこたえ　空気（酸素）

おはなしクイズ　コイルの近くで磁石を動かすと、電気がうまれる現象を何という？

汗がかわくと、塩の味がするのはどうして？

読んだ日にち（　　年　　月　　日）（　　年　　月　　日）（　　年　　月　　日）

汗には塩がまじっている

夏のあつい季節や、運動をしたときには、たくさんの汗をかきます。この汗をなめてみると、しょっぱいことがあります。これはどうしてでしょうか。

汗は九九パーセントが、水でできています。のこりの一パーセントは、からだのなかの糖分が分解されてできる「乳酸」という物質や、尿に多くふくまれている「尿素」という成分、そして塩分です。つまり、わずかですが塩分がふくまれているので、しょっぱいのです。

もともと汗は、血液からできています。血液には塩分がふくまれているので、汗にも同じように塩がまじっています。

しょっぱくない汗もある

汗は、全身に約二〇〇万こもある「汗腺」から流れてきます（→131ページ）。汗腺は、血液をつくる成分のひとつである血しょうを、血管から吸いとります。そして、そこからからだに必要な成分をとりだし、血管にもどして、不要なものを汗として流すのです。

汗腺はくだのような形をしています。汗の量が少なく、ゆっくりとくだのなかを流れていく場合、塩分はこのくだのなかでほとんど吸収されます。このとき、皮ふに出てきた汗はしょっぱくありません。しかし、はげしい運動などで、たくさんの汗を一度にかいたときは、くだで塩分が吸収しきれません。すると、汗は多くの塩分をふくんだまま、外に出ていきます。

そのため、スポーツなどをしたあとにかいた汗は、とてもしょっぱいのです。汗をかいたら、水分だけでなく、塩分もとりましょう。

乳酸、尿素、塩分
1パーセント
水　99パーセント
汗には、わずかに塩分がふくまれている。

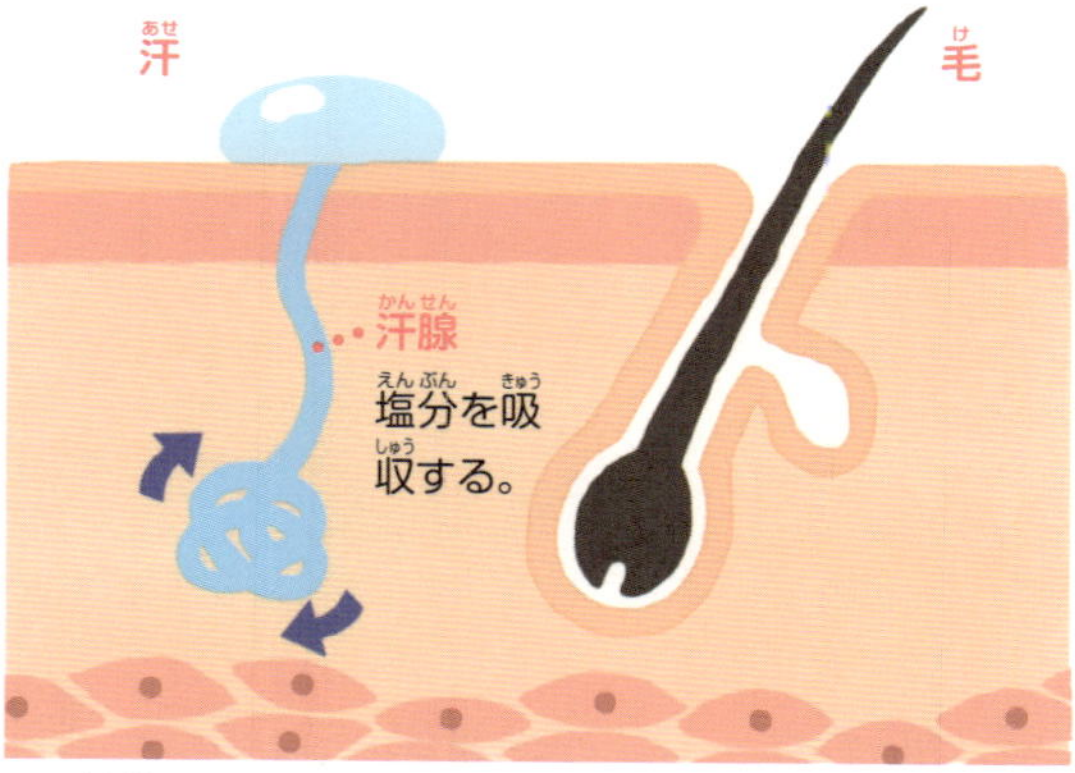
汗
毛
汗腺
塩分を吸収する。
汗腺では、汗を出すときに塩分をくだのなかで吸収する。一度にたくさんの汗をかくと、塩分を吸収しきれずに、そのまま外に出る。

ここがポイント！
からだのなかにある塩分が汗にまじっているので、塩の味がする。

377ページのこたえ 電磁誘導

おはなしクイズ からだから汗を流す場所のことを、何という？

人間の血管の長さは、地球2周半！

読んだ日にち(　　年　　月　　日)(　　年　　月　　日)(　　年　　月　　日)

生命
人体

人間のおもな血管

すべての血管をつないでいくと、地球を2周半まわる長さになる。

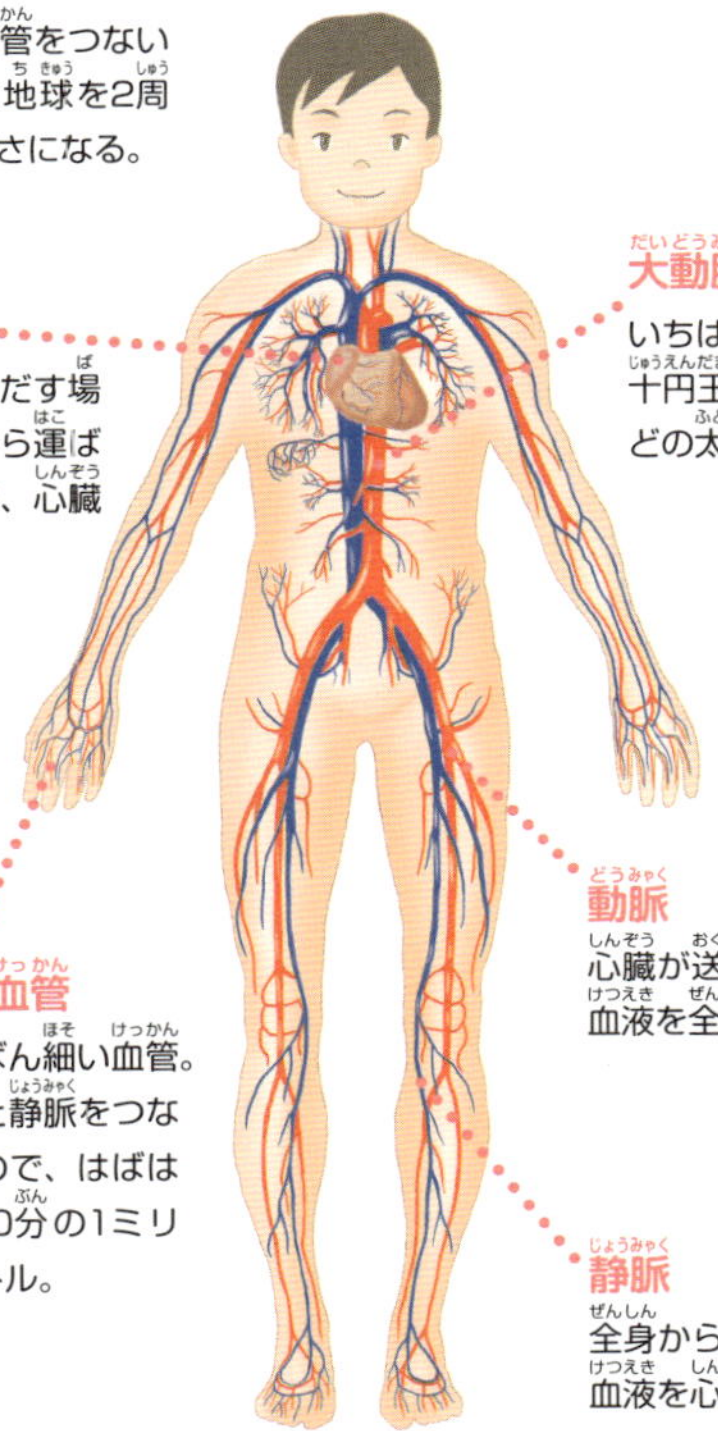
心臓
血液を送りだす場所。全身から運ばれた血液は、心臓にもどる。
大動脈
いちばん太い血管。十円玉が通れるほどの太さがある。
動脈
心臓が送りだした血液を全身に運ぶ。
毛細血管
いちばん細い血管。動脈と静脈をつなぐもので、はばは約100分の1ミリメートル。
静脈
全身から運ばれた血液を心臓に返す。

心臓から全身へ

手の甲をよく見ると、青っぽいくだが見えます。これが血液(→191ページ)の通り道である、「血管」です。人間のからだには、たくさんの血管があります。

心臓が送りだした血液を全身に運ぶ血管が「動脈」、全身から運ばれた血液を心臓にもどす血管が「静脈」です（血液を肺に送る血管は肺動脈、肺からもどす血管は肺静脈といいます）。

手の甲に見えたのは、静脈です。動脈は皮ふのおく深くにあるため、大部分は外から見えません。

たくさんの血管のなかでも、いちばん太いのは「大動脈」という血管です。大動脈は心臓の近くにある動脈で、十円玉が通れるほどの太さがあります。

また、心臓からはなれた血管は、手やあしの先に近づくほど細かく分かれて、あみの目をつくっています。これがいちばん細い血管である、「毛細血管」です。毛細血管は動脈と静脈をつなぐもので、はばが約一〇〇分の一ミリメートルしかありません。

全身の血管をつなぐと

すべての血管をつないでいくと、大人の場合は、なんと約一〇万キロメートルにもなります。地球の一周は約四万キロメートルなので、これは地球を二周半まわれる長さになります。そのうちの九五パーセントは、毛細血管の長さです。

血液は、この長い血管を猛スピードで進みます。血液が全身をめぐるのにかかる時間は、約三〇秒から一分といわれています。

ここがポイント！

人間のすべての血管をつないでいくと、大人の場合は約一〇万キロメートル、つまり、地球を二周半まわれる長さになる。

378ページのこたえ　汗腺

おはなしクイズ　からだのなかで、いちばん太い血管を何という？

12月5日のおはなし

ミノムシって、どんな虫？

読んだ日にち（　年　月　日）（　年　月　日）（　年　月　日）

生命
虫

オスとメスですがたがかわる

ミノムシは、ミノガというガの幼虫です。口から糸をはきだして、葉っぱや細い枝などをつづりあわせることで、ふくろ状のみの（巣）をつくります。

ミノムシには、成虫であるミノガになると、オスとメスのすがたがまったくかわってしまうというとくちょうがあります。

まず、四月から五月ごろに、ミノムシはみののなかで「さなぎ」とよばれるすがたになり、からだをつくりかえます（→152ページ）。

約一か月後、オスははねのはえた成虫となってみのから出てきますが、このときのオスには、えさを食べるための口がなくなっています。えさを食べないまま、メスをさがしてとびまわり、交尾を終えると死んでしまうのです。

さらに、メスにいたっては、口どころかはねもあしもない成虫となっています。みのから出ることもありません。メスはとくべつなにおいを出してオスをよび、みのに入ったまま交尾をして、卵もみののなかにうみます。卵をうんだメスは幼虫がふ化するころに、みのから落ちて死んでしまいます。

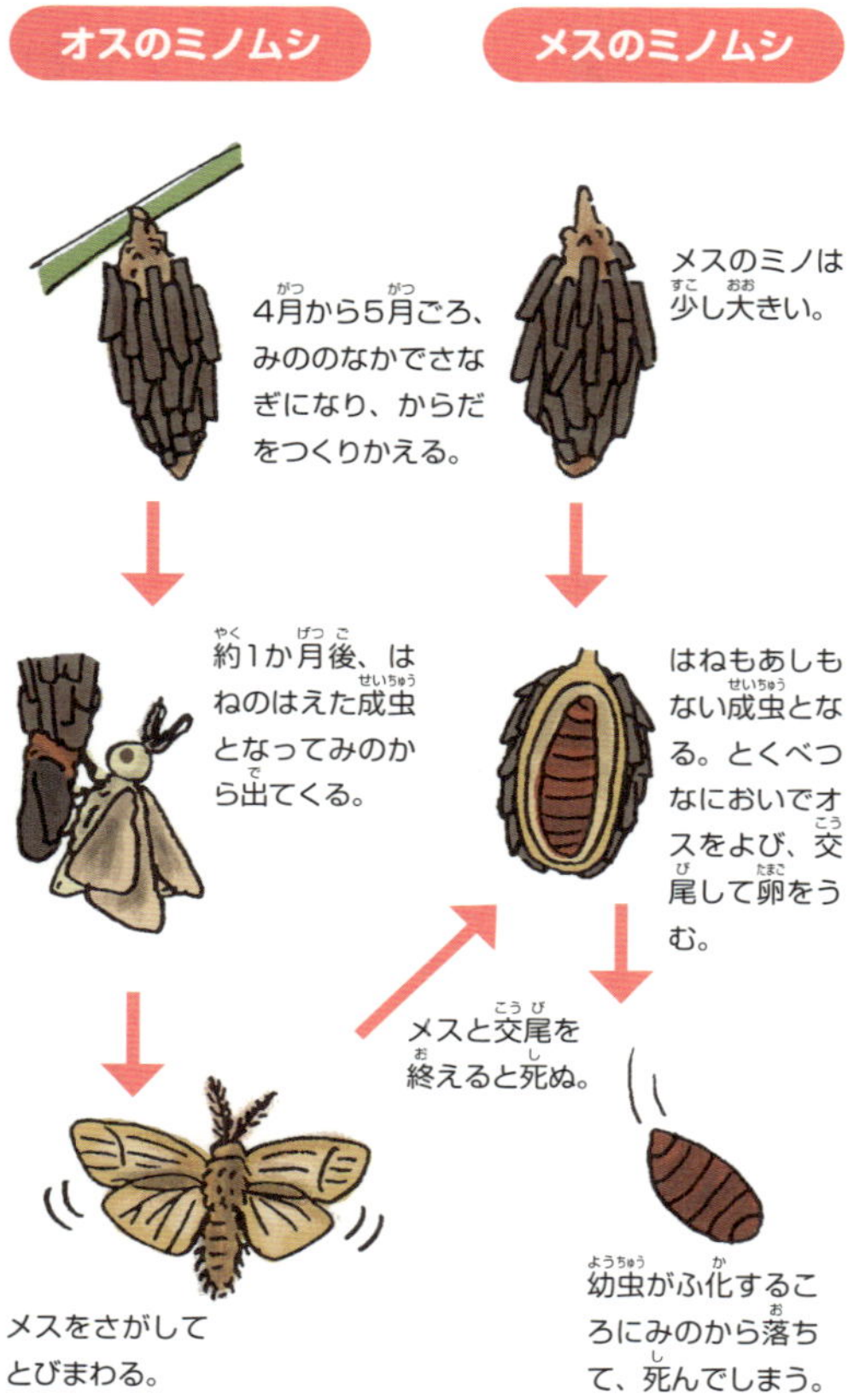

オスのミノムシ
4月から5月ごろ、みののなかでさなぎになり、からだをつくりかえる。
約1か月後、はねのはえた成虫となってみのから出てくる。
メスをさがしてとびまわる。
メスと交尾を終えると死ぬ。
メスのミノムシ
メスのミノは少し大きい。
はねもあしもない成虫となる。とくべつなにおいでオスをよび、交尾して卵をうむ。
幼虫がふ化するころにみのから落ちて、死んでしまう。

だんだんみのを大きくする

卵からかえった幼虫は、はいた糸にぶらさがりながら、新しい葉っぱや枝へ移動していきます。そして、それらをかじりとり、自分のみのをつくるのです。成長してからだが大きくなったら、そのたびに葉っぱをつぎたして、みのを大きくします。

秋になると、ミノムシは寒い冬をすごすために、みのをさらにじょうぶなものにします。みののなかで冬をこし、無事に春をむかえたら、またさなぎになるというわけです。

ここがポイント！
ミノムシはミノガというガの幼虫で、成虫になると、オスとメスのすがたがまったくかわってしまう。

おはなしクイズ 成虫になってもミノから出ないミノムシはオス？　メス？

379ページのこたえ　大動脈

音でよごれを落とすことができる!

読んだ日にち(　　年　　月　　日)(　　年　　月　　日)(　　年　　月　　日)

人間にはきこえない超音波

みなさんは、音って何だと思いますか? 音は、空気のふるえ(振動)です。何かがふるえると、まわりの空気もふるえ、それが音としてつたわっていきます。

音は、一秒間にふるえる回数が多いほど高い音になります。しかし、わたしたちの耳は、ある一定の高さの音までしかききとれません。わたしたちにはきこえない、一秒間に二万回以上ふるえる音は、「超音波」とよばれています(→141ページ)。この超音波を利用すると、もののよごれを落とすことができます。

あわのはれつできれいになる

超音波が水などの液体につたわると、そのふるえによって、液体のなかに小さなあわがたくさんできます。このあわは、何かにぶつかると、すぐにはれつしてしまいますが、このとき小さな衝撃がうまれます。そして、その衝撃によって、ぶつかったもののよごれが引きはがされるというわけです。超音波のふるえが大きくなると、よごれを落とす力も強くなります。

また、じっさいに超音波で何かをあらうときは、よごれに合わせた洗浄液を使うことで、さらにあらう効果を高めます。

超音波を使えば、手やブラシがとどかないところまで、きれいにあらうことができます。また、あらいあがりに、ほとんどむらが出ません。そのため、超音波はめがねやアクセサリー、機械の部品など、さまざまなものをあらうときに利用されています。

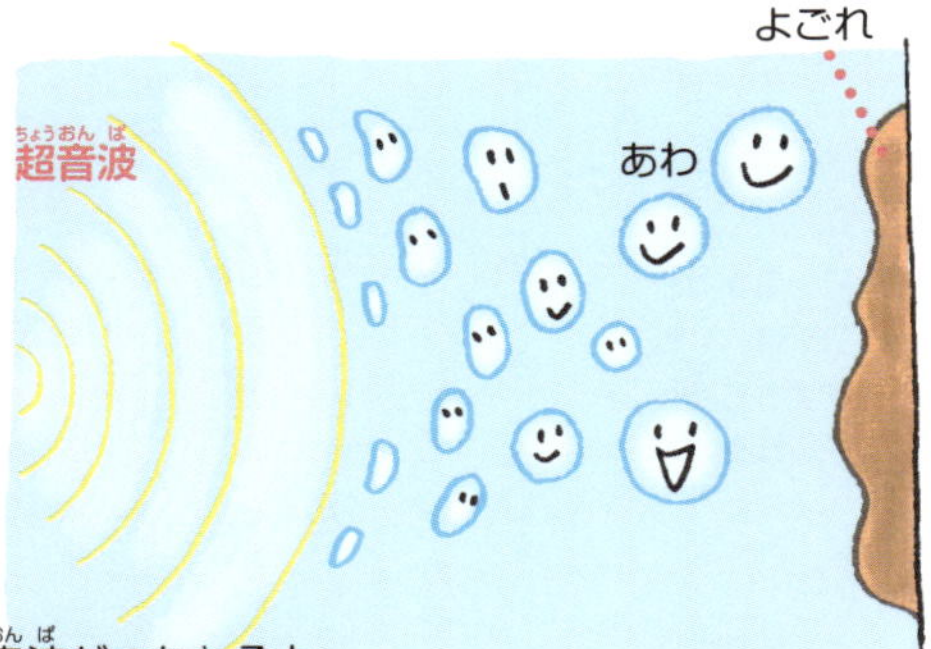
よごれ
超音波
あわ

超音波がつたわると、液体のなかにあわがたくさんできる。

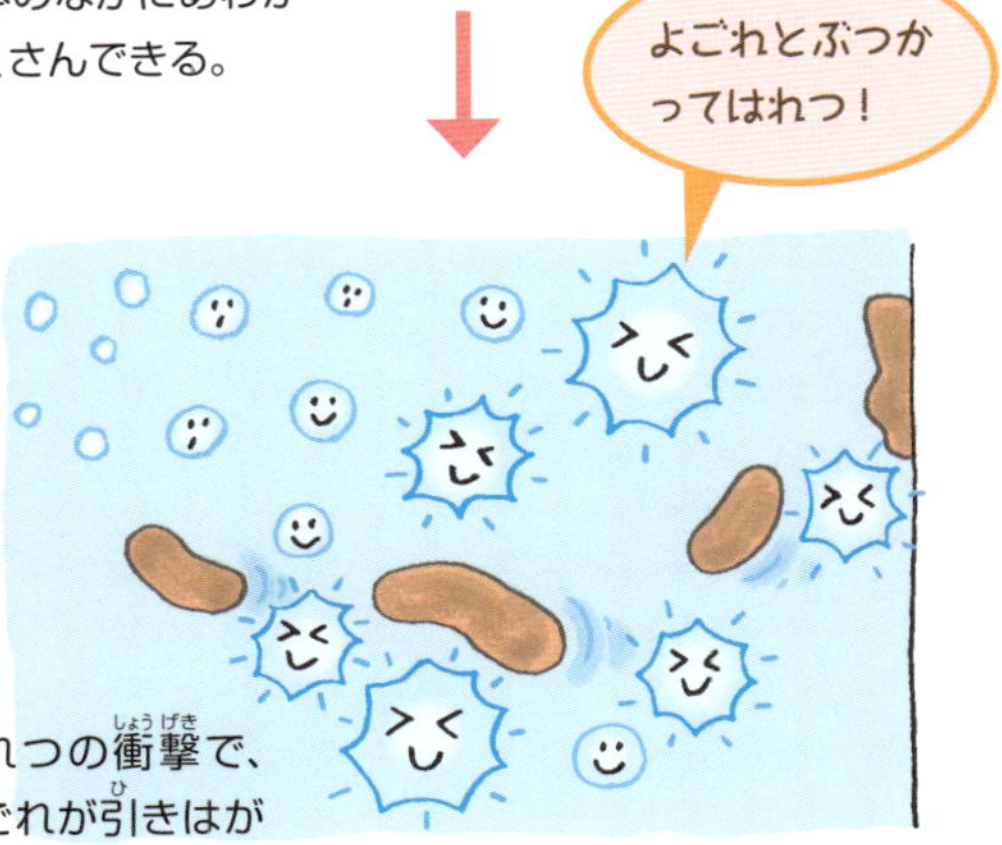
よごれとぶつかってはれつ!

はれつの衝撃で、よごれが引きはがされる。

ここがポイント!
水などの液体に超音波がつたわると、小さなあわができ、そのあわがはれつする衝撃でよごれが引きはがされる。

380ページのこたえ　メス

おはなしクイズ わたしたちにはきこえない、1秒間に2万回以上ふるえる音を何という?

人間は息をしないとどうして死んでしまうの？

読んだ日にち（　年　月　日）（　年　月　日）（　年　月　日）

空気中の酸素をとりこむ

プールに何秒もぐっていられるか、友だちと競争したことはありませんか？　水のなかではすぐに苦しくなるので、長時間もぐることはできません。人間は、呼吸をしないと生きていけないのです。

わたしたちがふだん吸っている空気のなかには、酸素という気体がふくまれています（→44ページ）。人間が生きるために、重要な役割を果たすのがこの酸素です。

口や鼻から吸いこまれた空気は、のどのおくの「気管」というくだを通って、胸のなかの「肺」という場所へ送られます。気管は肺のなかで枝分かれしており、その先に「肺胞」という無数の小さなふくろがあります。空気中の酸素は、肺胞の表面にはりめぐらされた、「毛細血管」という血管を通って血液のなかに入り、からだのすみずみまで運ばれます。

エネルギーをつくる

全身に行きわたった酸素は、からだのなかの栄養分と反応して、エネルギーをつくります。人間は、このエネルギーによってからだを動かすことができるのです。

もっともエネルギーを使うのは、脳です。酸素がたりなくなった脳は、エネルギーがつくれないため、うまくはたらかなくなります。すると、からだの機能が止まり、死んでしまうのです。酸素がたりなくなることは、「酸欠」ともよばれます。

また、酸素をとりこんでエネルギーがつくられるときには、二酸化炭素という気体ができます。二酸化炭素は、肺胞のなかに出て、口や鼻からはきだされます。

呼吸のしくみ

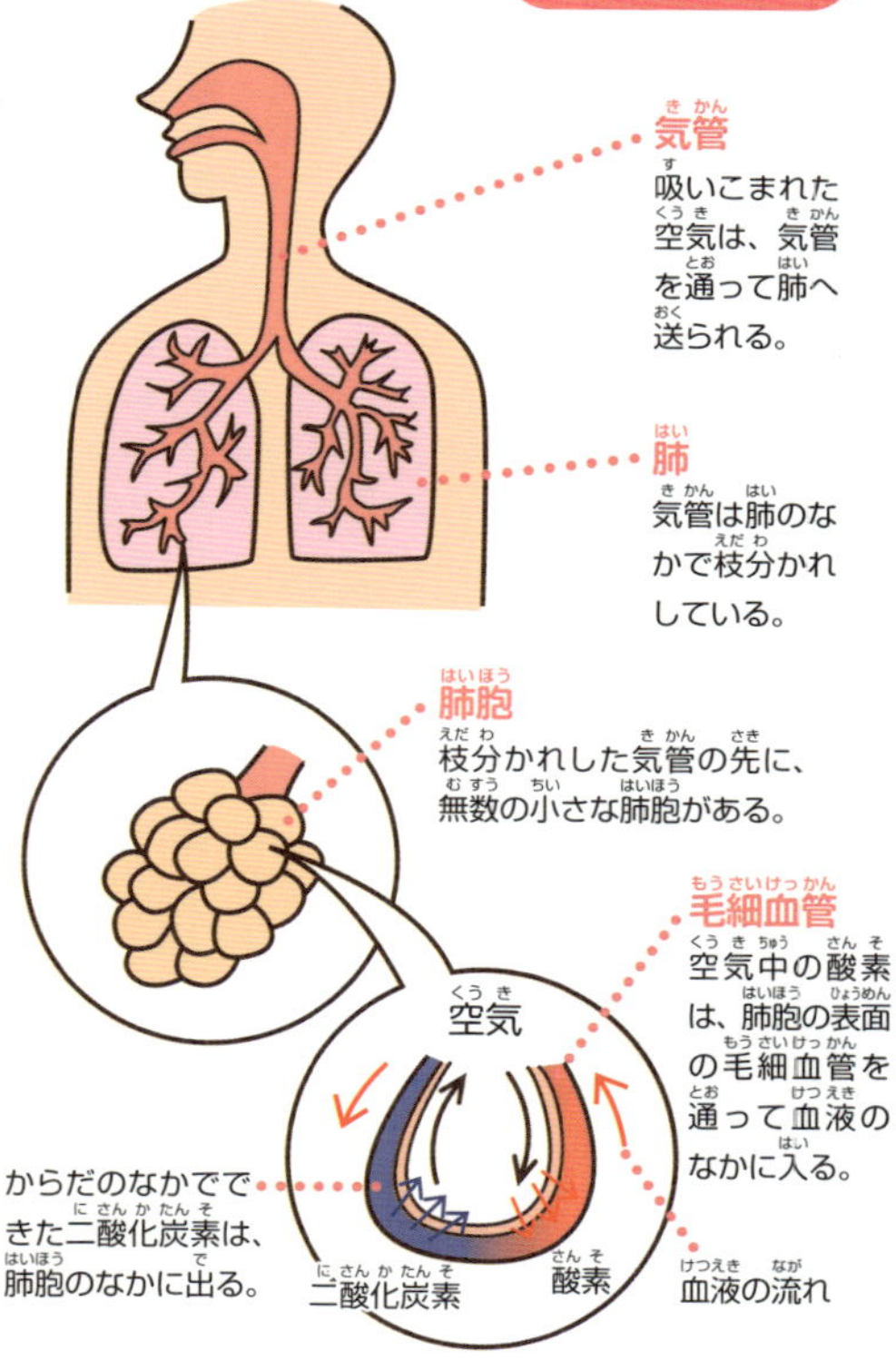
気管
吸いこまれた空気は、気管を通って肺へ送られる。
肺
気管は肺のなかで枝分かれしている。
肺胞
枝分かれした気管の先に、無数の小さな肺胞がある。
毛細血管
空気中の酸素は、肺胞の表面の毛細血管を通って血液のなかに入る。
空気
からだのなかでできた二酸化炭素は、肺胞のなかに出る。
二酸化炭素
酸素
血液の流れ

ここがポイント！

人間は脳に酸素がたりなくなると、脳がうまくはたらかなくなるため、からだの機能が止まって、死んでしまう。

おはなしクイズ　気管の先にある、小さなふくろを何という？

381ページのこたえ　超音波

氷の海でも魚がこおらないのはどうして？

読んだ日にち（　年　月　日）（　年　月　日）（　年　月　日）

生命
魚

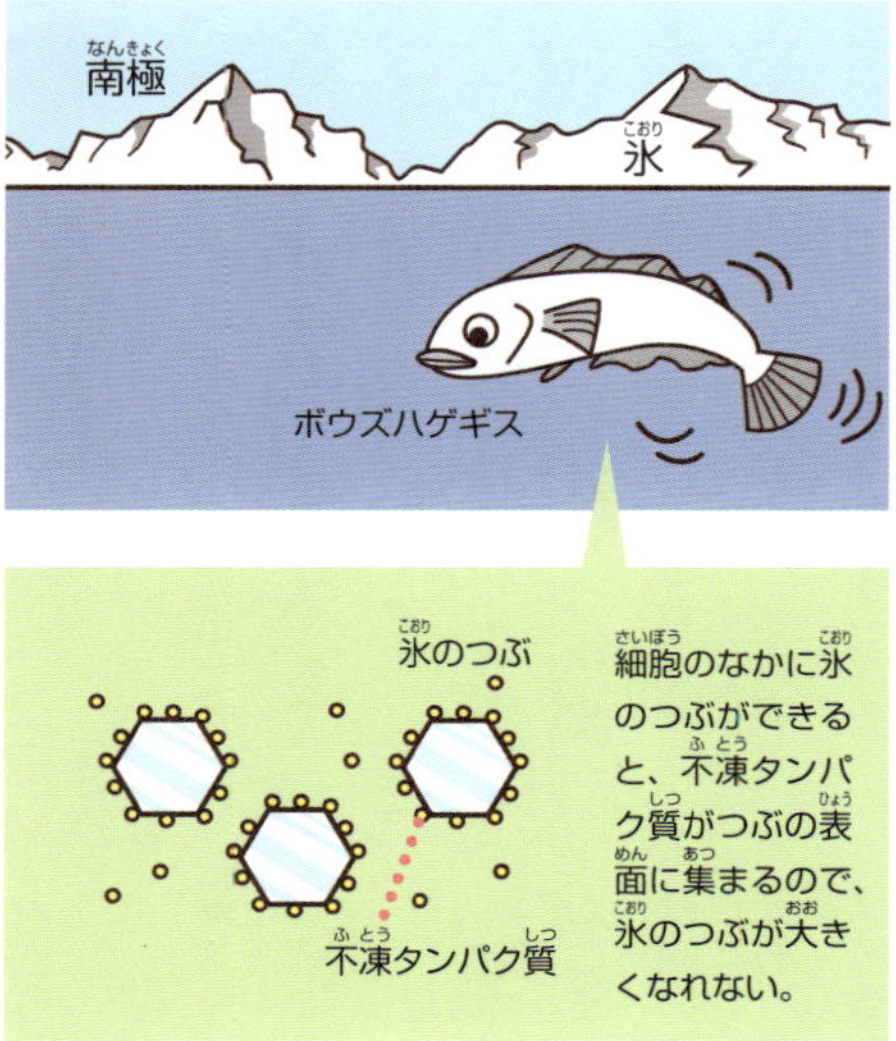
南極
氷
ボウズハゲギス
氷のつぶ
細胞のなかに氷のつぶができると、不凍タンパク質がつぶの表面に集まるので、氷のつぶが大きくなれない。
不凍タンパク質

不凍タンパク質がなかったら

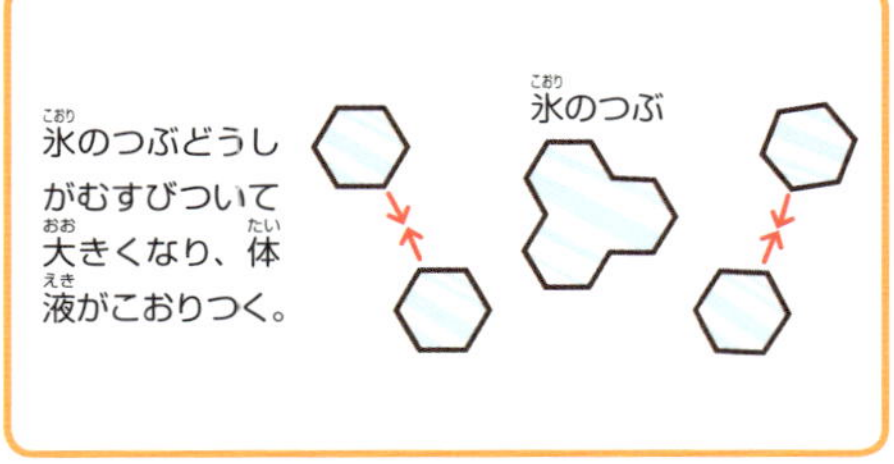
氷のつぶどうしがむすびついて大きくなり、体液がこおりつく。
氷のつぶ

不凍タンパク質をもつ

北極や南極の海は、つねに水温が〇度よりもひくく、氷におおわれています。しかし、そのつめたい海のなかでも、魚は泳ぎまわっています。この魚たちは、どうしてこおらないのでしょうか？

その理由は、魚のからだにふくまれる、血液などの液体（体液）にあります。まず、体液には食塩などさまざまなものがとけています。それによって、体液は〇度近くになってもこおりません。

さらに、体液のなかには「不凍タンパク質」という物質もふくまれています。魚の細胞のなかに氷のつぶができると、不凍タンパク質がつぶの表面に集まります。そうすることで、氷のつぶどうしがむすびついて大きくなるのをふせぎ、細胞のなかや外の体液がこおりつくのをふせぐのです。

南極の海にすむボウズハゲギスという魚は、不凍タンパク質をもつことによって、水温がマイナス二・七五度になるまで体液がこおらないといいます。

不凍タンパク質の利用

不凍タンパク質は、身近な生きものにもふくまれ、利用されています。たとえば、カイワレダイコンの不凍タンパク質は、冷凍食品に利用されているのです。

肉などを長い間冷凍庫で保存すると、肉の細胞がこわれ、解凍したときに細胞のなかの液体（肉汁）が外に出て食感が悪くなります。しかし、不凍タンパク質をくわえると、その肉汁をおさえられます。

また、冷凍のうどんは冷凍庫のなかでかんそうし、水分がとんでしもになるため、うどんの表面が白くなることが問題とされていましたが、不凍タンパク質によってそれをなくすことができました。

ここがポイント！
北極や南極の海にすむ魚は、体液のなかに不凍タンパク質などをふくんでいるので、こおらない。

382ページのこたえ　肺胞

おはなしクイズ　氷の海にすむ魚の体液にふくまれ、氷のつぶが大きくなるのをふせぐものは？

海の波で電気ができる！

読んだ日にち（　　年　　月　　日）（　　年　　月　　日）（　　年　　月　　日）

地球　海

波の力を利用する

電気をつくることを、「発電」といいます。発電の方法には、火で水をあたため水蒸気にし、タービン（大きな扇風機のはねのようなもの）をまわす「火力発電」、川やダムなどの水の流れによる力を利用してタービンをまわす「水力発電」、風の力で風車をまわす「風力発電」、そして原子力（→335ページ）による熱でつくった水蒸気で、タービンをまわす「原子力発電」などがあります。

波の力でタービンをまわして発電する、「波力発電」という方法もあります。これは、海のエネルギーを活用して電気をつくります。

波力発電には、いくつか種類がありますが、いちばん多く使われているのは、「振動水柱型」という方式です。波がおしよせたり引いたりして、海面が上下にゆれると、「空気室」という部分の空気に流れがうまれます。この空気の流れで、タービンをまわし、そこから電気をつくります。

波力発電の課題

日本は、まわりをぐるっと海にかこまれているため、波力発電には向いている環境にあります。しかし、波力発電には、装置を設置する費用が高く、波の状態によって発電が不安定になるという問題があります。また、海にすむ生きものへの影響もあると考えられています。波力発電を活用するためには、これらの問題をどうするのか考える必要があります。

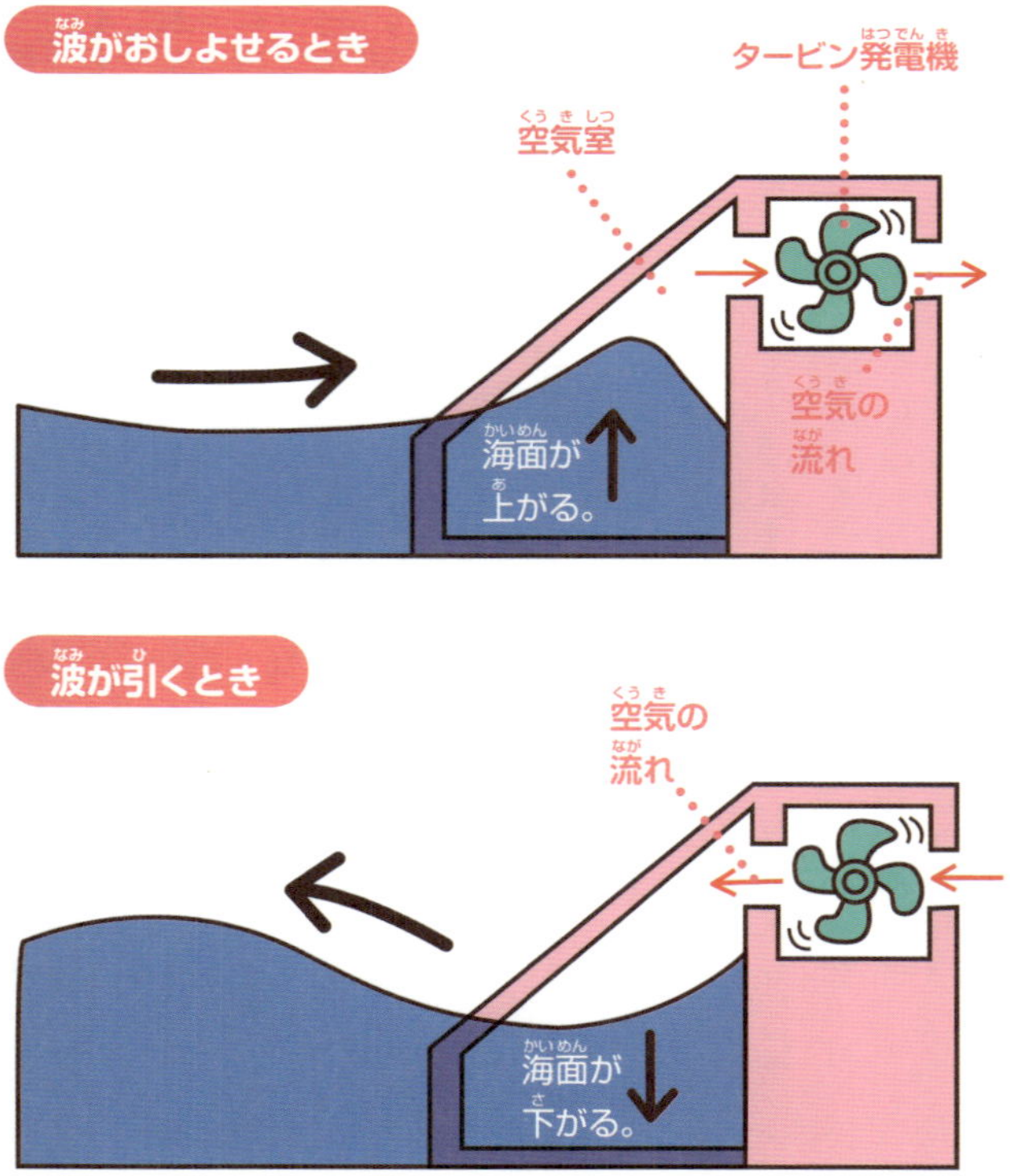
波がおしよせるとき
タービン発電機
空気室
空気の流れ
海面が上がる。
波が引くとき
空気の流れ
海面が下がる。

波がおしよせたり引いたりすると、空気室の空気が流れて、タービンをまわし、電気がつくられる。

ここがポイント！
波の力でタービンをまわし、発電する波力発電という方法がある。

383ページのこたえ　不凍タンパク質

おはなしクイズ　日本はなぜ波力発電に向いた環境なのか？

親とまったく同じウシがいるの？

読んだ日にち（　年　月　日）（　年　月　日）（　年　月　日）

両親のとくちょうをコピー

オスとメスがある生きものは、すべて父親と母親から遺伝子を受けついでうまれてきます（↓95ページ）。そのため、子どもがもつからだのとくちょうは、父親と母親ににてはいますが、まったく同じではありません。しかし、「クローン技術」とよばれる技術を使うと、どちらかいっぽうの親のもつとくちょうを、完全にコピーした子どもをつくることができます。

ウシを例に考えてみましょう。肉牛の肉の品質や、乳牛の出す乳の量は一頭一頭ちがいますが、クローン技術を使えば、このちがいをなくすことができます。つまり、品質のよい肉をもつ肉牛や、乳がたくさん出る乳牛のとくちょうをコピーした子どもをふやせるというわけです。このクローン技術によってうまれた子どもは、「クローン」とよばれます。

ほ乳類のクローンをつくる

ほ乳類のクローンをつくる方法は、ふたつあります。ひとつは父親の精子と、母親の卵という細胞がひとつになってできる、「受精卵」という細胞を使う方法。

もうひとつは、成長した親のからだの体細胞を使う方法です。受精卵を使う方法では、かぎられた数のクローンしかつくれません。これに対し、体細胞を使う方法では、いくらでもクローンがつくれます。

はじめて体細胞を使ったクローンがつくられたのは、一九九六年のことです。これはヒツジのクローンで、「ドリー」と名づけられました。そして、一九九七年には、受精卵を使った方法で、ウシのクローンがつくられました。現在は、ヒツジやウシのほかに、ネズミやサルなどのクローンがつくられています。

ここがポイント！
クローン技術を使うと、いっぽうの親がもつとくちょうを、完全にコピーしたウシをつくれる。

ふつうのウシ

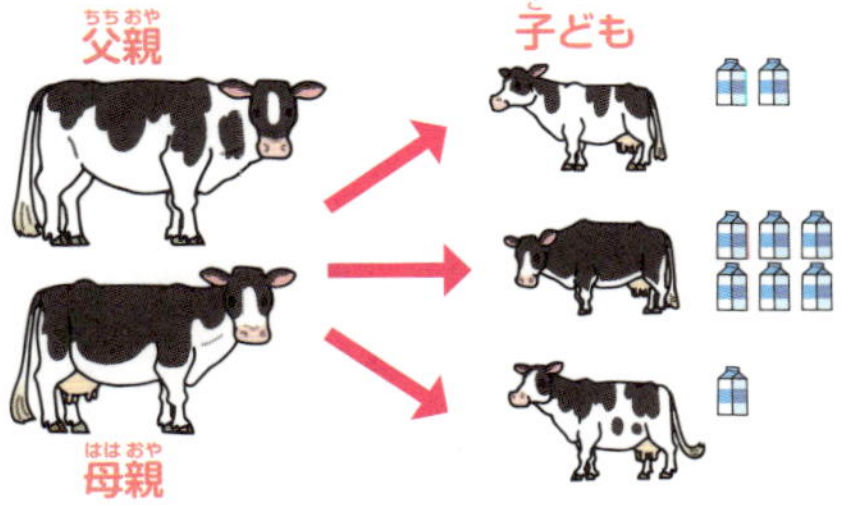
父親
母親
子ども

乳牛の出す乳の量は、一頭一頭ちがう。

クローンのウシ

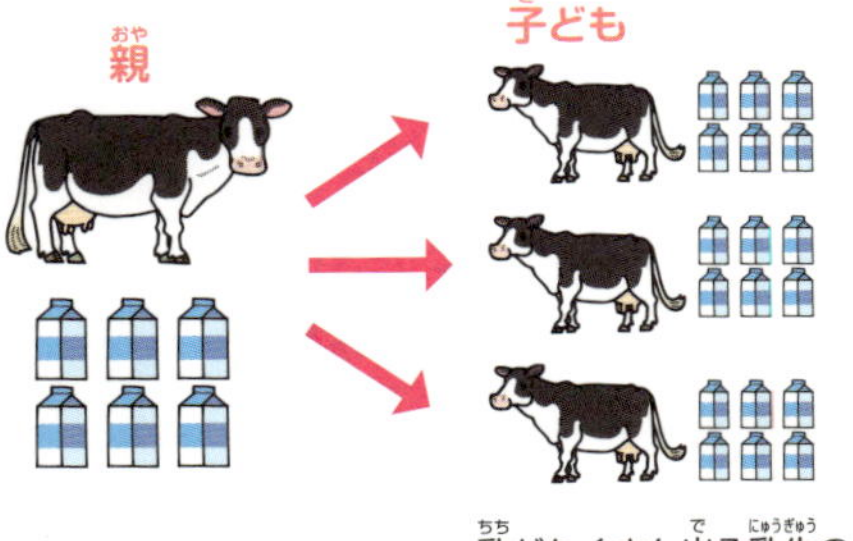
親
子ども

乳がたくさん出る乳牛のとくちょうを、コピーした子どもをふやせる。

384ページのこたえ
海にかこまれているから

おはなしクイズ　はじめて体細胞を使ってクローンがつくられたのは、どんな動物？

なだれはどうして起きるの？

読んだ日にち(　　年　　月　　日)(　　年　　月　　日)(　　年　　月　　日)

起き方がちがうなだれ

なだれは、山の斜面につもった雪が、重くなってすべりおちる現象です。その起き方によって、「表層なだれ」と「全層なだれ」の二種類に分けられます。

斜面につもっていた雪の上に、さらにたくさん雪がつもることで、その新しい雪が、古い雪の上をすべりおちるのが表層なだれです。このなだれは、寒さがきびしく、雪が多くふる真冬に起きる傾向があります。スピードは新幹線と同じくらい速く、また、すべりおちた雪は、かなり遠くまで行きます。

いっぽう、春先に起きやすいのが全層なだれです。気温が高くなることで、つもった雪全体がくずれおちます。春先でなくても、気温が急に上がったときには、起きる確率が上がります。全層なだれは、雪の量が多く重いので、あまり遠くまで行きません。スピードも、自動車と同じくらいです。

表層なだれ

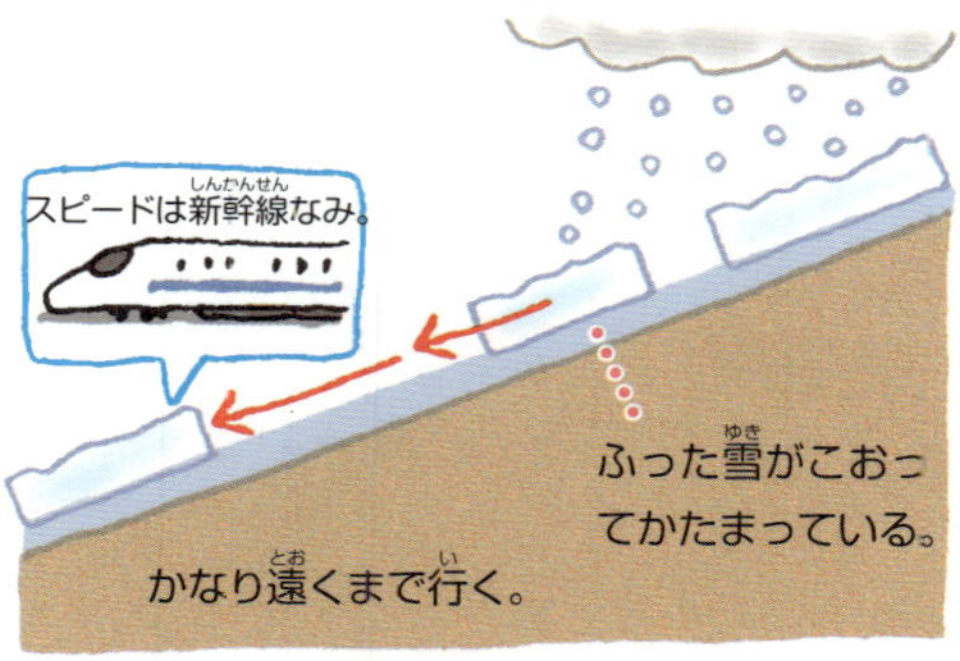
スピードは新幹線なみ。
ふった雪がこおってかたまっている。
かなり遠くまで行く。

なだれが起きやすいところ

なだれが起きやすい場所には、ふたつのとくちょうがあります。

ひとつ目は、斜面が急な角度であることです。スキーの上級者がすべるのが、三〇度くらいの斜面ですが、それ以上の角度だとなだれが起きやすくなります。

ふたつ目は、斜面に木があまりはえていなかったり、はえていてもひくい木だったりすることです。ぎゃくに、ある程度高い木が密集してはえている斜面は、なだれが起きにくくなります。

なだれにまきこまれると、命をうしなう危険もあります。雪のつもった山では、なだれが起きやすい斜面に近づかないように注意し、さらに「なだれ注意報」が出ていないかどうかを確認しましょう。

全層なだれ

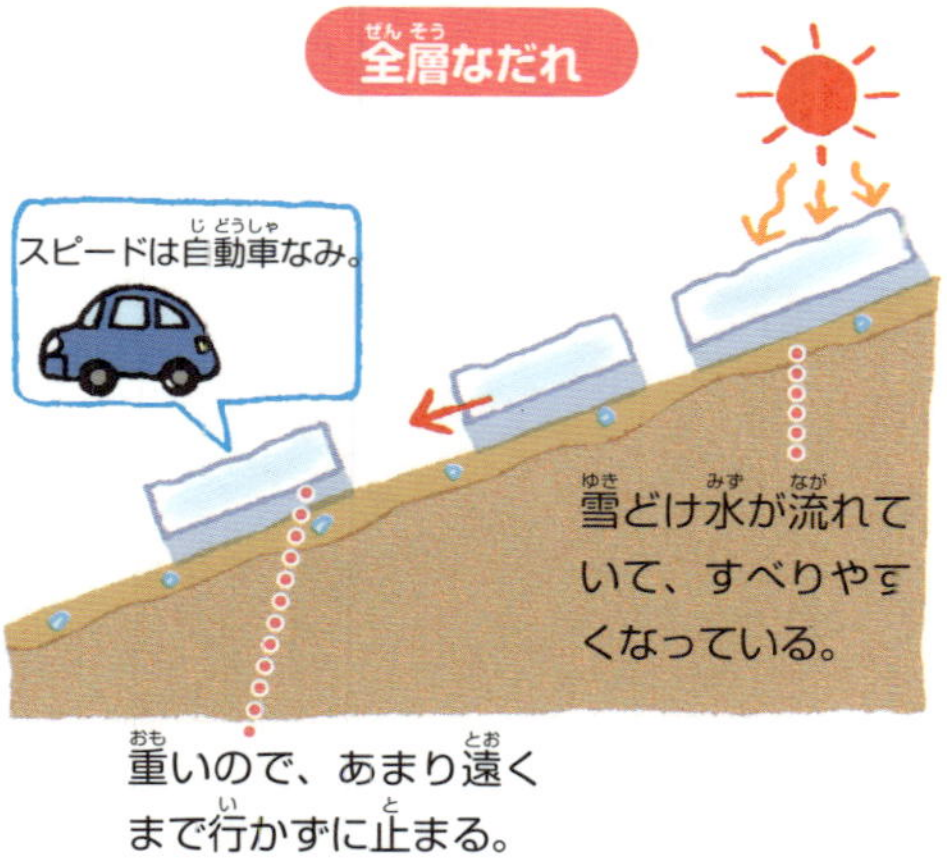
スピードは自動車なみ。
雪どけ水が流れていて、すべりやすくなっている。
重いので、あまり遠くまで行かずに止まる。

ここがポイント！
なだれは山の斜面につもった雪が、重くなってすべりおちる現象。

385ページのこたえ　ヒツジ

おはなしクイズ 斜面につもった雪全体がくずれおちるのは、表層なだれ？ 全層なだれ？

一酸化炭素中毒って何？

読んだ日にち（　年　月　日）（　年　月　日）（　年　月　日）

酸素がたりない状態でももえる

石油ストーブなどを使うときは、大人の人からまどをあけて部屋の空気を入れかえるように言われませんか？　それは、「一酸化炭素中毒」というものを起こすおそれがあるからです。一酸化炭素中毒とは、どのようなものなのでしょうか。

石油や石炭、ガスなどをもやすと、二酸化炭素ができます。ところが、酸素がじゅうぶんにないときには、「一酸化炭素」という気体が多くうまれます。

ものがもえるには、酸素がなければなりません。

酸素がじゅうぶんにあればよいのですが、場合によっては酸素がたりない状態で、ものがもえることがあります。これを不完全燃焼といいます。

石油ストーブやコンロ、給湯器などは不完全燃焼を起こしやすく、一酸化炭素を発生させることがあるのです。

また、火事のときのけむりにも、一酸化炭素は多くふくまれます。

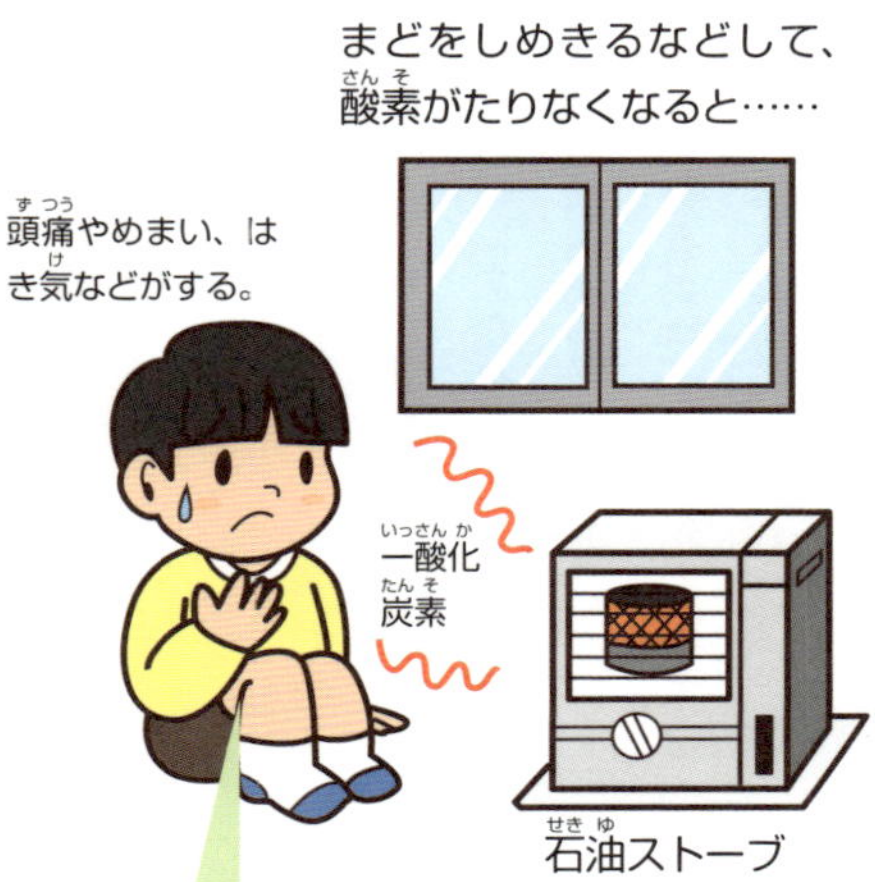
まどをしめきるなどして、
酸素がたりなくなると……
頭痛やめまい、はき気などがする。
一酸化炭素
石油ストーブ

血液のなか
ヘモグロビン
一酸化炭素
酸素

酸素ではなく、一酸化炭素がヘモグロビンとむすびついてしまう。

ヘモグロビンとむすびつく

わたしたちが呼吸によってとりいれた酸素は、血液のなかのヘモグロビンというものとむすびついて、からだのすみずみまで運ばれます（→191ページ）。

（→191ページ）

しかし、呼吸によって一酸化炭素を吸いこんでしまうと、酸素ではなく、一酸化炭素がヘモグロビンとむすびついてしまうのです。すると、からだに酸素がうまく行きわたらなくなり、頭痛やめまい、はき気などが起こります。これが一酸化炭素中毒です。中毒がひどい場合には、死んでしまうこともあります。石油ストーブなどを使うときには、部屋の空気を入れかえるようにしましょう。

ここがポイント！

一酸化炭素を吸いこむことで、頭痛やめまい、はき気などが起きることを一酸化炭素中毒という。

386ページのこたえ　全層なだれ

おはなしクイズ　酸素がたりない状態で、ものがもえることを何という？

寒いところにすむ動物ほどからだが大きい！

12月13日のおはなし

読んだ日にち（　年　月　日）（　年　月　日）（　年　月　日）

生命　動物

熱をたもつつくり

体温を一定にたもてる動物を「恒温動物」とよびます。わたしたち人間をふくむほ乳類や鳥類が、この恒温動物にあたります。

恒温動物には、寒いところにすんでいるものほど、からだが大きくて、体重も重い傾向が強い、という法則があります。

たしかに、東南アジアのマレー半島にすむマレーグマは体長一メートルほどなのに対して、北極圏にすむホッキョクグマは三メートル近くにもなります。同じクマなのにどうしてちがうのでしょう。

それは、すむ環境に適応したからです。寒いところで生きていくためには、熱をにがさないようにしなければいけません。からだが大きいと、体重に対してからだの表面積の割合が小さくなり、熱がにげにくくなります。そのため、寒いところで生きる道をえらんだ恒温動物のからだは、しだいに巨大化していったのです。

北（寒いところ）
体長は
180～280センチメートル。
耳が小さい。
ホッキョクグマ
ホッキョクギツネ
地球
南（あたたかいところ）
体長は
100～140センチメートル。
耳が大きい。
マレーグマ
フェネックギツネ

熱をにがすつくり

また、同じ種や近い種では、寒いところにすむものほど、耳やしっぽなど、からだからつきだした部分が小さく、あたたかいところにすむものほど、つきだした部分が大きい、という法則もあります。

たとえば、同じキツネのなかまでも、北極圏のキツネは耳やしっぽが小さく、アフリカのキツネは大きな耳と長いしっぽをもっています。

これは、寒いところでは熱がにげないように、つきだした部分が小さくなり、あたたかい地域では、熱をからだの外ににがしやすいよう大きくなったからです。

ここがポイント！
恒温動物は環境に適応するため、からだのつくりをかえていった。

387ページのこたえ　不完全燃焼

おはなしクイズ　寒いところにすむ動物と、あたたかいところにすむ動物では、どちらが耳やしっぽが大きい？

南極の氷から昔の気候がわかる！

読んだ日にち(　　年　　月　　日)(　　年　　月　　日)(　　年　　月　　日)

氷にとじこめられた空気

南極は、大きな氷におおわれた大陸です。この大きな氷（氷床）は、ふりつもる雪が、長い時間とともにかためられることでできました。そのため、氷床はいくつもの層になっており、とくに層があついところは、約四〇〇〇メートルもあります。

氷床には、雪がふったときの空気がとじこめられています。氷床のもっとも古い層は、一〇〇万年も前にできたといわれていますから、その氷には一〇〇万年前の空気が保存されていることになります。もしもこの氷をほりだすことができれば、大昔の地球の空気がどんなものだったか、調べることができます。

氷をほりだして調べる

氷床は、その重さによって、標高のひくい海のほうへゆっくりと動いています。そして、さいごには氷山として海へ流れていきます。

しかし、南極のもっとも高い地点は、氷床が海へ流れにくく、その層がきれいにのこりやすい環境です。日本では、この場所で約三〇〇〇メートルという長さの氷をほりだしました。その先端は、約七二万年前の氷です。この氷から、気温の変化に合わせて、空気中の二酸化炭素の量が変動していたことなどがわかりました。

ここがポイント！
南極の氷をほりだし、そこにとじこめられた空気を調べると、大昔の地球の気候がわかる。

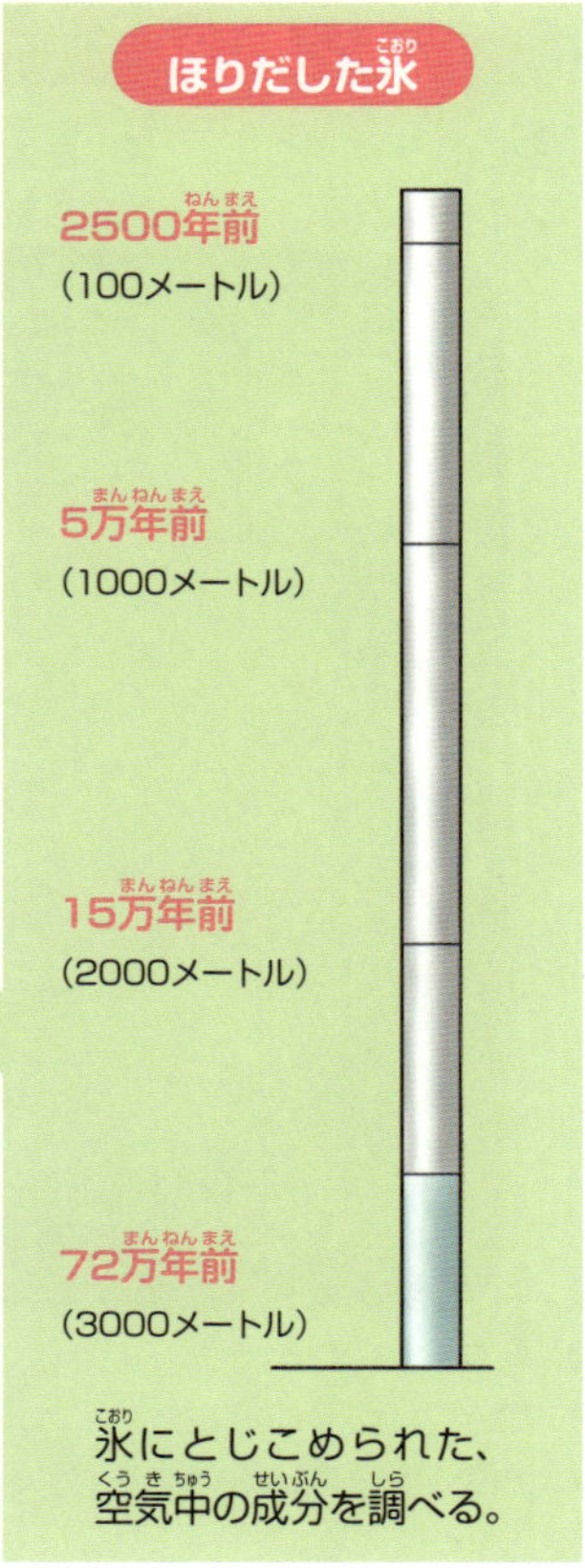
ほりだした氷
2500年前
(100メートル)
5万年前
(1000メートル)
15万年前
(2000メートル)
72万年前
(3000メートル)
氷にとじこめられた、空気中の成分を調べる。

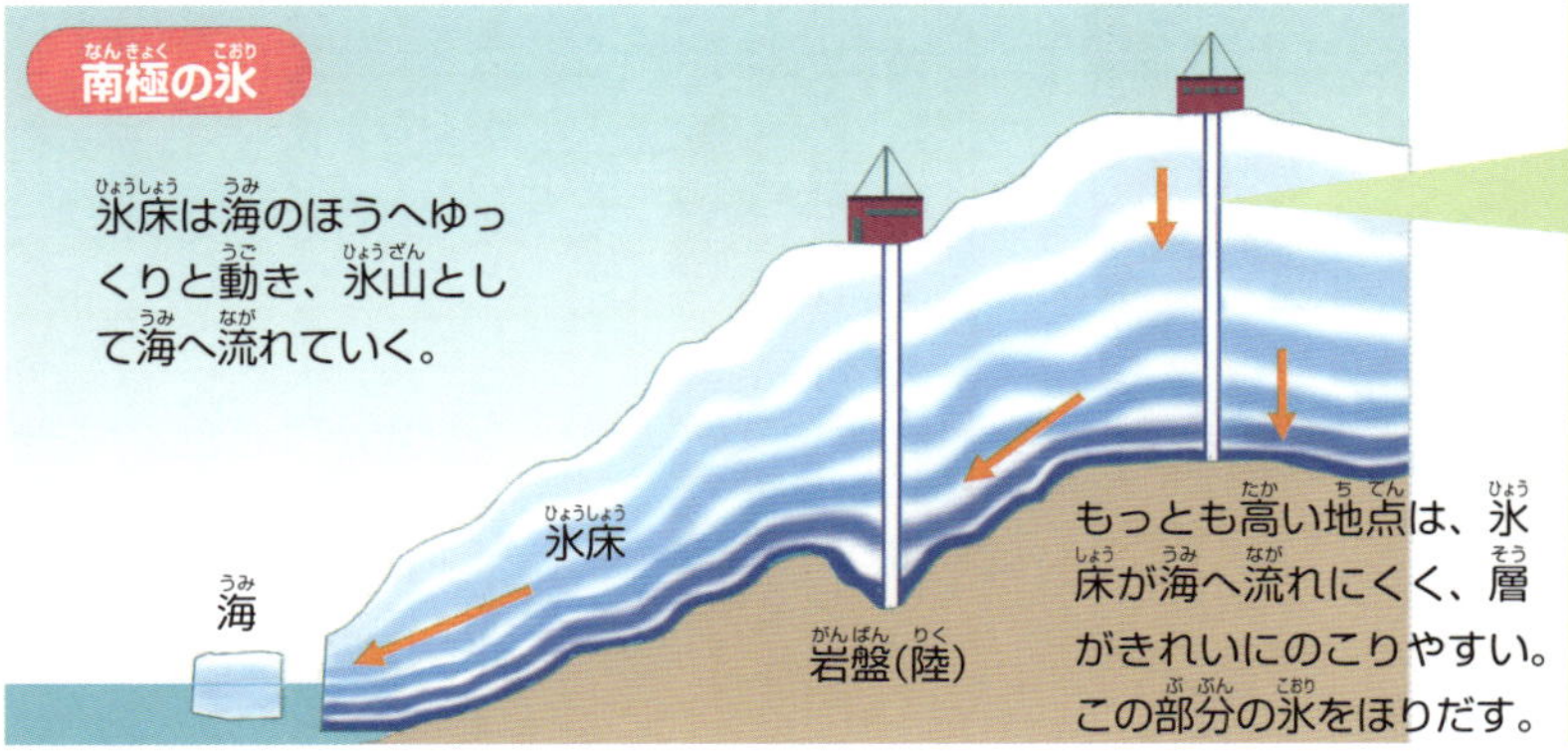
南極の氷
氷床は海のほうへゆっくりと動き、氷山として海へ流れていく。
氷床
海
岩盤(陸)
もっとも高い地点は、氷床が海へ流れにくく、層がきれいにのこりやすい。この部分の氷をほりだす。

388ページのこたえ　あたたかいところ

おはなしクイズ　南極をおおう、大きな氷を何という？

火星に生きものはすめるの？

読んだ日にち（　　年　　月　　日）（　　年　　月　　日）（　　年　　月　　日）

火星ってどんなところ？

火星には、岩石と砂でできた、砂漠のような世界が広がっています。地球の約半分の大きさしかなく、大気を地上にとどめる重力も、地球の約四〇パーセントしかありません。さらに、太陽からふく「太陽風」（→406ページ）をふせぐことができないため、大気が少しずつ宇宙空間にふきとばされてしまい、現在の大気のこさは、地球の約一〇〇分の一しかありません。その大気も、ほとんどが二酸化炭素で、呼吸に必要な酸素はわずかしかふくまれていないのです。

また、地表には、からだに悪い放射線がふりそそいでいます。こうした点を考えると、火星で生きものが生きていくのはむずかしいでしょう。

火星にも水がある？

しかし、火星にもかつてはたくさんの大気があり、水が流れ、海があったと考えられています。

一九九六年、火星からふってきたと思われる「いん石」から、目には見えないほど小さな生きものの化石が見つかったというニュースが流れました。この化石が本物かどうかはわかっていませんが、わずかでも酸素があり、水があった火星に生きものがいた可能性は、じゅうぶん考えられます。

また、二〇〇五年には、火星に水が流れていたようなあとが発見されています（→153ページ）。地下にたまっている水がふきだしたものと考えられ、現在、火星に生きものがいるとしたら、地下ではないかと考えられています。

火星はこんな星

冬はドライアイスの雪がふる。

夏は巨大な砂あらしが起こる。

からだに悪い放射線が、地表に直接ふりそそぐ。

砂漠のようにかんそうしていて、地面に赤さびがふくまれているので、赤く見える。

大気のほとんどは二酸化炭素。大気のこさは、地球の100分の1ほどしかない。

ここがポイント！
火星は酸素が少なく、きびしい環境のため、すむのはむずかしい。

389ページのこたえ　氷床

おはなしクイズ　火星の重力は地球とくらべてどれくらい？

12月16日のおはなし

地球でさいしょの生きものって、どんなもの？

読んだ日にち（　年　月　日）（　年　月　日）（　年　月　日）

生命　進化

生きものの祖先は単細胞

地球がうまれたのは、今から約四六億年前のことです。そして、その地球にさいしょの生きものがうまれたのは、約四〇億年前だと考えられています。

人間は数十兆この細胞でできていますが、さいしょの生きものには、細胞がひとつしかなかったようです。「単細胞生物」とよばれるこの生きものは、今でもわたしたちのまわりにたくさんいます。

代表的なのは、田んぼや池などに生きるゾウリムシです。また、わたしたちのからだのなかでも、腸という場所には「大腸菌」という単細胞生物がすんでいます。

原核生物と真核生物

ただし、同じ単細胞生物でも、生きものの分類では、ゾウリムシは「真核生物」、大腸菌は「原核生物」に分けられます。このふたつのちがいは、遺伝情報が記録されているDNA（→95ページ）が、細胞のなかにどんな形で入っているかです。真核生物はDNAが「核膜」という膜で守られています。これに対し、原核生物はDNAがそのまま入っているのです。

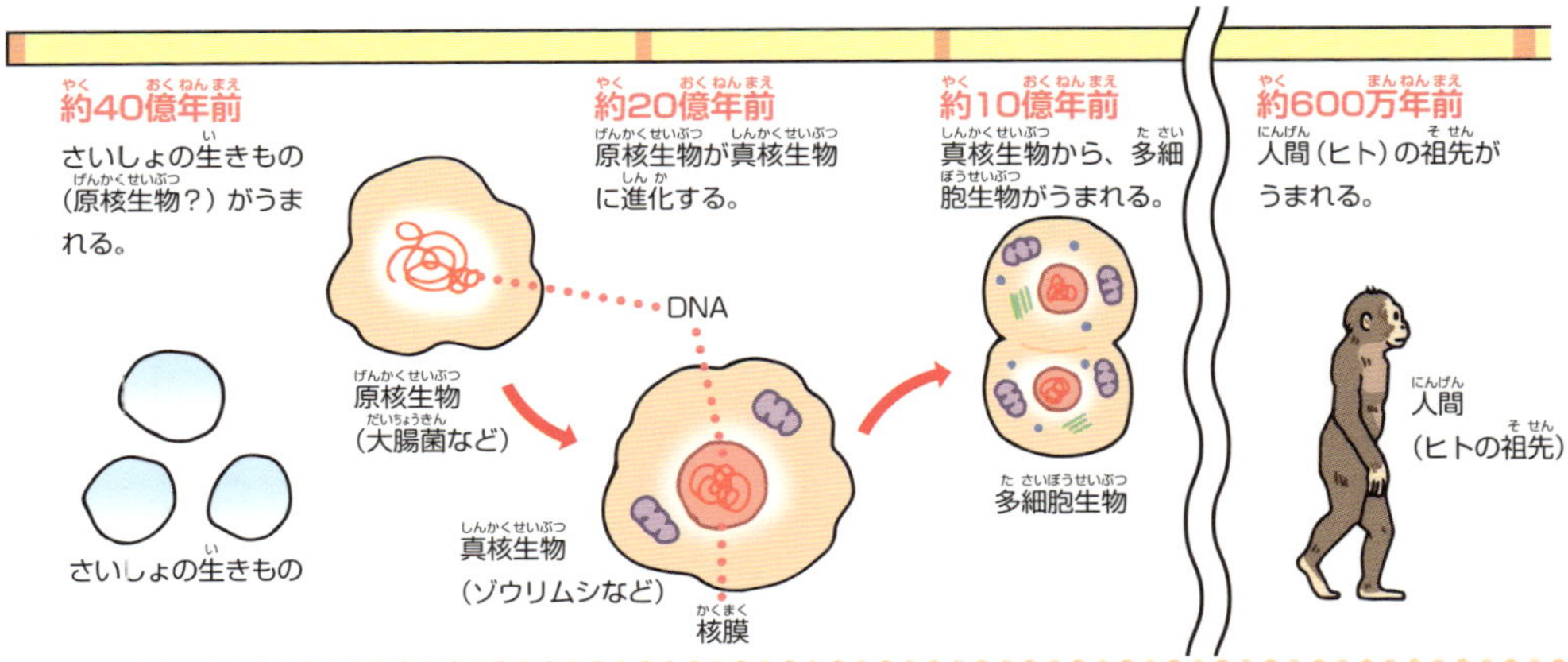
約40億年前
さいしょの生きもの（原核生物？）がうまれる。
さいしょの生きもの
約20億年前
原核生物が真核生物に進化する。
DNA
原核生物（大腸菌など）
真核生物（ゾウリムシなど）
核膜
約10億年前
真核生物から、多細胞生物がうまれる。
多細胞生物
約600万年前
人間（ヒト）の祖先がうまれる。
人間（ヒトの祖先）

さいしょの生きものは、この原核生物だったといわれています。これが約二〇億年前に真核生物へと進化し、さらに真核生物からいくつもの細胞をもつ「多細胞生物」がうまれました。

そして、多細胞生物は植物や動物や菌類などへと、それぞれ進化していきました。人間（ヒト）の祖先が、チンパンジーと共通の祖先から分かれたのは、約六〇〇万年前のことです。

ここがポイント！
地球でさいしょの生きものは、「単細胞生物」とよばれる、細胞がひとつしかない生きものだった。

390ページのこたえ
約四〇パーセント

おはなしクイズ　細胞がひとつしかない生きものを、何という？

しもとしもばしらはどうちがうの？

読んだ日にち（　　年　　月　　日）（　　年　　月　　日）（　　年　　月　　日）

水蒸気と「しも」

寒い季節の朝は、外で「しも」や「しもばしら」を見かけることがあります。どちらも気温が大きく下がったことで、水分がこおったものですが、その水分がどこから来たかにちがいがあります。

わたしたちのまわりにある空気のなかには、「水蒸気」という、気体になった水分がふくまれています。寒い季節の夜に、地表の温度が○度以下になると、水蒸気はこおって氷の結晶となり、植物や地面などにはりつきます。これがしもです。

地下の水分と「しもばしら」

いっぽう、しもばしらは、地面でこおった水分が、柱のようになったものです。しもばしらができると、土全体がもりあがります。

地上の気温が○度以下になると、地面がこおります。土のなかでは、水分どうしが引きあっているため、水分が土のすき間を通って、地面の近くまで引きよせられています。すると、引きよせられた水分は、地面でつめたい空気にさらされ、こおって、先にできた表面の氷をおしあげます。つまり、これをくり返すことで、氷の柱ができるのです。

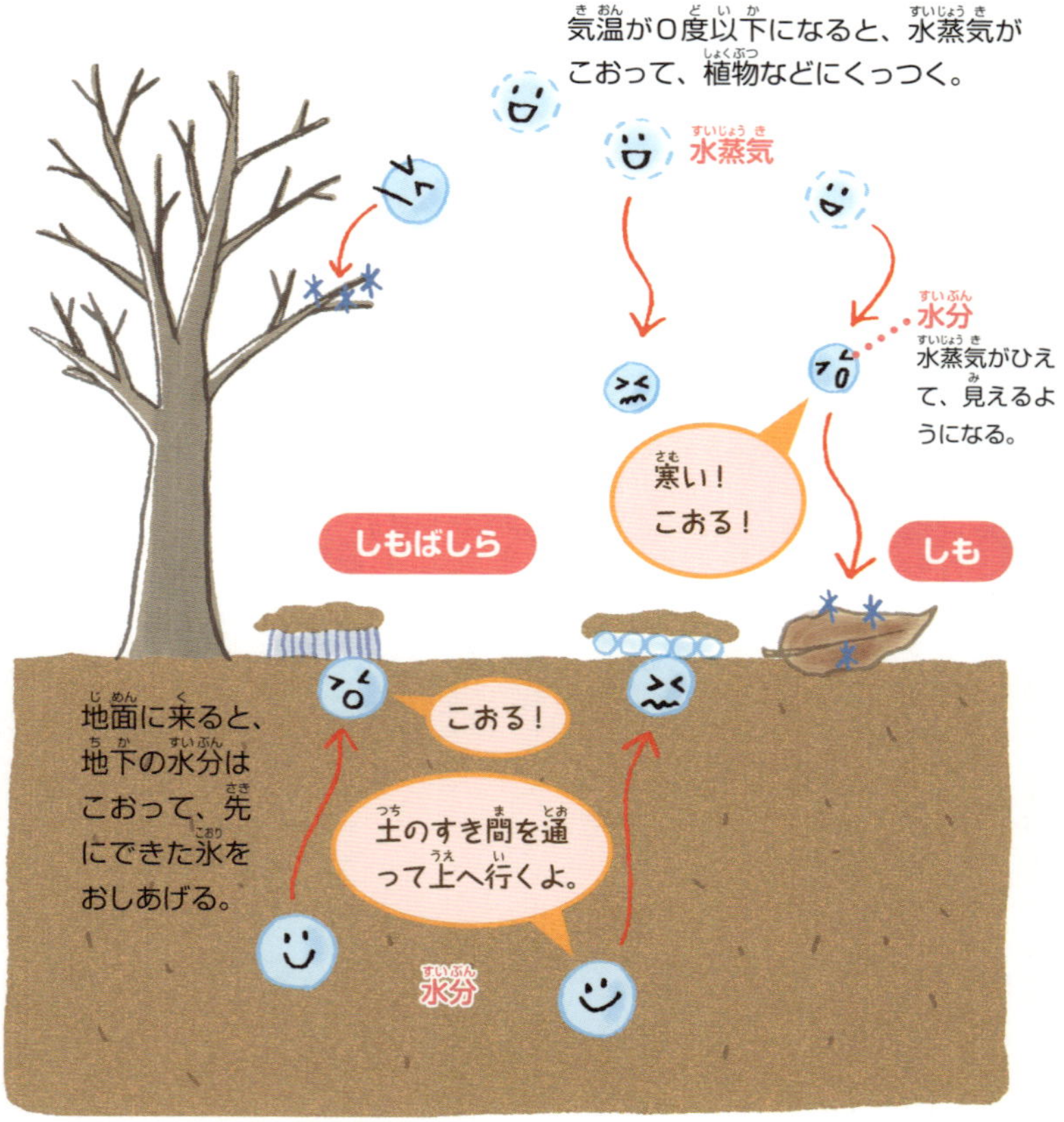
気温が0度以下になると、水蒸気がこおって、植物などにくっつく。
水蒸気
水分
水蒸気がひえて、見えるようになる。
寒い！
こおる！
しもばしら
しも
こおる！
地面に来ると、地下の水分はこおって、先にできた氷をおしあげる。
土のすき間を通って上へ行くよ。
水分

ここがポイント！
しもは空気のなかの水蒸気、しもばしらは地中の水分がこおってできたもの。

391ページのこたえ
単細胞生物

おはなしクイズ　しもばしらは、どこにあった水がこおったもの？

自分のからだをふたつに分けられる生きものがいる！

読んだ日にち（　　年　　月　　日）（　　年　　月　　日）（　　年　　月　　日）

オスもメスもない

自然界には、からだがひとつの細胞だけでできている、「単細胞生物」とよばれる生きものがいます。ゾウリムシやアメーバなどが、その代表です。細胞はひとつしかありませんが、自分でからだを動かし、えさをとらえて食べ、消化し、ふんをすることもできます。

単細胞生物にも、「子孫をのこしつづける」という生物のはたらきはそなわっています。しかし、単細胞生物にはオスとメスの区別がありません。そのため、かれらは自分のからだをふたつに分けます。つまり、細胞分裂というふえ方をして子孫をのこすのです。

たとえば、ゾウリムシのからだのなかには、口にあたる「細胞口」、食べたものを消化する「食胞」などの部分があります。からだをふたつに分けたときは、両方にこれらの部分がないと生きていけません。そのためゾウリムシは、時間をかけて、これらの部分をひとつずつからだのなかにふやします。そして、すべてがふたつずつそろったところで、からだにくびれを生じさせ、分裂します。

生きのこるために

細胞分裂を行える回数は、種類によってことなりますが、七〇〇回くらいが限界とされています。

また、こうしてふえた子孫は、すべて同じ遺伝子（→95ページ）、同じからだのとくちょうをもつため、もし環境に何か大きな変化が起きた場合には、いっせいに死んでしまうおそれもあります。

そのため、ゾウリムシはときどき、自分とはちがう遺伝子をもつ個体と遺伝子の交換を行います。これにより、ゾウリムシ全体として、よりさまざまなタイプの遺伝子をもてるようになるのです。

ゾウリムシの分裂

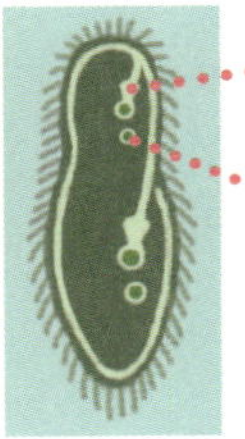
細胞口
食胞

①からだのなかに、細胞口や食胞などの、生きていくために必要な部分をもうひとつずつつくる。

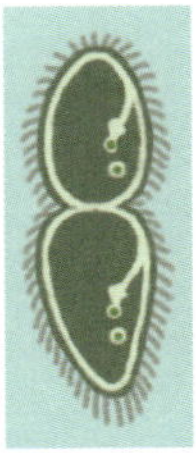

②必要な部分がそろったら、からだにくびれをつくる。

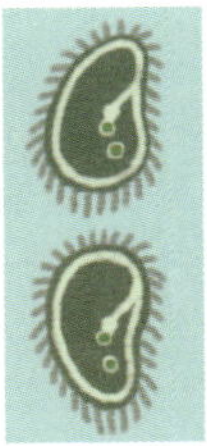

③ふたつに分裂する。

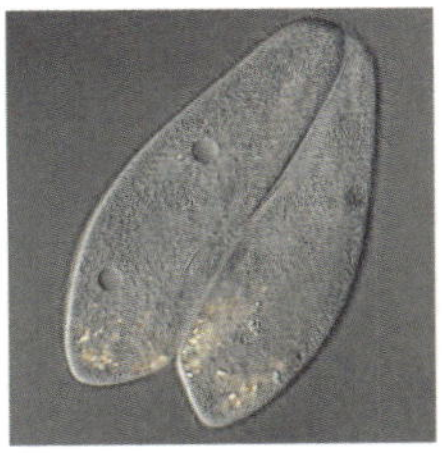

2ひきのゾウリムシがくっついて、遺伝子の交換を行っているようす。

ここがポイント！
単細胞生物は、自分のからだをふたつに分けることで、子孫をふやしていく。

392ページのこたえ　土のなか

おはなしクイズ　ゾウリムシは何という方法でふえる？

野球のピッチャーが投げたボールの速さは、どうはかるの？

読んだ日にち（　年　月　日）（　年　月　日）（　年　月　日）

12月19日のおはなし

もののはたらき　電波

電波を使ってはかる

プロ野球中継を見ていると、ピッチャーが投げたボールの速さが、電光掲示板に表示されますよね。いったいどうやって、ボールの速さをはかっているのでしょうか？

ボールの速さは、「電波」というものを使ってはかります。

まず、専用の「スピード測定器」という機械からこの電波を出し、それをボールにあてます。電波の一秒間の波の数を振動数（「周波数」ともいいます）というのですが、ボールにあたってはね返ってきた電波は、振動数が変化しています。そして、変化した振動数をスピード測定器で計算すれば、ボールの速さがはかれるというわけです。

ドップラー効果を利用する

では、電波の振動数はどのように変化するのでしょうか。

たとえば電波をあてるボールが、空中で止まっていたら、さいしょに出される電波の振動数と、はね返ってくる電波の振動数は同じになります。しかし、ボールが測定器のほうに向かって進んでいると、はね返ってくるときの振動数のほうが、さいしょの振動数よりも多くなるのです。

このような現象を、「ドップラー効果」といいます。これは、自分のほうに向かってくる救急車の音が、はなれていく救急車の音よりも高くきこえるのと同じりくつです（↓246ページ）。

ボールが向かってくる速さが速いほど、ドップラー効果は大きくなります。つまり、スピード測定器は電波の振動数がどれだけ多くなったかを計算して、ボールの速さをはかっているのです。

ボールが止まっているとき

スピード測定器
0
電波

さいしょに出される電波の振動数と、はね返ってくる電波の振動数は同じ。

ボールが向かってきているとき

145

はね返ってくる電波の振動数のほうが、さいしょに出される電波の振動数よりも多くなる。

ここがポイント！

スピード測定器でボールに電波をあて、はね返ってくる電波の振動数を計算してはかる。

393ページのこたえ　細胞分裂

おはなしクイズ　ボールの速さをはかるときに、スピード測定器が出す波を何という？

「生きた化石」って、どんな化石？

読んだ日にち（　年　月　日）（　年　月　日）（　年　月　日）

昔のすがたのまま生きている

「生きた化石」を見たことはありますか？　これは、恐竜の骨のような、いわゆる化石ではありません。大昔の地層（→267ページ）から発見される化石と、ほぼ同じすがたで現在も生きている生きもののことです。「生きた化石」を調べると、生きものの進化や、大昔から現在までの地球環境の変化を知ることができます。

たとえば「シーラカンス」という魚は、約三億八〇〇〇万年前にあらわれましたが、すでに絶滅したと以前は考えられていました。

ところが一九三八年、南アフリカで漁船のあみにかかり、ほとんど昔のすがたのまま生きていたことがわかったのです。シーラカンスが昔と同じすがたで生きつづけられたのは、シーラカンスが生きる深海の環境に、大きな変化がなかったためだと考えられています。

シーラカンスの化石

1億5000万年前の化石。

↓約2億年後

現在のシーラカンス

ほとんど昔のすがたのまま生きている。

日本にもいる「生きた化石」

日本にも、「生きた化石」は存在します。たとえば植物であるイチョウも、「生きた化石」です。約三億年前にうまれたイチョウのなかまは、昔はとても繁栄していましたが、数百万年前に大部分が絶滅してしまいました。しかし、今も一種類だけが生きのこっているため、「生きた化石」といわれています。

また、「生きた化石」のなかには、「絶滅危惧種」（→182ページ）に指定されている生物もいます。約二億年前から生きているカブトガニは、すみかである海岸がうめたてられ、今や絶滅寸前です。カブトガニを守る取り組みは、現在も行われています。

ここがポイント！
大昔の地層の化石と、ほぼ同じすがたで今も生きている生きものを「生きた化石」という。

394ページのこたえ　電波

おはなしクイズ　すでに絶滅したと考えられていたが、1938年に南アフリカで見つかった魚は？

地球上には、真夜中でも太陽がしずまない場所がある!

12月21日のおはなし

読んだ日にち(　　年　　月　　日)(　　年　　月　　日)(　　年　　月　　日)

地球　気象

白夜が起こる場所

ふつう、太陽は昇ったらしずんでいくものですよね。

ところが、北極や南極の近くでは、夏になると太陽が一日中しずまないという現象が起こります。これを「白夜」といいます。

白夜が起こった日には、真夜中でも真っ暗になることはありません。ただし、真昼のように太陽が空の真上にあるわけではないので、夜明け前ぐらいの明るさです。

北極の近くで白夜が起こるのは、一年でもっとも昼が長くなる、「夏至」とよばれる日をはさんだ三か月程度です。白夜が起こることで有名なフィンランドでは、夏至の日になると各地でお祭りが行われ、しずまない太陽を楽しむといいます。

北極で白夜が起こるとき

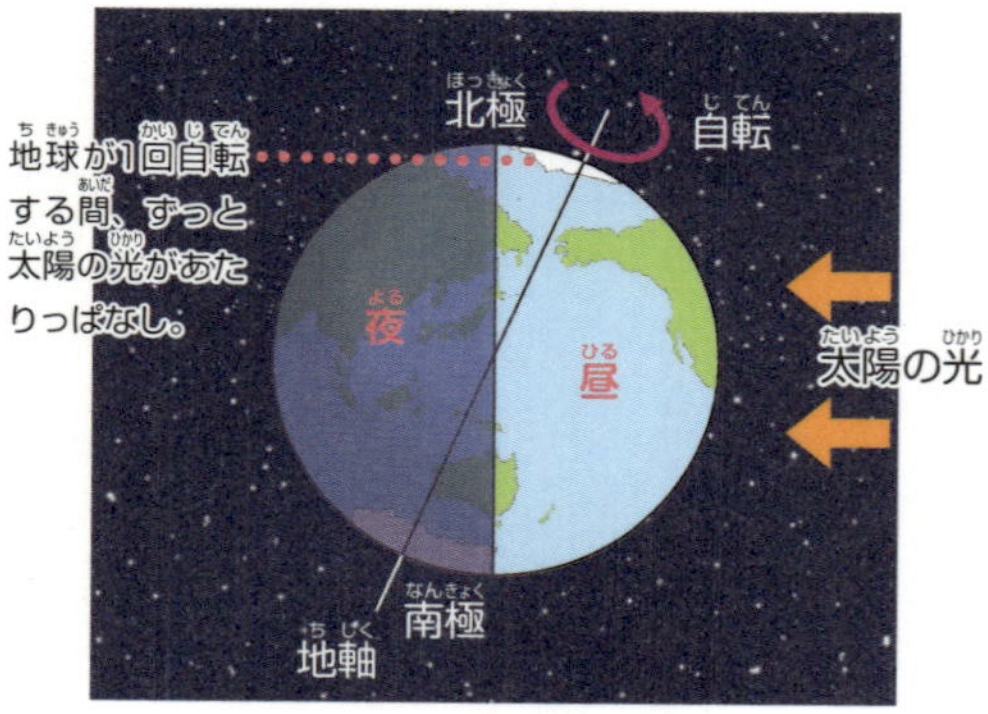
北極
自転
地球が1回自転する間、ずっと太陽の光があたりっぱなし。
夜
昼
太陽の光
南極
地軸

白夜と極夜が起きる理由

北極や南極の近くでは、冬になると、反対に太陽が一日中昇らないという現象も起こります。これを「極夜」といいます。極夜が起こった日は、たとえ真昼であっても、どんよりと暗いままです。

白夜や極夜は、いったいなぜ起こるのでしょうか?

地球には、つねに太陽の光があたっています。そして、太陽にてらされながら、「地軸」という軸を中心に回転しています(→330ページ)。そのため、一回自転するうちに太陽の光があたるときとあたらないときがあり、これが昼と夜になるわけです。

地軸は少しだけかたむいているため、北極や南極の近くでは、太陽の光が一日中あたりつづけて白夜が起こったり、ぎゃくに太陽の光が一日中あたらず、極夜が起こったりするのです。

北極で極夜が起こるとき

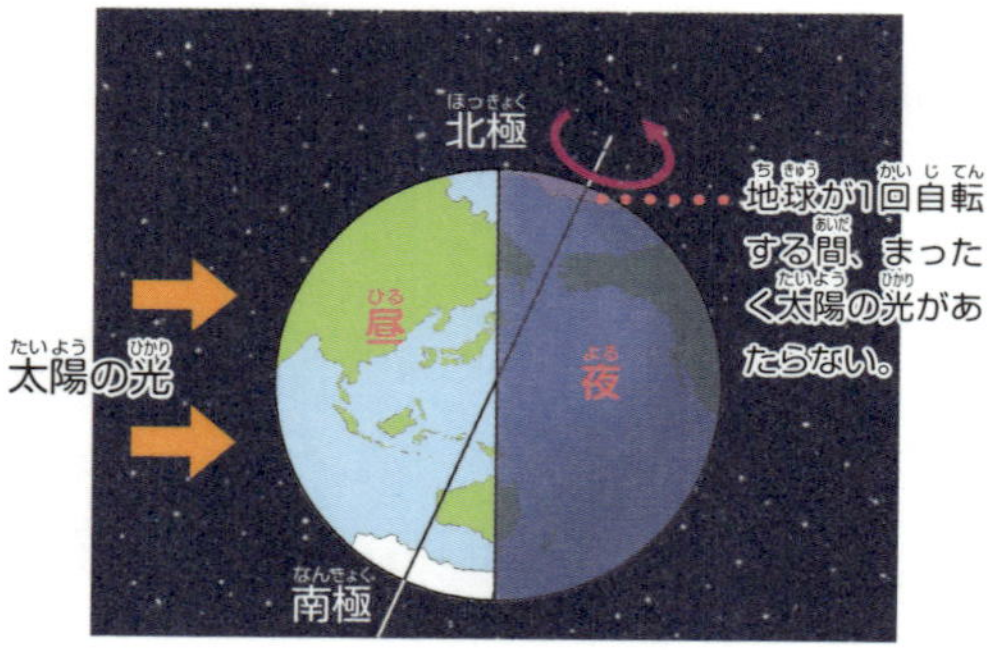
北極
地球が1回自転する間、まったく太陽の光があたらない。
昼
夜
太陽の光
南極

ここがポイント!
北極や南極の近くでは、太陽が一日中しずまない「白夜」という現象が起こる。

395ページのこたえ　シーラカンス

おはなしクイズ　白夜とは反対に、太陽が一日中昇らない現象を何という?

池がこおっても、なかの水がこおらないのはなぜ？

読んだ日にち（　年　月　日）（　年　月　日）（　年　月　日）

こおるのは水面の近くだけ

真冬になると、池や湖がこおってしまいますよね。寒い地域では、人間が乗ってもわれないくらい、あつい氷ができます。でも、その氷にあなをあけて、魚をつることもできます。なぜでしょうか？

それは、魚がくらす池や湖の深いところは、真冬の寒さでも、かんたんにはこおらないからです。気温の低下とともにこおるのは、池や湖の水面の近くだけなのです。

気温が下がると、まずつめたい空気にふれている水面から温度が下がります。すると、ひえて体積あたりの重さ（密度）が大きくなった水面の近くの水は、しずんでいきます。水には、温度が四度のときに、体積あたりの重さがもっとも大きくなる性質があるため、温度が四度より高い水が水面の近くに移動します。そして、その水もひやされると、しずんでいきます。このくり返しによって、池や湖全体の温度が、四度近くになるのです。

水面の近くの水は、そこからさらにひやされると、四度以下まで下がることになります。この水は、深いほうの四度の水より密度が小さいため、しずんでいくことがありません。そして、温度が〇度まで下がったところで、そこだけがこおるというわけです。雪がふったときには、とくに氷ができやすくなります。

こおらない湖がある

なお、北海道などには、真冬でもこおらない湖があります。池や湖の水面付近がこおるには、水全体の温度が、四度付近まで下がる必要があります。しかし、深くて水の量が多い湖は、全体の水温がそこまで下がらないので、こおらないのです。

水面の近くがこおるまで

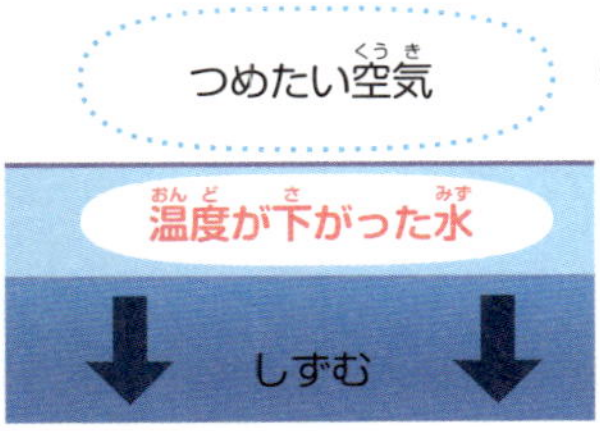
つめたい空気
温度が下がった水
しずむ

①つめたい空気にふれている水面から、温度が下がる。温度が下がった水はしずんでいく。

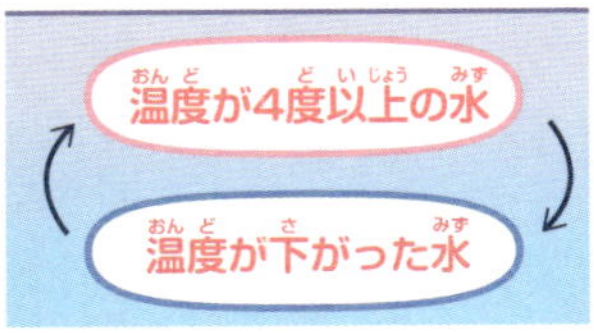
温度が4度以上の水
温度が下がった水

②温度が4度以上の水が、水面の近くに移動する。その水も、温度が下がるとしずむ。このくり返しで、全体の温度が4度近くになる。

氷

③水面の近くの水は、さらにひやされると深いほうの水より軽くなるため、しずまない。そして、温度が0度まで下がるとこおる。

ここがポイント！

水は温度が四度のときにもっとも重いため、池のなかの水は〇度にならない。こおるのは〇度になる水面近くの水だけ。

396ページのこたえ 極夜

おはなしクイズ 水の密度がもっとも大きくなるのは、温度が何度のとき？

星ってどうやってできるの?

読んだ日にち(　年　月　日)(　年　月　日)(　年　月　日)

地球
宇宙

星にも赤ちゃんのときがある!

宇宙空間には、ちりやガスが集まってできた雲(星間分子雲)がただよっています。

星間分子雲どうしの衝突などによって、星間分子雲のなかにガスのこい部分ができると、ガスは自分の重力でちぢみはじめます。

ガスがちぢむと、重力が強くなり、まわりの物質をどんどん引きよせていきます。すると、星間分子雲は回転をはじめます。

やがて、星間分子雲の中心は、物質を引きよせる重力のエネルギーによって高温になり、赤外線(→42ページ)を出すようになります。これが「原始星」とよばれる、星の赤ちゃんです。

さらに、原始星の温度が上がり、中心の温度が約一〇〇〇万度をこえると、核融合反応(→198ページ)がはじまり、かがやきはじめます。これが星の誕生です。

星間分子雲ができる。
星が死ぬときにうまれたガスやちりが、新しい星の材料になる。
原始星になる。
もえはじめて星になる。
赤くふくらんだ星になる。
太陽と同じくらいの大きさの星の場合、白くかがやく小さな星になってのこる。
太陽よりも大きな星の場合、大爆発を起こす。

星の終わり

星にも人間のように、誕生があれば死もあります。

星の内部では、だんだん燃料の水素がへっていき、もえかすのヘリウムがたまっていきます。水素が少なくなると、星がふくらみはじめます。ふくらんだ分、表面の温度が下がって赤くなるので、年をとった星は、赤く大きな星になります(→297ページ)。

その後、星がどのようなさいごをむかえるのかは、その質量(重さ)によって決まります。

太陽よりずっと大きな星は、さいごに大爆発を起こします(→291ページ)。太陽くらいの星は、ガスがゆっくりと宇宙空間にふきだしていき、中心が白くかがやく小さな星となってのこります。

そして、星の死によってうまれたガスやちりは、星間分子雲となり、新しい星の材料になるのです。

ここがポイント!
星は、宇宙のちりやガスが集まってできる。

397ページのこたえ　四度

おはなしクイズ　うまれたばかりの、星の赤ちゃんのことを何という?

フラミンゴのからだの色のひみつ

読んだ日にち(　年　月　日)(　年　月　日)(　年　月　日)

生命
鳥

微生物のもつ色素

アフリカや南米などにすむフラミンゴは、動物園などでも見ることができる、ピンク色の美しい鳥です。フラミンゴは、おもに塩水でできた湖などに、大きなむれをつくってくらしています。そこはほかの生きものにはすみにくい環境で、まわりには草もはえず、魚もほとんどいません。しかし、「藍藻類」とよばれる微生物がいるため、フラミンゴは、この藍藻類を食べて生きています。フラミンゴのピンク色は、藍藻類にふくまれる赤い色素から来ているのです。

動物園などでは、えさに藍藻類と同じ色素をまぜることで、美しいピンク色をたもっています。

ごはん！

フラミンゴがえさとして食べる藍藻類には、赤い色素がふくまれているため、フラミンゴのからだもピンク色になる。

色がこくなる時期がある

フラミンゴは、繁殖期になると色がこくなります。フラミンゴのなかでは、きれいなピンク色をしているほど、たくさんの異性がよってくるからです。フラミンゴにとって、からだの色をこくすることは、子孫をのこすためにたいせつなことなのです。

ひながかえると、親鳥はのどのおくにある「そのう」という部分から、フラミンゴミルクとよばれる、栄養をたくさんふくんだミルクを出してひなにあたえます。このフラミンゴミルクも赤い色素をふくんでいて、真っ赤な色をしています。これをひなにあたえつづける親鳥は、だんだん白くなってしまいますが、子育てを終えると、次の繁殖期まではきれいなピンク色にもどります。

ひなは、灰色がかった白い色をしていて、親鳥のようにピンク色になるには三〜四年かかります。

ミルクよ
親鳥
ひな

親鳥がひなにあたえるフラミンゴミルクにも、赤い色素がふくまれている。このミルクをあたえると、親鳥のからだは白くなる。

ここがポイント！
フラミンゴは赤い色素をもつ藍藻類を食べるため、ピンク色になる。

398ページのこたえ 原始星

おはなしクイズ フラミンゴが子育てのために出すミルクを何という？

わたしたちのくらしのなかには、貴重な金属がたくさんある！

読んだ日にち（　年　月　日）（　年　月　日）（　年　月　日）

めずらしい金属

わたしたちの身のまわりには、さまざまな金属があります。たとえば、コーヒーなどが入っている缶は鉄やアルミニウムなどの金属でつくられています。また、百円玉や十円玉などの硬貨の材料も、銅や亜鉛といった金属からできています。こうした金属は、もともと地下からほりだされたものです。鉄やアルミニウムなどは、たくさんほりだすことができ、世のなかにたくさん出まわっている金属です。

ところが、なかにはめったにほりだせなかったり、ほりだす技術がなかったり、ほりだしても不純物をとりのぞくのにお金がかかったりして、大量には出まわらない金属もあります。このような金属のことをまとめて、「レアメタル」といいます。

きちんとリサイクル

そんな貴重なレアメタルが、わたしたちの生活のなかで、とても重要な役割を果たしています。たとえば、電球や蛍光灯にかわる照明器具としても利用がふえている発光ダイオード（LED）には、インジウムやガリウムといったレアメタルが利用されています。また、リチウムというレアメタルは、スマートフォンやパソコンの電池にかかせない材料です。さらに、ゲーム機や音楽プレイヤーにもレアメタルが使われています。

レアメタルは、もともとたくさんはありません。ですから、これらの製品は、使いおわったからといって、そのまますててしまってはこまります。これからのためにも、レアメタルが使用された製品は、きちんとリサイクルすることがたいせつなのです。

くらしのなかの貴重な金属

発光ダイオード（LED）
インジウムやガリウムといったレアメタルが使われている。
電池にリチウムというレアメタルが使われている。
パソコン
スマートフォン

ゲーム機や音楽プレイヤーにも、レアメタルが使われている。

ここがポイント！

LEDやスマートフォン、パソコンといった身近な製品には、貴重な金属である、「レアメタル」が使われている。

399ページのこたえ フラミンゴミルク

おはなしクイズ さまざまな理由で、大量には出まわらない貴重な金属のことを何という？

羽毛ふとんは、どうして軽いのにあたたかいの？

読んだ日にち（　　年　　月　　日）（　　年　　月　　日）（　　年　　月　　日）

ものの性質
空気

空気をたくさんとじこめる

冬の寒い日には、よくダウンジャケットやダウンコートを着ますよね。じつは、羽毛ふとんにも、これらと同じように「ダウン」というものが入っています。

ダウンとは、アヒルやガチョウのような、水鳥の胸にはえた羽毛のことです。タンポポのわた毛のような形をしており、とても軽くてフワフワしています。

ダウンの層は、空気をたくさんとじこめます。そして、空気には熱をつたえにくいという性質があります。そのため、羽毛ふとんはあたたかい温度をたもてるのです。

空気があたためられる

羽毛ふとんのダウンがとじこめるのは、人間の体温によってあたためられた空気です。

人間の体温は、基本的にまわりの空気の温度よりも高くなっています。そのため、人間のまわりの空気は、体温であたためられます。

何もしていなければ、体温であたためられた空気の熱は、まわりの空気のなかへにげていきます。

しかし、羽毛ふとんをかけると、あたためられた空気の熱がにげられなくなるため、あたたかいと感じられるのです。

羽毛ふとんをかけたときに、さいしょは少しつめたいと感じても、だんだんあたたかくなるのは、ふとんのなかの空気が体温であたためられるからです。

羽毛ふとんの素材

アヒル
ダウン
とても軽くてフワフワしている。空気をたくさんとじこめる。
フェザー
かたいしんのついたはね。羽毛ふとんには、フェザーも少し入っている。

羽毛ふとんをかけたとき

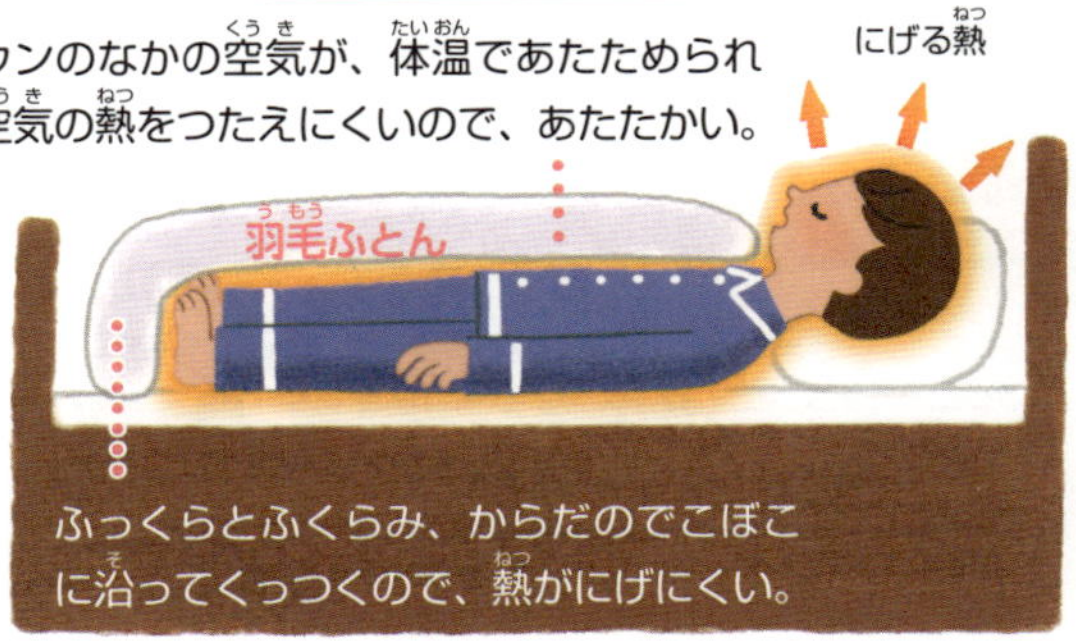
ダウンのなかの空気が、体温であたためられた空気の熱をつたえにくいので、あたたかい。
にげる熱
羽毛ふとん
ふっくらとふくらみ、からだのでこぼこに沿ってくっつくので、熱がにげにくい。

ここがポイント！
ダウンのなかの空気が、体温をつたえにくいので、羽毛ふとんはあたたかい。

400ページのこたえ
レアメタル

おはなしクイズ アヒルやガチョウのような、水鳥の胸にはえた羽毛を何という？

電子レンジで食べものがあたためられるのはなぜ？

12月27日のおはなし

読んだ日にち(　　年　　月　　日)(　　年　　月　　日)(　　年　　月　　日)

ものの はたらき
電波

目に見えない波をあてる

電子レンジを使うと、いろいろな食べものをあたためられますよね。火を使っているわけでもないのに、どうしてそんなことができるのでしょうか？

電子レンジのなかには、「マグネトロン」という装置がとりつけられています。マグネトロンは、「マイクロ波」という電波を出す装置です。

電子レンジは、食べものにマイクロ波をあてることで、加熱しています。

水分子のふるえが熱をうむ

多くの食べものには、水分がふくまれています。水分は、「水分子」という、目に見えない小さなつぶでできているものです。

この水分子にマイクロ波をあてると、水分子がはげしくふるえます。マイクロ波のエネルギーを吸収することで、水の温度が上がるのです。つまり、電子レンジは水の温度を上げることで、食べものをあたためているのです。水分子のふるえる回数は、一秒間につき、二四億五〇〇〇万回にも上るといいます。

ただし、マイクロ波は水分子以外のものをふるわせることが、とくいではありません。そのため、水分をふくまないものはうまくあたためられないのです。おイモやゴボウなど、水分が少ない野菜はかたくなり、こげてしまいます。

また、金属をふくむ食器を電子レンジに入れると、火花が発生するので注意する必要があります。

電子レンジのしくみ

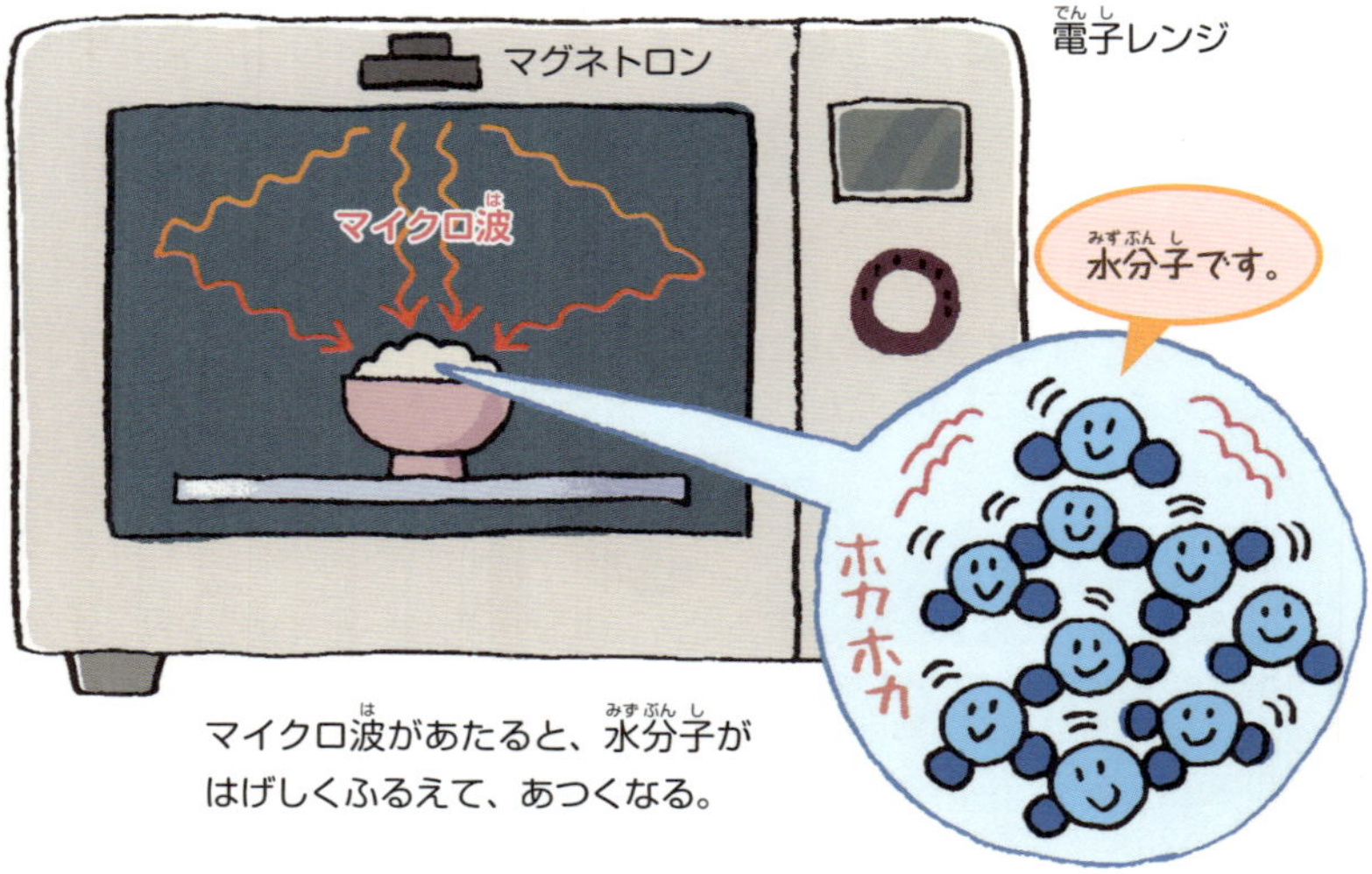
電子レンジ
マグネトロン
マイクロ波
水分子です。
ホカホカ

マイクロ波があたると、水分子がはげしくふるえて、あつくなる。

ここがポイント！
電子レンジは、マイクロ波をあてて水分子をはげしくふるわせることで、水の温度を上げ、食べものをあたためる。

401ページのこたえ　ダウン

おはなしクイズ　「マグネトロン」という装置が出す電波を何という？

ミケネコはメスしかいない？

読んだ日にち（　年　月　日）（　年　月　日）（　年　月　日）

生命
動物

性染色体で性別が決まる

ミケネコは、毛の色が白と黒と茶色（オレンジ色）のネコです。じつは、ミケネコにはメスしかいないといわれています。ミケネコのオスもいるのですが、オスがうまれる確率は、三万分の一くらいのようです。ミケネコには、なぜメスが多いのでしょうか？

ネコの赤ちゃんの性別は、父ネコと母ネコからもらう、「性染色体」というもので決まります。性染色体は、X染色体とY染色体の二種類に分けられます。赤ちゃんがX染色体とY染色体を一本ずつもらうとオスになり、二本ともX染色体をもらうとメスになるのです。これは、人間も同じです。

X染色体にしかない遺伝子

性染色体の上には、ネコの毛の色を決める「遺伝子」という設計図のようなものがあります。色を決める遺伝子は、全部で九種類もあります。しかし、ネコの赤ちゃんを茶色い毛にする「O遺伝子」と、黒い毛にする「o遺伝子」は、X染色体の上にしかありません。Y染色体には、このふたつがないのです。そのため、X染色体を二本もち、O遺伝子とo遺伝子の組みあわせになったメスがミケネコになります。

ただし、性染色体はなぜかごくまれに、X染色体二本とY染色体一本、つまり計三本の組みあわせになることがあります。この性染色体をもらった赤ちゃんは、O遺伝子とo遺伝子があるので、オスのミケネコになる可能性があります。

ここがポイント！

茶色い毛にするO遺伝子と、黒い毛にするo遺伝子は、X染色体にしかないため、X染色体を二本もつメスがミケネコになる。

ミケネコがうまれる例

父ネコ（茶トラ）
母ネコ（ミケ）

XY　X染色体の上にO遺伝子がある。

XX　X染色体2本の上にO遺伝子とo遺伝子がある。

オスの茶トラネコと、メスのミケネコからは、メスのミケネコがうまれる。

		母ネコの性染色体（遺伝子）：X染色体（O遺伝子）	母ネコの性染色体（遺伝子）：X染色体（o遺伝子）
父ネコの性染色体（遺伝子）	X染色体（O遺伝子）	メス（茶トラ）  XX（OO）	メス（ミケ）  XX（Oo）
父ネコの性染色体（遺伝子）	Y染色体（なし）	オス（茶トラ）  XY（O）	オス（黒）  XY（o）

＊性染色体のなかのO、o遺伝子の組みあわせ。

おはなしクイズ　ネコの赤ちゃんを茶色い毛にする遺伝子を、何という？

402ページのこたえ　マイクロ波

植物がいなくなると人間は生きていけない!

12月29日のおはなし

読んだ日にち(　　年　　月　　日)(　　年　　月　　日)(　　年　　月　　日)

生命　植物

人間の食べものは植物がつくる

植物は、水と二酸化炭素を材料に、太陽の光を使って「光合成」を行い、自分で栄養分をつくりだして成長していきます。

この成長のなかで、植物は葉をしげらせて実をつけます。葉や実は植物がつくりだした、さまざまな栄養分をふくんでいるので、植物を食べる昆虫や動物たちの栄養源になります。

肉食性の昆虫や動物は、植物を食べる昆虫や動物をとらえて食べることで、間接的に植物の栄養をとりいれています。

動物が死ぬと、その死がいは土のなかで生活する生きもの(土壌生物)や微生物によって分解されます。分解によって、栄養をとりこんだ土壌生物や微生物は、栄養たっぷりの土をつくりだし、植物の成長に大きな影響をあたえます。このように、自然界では、あらゆる生きものが「食べる」「食べられる」という関係のなかに組みこまれています。このような関係を「食物連鎖」といいます。

その関係のなかでも、植物はすべての動物の栄養をつくりだす存在なので、植物がいなくなれば、もちろん人間も生きていくことはできません。

生きもののピラミッド

森林における食物連鎖と、生きものの数の関係を図にあらわすと、下のようになります。

いちばん下に位置するのは、植物です。このあとは、植物を食べる昆虫→肉食性の昆虫や小動物→それらを食べる肉食性のほ乳類→ワシやタカなどの猛きん類とつづきます。

このようにならべると、上に来る生きものほど数が少なくなるので、図はピラミッドのような形になります。

森林の生きもののピラミッド

猛きん類
肉食性のほ乳類
肉食性の昆虫や小動物
植物を食べる昆虫
植物
少ない
生きものの数
多い

ここがポイント!
植物は、すべての動物の栄養源なので、植物がいなくなると人間は生きていけなくなる。

403ページのこたえ ①遺伝子

おはなしクイズ あらゆる生きものが「食べる」「食べられる」という関係にあることを何という?

リニアモーターカーが、新幹線よりずっと速いのはなぜ？

読んだ日にち（　年　月　日）（　年　月　日）（　年　月　日）

もののはたらき　磁石

磁石の力で車体をうかせる

ふつうの新幹線や電車などは、電気を使って「モーター」という機械を回転させ、その力で車輪をまわして走ります。この場合は、スピードを上げすぎると車輪がからまわりをはじめるため、スピードに限界があります。

これに対し、リニアモーターカーは強力な磁石の力によって、車体をうかせて走ります。そのため、とても速く走るのはもちろん、音やゆれもふつうの新幹線より少なくなるのです。

では、どうやって磁石で車体をうかせるのでしょうか。

リニアモーターカーは、ふつうの線路ではなく、「コイル」というものがとりつけられた「ガイドウェイ」とよばれる場所を走ります。また、リニアモーターカーの車体には、「超電導磁石」というとても強力な磁石が組みこまれています。

コイルには、電気が流れると磁石になる性質があるため、ガイドウェイに電気を流すと、コイルと車体の磁石とが引きつけあったり、反発しあったりします。すると、車体がうかんだり、前に進んだりするのです。このしくみは、「超電動リニア」とよばれています。

車体がうくしくみ

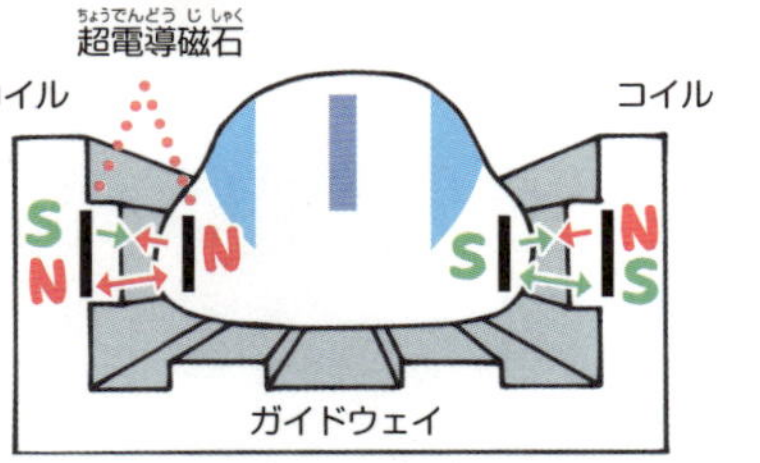
超電導磁石
コイル
コイル
S
N
N
S
N
S
ガイドウェイ

ガイドウェイに電気を流すと、コイルが磁石となって、車体の超電導磁石と引きつけあったり、反発しあったりしてうく。

新幹線の二倍以上の速さ

現在の新幹線で東京から名古屋へ行くには、どんなに速くても、一時間半はかかります。

しかし、これから開業する予定の「リニア中央新幹線」で走るリニアモーターカーは、実現すれば時速約五〇〇キロメートルで走り、約四〇分で東京と名古屋をむすぶことができます。つまり、ふつうの新幹線の二倍以上の速さで走れるというわけです。

車体が前に進むしくみ

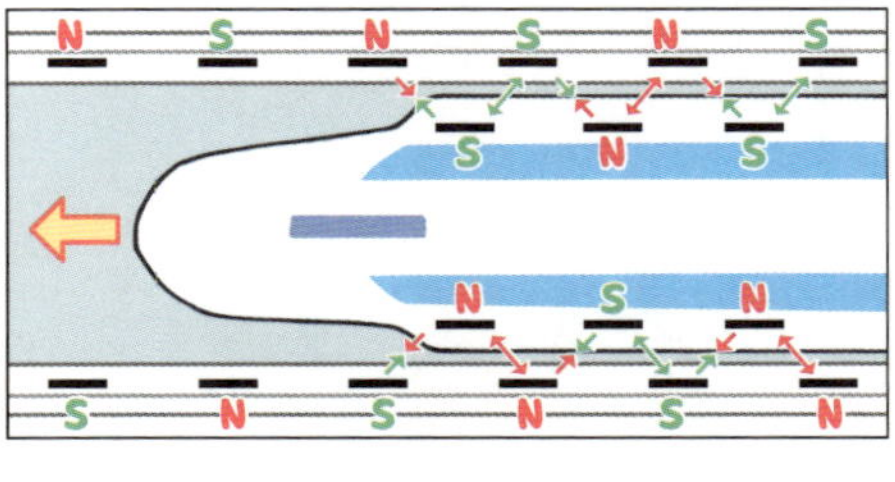
N S N S N S
S N S
N S N
S N S N S N

車体に超電導磁石のN極とS極をこうごに組みこむことで、コイルの磁石のN極とS極が引きつけあったり、同じ極どうしが反発しあったりして前に進む。

ここがポイント！

リニアモーターカーは、強力な磁石の力によって車体をうかせて走るため、ふつうの新幹線よりも速く走れる。

404ページのこたえ　食物連鎖

おはなしクイズ　リニアモーターカーの車体に組みこまれた磁石を、何という？

空気が光る！　オーローラのひみつ

読んだ日にち（　年　月　日）（　年　月　日）（　年　月　日）

地球　気象

太陽から来るつぶの流れ

北極や南極などの空にあらわれるオーロラは、赤や緑、ピンクなど、さまざまな色に光りかがやく、美しい自然現象です。

オーロラは、どうやって起きるものなのでしょうか？

太陽からは、つねに電気をおびたつぶが放出されています。このつぶを「プラズマ」といい、プラズマの流れを、「太陽風」といいます。太陽風が地球の大気中にふくまれる酸素や窒素の原子や分子にぶつかると、光を出します。これがオーロラです。

オーロラがかぎられた場所でしか見られないのは、地球が北極をS極、南極をN極とする、大きな磁石だからです（→237ページ）。S極とN極の間には、「磁場」という、磁石の力がはたらく空間があります。電気をおびたつぶは、この磁場に沿って移動し、地球のうらがわから北極と南極のまわりに流れこむのです。

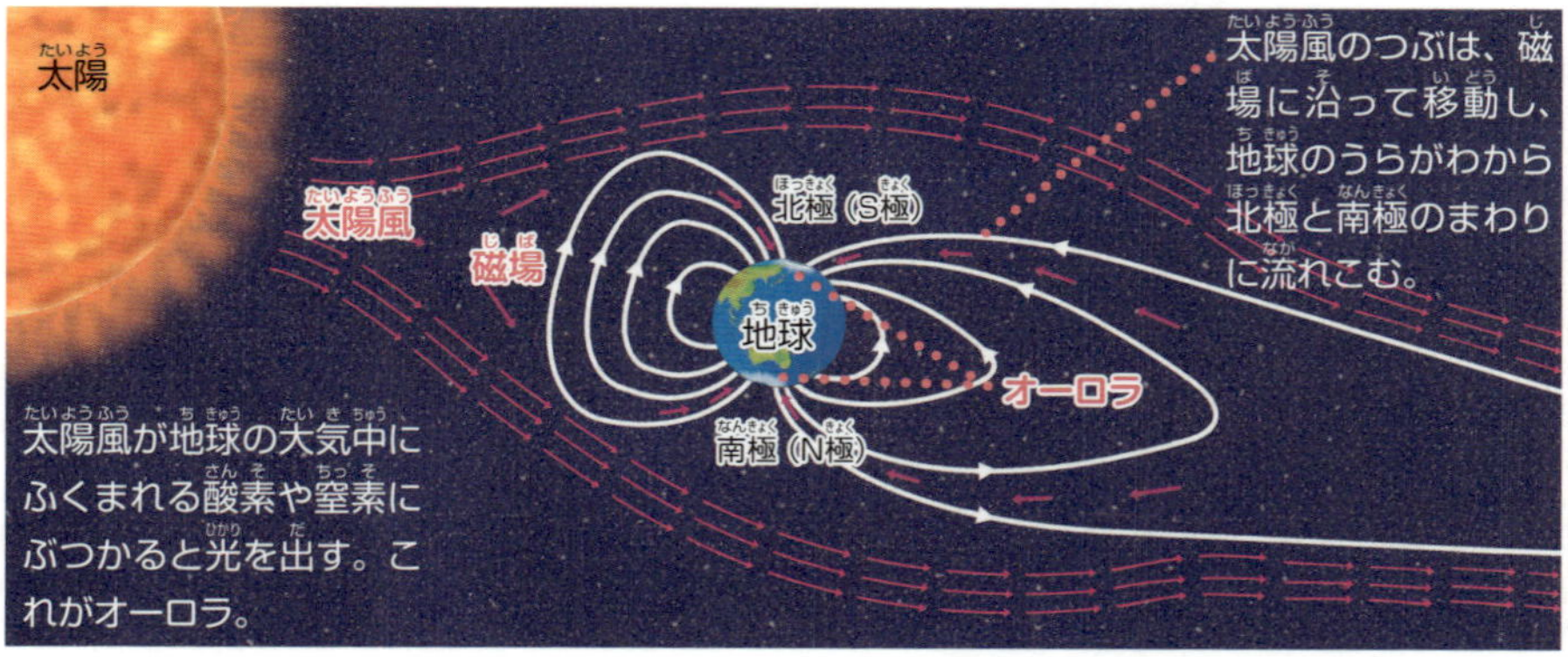
太陽
太陽風
磁場
北極（S極）
地球
南極（N極）
オーロラ
太陽風のつぶは、磁場に沿って移動し、地球のうらがわから北極と南極のまわりに流れこむ。
太陽風が地球の大気中にふくまれる酸素や窒素にぶつかると光を出す。これがオーロラ。

オーロラが見える場所

オーロラがもっともよく見えるのは、地球のいちばん北にあたる北極点や、いちばん南にあたる南極点ではありません。じっさいによく見えるのは、北極点や南極点のまわりの地域です。このドーナツ状の部分を、「オーロラベルト」といいます。

オーロラは、一日中あらわれていることもあれば、数日間あらわれないこともあります。ただし、あらわれないときでも目に見えないだけで、じっさいは、弱い光のオーロラがつねに存在しています。

ここがポイント！
太陽風という、電気をおびたつぶの流れが、大気中にふくまれる酸素や窒素にぶつかって、光を出す現象がオーロラ。

405ページのこたえ
超電導磁石

おはなしクイズ　オーロラがもっともよく見える、ドーナツ状の部分を何という？

ジャンル別さくいん

もののはたらき

光

1月25日 日があたるところがあたたかいのはどうして？ 42
2月1日 液晶テレビって、どんなしくみで映像をうつしているの？ 50
4月6日 ほのおの色がオレンジだったり青だったりするのはなぜ？ 117
4月15日 船が空にうかんで見えるしんきろうのふしぎ 126
5月12日 お風呂のなかでは、指が短く見えることがある！ 157
6月20日 虹は七色ではない？ 197
9月7日 虫めがねを使って、太陽の光で紙をこがせるのはどうして？ 282
9月20日 空はどうして青いの？ 295

音

4月11日 海の深さは音ではかることができる！ 122
4月30日 動物にはきこえて、人間にはきこえない音がある！ 141
7月6日 ピアノとオルガンはどうちがうの？ 217
7月29日 花火の音がずれてきこえるのはどうして？ 240
8月3日 救急車のサイレンはなぜ音がかわるの？ 246
8月25日 まわりの雑音を消すヘッドホンがある！ 268
11月15日 録音した自分の声が、ふだんとちがう声にきこえるのはなぜ？ 356
12月6日 音でよごれを落とすことができる！ 381

熱

2月8日 わかしたお風呂の上のほうだけがあついのはどうして？ 57
3月17日 同じ温度なのに、気温ではあつくて水温だとぬるいのはどうして？ 96
7月17日 あつい日に、水をまくとすずしくなるのはどうして？ 228
7月24日 エアコンはなぜ、部屋をあたためたりひやしたりできるの？ 235
9月25日 温度のひくさには限界がある！ 300
11月4日 電気ストーブであたたかくなるのはなぜ？ 345
11月20日 空気を入れた自転車のタイヤがあつくなるのはなぜ？ 361

力

1月2日 あんなに大きいロケットが、どうして宇宙まで行けるの？ 19
1月12日 電車が動くと転びそうになるのはなぜ？ 29
1月18日 大きな鉄の船が、水にうくのはどうして？ 35
2月13日 フィギュアスケートのスピンがだんだん速くなるのはなぜ？ 62
2月21日 スカイダイビングはなぜできるの？ 70
2月28日 カーリングの選手が氷をこすっているのはなぜ？ 77
3月8日 飛行機には、ハチの巣をヒントにした部品がある！ 87
4月3日 野球のピッチャーがカーブを投げると、ボールはなぜ曲がるの？ 114
5月1日 さかさまになったジェットコースターから落ちちゃうことはないの？ 146
5月9日 ゴルフボールに小さなくぼみがたくさんあるのは、どうして？ 154
6月16日 宇宙ステーションのなかで、ものがうくのはどうして？ 193
6月27日 自転車はどうして、走っているとたおれないの？ 204
7月11日 重いものと軽いものを同時に落としたら、どうなる？ 222
7月14日 プールより海のほうがからだがうきやすいのはなぜ？ 225
9月11日 バットの両はしで力くらべをしたら、どっちが勝つ？ 286
11月11日 飛行機はどうして空をとべるの？ 352

電気

2月5日 マイクで話すと声が大きくなるのはなぜ？ 54
2月24日 ドアノブにふれると、ビリッとすることがあるのはどうして？ 73
3月25日 電気はいろいろなものに使われている！ 104
5月6日 IH調理器はなぜ火を使わず料理できるの？ 151
5月17日 人間のからだにも電気がある！ 162
6月2日 ICカードって、どんなしくみなの？ 179
6月30日 スズメはどうして、電線にさわって平気でいられるの？ 207
7月2日 コピー機って、どんなしくみなの？ 213
7月19日 かみなりのゴロゴロという音は、何の音？ 230
10月23日 電気は動物や植物からもつくることができる！ 332
11月30日 宇宙で電気をつくることができる！ 371
12月2日 電気って、どうやってつくっているの？ 377

磁石

4月28日 世界最強の磁石のひみつ！ 139
5月27日 磁石にくっつくものとくっつかないもののちがいは？ 172
6月4日 モーターはなぜまわるの？ 181
10月7日 磁石を近づけてはいけないものがあるのはなぜ？ 316
12月30日 リニアモーターカーが、新幹線よりずっと速いのはなぜ？ 405

電波

12月19日 野球のピッチャーが投げたボールの速さは、どうはかるの？ 394
12月27日 電子レンジで食べものがあたためられるのはなぜ？ 402

406ページのこたえ
オーロラベルト

ものの性質

空気

1月27日 空気って何でできているの？ 44
3月10日 ペットボトルのロケットがとぶのはなぜ？ 89
3月30日 消臭剤は、どうやってにおいを消すの？ 109
8月11日 高い山に登るとお菓子のふくろがふくらむのはなぜ？ 254
10月22日 パラシュートには小さなあながあいている！ 331
12月26日 羽毛ふとんは、どうして軽いのにあたたかいの？ 401

水

1月1日 やいたおもちがふくらむのはどうして？ 18
3月3日 圧力なべとふつうのなべって、何がちがうの？ 82
3月22日 水のつぶは、どうして丸くなるの？ 101
6月9日 ふった雨の水って、どこへ行っちゃうの？ 186
7月5日 ポップコーンはなぜはじけるの？ 216
7月25日 水たまりの水はどこに消えるの？ 236
12月22日 池がこおっても、なかの水がこおらないのはなぜ？ 397

金属

4月23日 鉄はどうしてさびるの？ 134
8月18日 花火はなぜいろんな色が出るの？ 261
8月22日 電車の線路はのびちぢみしている！ 265
12月25日 わたしたちのくらしのなかには、貴重な金属がたくさんある！ 400

もののなりたち

2月27日 ものをどんどん細かく分けたら、どうなるの？ 76
3月6日 「ニホン」の名前がついた元素がある！ 85
4月2日 わたしたちは毎日放射線をあびている！ 113
6月23日 ラップはどうしてはりつくの？ 200
9月27日 土って何からできているの？ 302
10月14日 プラスチックって、どうやってつくるの？ 323
10月26日 原子力って、何？ 335
11月7日 氷はなぜ水にうくの？ 348
11月8日 放射線はからだにどんな影響があるの？ 349

変化

1月6日 食塩ってどうやってつくるの？ 23
1月21日 雪をとかすには塩をまくといい？ 38
1月30日 ジャムがくさりにくいのは、さとうのおかげ！ 47
2月6日 さとうはいろいろな植物からつくられている！ 55
2月17日 炭って木がもえたものなの？ 66
4月26日 水にとけた食塩はどこに行っちゃったの？ 137
5月21日 漂白剤はどうして洗たくものを白くすることができるの？ 166
5月24日 世界でいちばんかたい食べもの、かつおぶしのひみつ！ 169
7月3日 温度計で温度がはかれるのはなぜ？ 214
7月30日 お菓子のふくろのなかの、「食べられません」と書かれた白いものは何？ 241
8月7日 ドライアイスはなぜ、とけても水にならないの？ 250
10月4日 卵はゆでるとなぜかたくなるの？ 313
10月29日 どうして接着剤でものがくっつくの？ 338
11月6日 リンゴが茶色くなっちゃうのはどうして？ 347
11月29日 洗剤に書いてある「まぜるな危険」って、どういうこと？ 370
12月1日 お店にならんでいるカイロがあつくならないのはなぜ？ 376

生命

動物

1月11日 世界の見え方は、生きものによってちがう！ 28
1月26日 動物の歯は食べるものによって形がちがう！ 43
2月2日 アシカとアザラシとオットセイって、どうちがうの？ 51
2月23日 チンパンジーはとってもかしこい 72
3月5日 冬眠って、ただねむっているだけなの？ 84
3月12日 クジラとイルカは、大きさがちがうだけ！ 91
3月13日 トンネル工事は、貝をヒントにしている！ 92
3月27日 ヤモリはなぜ天井を歩けるの？ 106
4月5日 小笠原諸島には、そこにしかいない生きものがたくさんいる！ 116
4月18日 ヤモリとイモリはどうちがうの？ 129
5月18日 マッコウクジラは深海までもぐれる！ 163
5月22日 生物多様性って何？　なぜたいせつなの？ 167
5月31日 オオカミって、どんな動物？ 176
6月5日 日本にも絶滅してしまいそうな生きものがいる！ 182
6月19日 カタツムリにはなぜ貝のようなからがあるの？ 196
7月8日 大昔の地球では、10メートル近い翼竜が空をとんでいた！ 219
8月23日 ダイオウイカはなぜ大きくなったの？ 266
9月2日 キリンのあしをまねた服がある！ 277
9月10日 クラゲのからだはどうしてとうめいなの？ 285
9月14日 大昔は、もっと大きなゾウのなかまがいた！ 289
9月24日 空気がなくても生きられる生きものがいる！ 299
9月29日 どうくつにはふしぎな生きものがすんでいる！ 304
10月5日 ダンゴムシはどうして丸くなるの？ 314
10月24日 空をとぶヘビやトカゲがいる！ 333
10月30日 イルカは超音波でえものをさがす！ 339
11月2日 大きな動物ほど長生きする？ 343
11月13日 パンダはどうして白黒なの？ 354
11月22日 からだがバラバラになっても、もとどおりになる生きものがいる！ 363
12月13日 寒いところにすむ動物ほどからだが大きい！ 388
12月20日 「生きた化石」って、どんな化石？ 395
12月28日 ミケネコはメスしかいない？ 403

ジャンル別（べつ）さくいん

鳥

1月5日 ダチョウはなぜ空をとべないの？ 22
1月16日 鳥がならんで空をとぶのはなぜ？ 33
1月23日 鳥は空をとべるのに、人間が空をとべないのはなぜ？ 40
3月15日 フクロウの顔には、ひみつがいっぱい！ 94
10月16日 内がわからと、外がわからでは、卵のわれやすさがちがう！ 325
12月24日 フラミンゴのからだの色のひみつ 399

魚

1月19日 トビウオは魚なのになぜとべるの？ 36
2月7日 魚は水のなかでも息ができるの？ 56
2月19日 毒をもたないフグがいるって、ほんとう？ 68
3月2日 魚は、からだのなかにうきぶくろをもっている！ 81
4月27日 泳ぐのがいちばん速い魚は何？ 138
4月29日 むれで泳ぐ魚がぶつからないのはなぜ？ 140
6月28日 サメにはいろいろなふえ方がある！ 205
7月13日 サメの歯は何回もはえかわる！ 224
8月5日 デンキウナギはどうやって電気をつくっているの？ 248
10月20日 マグロはねむっているときも泳いでいる！ 329
11月14日 ウナギはどこでうまれるの？ 355
12月8日 氷の海でも魚がこおらないのはどうして？ 383

虫

1月10日 クモの糸は鉄よりもずっと強い！ 27
2月25日 本に虫がいることがあるのはなぜ？ 74
3月7日 ミツバチはなぜみつを集めるの？ 86
4月9日 シロアリはどうして家を食べちゃうの？ 120
4月21日 カイコは1500メートルもの糸をはく 132
5月7日 アオムシとチョウは同じ生きものなの？ 152
5月25日 はたらきバチは、みんなメス！ 170
6月22日 アメンボはなぜ水にしずまないの？ 199
7月18日 水のなかでも生きられる昆虫がいる！ 229
7月22日 ホタルはどうやって光るの？ 233
7月27日 カブトムシの角は何のためにあるの？ 238
8月10日 カにさされてもいたくないのはどうして？ 253
8月15日 フンコロガシはなぜふんを転がすの？ 258
8月26日 セミはどうしてあんなに大きな声で鳴けるの？ 269
9月4日 トンボは風が強くても弱くても自由にとべる！ 279
9月18日 バッタは体長の10倍も高くとべる！ 293
10月28日 クモはなぜ自分の糸にくっつかないの？ 337
11月12日 シロアリの巣には自然のエアコンがある！ 353
11月16日 チョウには、人間には見えない光が見える！ 357
12月5日 ミノムシって、どんな虫？ 380

微生物

1月13日 インフルエンザを起こすこまりものの正体！ 30
3月11日 ヨーグルトはどうやってできるの？ 90
3月29日 川や海の石はなぜぬめぬめしているの？ 108
4月10日 メスだけでもふえる生きものがいる！ 121
7月10日 納豆はなぜネバネバしているの？ 221
8月6日 くさりやすい食べものは、どうして冷蔵庫に入れなくちゃいけないの？ 249
10月25日 ミドリムシで飛行機がとぶ！ 334
11月28日 熱に弱い細菌ばかりじゃない！ 369
12月18日 自分のからだをふたつに分けられる生きものがいる！ 393

恐竜

1月7日 恐竜は種類によって食べるものがちがう！ 24
2月3日 トリケラトプスのえりかざりは何のためにあるの？ 52
3月31日 映画に出てくる恐竜の鳴き声って、ほんとうの鳴き声と同じなの？ 110
4月17日 恐竜のからだはどうして大きくなったの？ 128
5月3日 日本にはどんな恐竜がいたの？ 148
8月8日 からだの半分以上が首の生きものがいた！ 251

植物

1月28日 木って、どれくらいまで大きくなるの？ 45
2月26日 石油をつくりだす植物がいる！ 75
3月19日 サボテンは、どうしてあんなにトゲトゲなの？ 98
4月13日 緑茶も紅茶も葉っぱは同じ！ 124
4月14日 花はどうしてさくの？ 125
4月24日 木はなぜ枝分かれするの？ 135
5月4日 植物はどうやって水をとりいれているの？ 149
5月5日 植物は、どんな水でも育つの？ 150
5月16日 キャベツはアオムシの天敵をよんで身を守っている！ 161
5月28日 お米はどうして畑でなく田んぼでとれるの？ 173
7月31日 虫を食べる植物がいる！ 242
8月13日 スイカとメロンは、くだものじゃない！ 256
8月17日 わかいヒマワリは太陽を追いかけて動いている！ 260
8月31日 野菜に塩をかけると、なぜしなびるの？ 274
9月6日 野菜は土がなくてもつくれるの？ 281
10月12日 秋になるとなぜ葉っぱが黄色くなったり赤くなったりするの？ 321
11月5日 植物にも寿命があるの？ 346
12月29日 植物がいなくなると人間は生きていけない！ 404

人体

1月3日 同じ大きさなのにちがう大きさに見える！ 錯覚のふしぎ 20
1月9日 かぜは薬ではなおらない！ 26
1月15日 練習すれば、速く走れるの？ 32
2月4日 人間の声はなぜひとりひとりちがうの？ 53
2月9日 人間はほかの動物よりも、からだのわりに脳が大きい！ 58
2月20日 心はどこにあるの？ 69
3月4日 背はどうしてのびるの？ 83
3月18日 脳にしわがあるのはどうして？ 97

3月21日 重量あげの選手は、どうして大きな声を出すの？ 100
3月26日 花粉症になる人とならない人は何がちがうの？ 105
4月4日 おなかのなかの赤ちゃんは、5億年の進化をたどる！ 115
4月7日 ストレスってからだのどこにかかるの？ 118
4月20日 どきどきすると手に汗をかくのはなぜ？ 131
4月25日 ふたごがそっくりなのはなぜ？ 136
5月2日 虫歯になりやすい人と、なりにくい人のちがいは？ 147
5月19日 ねむくなるのはどうして？ 164
5月29日 おなかがへっていないのに、おなかが鳴るのはなぜ？ 174
6月6日 人間は目ざまし時計なしでも起きられる！ 183
6月11日 泣いたとき、いっしょに鼻水が出ちゃうのはどうして？ 188
6月14日 血液って、なぜ赤いの？ 191
6月26日 人間のからだって、何でできているの？ 203
6月29日 人間のおなかのなかには、1キログラム以上の菌がいる！ 206
7月15日 人間のからだには、切っても再生する臓器がある！ 226
7月23日 自分の見たい夢を見ることはできないの？ 234
8月2日 つめたいものを食べると頭がいたくなるのはなぜ？ 245
8月20日 カにさされると、どうしてかゆくなるの？ 263
8月21日 血液型と性格って関係があるの？ 264
8月28日 日焼けをすると、皮がむけるのはなぜ？ 271
8月29日 「ねる子は育つ」って、ほんとう？ 272
9月8日 歯は鉄よりもかたい！ 283
9月15日 からだの細胞は、入れかわっている！ 290
9月21日 おしっこの色がちがうときがあるのはどうして？ 296
9月30日 あくびはどうして出るの？ 305
10月1日 めがねとコンタクトレンズ、どっちがよく見えるの？ 310
10月8日 骨の数は、大人より子どものほうが多い！ 317
10月10日 テレビゲームをたくさんすると、目が悪くなっちゃうの？ 319
10月11日 マラソン選手はなぜ高地で練習するの？ 320
10月18日 金しばりって何？ 327
10月27日 かさぶたはなぜできるの？ 336
11月3日 おなかがいっぱいになると、ねむくなるのはなぜ？ 344
11月10日 長きょり走には2種類の走り方がある！ 351
11月19日 あかって、どこから出てくるの？ 360
11月27日 皮ふから、さまざまな臓器をつくることができる！ 368
12月3日 汗がかわくと、塩の味がするのはどうして？ 378
12月4日 人間の血管の長さは、地球2周半！ 379
12月7日 人間は息をしないとどうして死んでしまうの？ 382
12月12日 一酸化炭素中毒って何？ 387

遺伝子

3月16日 遺伝子組み換えって何？ 95
10月31日 オスにもメスにもなれる生きものがいる！ 340
12月10日 親とまったく同じウシがいるの？ 385

進化

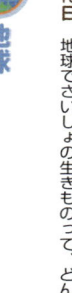

2月12日 ヒトはどんなふうに進化してきたの？ 61
5月30日 さいしょの人類って、どこでうまれたの？ 175
6月18日 わたしたちの祖先にはどのような人びとがいるの？ 195
7月4日 地球からほとんど生きものがいなくなったことがある！ 215
10月13日 フローレス原人という小さな人類がいた！ 322
11月18日 ウシとクジラはなかまだった！ 359
11月24日 鳥は恐竜の子孫？ 365
12月16日 地球でさいしょの生きものって、どんなもの？ 391

地球

大地

1月4日 ダイヤモンドってどうやってできるの？ 21
1月17日 緊急地震速報はどうやって出しているの？ 34
2月11日 日本列島はどうやってできたの？ 60
2月14日 地震がいつ起こるか調べることはできないの？ 63
3月1日 地面をほっていったら、地球の反対がわに行けるの？ 80
3月14日 地図ってどうやってつくるの？ 93
3月24日 地球はまん丸ではない！ 103
4月1日 液状化現象って、どんなところでも起こるの？ 112
4月19日 世界地図にいろいろな形があるのはなぜ？ 130
5月20日 地球の大きさってどうやってはかったの？ 165
5月23日 大昔の地球には、大陸がひとつしかなかった！ 168
5月26日 山や土地の高さはどうやってはかるの？ 171
6月8日 海の底にも山や谷がある！ 185
6月17日 砂漠も昔は森だった！ 194
7月1日 富士山も噴火するの？ 212
7月16日 島ってどうやってできるの？ 227
7月26日 方位磁石で方角がわかるのはどうして？ 237
8月9日 ギザギザの海岸線はどうやってできたの？ 252
8月12日 化石を調べると、どんなことがわかるの？ 255
8月19日 砂浜はどうやってできるの？ 262
8月24日 がけのしましまもようは何？ 267
8月27日 どうくつって、どうやってできるの？ 270
9月1日 地震はどうして起こるの？ 276
9月5日 大昔の植物が、どうしてくさらずにのこっているの？ 280
9月13日 マグニチュードと震度はどうちがうの？ 288
9月17日 川の流れが深さ1600メートルの谷をつくった！ 292
10月3日 火山灰って、どこまでとぶの？ 312

ジャンル別さくいん

10月6日 日本にも氷河があった！ 315
10月9日 噴火は予測できるの？ 318
10月19日 日本ではどうして地震がよく起こるの？ 328
11月23日 地球が氷につつまれた時代があった！ 364
12月14日 南極の氷から昔の気候がわかる！ 389

海

3月20日 海の底には熱湯がわきでるところがある！ 99
5月15日 津波とふつうの波はどうちがうの？ 160
7月21日 人間は深海のどこまでもぐることができるの？ 232
8月4日 地球にある水はぐるぐるめぐっている！ 247
10月17日 海のなかにも雪はふる？ 326
11月25日 海の底には「もえる氷」がうまっている！ 366
12月9日 海の波から電気ができる！ 384

気象

1月20日 雨と雪って、何がちがうの？ 37
1月29日 南極と北極ってどっちが寒いの？ 46
2月15日 冬至や夏至って、どんな意味があるの？ 64
2月16日 低気圧があるとどうして天気が悪くなるの？ 65
3月23日 100年に一度の雨って、どれくらいの雨？ 102
5月10日 3か月も先の天気予報ができるのはなぜ？ 155
6月1日 かみなりはどうしてジグザグに落ちるの？ 178
6月7日 降水確率が高いと大雨になるの？ 184
6月25日 カエルが鳴くと雨がふるの？ 202
8月1日 雲がういているのはどうして？ 244
8月16日 地球温暖化ってどういうこと？ 259
8月30日 天気予報はどれくらいあたるの？ 273
9月3日 風って、どんなところでふくの？ 278
9月9日 たつまきはどうして起こるの？ 284
9月26日 台風はどこから来るの？ 301
10月21日 季節によって日がしずむ時間がちがうのはなぜ？ 330
12月11日 なだれはどうして起きるの？ 386

12月17日 しもとしもばしらはどうちがうの？ 392
12月21日 地球上には、真夜中でも太陽がしずまない場所がある！ 396
12月31日 空気が光る！ オーロラのひみつ 406

時間

2月29日 1年はなぜ365日なの？ 78
6月10日 1日はどうして24時間なの？ 187

太陽

1月22日 太陽にも、活動が活発なときとそうでないときがある！ 39
2月10日 日食って、どうしてたまにしか見られないの？ 59
5月14日 太陽の温度はどうやってはかるの？ 159
6月21日 太陽はどうやって光っているの？ 198
9月22日 太陽がもえつきてしまうことはないの？ 297

月

3月28日 月には水がないの？ 107
4月12日 月の表面にもようがあるのはなぜ？ 123
5月11日 潮の満ち引きはなぜ起こるの？ 156
6月15日 満月もかけることがある！ 192
7月12日 月の大きさがかわることがある！ 223
7月20日 地球にいるかぎり、月のうらがわは見えない！ 231
8月14日 月は地球からだんだんはなれている！ 257
9月19日 月が見えない日があるのは、どうして？ 294

太陽系

1月24日 太陽系のほかの惑星や天体にも火山がある！ 41
1月31日 木星には宇宙船は着陸できない！ 48
2月18日 太陽系から惑星がひとつ消えた！ 67
2月22日 土星の環は何でできているの？ 71
3月9日 76年に一度しか見られない星がある！ 88
5月8日 地球以外の惑星に生命はいないの？ 153
6月24日 彗星が地球に生命をもたらした？ 201
9月23日 太陽系に第9惑星があるかもしれない！ 298
9月28日 地球から見てもっとも明るくかがやく惑星は？ 303
10月2日 天王星は横だおしのままでまわっている！ 311
10月15日 水星の1日は1年より長い！ 324
11月1日 土星が水にうくって、ほんとう？ 342
11月21日 太陽が西から昇って東にしずむ惑星がある！ 362
11月26日 流星群のとき、たくさんの流れ星が見られるのはなぜ？ 367
12月15日 火星に生きものはすめるの？ 390

宇宙

1月8日 地球は宇宙のどのへんにあるの？ 25
1月14日 宇宙は寒いの？ あついの？ 31
4月8日 人工衛星の太陽電池パネルは折り紙の考え方からうまれた！ 119
4月16日 宇宙は空のどこから？ 127
4月22日 地球はどうやってできたの？ 133
5月13日 星の明るさってどうやって決めているの？ 158
6月3日 星までのきょりはどうやってはかるの？ 180
6月12日 宇宙の年齢は138億歳！ 189
6月13日 宇宙には地球のような星がほかにもあるの？ 190
7月7日 天の川って何？ 218
7月9日 重力波をとらえられたことが、どうしてすごいの？ 220
7月28日 ブラックホールに吸いこまれると、どうなるの？ 239
9月12日 宇宙って、どうやってできたの？ 287
9月16日 宇宙からは、からだに害をあたえる宇宙線がふりそそいでいる！ 291
11月9日 人工衛星では時間が速く進む！ 350
11月17日 人工衛星は宇宙で止まっているの？ 358
12月23日 星ってどうやってできるの？ 398

用語さくいん

あ行

IH調理器 151
ICカード 179
アイスプラント 150
iPS細胞 368
アオサンゴ 75
アオムシ 152・161
アザラシ 51
アシカ 51
圧力 21・48・80・81・82・92・114・140・277
天の川 218・287
アミノ酸 99・201・221
アメンボ 101・199
アユ 108
アリ 72・353
アルコール 214・226
アルゴン 44
アルミニウム 208
アレルギー 105
アレルゲン 105
アンカー効果 338
アンテナ 50・94
アンモニア 48・99
胃 36・174・206・251・285・308
イオン 137
イカ 163・251・266
一酸化炭素 387
遺伝子 30・95・136・167・349・363・368・385・393・403
イヌ 28・110・141・176
イネ 173・195・221
イノシシ 176
イモリ 129
イルカ 91・141
イワシ 140
いん石 201・215・390
インフルエンザ 30
引力 71・156・257
ウイルス 26・30・46・105・118・191・289
ウサギ 28・123・231
ウシ 43・110・385
宇宙船 48・222
宇宙飛行士 31・193・277・291
ウナギ 56
うるう年 78
衛星 25・71・153
液状化現象 112
液晶テレビ 50
エナメル質 147・283
えら 56・115・196・229・329
LED 281・400
塩化ナトリウム 137
塩湖 23
遠心力 103・142・146・156・193
猿人 58・61・175・195
塩素 137・370
オオカミ 43・176
オーロラ 41・406
オットセイ 51
オリオン座 159
オレキシン 344
温室効果ガス 259

か行

海王星 48・71・153・372
カイコ 132
外来種 116・182
カエル 84・129・202
核 48・80・88・133・198・237
核分裂 335
核融合反応 198・398
火山 41・60・185・212・215・227・270・276・280・312・318
火山灰 212・267・280・312
火星 41・48・153・298・373
化石 52・110・148・255・267・280・395
化石燃料 259
カタツムリ 196
カツオ 140・169
カニ 123・185
カビ 169
カブトガニ 182
カブトムシ 152・229・238
花粉 86・105・125・167・170
花粉症 105・188
かみなり 178・230・240
カメ 110・129
カモメ 40
岩塩 23・283
幹細胞 363
慣性 29・204
汗腺 131・378
完全変態 152
肝臓 68・226・296・308
緩歩動物 299
気圧 65・202・254
気化熱 228
気孔 98
気門 229
キャベツ 161
旧人 58・175・195
極夜 396
キリン 43・219・224・277
銀河 25・189・218・220・287
銀河系 25・218
銀河団 25
金星 41・48・153・298・303・362・373
空気抵抗 70
クジラ 91・163
屈折 157・197・282
首長竜 251
クマ 84
クモ 27・101・202
グルタミン酸 221
クレーター 107・123・231
クローン 385
珪藻 108
夏至 64
血しょう 191・263
血小板 336
月食 192
原核生物 369・391
原子 73・76・85・104・113・139・172・198・300・335
原人 58・61・175・195
元素 85
コイル 54・151・181・377・405
恒温動物 388
甲殻類 314
高気圧 57
光合成 44・108・135・149・242・281・321・326・334・404
降水確率 184
降水量 102
恒星 25・180・190・218
酵素 90・124・347
公転 59・67・78・192・223・231・257・303・311・324・330
光年 25・180・218
鉱物 21
コウモリ 84・141
国際宇宙ステーション 193
黒点 39
こぐま座 158
骨端線 83
コバルト 172
鼓膜 356
固有種 116

さ行

細菌 30・47・68・90・191・206・249
細胞分裂 83・108・226・290・360・393
サウナ 96

錯覚 20・223
サトウキビ 55
さなぎ 132・152
砂漠 194・259
サバンナ 353
さび 134・166・191
サボテン 75・98
サメ 81・138・205・224
サル 43・58・61・175
サンショウウオ 129・304
酸素 19・44・47・56・66・76・81・85・115・117・124・129・134・137・138・149・166・173・191・210・229・233・241・264・283・299・304・305・320・334・376・382・387
ジェットコースター 146
シカ 58・176
紫外線 198・271・357
磁気 237
磁石 39・54・139・151・172・179・181・237
地震 34・63・112・160・171・276・288・328
地震波 34
自転 103・156・172・231・237・257・311・324・330・362
磁場 406
脂肪 84・163・226・404
シマウマ 28・43
シマリス 84
ジャイロ効果 204
シャウト効果 100
しゅう曲 267
重力 70・107・143・193・239・247・277・320
重力波 220
受精 136・340
受精卵 136・385
消化管 36
蒸発 23・98・186・228・236・247
静脈 379
食虫植物 242
食物連鎖 404
磁力 39・139・143・151・172・179・316
シロアリ 120・353
真核生物 369・391
新幹線 87・265
しんきろう 126
神経細胞 97・162
新月 59・78・187・294
人工衛星 63・87・93・119・127・165・171・350・358
侵食 292
新人 58・61・175・195
心臓 69・162・268・277・285・290・308
震度 288
振動数 141・246・268
水圧 81・140・232
水準点 171
水蒸気 18・37・44・82・117・133・149・155・186・216・236・244・247・301・392
水星 48・153・298・373
彗星 25・88・201・367
水素 44・48・76・85・99・137・198・287・297・342
スカイダイビング 70
ススキ 125
スズメ 207
ストレス 118
生活習慣病 183
星間分子雲 398
性染色体 403
声帯 53・356
成長ホルモン 272
静電気 73・200・213
生物多様性 167
セキエイ 21・262
赤外線 42・198・345
赤道 103・299・301
積乱雲 178・284・301
セコイアメスギ 45
赤血球 188・191・264・320・336
絶対零度 300
絶滅危惧種 182・355・395
セミ 152・269
セルロース 120
象牙質 147・283
側線 140
速筋 32

た行

ダイオウイカ 163・266
大気圏 127
ダイコン 55
ダイズ 95・221
体内時計 164・183
大脳新皮質 69
大脳皮質 97
大脳辺縁系 69
胎盤 115・205
台風 127・279・301
ダイヤモンド 21・283
太陽光発電 371
太陽電池 119
太陽暦 78
対流 57・345
大量絶滅 215
タカ 40
多細胞生物 391
ダチョウ 22
単細胞生物 391・393
炭水化物 203・404
炭素 21・66・76・117
タンパク質 68・201・203・221・313・317・404
地殻 48・63・80・133・171・252・292
地下水 112・186・270・280
地球温暖化 75・167・259・326・332
遅筋 32
地層 255・267・280・292
窒素 44・76・133
中性子 76・85・335
チョウ 125・132・152・161
腸 174・206
超音波 141・381
超新星爆発 220・291
腸内細菌 206
チンパンジー 58・61・72・175
月の満ちかけ 294
津波 160・252
ツバメ 33・202
DNA 95・201・291・349・391
低気圧 57・65・284
ティラノサウルス 24・110・128・148
鉄 27・35・80・92・133・134・139・166・172・191・208・237・265・283・302
鉄鉱石 134
テトロドトキシン 68
電圧 207
テンサイ 55
電子 73・76・85・104・113・172・335
電磁誘導 377
電子レンジ 104・200
電線 207
電池 104・162
天王星 48・71・153・298・311・372
電波 394・402
デンプン 18・120・216
銅 151・208
道管 149
冬至 64
動脈 379
冬眠 84・196
トウモロコシ 95・161・216
トカゲ 129・251
土星 48・71・153・298・311・342・372

ドップラー効果 246・394
トビウオ 36
ドライアイス 250
トリケラトプス 24・52・110・148
トンボ 229・279

な行

納豆 90・221・249
ナトリウム 150
南極 46・103・107・130・299・389
二酸化炭素 44・56・66・75・76・81・98・115・117・120・128・133・210・250・259・281・303・326・332・334・382・389
虹 197
二十四節気 64
ニッケル 80・172・208
日食 59・192
ニホニウム 85
ニホンウナギ 182
乳酸菌 90
ネオジム磁石 139
ネコ 28
ネズミ 94
熱水噴出孔 99
脳 20・58・61・69・97・100・118・157・162・164・234・245・277・290・305
ノンレムすいみん 234・327

は行

肺 56・196・308・359・382
ハエ 152
ハクチョウ 33
バケツ 103・146
バショウカジキ 138
ハチ 87・125・152・161・170・293
ハチドリ 40
は虫類 24・110・115・128・129・148・219・251
波長 246
白血球 191・263
発酵 90・124・169・221
発光器 233
バッタ 152・293
発電器官 248
ハニカム構造 87
ハビダブルゾーン 153
ハムスター 28
パラシュート 70
パンゲア 168
飛行機 70・75・87・93・127・130・259・277
ヒスタミン 105・263
ビッグバン 287
ヒツジ 140
日時計 187
白夜 396
氷河 315
氷河期 289
氷河時代 364
表面張力 101・199
ファンデルワールス力 338
フィブロイン 27
風船 19・89
不完全燃焼 152
フグ 68
フクロウ 94
ブタ 58
沸とう 18・82・236・300・377
不凍タンパク質 383
フナクイムシ 92
ブラックホール 239・291
プランクトン 163・185・285・326
浮力 35・142・225
プレート 60・63・151・168・171・185・212・227・276・328
噴火 41・212・227・267・270・312・318
糞虫 258
ヘビ 84・129・182・251
ヘモグロビン 191・296
ヘリウム 48・198・287・297
扁桃体 234
放射線 113・291・349
北極 46・103・130・299
北極星 158
ほ乳類 51・84・91・115・140
ホバリング 40
ポリフェノール 347
ホワイトホール 239

ま行

マグニチュード 288
マグヌス効果 114
マグマ 21・99・123・133・185・212・227・231・318
マグロ 138・140
まさつ 77
マッコウクジラ 163
マリアナ海溝 122
満月 192
マントル 21・80・133・168・212・276
ミウラ折り 119
ミジンコ 121
ミツバチ 86・167・170
ミネラル 66
ミミズ 202
ミュータンス菌 147・283
虫歯 147・224・283
冥王星 67
メタン 48・117
メラトニン 164・183
メラニン 271
毛細血管 379
モーター 104・181・405
木星 41・48・71・153・298・342・372

や行

ヤギ 58
ヤモリ 106・129
ユーカリ 75
溶岩 41・212・270
陽子 73・76・85・104・335
揚力 142・154・352
翼竜 219・251

ら行

ライオン 28・43・123・140・224
藍藻 399
リアス海岸 252
流星群 367
両生類 115・129
レアメタル 400
冷媒 235
レーザー 122・165
レムすいみん 234・327
ロケット 19・89・107・119・127・277

わ行

惑星 25・48・67・133・153・190・287・298・303・311・324・362
わたり鳥 33

●執筆協力　酒井かおる／長澤亜記／野口和恵／溝呂木大祐／村沢譲／室橋裕和／森村宗冬／山内ススム／山村基毅／横山雅司

●イラスト　岩本孝彦／佐藤真理子／すみもとななみ／ツダタバサ／みやざきこゆる

●写真提供　尾園暁／株式会社東京サイエンス／環境省小笠原自然保護官事務所／環境水族館アクアマリンふくしま／木の葉化石園／スターフォーカス／東京学芸大学教育学部生物学教室 真山茂樹（教授）／日本文理大学マイクロ流体技術研究所／平塚市博物館／@micro_photo-Fptolia/musekisshilikus／NASA/Bill Ingalls／NASA/JPL／NASA/JPL/USGS／NASA/SDO／PIXTA

●装丁・本文デザイン　株式会社クラップス

● DTP　ニシ工芸株式会社

●校正協力　株式会社ぷれす

●編集協力　科学の学び研究会

監修者紹介

小森栄治（こもり・えいじ）

1956 年、埼玉県生まれ。1980 年、東京大学大学院工学系研究科修士課程修了。1987 年、上越教育大学大学院教育研究科修士課程修了（埼玉県長期派遣研修）。1980 年 4 月～ 2008 年 3 月、埼玉県内の公立中学校に勤務。「理科は感動だ」をモットーに、ユニークな理科室経営と理科授業を行った。文部科学省、県立教育センター、民間教育研究団体などの委員、講師をつとめる。2008 年 4 月、理科教育コンサルタント業を開始。現在、日本理科教育支援センター代表。埼玉大学で理科指導法を担当するほか、保育園での科学遊び講座、教師向け理科セミナーなどを開催し、理科の楽しさを幅広く全国に伝えている。

主な著書に、『考え、まとめ、発表する かんたん実験理科のタネ』全 3 巻、『かがくのとびら』全 4 巻、『考える力 理科』全 4 巻（以上、光村教育図書）、『子どもが理科に夢中になる授業』（学芸みらい社）などがある。

ふしぎと発見がいっぱい！

理科のお話 366

2017 年 1 月 30 日　第 1 版第 1 刷発行

監修者　小森栄治
発行者　山崎　至
発行所　株式会社ＰＨＰ研究所
東京本部　〒 135-8137　江東区豊洲 5-6-52
児童書局　出版部　☎ 03-3520-9635（編集）
普及部　☎ 03-3520-9634（販売）
京都本部　〒 601-8411　京都市南区西九条北ノ内町 11
PHP INTERFACE http://www.php.co.jp/
印刷所
製本所　図書印刷株式会社

ISBN978-4-569-78603-2

NDC407　415P　25cm